Ruby on Rails 5 アプリケーションプログラミング

Ruby on Rails 5 Application Programming

山田祥寛 | Yoshihiro Yamada

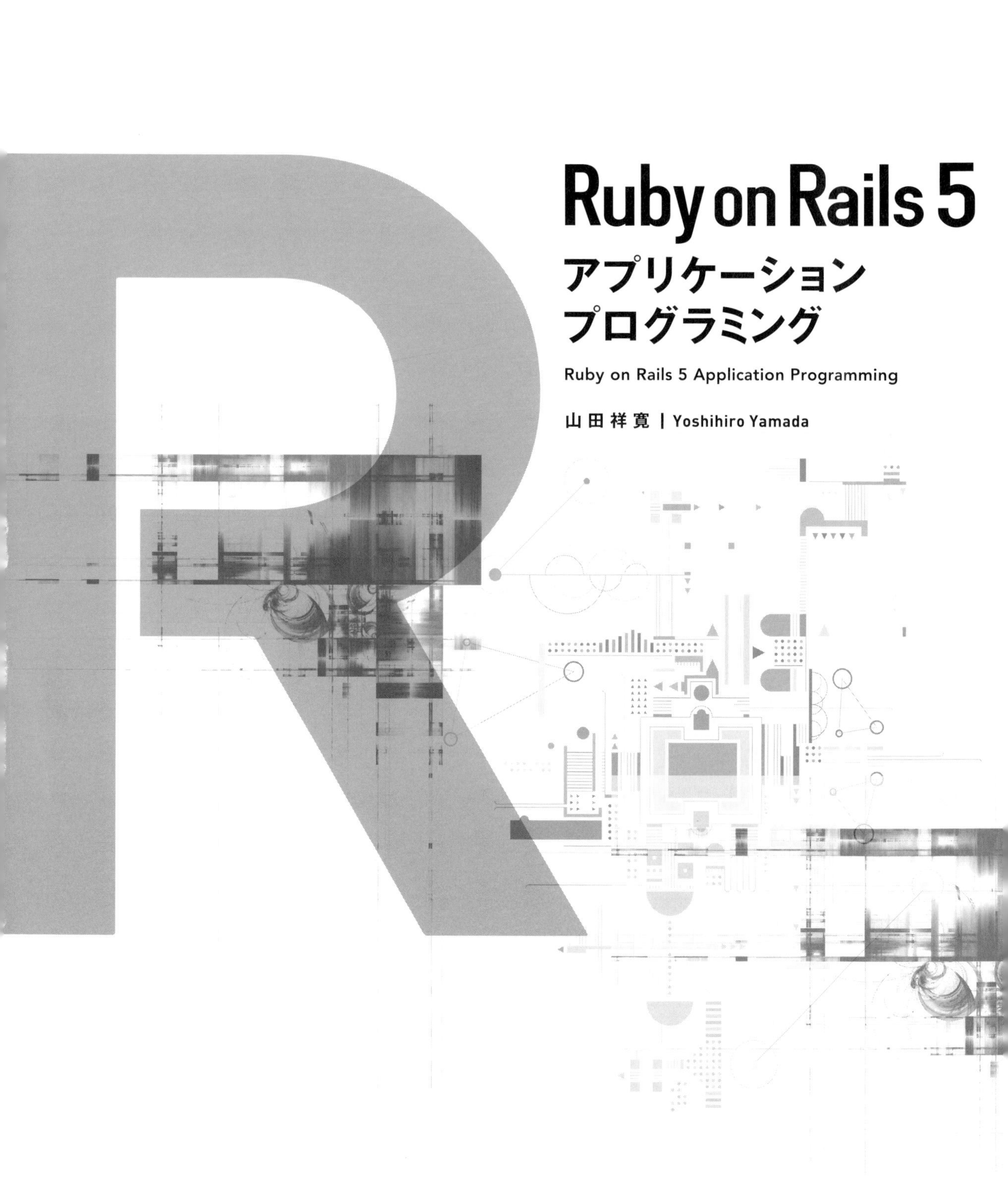

はじめにお読みください

はじめに

本書は、Ruby 環境で利用できる代表的なWeb アプリケーションフレームワーク（以降、フレームワーク）であるRuby on Railsを初めて学ぶ人のための書籍です。フレームワークを学ぶための書籍ということで、その基盤となるRuby 言語についてはひととおり理解していることを前提としています。本書でもできるだけ細かな解説を心がけていますが、Ruby そのものについてきちんとおさえておきたいという方は、『パーフェクトRuby』（技術評論社）などの専門書も合わせてご覧いただくことをお勧めします。

本書の構成と各章の目的を以下にまとめます。

導入編（第1章：イントロダクション～第3章：Scaffolding 機能によるRails 開発の基礎）

そもそもフレームワークとは、という話を皮切りに、Railsの特徴を解説し、これからの学習のための環境を準備します。また、実際にプロジェクトを立ち上げ、簡単なアプリを開発していく中で、Rails 開発を行う上で基礎的な構文やキーワード、概念を鳥瞰します。

基本編（第4章：ビュー開発～第6章：コントローラー開発）

導入編でRailsプログラミングの大まかな流れを理解できたところで、Railsを構成する基本要素 ―― Model、View、Controllerについて学びます。いずれも重要な話題ばかりですが、特にビューヘルパーやActive Recordのクエリメソッド、renderをはじめとするレスポンスメソッドなどは、アプリ開発に欠かせない基本テーマですので、確実に理解しておくことをお勧めします。

応用編（第7章：ルーティング～第10章：Railsの高度な機能）

ルーティングやテスト、キャッシュ処理、Ajax 対応、プラグインの導入など、より実践的なアプリを開発していくためのさまざまなテーマについて学びます。これらを理解する過程で、Rails 習得の更なるステップアップの手がかりとしてください。

Railsに興味を持ったあなたにとって、本書がはじめの一歩として役立つことを心から祈っています。

＊　＊　＊

なお、本書に関するサポートサイトを以下のURLで公開しています。Q&A 掲示板はじめ、サンプルのダウンロードサービス、本書に関するFAQ 情報、オンライン公開記事などの情報を掲載していますので、あわせてご利用ください。

http://www.wings.msn.to/

最後にはなりましたが、タイトなスケジュールの中で筆者の無理を調整いただいた技術評論社、トップスタジオの編集諸氏、そして、傍らで原稿管理／校正作業などの制作をアシストしてくれた妻の奈美、両親、関係者ご一同に心から感謝いたします。

2017年3月吉日　山田祥寛

本書の読み方

■ 動作確認環境

本書内の記述／サンプルプログラムは、次の動作環境で確認しています。

- Windows 10 Pro (64bit)
  - Ruby 2.3.3-p222
  - Ruby on Rails 5.0.1
  - SQLite 3.17.0
  - Chrome 56.0
- CentOS 7.2.1511 (Core)
  - Ruby 2.4.0-p0
  - Ruby on Rails 5.0.1
  - SQLite 3.7.17
  - Firefox 38.3.0

■ サンプルプログラムについて

- 本書のサンプルプログラムは、以下のURLからダウンロードできます。サンプルの動作をまず確認したい場合などにご利用ください。

  http://www.wings.msn.to/index.php/-/A-03/978-4-7741-8883-6/

- サンプルコード、その他、データファイルの文字コードはUTF-8です。テキストエディターなどで編集する場合には、文字コードを変更してしまうと、サンプルが正しく動作しない、日本語が文字化けする、などの原因になりますので注意してください。
- サンプルコードは、Windows環境での動作に最適化しています。紙面上の実行結果もWindows＋Chrome環境のものを掲載しています。結果は環境によって異なる可能性もあるので、注意してください。

■ 本書の構成

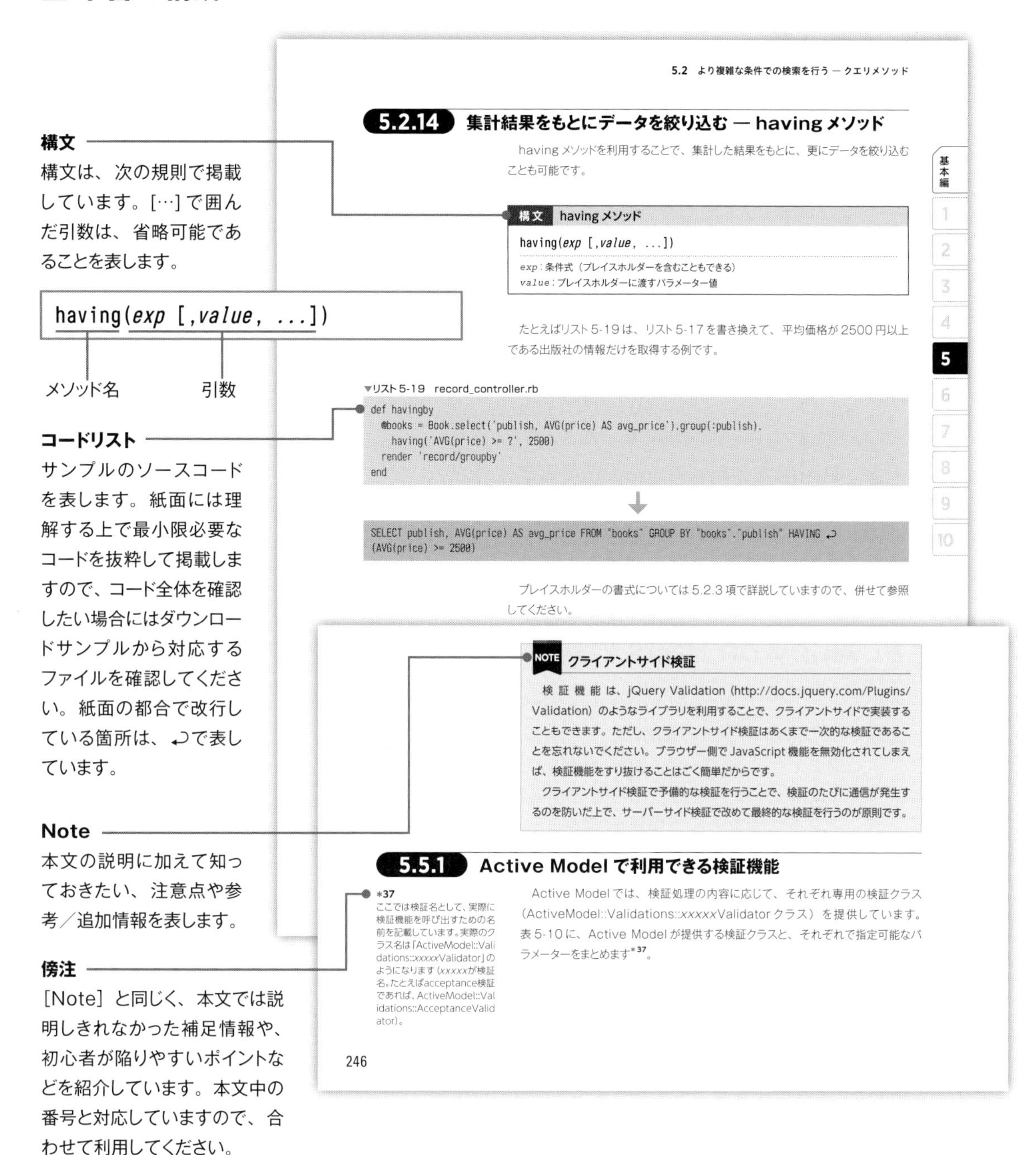

構文
構文は、次の規則で掲載しています。[…] で囲んだ引数は、省略可能であることを表します。
having(exp [,value, ...])
メソッド名
引数
コードリスト
サンプルのソースコードを表します。紙面には理解する上で最小限必要なコードを抜粋して掲載しますので、コード全体を確認したい場合にはダウンロードサンプルから対応するファイルを確認してください。紙面の都合で改行している箇所は、⮐で表しています。
Note
本文の説明に加えて知っておきたい、注意点や参考／追加情報を表します。
傍注
[Note] と同じく、本文では説明しきれなかった補足情報や、初心者が陥りやすいポイントなどを紹介しています。本文中の番号と対応していますので、合わせて利用してください。
5.2 より複雑な条件での検索を行う ― クエリメソッド
5.2.14 集計結果をもとにデータを絞り込む ― having メソッド
having メソッドを利用することで、集計した結果をもとに、更にデータを絞り込むことも可能です。
基本編
1
2
3
4
5
6
7
8
9
10
構文 having メソッド
having(exp [,value, ...])
exp：条件式（プレイスホルダーを含むこともできる）
value：プレイスホルダーに渡すパラメーター値
たとえばリスト 5-19 は、リスト 5-17 を書き換えて、平均価格が 2500 円以上である出版社の情報だけを取得する例です。
▼リスト 5-19 record_controller.rb
def havingby
@books = Book.select('publish, AVG(price) AS avg_price').group(:publish).
having('AVG(price) >= ?', 2500)
render 'record/groupby'
end
SELECT publish, AVG(price) AS avg_price FROM "books" GROUP BY "books"."publish" HAVING ⮐
(AVG(price) >= 2500)
プレイスホルダーの書式については 5.2.3 項で詳説していますので、併せて参照してください。
NOTE クライアントサイド検証
検証機能は、jQuery Validation (http://docs.jquery.com/Plugins/Validation) のようなライブラリを利用することで、クライアントサイドで実装することもできます。ただし、クライアントサイド検証はあくまで一次的な検証であることを忘れないでください。ブラウザー側で JavaScript 機能を無効化されてしまえば、検証機能をすり抜けることはごく簡単だからです。
クライアントサイド検証で予備的な検証を行うことで、検証のたびに通信が発生するのを防いだ上で、サーバーサイド検証で改めて最終的な検証を行うのが原則です。
5.5.1 Active Model で利用できる検証機能
*37
ここでは検証名として、実際に検証機能を呼び出すための名前を記載しています。実際のクラス名は「ActiveModel::Validations::xxxxxValidator」のようになります（xxxxxが検証名。たとえばacceptance検証であれば、ActiveModel::Validations::AcceptanceValidator）。
Active Model では、検証処理の内容に応じて、それぞれ専用の検証クラス（ActiveModel::Validations::xxxxxValidator クラス）を提供しています。表 5-10 に、Active Model が提供する検証クラスと、それぞれで指定可能なパラメーターをまとめます*37。
246

目次

COLUMN

コラム目次

導入編

第1章 イントロダクション

本書のテーマであるRuby on Railsは、Ruby言語で記述された、そして、Ruby環境で動作するWebアプリケーションフレームワークの一種です。
本章では、まず手始めに一般的なフレームワークについて触れた後、Railsの特徴、具体的な機能について概説します。また、後半ではRailsの学習を進めるにあたって、最低限必要となる環境の構築手順について解説します。

1-1 Railsというフレームワーク

なにかしら困難な課題に遭遇したとき、みなさんであればどうするでしょうか。問題を整理し、解決に向けて一から取り組む？ そのようなアプローチも、もちろんあるでしょう。しかし、それはあまり効率的な方法とは言えません。

というのも、ほとんどの問題には、なにかしらよく似た先例と、先人による解決策があるからです。そして、それら先人の知恵を利用することで、（問題のすべてを解決できるわけではないにせよ）問題はよりスムーズに、かつ、取りこぼしなく解決できます。

このような先人の知恵は、最初は「事例」などと呼ばれることもありますが、より類型化し、整理&蓄積されることで**フレームワーク**と呼ばれるようになります。フレームワークとは、問題をより一般化し、解決のための定石をまとめた枠組み（Framework）であると言っても良いでしょう。

たとえば、経営のためのフレームワークと言ったら、自社の現状分析や進むべき方向性の分析、業界における収益構造の解析に対する指針、方法論を意味します。業界の構造を５つの競争要因に分けて分析するファイブフォース分析や、内的要因／外的要因から企業の現状分析を試みるSWOT分析などが有名です[*1]。

*1
詳しくは『不況を生き抜く「戦略立案」の基礎』(http://japan.zdnet.com/sp/feature/09strategy/)のような記事が参考になります。

フレームワークとは、数学で言うところの公式のようなものなのです。ただし、数学と異なるところは、解答が常に１つであるとは限らない点です。利用するフレームワークによっては得られる解答（結論）も異なる可能性がありますし、そもそも状況や周辺環境によって、フレームワークは使い分けるべきものです。

1.1.1 アプリケーションフレームワークとは

アプリケーションフレームワークもまた、そうしたフレームワークの一種です。アプリケーション（以降、アプリ）を開発するにも、当然、こうあるべきという設計面での思想（方法論）があります。アプリケーションフレームワークでは、そうした方法論を「再利用可能なクラス」という形で提供するのが一般的です。

アプリ開発者は、アプリケーションフレームワークが提供する基盤に沿って独自のコードを加えていくことで、自然と一定の品質を持ったアプリを作り上げることができます。アプリケーションフレームワークとは、アプリのコードを相互につなげるベース――パソコン部品で言うならば、マザーボードの部分に相当するものなのです（図1-1）。

▼図 1-1　アプリケーションフレームワークはマザーボード

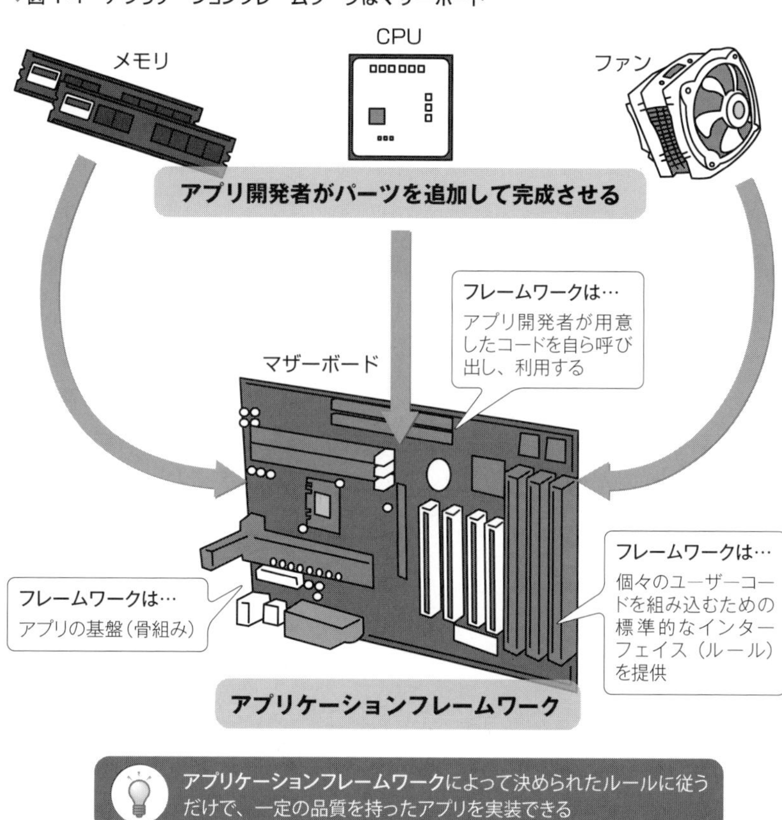

もっとも、「再利用可能なクラス」というと、定型的な機能を集めたライブラリと何が違うのか、混同してしまいそうです。実際、両者はよく似ており、広義にはライブラリも含めてアプリケーションフレームワークなどと呼んでしまうこともあるため、ますますわかりにくいのですが、厳密には両者は異なるものです。

その違いは、プログラマーが記述したコード（ユーザーコード）との関係を比較してみると明らかです（図 1-2）。

まず、ライブラリはユーザーコードから呼び出されるべきものです。ライブラリが自発的になにかをすることはありません。文字列操作のライブラリ、メール送信のライブラリ、ロギングのためのライブラリ……いずれにしても、ユーザーコードからの指示を受けてはじめて、ライブラリはなんらかの処理を行います。

一方、アプリケーションフレームワークの世界では、ユーザーコードがアプリケーションフレームワークによって呼び出されます。アプリケーションフレームワークがアプリのライフサイクル——初期化から実処理、終了までの流れを管理しており、その要所要所で「なにをすべきか」をユーザーコードに問い合わせるわけです。そこでは、ユーザーコードはもはやアプリの管理者ではなく、アプリケーションフレームワークの要求に従うだけの歯車にすぎません。

▼図 1-2　制御の反転

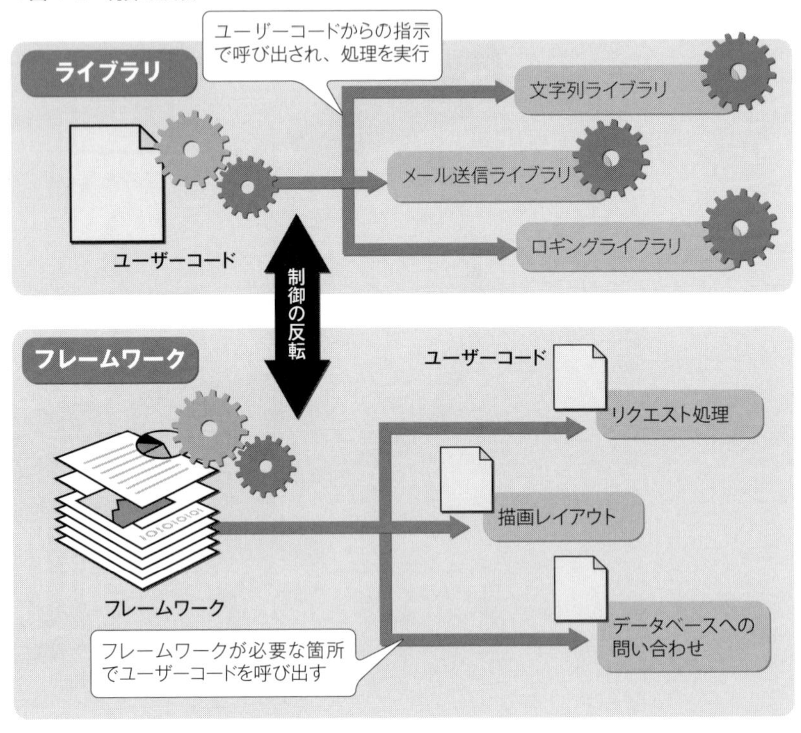

このように、プログラム実行の主体が逆転する性質のことを**制御の反転**（IoC：Inversion of Control）と言います。制御の反転こそが、フレームワークの本質であると言っても良いでしょう。

Railsは、こうしたアプリケーションフレームワークの中でも、特にWebアプリを開発するための**Webアプリケーションフレームワーク（WAF）**です*2。本書でも以降、単に「フレームワーク」と言った場合にはWAFのことを指すものとします。

*2
アプリケーションフレームワークには、用途に応じてさまざまなものがあります。デスクトップアプリを開発するならばデスクトップGUIフレームワーク、Webサービスを開発するならばWebサービスフレームワーク、というように、フレームワークはそれぞれに専門領域を持っています。

1.1.2　フレームワーク導入の利点

フレームワークの導入には、以下のような利点があります。

1 開発生産性の向上

アプリの根幹となる設計方針や基盤部分のコードをフレームワークに委ねられるので、開発生産性は大幅に向上します。また、すべての開発者が同じ枠組み（ルール）の中で作業することを強制されるので、コードの一貫性を維持しやすく、その結果として品質を均質化できるというメリットもあります。

ユーザーコード（アプリ固有のロジック）は相互に独立しているので、機能単位で役割分担をしやすく、たくさんの人間が関わるプロジェクト開発にも適しているでしょう。

2 メンテナンス性に優れる

コードに一貫性があるということは、アプリの可読性が向上するということでもあり、問題が生じた場合や仕様に変更があった場合に該当箇所を特定しやすいという利点にもつながります。

もっと広い視点で考えれば、同一のアーキテクチャが採用されていれば、後々のアプリ統合も容易になる、開発ノウハウを後の開発／保守にも援用できる、というメリットも考えられるでしょう。

3 先端の技術トレンドにも対応しやすい

言うまでもなく、昨今の技術変動は敏速であり、一般的な開発者にとって日々キャッチアップしていくのは難しいものです。しかし、フレームワークはそうした技術トレンドを日夜取り入れており、フレームワークの活用によって先端技術に即応しやすくなるというメリットがあります。

たとえば、昨今ではセキュリティ維持に対する要求はより一層高まっていますが、多くのフレームワークは積極的にその対応にも取り組んでおり、開発者の負担を軽減してくれます。

4 一定以上の品質が期待できる

これはフレームワークに限った話ではありませんが、一般に公開されているフレームワークが自作のアプリよりも優れるもう1つのポイントとして、「信頼性が高い」という点が挙げられます。オープンソースで公開されているフレームワークは、さまざまなアプリでの利用実績もさることながら、内部的なソースコードも含めて多くの人間の目に晒され、テストされています。自分や限られた一部の人間の目しか通していないコードに比べれば、相対的に高い信頼性を期待できます*3。

*3
もちろん、すべてのオープンソースソフトウェアが、というわけではありません。きちんと保守されているものであるかどうかという点は、自分自身で見極めなければなりません。

フレームワークを導入するということは、現在のベストプラクティスを導入することでもあるのです。今日のアプリ開発では、もはやフレームワークなしの開発は考えにくいものとなっています。

NOTE フレームワーク導入のデメリット

もっとも、フレームワーク導入は良いことばかりではありません。フレームワークとは、言うなればルール（制約）の集合です。ルールを理解するにはそれなりの学習時間が必要となります。特に、慣れない最初のうちはフレームワークの制約がむしろ窮屈に感じることもあるでしょう。フレームワークのデメリットがメリットを上回るような、「使い捨て」のアプリや小規模なその場限りの開発では、必ずしもフレームワーク導入にこだわるべきではありません。

1.1.3 Rubyで利用可能なフレームワーク

さて、本書で扱うRuby on Rails（以降、Rails）は、Ruby環境[*4]で利用できる代表的なフレームワークです。しかし、これがRuby環境で利用できる唯一のフレームワークというわけではありません。Rubyでは、実にさまざまなフレームワークが提供されています（表1-1）。

*4
Rubyは、まつもとゆきひろ氏が開発した国産のオブジェクト指向言語です。

▼表1-1 Rubyで利用可能なフレームワーク

名称	概要
Ruby on Rails (http://rubyonrails.org/)	本書で解説
Sinatra (http://www.sinatrarb.com/)	DSL（ドメイン固有言語[*5]）を利用して、簡潔にアプリを記述することを目的としたフレームワーク
Padrino (http://padrinorb.com/)	Sinatraをベースに、ヘルパーやジェネレーター、国際化対応などの機能を加えたフレームワーク
Ramaze (http://ramaze.net/)	シンプルさとモジュール化を重視し、ライブラリ選択の自由度の高さが特長
Pakyow (https://www.pakyow.org/)	ビューファーストで、シンプルさを重視したフレームワーク
Halcyon (http://halcyon.rubyforge.org/)	SOA（サービス指向アーキテクチャ）アプリの作成を主目的とした、JSONベースのフレームワーク

*5
特定用途のために設計された言語のことを言います。たとえばデータベース問い合わせ言語であるSQLもDSLの一種です。

本書では、これらのフレームワークの中でも、もっとも知名度が高く、機能性や資料の充実度、実績といった面でも申し分ないRailsを採用しています。Railsの特徴としては、以下のような点が挙げられます。

Model－View－Controllerパターンを採用

Railsは、**MVCパターン**（Model－View－Controllerパターン）と呼ばれるアーキテクチャを採用しています。MVCパターンとは、一言で言えば、アプリをModel（ビジネスロジック）、View（ユーザーインターフェイス）、Controller（ModelとViewの制御）という役割で明確に分離しよう、という設計モデルです。図1-3は、MVCパターンの典型的な処理の流れと共に、Railsの基本的な挙動を表しているので、まずは大まかな流れを理解しておきましょう。

▼図 1-3　Model − View − Controller パターン

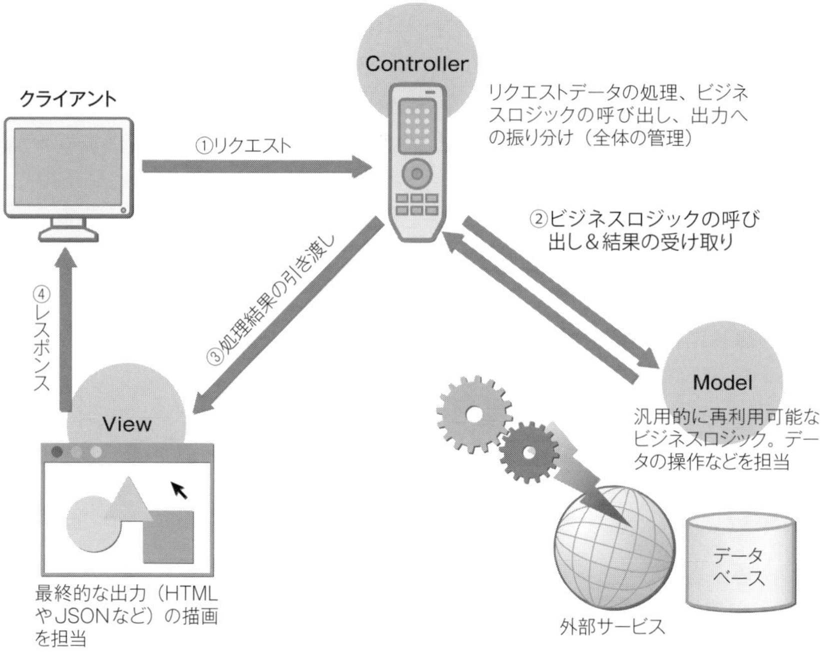

Controller
クライアント
①リクエスト
リクエストデータの処理、ビジネスロジックの呼び出し、出力への振り分け（全体の管理）
②ビジネスロジックの呼び出し＆結果の受け取り
③処理結果の引き渡し
④レスポンス
View
最終的な出力（HTMLやJSONなど）の描画を担当
Model
汎用的に再利用可能なビジネスロジック。データの操作などを担当
外部サービス
データベース

それぞれの構成要素が明確に分かれていることから、MVC パターンには以下のようなメリットがあります。

- プログラマーとデザイナーとで並行作業を行いやすい
- デザインとロジックのそれぞれの修正が相互に影響しない（保守が容易）
- 機能単位のテストを独立して実施できる（テストを自動化しやすい）

もっとも、MVC パターンは Rails 固有の概念というわけではありません。むしろ Web の世界では MVC パターンを前提とした開発がごく一般的です。おそらく Java や PHP、Perl、Python などでフレームワークを使って開発したことがある方ならば、MVC パターンはごく親しみやすいものであるはずです。逆に言えば、Rails を学んでおけば、その知識はそのまま他のフレームワークの理解にも役立つということでもあります。

Rails はアプリ開発のレールを提供する

Rails というフレームワークを語る際に、よく言及されるのが Rails の初期バージョンから継続して貫かれている以下の設計哲学です。

- DRY（Don't Repeat Yourself）＝同じ記述を繰り返さない
- CoC（Convention over Configuration）＝設定よりも規約

Railsはソースコードの中で同じような処理や定義を繰り返し記述するのを極度に嫌います。たとえば、Railsではデータベースのスキーマ定義を設定ファイルとして記述する必要はありません。データベースにテーブルを作成するだけで、あとはRailsが自動的に認識してくれるのです。DRY原則の典型的な例と言えるでしょう。

そして、DRY原則を支えるのがCoC原則です。Convention（規約）とは、もっと具体的に言えば、Railsがあらかじめ用意している名前付けのルールです。たとえば、usersテーブルを読み込むためにはUserという名前のクラスを利用します。互いに関連付けの設定が必要ないのは、users（複数形）とUser（単数形）がRailsの規約によって結び付けられているためです。

RailsではDRYとCoCの原則が隅々まで行きわたっているので、開発者が余計な手間暇をかけることなく、保守しやすいアプリを手軽に開発できます。

もっと言えば、Railsとはこうした設計理念でもって利用者をあるべき姿に導くフレームワークでもあるのです（それこそがレールと命名された所以でしょう）。

Railsの基本哲学は、その後登場した多くのフレームワークにも強く影響を与えており[*6]、Railsの名を一層世に知らしめるものとなっています。

*6
Rubyの世界だけではありません。PerlのCatalyst、PHPのSymfonyやCakePHP、.NETのASP.NET MVCなど、環境を問わず、さまざまなフレームワークにRailsの影響が見て取れます。

フルスタックのフレームワークである

Railsは、アプリ開発のためのライブラリはもちろん、コード生成のためのツールや動作確認のためのサーバーなどをひとまとめにしたフルスタック（全部入り）なフレームワークです。つまり、Rails1つをインストールするだけでアプリ開発に必要な環境はすべて揃うので、環境の準備に手間暇がかかりません。また、ライブラリ同士の相性やバージョン間の不整合などを意識することなく、開発を進めることができます。

図1-4に、Railsに含まれるコンポーネント（ライブラリ）をまとめておきます。

▼図1-4　Railsのライブラリ構造

以前のRailsは、これらのコンポーネントが密結合しており、いわゆる「一枚岩」のフレームワークでした。そのため、Rails本来のコンポーネント以外を組み込もうとした場合には、相当の労力が必要でした。

しかし、近年のRailsはModularity（モジュール志向）を強く意識しています。その結果、標準コンポーネントはもちろん提供されますが、必要に応じて、より目的に合ったコンポーネントへの差し替えを簡単に行えます。

近年のRailsは初期のRailsにあったレールを引き継ぎながらも、より柔軟に多様なレールの存在を許容するフレームワークへと進化しているのです。

最新の技術トレンドにいち早く対応

Railsは、これまでも、そのときどきの時代の技術トレンドに即応して、魅力的な機能をいち早く提供してきました。たとえば、Rails 5での注目すべき新機能には、以下のようなものがあります。

1 altJSとECMAScript 2015への対応

フロントエンド開発の中心であるJavaScriptは、決して開発生産性の高い言語ではありません。それは「厳密な型を持たない」「JavaScript固有の癖がある」など、言語そのものの問題でもありますし、「ブラウザーによって動作の違いがある」（クロスブラウザー問題）のような環境の問題でもあります。

いずれにせよ、大量のコードを生のJavaScriptで記述するのは、現実的ではありません。そこでRailsでは、JavaScriptに不足している機能を補い、主要なブラウザーで同一の動作を保証するためのライブラリjQueryを標準採用しました。バージョン3.1のことです。同じく、Rails 3.1ではJavaScriptの代替言語[*7]であるCoffeeScript（9.3節）を導入したことでも話題になりました。CoffeeScriptによって、Rubyに慣れた人間がRubyによく似た構文でフロントエンドを開発できるようになったのです。

そして、来るべきRails 5.1では、いよいよトランスコンパイラーであるBabel[*8]が導入される予定です。これによって、正統進化した次世代JavaScript（ECMAScript 2015）を、Rails標準で利用できるようになります。

*7
Alternative Javascript。略して、**altJS**とも言います。

*8
ECMAScript 2015を、旧来のJavaScript構文に変換するためのツールです。

> **NOTE ECMAScript 2015**
>
> ECMAScriptとは、標準化団体ECMA Internationalによって標準化されたJavaScriptです。1997年の初版から改訂が重ねられ、現在の最新版は2015年6月に採択された第6版――**ECMAScript 2015**（ES2015）です。版数から、通称、**ECMAScript 6**（ES6）と呼ばれることもあります。
>
> ES2015で新たに提供された仕様には、以下のようなものがあります。

- class 命令の導入で、Java ／ C# ライクなクラス定義が可能に
- import ／ export 命令によるコードのモジュール化をサポート
- 関数構文の改善（アロー関数、引数のデフォルト値、可変長引数など）
- let ／ const 命令によるブロックスコープの導入
- for...of 命令による値の列挙
- イテレーター／ジェネレーターによる列挙可能なオブジェクトの操作が可能に
- 組み込みオブジェクトの拡充（Promise、Map ／ Set、Proxy など）
- String ／ Number ／ Array など、既存の組み込みオブジェクトも機能を拡張など

数ある新機能の中でも、特に class 命令の導入は画期的です。これによって、これまで JavaScript ではなにかと不便であったオブジェクト指向プログラミングが、ようやく直観的に行えるようになったのです。

2 WebSocket によるリアルタイム通信のサポート（Action Cable）

フロントエンド開発の充実に伴って、近年では、Web アプリにもデスクトップアプリのようなリッチな操作性とリアルタイム性とが求められるようになってきました。

リアルタイム通信の実装には、古くからさまざまなアプローチが考案されてきました。ポーリング／ Commet などが、その代表格です。しかしこれらは、いずれも旧来の HTTP[*9] を前提としたしくみであり、大量のトラフィックをさばくには不向きでした。

そこで登場したのが **WebSocket** です。WebSocket はクライアント／サーバー間の双方向通信のために用意されたプロトコルで、1 つの接続ですべてのデータを送受信するため、HTTP よりも効率的にデータを送受信できるのが特徴です。フロントエンドに機能がより集約される傾向にある昨今、リアルタイム通信は欠かせない前提でもあり、その基本となる WebSocket は、より重要度を増していくはずです。

Action Cable は、この WebSocket を Rails で扱うためのフレームワークで、サーバー／クライアント双方の機能を提供します。ライブラリの構造も、従来の Rails のそれに沿っているので、Rails の基本を学んだ後、Action Cable を理解するのにさほど迷うことはないでしょう[*10]。

3 Web API 開発に特化した Rails も（Rails API）

フロントエンド開発の充実に伴い、ビュー（画面）の制御はクライアントサイドに任せ、サーバーサイドはデータの生成に特化する、という状況も増えてきました[*11]。

*9
一般的なWebで利用されているプロトコルです。1つの要求に対して1つの応答を返す、基本的な手続きを規定しています。6.4節も参照してください。

*10
Action Cableについては、本書の守備範囲を超えるため詳細は割愛します。詳しくは、「Action Cableの概要」(http://railsguides.jp/action_cable_overview.html) などのドキュメントも参照してください。

*11
図1-5のようなアプリのことを、1つのページで処理が完結することから**SPA** (**Single Page Application**) とも呼びます。

▼図 1-5 クライアントサイド中心の Web アプリ

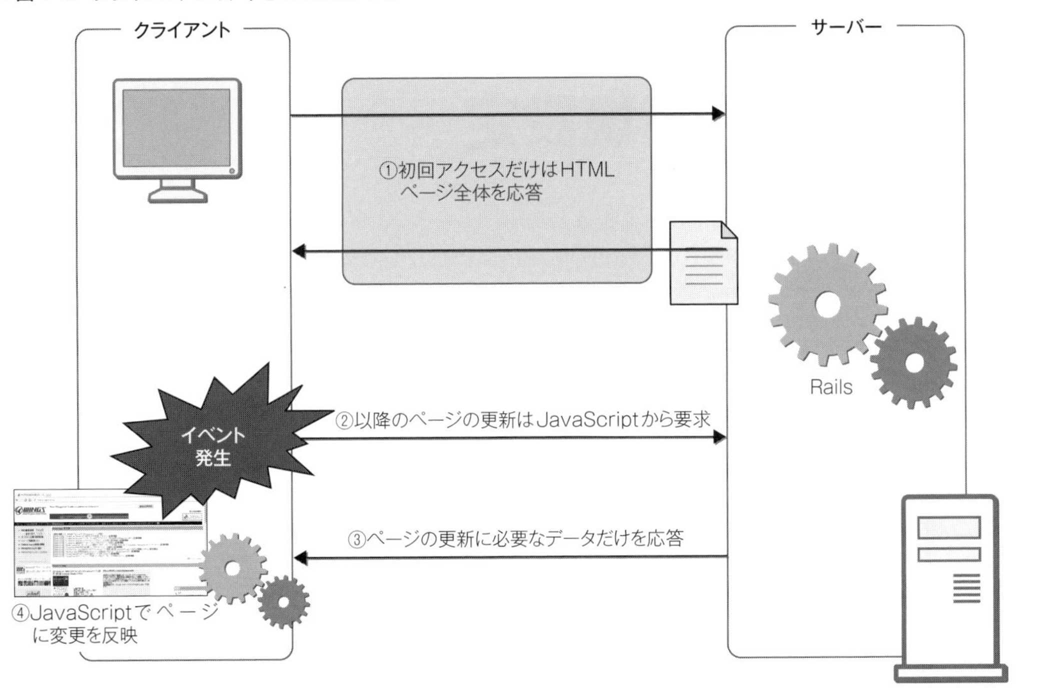

そこで Rails 5 では、Rails アプリをデータ生成の役割（= Web API*12）としてのみ動作させる場合に利用する、API モードを提供しています。API モードを利用することで、Web API の生成には不要なビュー画面、JavaScript ／スタイルシートなどを除去した、シンプルなアプリを手軽に生成できます*13。

*12
文字どおり、インターネット経由で呼び出し可能なAPIです。たとえば本書では、Web API の例として、Slideshareで共有されているスライド情報を検索するためのSlideshare APIを扱います(9.5.7項)。

*13
詳細は、P.509のコラム「Rails APIモード」も参照してください。

NOTE **RESTful なインターフェイス**

Rails 5 の新機能ではありませんが、昨今の技術トレンドに則った Rails の機能として、もう 1 つ、**RESTful なインターフェイス**についても補足しておきます。

RESTful なインターフェイスとは、ネットワーク上のコンテンツ（リソース）をすべて一意な URL で表現し、リソースに対する CRUD 操作*14 はすべて HTTP メソッドで表現する考え方のことを言います（詳しくは第 7 章で解説します）。RESTful インターフェイスを利用することで、より統一感のある、かつ、意味がつかみやすい URL を設計できます。

*14
Create (作成)、Read (取得)、Update (更新)、Delete (削除)の意味です。

Railsを利用するための環境設定

さて、Railsの概要を理解したところで、次章からの学習に備えて、Railsでアプリ開発を行うための環境を整えていくことにしましょう。

環境の準備は重要です。以降の章で、コードが意図したように動作しない場合は、環境が原因となっている可能性もあります。利用しているバージョンは正しいか*15、設定しているオプションに誤りはないかなど、1つ1つ丁寧に確認しながら進めていきましょう。

*15
学習をスムーズに進めるためにも、利用バージョンは本書検証バージョンに揃えることを強くおすすめします。

1.2.1 Railsプログラミングに必要なソフトウェア

Railsでアプリを開発／実行するには、最低限、図1-6のようなソフトウェアが必要となります。

▼図1-6　Railsプログラミングに必要な環境

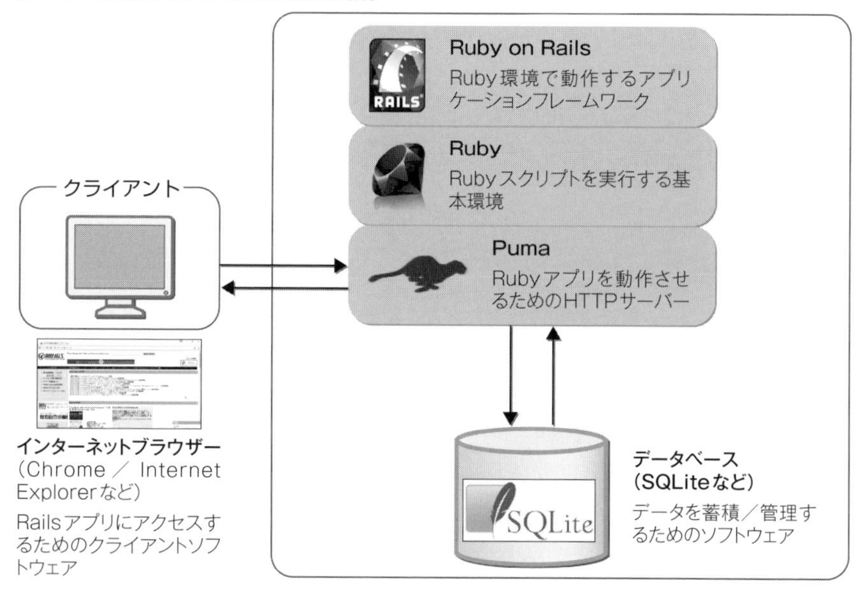

1 Ruby

Ruby on Railsという名前のとおり、RailsはRuby環境で動作するフレームワークです。Railsを動作させるには、まずRuby本体をインストールしておく必要があります。

Rubyのパッケージは、Rubyスクリプトの実行エンジンをはじめ、コマンドラインツール、標準ライブラリ、ドキュメントなど、Rubyアプリの開発／実行に必要な一連のソフトウェアを含んでいます。

導入編
1
2
3
4
5
6
7
8
9
10

2 HTTPサーバー

繰り返しになりますが、RailsはWebアプリ開発のためのフレームワークです。Railsアプリにアクセスするには、まずクライアントから送信された要求を受け付け、Railsに引き渡し、更にはその結果をクライアントに応答するためのHTTPサーバー（Webサーバー）が必要となります。

このようなHTTPサーバーには、Apache HTTP Server（以降、Apache）やNginxをはじめとしてさまざまな選択肢がありますが、開発／学習目的であれば、まずはRails標準で利用できるPumaを利用すれば十分でしょう。

なお10.6.1項では、本番運用を想定して、Nginx＋PumaでRailsアプリを稼働させる方法についても紹介しています。

3 データベース（SQLite）

Railsでアプリを実装するならば、アプリで利用するデータを蓄積するためのデータストアとして、データベースの存在は実質不可欠です。データベースにも、Oracle DatabaseやSQL Serverのような商用製品から、MySQL／MariaDBやPostgreSQLのようなオープンソース系のものまでさまざまなものがあります。

Railsは、これらの主要なデータベースとも連携できますが、本書では、オープンソースで、かつ、Railsの標準データベースとして採用されているSQLiteを採用するものとします。

4 Ruby on Rails

本書のテーマであるRailsの本体です。本書執筆時の最新安定版である5.0.1を利用します。

> **NOTE rbenv**
>
> rbenvとは、現在の環境で複数バージョンのRubyを管理するためのソフトウェアです。プロジェクトごとに利用するRubyのバージョンが異なる、という状況はよくありますが、rbenvを利用すると、プロジェクト単位で利用するRubyのバージョンを手軽に切り替えることが可能になります。
>
> 昨今では、システムワイドにRubyをインストールするのではなく、rbenvを利用してプロジェクト単位でバージョンを管理するのが一般的です。ただし、本書では、

まずはRailsの学習環境を少ない手順で準備することを優先し、rbenvを採用していません。rbenvを利用した手順については、著者サポートサイト「サーバサイド技術の学び舎」－「サーバサイド環境構築設定」(http://www.wings.msn.to/index.php/-/B-08/) でも解説しているので、併せて参照してください。

1.2.2 Windowsにおける環境設定の手順

本書ではWindows 10 (64bit) 環境を前提に、環境設定の手順を紹介することにします。異なるバージョンを使用している場合には、パスやメニューの名称、一部の操作が異なる可能性もありますので、注意してください。

なお、ユーザーアカウント制御 (UAC) が有効な場合、インストールや設定の途中でセキュリティの警告に関するダイアログが出ることがあります。その場合は、適宜、[はい] または [続行] を選択して、インストールや設定を進めてください。

Rubyのインストール方法

本書執筆時点でのRubyの最新安定版は2.3.3-p222です。Windows版Rubyバイナリとしてはさまざまなパッケージが用意されていますが、中でも安定版をベースに有用なライブラリなどを含めたRuby Installer for Windows (以降、Ruby Installer) が便利です。本書でも、Ruby Installerの利用を前提にインストール方法を解説していきます。Ruby Installerは、以下のページからダウンロードできます。

```
http://rubyinstaller.org/downloads/
```

インストーラーを起動するには、ダウンロードしたrubyinstaller-2.3.3-x64.exeのアイコンをダブルクリックするだけです。ウィザードが起動するので、画面の指示に沿ってインストールを進めてください (図1-7)。

[インストール先とオプションの指定] ダイアログでは、Rubyのインストールオプションを設定します。ここでは最低限、[Rubyの実行ファイルへ環境変数PATHを設定する] を選択しておきましょう。

環境変数PATHは、コマンドプロンプトでコマンドを実行する際に、コマンドのありかを検索するためのパスを表すものです。ここでPATHの設定をしておかないと、この後、コマンドを実行するのに絶対パスを要求されることになりますので、注意してください。

[インストール] ボタンをクリックすると、インストールが開始されます。

▼図1-7 Rubyのインストールウィザード

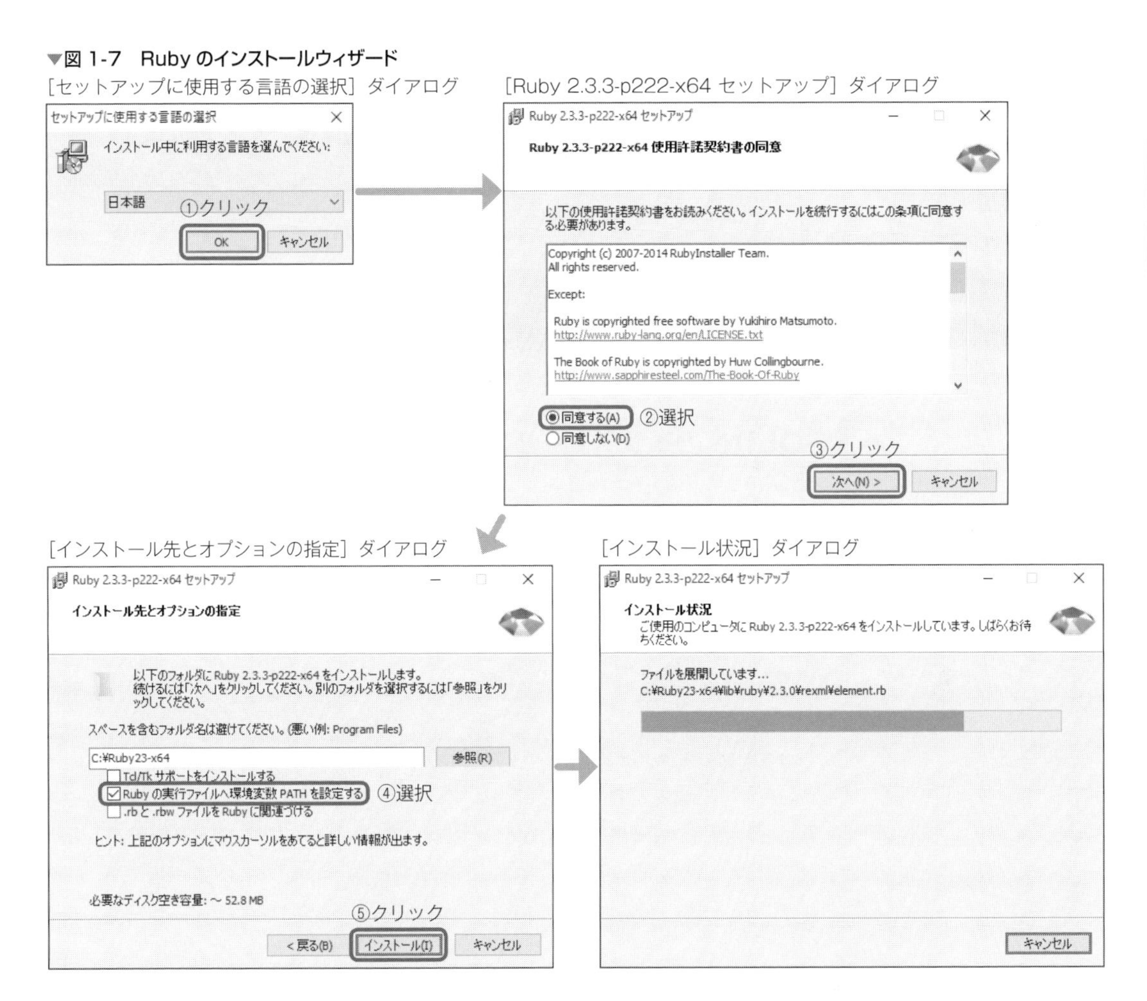

インストールが完了すると、図1-8の完了画面が表示されるので、[完了] ボタンをクリックしてウィザードを終了してください。

▼図1-8 [Ruby 2.3.3-p222-x64 セットアップウィザードの完了] ダイアログ

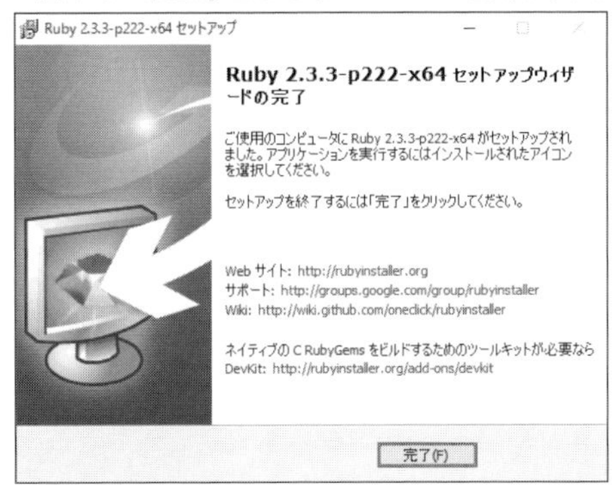

インストールを完了したら、Ruby が正しくインストールされたことを確認してみましょう。Windows の［スタート］ボタンを右クリックして、表示されるクイックメニューから［コマンドプロンプト］を選択します。コマンドプロンプトが起動したら、以下のコマンドを入力してみましょう。コマンドの下に Ruby のバージョンが表示されれば、Ruby は正しくインストールできています。

```
> ruby -v
ruby 2.3.3p222 (2016-11-21 revision 56859) [x64-mingw32]
```
現在のバージョンが表示される

SQLite のインストール方法

SQLite のインストールは、インストールとは言っても必要なバイナリファイルを入手&配置するだけです。以下の URL から sqlite-tools-win32-x86-3170000.zip をダウンロードしてください。

本書では、執筆時点で 3 系の最新安定版である SQLite 3.17.0 を使用します。

```
http://www.sqlite.org/download.html
```

sqlite-tools-win32-x86-3170000.zip はコマンドラインシェル（SQLite クライアント）を含んだアーカイブです。アーカイブを解凍すると、sqlite3.exe というファイルが見つかるので、Ruby のバイナリフォルダー（C:¥Ruby23-x64¥bin）に配置してください。

SQLite が正しく呼び出せることをコマンドからも確認してみましょう。

```
> sqlite3 -version
3.17.0 2017-02-13 16:02:40 ada05cfa86ad7f5645450ac7a2a21c9aa6e57d2c
```
現在のバージョンが表示される

これで、Rails から SQLite を利用するための準備は完了です。

DevKit のインストール方法

DevKit は、Windows 環境でネイティブな C/C++ 拡張をビルドするためのツールキットです。Rails をインストールする際や、rails new コマンド（2.1 節）でアプリを作成する際に必要となるので、あらかじめインストールしておきましょう。DevKit は、以下の URL から入手できます。

```
http://rubyinstaller.org/downloads/
```

本書では、Ruby 2.0 以降（64bit）対応の DevKit-mingw64-64-4.7.2-

20130224-1432-sfx.exeをダウンロードするものとします。入手したファイルをダブルクリックし、「C:¥Ruby23-x64」フォルダーにDevKitを展開したら、以下のコマンドを実行します。

```
> cd C:¥Ruby23-x64¥devkit
> ruby dk.rb init
> ruby dk.rb install
```

Node.jsのインストール方法

Railsでアプリを動作させるには、あらかじめNode.jsをインストールしておく必要があります。本書では、執筆時点での最新安定版であるnode-v6.9.5を利用します。Node.jsのインストーラーは、以下のURLから入手できます。

```
https://nodejs.org/ja/download/
```

インストーラーを起動するには、ダウンロードしたnode-v6.9.5-x64.msiのアイコンをダブルクリックするだけです。図1-9のようなウィザードが起動するので、画面の指示に沿ってインストールを進めてください。

▼図1-9 Node.jsのインストールウィザード

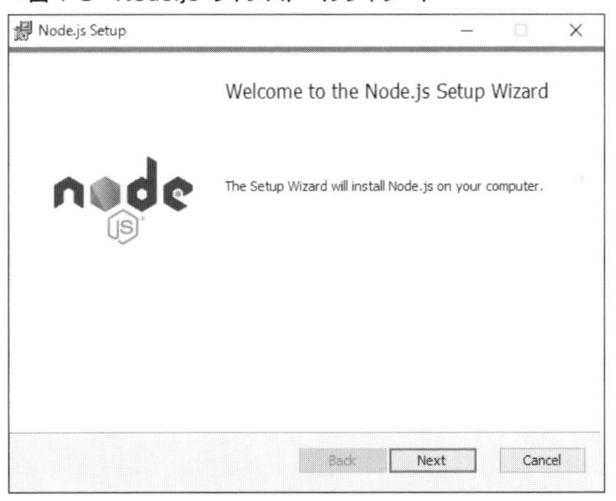

インストールが完了すると、完了画面が表示されるので、[Finish]ボタンをクリックしてウィザードを終了してください。Node.jsが正しくインストールされたことを確認するには、コマンドプロンプトから以下のコマンドを実行します。バージョン情報が表示されれば、Node.jsは正しくインストールされています。

```
> node -v
```

```
v6.9.5 ―――――――――――――――――― 現在のバージョンが表示される
```

Ruby on Railsのインストール方法

本書執筆時点でのRailsの最新安定版は5.0.1です。本書の学習をスムーズに進めるためにも、原則として5.0.1、もしくは、5.0系の最新安定版を利用するようにしてください。Railsのインストールはgemコマンドから行います。

```
> gem install rails*16
Fetching: i18n-0.8.0.gem (100%)
Successfully installed i18n-0.8.0
…中略…
Installing ri documentation for rails-5.0.1
…中略…
36 gems installed
```

*16
最新以外の特定のバージョンのRailsをインストールしたいときは、「gem install rails -v **4.2.0**」のように、-vオプションでバージョン番号を明記してください。

パッケージのダウンロードなどに10分前後の時間がかかりますが、以上のように表示されればインストールは成功です。正しく認識できていることをコマンドからも確認してみましょう。

```
> rails -v
Rails 5.0.1 ―――――――――――――――――― 現在のバージョンが表示される
```

以上のようにRailsのバージョンが表示されれば、Railsは正しくインストールできています。

NOTE

gemコマンドの主なオプション

gemコマンドは、Railsのパッケージを管理するための標準的なコマンドです。本文で利用したinstallオプションの他、表1-2のようなオプションを利用することで、パッケージの更新／削除などをコマンド1つで行うことができます。

▼表1-2　gemコマンドの主なオプション（Packageはパッケージ名）

オプション	概要
gem uninstall *Package*	パッケージのアンインストール
gem update *Package*	パッケージの更新
gem cleanup *Package*	パッケージの削除（最新バージョンのみ残す）
gem list	インストール済みパッケージのリスト
gem which *Package*	パッケージのインストール先を確認

1.2.3 Linuxにおける環境設定の手順

本書ではCentOS 7の環境を例として、環境設定の手順を紹介します。異なるディストリビューションやバージョンを使用する場合には、パスやメニュー名、一部の操作が異なる可能性がありますので、注意してください。

Rubyのインストール方法

本書執筆時点でのRubyの最新安定版は2.4.0p0です。以下のサイトからRubyのソースコードを入手してください。

```
http://www.ruby-lang.org/ja/downloads/
```

ダウンロードしたruby-2.4.0.tar.gzを適当なフォルダに移動し、以下のコマンドを実行します*17。

*17
Rubyのインストールには、「zlib」「zlib-devel」「openssl」「openssl-devel」「readline-devel」などのライブラリが必要となります。未インストールの場合は、「yum install -y zlib」のようにインストールしてください。

```
$ tar zxvf ruby-2.4.0.tar.gz    ── パッケージを解凍
$ cd ruby-2.4.0                 ── 生成されたフォルダーに移動
$ ./configure                   ── コンパイル条件を設定
$ make                          ── ビルド
$ su
# make install                  ── インストール
```

以上の手順で、Rubyは/usr/local/bin/rubyにインストールされます*18。

インストールが正常に完了したら、Rubyが正しくインストールされたことを確認してみましょう。シェルプロンプトから以下のコマンドを入力します。以下のように、プロンプトにRubyのバージョンが表示されれば、Rubyは正しくインストールできています。

*18
configure時にインストール先を変更した場合などで、Rubyがどこにインストールされたかわからないときは、プロンプトから「which ruby」と入力すると、インストール先を確認できます。

```
$ ruby -v
ruby 2.4.0p0 (2016-12-24 revision 57164) [x86_64-linux]    ── 現在のバージョンが表示される
```

依存ライブラリのインストール

Railsのインストール／実行に必要となるライブラリをyum／gemコマンドでインストールしておきます。

```
# curl --silent --location https://rpm.nodesource.com/setup_6.x | bash -    ── リポジトリを追加*19
# yum install -y nodejs                     ── Node.jsのインストール
# yum install -y sqlite sqlite-devel        ── SQLite3のインストール
# gem install sqlite3                       ── SQLite3ドライバーのインストール
```

*19
CentOS 7でNode.js v6をyumインストールするには、事前にリポジトリを追加する必要があります。

Ruby on Railsのインストール方法

本書執筆時点でのRailsの最新安定版は5.0.1です。本書の学習をスムーズに進めるためにも、原則として5.0.1、もしくは、5.0系の最新安定版を利用するようにしてください。Railsのインストールはgemコマンドから行います。

```
# gem install rails*20
```

*20
最新ではない特定のバージョンのRailsをインストールするには、「gem install rails -v **4.2.0**」のように、-vオプションでバージョン番号を明記してください。

パッケージのダウンロードなどに10分前後の時間がかかりますが、最後に「36 gems installed」のようなメッセージが表示されればインストールは成功です。正しく認識できていることをコマンドからも確認してみましょう。

```
$ rails -v
Rails 5.0.1 ──── 現在のバージョンが表示される
```

以上のようにRailsのバージョンが表示されれば、Railsは正しくインストールできています。

1.2.4 サンプルの配置方法（Windows ／ Linux共通）

本書で使用するサンプルコードは、著者サポートサイト「サーバサイド技術の学び舎 - WINGS」（http://www.wings.msn.to/）の［総合FAQ/訂正&ダウンロード］からダウンロードできます。ダウンロードしたファイルを開くと、/railbookのようなフォルダーができるので、これを適当なフォルダー（たとえば「C:¥data」）配下にコピーした上で、以下のコマンドを実行してください。

```
> cd C:¥data¥railbook
> bundle install
```

これで、開発サーバー経由ですべてのサンプルにアクセスできるようになります。まずは自分で一からサンプルを作成していただきたいのはもちろんですが、自分で書いたコードがうまく動作しない、とにかく動いているサンプルを確認したい、という方は、併せて活用することで、学習をより円滑に進められると思います。

導入編

第2章 Ruby on Railsの基本

Rails の概要が理解でき、アプリ開発のための環境が整ったところで、本章からはいよいよ、実際に Rails を利用したプログラムを作成していきましょう。
基本的な構文を理解することももちろん大切ですが、自分の手を動かすことはそれ以上に重要です。単に説明を追うだけでなく、自分でコードを記述して実際にブラウザーからアクセスしてみてください。その過程で、本を読むだけでは得られないさまざまな発見がきっとあるはずです。

2-1 アプリの作成

Rails でアプリを開発するには、まず土台となるスケルトン（骨組み）を作成しておく必要があります。

もっとも、これはなんら難しいことではありません。Rails では、rails というコマンドを利用することで、アプリの定型的なフォルダー構成や最低限必要なファイルを自動的に作成できるからです。

本節では、rails コマンドでアプリ開発の「場」を準備するとともに、Rails アプリの基本的なフォルダー／ファイル構造を理解しましょう。

1 新規のアプリを作成する

アプリを作成するには、コマンドプロンプトから以下のようなコマンドを実行します。

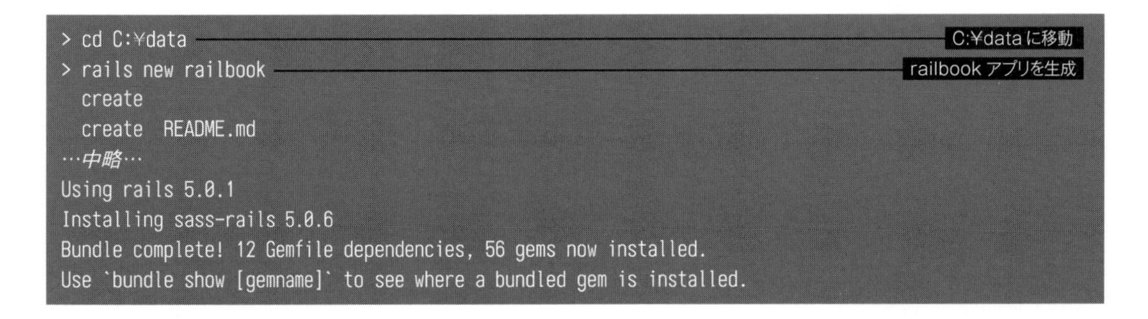

```
> cd C:¥data                                        C:¥data に移動
> rails new railbook                                railbook アプリを生成
  create
  create  README.md
…中略…
Using rails 5.0.1
Installing sass-rails 5.0.6
Bundle complete! 12 Gemfile dependencies, 56 gems now installed.
Use `bundle show [gemname]` to see where a bundled gem is installed.
```

本書では、「C:¥data」フォルダーの配下に railbook という名前のアプリを作成する前提で解説を進めます。アプリの名前、保存先は適当に変更しても構いませんが、その場合、以降の説明やパスも適宜読み替えてください。

上のような結果が表示され、「C:¥data」フォルダーの配下に railbook フォルダーが作られていれば、アプリは正しく作成できています。

rails コマンドの構文を、以下にまとめておきます。

構文　rails コマンド（アプリの作成）

```
rails new appName [options]
```

appName：アプリ名　　*options*：動作オプション

アプリの名前は、Ruby のモジュール名として妥当であれば自由に決められます。

rails new コマンドで利用できる動作オプションを、表 2-1 にまとめておきます（先ほどの例では動作オプションは省略しています）。

▼表 2-1 rails new コマンドの動作オプション

分類	オプション	概要
基本	-r、--ruby=*PATH*	Ruby バイナリのパス（デフォルトは C:¥Ruby23-x64¥bin¥ruby.exe）
	-d、--database=*DATABASE*	デフォルトで設定するデータベースの種類（mysql、oracle、postgresql、sqlite3、frontbase、ibm_db、sqlserver などから選択。デフォルトは sqlite3）
	-m、--template=*TEMPLATE*	テンプレートのパス／ URL
動作	--skip-gemfile	Gemfile を作成しない
	--skip-keeps	.keep を組み込まない
	-B、--skip-bundle	bundle install を実行しない
	-G、--skip-git	.gitignore を組み込まない
	-j、--javascript=*JAVASCRIPT*	アプリに組み込む JavaScript ライブラリを指定（デフォルトは jquery）
	-J、--skip-javascript	JavaScript ライブラリを組み込まない
	-O、--skip-active-record	Active Record を組み込まない
	-S、--skip-sprockets	Sprockets を組み込まない
	-M、--skip-action-mailer	Action Mailer を組み込まない
	-P、--skip-puma	Puma 関連のファイルを生成しない
	-C、--skip-action-cable	Action Cable を組み込まない
	-T、--skip-test	Test を組み込まない
	--skip-spring	Spring（アプリのプリローダー）をインストールしない
	--skip-turbolinks	Turbolink を組み込まない
ランタイム	-f、--force	ファイルが存在する場合に上書きする
	-p、--pretend	実際にはファイルを作成しない、試験的な実行（結果のみを表示）
	-q、--quiet	進捗状況を表示しない
	-s、--skip	既に存在するファイルについてはスキップ
その他	-v、--version	Rails のバージョンを表示
	-h、--help	ヘルプを表示

NOTE 以前のバージョンでアプリを作成するには?

rails new コマンドは、デフォルトで、現在インストール済みの最新バージョンをもとにアプリを作成します。しかし、以下のようにすることで、以前のバージョンの Rails アプリを作成することもできます[*1]。バージョン番号の前後は、アンダースコア（_）で囲みます。

```
> rails _4.2.0_ new railbook
```

*1
もちろん、該当するバージョンのRailsは、あらかじめインストールしておきます。方法については、1.2.2項を参照してください。

2 アプリの内容を確認する

railsコマンドの実行に成功したら、自動生成されたアプリの内容をエクスプローラーなどから確認してみましょう。railbookフォルダーの配下には、図2-1のようなフォルダー／ファイルが作成されているはずです。

たくさんのフォルダーやファイルが生成されますが、中でもよく利用するのは/appフォルダーです。アプリの動作に関連するコードの大部分は、このフォルダーの配下に保存します。

▼図 2-1　自動生成されたアプリのフォルダー構造

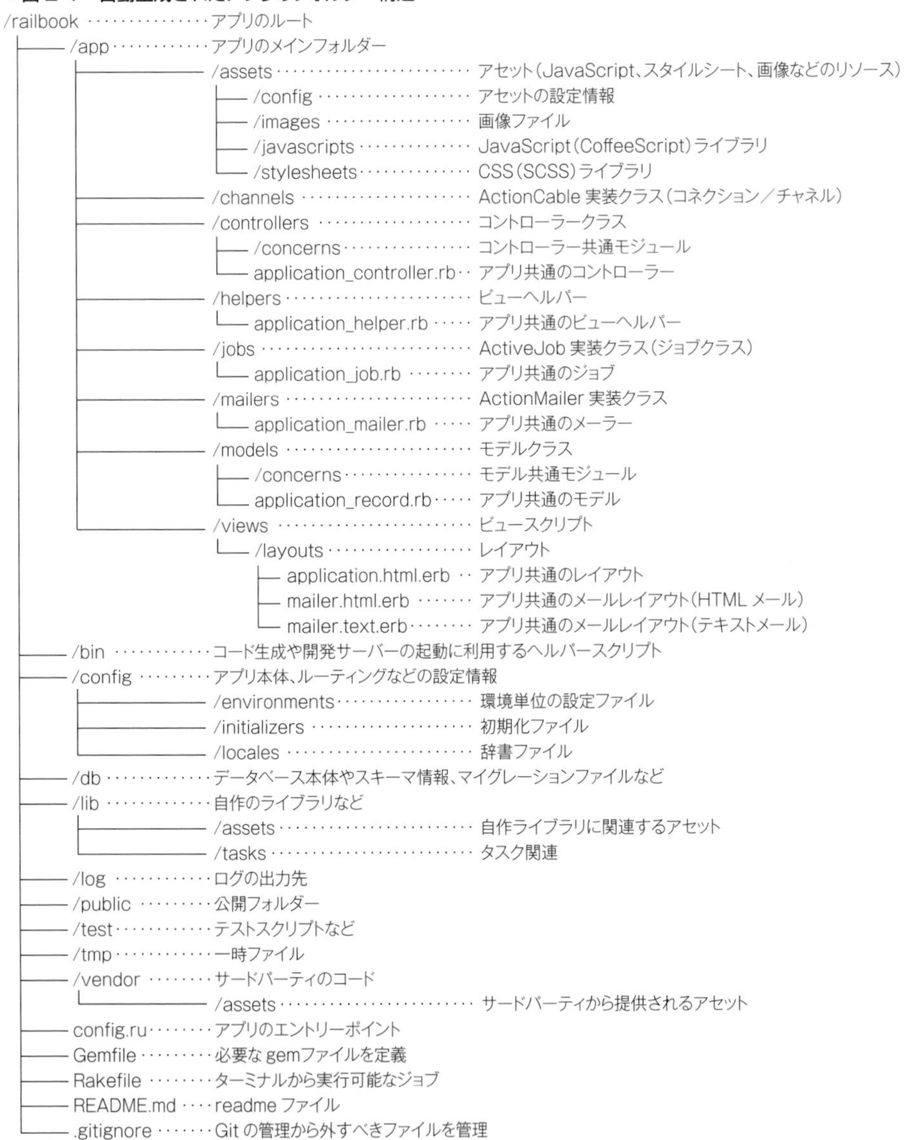

3 HTTP サーバーを起動する

まずは、先ほど作成したスケルトンにデフォルトで用意されているアプリを起動してみましょう。1.2.1 項でも触れたように、Rails は Puma という HTTP サーバーを標準で提供しています。本番環境では、Nginx ／ Apache HTTP Server ＋ Passenger、Unicorn、Heroku（クラウド）など[*2]、用途に応じてさまざまな選択肢がありますが、開発時点では、まずは標準の Puma 一択で問題ないでしょう。本書でも、以降の手順は Puma を前提にサンプルの動作を確認していきます[*3]。

Puma は、コマンドプロンプトから rails server コマンドを実行すると起動します[*4]。なお、以降で rails コマンドを実行する場合は、あらかじめ**カレントフォルダーをアプリルートの配下に移動**しておく必要があります。

*2
もちろん、Pumaも!

*3
ちなみに、Rails 4まではWEBrickという開発サーバーが提供されていました。

*4
ショートカットとして「rails s」で代替できます。

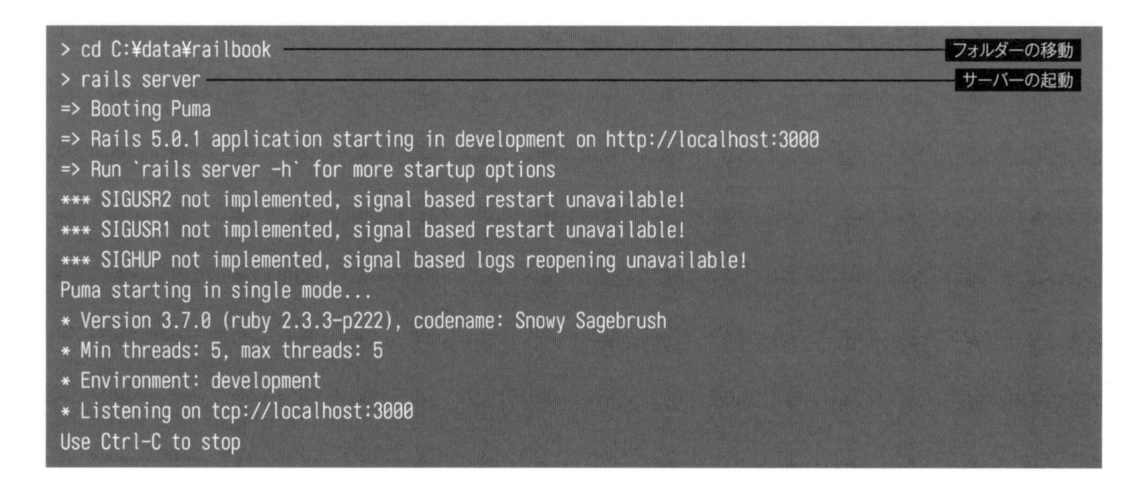

```
> cd C:¥data¥railbook
> rails server
=> Booting Puma
=> Rails 5.0.1 application starting in development on http://localhost:3000
=> Run `rails server -h` for more startup options
*** SIGUSR2 not implemented, signal based restart unavailable!
*** SIGUSR1 not implemented, signal based restart unavailable!
*** SIGHUP not implemented, signal based logs reopening unavailable!
Puma starting in single mode...
* Version 3.7.0 (ruby 2.3.3-p222), codename: Snowy Sagebrush
* Min threads: 5, max threads: 5
* Environment: development
* Listening on tcp://localhost:3000
Use Ctrl-C to stop
```


以上のような起動メッセージが確認できれば、Puma は正しく起動できています。サーバーを終了する専用のコマンドはないので、停止する際は Ctrl ＋ C キーでシャットダウンしてください。

4 アプリにアクセスする

Puma を起動できたら、ブラウザーからアプリにアクセスしてみましょう（図 2-2）。

```
http://localhost:3000/
```

▼図 2-2　デフォルトで用意された Rails のトップページ

localhost とは、現在アプリが動作しているコンピューター自身を意味する特別なホスト名です。「MyMachine」のようなコンピューター名、または 127.0.0.1 のような IP アドレスで指定しても構いません。3000 は Puma 標準のポート番号です。

上の図のようにトップページが表示されれば、Rails は正しく動作しています。

2.2 コントローラーの基本

Railsが正しく動作していることが確認できたら、いよいよ自分でも具体的なコードを記述してみましょう。

Railsプログラミングを行う上で、まず基点となるのはコントローラークラスです。コントローラークラスはModel－View－Controllerのうち、Controllerを担うコンポーネントで、個々のリクエストに応じた処理を行います。ビジネスロジック（Model）を呼び出すのも、その結果を出力（View）に引き渡すのも、コントローラークラスの役割です。つまりコントローラークラスとは、リクエストの受信からレスポンスの送信までを一手に担う、Railsアプリの中核とも言える存在です。

2.2.1 コントローラークラスの作成

プログラミング入門書の定番といえば、Hello, Worldアプリです。本書でも、まずは、「こんにちは、世界」というメッセージを表示するだけのサンプルを作成し、コントローラークラスの基本を理解しましょう。

コントローラークラスを作成するには、コマンドプロンプトからrails generateコマンドを実行します[*5]。

*5
rails generateコマンドは、コントローラークラスだけでなく、モデルやテスト、アプリの土台などを自動生成するためのコマンドです。今後もたびたび登場するので、きちんと覚えておいてください。ショートカットとして「rails g」でも代替できます。

構文 rails generateコマンド（コントローラークラスの生成）

```
rails generate controller name [options]
```

name：コントローラー名　*options*：動作オプション

▼表2-2 rails generateコマンドの主な動作オプション

分類	オプション	概要
基本[*6]	-f、--force	ファイルが存在する場合に上書き
	-p、--pretend	実際にはファイルを作成しない、試験的な実行（結果のみを表示）
	-q、--quiet	進捗状況を表示しない
	-s、--skip	同名のファイルが存在する場合はスキップ
コントローラー	--assets	アセットを生成するか（デフォルトはtrue）
	-e、[--template-engine=*NAME*]	使用するテンプレートエンジン（デフォルトはerb）
	-t、--test-framework=*NAME*	使用するテストフレームワーク（デフォルトはtest_unit）
	--helper	ヘルパーを生成するか（デフォルトはtrue）

*6
基本に分類されるオプションは、コントローラークラスの作成以外でも利用できます。

たとえば、以下は hello というコントローラーを作成する例です。

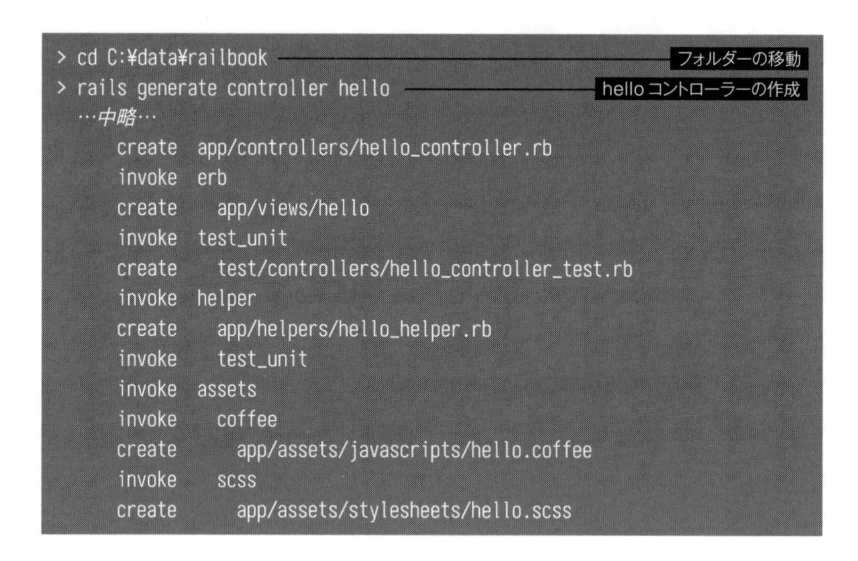

```
> cd C:¥data¥railbook ―――――――――― フォルダーの移動
> rails generate controller hello ―――― hello コントローラーの作成
  …中略…
      create  app/controllers/hello_controller.rb
      invoke  erb
      create    app/views/hello
      invoke  test_unit
      create    test/controllers/hello_controller_test.rb
      invoke  helper
      create    app/helpers/hello_helper.rb
      invoke    test_unit
      invoke  assets
      invoke    coffee
      create      app/assets/javascripts/hello.coffee
      invoke    scss
      create      app/assets/stylesheets/hello.scss
```

app/controllers フォルダーの配下に hello_controller.rb という名前で生成されたのがコントローラークラスの本体です。その他、デフォルトでは、図 2-3 のようなフォルダーやファイルが生成されますが、これらについては改めて該当する項で説明します。ここではとりあえず関連するファイル一式が正しく作成されていることを確認してください。

▼図 2-3　rails generate コマンドで自動生成されたファイル

```
/railbook
 ├── /app
 │    ├──── /assets
 │    │      ├── /javascripts
 │    │      │    └── hello.coffee ……………hello コントローラー固有の CoffeeScript（9.3 節）
 │    │      └── /stylesheets
 │    │           └── hello.scss………………hello コントローラー固有の SCSS（9.4 節）
 │    ├──── /controllers
 │    │      └── hello_controller.rb ……………コントローラークラス本体
 │    ├──── /views
 │    │      └── /hello ………………………テンプレートの保存フォルダー（2.3.2 項）
 │    └──── /helpers
 │           └── hello_helper.rb ………………コントローラー固有のビューヘルパー（4.6 節）
 └── /test
      └──── /controllers
             └── hello_controller_test.rb ………コントローラークラスのテストスクリプト（8.3 節）
```

コマンドを利用せずに自分で一からコントローラークラスを作成する場合でも、ファイルの配置先は図 2-3 の構造に従わなければなりません。

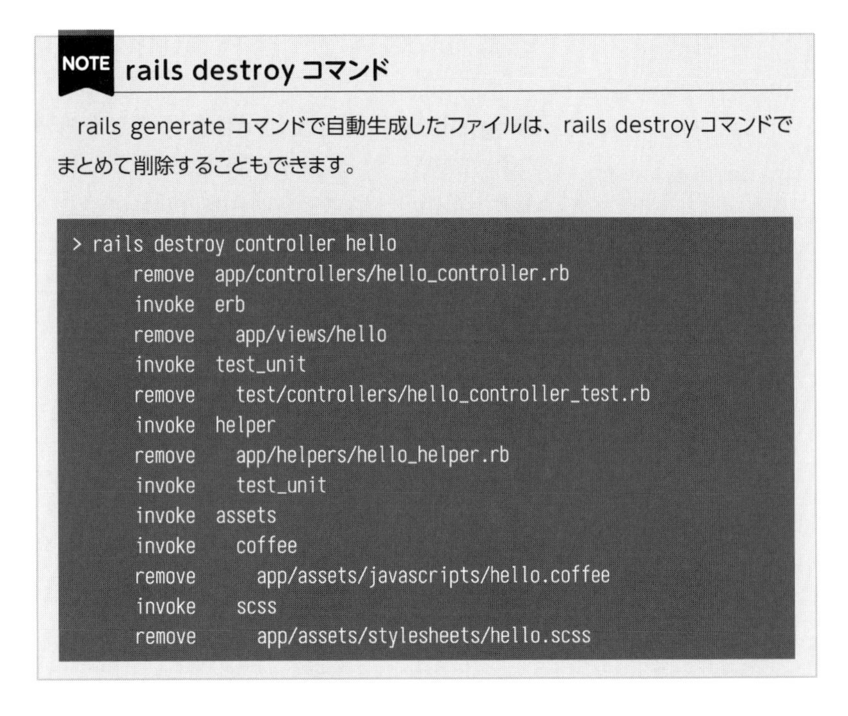

NOTE **rails destroy コマンド**

rails generate コマンドで自動生成したファイルは、rails destroy コマンドでまとめて削除することもできます。

```
> rails destroy controller hello
      remove  app/controllers/hello_controller.rb
      invoke  erb
      remove    app/views/hello
      invoke  test_unit
      remove    test/controllers/hello_controller_test.rb
      invoke  helper
      remove    app/helpers/hello_helper.rb
      invoke    test_unit
      invoke  assets
      invoke    coffee
      remove      app/assets/javascripts/hello.coffee
      invoke    scss
      remove      app/assets/stylesheets/hello.scss
```

2.2.2 コントローラークラスの基本構文

hello_controller.rb をテキストエディターで開きます。最低限のコードは既にできているので、リスト 2-1 のようにコードを追加してください（追記部分は太字で表しています）。

▼リスト 2-1　hello_controller.rb

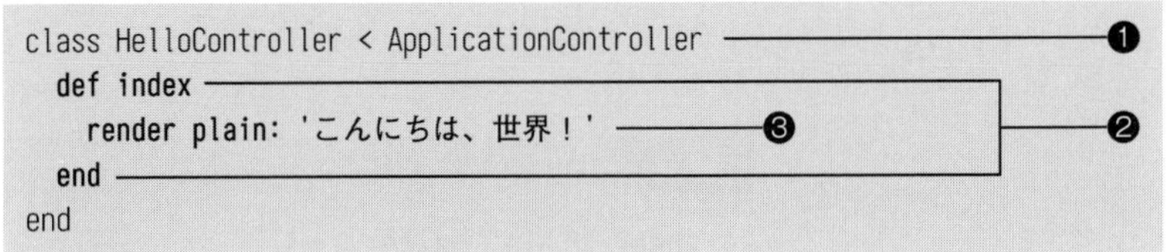

```
class HelloController < ApplicationController  ―― ❶
  def index                                     ┐
    render plain: 'こんにちは、世界！' ―― ❸     ├― ❷
  end                                           ┘
end
```

NOTE **ファイルは UTF-8 で保存する**

Rails 標準の文字コードは UTF-8 です。UTF-8 は国際化対応にも優れ、Rails（Ruby）だけでなく、昨今のさまざまな技術で推奨されている文字コードです。特別な理由がない限り、別の文字コードを利用する理由はありませんし、本書のサンプルも UTF-8 を採用しています。

コントローラークラスをはじめ、後述するビュースクリプトやモデルクラスをテキストエディターで編集する場合には、必ず UTF-8 で保存するようにしてください。

シンプルなコードですが、注目すべきポイントは満載です。

❶ ApplicationControllerクラスを継承する

自動生成されたコードをそのまま使用する場合にはあまり意識する必要はありませんが、コントローラークラスはApplicationControllerクラス（正確にはその基底クラスであるActionController::Base*7）を継承している必要があります。

ActionController::Baseクラスは、コントローラーの基本的な機能を提供するクラスです。ActionController::Baseクラスがリクエスト／レスポンス処理に関わる基盤部分を担ってくれるので、開発者は原始的な処理を意識することなく、アプリ固有の記述に集中できるわけです。

*7
ApplicationControllerクラスは、実はActionController::Baseクラスを継承しただけの、ほとんど空のクラスです。アプリ共通の機能が必要になった場合には、ApplicationControllerクラスに実装します。具体的な方法については6.6節も参照してください。

❷具体的な処理を実装するのはアクションメソッド

アクションメソッド（**アクション**）とは、クライアントからのリクエストに対して具体的な処理を実行するためのメソッドです。コントローラークラスには、1つ以上のアクションメソッドを含むことができます。複数の関連するアクションをまとめたものが、コントローラーであると言っても良いでしょう。

アクションメソッドであることの条件はただ1つ、publicなメソッドであることだけです。逆に、コントローラークラスの中でアクションとして公開したくないメソッドは、不用意にアクセスされないよう、private宣言しておくようにしてください。

❸アクションメソッドの役割とは

一般的なアクションメソッドの役割は、リクエスト情報の処理やモデル（ビジネスロジック）の呼び出し、ビューに埋め込むテンプレート変数（2.3.1項）の設定など、さまざまです。ただし、ここではもっともシンプルにアクションから文字列を出力するだけのコードを記述してみます。

文字列を出力するには、renderメソッドでplainオプションを指定します。

構文　renderメソッド

```
render plain: value
```

value：出力する文字列

これで指定された文字列がブラウザーに返されるようになります。

もっとも、本来のModel－View－Controllerという考え方からすれば、コントローラーから出力を直接生成するのは不適切です。あくまで、この方法はデバッグ用途などの例外的な書き方であると理解しておいてください*8。

*8
ただし、本書では動作を確認するために随所で登場しますので、きちんと覚えておいてください。

2.2.3 ルーティングの基礎を理解する

ルーティングとは、リクエストURLに応じて処理の受け渡し先を決定すること、または、そのしくみのことを言います。Railsでは、クライアントからの要求を受け取ると、まずはルーティングを利用して呼び出すべきコントローラー／アクションを決定します（図2-4）。

▼図2-4　ルーティングとは

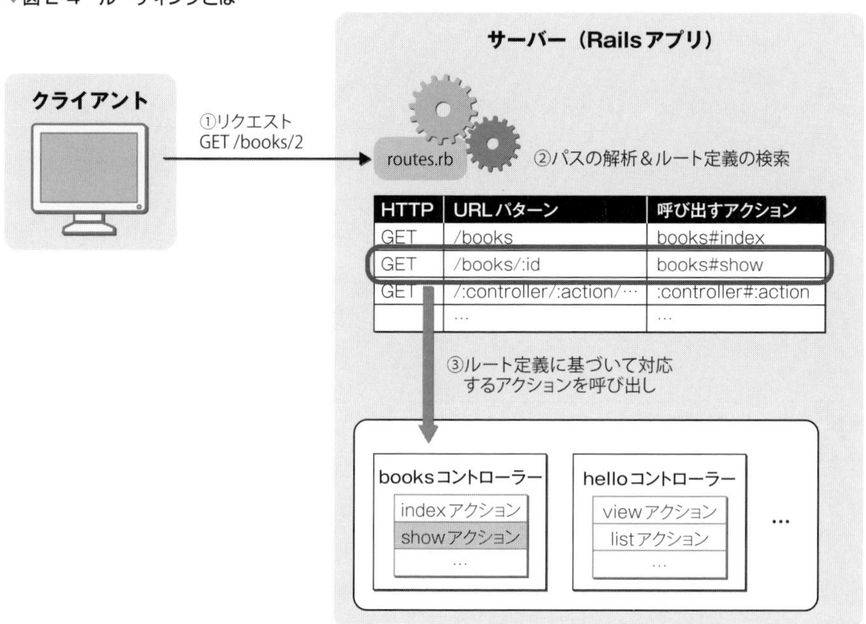

ルーティング設定（**ルート**とも言います）は、/config/routes.rbに定義します。デフォルトでは定義の外枠だけが記述されているので、ここではリスト2-2のようなルートを追加しておきましょう。

▼リスト2-2　routes.rb

```
Rails.application.routes.draw do
  # For details on the DSL available within this file, see http://guides.rubyonrails.org/routing.html
  get 'hello/index', to: 'hello#index'
end
```

ルートを定義するにはさまざまな方法がありますが、その中でもgetメソッドはもっともシンプルな手段です。これで「http://localhost:3000/**hello/index**」というURLが要求されたら、hello#indexアクション（＝helloコントローラーの

index アクション）を呼び出しなさい、という意味になります。

ここでは、URL[*9] と対応するアクションとを同じ名前にしていますが、両者は一致していなくても構いません。たとえば以下の設定によって、「http://localhost:3000/**hoge/piyo**」という URL で hello#index アクションを呼び出せるようになります。

*9
固定のURLだけでなく、ワイルドカード（変数）を含めることもできることから、正しくは**URLパターン**と言います。

```
get 'hoge/piyo', to: 'hello#index'
```

ただし、両者が一致している場合には、to オプションを省略できます。

```
get 'hello/index'
```

そもそも両者にあえて異なる名前を付ける意味もないことから、本書では、まずは「*コントローラー名 / アクション名*」となるように URL を決めていくものとします。

もっとも、実はこのようなルート定義は、本来、Rails が理想とする RESTful の思想には沿っていません。あくまでサンプル動作のための便宜的な設定と考え、実際のアプリでは、第 7 章での解説に従って、ルートを決定してください。

2.2.4 サンプルの実行

以上、ここまでで作成したのは、Model－View－Controller のうち、Controller に相当する部分だけですが、これだけでも最低限の動作は確認できます。まずは、この状態で hello コントローラーの挙動を確認してみましょう[*10]。

*10
開発環境ではアプリの変更が自動的に検出されますので、コードの変更があった場合にもサーバーの再起動は必要ありません。

```
http://localhost:3000/hello/index
```

前項での設定に従って、hello コントローラーの index アクションを呼び出すには「/hello/index」が末尾に付くような URL を指定します。図 2-5 のようなメッセージが表示されれば、サンプルは正しく動作しています。

▼図 2-5　アクションで指定したメッセージを表示

2.2.5 補足：コントローラーの命名規則

第１章でも触れたように、Railsの基本的な思想は「設定よりも規約（Convention over Configuration）」です。Railsを習得する最初の一歩は、関連するファイルやクラスの名前付けルールを理解することです。

ここまでの手順では、なんとなくhelloという名前のコントローラーを作成しただけでコーディングを進めてきましたが、実は自動生成されたファイルは、既にRailsの命名規約に従って用意されています。自動生成されたファイルをそのまま利用している分にはあまり意識する必要がありませんでしたが、改めてここでコントローラーの命名規則をまとめ、理解しておきましょう。表2-3の「名前（例）」は、コントローラー名をhelloとした場合の例です。

▼表2-3　コントローラー関連の命名規則

種類	概要	名前（例）
コントローラークラス	先頭は大文字で、接尾辞に「Controller」	HelloController
コントローラークラス（ファイル名）	コントローラークラスを小文字にしたもの、単語の区切りはアンダースコア	hello_controller.rb
ヘルパーファイル名	コントローラー名に接尾辞「_helper.rb」	hello_helper.rb
テストスクリプト名	コントローラー名に接尾辞「_controller_test.rb」	hello_controller_test.rb

以降でも、コードの中身は正しいはずなのに、意図した機能が呼び出されないという状況に遭遇した場合には、まず名前に誤りがないかを確認する癖を付けるようにしてください。Railsにおいて、名前はすべてを紐づける鍵なのです。

NOTE　コントローラー名の付け方

構文規則ではありませんが、コントローラー名はできるだけリソース（操作対象のデータ）の名前に沿って命名するのが望ましいとされています。たとえば、membersテーブルを操作するコントローラーであれば、membersコントローラー（members_controller.rb）とするのが望ましいでしょう。

2-3 ビューの基本

前節の例では説明の便宜上、コントローラーから出力を直接生成しましたが、Model − View − Controller の考え方からすると、これはあるべき姿ではありません。最終的な出力には、**ERB（Embedded Ruby）**テンプレートを利用するのが基本です。

ERB テンプレートは、一言で言うならば、HTML*11 に Ruby スクリプトを埋め込む（embed）ためのしくみです（図 2-6）。HTML がベースにあるため、最終的な出力をイメージしながら開発を進められるというメリットがあります。

*11
厳密にはHTMLでなくても構いません。プレーンテキストやXMLなど、テキスト形式で表現できるフォーマットであれば、なんにでも適用できるのがERBの良いところです。

▼図 2-6　ERB テンプレート

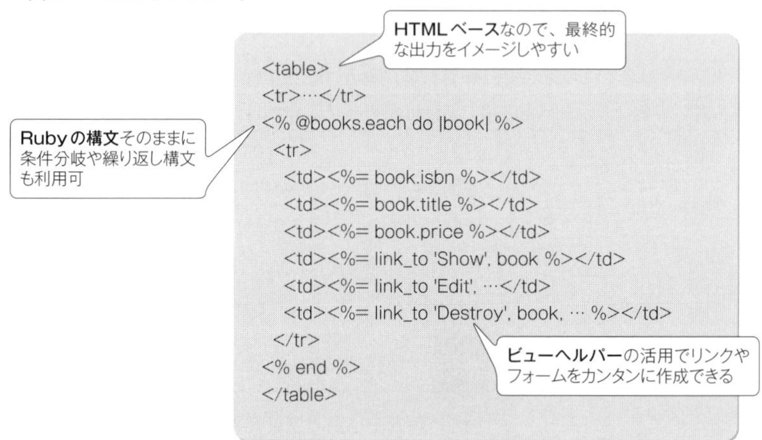

その他、ERB テンプレートでは、以下のような特長があります。

- 任意の Ruby スクリプトを埋め込めるので、条件分岐や繰り返し構文などの処理も自由に記述できる*12
- ビューヘルパー*13 を利用することで、データベースから取得した値に基づいたリンクやフォーム要素などをシンプルなコードで生成できる

Rails では、その他にも Builder、JBuilder のようなテンプレートエンジンを利用できますが*14、まずは ERB を理解しておけば、基本的なビュー開発には十分です。

*12
ただし、その自由度がゆえに注意点もあります。たとえばテンプレートファイルにデータベースアクセスのコードを記述することは可能ですが、そうすべきではありません。同様に、リクエスト情報（ポストデータやセッションなど）にアクセスするコードも避けるべきです。テンプレートはあくまで結果の表示にのみ徹するべきです。

*13
ビュー生成のためのユーティリティメソッドのことです。Railsに標準で用意されているものの他、自分で必要なヘルパーを定義することもできます。

*14
6.3.2項で改めて説明します。

2.3.1 テンプレート変数の設定

それではさっそく、具体的なサンプルを作成してみましょう。先ほどと同じく「こんにちは、世界!」というメッセージを表示するサンプルです。しかし、今度はコントローラークラスから直接に文字列を出力するのではなく、テンプレートファイルを経由して出力を生成します。

テンプレートを利用する場合にも、まずはリクエスト処理の基点としてのコントローラークラス（アクションメソッド）を準備する必要があります。改めてコントローラークラスから作成しても構いませんが、ここでは、先ほど作成したhelloコントローラーにviewアクションを追加するものとします（リスト2-3、追記部分は太字で表しています）。

▼リスト2-3 hello_controller.rb

```
class HelloController < ApplicationController
  …中略…
  def view
    @msg = 'こんにちは、世界！'
  end
end
```

アクションメソッドが行うべき処理の中でも、ほとんどのアクションで欠かすことができないのがテンプレート変数の設定です。**テンプレート変数**とは、テンプレートファイルに埋め込むべき値のことで、アクションメソッドとビューとでデータを受け渡しするための橋渡し役となるものです。

プログラム側で表示に必要なデータを用意しておき、テンプレート側ではデータを埋め込む場所や表示方法などを定義する、という役割分担がView－Controllerの基本的な関係です（図2-7）。

Railsでテンプレート変数の役割を担うのは、インスタンス変数です。サンプルの例ではインスタンス変数として@msgを設定していますが、これがそのままテンプレート上でも自由に参照できる変数となるわけです。

viewアクションではインスタンス変数@msg 1つに文字列を設定しているだけですが、もちろん複数の変数を設定することもできますし、値には文字列だけでなく、配列や任意のオブジェクトを設定することも可能です。

▼図 2-7　テンプレートの役割

アクションメソッド（.rbファイル）
class HelloController < ApplicationController
…中略…
def view
@msg = 'こんにちは、世界！'
end
end
テンプレートに埋め込むデータを準備
テンプレート（.html.erb ファイル）
<div id="main">
<%= @msg %>
</div>
ページデザインとデータを埋め込む場所を定義
ロジックとデザインとを統合
ERBライブラリ
Railbook
localhost:3000/hello/view
こんにちは、世界！
動的にページを生成

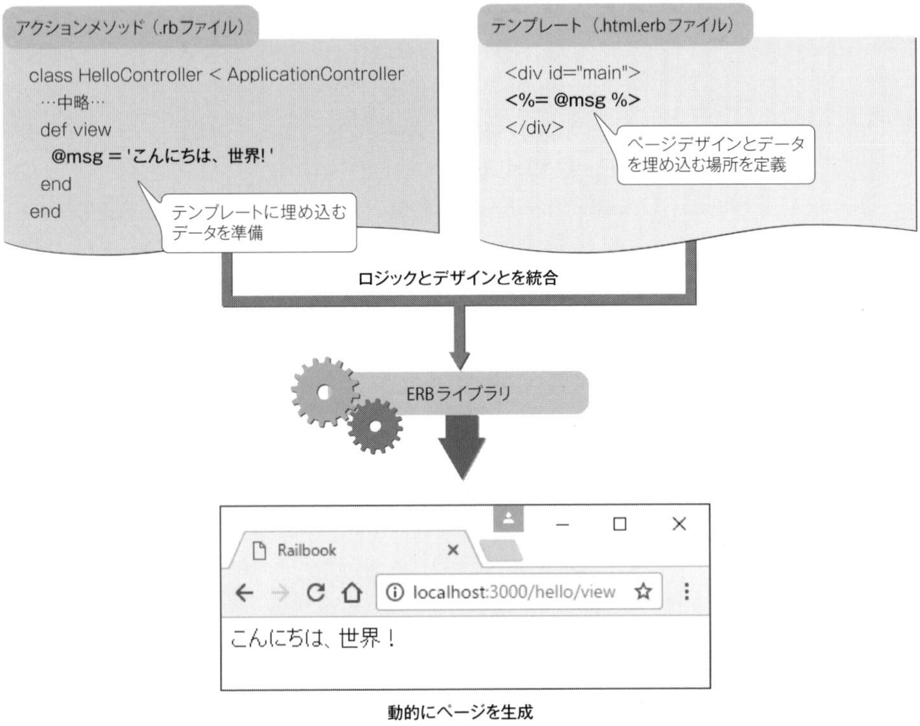

2.3.2 テンプレートファイルの作成

続いて、アクションの結果を出力するためのテンプレートファイルを作成します。テンプレートファイルを単独で作成するためのコマンドはないので、ファイルは自分で作成する必要があります*15。

テンプレートファイルは、/app/views フォルダー配下に「*コントローラー名 / アクション名* .html.erb」という名前で保存する必要があります。ここでは、hello コントローラーの view アクションに対応するテンプレートなので、/hello/view.html.erb を作成します。これによって、Rails はアクションメソッドを実行した後、対応するテンプレートを検索／実行します。

***15**
ただし、アクションメソッドとまとめて作成することはできます。P.39の［Note］を併せて参照してください。

NOTE テンプレートファイルの指定

「*コントローラー名 / アクション名* .html.erb」は、テンプレートファイルのデフォルトの検索先です。アクションメソッドで次のように指定することで、使用するテンプレートを自由に変更することもできます*16。以下は hello/special.html.erb を

***16**
ただし、複数のアクションでテンプレートを共有する場合を除いては、あえて異なる意味のテンプレートを用意する必要はありません。対応するアクションのないテンプレートはむしろ有害である場合のほうが多いので避けてください。

呼び出す例です。

```
def view
  @msg = 'こんにちは、世界！'
  render 'hello/special'
end
```

render メソッドの引数は、/app/views フォルダーからの相対パスで指定します。また、.html.erb のような拡張子は必要ありません。

では、テンプレートファイルの具体的なコードを見ていきましょう（リスト 2-4）。

▼リスト 2-4　hello/view.html.erb

```
<div id="main">
<%= @msg %>
</div>
```

例によって、ポイントとなる部分について順番に見ていきます。

❶動的な処理は <%...%> や <%=...%> で記述する

テンプレートに対して Ruby スクリプトを埋め込むには、<%...%> や <%=...%> のようなブロックを使います。

構文　<%...%>、<%=...%>

```
<% 任意のコード %>
<%= なんらかの値を返す式 %>
```

<%...%> と <%=...%> はよく似ていますが、前者がブロックの中のコードをただ実行するだけであるのに対して、後者は与えられた式を出力します。たとえば、以下のような例を見てみましょう。

```
<div><%
price = 1000
result = price * 1.05
%></div>
<div>¥<%= result %></div>
```

❶演算を行うのみ
❷変数 result の値を表示

↓

```
<div></div> ─────────── ❶結果には反映されない
<div>¥1050.0</div> ──── ❷結果値が反映される
```

<%...%> で囲まれたコードは評価されるだけで結果を返しませんので、主に演算や制御構文の記述に利用します。❶も演算結果が変数 result に格納されるのみで、結果（文字列）がテンプレートに挿入されることはありません。

一方、<%=...%> では、式の評価結果をテンプレートに挿入します。よって、❷では、変数 result の値が出力にも反映されます。

テンプレートファイルの目的が画面に対してなんらかの出力を行うことであることを考えれば、条件分岐やループなどの制御命令を除けば、ほとんどは <%=...%> の形式で記述することになるでしょう。

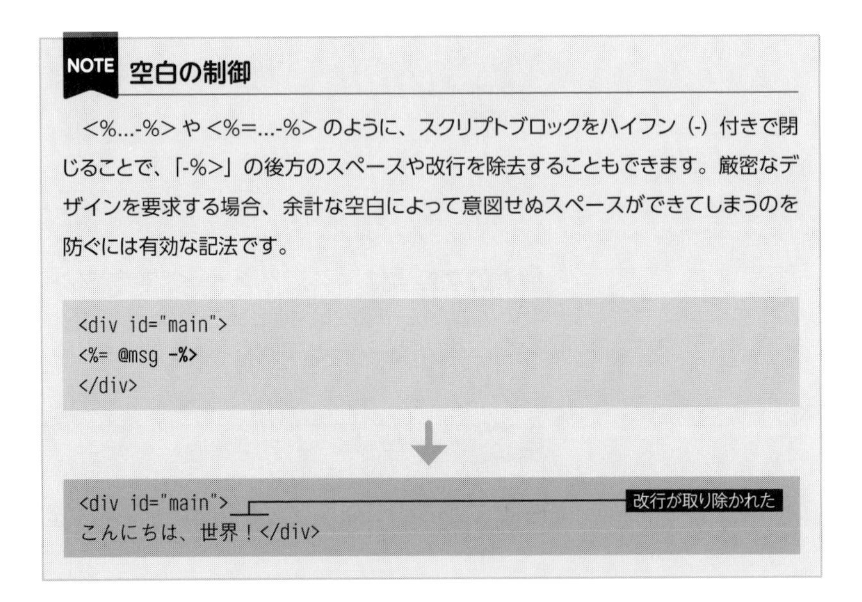

NOTE **空白の制御**

<%...-%> や <%=...-%> のように、スクリプトブロックをハイフン（-）付きで閉じることで、「-%>」の後方のスペースや改行を除去することもできます。厳密なデザインを要求する場合、余計な空白によって意図せぬスペースができてしまうのを防ぐには有効な記法です。

```
<div id="main">
<%= @msg -%>
</div>
```

↓

```
<div id="main">┌──────── 改行が取り除かれた
こんにちは、世界！</div>
```

2 テンプレート変数は「@ 変数名」で参照できる

アクションメソッドで設定したテンプレート変数（インスタンス変数）は、テンプレート側でもそのまま「@ 変数名」の形式で参照できます。ごく直感的な記述ですので、迷うところはないでしょう。

2.3.3 サンプルの実行

以上を理解できたら、あとは 2.2.3 項と同じく、ルート定義を追加するだけです（リスト 2-5）。

▼リスト 2-5　routes.rb

```
Rails.application.routes.draw do
  …中略…
  get 'hello/view'
end
```

これで、ブラウザーから次のアドレスでサンプルにアクセスできるようになります。図 2-8 のような結果が得られることを確認してください。

```
http://localhost:3000/hello/view
```

▼図 2-8　テンプレートファイルの内容が表示される

NOTE ビューの自動生成

rails generate コマンドでは、コントローラークラス（アクションメソッド）と併せて、テンプレートファイルを自動生成することもできます。たとえば、以下は hello コントローラーの show アクションと、対応するテンプレートファイル hello/show.html.erb を自動生成する例です。

```
> rails generate controller hello show
```

「hello index show new」のようにすることで、複数のアクションをまとめて生成することもできます。生成すべきアクションがあらかじめわかっている場合には、このようにまとめて必要なファイル（やコード）を生成してしまう方が手軽でしょう。

NOTE アクションメソッドは省略可能

テンプレート変数の設定など、アクションメソッドでの処理が必要ない場合、アクションメソッドは省略できます。たとえば、「http://localhost:3000/hello/nothing」であれば、Rails はまず hello コントローラーの nothing アクションを検索しますが[*17]、アクションが存在しない場合、そのままテンプレートファイル hello/nothing.html.erb を検索&実行します。

*17
ルートとして「get 'hello/nothing'」が定義されている場合です。

2.3.4 補足：共通レイアウトの適用

リスト 2-4 の実行結果を、ブラウザーの［ページのソースを表示］から確認してみましょう。

```
<!DOCTYPE html>
<html>
<head>
<title>Railbook</title>
<meta name="csrf-param" content="authenticity_token" />
<meta name="csrf-token" content="/rYMF7OE/tpwz6RMs8CPdrCYFZ+IbO ↵
/Gj3QylAsGXTzA6+is7w6CuJg8FRCwrGB0QXb1duIP77DERebMvDIZyw==" />
<link rel="stylesheet" media="all" href="/assets/hello.self-e3b0c44298fc1c149afbf4c8996fb92427ae ↵
41e4649b934ca495991b7852b855.css?body=1" data-turbolinks-track="reload" />
…中略…
<script src="/assets/application.self-b89234cf2659d7fedea75bca0b8d231ad7dfc2f3f57fcbaf5f44ed9dc ↵
384137b.js?body=1" data-turbolinks-track="reload"></script>
</head>
<body>

<div id="main">
こんにちは、世界！
</div>

</body>
</html>
```

テンプレートファイル（view.html.erb）で定義したものよりも随分多くのコンテンツが出力されていることが確認できます（view.html.erb 以外による出力は太字で表しています）。

これら自動で付与されているコンテンツは、実は /app/views/layouts/application.html.erb で定義されているものです（リスト 2-6）*18。

*18
application.html.erbではいくつかのビューヘルパーが利用されていますが、これらの詳細は改めて第4章で説明します。

▼リスト 2-6　application.html.erb

```
<!DOCTYPE html>
<html>
<head>
  <title>Railbook</title>
  <%= csrf_meta_tags %>

  <%= stylesheet_link_tag    'application', media: 'all', 'data-turbolinks-track': 'reload' %>
  <%= javascript_include_tag 'application', 'data-turbolinks-track': 'reload' %></head>
<body>
  <%= yield %> ―――――――― ここに個別のテンプレートが埋め込まれる
```

```
</body>
</html>
```


Railsではデフォルトで、application.html.erbの「<%= yield %>」に個別のテンプレートを埋め込んだ上で、最終的な出力を生成します。application.html.erbのことを**レイアウトテンプレート**、あるいは単に**レイアウト**と呼びます（図2-9）。

▼図2-9 レイアウトのしくみ

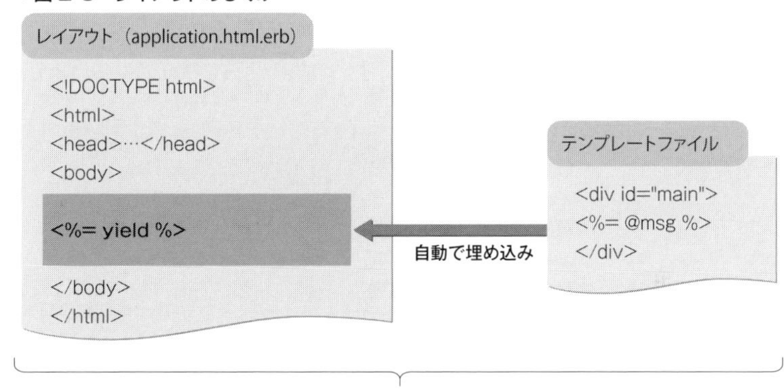

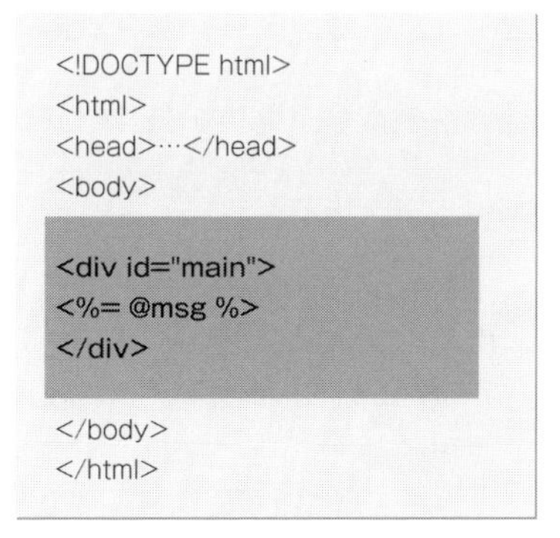

レイアウトとは、要はサイトデザインの外枠と考えれば良いでしょう。レイアウトを利用することで、ヘッダー／フッターやサイドメニューのようなサイト共通のデザインを1箇所にまとめられますので、以下のようなメリットがあります。

- サイトデザインを変更する場合もレイアウトだけを変更すれば良い
- 個別のテンプレートにはページ固有のコンテンツだけを記述すれば良い
- サイト構成（ナビゲーションなど）に一貫性ができるため、使い勝手も向上する

開発生産性、保守性、ユーザーの利便性いずれをとっても、外枠をレイアウトとして別に定義することの重要性はおわかりいただけるのではないでしょうか。

レイアウトの詳細は改めて4.7節で解説しますが、まずはRailsではデフォルトで

個別テンプレートにはレイアウトテンプレートが適用される

と覚えておいてください*19。

*19
もしもレイアウトが自動で適用されることを望まないならば、application.html.erbを削除、またはリネームしてください。

2.3.5 補足：コメント構文

ERB テンプレートでは、以下のようなコメント構文を利用できます。以降でもよく利用しますので、ここでよく利用する記法をまとめておきます。

❶ <%#...%>

ERB 標準のコメント構文で、<%#...%> ブロック配下をすべてコメントと見なします。「%」と「#」の間に空白を挟んではいけません。

```
<%# コメントです。
    この行もコメント %>
```

❷

❶とよく似ていますが、こちらは Ruby 標準のコメント構文で、<%...%> ブロックの配下でのみ利用できます。こちらは「#」からその行末までがコメントと見なされます（単一行コメント）。

```
<% msg = 'これはコメントではありません。'
   # これはコメントです。 %>
```

❸ <% if false %>...<% end %>

条件分岐構文を利用したコメントアウトです。条件式が false ですので、常に配下のコンテンツは無視されるというわけです。❷の構文は <%...%> の配下でしか利用できませんが、❸の記述を利用することで、<%...%> や <%=...%> をまたいだコンテンツをまとめてコメントアウトできます。

デバッグ時に特定の機能やレイアウトを一時的に無効化したい場合にも利用できるでしょう。

```
<% if false %>
<% msg = 'この部分は無視されます。' %>
<%='これも無視されます。' %>
<% end %>
```

❹ <% =begin %>...<% =end %>

❸の構文は確かに便利ですが、問題もあります。というのも、標準的な条件分岐構文をコメントアウトの用途に利用しているため、本来の条件分岐と一見して見分け

がつきにくいことがあるのです。

そのような場合には、<% =begin %>...<% =end %> を利用すると良いでしょう。=begin...=end は主にドキュメンテーションコメントを記述するための構文で、Ruby でも複数行コメントに利用する場合があります。❸よりも明確にコメントであることを表現できるというメリットがあります。

```
<%
=begin
%>
<% msg = 'この部分は無視されます。' %>
<%='これも無視されます。' %>
<%
=end
%>
```

❹の構文では、必ず「=begin」「=end」は行頭に記述しなければならない点に注意してください。たとえば、以下のような記述はいずれも不可です。

```
<% =begin %> ―――――― 前に「<%」がある
...
<%
  =end ―――――― 余計なスペースがある
%>
```

❺ <!--...-->

標準的な HTML のコメントです。ERB はあくまで HTML をベースとしていますから、当然、HTML のコメントも利用できます。ただし、❶～❹と異なり、ブラウザー側で処理されるコメントなので、配下の内容はクライアント側からも見えてしまう点に注意してください。

```
<!-- <%= 'ブラウザーの画面上には表示されません。' %> -->
```

エンドユーザーが参照する可能性がある情報（サイト管理者の情報など）を記述したり、デバッグ時に出力した HTML を確認するための目印を埋め込んだりしたい場合に便利です。

2-4 モデルの基本

Controller（コントローラークラス）、View（テンプレート）を理解したところで、いよいよ残るは Model（モデル）です。モデルとは、データベースや外部サービスへのアクセスをはじめ、ビジネスロジック全般を担当するコンポーネントのこと。アプリのキモを担う領域であるとも言えます。

Rails 3 以降では、以前のバージョンと比べて Modularity（モジュール性）が向上した結果、モデル構築にもさまざまなコンポーネントを利用できるようになっています。ただ、初学者の方であれば、まずは Rails 標準の O/R マッパーである Active Record を利用すると良いでしょう。Active Record は Rails の初期バージョンから Rails の標準的なモデルコンポーネントとして提供されているライブラリで、リレーショナルデータベースのデータをオブジェクト経由で操作するための手段を提供します。

2.4.1 O/R マッパーとは？

O/R（Object/Relational）マッパーとは、リレーショナルデータベースとオブジェクト指向言語との橋渡しを受け持つライブラリのことです。

そもそもアプリ側で使用するオブジェクトモデルと、データベースが利用するリレーショナルモデルとは決定的に構造が異なります。このため、以前はデータベースから取得した表形式の結果を手動でオブジェクトのプロパティに割り当てたり、逆に、データベースに登録すべき値をオブジェクトから 1 つ 1 つ取り出したり、といった手順が必要であったわけです。このような作業は単純ですが、実にアプリのコードの半分以上を占めていたとも言われ、開発生産性を低下させる一因にもなっていました。このようなアプリとデータベースとの構造的なギャップのことを**インピーダンスミスマッチ**と言います（図 2-10）。

▼図 2-10　インピーダンスミスマッチ

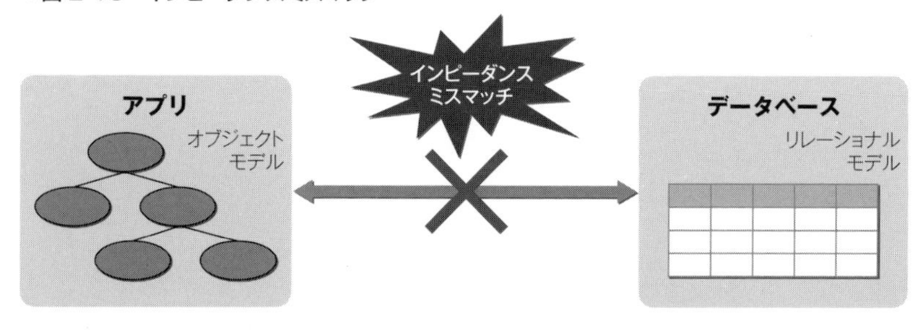

O/Rマッパーとは、このようなミスマッチを解消するためのツールです（図2-11）。Active Recordでは、データベースのテーブル1つを1つのモデルクラスとして表現します。モデルクラスのインスタンスは、レコード1件に対応するオブジェクトとなり、オブジェクトのプロパティはそのままテーブルのフィールドに対応します。

▼図2-11　O/Rマッパーとは?

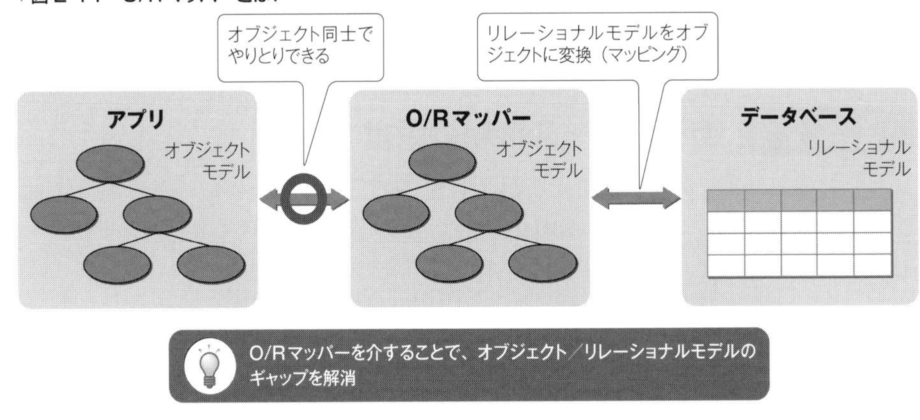

たとえば、booksというテーブルがあったとすれば、対応するモデルはBookクラスであり、Bookクラスはbooksテーブル配下のフィールドと同名の（たとえば）isbn、title、publishのようなプロパティを持つことになるでしょう（図2-12）。

▼図2-12　Acrive Recordのしくみ

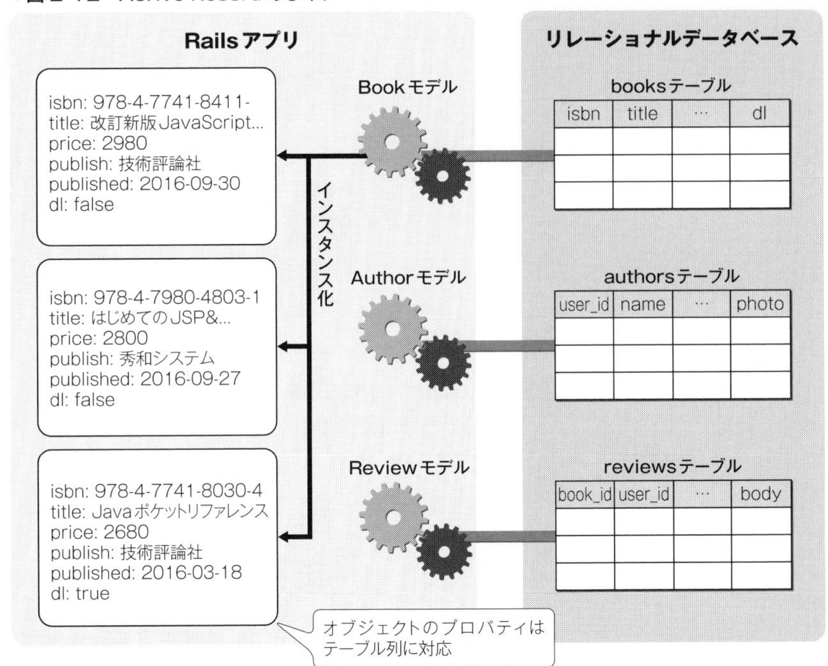

O/R マッパーである Active Record を利用することで、Rails ではリレーショナルデータベース（表形式のデータ）をあたかもオブジェクトであるかのように操作できるようになるのです。

また、O/R マッパーを利用することで、基本的には SQL 命令を記述する必要はなくなります。SQL には往々にしてデータベース製品固有の方言が存在しますが、O/R マッパーはそれらを内部的に吸収してくれますので、接続先のデータベースを変更した場合にもアプリへの影響は最小限に抑えられます*[20]。

*20
もっとも、だからといってSQLの知識が不要というわけではありません。Active Recordの構文はSQLのそれに準じていますので、SQLを理解していることは、そのままActive Recordの理解にもつながるでしょう。

2.4.2 データベース接続の設定

Active Record 経由でデータベースに接続するには、まず config/database.yml に対して接続設定を定義する必要があります。リスト 2-7 は、アプリ作成時にデフォルトで用意されている database.yml です*[21]。

*21
実際にはコメントが含まれていますが、紙面上は見やすさのために割愛しています。

▼リスト 2-7　database.yml

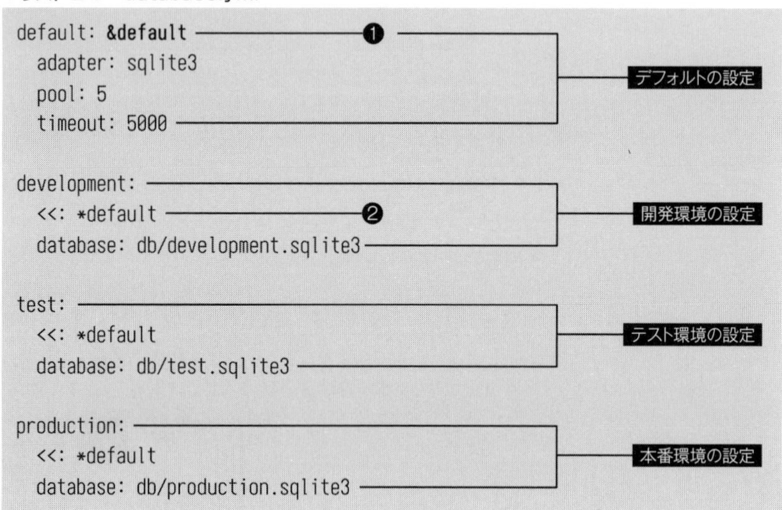

```
default: &default
  adapter: sqlite3
  pool: 5
  timeout: 5000

development:
  <<: *default
  database: db/development.sqlite3

test:
  <<: *default
  database: db/test.sqlite3

production:
  <<: *default
  database: db/production.sqlite3
```


以下に、database.yml を編集する上で知っておきたいポイントをまとめます。

❶ database.yml は YAML 形式で記述する

YAML（ヤムル）は構造化データの記述に適したファイル形式です。「YAML Ain't Markup Language（YAML はマークアップ言語ではありません）」というその名のとおり、HTML や XML のようなマークアップ言語ではなく、構造をインデントや記号で表現します。

複雑な構造を表現するには不向きですが*[22]、読みやすさやシンプルさの点で XML よりも優れており、近年ではさまざまなフレームワークで採用される機会も増え

*22
もっとも、一般的には、XMLでなければ表現できないような構造を、設定ファイルで記述することはまずないでしょう。

ています。

YAMLでは、「パラメーター名 : *値*」の形式でパラメーターを表すのが基本です。また、階層はインデントで表現します。たとえば、

```
production:
  database: db/production.sqlite3
```

は、productionパラメーターのサブパラメーターdatabase（値はdb/production.sqlite3）を表します。ただし、インデントではタブ文字を利用**できない**点に注意してください。インデントは必ず空白（一般的には半角スペース2つ）で表現します。

❷「&」はエイリアス、「*」は参照を意味する

YAMLでは、データに別名（エイリアス）を付けておくことで、別の場所からそのブロックを引用することもできます。database.ymlであれば、❶の部分です。

これでdefaultパラメーター（と、その配下のサブパラメーターadapter／pool／timeout）に対して、defaultという別名が付けられたことになります。ここでは、パラメーター名と別名とが同じ名前になっていますが、もちろん、太字の部分を「&def」のように異なる名前にしても構いません。

宣言された別名を参照しているのが、❷のコードです。「<<: **別名*」で、別名のブロックを挿入しなさい、という意味になります。たとえば、「開発環境の設定」と書かれているブロックは、挿入の結果、以下と同じ意味になります。

```
development:
  adapter: sqlite3
  pool: 5
  timeout: 5000
  database: db/development.sqlite3
```

複数の箇所で利用するような情報は、このようにエイリアスとしてまとめて定義しておくことで、コードの重複を避けることができます[*23]。

*23
この例であれば、developmentパラメーターだけでなく、test／productionパラメーターでも、エイリアスdefaultを引用しています。

❸ Railsは目的に応じて環境を使い分ける

Railsでは、development（開発）、test（テスト）、production（本番）環境が用意されており、これらを目的に応じて使い分けるのが基本です。database.ymlでもそれぞれの環境単位に設定が分けられており、別々のデータベースを用意するようになっています。これによって、たとえば開発環境で行った操作が不用意に本番環境に影響を及ぼすような事故を防げるわけです。

それぞれの環境に対して設定できるパラメーターの内容は、表2-4のとおりで

す（データベースによって指定できるパラメーターは異なる可能性もあります）。デフォルトでは development 環境が使われますので、変更が必要な場合はまず development パラメーター、もしくは、その引用元である default パラメーターの配下を編集してください[*24]。最低限の設定は既になされていますので、まずはそのままでも問題ありません。

*24
実行環境を変更する方法については、2.4.8項も参照してください。なお、defaultパラメーターを編集した場合は、すべての環境に影響が及びます。

▼表 2-4　database.yml で利用できる主な接続パラメーター

パラメーター名	概要
adapter	接続するデータベースの種類（sqlite3、mysql2、postgresql など）
database	データベース名（SQLite ではデータベースファイルのパス）
host	ホスト名／ IP アドレス
port	ポート番号
pool	確保する接続プール[*25]
timeout	接続のタイムアウト時間（ミリ秒）
encoding	使用する文字コード
username	ユーザー名
password	パスワード
socket	ソケット（/tmp/mysql.sock など）

*25
データベースへの接続をあらかじめ準備（プール）しておき、利用後は（切断するのではなく）プールに戻して再利用するしくみを言います。これによって、接続のオーバーヘッドを軽減できるというメリットがあります。

データベース名はデフォルトで「*環境名* .sqlite3」となっていますが、必要に応じて変更しても構いません[*26]。

*26
特に環境名（development、productionなど）はタイプするのも面倒なので、「dev」「pro」などのように省略しても良いでしょう。

2.4.3　モデルクラスの作成

続いて、データベースのテーブルにアクセスするためのモデルクラスを作成します。これには、コントローラークラスの作成にも利用した rails generate コマンドを使用します。

構文　rails generate コマンド（モデルの作成）

```
rails generate model name field:type [...] [options]
```

name：モデル名　*field*：フィールド名　*type*：データ型
options：動作オプション（表 2-5 を参照）

▼表 2-5　rails generate コマンドの主な動作オプション[*27]

オプション	概要	デフォルト値
--indexes	外部キー列にインデックスを付与するか	true
-o、--orm=*NAME*	使用する O/R マッパー	active_record
--migration	マイグレーションファイルを生成するか	true

*27
この他にも、表2-2の基本オプションは共通で利用できます。

オプション	概要	デフォルト値
--timestamps	タイムスタンプ（created_at、updated_at）列を生成するか	true
-t、--test-framework=*NAME*	使用するテストフレームワーク	test_unit
--fixture	フィクスチャを生成するか	true

ここでは、書籍情報を表 2-6 のような books テーブルで管理するものとし、これに対応する Book クラスを作成してみましょう。

▼表 2-6　books テーブルのフィールドレイアウト

列名	データ型*28	概要
isbn	string	ISBN コード
title	string	書名
price	integer	価格
publish	string	出版社
published	date	刊行日
dl	boolean	サンプルダウンロードの有無

***28**
利用できるデータ型については、5.8.2項を参照してください。

以下は、rails generate コマンドとその実行結果です。列の定義が含まれているので、これまでよりも長いコマンドになっていますが、基本は繰り返しの記述ですので、間違えないようにタイプしてください*29。

***29**
コマンドは、配布サンプル（1.2.4項）配下のcommand.txtにも掲載しています。いちいちタイプするのが面倒という方は、こちらをコピーして利用しても構いません。

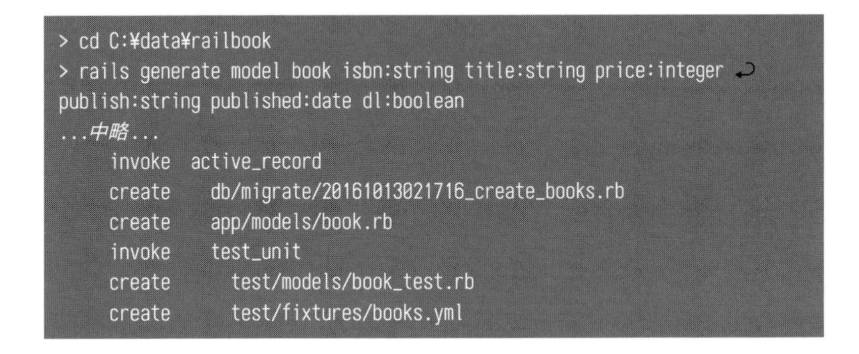

```
> cd C:¥data¥railbook
> rails generate model book isbn:string title:string price:integer ↩
publish:string published:date dl:boolean
...中略...
      invoke  active_record
      create    db/migrate/20161013021716_create_books.rb
      create    app/models/book.rb
      invoke    test_unit
      create      test/models/book_test.rb
      create      test/fixtures/books.yml
```

この結果、アプリルートの配下には、図 2-13 のようなファイルが生成されます。

▼図 2-13　rails generate コマンドで自動生成されたファイル

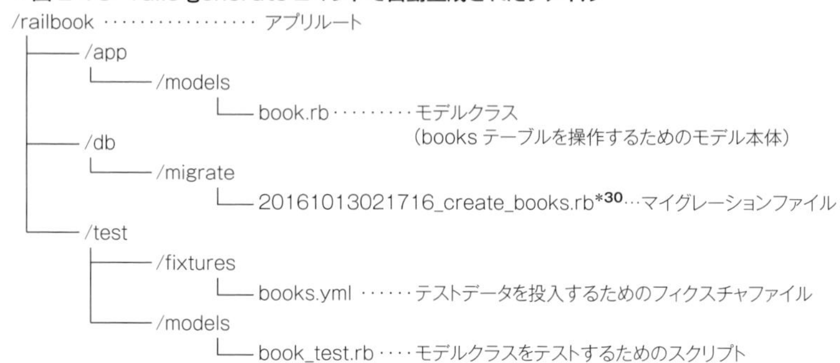

*30
ファイル名先頭の「20161013021716」の部分は、作成した日時によって変動します。

さまざまなファイルが自動生成されますが、詳しくは徐々に見ていくとして、ここではとりあえず生成されたファイル（クラス）の命名ルールを確認しておきましょう[*31]（表 2-7）。

*31
先ほども触れたように、Railsの基本は「設定よりも規約」です。Railsを正しく理解する第一歩は、命名の規約を理解することです。

▼表 2-7　モデル関連の命名規則

種類	概要	名前（例）
モデルクラス	先頭は大文字で単数形	Book
モデルクラス（ファイル名）	先頭は小文字で単数形	book.rb
テーブル	先頭は小文字で複数形	books
テストスクリプト	*xxxxx*_test.rb(先頭は小文字で単数形)	book_test.tb

モデルクラス（正確には、そのインスタンス）はそれぞれテーブルの各行を表すので単数形に、テーブルはモデルの集合体という意味で複数形になるわけです。

2.4.4 マイグレーションファイルによるテーブルの作成

rails generate コマンドを実行しただけでは、まだ肝心のデータベース（テーブル）が作成できていません。ここでいよいよデータベースの作成に取りかかりましょう。

Rails ではテーブルの作成や修正に**マイグレーション**という機能を利用します。マイグレーションとは、一言で言うならば、テーブルレイアウトを作成／変更するためのしくみです。マイグレーションを利用することで、テーブル保守の作業を半自動化できるのみならず、途中でレイアウト変更が生じた場合にも簡単に反映できます。

マイグレーションを実行するための**マイグレーションファイル**[*32]は、前項で rails generate コマンドを実行したときに、既に「20161013021716_create_books.rb」のような名前で自動生成されているはずです。中身も確認しておきましょう（リスト 2-8）。

*32
マイグレーションスクリプトとも言います。ファイル名の接頭辞の「20161013021716」は、実行都度に異なります。

▼リスト2-8 20161013021716_create_books.rb

```
class CreateBooks < ActiveRecord::Migration[5.0]
  def change
    create_table :books do |t|
      t.string :isbn
      t.string :title
      t.integer :price
      t.string :publish
      t.date :published
      t.boolean :dl

      t.timestamps
    end
  end
end
```


changeメソッドの中で呼び出しているcreate_tableメソッドに注目してみましょう。これがbooksテーブルを新規に作成するためのコードです。

詳しい構文については第5章に譲りますが、booksという名前のテーブルに対して、isbn、title、price、publish、published、dlといったフィールドを定義していることは直感的に見て取れるでしょう。こうした列定義が、先ほどのrails generateコマンドに渡した情報によって自動生成されているわけです。

まずは最低限のテーブルレイアウトを定義するだけであれば、このマイグレーションファイルはそのまま実行できます。マイグレーションファイルを実行するのはrails db:migrateコマンドの役割です。コマンドプロンプトから以下のように実行してください[*33]。

*33
Rails 4以前は**rake** db:migrateコマンドでしたが、Rails 5ではrails db:migrateコマンドに改められました。従来のrake ～コマンドも利用できますが、今後はrails ～コマンドを優先して利用してください。

```
> rails db:migrate
== 20161013021716 CreateBooks: migrating ======================================
-- create_table(:books)
   -> 0.0026s
== 20161013021716 CreateBooks: migrated (0.0040s) =============================
```

コマンドを実行するにあたって、パラメーターの指定などは必要ありません。データベースへの接続設定（database.yml）や実行すべきマイグレーションファイルなどは、Railsが自動的に判定してくれるためです[*34]。

上のような結果が得られれば、booksテーブルは正しく作成できています。

*34
実行済みのマイグレーションファイルもRailsが記憶していますので、繰り返しrails db:migrateコマンドを実行しても、同じマイグレーションファイルが実行されることはありません。

2.4.5 フィクスチャによるテストデータの準備

もっとも、テーブルを作成しただけではデータの取得などを確認するのに不都合ですので、テストデータも準備しておきましょう。

Rails ではテストデータをデータベースに流し込むためのしくみとして、**フィクスチャ**という機能を提供しています。フィクスチャとは YAML 形式のデータをデータベースに流し込むためのしくみと理解しておけば良いでしょう。

詳しくは 5.8.8 項で触れますので、ここでは、配布サンプル（1.2.4 項）の /railbook/test/fixtures フォルダー配下から books.yml を、自分のアプリ配下の同じフォルダーにコピーしてください。あとは、以下のように rails コマンドを実行するだけです。

```
> cd C:¥data¥railbook
> rails db:fixtures:load FIXTURES=books
```

これで、あらかじめ用意された 10 件ほどのデータが books テーブルに展開されました。

2.4.6 補足：データベースクライアントの起動

rails dbconsole コマンド[*35] を利用することで、config/database.yml で定義した接続情報に従って、データベースクライアント[*36] を起動できます。マイグレーションやフィクスチャを実行した後、データベースの内容を確認する際など、ちょっとした作業に便利ですので、覚えておくと良いでしょう。

以下では、SQLite クライアントを起動し、データベース配下のテーブルの一覧と、books テーブルの構造、データの内容を確認しています。

*35
ショートカットとして、rails db としても構いません。

*36
SQLite 3であればSQLiteクライアントです。rails dbconsoleコマンドは、その他にもMySQLやPostgreSQLに対応しています。

*37
schema_migrations／ar_nternal_metadataは、いずれもRailsがマイグレーションを管理するために自動で用意したテーブルです。詳しくは5.8節で解説します。

```
>rails dbconsole
SQLite version 3.17.0 2017-02-13 16:02:40
Enter ".help" for usage hints.
sqlite> .tables
ar_internal_metadata    books    schema_migrations

sqlite> .schema books
CREATE TABLE IF NOT EXISTS "books" ("id" INTEGER PRIMARY KEY ⏎
AUTOINCREMENT NOT NULL,"isbn" varchar, "title" varchar, "price" ⏎
integer, "publish" varchar, "published" date, "dl" boolean, ⏎
"created_at" datetime NOT NULL, "updated_at" datetime NOT NULL);

sqlite> SELECT * FROM books;
1|978-4-7741-8411-1|改訂新版JavaScript本格入門|2980|技術評論社 ⏎
```

```
|2016-09-30|f|2016-10-13 05:16:17.141057|2016-10-13 05:16:17.141057
2|978-4-7980-4803-1|はじめてのJSP&サーブレット 第2版|2800|秀和システム ↵
|2016-09-27|f|2016-10-13 05:16:17.141057|2016-10-13 05:16:17.141057
3|978-4-7741-8030-4|Javaポケットリファレンス|2680|技術評論社 ↵
|2016-03-18|t|2016-10-13 05:16:17.141057|2016-10-13 05:16:17.141057
...後略...

sqlite> .quit ―――――――――――――――― SQLite クライアントを終了
```

SQLite クライアントでテーブルの構造（スキーマ）を確認するには .schema メタコマンドを利用します（❶）。出力された CREATE TABLE 命令をよく見てみると、自分では明示的に定義しなかった id、created_at、updated_at フィールドが含まれていることが見て取れると思います。これらはすべて Rails が予約しているフィールドで、それぞれ表 2-8 の役割を持ちます。

▼表 2-8　Rails が自動生成するフィールド

フィールド名	概要
id	主キー（自動連番）
created_at	レコードの新規作成日時（Active Record が自動セット）
updated_at	レコードの更新日時（Active Record が自動セット）

よって、自分でフィールドを定義する際には、これらの名前は使用しないようにしてください。また、rails generate コマンドでモデルを定義する際に、主キーを意識しなくて良かったのもこのためです。

❷では、SELECT 命令で books テーブルの内容を一覧表示しています。ただし、Windows のバージョンによっては文字コードの関係でマルチバイト文字（日本語）が文字化けしてしまう点に注意してください[*38]。

*38
これを解消するには、コマンドプロンプトのプロパティウィンドウから［フォント］タブを選択し、［フォント］として「MSゴシック」を選択します。その上で、コマンドラインから「> chcp 65001」というコマンドを実行してください。

2.4.7 データ取得の基本

Active Record を利用する準備ができたところで、動作確認も兼ねて、ごく簡単なサンプルを作成してみましょう。ここで作成するのは books テーブルからすべてのデータを取得し、一覧表として整形するサンプルです（図 2-14）。

▼図 2-14　books テーブルの内容を一覧表示

ISBNコード	書名	価格	出版社	刊行日	ダウンロード
978-4-7741-8411-1	改訂新版JavaScript本格入門	2980円	技術評論社	2016-09-30	false
978-4-7980-4803-1	はじめてのJSP&サーブレット 第2版	2800円	秀和システム	2016-09-27	false
978-4-7741-8030-4	Javaポケットリファレンス	2680円	技術評論社	2016-03-18	true
978-4-8222-9876-0	アプリを作ろう！ Visual C++入門	2000円	日経BP社	2016-06-22	true
978-4-8222-9644-5	アプリを作ろう！ Android入門	2000円	日経BP社	2015-08-21	false
978-4-7981-3547-2	独習PHP 第3版	3200円	翔泳社	2016-04-08	true
978-4-7741-7984-1	Swiftポケットリファレンス	2780円	技術評論社	2016-03-04	false
978-4-7981-4102-2	プログラマのためのDocker教科書	3000円	翔泳社	2015-11-19	false
978-4-7741-7568-3	AngularJSアプリケーションプログラミング	3700円	技術評論社	2015-08-19	false
978-4-7981-4402-3	独習ASP.NET 第5版	3800円	翔泳社	2016-01-21	false

では、具体的な手順を見ていきましょう。

1 list アクションを追加する

2.2.1 項で作成済みの hello コントローラーに対して、リスト 2-9 のように list アクションを追加します。

▼リスト 2-9　hello_controller.rb

```
class HelloController < ApplicationController
  …中略…
  def list
    @books = Book.all
  end
end
```

books テーブルからすべてのレコードを無条件に取得するには、2.4.3 項で作成した Book オブジェクト（モデルクラス）の all メソッドを呼び出します。all メソッドはいわゆる「SELECT * FROM books」のような SQL 命令を発行するメソッドで、結果を Book オブジェクトの配列として返します。

オブジェクトのビューへの引き渡しは、2.3.1 項でも述べたようにインスタンス変数を経由して行うのでした。

NOTE **モデルクラスの中身**

自動生成された Book クラス（book.rb）をテキストエディターなどで開いてみると、実は中身はほとんど空であることがわかります（リスト 2-10）。

▼リスト 2-10　book.rb

```
class Book < ApplicationRecord
end
```

しかし、基底クラスである ApplicationRecord（正確には、その基底クラスである ActiveRecord::Base）がデータベースアクセスのための基本機能を提供しているため、このままでも検索や登録などの操作が可能なのです。当面は自動生成されたモデルには手を加えず、そのまま利用していくことにします。モデルに対して（たとえば）入力値検証などの独自の機能を実装する方法については、改めて第5章で解説します[*39]。

*39
ApplicationRecordクラスは、実はActiveRecord::Baseクラスを継承しただけの、（ほとんど）空のクラスです。アプリ共通の機能が必要になった場合には、ApplicationRecordクラスに実装します。具体的な方法については、6.6節などを参考にしてください。

❷テンプレートファイルを作成する

hello#list アクションに対応するテンプレートファイル list.html.erb を作成します（リスト 2-11）。テンプレートファイルは、コントローラークラスに対応するように /app/views/hello フォルダーに配置するのでした。

▼リスト 2-11　hello/list.html.erb[*40]

```
<table>
  <tr>
    <th>ISBNコード</th><th>書名</th><th>価格</th>
    <th>出版社</th><th>刊行日</th><th>ダウンロード</th>
  </tr>
<% @books.each do |book| %>                         ─┐
  <tr>                                               │
    <td><%= book.isbn %></td>        ─┐              │
    <td><%= book.title %></td>        │              │
    <td><%= book.price %>円</td>      ├── ❷          ├── ❶
    <td><%= book.publish %></td>      │              │
    <td><%= book.published %></td>    │              │
    <td><%= book.dl %></td>          ─┘              │
  </tr>                                              │
<% end %>                                           ─┘
</table>
```

*40
先にも説明したとおり、テンプレートファイルには、デフォルトでレイアウト（application.html.erb）が適用されます。よって、テンプレート本体にはコンテンツ本体の部分のみを記述すれば良いわけです。

オブジェクト配列の内容を順に取り出すのは、each メソッドの役割です[*41]（❶）。テンプレート変数 @books には Book オブジェクトの配列が渡されているはずなので、ここでは each メソッドで順に Book オブジェクト（ブロック変数 book）を取り出し、その内容を出力しています（図 2-15）。each ブロックの中では、book.isbn のような形式でオブジェクトの各プロパティ値（対応するフィールド値）にアクセスできます。

*41
テンプレートでは標準的なRubyのスクリプトを埋め込めますので、繰り返しや条件分岐などの構文を新たに覚える必要はありません。

▼図 2-15　each メソッドの動作

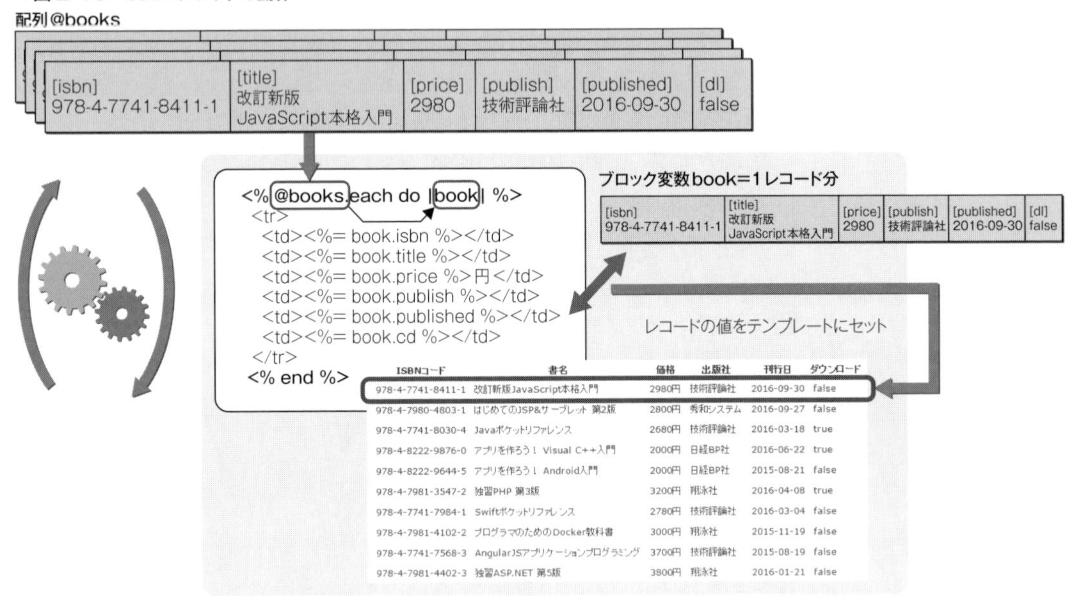

3 ルート定義を追加する

以上を理解できたら、あとは 2.2.3 項と同じく、ルート定義を追加するだけです（リスト 2-12）。

▼リスト 2-12　routes.rb

```
Rails.application.routes.draw do
  …中略…
  get 'hello/list'
end
```

これで、ブラウザーから次のアドレスでサンプルにアクセスできるようになります。本項冒頭の図 2-14 のように、books テーブルの内容が一覧表に整形されていれば、サンプルは正しく動作しています。

```
http://localhost:3000/hello/list
```

NOTE SQL 命令の確認

Active Record の内部で発行されている SQL 命令は、Puma を起動しているコンソールから確認できます。hello#list アクションにアクセスした後、コンソールに

SQL 命令が出力されていることを確認してみましょう（図 2-16）。

▼図 2-16　Active Record が内部的に発行した SQL 命令を出力

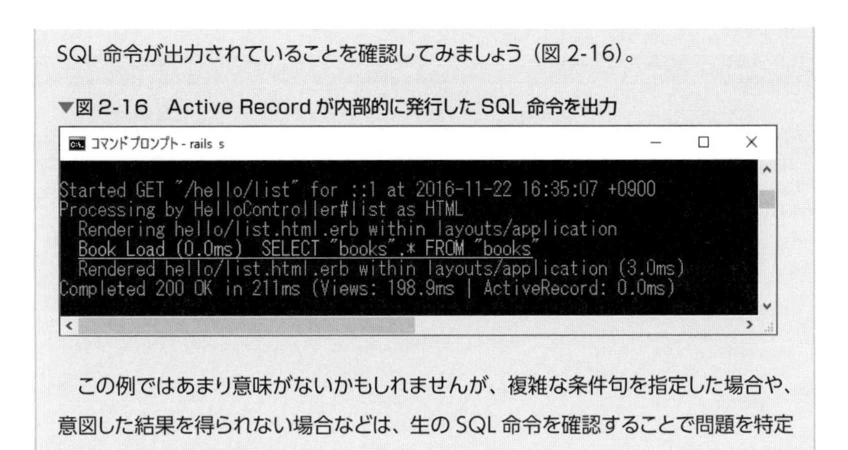

この例ではあまり意味がないかもしれませんが、複雑な条件句を指定した場合や、意図した結果を得られない場合などは、生の SQL 命令を確認することで問題を特定できることがあります。

2.4.8 補足：アプリの実行環境を指定する

2.4.2 項でも述べたように、Rails には development、test、production という 3 つの実行環境があります。これらを変更する方法はいくつかありますが、もっとも手軽なのは Puma の起動時に指定するというものでしょう。

たとえば、以下のように -e オプションを指定することで、本番（production）環境で Puma を起動できます。

```
> rails server -e production
```
[*42]

*42
ただし、Rails 5環境では環境変数SECRET_KEY_BASE（秘密トークン）の設定が必要です。詳しくは6.4.2項も参照してください。

デフォルトは開発（development）環境となっていますので、普段はほとんど意識する必要はないと思いますが、本番環境のデータで動作を確認したいなどの用途で利用してください。

ちなみに、rails server コマンドでは、-e 以外にも以下のようなオプションを指定できます。

構文　rails server コマンド（HTTP サーバーの起動）

```
rails server [name] [options]
```

name：起動する HTTP サーバー（thin や Unicorn など、Puma 以外を起動する場合）
options：動作オプション（表 2-9 を参照）

▼表 2-9　rails server コマンドの動作オプション

オプション	概要
-p、--port=*port*	使用するポート番号（デフォルトは 3000）
-b、--binding=*ip*	バインドする IP アドレス（デフォルトは 0.0.0.0）
-d、--daemon	デーモンとしてサーバーを起動
-e、--environment=*name*	特定の環境（test、development、production）でサーバーを起動（デフォルトは development）
-P、--pid=*pid*	PID ファイル（デフォルトは tmp/pids/server.pid）
-h、--help	ヘルプを表示

-e ／ --environment オプションの他によく利用するのは、-p ／ --port オプションです。Puma のデフォルトのポート番号は 3000 ですが、他のアプリでこのポートが使用済みであると、Puma の起動に失敗します。この場合には、-p オプションで以下のように指定してください。

```
> rails server -p 81
```

これで「http://localhost:81/ ～」のようなアドレスでアプリにアクセスできるようになります。

2.5 Railsの設定情報

Railsアプリの動作は、/configフォルダー配下の各種.rbファイル（設定ファイル）によって設定できます。以降の章でも何度も登場しますので、まずは基本的な構成をざっと鳥瞰しておきましょう。

2.5.1 主な設定ファイルの配置

図2-17に、よく利用するファイルをまとめておきます。

▼図2-17 /configフォルダー配下の主なファイル

```
/config
├── application.rb ······················ すべての環境で共通の設定ファイル
├── routes.rb ··························· ルート定義ファイル
├── /environment ························ 環境ごとの設定ファイル
│     ├── development.rb ················ 開発環境での設定
│     ├── test.rb ······················· テスト環境での設定
│     └── production.rb ················· 本番環境での設定
├── /initializers ······················· その他の初期化処理&設定情報
│     ├── assets.rb ····················· コンパイル対象のアセットを宣言
│     ├── backtrace_silencers.rb ········ 例外バックトレースをフィルター
│     ├── cookies_serializer.rb ········· 署名付き／暗号化クッキーに利用するシリアライザー
│     ├── filter_parameter_logging.rb ··· ロギングから除外するパラメーター情報の条件
│     ├── inflections.rb ················ 単数形／複数形の変換ルール
│     ├── mime_types.rb ················· アプリで利用できるコンテンツタイプ(6.3.3項)
│     ├── new_framework_defaults.rb ····· Rails 5でデフォルト値が変更になったパラメーター
│     └── session_store.rb ·············· セッション保存のための設定情報(6.4.3項)
└── /locales ···························· 国際化対応のためのリソースファイル(10.4節)
```

application.rbはアプリ共通の設定情報を、/environmentフォルダー配下の.rbファイルは各環境固有の設定情報を、それぞれ表します。よって、まず開発時にはdevelopment.rbを中心に編集を進めることになるでしょう。

/initializersフォルダー配下の.rbファイル（初期化ファイル）は、アプリ起動時にまとめてロードされます。デフォルトで用意されている主なファイルは、上のツリー図のとおりですが、必要に応じて自分で.rbファイルを追加することもできます[*43]。

設定ファイル／初期化ファイルともに、アプリの起動時に読み込まれますので、編集した場合にはPumaを再起動するのを忘れないようにしてください。

*43
初期化ファイルは再帰的に読み込まれますので、/initializersフォルダー配下にサブフォルダーを設けて、その配下に保存しても構いません。

2.5.2 利用可能な主な設定パラメーター

設定ファイルでは、「config. パラメーター名 = 値」の形式で、表 2-10 のような項目を設定できます。重要なものは、以降の章でも改めて個別に触れていきますので、まずは「こんなものがあるんだな」という程度で眺めてみてください。

▼表 2-10　設定ファイルで利用できる主なパラメーター

分類	パラメータ名	概要
基本	cache_classes	アプリクラスをキャッシュするか（デフォルトは development 環境で false、test、production 環境で true＊44）
	cache_store	キャッシュの保存先（:memory_store、:file_store、:mem_cache_store など）
	colorize_logging	ログ情報をカラーリング表示するか（デフォルトは true）
	autoload_paths	追加でロード対象となるパス（配列も可。たとえば、/lib フォルダー配下のクラスを自動ロードさせるには、「config.autoload_paths+= % W(#{config.root}/lib)」のように記述）
	asset_host	Asset ヘルパーで、付与するホスト名
	log_level	ログレベル（デフォルトは :debug＊45）
	logger	使用するロガーの種類（無効にする場合は nil）
	log_tags	ログに指定の情報（タグ）を付与（例：config.log_tags = [:uuid, :remote_ip]）
	time_zone	アプリや Active Record で利用するデフォルトのタイムゾーン＊46
	i18n.default_locale	国際化対応で利用するデフォルトのロケール（デフォルトは :en）
Active Record	active_record.logger	利用するロガー（nil でロギングを無効化）
	active_record.schema_format	スキーマのダンプ形式（:ruby、:sql）。デフォルトは :ruby
	active_record.timestamped_migrations	マイグレーションファイルをタイムスタンプで管理するか（デフォルトは true。false ではシリアル番号）
Action Controller	action_controller.logger	利用するロガー（nil でロギングを無効化）
	action_controller.perform_caching	キャッシュ機能を有効にするか
	session_store	セッションを格納するストア名（:cookie_store、:mem_cache_store、:disabled など）
Action View	action_view.default_form_builder	デフォルトで利用されるフォームビルダー（デフォルトは ActionView::Helpers::FormBuilder）
	action_view.logger	利用するロガー（nil でロギングを無効化）
	action_view.field_error_proc	エラー時に入力要素を囲むタグ（例 . config.action_view.field_error_proc = Proc.new{ |html_tag, instance| ('<b>#{html_tag}</b>').html_safe }）

＊44
cache_classesパラメーターがfalseの場合、リクエストごとにアプリコードがリロードされるため、コードを変更した場合も再起動は不要です。ただし、レスポンス速度は低下しますので、本番環境では必ずtrueに設定してください。

＊45
developmentモードの場合。productionモードでは:info。

＊46
コマンドプロンプトからrails time:zones:allコマンドを実行することで、利用可能なタイムゾーンを確認できます。

2.5.3 アプリ固有の設定を定義する

アプリ固有の設定情報は、/configフォルダー配下にmy_config.ymlのようなファイルを用意してまとめておくことをおすすめします。以下に、このような設定ファイルの例を示します（リスト2-13）。

▼リスト2-13 my_config.yml

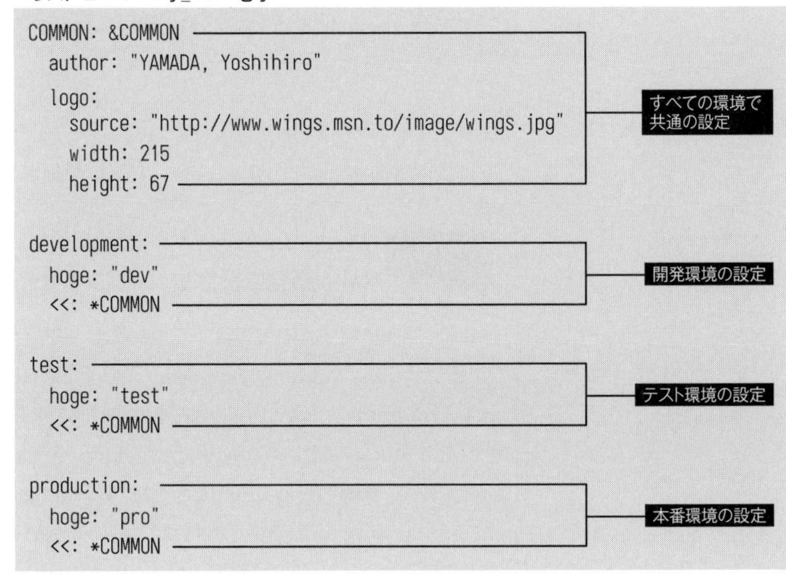


```
COMMON: &COMMON
  author: "YAMADA, Yoshihiro"
  logo:
    source: "http://www.wings.msn.to/image/wings.jpg"
    width: 215
    height: 67

development:
  hoge: "dev"
  <<: *COMMON

test:
  hoge: "test"
  <<: *COMMON

production:
  hoge: "pro"
  <<: *COMMON
```

COMMONキーの「&COMMON」は、キー全体を「COMMON」という名前で参照できるようにするためのエイリアスでした。このようにエイリアスを利用することで、ここではdevelopment、test、productionキーに共通の情報をCOMMONキーにまとめているわけです。YAML形式の便利な記法の1つなので、再確認しておきましょう。

このように定義した設定ファイルは、初期化ファイルで起動時に明示的に読み込んでおく必要があります。/config/initializersフォルダー配下にmy_config.rb（リスト2-14）のようなファイルを用意します*47。他のファイルと同じく、文字コードはUTF-8です。

*47
名前に特に決まりはありません。内容を類推しやすい範囲で自由に決めてください。

▼リスト2-14 my_config.rb

```
MY_APP = YAML.load(
  File.read("#{Rails.root}/config/my_config.yml"))[Rails.env]
```

YAMLファイルを読み込むのは、YAML.loadメソッドの役割です。この例では、読み込んだ結果の中からRails.env（現在の環境）をキーに持つもの——たとえば、development キー配下の情報だけを取り出し、グローバル変数 MY_APP にセットしています。

変数 MY_APP はコントローラー、ビューなど、すべてのファイルから参照できます（リスト 2-15）。

▼リスト 2-15　hello_controller.rb

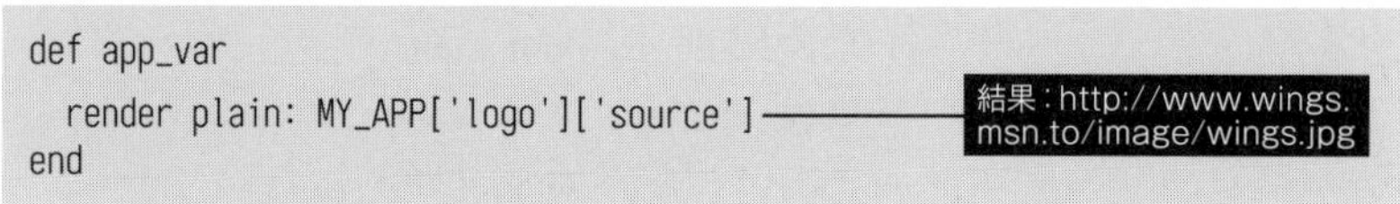

```
def app_var
  render plain: MY_APP['logo']['source']
end
```


アプリ共通で利用する情報は、このように単一のグローバル変数にまとめておくことで、名前空間を無駄に汚すことなく、また、簡単にアクセスできます。

COLUMN

Rails 開発に役立つコードエディター Visual Studio Code

Rails 開発に利用する環境は、基本的になんでも構いません。Sublime Text (https://www.sublimetext.com/)、Atom (https://atom.io/) のようなテキストエディター、あるいは、より高度な機能を求めるならば統合開発環境として Aptana Studio (http://www.aptana.com/) のような選択肢もあるでしょう。

ちなみに、著者の最近のお気に入りは、**Visual Studio Code** (https://code.visualstudio.com/) です。Visual Studio Code はマイクロソフトによって開発されているオープンソースのエディター。Visual Studio と名前は付いていますが、Windows 環境に限定されず、MacOS、Linux などクロスプラットフォームな環境に対応しています。図 2-18 に、主な機能もまとめておきます。

▼図 2-18　Visual Studio Code のメイン画面

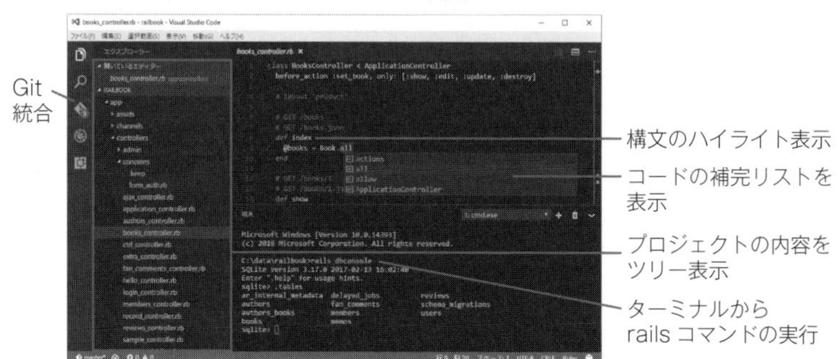

また、拡張機能をインストールすることで、目的に応じて、種々の便利機能を簡単に追加できるのも、Visual Studio Code の大きな強みです。詳しくは、「Visual Studio Code の使い方、基本の「キ」」(http://www.atmarkit.co.jp/ait/articles/1507/10/news028.html) のような記事も参考になるでしょう。

導入編

第3章 Scaffolding機能によるRails開発の基礎

Railsでは、コントローラークラス、テンプレート、モデルクラスを個別に作成する他、Scaffoldingという機能を利用することで、アプリに必要な要素をまとめて生成することもできます。
Scaffolding機能は、個別のデザインを要求されない、定型的な（しかし数だけは多い）マスターメンテナンス画面などの開発に役立つでしょう。また、学習という局面では、Railsによる基本的なCRUD（Create － Read － Update － Delete）機能を実装する良いお手本でもあります。本章では、まずbooksというテーブルをメンテナンスするための基本アプリをScaffolding機能を使って開発し、そのコードを読み解いていきます。その中で、Railsプログラミングの基本的なお作法を理解しましょう。

3-1 Scaffolding 機能によるアプリ開発

前章では、コントローラークラス（Controller）、テンプレート（View）、モデルクラス（Model）を個別に作成しました。Rails による開発では、まずはこのスタイルが基本だと思っておいて良いでしょう。

しかし、Rails にはもう 1 つ、より手軽に定型的な CRUD（Create − Read − Update − Delete）機能を持ったアプリを構築するための機能が用意されています。これを **Scaffolding**（**スキャフォールディング**）機能と呼びます。

Scaffolding とは「足場」という意味で、基本機能をあらかじめ実装したアプリの骨格（足場）を作成することを言います。現実には自動生成したコードは随所を修正する必要がありますので、結局省力化にならないと毛嫌いする人もいるようですが、

- まずは動作するアプリを作成したい
- マスターメンテナンスなど凝ったレイアウトを要求されないようなページを大量に作成したい
- Rails による基本的な CRUD 実装を理解したい

などの局面で活用すれば、開発生産性や学習効率を向上できるでしょう[*1]。

*1
当たり前のことですが、要は使いどころ次第ということです。

本章では、books テーブルをメンテナンスするための CRUD 機能を、Scaffolding 機能を使って実装してみます。また、自動生成されたコードを読み解くことで、Rails によるアプリ開発の重要な構文を概観してみましょう。

3.1.1 Scaffolding 開発の手順

図 3-1 は、本章で作成するアプリの画面遷移図です。まずは、Scaffolding 機能でどれだけ簡単に定型的な CRUD 機能を実装できるのかを確認してみましょう。なお、アプリ作成の手順でも、既出の箇所の説明は簡単に済ませますので、詳細は前章を今一度確認してください。

▼図3-1 Scaffolding機能で開発したbooksテーブルの管理画面

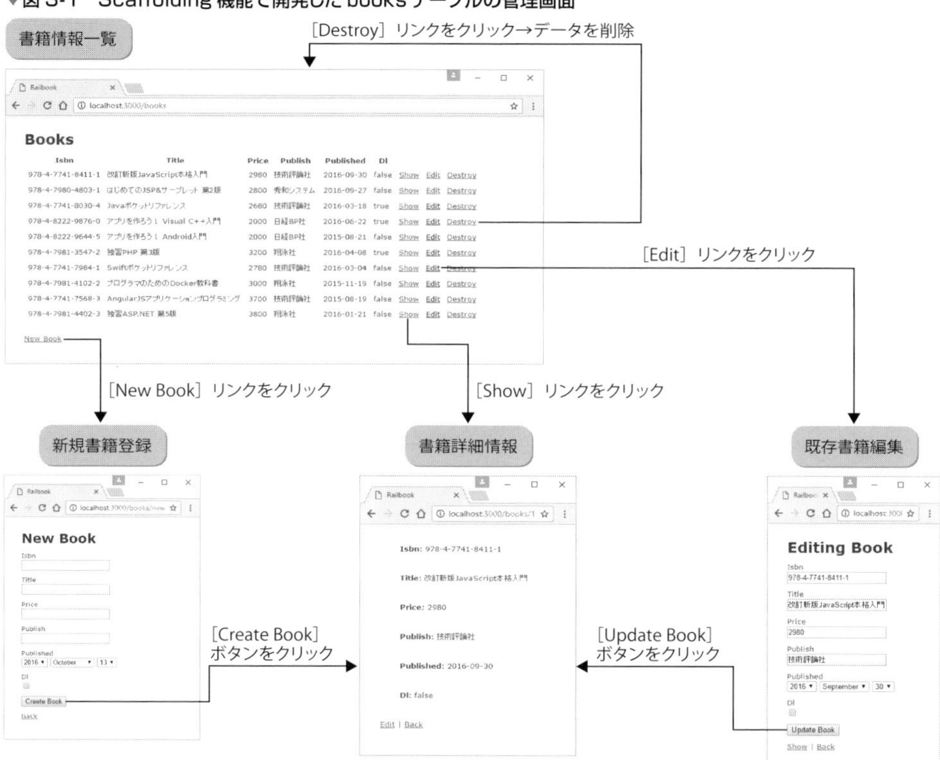

❶一部のファイルを削除する

Scaffolding機能は、アプリの動作に必要なコントローラークラスからテンプレートファイル、モデルクラス、マイグレーションファイルまでをまとめて自動生成してくれる便利機能です。しかし、一部のファイルは既に前章で作成してしまっており、このままでは正しくScaffolding機能を動作させることができません*2。

そこで本章では、Scaffolding機能を実行する前に、前章で作成したデータベースとモデル、その関連ファイルを削除しておきます。削除には、次のコマンドを実行します。

*2
正確には、重複ファイルをスキップするよう指定すれば良いのですが、本章ではScaffolding機能の標準の動作を確認するために、その方法は採りません。

```
> rails destroy model book ――――――――――――――― Book モデルとその関係ファイルを破棄
…中略…
      invoke  active_record
      remove    db/migrate/20161013021716_create_books.rb
      remove    app/models/book.rb
      invoke    test_unit
      remove      test/models/book_test.rb
      remove      test/fixtures/books.yml

> rails db:drop DISABLE_DATABASE_ENVIRONMENT_CHECK=1 ―――― データベース（development.sqlite3）を削除*3
```

❷ books テーブルを操作する関連ファイルをまとめて生成する

Scaffolding 機能を利用するには、これまでも利用してきた rails generate コマンドを利用します。

構文　rails generate コマンド（Scaffolding 機能）

```
rails generate scaffold name field:type [...] [options]
```

name：モデル名　*field*：フィールド名　*type*：データ型
options：動作オプション*4

model が scaffold というキーワードに代わっただけで、ほとんどがモデル生成の場合と同じ構文です*5。モデル名には、ここでは books テーブルを操作するための機能を生成したいので、2.4.3 項の命名規則に従って単数形の book を指定します。books テーブルのフィールドレイアウトは、P.49 の表 2-6 を参照してください。

***3**
DISABLE_DATABASE_ENVIRONMENT_CHECK は、本来、production環境でデータベースを削除する際に付与するオプションです。ただし、Windows環境ではdevelopment環境でも明示する必要があるようです。

***4**
利用できるオプションは、rails generate controller／modelコマンドで利用できたものとほぼ同じですので、詳しくはそちら（2.2.1項、2.4.3項）を参照してください。

***5**
コマンドは、配布サンプル（1.2.4項）配下のcommand.txtにも掲載しています。いちいちタイプするのが面倒という方は、こちらをコピーして利用しても構いません。

```
> rails generate scaffold book isbn:string title:string  price:integer publish:string published ↩
:date dl:boolean
…中略…
      invoke  active_record
      create    db/migrate/20161013062804_create_books.rb
      create    app/models/book.rb
      invoke    test_unit
      create      test/models/book_test.rb
      create      test/fixtures/books.yml
      …中略…
      invoke  scss
      create    app/assets/stylesheets/scaffolds.scss
```

コマンドの結果、アプリルートの配下には、図 3-2 のようなファイルが生成されます。かなりファイルの数も多くなっていますが、基本的にはこれまでに紹介してきたファイルがまとめて作成されているにすぎません*6。

*6
以前のrails generateコマンドの結果とも比較してみましょう。

▼図 3-2　rails generate コマンドで自動生成されたファイル

```
/railbook・・・・・・・・・・・・・・・・・・アプリルート
├── /app
│    ├── /models
│    │    └── book.rb ・・・・・・・・・・・・・・・・・・・・・・・・・・・・・・・・books テーブル操作のためのモデルクラス
│    ├── /controllers
│    │    └── books_controller.rb ・・・・・・・・・・・・・・・・・・・・CRUD 機能を備えたコントローラークラス
│    ├── /views
│    │    └── /books
│    │         ├── index.html.erb ・・・・・・・・・・・・一覧画面
│    │         ├── index.json.jbuilder ・・・・・・・・一覧情報（JSON 形式）
│    │         ├── edit.html.erb ・・・・・・・・・・・・・・編集画面
│    │         ├── show.html.erb ・・・・・・・・・・・・詳細画面
│    │         ├── show.json.jbuilder ・・・・・・・・詳細情報（JSON 形式）
│    │         ├── new.html.erb ・・・・・・・・・・・・・新規投稿画面
│    │         ├── _form.html.erb ・・・・・・・・・・・・新規投稿／編集画面のための共通フォーム
│    │         └── _book.json.jbuilder ・・・・・・・一覧／詳細情報のための共通スクリプト（JSON 形式）
│    ├── /assets
│    │    ├── /javascripts
│    │    │    └── books.coffee ・・・・・・・・・・・・・books コントローラー固有の CoffeeScript
│    │    └── /stylesheets
│    │         ├── books.scss ・・・・・・・・・・・・・・・・books コントローラー固有の SCSS スタイルシート
│    │         └── scaffolds.scss ・・・・・・・・・・・・Scaffolding 機能共通の SCSS スタイルシート
│    └── /helpers
│         └── books_helper.rb ・・・・・・・・・・・・・・・・・・・・・・・books コントローラー固有のビューヘルパー
├── /db
│    └── /migrate
│         └── 20161013062804_create_books.rb ・・・マイグレーションファイル
└── /test
     ├── /models
     │    └── book_test.rb ・・・・・・・・・・・・・・・・・・・・・・・・・モデルクラスのテストスクリプト
     ├── /controllers
     │    └── books_controller_test.rb ・・・・・・・・・・・・・・・コントローラークラスのテストスクリプト
     └── /fixtures
          └── books.yml ・・・・・・・・・・・・・・・・・・・・・・・・・・・・テストデータ投入のためのフィクスチャファイル
```

3マイグレーションファイルを実行する

必要なことの大部分は自動で済ませてくれる Scaffolding 機能ですが、マイグレーションによるテーブルの作成だけは rails コマンドで個別に実行する必要があります。

```
> rails db:migrate
== 20161013062804 CreateBooks: migrating ======================================
-- create_table(:books)
   -> 0.0024s
== 20161013062804 CreateBooks: migrated (0.0033s) =============================
```

以上で Scaffolding 機能によるアプリの作成は完了です（簡単ですね!）。開発サーバーを起動し、ブラウザーに次のアドレスを指定します。

```
http://localhost:3000/books
```

図 3-3 のように、books テーブルの一覧画面が表示されます。初期状態では books テーブルは空なので、［New Book］リンクからデータを新規作成するなどして、データの追加／修正／削除が正しくできることも確認してみましょう。デフォルトで自動生成される画面は列名なども英語ですが、.html.erb ファイルを編集することで、見栄えも簡単に変更できます。

▼図 3-3　Scaffolding 機能で実装されたアプリのトップページ

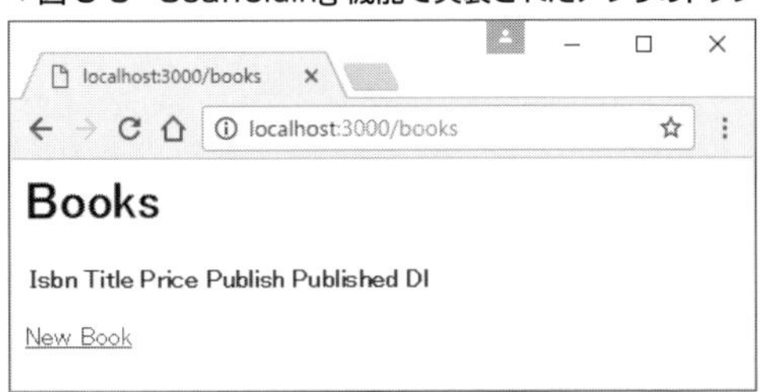

3.1.2　自動生成されたルートを確認する ― resources メソッド

Scaffolding 機能でアプリを生成すると、config/routes.rb にリスト 3-1 のようなコードが追加されます。rails routes は routes.rb を解析し、現在の有効なルートをリスト表示してくれる優れもののコマンドです。以降もよく利用しますので、是非覚えておいてください。

▼リスト 3-1　routes.rb

```
Rails.application.routes.draw do
  resources :books
  ...中略...
end
```

たったこれだけの記述ですが、resources メソッドは実は多機能なメソッドです。試しに rails routes コマンドで、現在のアプリで定義されているルートを確認してみましょう。

```
> rails routes
   Prefix Verb        URI Pattern                  Controller#Action
    books GET         /books(.:format)             books#index
          POST        /books(.:format)             books#create
 new_book GET         /books/new(.:format)         books#new
edit_book GET         /books/:id/edit(.:format)    books#edit
     book GET         /books/:id(.:format)         books#show
          PATCH       /books/:id(.:format)         books#update
          PUT         /books/:id(.:format)         books#update
          DELETE      /books/:id(.:format)         books#destroy
```

以上の結果をもう少しわかりやすくまとめてみると、表 3-1 のようになります。

▼表 3-1 「resources :books」で定義されたメソッド

節*7	URL パターン	呼び出すアクション	HTTP メソッド	役割
3.2	/books(.:format)	index	GET	一覧画面を表示
3.3	/books/:id(.:format)	show	GET	個別詳細画面を表示
3.4	/books/new(.:format)	new	GET	新規登録画面を表示
	/books(.:format)	create	POST	新規登録画面の入力を受けて登録処理
3.5	/books/:id/edit(.:format)	edit	GET	編集画面を表示
	/books/:id(.:format)	update	PATCH ／ PUT	編集画面の入力を受けて更新処理
3.6	/books/:id(.:format)	destroy	DELETE	一覧画面で指定されたデータを削除処理

resources メソッドによって books（書籍情報）というリソースに対する標準的な操作がまとめてルート定義されるわけです*8。以降の節では、上の表の内容を念頭に、対応するアクションやビュースクリプトについて見ていきます。

*7
「節」は、それぞれのテーマを扱う本章内での節番号を表しています。

*8
resourcesメソッドによるルート定義はカスタマイズすることもできます。詳しくは第7章で改めて解説します。

URL パターンに含まれる「:id」「:format」の意味

resourcesメソッドで定義されたURLパターンの「/books/:id/edit(.:format)」に注目してみましょう。「:id」「:format」のような表記が含まれていますね。この「:*名前*」の部分は変数のプレイスホルダーで、アクションメソッドに渡される任意のパラメーター（ルートパラメーター）を表します。また、丸カッコで囲まれている部分は、省略可能であるという意味です。

つまり、ここで定義されたURLパターンは、図3-4のようなリクエストURLにマッチし、books#editアクションで処理されるということです。

▼図3-4　URLパターンの「:id」「:format」

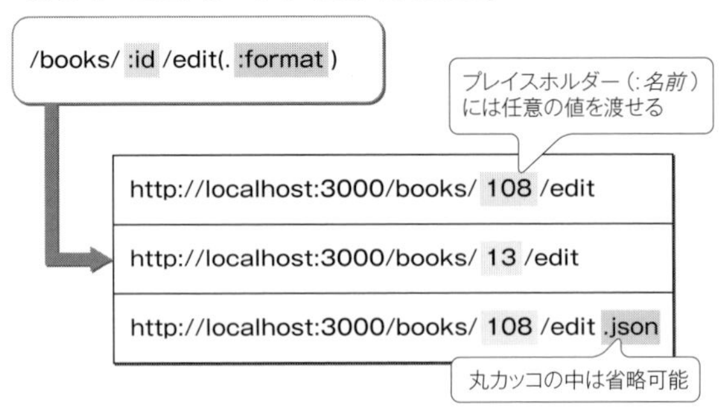

ルートパラメーターを取得する方法については、改めて3.3.1項で解説します。ここではまず、ルーティングを利用することでURL経由で任意の値を受け渡しできる、ということを覚えておきましょう。

3-2 一覧画面の作成（index アクション）

本節からは、自動生成された個々の画面について、そのコードを読み解いていきます。まずは、index アクション（一覧画面）からです。

3.2.1 index アクションメソッド

books#index アクションは「/books」で呼び出すことができる、いわゆるトップページを生成するためのアクションです（リスト 3-2）。

▼リスト 3-2　books_controller.rb

```
def index
  @books = Book.all
end
```

index メソッドの内容については 2.4.7 項でも扱っているので、特筆すべき点はありません。ここで注目していただきたいのは、index アクションに対応するテンプレートファイルです。

2.3.2 項でも触れたように、テンプレートファイルは、/app/views フォルダーの配下に「*コントローラー名 / アクション名* .html.erb」という命名形式で配置するのでした。この例であれば、books/index.html.erb が、index アクションに対応するテンプレートです。

しかし、/app/views/books フォルダーの配下を確認してみると、index.html.erb とは別にもう 1 つ、index.json.jbuilder というファイルがあります。index ではじまることからも、いかにも index アクションと関係がありそうだとは思いませんか。

そのとおり、index.json.jbuilder は、index アクションの結果を（HTML 形式ではなく）JSON 形式[*9] で出力するためのテンプレートです。テンプレートとして index.json.jbuilder を利用するには、URL を以下のように変えてアクセスするだけです。

*9
JavaScript Object Notation。JavaScriptのオブジェクトリテラルをそのまま利用したデータ形式です。その性質上、JavaScriptとの親和性に優れ、Ajax通信（9.5節）の局面でよく利用されます。

```
http://localhost:3000/books.json
```

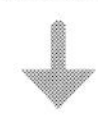

```
[
  {
    "id":1,
    "isbn":"978-4-7741-8411-1",
    "title":"改訂新版JavaScript本格入門",
    "price":2980,
    "publish":"技術評論社",
    "published":"2016-09-30",
    "dl":false,
    "created_at":"2016-10-13T06:54:07.765Z",
    "updated_at":"2016-10-13T06:54:07.765Z",
    "url":"http://localhost:3000/books/1.json"
  },
  {
    "id":2,
    "isbn":"978-4-7980-4803-1",
    "title":"はじめてのJSP\u0026サーブレット 第2版",
    "price":2800,"publish":"秀和システム",
    "published":"2016-09-27",
    "dl":false,
    "created_at":"2016-10-13T06:54:07.765Z",
    "updated_at":"2016-10-13T06:54:07.765Z",
    "url":"http://localhost:3000/books/2.json"
  },
  …中略…
]*10
```

***10**
結果は、見やすいように適宜、改行とインデントを加えています。

books テーブルの内容が JSON 形式で出力されます。このように Rails では、与えられた拡張子に応じて、利用するテンプレートを選択し、出力を変更できます。もっと言えば、.html.erb という拡張子は（単なる固定値ではなく）

ERB を使って、HTML 形式の出力を生成するためのテンプレート

を意味していたわけです。

同じように、.json.jbuilder は「JBuilder を使って、JSON 形式の出力を生成するためのテンプレート」を表します。JBuilder テンプレートの記法については 6.3.2 項で取り上げるので、ここではまず、「拡張子 .json によって、テンプレートファイル .json.jbuilder が呼び出される」ことを理解しておいてください。

NOTE ルート定義（:format パラメーター）

3.1.2 項で、「/books(.:format)」のようなルートが定義されていたのを思い出してください。このように、アクションメソッドでは省略可能な :format パラメーターを受け取ることで、出力形式を決めていたわけです*11。

これまで :format パラメーターを意識せず、「http://localhost:3000/books」のように指定できたのは、:format パラメーターのデフォルト値が html であったためです。明示的に「http://localhost:3000/books.**html**」としても同じ結果を得られます。

*11
他のアクションでも、このルールは同様です。

NOTE Rails 3.2 時代の自動生成コード

Rails 3.2 の Scaffolding では、以下のような index アクションが生成されていました。今となっては随分と古いバージョンの話になりますが、フォーマット操作の重要な概念を語るのに良い例なので、ここで引用しておきます。

```
def index
  @books = Book.all

  respond_to do |format|
    format.html # index.html.erb
    format.json { render json: @books }
  end
end
```

respond_to メソッドは、指定されたフォーマットに応じて異なるテンプレートを呼び出すしくみです。上の例であれば、指定されたフォーマットが html であれば index.html.erb を呼び出し、json であれば変数 @books を内部的に to_json メソッドで JSON 形式に変換したものを出力します。

Rails 4 以降では、JSON 形式の出力も標準的なテンプレート（JBuilder）を利用するようになったことで、冗長な respond_to メソッドの記述が取り除かれています*12。

*12
respond_toメソッドについては、6.3.3項で詳説します。

3.2.2 index.html.erb テンプレート

続いて books#index アクションに対応する books/index.html.erb のコードです（リスト 3-3）。

▼リスト3-3 books/index.html.erb

```
<p id="notice"><%= notice %></p>

<h1>Books</h1>

<table>
  <thead>
    <tr>
      <th>Isbn</th>
      <th>Title</th>
      <th>Price</th>
      <th>Publish</th>
      <th>Published</th>
      <th>Dl</th>
      <th colspan="3"></th>
    </tr>
  </thead>

  <tbody>
    <% @books.each do |book| %>
      <tr>
        <td><%= book.isbn %></td>
        <td><%= book.title %></td>
        <td><%= book.price %></td>
        <td><%= book.publish %></td>
        <td><%= book.published %></td>
        <td><%= book.dl %></td>
        <td><%= link_to 'Show', book %></td>
        <td><%= link_to 'Edit', edit_book_path(book) %></td>
        <td><%= link_to 'Destroy', book, method: :delete, data: { confirm: 'Are you sure?' } %></td>
      </tr>
    <% end %>
  </tbody>
</table>

<br>

<%= link_to 'New Book', new_book_path %>
```

受け取ったテンプレート変数@booksを展開する方法については2.4.7項で解説済みなので、ここで太字の部分に注目してみましょう。

❶ビューヘルパーを活用する

ビューヘルパーとは、テンプレートファイルを記述する際に役立つメソッドの総称です。ビューヘルパーを利用することで、フォーム要素の生成をはじめ、文字列や数値の整形、エンコード処理など、ビューでよく利用する操作をよりシンプルなコードで記述できます。

たとえば、ここで使用しているlink_toメソッドは、与えられた引数をもとにハイパーリンクを生成するためのメソッドです。

```
<a href="<%= url%>"><%= text %></a>
```

のように記述することもできますが、HTMLとスクリプトブロックが混在するのは、コードが読みにくくなる一因ともなります。また、ビューヘルパーにはモデルやルートと連携できるなど、Railsとの親和性も高いという特長がありますので、特別な理由がないならば、できるだけビューヘルパーを利用するのが望ましいでしょう。

構文 link_to メソッド

```
link_to(body, url [,html_options])
```

body：リンクテキスト　*url*：リンク先のパス（またはパラメーター情報）
html_options：<a> 要素に付与する属性（「属性名：値」のハッシュ形式）

たとえば、

```
<%= link_to('サポートサイト', 'http://www.wings.msn.to/',
  class: 'outer', title: '困ったときはこちらへ！') %>
```

とした場合には、

```
<a class="outer" title="困ったときはこちらへ！"
  href="http://www.wings.msn.to/">サポートサイト</a>
```

のようなアンカータグが生成されます。

Railsではlink_toメソッドの他にも、image_tag、form_for／form_tag、text_fieldなどなど、実にさまざまなビューヘルパーが用意されています。個々の使い方については、改めて第4章で詳述します。

2 link_to メソッドでの特殊なパス表記（オブジェクト）

ハイパーリンクを生成するという誤解のしようもないシンプルな機能を提供するlink_toメソッドですが、実は注目すべきポイントはいろいろあります。

まずは、リストの中でも以下の箇所に注目してみましょう。

```
<%= link_to 'Show', book %>
```

book は、each メソッドによってテンプレート変数 @books から取り出された個別の要素——つまり、Book オブジェクトです。link_to メソッドのリンク先パス（引数 url）にモデルオブジェクトが渡された場合、Rails はオブジェクトを一意に表す値、つまり、book.id を取得しようとします。id フィールドには 1、2... のような連番がセットされているはずですので、ここではリンク先のパスも 1、2... となるわけです。そして、現在のパスは「/books/」なので、最終的に「/books/1」のようなパスが生成されることになります。

❸ link_to メソッドでの特殊なパス表記（ビューヘルパー）

同じく引数 url に相当する部分で不思議な表記があります。以下のコードに注目してみましょう。

```
<%= link_to 'Edit', edit_book_path(book) %>
…中略…
<%= link_to 'New Book', new_book_path %>
```

new_book_path、edit_book_path は、routes.rb で resources メソッドを呼び出したときに自動的に用意されるビューヘルパーです。たとえば現在のルート定義（resources :books）では、表 3-2 のようなビューヘルパーが自動的に定義されたことになります。

▼表 3-2　ルート定義によって自動生成されるビューヘルパー

ヘルパー名	得られるパス
books_path	/books
book_path(*id*)	/books/:*id*
new_book_path	/books/new
edit_book_path(*id*)	/books/:*id*/edit

これらのビューヘルパーを利用することで、それぞれ対応するパスを得られるわけです。可読性の観点からも、Rails でパス指定する場合には、まずはこれらのビューヘルパーを利用すると良いでしょう[*13]。

「edit_book_path(book)」の book は、❷でも述べたように Book オブジェクトを指しますので book.id と同じ意味となります。

***13**
実は❷の「book」というパス表記もヘルパーを利用して「book_path(book)」と表記できます。しかし、これは冗長なだけであまり意味はないでしょう。

4 リンククリック時に確認ダイアログを表示する

引数 html_options（<a> 要素に付与する属性）には、アンカータグの属性だけでなく、特殊な動作オプションを指定することもできます。以下のコードに注目してみましょう。

```
<%= link_to 'Destroy', book, method: :delete, data: { confirm: 'Are you sure?' } %>
```

data − confirm オプションを指定すると、link_to メソッドはリンククリック時に確認ダイアログを表示します（図 3-5）。不可逆な処理（たとえば、この例での削除のような）を行うケースでは、確認ダイアログを表示することで、エンドユーザーによる誤操作を最大限、防止できます。

▼図 3-5　データ削除時に確認ダイアログを表示

localhost:3000 の内容:
Are you sure?
OK　キャンセル

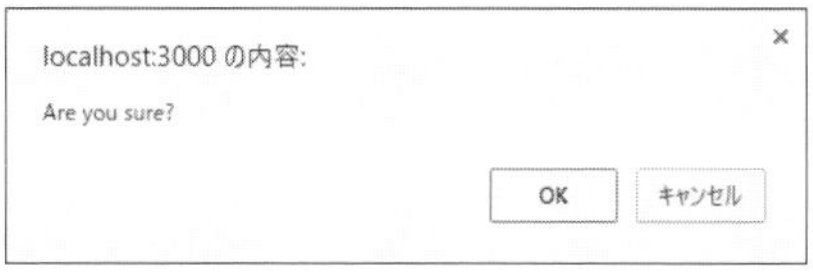

NOTE Unobtrusive JavaScript

Rails では、**Unobtrusive JavaScript（控えめな JavaScript）** というポリシーが一貫して遵守されています。控えめな JavaScript とは、要は HTML のあちこちにでしゃばらない——HTML から JavaScript が完全に分離されているという意味です。

たとえば、本文の例の出力結果を見てみましょう。

```
<a data-confirm="Are you sure?" …中略…>Destroy</a>
```

アンカータグにはあるべき JavaScript の姿はなく、その代わりに data-confirm という属性が埋め込まれているだけです[*14]。Rails では、この data-confirm 属性を外部スクリプトから読み取ってダイアログボックスを生成しています。これによって、JavaScript を HTML と明確に分離しているわけです。

以降も data- 〜ではじまる属性が登場したときには、Rails が提供している JavaScript ライブラリがその値に基づいてなんらかの処理を行っていると考えれば良いでしょう。

*14
「data-」ではじまる属性は、HTML5で導入された属性で、独自のデータを表します。Railsでは、このように新しいHTML5の機能を積極的に取り入れている点にも注目です。

5リンク先へのアクセスをHTTP GET以外で行う

もう1つ、以下のコードで注目すべきポイントはmethodオプションです。

```
<%= link_to 'Destroy', book, method: :delete, data: { confirm: 'Are you sure?' } %>
```

本来、ハイパーリンクによるページ移動では、もっとも基本的なHTTP GETメソッドを利用します。しかし、methodオプションを利用することで、HTTP GET以外でのリクエストを生成できます。P.69の表3-1を見てもわかるように、resourcesメソッドで作成されるルートにはHTTP GET以外に関連付いたものがいくつかあります*15。そのようなルートにハイパーリンク経由でアクセスするには、methodオプションで明示的に使用するHTTPメソッドを指定する必要があります。

*15
たとえば、destroyアクションはHTTP DELETEメソッドによって起動します。

NOTE 内部的にはHTTP POSTメソッド

もっとも、一般的なブラウザーはDELETEやPUT、PATCHなどのHTTPメソッドに対応していないため、Railsも内部的には HTTP POSTで通信を行います。その上で「HTTP DELETEを利用しようとした」という情報だけを一緒に送信しているのです。

これによって、Railsは本来あるべき姿――「ブラウザーはすべてのHTTPメソッドに対応しているべきで、目的に応じて、それぞれを使い分けるべき」というRESTfulな思想を緊急避難的に体現しているのです。

以上、link_toメソッドだけでもなかなか複雑な話になってしまいました。最後に、リスト3-3の太字部分によって実際に生成される出力も確認しておきましょう。ここまでの解説と照らし合わせて、今一度、それぞれの結果の意味を再確認してください。

```
<td><a href="/books/1">Show</a></td>
<td><a href="/books/1/edit">Edit</a></td>
<td><a data-confirm="Are you sure?" rel="nofollow" data-method="delete"
  href="/books/1">Destroy</a></td>*16
…中略…
<a href="/books/new">New Book</a>
```

*16
rel属性のnofollow値はHTML5で追加されたキーワードです。リンク先が保証されない、ページランクに影響すべきでないことを検索エンジンに対して通知します。

詳細画面の作成（show アクション）

続いて、詳細画面です。詳細画面は、一覧画面で各行の［Show］リンクをクリックしたときに表示される画面のことです（図 3-6）。

▼図 3-6 ［Show］リンクをクリックすると、対応するレコードの詳細画面が表示される

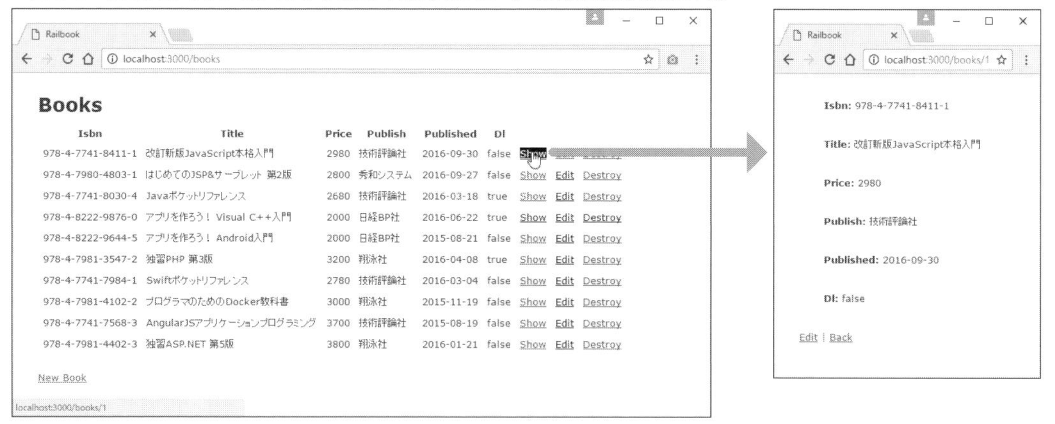

3.3.1 show アクションメソッド

books#show アクションのコードは、リスト 3-4 のとおりです。

▼リスト 3-4　books_controller.rb

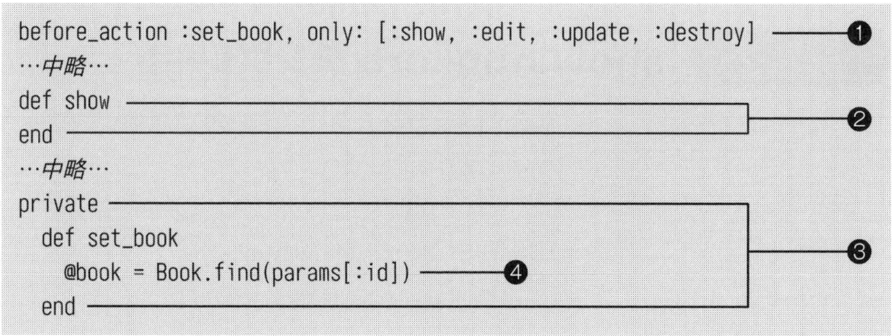

```
before_action :set_book, only: [:show, :edit, :update, :destroy] ――❶
…中略…
def show ――┐
end ―――――┘❷
…中略…
private ――――――――┐
  def set_book        │
    @book = Book.find(params[:id]) ――❹ │❸
  end ――――――――――┘
```

まず、❶の before_action メソッドは、アクションメソッドの前に実行すべきメソッド*17 を指定します。

*17
このようなメソッドのことを**フィルター**と言います。

構文　before_action メソッド

```
before_action method, only: action
```

method：フィルターとして実行されるメソッド
action：フィルターを適用するアクション（配列）

この例であれば、show ／ edit ／ update ／ destroy アクションを実行するに先立って、set_book メソッドを実行しなさい、という意味になります。複数のアクションで共通するような処理は、このようにフィルターとして切り出すことで、アクションメソッドの記述をシンプルにできます。たとえば show アクション（❷）であれば、行うべき処理はすべてフィルターに委ねられるため、メソッドの中身は空です。

フィルターの実処理を表しているのは❸です。フィルターでは、意図せずアクションとして呼び出されてしまうのを防ぐために、private 宣言しておくのが通例です。

フィルターの中身も読み解いていきましょう（❹）。P.69 の表 3-1 でも見たように、show アクションは「/books/:id(.:format)」という URL パターンに関連付いているのでした。つまり「/books/1」のような URL で呼び出されることを想定しています。

このように URL 経由で渡されたパラメーター（ここでは :id）を取得するのが、params メソッドの役割です。「params[:id]」で :id パラメーターの値を取得しています。

そして、:id パラメーター（Book オブジェクトの id）をキーに books テーブルを検索するのが find メソッドの役割です。find メソッドは、与えられた id 値に対応するレコードを検索し、その結果をモデルオブジェクト（ここでは Book オブジェクト）として返します。

find メソッドで得られた結果は、例によって、テンプレート側で参照できるように、テンプレート変数 @book にセットしておきます。

3.3.2 show.html.erb テンプレート

books#show アクションに対応するテンプレート show.html.erb はリスト 3-5 のとおりです。

▼リスト 3-5　books/show.html.erb

```
<p id="notice"><%= notice %></p>

<p>
  <strong>Isbn:</strong>
  <%= @book.isbn %>
</p>
```

```
<p>
  <strong>Title:</strong>
  <%= @book.title %>
</p>

<p>
  <strong>Price:</strong>
  <%= @book.price %>
</p>

<p>
  <strong>Publish:</strong>
  <%= @book.publish %>
</p>

<p>
  <strong>Published:</strong>
  <%= @book.published %>
</p>

<p>
  <strong>Dl:</strong>
  <%= @book.dl %>
</p>

<%= link_to 'Edit', edit_book_path(@book) %> |
<%= link_to 'Back', books_path %>
```


太字の「<%= notice %>」は、名前からも想像できるように注意（notice）メッセージを表示するためのプレイスホルダー[*18]です。注意メッセージについては、改めて create アクション（3.4.2 項）でメッセージを実際にセットする際に解説しますので、まずはここで表示のための枠が用意されていたことだけを覚えておいてください。

***18**
実は、index.html.erbにも同じ文言がありました。こちらも同じく、あとでdestroyアクション（3.6節）からメッセージを受け取ることを想定したプレイスホルダーです。

あとは、これまでの理解でも読み解けますね。テンプレート変数 @book には Book オブジェクトが格納されていますので、「@book.isbn」のようなコードで対応するフィールド値にアクセスできます。

新規登録画面の作成（new ／ create アクション）

続いて、新規に書籍情報を登録するための登録画面を確認します。新規登録画面は、一覧画面の下部から［New Book］リンクをクリックすることで表示できます（図 3-7）。

▼図 3-7　新規の書籍情報を登録するための画面

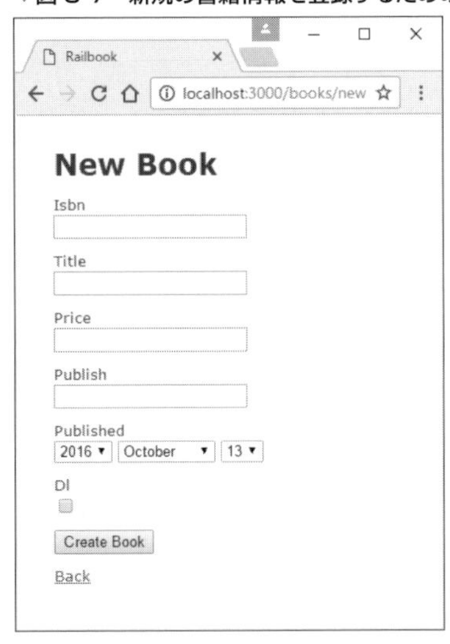

3.4.1　new.html.erb テンプレートファイル

これまでと順番は変わりますが、まずは新規登録画面を定義するテンプレートの側から見てみましょう（リスト 3-6）。

▼リスト 3-6　books/new.html.erb

```
<h1>New Book</h1>

<%= render 'form', book: @book %>

<%= link_to 'Back', books_path %>
```

随分と簡単なテンプレートですね。実は new.html.erb は、フォームの描画をもう 1 つのテンプレート（form）を使って行いなさい、という指示を出しているだけのテンプレートです。入力フォームは、基本的に新規登録画面も編集画面も共通のものを利用できるので、個別に定義するのではなく、このように外部化してしまうのが基本です。これによって、ほとんど同じコードを重複して記述するのを防ぐことができます（図 3-8）。

▼図 3-8　部分テンプレート

このようなおおもとのテンプレート（メインテンプレート）から呼び出される断片的なテンプレートのことを**部分テンプレート**と言います。部分テンプレートを呼び出しているのは、render メソッドの役割（太字部分）です*[19]。

これによって、部分テンプレートとして _form.html.erb が呼び出されます。部分テンプレートでは「_*名前*.html.erb」のように、ファイル名の先頭に「_」が付与される点に注意してください（これによって、部分テンプレートであることを宣言しているわけです）。

「book: @book」は、_form.html.erb を呼び出す際に、book という名前のパラメーター（変数）に、テンプレート変数 @book を渡しなさい、という意味です。@book には、Book オブジェクトがあらかじめセットされているものとします*[20]。

それでは、その _form.html.erb の中身について読み解いていくことにしましょう（リスト 3-7）。

*19
「render **partial**: 'form'」のように記述することもできますが、冗長なだけなので、「partial:」は省略するのが通例です。

*20
次項で解説します。

▼リスト 3-7　books/_form.html.erb

```
<%= form_for(book) do |f| %>
  <% if book.errors.any? %>
    <div id="error_explanation">
      <h2><%= pluralize(book.errors.count, "error") %> prohibited this ↩
book from being saved:</h2>

      <ul>
      <% book.errors.full_messages.each do |message| %>
        <li><%= message %></li>
      <% end %>
      </ul>
    </div>
  <% end %>

  <div class="field">
    <%= f.label :isbn %>
    <%= f.text_field :isbn %>
  </div>

  <div class="field">
    <%= f.label :title %>
    <%= f.text_field :title %>
  </div>

  <div class="field">
    <%= f.label :price %>
    <%= f.number_field :price %>
  </div>

  <div class="field">
    <%= f.label :publish %>
    <%= f.text_field :publish %>
  </div>

  <div class="field">
    <%= f.label :published %>
    <%= f.date_select :published %>
  </div>

  <div class="field">
    <%= f.label :dl %>
    <%= f.check_box :dl %>
  </div>

  <div class="actions">
    <%= f.submit %>
  </div>
<% end %>
```

❶ (form_for ～ end 全体)
❷ (div class="field" ～ div class="actions" の範囲)

薄字の部分は、入力値検証で発生したエラー情報を表示するためのコードです。入力値検証については5.5節で改めて説明しますので、ここではまずは無視してください。以下では残るフォーム本体に関する点にフォーカスします。

❶モデルに関連付いたフォームを定義する

まずは、フォーム全体を囲む❶のコードに注目してみましょう。form_for メソッドはビューヘルパーの一種で、モデルに関連付いたフォームを生成します。

構文 form_for メソッド

```
form_for(model) do |f|
  ...body...
end
```

model：モデルオブジェクト　*body*：フォームの本体

モデルに関連付いたフォームという表現がややわかりにくいかもしれませんが、要は、特定のモデル（テーブル）を編集するためのフォームと考えれば良いでしょう。モデルとフォームとを関連付けることで、

- 入力値をモデルのプロパティに割り当てる
- 編集、エラー時などにモデルの現在値をフォームに書き戻す

などの処理も自動的に行われるので、コード量を最小限に抑えられます*21。

*21
モデルとは関連付けないフォームを生成するには、form_tagというメソッドを使用します（4.1.2項）。

❷モデルのプロパティに対応した入力要素を設置する

form_for ブロックの配下に視点を移してみると、f.label、f.text_field、f.date_select、f.check_box、f.submit などのメソッドが呼び出されています。これらはいずれも form_for ブロックの配下で利用できるビューヘルパーで、それぞれモデルに関連付いたラベルやテキストボックス、日付選択ボックス、チェックボックス、サブミットボタンを生成します。

f は、form_for メソッドでブロック変数として指定した「|f|」に対応します*22。現在の（Book オブジェクトを表した）フォームを意味すると考えておけば良いでしょう。よって、たとえば、

*22
互いに対応関係にありさえすれば、「|form|」や「|fm|」などでも構いません。

```
<%= f.text_field :isbn %>
```

であれば、「Book オブジェクトを編集するフォームで isbn プロパティ（列）に対応するテキストボックス」を表すわけです。

これらフォーム関連のビューヘルパーについては改めて第 4 章でも詳述しますが、

まずはこれらのビューヘルパーに対しては、モデルのプロパティ名に対応した名前（シンボル）を渡すという点を覚えておいてください。

上記のコードによって、実際には以下のような <input> 要素が出力されます。

```
<input type="text" name="book[isbn]" id="book_isbn" />
```

name 属性にも「book オブジェクトの isbn プロパティ」という形式で名前がセットされていることが確認できます。他のフォーム要素も同様ですので、最終的にはフォーム全体としては、以下のようなハッシュ形式でサーバー側にデータが渡されることになります。

```
book: {
  "isbn":"978-4-7741-8411-1",
  "title":"改訂新版JavaScript本格入門",
  "price":2980,
  …中略…
}
```

3.4.2 new ／ create アクションメソッド

新規登録画面には 2 つのアクションが関係します。1 つは入力フォームを表示するための new アクション、そしてもう 1 つは、フォームから［Create Book］ボタンがクリックされたときに呼び出され、データの登録処理を行う create アクションです（リスト 3-8）。

▼リスト 3-8　books_controller.rb

```
def new
  @book = Book.new ────────────────── ❶
end
…中略…
def create
  @book = Book.new(book_params) ────────── ❸

  respond_to do |format|
    if @book.save
      format.html { redirect_to @book, notice: 'Book was successfully created.' }
      format.json { render :show, status: :created, location: @book }
    else                                                                        ── ❹
      format.html { render :new }
      format.json { render json: @book.errors, status: :unprocessable_entity }
    end
```

```
    end
  end
  …中略…
  private
    …中略…
    def book_params
      params.require(:book).permit(:isbn, :title, :price, :publish, :published, :dl) ──❷
    end
```

ポイントとなるのは、以下の 4 点です。

❶フォームの器となるオブジェクトを作成

new アクションの主な役割は、フォームから入力された情報を格納するための器を用意することです。これによって、テンプレートファイルの側ではそれぞれの項目とモデル上のプロパティとを紐づけているわけです。

new アクションで作成しているのは空のオブジェクトにすぎませんが、これがないと、form_for メソッドで正しくフォームを生成できませんので、注意してください。

❷ポストデータを取得（book_params メソッド）

フォームからの入力値（ポストデータ）をまとめて取得するには、以下のようにします。

```
params.require(:book).permit(:isbn, :title, :price, :publish, :published, :dl)
               モデル名                          列名
```

これによって、フォームで book[...] と名前付けされた入力値から指定の列名だけを取り出せます[*23]。上の式による具体的な戻り値は、以下のようなハッシュです。

*23
Rails 4から導入されたStrongParametersという機能です。詳しい解説は6.1.2項で行います。

```
{
  "isbn"=>"978-4-7741-8411-1",
  "title"=>"改訂新版JavaScript本格入門",
  "price"=>"2980",
  "publish"=>"技術評論社",
  "published(1i)"=>"2016",
  "published(2i)"=>"9",
  "published(3i)"=>"30",
  "dl"=>"0"
}
```

いささか冗長な記述ですが、まずはフォームからの入力値をまとめて取得する際の定型句として覚えてしまいましょう。モデル名／列名の部分は、もちろん、更新対象のテーブル／列に応じて変動します。

❸入力値によるモデルの再構築

ハッシュとして取得した入力値は、そのままモデルのコンストラクターに引き渡すことができます。

```
@book = Book.new(book_params)
```

これによって、モデルのプロパティに対して、ハッシュの対応する値がセットされるわけです。オブジェクトをローカル変数ではなく、インスタンス変数にセットしているのは、エラー時にはテンプレートにフィードバックする可能性があるためです。

オブジェクトを再構築できてしまえばあとは簡単。save メソッドを呼び出すことで、その内容をデータベースに登録できます。

NOTE **Rails 3 以前では?**

Rails 3 では、❷❸のコードが単に、以下のように表現されていました。

```
@book = Book.new(params[:book])
```

params[:book] で、book[...] で名前付けされたすべての入力値（ハッシュ）を取得できるのです。ただし、この記法は Rails 4 で StrongParameters（6.1.2 項）という機能が導入されたことで、利用できなくなりました。Rails 4 以降で Rails 3 の Scaffolding 機能で作成したコードをそのまま実行すると、ActiveModel::ForbiddenAttributesError 例外で弾かれてしまいます。Rails 3 以前から Rails を利用している人は注意してください。

❹データの保存と結果に応じた処理の分岐

save メソッドはデータベース操作の結果を true ／ false として返します。ここでは、save メソッドのこの性質と respond_to メソッド（P.73）を利用して、データ登録の成否と要求されたフォーマットに応じて処理を分岐しているのです。ちょっと複雑な記述に見えますが、図 3-9 のように表してみると明快になります。

▼図 3-9　データ登録時の分岐処理

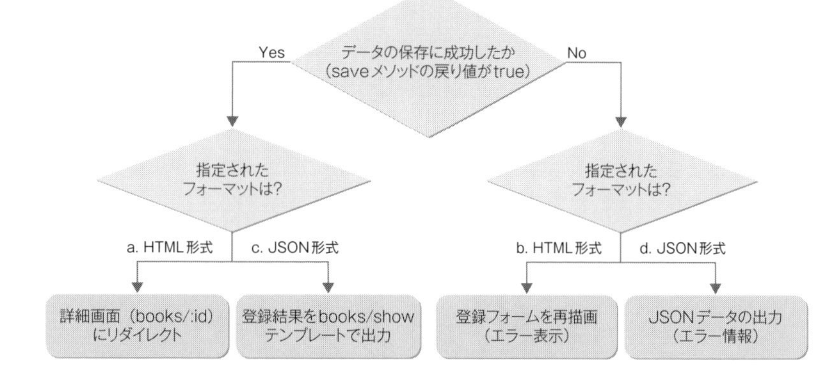

あとは、a. ～ d. について、それぞれの意味を読み解いていきましょう。

a. 処理に成功した場合（要求フォーマットは .html）

HTML 要求で処理に成功した場合は、redirect_to メソッドが呼び出されます。

構文　redirect_to メソッド

```
redirect_to url [,option]
```

url：リダイレクト先のパス　*option*：オプション

redirect_to メソッドは、引数 url で指定されたパスにジャンプ（リダイレクト）しなさいという意味です。3.3.1 項でも述べたように、@book は現在の Book オブジェクトの id 値を表しますので、登録データの id 値が 2 であれば「/books/2」（詳細画面）にリダイレクトされることになります。

notice オプションは、リダイレクト先に伝えるべきメッセージを表します。先ほど show.html.erb で、

```
<p id="notice"><%= notice %></p>
```

という記述を見たと思いますが、notice オプションで設定したメッセージは、ビューテンプレートではローカル変数のように参照できます。リダイレクト先にちょっとしたメッセージを伝達する手段としてよく利用しますので、この記法はきちんと覚えておいてください[*24]。

*24
実は、noticeオプションはフラッシュというしくみを利用しています。フラッシュについては、改めて6.4.4項で解説します。

b. 処理に失敗した場合（要求フォーマットは .html）

HTML 要求で処理に失敗した場合は、render メソッドが呼び出されます。

P.83 でも触れたように、render メソッドに引数を与えることで、指定された名前に対応するテンプレートファイルを呼び出せます。

リスト 3-8 の例では「new」が指定されていますので、エラー発生時には new.html.erb（新規登録画面）を再描画するという意味になります。

ここで、先ほど Book オブジェクトをインスタンス変数にセットしておいた意味も活きてきます。これによって、エラー発生前の入力値を再描画された new.html.erb で復元できるのです。

c. 処理に成功した場合（要求フォーマットは .json）

b. とほぼ同じです。引数で指定された show（show.json.jbuilder）で、新規作成されたデータを出力します。その他のオプションの意味は、表 3-3 のとおりです。

*25
サーバー側の処理結果を伝えるコードです。代表的なものに「200 OK」「404 Not Found」「500 Server Error」などがあります。詳細は6.2.3項も併せて参照してください。

▼表 3-3　render メソッドの動作オプション

オプション	概要
status	応答時に使用する HTTP ステータス*25
location	リソース位置を表す URL

HTTP ステータス「201 Created」（:created）は正しくリソースが作成できたことを意味します。併せて付与される Location ヘッダー（location）は、新規に生成されたリソースの位置を通知します。これをどのように処理するかはクライアントの実装に依存しますので、現時点では特に気にしなくても良いでしょう。

d. 処理に失敗した場合（要求フォーマットは .json）

最後に、JSON 要求で処理に失敗した場合です。この場合は、render メソッドでエラーメッセージを出力します。json オプションは、指定された値を JSON 形式で出力しなさい、という意味です。

この例であれば、@book.errors プロパティ（エラー情報）をもとに応答を生成します。HTTP ステータス「422 Unprocessable Entity」（:unprocessable_entity）はエンティティ（データ）を処理できなかったことを表します。

編集画面の作成（edit ／ update アクション）

既存の書籍情報を更新するための編集画面を確認します。編集画面は、一覧画面で各行の［Edit］リンクをクリックしたときに表示される画面のことです（図 3-10）。

▼図 3-10　［Edit］リンクをクリックすると、対応するレコードの編集画面が表示される

3.5.1　edit ／ update アクションメソッド

編集画面には 2 つのアクションが関係します。1 つは編集フォームを表示するための edit アクション、そしてもう 1 つは、フォームから［Update Book］ボタンがクリックされたときに呼び出され、データの更新処理を行う update アクションです（リスト 3-9）。

▼リスト 3-9　books_controller.rb

```
before_action :set_book, only: [:show, :edit, :update, :destroy]
…中略…
def edit
end
…中略…
def update
  respond_to do |format|
    if @book.update(book_params)
```

```
      format.html { redirect_to @book, notice: 'Book was successfully updated.' }
      format.json { render :show, status: :ok, location: @book }
    else
      format.html { render :edit }
      format.json { render json: @book.errors, status: :unprocessable_entity }
    end
  end
end
…中略…
private
  …中略…
  def set_book
    @book = Book.find(params[:id])
  end
```

まず、edit アクションでは、set_book フィルター経由で Book オブジェクトを取り出しているだけです。フィルター、id パラメーターの授受[*26]については、show アクション（3.3.1 項）でも触れているので、特筆すべき点はありません。

*26
P.69の表3-1も確認してください。editアクションは「/books/1/edit」のようなURLに紐づけられているのでした。

update アクションの方も「入力値のデータベースへの反映→結果に基づく出力の分岐」という流れはほぼ create アクション（3.4.2 項）と同じですが、一部異なるポイントもあります。

ここでは create アクションと異なる、太字のコードに注目してみましょう。

```
if @book.update(book_params)
```

既存のオブジェクトを更新するのは、update メソッドの役割です。update メソッドは、引数に渡された値でオブジェクトの対応するプロパティを書き換え、その結果をデータベースに保存します[*27]。利用にあたっては、あらかじめ find メソッドなどで更新対象のオブジェクトを取得しておく必要がある点に注意してください（この場合であれば、set_book フィルターで取得しています）。

*27
updateメソッドは内部的にsaveメソッドを呼び出していますので、アプリ側で明示的に呼び出す必要はありません。手動でプロパティを書き換えて、最終的にsaveメソッドを呼び出しても同じ意味になります。

構文　update メソッド

update(*attrs*)

attrs：更新データ（「*プロパティ名*：*値*」のハッシュ形式）

update メソッドは save メソッドと同じく、更新の成否を true ／ false で返しますので、ここではその性質を利用して、結果出力を分岐しています（図 3-11）。

▼図 3-11　データ更新時の分岐処理

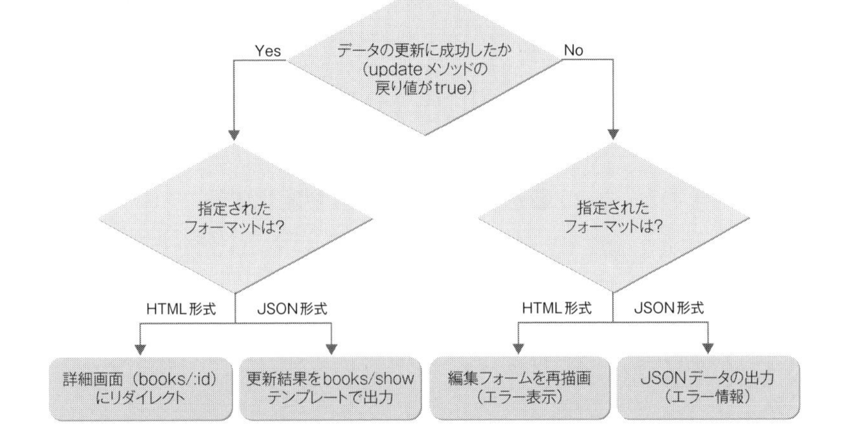

3.5.2 edit.html.erb テンプレートファイル

edit アクションに対応する edit.html.erb は、new.html.erb（3.4.1 項）と同じく、部分テンプレート _form.html.erb を呼び出しているだけの、ほとんど空のテンプレートです（リスト 3-10）。

▼リスト 3-10　edit.html.erb

```
<h1>Editing Book</h1>

<%= render 'form', book: @book %>

<%= link_to 'Show', @book %> |
<%= link_to 'Back', books_path %>
```

以上終わり、でも良いのですが、_form.html.erb について少しだけ補足しておきましょう（あくまで余談なので、読み飛ばしても構いません）。_form.html.erb では form_for メソッドでフォームを出力していたのを覚えているでしょうか。以下の部分です。

```
<%= form_for(@book) do |f| %>
```

form_for メソッドに渡されるオブジェクトの内容が空であるかどうかによって、実は出力の内容が変化するのです。以下は new ／ edit アクションそれぞれの出力の違いです（上が new アクション、下が edit アクション）。

```
<form class="new_book" id="new_book" action="/books"❶ accept-charset="UTF-8" method="post">   new
```

```
<form class="edit_book" id="edit_book_1" action="/books/1"❶ accept-charset="UTF-8" method="post">   edit
…中略…
<input type="hidden" name="_method" value="patch" />❷
```

❶送信先のアドレスが変化する

@book オブジェクトの内容が空であるかどうかによって（正確にはオブジェクトの内容が新規レコードであるかどうかによって）、form_for メソッドは action 属性の内容を変化させます。オブジェクトが新規レコードである場合には create アクションへの、既存レコードである場合には update アクションへの URL を生成します。

❷ HTTP メソッドの情報を追加する

レコード更新（オブジェクトが空でない）の場合には、_method パラメーター（値は、ここでは patch）が隠しフィールドとして渡されることになります。

これは、更新データが HTTP PATCH で送信されることを「便宜的に」宣言しているのです。P.69 の表 3-1 をもう一度確認してみましょう。update アクションは本来、HTTP PATCH メソッドで呼び出されるべきメソッドです。しかし、一般的なブラウザーは HTTP PATCH に対応していません。そこでとりあえず HTTP POST で送信するけれど、実際には HTTP PATCH として処理してね、ということを Rails に伝えているわけです*28。

*28
実は、3.2.2項で登場した[Destroy]リンクも同じようなしくみで、HTTP DELETEを疑似的に実装しています。

やや回りくどいような気もしますが、こうすることによって、Rails ではあるべき RESTful インターフェイス（7.1 節）を疑似的に実現しているわけです。漫然と開発を進める分にはあまり気にする必要もないポイントですが、現状のブラウザーで RESTful を実装するための 1 つの思想を Rails は具体化しています。RESTful という観点で Rails の実装を見てみると、また興味深い発見があるかもしれません。

NOTE Rails 3 では HTTP PUT

Rails 3 では、更新処理には HTTP PUT が採用されていました。これが Rails 4 以降で HTTP PATCH に振り替えられたのは、HTTP PUT が本来「リソースの完全な置換」「冪等（べきとう）」という性質を持つべきものであるからです。冪等とは数学用語の一種で、「同じ操作を何度行っても同じ結果が返される性質」を言います。

しかし、Rails における更新は、必ずしもそれらの条件に合致しません。一般的な更新ですべての情報を完全に置き換えることは恐らく稀です。そして、たとえば created_at ／ updated_at 列は更新のたびに変更されます。つまり、同じデータを送信したとしても、得られる結果は同じではありません。

そこで Rails 4 以降では、より実態に即した HTTP PATCH（冪等でない、部分更新）を採用することになりました。ただし、後方互換性に配慮して、Rails 5 でも依然として HTTP PUT は update アクションに紐づいています。P.69 の表 3-1 で update メソッドだけが HTTP PATCH ／ PUT の双方に対応していたのも、このためです。

COLUMN

コードのやり残しをメモする — TODO、FIXME、OPTIMIZE アノテーション

TODO ／ FIXME ／ OPTIMIZE アノテーションを利用することで、開発中にやり残した事柄や、将来的に対応すべき案件を、あとから対応の忘れがないようにコード中にマーキングしておくことができます。具体的には、「# *XXXX*:」のようなコメント構文を利用して、以下のように記述します（*XXXX* は TODO、FIXME、OPTIMIZE のいずれか）。

```
def validate_each(record, attribute, value)
  # TODO: あとから実装
end
```

アノテーションは rails notes コマンドで列挙できます。特定のアノテーションだけを列挙したい場合には、rails notes:todo、rails notes:fixme、rails notes:optimize も利用できます。

```
> rails notes
app/models/isbn_validator.rb:
  * [ 29] [TODO] あとから実装
app/controllers/application_controller.rb:
  * [ 10] [FIXME] 国際化対応の仕様、再確認の必要あり
```

削除機能の確認（destroy アクション）

最後は、既存の書籍情報を削除するための destroy アクションを確認します（リスト 3-11）。destroy アクションは一覧画面で各行の［Destroy］リンクをクリックしたときに呼び出されます（図 3-12）。

▼図 3-12　一覧画面で［Destroy］リンクをクリックすると、データが削除される

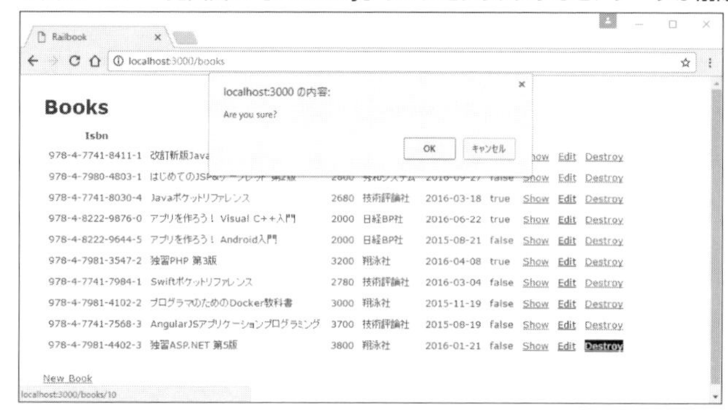

▼リスト 3-11　books_controller.rb

```
before_action :set_book, only: [:show, :edit, :update, :destroy]
…中略…
def destroy
  @book.destroy

  respond_to do |format|
    format.html { redirect_to books_url, notice: 'Book was successfully destroyed.' } ――❶
    format.json { head :no_content } ――❷
  end
end

private
  …中略…
  def set_book
    @book = Book.find(params[:id])
  end
```

destroy アクションは「/books/1」のような URL で呼び出されることを想定しています。ここでは URL 経由で渡された id パラメーターをキーに Book オブ

ジェクトを取得し、これを削除しています*29。データの削除を行うのは destroy メソッドの役割です。

削除処理に成功した後は、例によって、要求されたフォーマットに応じて処理を分岐します。

*29
set_bookフィルターについては、3.3.1項も併せて参照してください。

❶要求フォーマットが .html の場合

redirect_to メソッドで一覧画面にリダイレクトします。redirect_to メソッドに渡している books_url は、3.2.2 項でも触れたヘルパーメソッドです。

notice オプションで指定された文字列は index.html.erb に引き渡されて、削除成功のメッセージを表示するために利用されるのでした。

❷要求フォーマットが .json の場合

JSON 形式の要求では、head メソッドを呼び出しています。

構文 head メソッド

```
head status
```

status：応答ステータス

head メソッドは HTTP ステータス（処理結果）のみを通知し、コンテンツ本体を出力しないメソッドです。ここでは「204 No Content」（:no_content）を指定していますので、「処理は成功したが、特に返すべきコンテンツはない」ことを通知しています。

クライアントに返すべきコンテンツがない場合に便利なメソッドです。

準備：本書で使用するデータベース

以上で導入編は完了です。次の章からは Rails アプリの構成要素を個別に取り上げながら、より詳細に踏み込んでいきます。以降の章に進むに先立って、サンプルアプリで利用するデータベースを準備しておきましょう。

なお、1.2.4 項で説明した配布サンプルをそのまま利用する場合は、既にデータベースも組み込まれていますので、以下の手順は必要ありません。データベースに含まれるテーブルレイアウトの確認のみを行ってください。

3.7.1 データベースの構造

本書では、データベースとして図 3-13 のようなテーブルを使用します。関係するサンプルを実行する際には、これらテーブルのフィールドレイアウトを再確認してください。なお、表 3-4 ～ 3-10 では Rails の予約フィールドである id（主キー列）、created_at（作成日時）、updated_at（更新日時）は省略しています。

▼図 3-13　本書で使用するデータベース

▼表 3-4 books テーブルのフィールドレイアウト

列名	データ型	概要
isbn	string	ISBN コード
title	string	書名
price	integer	価格
publish	string	出版社
published	date	刊行日
dl	boolean	ダウンロードサンプルの有無

▼表 3-5 reviews テーブルのフィールドレイアウト

列名	データ型	概要
book_id	integer	books テーブルと紐づく外部キー
user_id	integer	users テーブルと紐づく外部キー
status	integer	レビューのステータス
body	text	レビュー本文

▼表 3-6 authors テーブルのフィールドレイアウト

列名	データ型	概要
user_id	integer	users テーブルと紐づく外部キー
name	string	著者名（ペンネーム）
birth	date	生年月日
address	text	住所
ctype	string	コンテンツタイプ
photo	binary	写真

▼表 3-7 authors_books テーブルのフィールドレイアウト＊30

列名	データ型	概要
author_id	integer	authors テーブルと紐づく外部キー
book_id	integer	books テーブルと紐づく外部キー

＊30
authors_booksテーブルには、主キー列idやcreated_at／updated_at列は存在しません。

▼表 3-8 users テーブルのフィールドレイアウト

列名	データ型	概要
username	string	ユーザー名
password_digest	string	パスワード（ハッシュ化済み）
email	string	メールアドレス
dm	boolean	広告メールを受け取るか
roles	string	ロール名
reviews_count	integer	投稿したレビュー数

▼表 3-9　fan_comments テーブルのフィールドレイアウト

列名	データ型	概要
author_no	integer	authors テーブルと紐づく外部キー
name	string	投稿者名
body	string	コメント本文
deleted	boolean	削除フラグ

▼表 3-10　memos テーブルのフィールドレイアウト

列名	データ型	概要
memoable_type	string	memos テーブルと紐づくテーブル
memoable_id	integer	memoable_type 列で指定されたテーブルと紐づく外部キー
body	string	メモ本文

3.7.2 データベースの準備

これらのテーブルと対応するモデルを準備するには、以下のような手順を踏む必要があります。

1 作成済みのファイルを削除する

作成済みのデータベースは、以下の手順でまとめて作成するので、ここでいったん削除しておきましょう。データベースの削除には、以下のコマンドを実行するのでした（以下、コマンドの実行結果は割愛します）。

```
> rails db:drop:all DISABLE_DATABASE_ENVIRONMENT_CHECK=1 ← データベースを削除*31
```

*31 DISABLE_DATABASE_ENVIRONMENT_CHECK は、本来、production環境でデータベースを削除する際に付与するオプションです。ただし、Windows環境ではdevelopment環境でも明示する必要があるようです。

2 モデルクラスを作成する

以下のコマンドを利用して、モデルクラスと、データベース作成のためのマイグレーションファイルを作成します。コマンドは配布サンプルの command.txt にも含まれているので、入力するのが面倒という方はコピー&ペーストしても構いません。

```
> rails generate migration CreateJoinTableAuthorBook author book
> rails generate scaffold user username:string password_digest:string email:string dm:boolean ↵
roles:string reviews_count:integer
> rails generate scaffold author user:references name:string birth:date address:text ctype:string ↵
photo:binary
> rails generate scaffold review book:references user:references status:integer body:text
> rails generate scaffold fan_comment author_no:integer name:string body:text deleted:boolean
> rails generate model memo memoable:references{polymorphic} body:string --fixture=false
```

マイグレーションファイルが自動生成されるので、以下のコマンドでマイグレーションを実行してください。

```
> rails db:migrate
```

3 フィクスチャでテストデータを生成する

データベースに動作確認用のデータも準備しておきましょう。フィクスチャファイルは、配布サンプルの /test/fixtures フォルダーに用意していますので、members.yml を除く6つの .yml ファイル（authors.yml、authors_books.yml、books.yml、reviews.yml、users.yml、fan_comments.yml）を自分のアプリの /test/fixtures フォルダーに上書きコピーしてください。

あとは、以下のコマンドでフィクスチャをデータベースに登録できます。

```
> rails db:fixtures:load
```

4 データベースの内容を確認する

最後に、以下のコマンドでデータベースの内容を簡単に確認しておきましょう。

```
> rails dbconsole                                   ← SQLite クライアントを起動
SQLite version 3.17.0 2017-02-13 16:02:40
Enter ".help" for usage hints.
sqlite> .tables                                     ← データベースに含まれるテーブルをリスト表示
ar_internal_metadata  books          reviews
authors               fan_comments   schema_migrations
authors_books         memos          users
sqlite> .quit                                       ← SQLite クライアントを終了
```

以上でデータベースの準備は完了です。以降、もしもデータベースを初期状態に戻したい場合には、以下のコマンドでデータベースを再作成できます。

```
> rails db:reset DISABLE_DATABASE_ENVIRONMENT_CHECK=1    ← 現在のテーブルレイアウトでデータベースを再作成
> rails db:fixtures:load                                 ← フィクスチャをロード
```

NOTE

次章以降の学習を進めるにあたって

次章以降の基本編では、個々にコントローラー／ビュー、ルート定義を作成する手順は割愛します。第 2 章の手順に従って、そのときどきで必要なコントローラー／ビュー、ルートを作成してください。

コントローラー／ビューについて

サンプルファイルは、表 3-11 のように、章単位で 1 つのコントローラーにまとめています（一部の例外はあります）。テンプレートについては、それぞれ対応する「/views/*コントローラー名*」フォルダー配下に保存してください。

*32
7、8章については、章全体として利用しているコントローラーはありません。

▼表 3-11　各章で利用しているコントローラー*32

章	コントローラー
4	view_controller.rb
5	record_controller.rb
6	ctrl_controller.rb
9	ajax_controller.rb
10	extra_controller.rb

たとえば第 4 章では、view コントローラー（view_controller.rb）を利用し、対応するテンプレートファイルを /app/views/view フォルダーに作成していきます。

コードそのものについても必要な箇所を抜粋して掲載することが多くなりますので、完全なコードはダウンロードサンプルを参照しつつ、学習を進めることをお勧めします。

ルート定義について

ルートについては「*コントローラー名 / アクション名*」の形式になるよう、routes.rb に対して定義していきます。たとえば、view コントローラーの keyword アクションに対応したルートは、以下のように表します。

▼リスト 3-12　routes.rb

```
get 'view/keyword'
```

その他、:id パラメーターを伴うなど、特殊なルートについては、適宜、注で補足していくものとします。ダウンロードサンプルと併せて、参考にしてください。

基本編

第4章 ビュー開発

前章までで、導入編はひとまず完了です。ここまでの内容で、Railsのもっとも基本的なしくみと構文を理解できたはずです。そこで、ここからはもう少し踏み込んで、Model – View – Controllerの個々の要素をより詳しく見ていくことにしましょう。
まず本章では、もっとも馴染みやすく結果も確認しやすいView（見栄え）について解説していきます。具体的には、導入編でも登場したレイアウト、部分テンプレート、ビューヘルパーについて詳説するとともに、ビューヘルパーの自作についても解説します。
ビューヘルパーの自作については、やや高度な話題ですので、興味のない方はスキップしても構いませんが、前半のビューヘルパー、レイアウト、部分テンプレートについてはいずれもビュー開発には欠かせない重要なテーマです。確実に理解しておいてください。

4-1 フォーム関連のビューヘルパー

まずは、フォーム要素に関係したビューヘルパーからです。ここまではScaffolding 機能で自動生成したテキストボックスや日付選択ボックスなどを確認しただけでしたが、フォーム系のヘルパーには、その他にも、表 4-1 のようなものが用意されています。

他のビューヘルパーと比べても利用頻度が高いものが多いので、それぞれの用法と使い分けとをきちんと理解しておいてください。

▼表 4-1　フォーム関連のビューヘルパー

メソッド	概要
form_for	フォーム
label	ラベル
text_field	テキストボックス
password_field	パスワード入力ボックス
text_area	テキストエリア
file_field	ファイル選択ボックス
check_box	チェックボックス
radio_button	ラジオボタン
select	選択ボックス／リストボックス
hidden_field	隠しフィールド
email_field	メールアドレス入力ボックス
number_field	数値入力ボックス
range_field	範囲バー

メソッド	概要
search_field	検索ボックス
telephone_field	電話番号入力ボックス
url_field	URL 入力ボックス
color_field	色選択ボックス
date_field	日付入力ボックス
datetime_field	日付時刻入力ボックス
datetime_local_field	日付時刻入力ボックス（ローカル）
time_field	時刻入力ボックス
month_field	月入力ボックス
week_field	週入力ボックス
submit	サブミットボタン
fields_for	form_for ブロック配下のサブフォーム

なお、ここからはビューヘルパー中心の解説となってくるため、アクションメソッド側にコードがいらない例も多く出てきます。そのようなケースでは、アクションメソッドは省略し、テンプレートファイルだけを記述するものとします。これは Rails では、

アクションメソッドが存在しない場合、テンプレートファイルを直接見に行く

という決まりがあるためです。たとえば、view/keyword.html.erb というテンプレートは、アクションメソッドがなくても「~ /view/keyword」という URL で呼び出すことができます*1。

*1
ただし、2.2.3項と同じ要領で、「get 'view/keyword'」のようなルートを定義してある前提です。

4.1.1 フォーム生成の基礎

フォーム関連のビューヘルパーは、フォーム（<form> 要素）を生成するためのヘルパー２種類と、個別の入力フィールドを生成するためのヘルパー３種類に分類できます（図 4-1）。フォームを定義する上ではまず、それぞれの分類と利用可能な組み合わせについて理解しておくことが重要です。

▼図 4-1　フォームヘルパーの分類

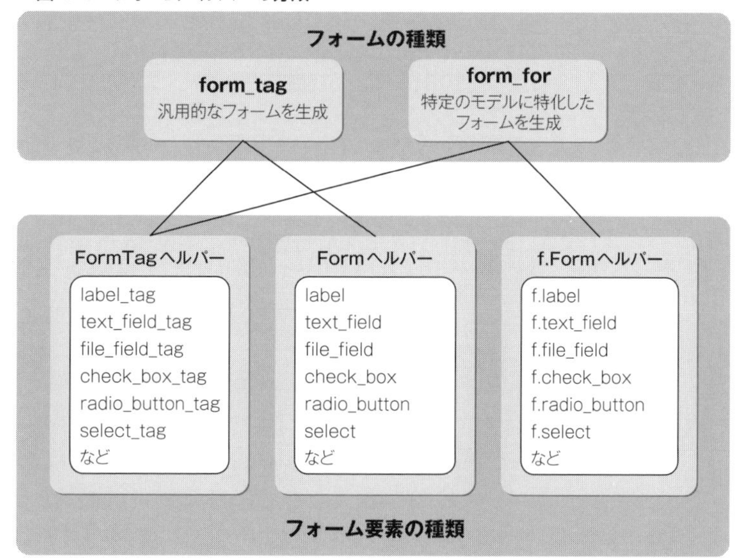

form_for ／ form_tag メソッドは、いずれも <form> 要素を生成するためのメソッドです。ただし、

- form_for は、特定のモデルオブジェクトを編集するのに特化したメソッド
- form_tag は、モデルに関係しない汎用的なフォームを生成するためのメソッド

という違いがあります。それぞれのタグの配下では、利用できるビューヘルパーも変化する点に注意してください。

以降でも、末尾に _tag 付きのヘルパーのこと **FormTag ヘルパー**、_tag なしのヘルパーのことを **Form ヘルパー**、そして、「f.」で呼び出すヘルパーのことを **f.Form ヘルパー**と呼んで、便宜上、区別するものとします。

4.1.2 汎用的なフォームを出力する ― form_tag メソッド

まずは form_tag メソッドからです。前提となるモデルが存在しない（モデルの編集目的でない）汎用的なフォームの生成に利用します。たとえば、検索キーワードや条件を入力する検索フォームは、一般的にモデルには関連付いていないはずなので[*2]、form_tag メソッドで定義します。

*2
検索条件の妥当性を検証するためにモデルを定義することもありますが、それはひとまずおいておきます。

構文　form_tag メソッド

```
form_tag([url_opts [,opts]]) do
  ...body...
end
```

url_opts：リンク先の URL（url_for メソッド（4.3.2 項）も参照）
opts：<form> 要素の属性（表 4-2 を参照）　*body*：フォームの本体

▼表 4-2　form_tag メソッドのオプション（引数 opts のキー）

オプション	概要
method	フォーム送信時に使用する HTTP メソッド（デフォルトは :post[*3]）
multipart	enctype 属性に "multipart/form-data" をセットするか（ファイルのアップロード時に使用。6.1.5 項も参照）
id、class など	その他の <form> 要素に付与するオプション

*3
:putや:deleteなどが指定された場合には、_methodという名前の隠しフィールドが内部的に生成されます。詳しくは3.5.2項も併せて参照してください。

図 4-1 でも見たように、form_tag メソッドの配下では、モデルに関連付かない FormTag ヘルパー（text_field_tag メソッドなど）や、モデル編集のための Form ヘルパー（text_field メソッドなど）を利用できます。

ただし、Form ヘルパーが大量に発生する場合には、後述する form_for メソッドを利用した方がコードもシンプルに記述できます。form_tag メソッドの配下では、基本的には FormTag ヘルパーをまず利用する、と覚えておきましょう。

たとえば、リスト 4-1 はサイト検索を想定したフォームです。

▼リスト 4-1　view/keyword.html.erb

```
<%= form_tag({ controller: :keyword, action: :search },
  id: :fm, class: :search) do %>
  <label for="keywd">検索キーワード：</label>
  <%= text_field_tag :keywd, '', size: 30 %>  ──┐
                                                ├─❷
  <%= submit_tag '検索' %>  ─────────────────────┘
<% end %>
```

↓

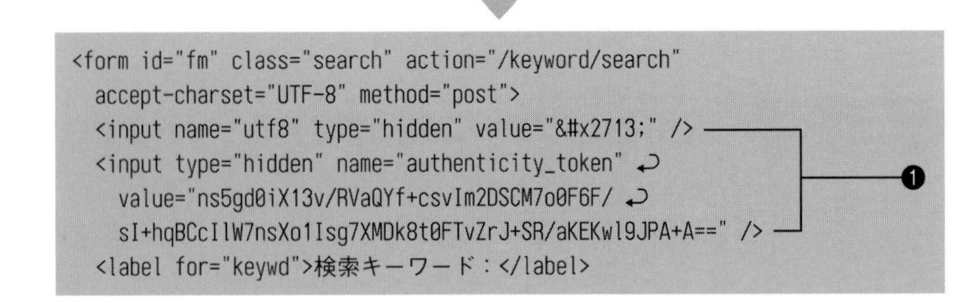

```
<form id="fm" class="search" action="/keyword/search"
  accept-charset="UTF-8" method="post">
  <input name="utf8" type="hidden" value="&#x2713;" />  ──┐
  <input type="hidden" name="authenticity_token" ⏎        │
    value="ns5gd0iX13v/RVaQYf+csvIm2DSCM7o0F6F/ ⏎         ├─❶
    sI+hqBCcIlW7nsXo1Isg7XMDk8t0FTvZrJ+SR/aKEKwl9JPA+A==" />  ─┘
  <label for="keywd">検索キーワード：</label>
```

```
  <input type="text" name="keywd" id="keywd" value="" size="30" />
  <input type="submit" name="commit" value="検索" ⏎
    data-disable-with="検索" />
</form>
```

❶で出力されている隠しフィールドは、form_tagメソッドが自動生成した、文字コード判定やCSRF対策（6.6.3項）のための内部情報です。今はとりたてて意識しなくて構いません。

❷で利用しているFormTagヘルパーについては、改めて4.1.5項以降で詳述します。

NOTE **ポスト先のルートも忘れずに**

form_tagメソッドでは、現在のアクションだけでなく、ポスト先のアクションに対してもルートを定義しておく必要があります（リスト4-2）。ポスト先のルートを定義する際には、（getメソッドの代わりに）postメソッドを利用する点にも注目です*4。

▼リスト4-2　routes.rb

```
get 'view/keyword'          ———— 現在のルート
post 'keyword/search'       ———— ポスト先のルート
```

ポスト先のルートがない場合には、ActionController::UrlGenerationError（ポスト先のURLを生成できない）のような例外が発生します。

*4
getメソッドがHTTP GETで呼び出されるルートを表すのに対して、postはHTTP POSTで呼び出されるルートを表すわけです。

4.1.3 モデル編集のためのフォームを生成する（1）— form_tagメソッド

続いて、form_tagメソッドでモデル編集のためのフォームを生成してみましょう。後述するように、モデル編集のためのフォーム生成にはform_forメソッドを利用するのが望ましいのですが、form_tagメソッドでも（やや冗長であるというだけで）記述できないわけではありません。

たとえば、リスト4-3はBookモデルの内容を編集するためのフォーム、リスト4-4はそれに対応するアクションメソッドです。

▼リスト4-3　view/form_tag.html.erb*5

```
<%= form_tag(action: :create) do %>
  <div class="field">
```

*5
上の[Note]でも示したように、このサンプルでも現在のアクションのためのルート（get 'view/form_tag'）と、ポスト先のアクションのためのルート（post 'view/create'）が必要です。

```
    <%= label :book, :isbn %><br />
    <%= text_field :book, :isbn, size: 25 %> ―――❶
  </div>
  <div class="field">
    <%= label :book, :title %><br />
    <%= text_field :book, :title, size: 25 %>
  </div>
  …中略…
<% end %>
```

▼リスト 4-4　view_controller

```
def form_tag
  @book = Book.new
end
```

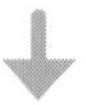

```
<form action="/view/create" accept-charset="UTF-8" method="post">
  <input name="utf8" type="hidden" value="&#x2713;" />
  <input type="hidden" name="authenticity_token" ⏎
value="bxROGALRootrXQ4OGPsS5lSkztStfqitAEtjCpxgspZXUQqn3Pe3fo6F7A8oHE2E3rfz5pB9ZuFhBXbsER81+g==" />
  <div class="field">
    <label for="book_isbn">Isbn</label><br />
    <input size="25" type="text" name="book[isbn]" id="book_isbn" />
  </div>
  <div class="field">
    <label for="book_title">Title</label><br />
    <input size="25" type="text" name="book[title]" id="book_title" />
  </div>
  …中略…
</form>
```

　モデルを編集する場合は、text_field_tag などの FormTag ヘルパーではなく、（_tag なしの）text_field などの Form ヘルパーを利用します（❶）。Form ヘルパーでは、

- オブジェクト名（ここでは @book）
- 編集するプロパティ名（ここでは :isbn）
- その他の属性情報（ここでは「size: 25」）

の順番で引数を指定している点に注目してください。❶であれば、「Book オブジェクト @book の isbn プロパティを編集するテキストボックス」を生成しているわけです。value 属性の値は、モデルの対応するプロパティ値に基づいて、自動的にセットされます。

　「name="book[...]"」の形式で表された入力フィールドの値が、以下のような

ハッシュ形式でRailsに渡されることは3.4.1項でも述べたとおりです。このようなハッシュを、params／require／permitメソッド経由で、対応するモデルのコンストラクターやupdateメソッドに渡すと、そのままモデルを生成／更新できるのでした。

```
book: {
  isbn: '978-4-7741-8411-1'
  title: '改訂新版JavaScript本格入門'
  price: 2980
  …中略…
}
```

基本編 1 2 3 4 5 6 7 8 9 10

4.1.4 モデル編集のためのフォームを生成する（2）— form_forメソッド

もっとも、特定のモデルを編集するために、いちいち「text_field :book, :isbn,...」のように、オブジェクト名を明記しなければならないのも冗長です。そこでRailsでは、汎用的なフォームを生成するform_tagメソッドに対して、特定のモデルを編集するためのフォームを生成するform_forメソッドを提供しています（リスト4-5、4-6）。

▼リスト4-5 view_controller

```
def form_for
  @book = Book.new ―――――――――――――――――――――――― ❶
end
```

▼リスト4-6 view/form_for.html.erb

```
<%= form_for(@book) do |f| %> ―――――――――――――――――― ❷
  <div class="field">
    <%= f.label :isbn %><br />
    <%= f.text_field :isbn, size: 25 %>
  </div>
  …中略…
  <div class="actions">
    <%= f.submit %>
  </div>
<% end %>
```

↓

```
<form class="new_book" id="new_book" action="/books"
  accept-charset="UTF-8" method="post">
```

```
  <input name="utf8" type="hidden" value="&#x2713;" />
  <input type="hidden" name="authenticity_token" value="OKnx1TRy5+QkDybVrj+jJzb0BYfR3diI38P/ ↵
Jl4JxLqnfm4CSU7wEhkHc7F/XvB1rLlBo80/FMd6DGfGhX8dpA==" />
  <div class="field">
    <label for="book_isbn">Isbn</label><br />
    <input size="25" type="text" name="book[isbn]" id="book_isbn" />
  </div>
  …中略…
  <div class="actions">
    <input type="submit" name="commit" value="Create Book"
      data-disable-with="Create Book" />
  </div>
</form>
```

form_for メソッドの一般的な構文は、以下のとおりです。

構文 form_for メソッド

```
form_for(var [,opts]) do |f|
  ...body...
end
```

var：モデルオブジェクト　*opts*：動作オプション（表 4-3 を参照）
f：モデルオブジェクトを引き渡すためのブロック変数　*body*：フォームの本体

▼表 4-3 form_for メソッドの動作オプション（引数 opts のキー）

オプション	概要
url	フォームの送信先（url_for メソッド（4.3.2 項）も参照）
html	その他、<form> 要素の属性情報（P.106 の表 4-2 を参照）

form_for メソッドの配下では、同じく _tag なしメソッドの Form ヘルパーを利用しますが、その記法は微妙に違います。リスト 4-3 とリスト 4-6 の該当箇所を比較してみましょう。

```
<%= text_field :book, :isbn, size: 25 %>
```
リスト 4-3

```
<%= f.text_field :isbn, size: 25 %>
```
リスト 4-6

まず、form_for メソッドでは、現在のモデルをブロック変数（ここでは f）経由で Form ヘルパーに引き渡しています。よって、form_for メソッド配下では Form ヘルパーの呼び出しも「f. ～」のように表す必要があります。逆に、引数にはオブジェクトの指定が不要である点に注目してください*6。

*6
Formヘルパーと、いわゆるf.Formヘルパーとは呼び出しの構文が異なるだけで、本質的には**同じもの**であるということです。

form_for メソッドの利点は、それだけではありません。form_for メソッドは、モデルオブジェクトの状態とルート定義から適切にフォームの送信先やその他の属性を判断して、補完する機能を提供します。具体的には、モデルオブジェクトが新規オブジェクトである場合（データベースに未保存の場合*7）と、保存済みオブジェクトである場合とで区別して、それぞれ適切な url、html オプションを内部的に付与します。

リスト 4-5- ❶では、未保存の Book オブジェクトを渡していたので、リスト 4-6- ❷は以下の指定と同じ意味になります。

*7
もっと具体的に言えば、モデルのnew_record?メソッドの戻り値がtrueの場合、ということです。

```
form_for(@book, url: books_path,
  html: { id: :new_book, class: :new_book }) do |f|*8
```

*8
books_path、book_pathはresourcesメソッドによって自動生成されたUrlヘルパーです。詳しくは3.2.2項も参照してください。

リスト 4-5- ❶を「@book = Book.find(1)」のように書き換えた場合は、リスト 4-6- ❷は以下の指定と同じ意味になります。

```
form_for(@book, url: book_path(@book),
  html: { id: :edit_book, class: :edit_book_1, method: :patch }) do |f|
```

ただし、form_for メソッドのこの機能を利用するには、モデルに対応するルートが resources メソッド（3.1.2 項）で定義されている必要があります。

> **NOTE form_for 配下でも FormTag ヘルパーは利用できる**
>
> P.105 の図 4-1 でも示したように、form_for ブロック配下ではモデルに関連付かない FormTag ヘルパーも利用できます。form_for メソッドを利用したからといって、モデルに関連する入力フィールドしか配置できないわけでは**ない**点に注意してください。

4.1.5 <input>、<textarea> 要素を生成する ― *xxxxx*_field、text_area、radio_button、check_box メソッド

では、ここからは具体的な入力フィールドについて解説していきます。冒頭で述べたように、フィールド系ヘルパーには Form ヘルパー（f.Form ヘルパー）と FormTag ヘルパーとがありますが、本書ではより利用頻度が高いと思われる f.Form ヘルパーを中心に説明を進めます。FormTag ヘルパーについては付随する［Note］や補足も参考にしてください。

*xxxxx*_field、text_area、radio_button、check_box メソッドは、それ

ぞれ対応する <input>、<textarea> 要素を生成します。用法は、いずれのメソッドもほとんど同じなので、ここではまとめて構文、サンプルと確認してみましょう[*9]。

*9
xxxxx_fieldは、text_field、password_field、file_field、hidden_fieldを意味します。

構文　*xxxxx*_field ／ text_area ／ radio_button ／ check_box メソッド

```
xxxxx_field(obj, prop [,opts])
text_area(obj, prop [,opts])
radio_button(obj, prop, value [,opts])
check_box(obj, prop [,opts [,checked = "1" [,unchecked = "0"]]])
```

obj：オブジェクト名（form_for ブロックの配下では省略）　*prop*：プロパティ名
opts：<input> ／ <textarea> 要素の属性　*value*：value 属性の値
checked ／ *unchecked*：チェック／非チェック時の value 属性

具体的なコードは、リスト 4-7 のとおりです。

▼リスト 4-7　view/field.html.erb

```
<%= form_for(@book) do |f| %>
  テキストボックス：
  <%= f.text_field :isbn, size: 20, maxlength: 25, readonly: true %><br />
     → <input size="20" maxlength="25" readonly="readonly" type="text" name="book[isbn]" ↩
       id="book_isbn" />

  パスワードボックス：
  <%= f.password_field :isbn, size: 10, maxlength: 15, disabled: true %><br />
     → <input size="10" maxlength="15" disabled="disabled" type="password" name="book[isbn]" ↩
       id="book_isbn" />

  テキストエリア：<br />
  <%= f.text_area :isbn, cols: 40, rows: 10 %><br />
     → <textarea cols="40" rows="10" name="book[isbn]" id="book_isbn">

  ラジオボタン：
  <label><%= f.radio_button :publish, '技術評論社', class: :rd %>技術評論社</label  >
  <label><%= f.radio_button :publish, '翔泳社', class: :rd %>翔泳社</label>
  <label><%= f.radio_button :publish, '日経BP社', class: :rd %>日経BP社</label><br />
     → <label><input class="rd" type="radio" value="技術評論社" name="book[publish]" ↩
       id="book_publish_" />技術評論社</label>
       <label><input class="rd" type="radio" value="翔泳社" name="book[publish]" ↩
       id="book_publish_" />翔泳社</label>
       <label><input class="rd" type="radio" value="日経BP社" name="book[publish]" ↩
       id="book_publish_" />日経BP社</label>

  チェックボックス：
  <label><%= f.check_box :dl, { class: 'chk'}, 'yes', 'no' %>ダウンロードサンプルあり？</label><br />
```

```
    → <label><input name="book[dl]" type="hidden" value="no" /><input class="chk" ↵
      type="checkbox" value="yes" name="book[dl]" id="book_dl" /> ↵
      ダウンロードサンプルあり？</label> ↵

  ファイル入力ボックス：
  <%= f.file_field :isbn, size: 10, maxlength: 15 %><br />
    → <input size="10" maxlength="15" type="file" name="book[isbn]" id="book_isbn" />

  隠しフィールド：
  <%= f.hidden_field :isbn %><br />
    → <input type="hidden" name="book[isbn]" id="book_isbn" />

<% end %>
```

コードと実際の出力を比べれば使い方は自明ですが、いくつかおさえておきたいポイントもあります。

❶引数 prop は実在していること

*xxxxx*_field／text_area／radio_button／check_box などのメソッドは、いずれもモデルの状態をもとに <input>、<textarea> 要素を生成します。引数 prop にはオブジェクトの実在するプロパティ名をセットしてください。存在しないプロパティ名を設定した場合には、「NoMethodError in View#field」のようなエラーが発生します*10。

*10
サンプルでは、便宜上（エラーが出ないように）、Bookオブジェクトのisbnプロパティなどを指定していますが、もちろん、実際には内容に応じた項目を割り当ててください。

❷ check_box メソッドは 2 つの <input> 要素を出力する

check_box メソッドは、本来の <input type="checkbox"> 要素と、同名の <input type="hidden"> 要素を出力します。これはチェックボックスがチェックされなかった場合にも、チェックされなかったという情報（デフォルトでは 0）をサーバーに送信するための方策です。隠しフィールドが存在せず、かつ、チェックボックスがチェックされなかった場合、ブラウザーはサーバーに対してなんら値を送信しません。

4.1.6 HTML5 対応の <input> 要素を生成する — *xxxxx*_field メソッド（2）

Rails では、前項で示した他にも、表 4-4 のような HTML5 対応の *xxxxx*_field ヘルパーを用意しています*11。HTML5 に対応済みのブラウザーであれば、これらのヘルパーを利用することで、それぞれ用途に応じた専用の入力ボックスを表示できます（たとえば数値入力ボックスであれば、アップダウンボタンを伴うテキストボックスを表示します）。

*11
構文は前項で示していますので、ここでは割愛します。

▼表 4-4　HTML5 対応のビューヘルパー

メソッド	概要
color_field	色選択ボックス
datetime_field	日付時刻入力ボックス
email_field	メールアドレス入力ボックス
number_field	数値入力ボックス
search_field	検索ボックス
time_field	時刻入力ボックス
week_field	週入力ボックス

メソッド	概要
date_field	日付入力ボックス
datetime_local_field	日付時刻入力ボックス（ローカル）
month_field	月入力ボックス
range_field	スライダー
telephone_field	電話番号入力ボックス
url_field	URL 入力ボックス

HTML5 の対応状況はブラウザーによって異なっており、必ずしもすべてのブラウザーで期待したような UI を得られるわけではありません。しかし、HTML5 に対応していないブラウザーでも、標準的なテキストボックスとして表示されるだけで、エラーとなるわけではありません。今後は HTML5 に準拠したブラウザーが増えていくと思われますので、できるだけ目的に応じたフィールドを設置しておくのが望ましいでしょう。

具体的なコードは、リスト 4-8 のとおりです。

▼リスト 4-8　view/html5.html.erb[*12]

```
<%= form_for(@book) do |f| %>
  色選択ボックス：
  <%= f.color_field :isbn %><br />
    → <input value="#000000" type="color" name="book[isbn]" id="book_isbn" />

  日付入力ボックス：
  <%= f.date_field :published %><br />
    → <input type="date" name="book[published]" id="book_published" />

  時刻入力ボックス：
  <%= f.time_field :published %><br />
    → <input type="time" name="book[published]" id="book_published" />

  日付時刻入力ボックス：
  <%= f.datetime_field :published %><br />
    → <input type="datetime-local" name="book[published]" id="book_published" />

  日付時刻入力ボックス（ローカル）：
  <%= f.datetime_local_field :published %><br />
    → <input type="datetime-local" name="book[published]" id="book_published" />

  月入力ボックス：
  <%= f.month_field :published %><br />
    → <input type="month" name="book[published]" id="book_published" />
```

```
  週入力ボックス：
  <%= f.week_field :published %><br />
    → <input type="week" name="book[published]" id="book_published" />

  メール入力ボックス：
  <%= f.email_field :isbn, size: 25, maxlength: 30 %><br />
    → <input size="25" maxlength="30" type="email" name="book[isbn]" id="book_isbn" />

  数値入力ボックス：
  <%= f.number_field :price, min: 10, max: 10000, step: 10 %><br />
    → <input min="10" max="10000" step="10" type="number" name="book[price]" id="book_price" />

  スライダー：
  <%= f.range_field :price, min: 0, max: 10000 %><br />
    → <input min="0" max="10000" type="range" name="book[price]" id="book_price" />

  検索ボックス：
  <%= f.search_field :isbn, size: 10, maxlength: 15 %><br />
    → <input size="10" maxlength="15" type="search" name="book[isbn]" id="book_isbn" />
  電話番号入力ボックス：
  <%= f.telephone_field :isbn, size: 15, maxlength: 20 %><br />
    → <input size="15" maxlength="20" type="tel" name="book[isbn]" id="book_isbn" />

  URL入力ボックス：
  <%= f.url_field :isbn, size: 10, maxlength: 15 %><br />
    → <input size="10" maxlength="15" type="url" name="book[isbn]" id="book_isbn" />

<% end %>
```

＊12
ここでは、便宜上（エラーが出ないように）、Bookオブジェクトのisbnプロパティなどを指定していますが、もちろん、実際には内容に応じた項目を割り当ててください。

図4-2は、比較的、フォーム要素のHTML5対応が進んでいるChromeでの実行結果です。ただし、telephone_field／email_field／url_fieldはAndroid標準ブラウザーでの結果を示しています。Android／iOSなどのスマートフォン環境では、それぞれの入力値に適したソフトウェアキーボードが表示されている点に注目です。

▼図 4-2　HTML5 対応のビューヘルパー

date_field

datetime_field ／ datetime_local_field

month_field

week_field

email_field ／ url_field

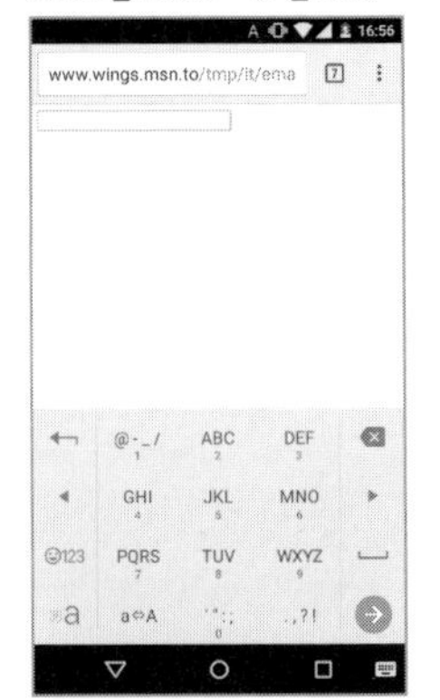

telephone_field

color_field

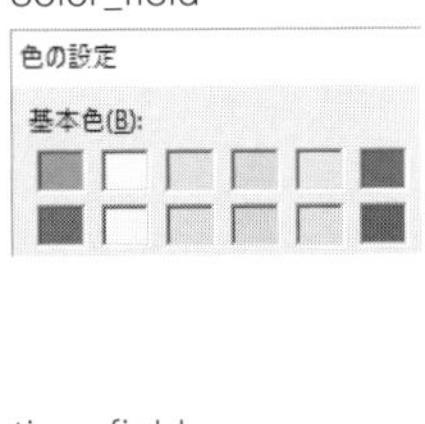

number_field

range_field

time_field

search_field

NOTE　対応する FormTag ヘルパー

本項で登場した Form ヘルパーに対応する FormTag ヘルパーについても構文をまとめておきます。具体例は割愛しますが、Form ヘルパーを理解していれば、FormTag ヘルパーの理解に苦しむことはないでしょう。

構 文　*xxxxx*_tag メソッド

```
xxxxx_field_tag(name [,value [,opts]])
text_area_tag(name [,content [,opts]])
radio_button_tag(name,value [,checked = false [,opts]])
check_box_tag(name [,value = "1" [,checked = false [,opts]]])
```

name：入力要素の名前　*value*：value 属性の値　*content*：エリア配下のテキスト
checked：チェック状態にあるか　*opts*：<input> ／ <textarea> 要素の属性

*xxxxx*_field_tag は、text_field_tag、password_field_tag、file_field_tag、hidden_field_tag、email_field_tag、number_field_tag、range_field_tag、search_field_tag、telephone_field_tag、url_field_tag、color_field_tag、month_field_tag、week_field_tag、date_field_tag、time_field_tag、datetime_field_tag、datetime_local_field_tag を意味します。

4.1.7 選択ボックス／リストボックスを生成する ― selectメソッド

選択ボックス／リストボックスを生成する方法はいくつかありますが、もっともシンプルに利用できるのはselectメソッドです。

構文 selectメソッド

```
select(obj, prop, choices [,opts [,html_opts]])
```

obj：オブジェクト名（form_forブロックの配下では省略）　*prop*：プロパティ名
choices：<option>要素の情報（配列／ハッシュ）
opts：動作オプション（表4-5を参照）　*html_opts*：<select>要素の属性

▼表4-5　selectメソッドの動作オプション（引数optsのキー）

オプション	概要
include_blank	空のオプションを先頭に追加するか（true、もしくは表示テキストで指定）
disabled	無効にするオプション（文字列、または配列）
selected	選択されたオプション（オブジェクトの値とは異なる値を選択させたい場合）

リスト4-9、リスト4-10で具体的な例を見てみましょう。

▼リスト4-9　view_controller

```
def select
  @book = Book.new(publish: '技術評論社')
end
```

▼リスト4-10　view/select.html.erb

```
<%= form_for(@book) do |f| %>
  <%= f.select :publish, ['技術評論社', '翔泳社', '日経BP社'],
    { include_blank: '選択してください' }, class: 'pub' %><br />
      → ❶ <select class="pub" name="book[publish]" id="book_publish">
            <option value="">選択してください</option>
            <option selected="selected" value="技術評論社">技術評論社</option>
            <option value="翔泳社">翔泳社</option>
            <option value="日経BP社">日経BP社</option>
          </select>

  <%= f.select :publish,
    { '技術評論社' => 1, '翔泳社' => 2, '日経BP社' => 3 } %><br />
```

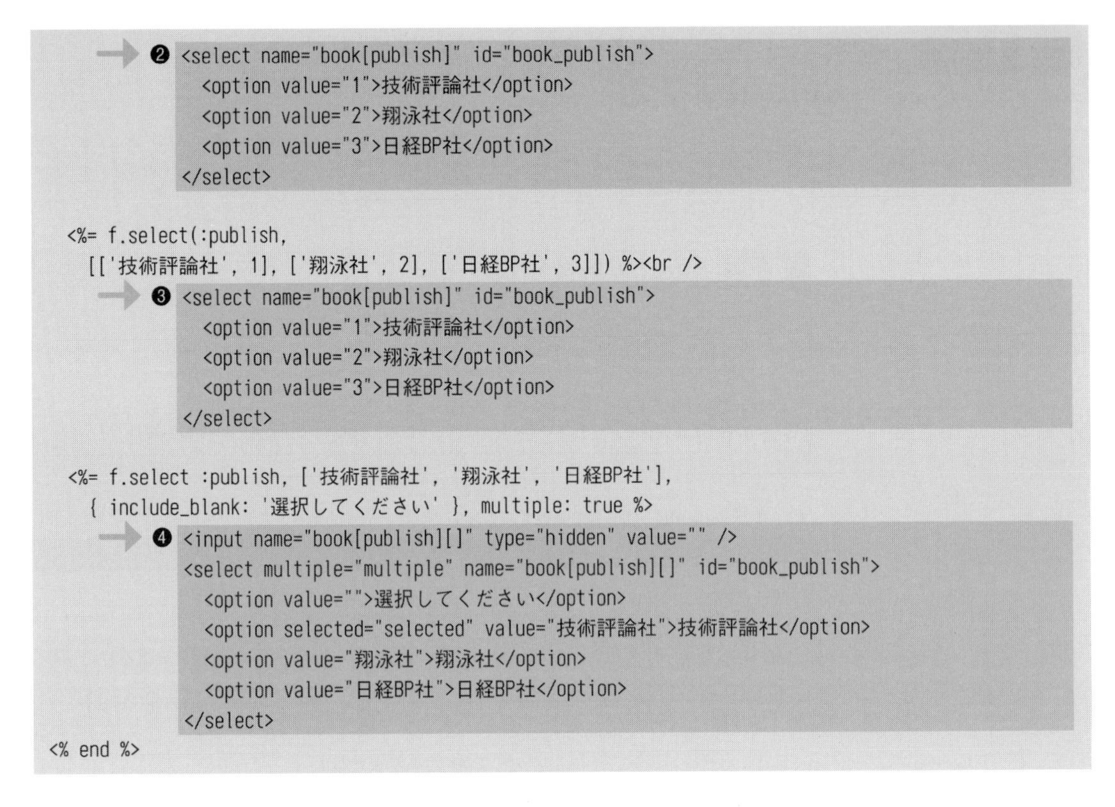

```
  → ❷ <select name="book[publish]" id="book_publish">
        <option value="1">技術評論社</option>
        <option value="2">翔泳社</option>
        <option value="3">日経BP社</option>
      </select>

<%= f.select(:publish,
  [['技術評論社', 1], ['翔泳社', 2], ['日経BP社', 3]]) %><br />
  → ❸ <select name="book[publish]" id="book_publish">
        <option value="1">技術評論社</option>
        <option value="2">翔泳社</option>
        <option value="3">日経BP社</option>
      </select>

<%= f.select :publish, ['技術評論社', '翔泳社', '日経BP社'],
  { include_blank: '選択してください' }, multiple: true %>
  → ❹ <input name="book[publish][]" type="hidden" value="" />
      <select multiple="multiple" name="book[publish][]" id="book_publish">
        <option value="">選択してください</option>
        <option selected="selected" value="技術評論社">技術評論社</option>
        <option value="翔泳社">翔泳社</option>
        <option value="日経BP社">日経BP社</option>
      </select>
<% end %>
```

❶が select メソッドの基本的なパターンです。モデルでの publish 列の値と等しい <option> 要素に selected 属性が付与されていることが確認できます。include_blank パラメーターで指定した空のオプションは先頭に追加されます。

❷〜❸は、<option> 要素の value 属性とテキストとを区別したい場合の例です。引数 choices に「*テキスト* => *value 属性*」のハッシュ形式、または「[*テキスト* ,*value 属性*]」の配列形式で指定できます*13。

❹は第 4 引数 html_opts に multiple パラメーターをセットすることで、（選択ボックスではなく）リストボックスを生成しています。size パラメーターで表示行数を指定することもできます。

*13
ここでは便宜的にvalue属性として1、2、3と割り振っています。実際のpublish列とは値が一致しませんので、selected属性はどの<option>要素にも付与されません。

4.1.8 データベースの情報をもとに選択肢を生成する — collection_select メソッド

collection_select メソッドは前項でも紹介した select メソッドの発展形で、<option> 要素の情報をデータベースの値をもとに生成します*14。

*14
selectメソッドでも同じことはできますが、collection_selectメソッドを利用した方がコードもすっきりします。

構文 collection_select メソッド

```
collection_select(obj, prop, collection, value, text [,opts [,html_opts]])
```

obj：オブジェクト名（form_for ブロックの配下では省略）　*prop*：プロパティ名
collection：<option> 要素のもととなるオブジェクト配列
value：オブジェクト（引数 collection）で value 属性に割り当てられる項目
text：オブジェクト（引数 collection）でテキストに割り当てられる項目
opts：動作オプション（P.117 の表 4-5 を参照）　*html_opts*：<select> 要素の属性

select メソッドと異なるのは、引数 collection、value、text の部分です。引数 collection で <option> 要素のもととなるオブジェクト配列を渡し、引数 value と text でどの列（プロパティ）を value 属性やテキストとして割り当てるかを指定します（図 4-3）。

▼図 4-3　collection_select メソッド

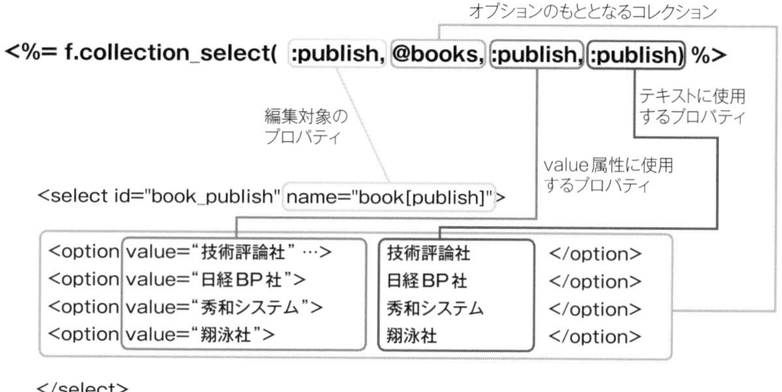

具体的な例も見てみましょう（リスト 4-11、4-12）。

▼リスト 4-11　view_controller

```
def col_select
  # フォームのもととなるモデルを準備
  @book = Book.new(publish: '技術評論社') ――――――――❶
  # 選択オプションの情報を取得
  @books = Book.select(:publish).distinct*15
end
```

*15
selectメソッドは、テーブルからの取得列を指定します（5.2.9項も参照）。ここでは「SELECT DISTINCT publish FROM books」のようなSQL命令を発行していると考えてください。

▼リスト 4-12　view/col_select.html.erb

```
<%= form_for(@book) do |f| %>
  <%= f.collection_select :publish, @books, :publish, :publish %>
<% end %>
```

```
<select name="book[publish]" id="book_publish">
  <option selected="selected" value="技術評論社">技術評論社</option>
  <option value="秀和システム">秀和システム</option>
  <option value="日経BP社">日経BP社</option>
  <option value="翔泳社">翔泳社</option>
</select>
```

このサンプルでは、booksテーブルから取り出したBookオブジェクト配列（@books）をもとに<option>要素を生成しています。value属性、テキストには共にpublish列を割り当てていますが、（もちろん）異なる列の値を割り当てることもできます。

また、form_forブロックに割り当てているモデル@bookのpublish列が「技術評論社」ですので（❶）、確かに<select>要素のデフォルト値も「技術評論社」となっている点にも注目です。

4.1.9 選択ボックスの選択肢をグループ化する ― grouped_collection_selectメソッド

選択ボックスでは、<optgroup>要素を利用して選択肢をグループで分類できます。選択肢が多い場合には、グループ化することで選択ボックスが見やすく、また、選びやすくなります。たとえば、以下は著者（Author）単位でグループ分けした書籍タイトルを選択ボックスに表示するHTMLとその実行結果です。

```
<select name="review[book_id]" id="review_book_id">
  <optgroup label="山田祥寛">
    <option value="1">改訂新版JavaScript本格入門</option>
    <option value="2">はじめてのJSP＆サーブレット 第2版</option>
    <option value="5">アプリを作ろう！ Android入門</option>
    <option value="8">プログラマのためのDocker教科書</option>
    <option value="9">AngularJSアプリケーションプログラミング</option>
  </optgroup>
  <optgroup label="佐藤一郎">
    <option value="2">はじめてのJSP＆サーブレット 第2版</option>
    <option value="3">Javaポケットリファレンス</option>
    <option value="4">アプリを作ろう！ Visual C++入門</option>
  </optgroup>
  <optgroup label="鈴木花子">
    <option value="6">独習PHP 第3版</option>
    <option value="7">Swiftポケットリファレンス</option>
    <option value="10">独習ASP.NET 第5版</option>
  </optgroup>
```

```
</select>
```

▼図 4-4　選択オプションをグループ化した選択ボックス

grouped_collection_selectメソッドは、このような<select>－<optgroup>－<option>要素のセットを生成するためのビューヘルパーです。やや複雑なメソッドですので、順を追って利用方法を見ていきましょう。

1アソシエーションを定義する

grouped_collection_selectメソッドを利用するには、関連するテーブルと対応するモデル、関連（アソシエーション）をあらかじめ準備しておく必要があります。本項の例であれば、あらかじめ図 4-5 のようなテーブルとアソシエーションが定義されているものとします[*16]。

*16
アソシエーションについては第5章で後述しますので、詳細はそちらを参照してください。具体的な動作は配布サンプルからも確認できます。本書で提供しているデータベースの全体構造については、3.7.1項も併せて参照してください。

▼図 4-5　関連テーブルとそのリレーションシップ

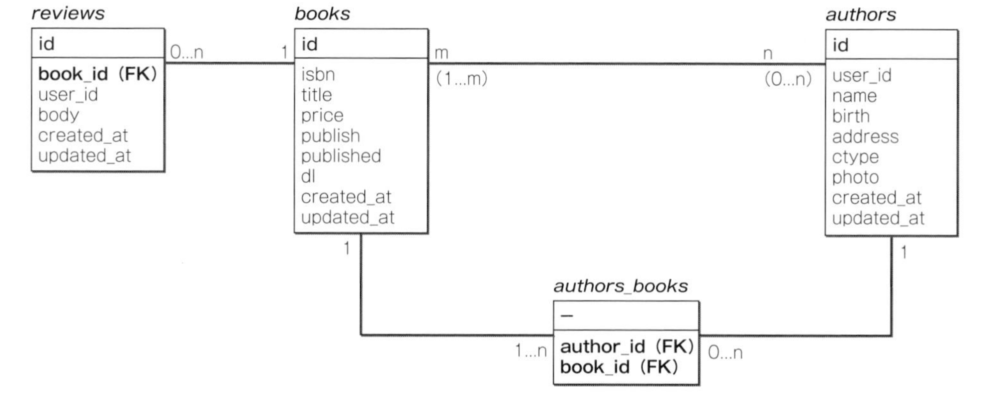

❷アクションメソッドを準備する

アクションメソッドで、編集対象のモデルとグループ（<optgroup>要素）のもととなるオブジェクト配列を生成しておきます（リスト4-13）。

▼リスト4-13　view_controller

```
def group_select
  @review = Review.new
  @authors = Author.all
end
```

この例であれば、Reviewオブジェクト@reviewが編集対象となるモデル、Authorオブジェクト配列@authorsがグループを表すオブジェクト配列です。

❸テンプレートファイルを作成する

準備ができたら、あとはテンプレートファイルでgrouped_collection_selectメソッドを呼び出すだけです（リスト4-14）。

▼リスト4-14　view/group_select.html.erb

```
<%= form_for(@review) do |f| %>
  レビュー対象書籍：
  <%= f.grouped_collection_select :book_id, @authors, :books, :name, :id, :title %>
<% end %>
```

grouped_collection_selectメソッドの構文は、以下のとおりです。

構文　grouped_collection_selectメソッド

```
grouped_collection_select(obj, prop, collection, group, group_label,
  option_key, option_value [,opts [,html_opts]])
```

obj：オブジェクト名（form_forブロックの配下では省略）　*prop*：プロパティ名
collection：<optgroup>要素のもととなるオブジェクト配列
group：配下の<option>要素を取得するメソッド（引数collectionのメンバー）
group_label：<optgroup>要素のlabel属性となる項目（引数collectionのメンバー）
option_key：<option>要素のvalue属性に割り当てられる項目（引数groupのメンバー）
option_value：<option>要素のテキストに割り当てられる項目（引数groupのメンバー）
opts：動作オプション（P.117の表4-5を参照）　*html_opts*：<select>要素の属性

引数がかなり複雑ですが、引数と実際の要素との関係を整理すれば難しいことはありません。grouped_collection_selectメソッドとアソシエーション、そして、結果となる<select>要素の関係を図4-6に示します。

▼図 4-6 grouped_collection_select メソッド

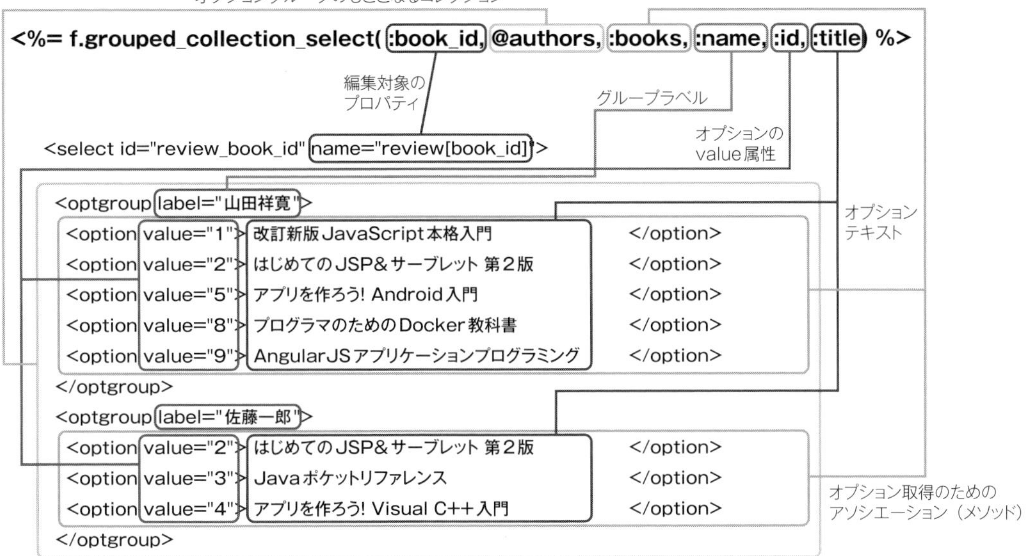

サンプルを実行し、本項冒頭の図 4-4 のような結果が得られれば成功です。

4.1.10 モデルと関連付かない選択ボックスを生成する ― select_tag メソッド

モデル連携の選択ボックスを生成する select メソッドに対して、モデルと関連付かない選択ボックスを生成するのは、select_tag メソッドの役割です。

構文 select_tag メソッド

```
select_tag(name [,opt_tags [,opts]])
```

name：<select> 要素の name 属性　*opt_tags*：<option> 要素を表す文字列
opts：動作オプション（表 4-6 を参照）

▼表 4-6 select_tag メソッドの動作オプション（引数 opts のキー）

オプション	概要
include_blank	空のオプションを先頭に追加するか（true、もしくは表示テキスト）
multiple	複数選択を有効にするか
disabled	<select> 要素を無効にするか
その他の属性	id や class などその他の属性値を設定

引数 opt_tags は、文字列として指定する点に注意してください（リスト 4-15）。

▼リスト4-15　view/select_tag.html.erb

```
<%= select_tag 'publish', raw('<option value="1">技術評論社</option><option value="2"> ⏎
翔泳社</option><option value="3">日経BP社</option>') %>
```

```
<select name="publish" id="publish">
  <option value="1">技術評論社</option>
  <option value="2">翔泳社</option>
  <option value="3">日経BP社</option>
</select>
```

ただ、これはいかにも冗長で読みにくいので、Railsでは、<option>要素を生成するためのoptions_*xxxxx*メソッドを用意しています。以下に代表的なoptions_*xxxxx*メソッドを挙げておきます。

配列／ハッシュから生成する ― options_for_selectメソッド

options_*xxxxx*メソッドの中でもっともシンプルなのが、options_for_selectメソッドです。与えられた配列やハッシュから<option>要素を生成します。

構文　options_for_selectメソッド

```
options_for_select(container [,selected])
```

container：<option>要素を表す配列／ハッシュ　*selected*：デフォルトの選択値

引数containerには、配列とハッシュのいずれでも指定できます。リスト4-16にはハッシュによる例を示します。配列による指定については4.1.7項のリスト4-10も参考にしてください。

▼リスト4-16　view/select_tag2.html.erb

```
<%= select_tag 'publish', options_for_select(
  { '技術評論社' => 1, '翔泳社' => 2, '日経BP社' => 3 }, 2) %>
```

```
<select name="publish" id="publish">
  <option value="1">技術評論社</option>
  <option value="2" selected="selected">翔泳社</option>
  <option value="3">日経BP社</option>
</select>
```

データベースから動的に生成する
― options_from_collection_for_select メソッド

options_from_collection_for_select メソッドは、選択肢をデータベースから生成します。collection_select メソッドに相当するメソッドです。

構文　options_from_collection_for_select メソッド

```
options_from_collection_for_select(collection, value, text [,selected])
```

collection：<option> 要素のもととなるオブジェクト配列
value：オブジェクト（引数 collection）内の value 属性に割り当てられる項目
text：オブジェクト（引数 collection）内のテキストに割り当てられる項目　*selected*：デフォルトの選択値

リスト4-17は、リスト4-12をselect_tag ／ options_from_collection_for_select メソッドで書き換えた例です。

▼リスト 4-17　view/col_select2.html.erb

```
<%= select_tag('publish', options_from_collection_for_select(
  @books, :publish, :publish, '技術評論社')) %>
```

```
<select name="publish" id="publish">
  <option selected="selected" value="技術評論社">技術評論社</option>
  <option value="秀和システム">秀和システム</option>
  <option value="日経BP社">日経BP社</option>
  <option value="翔泳社">翔泳社</option>
</select>
```

グループ分けされた選択肢を生成する
― option_groups_from_collection_for_select メソッド

option_groups_from_collection_for_select メソッドは、<optgroup>要素でグループ分けされた<option>要素を生成します。grouped_collection_select メソッドに相当するメソッドです。

構文　option_groups_from_collection_for_select メソッド

```
option_groups_from_collection_for_select(collection, group, group_label,
  option_key, option_value [,selected])
```

collection：<optgroup> 要素のもととなるオブジェクト配列
group：配下の <option> 要素を取得するメソッド（引数 collection のメンバー）
group_label：<optgroup> 要素の label 属性となる項目（引数 collection のメンバー）
option_key：<option> 要素の value 属性に割り当てられる項目（引数 group のメンバー）
option_value：<option> 要素のテキストに割り当てられる項目（引数 group のメンバー）
selected：デフォルトの選択値

引数は多いですが、先頭の引数 obj と prop が抜けただけで、grouped_collection_select メソッドとほぼ同じなので、直感的に理解できると思います。以下は、リスト4-14をselect_tag ／ option_groups_from_collection_for_select メソッドで書き換えた例です。

▼リスト4-18　view/group_select2.html.erb

```
<%= select_tag 'book',
  option_groups_from_collection_for_select(
    @authors, :books, :name, :id, :title, '1') %>
```

```
<select name="book" id="book">
  <optgroup label="山田祥寛">
    <option selected="selected" value="1">改訂新版JavaScript本格入門</option>
    <option value="2">はじめてのJSP&サーブレット 第2版</option>
    <option value="5">アプリを作ろう！ Android入門</option>
    <option value="8">プログラマのためのDocker教科書</option>
    <option value="9">AngularJSアプリケーションプログラミング</option>
  </optgroup>
  <optgroup label="佐藤一郎">
    <option value="2">はじめてのJSP&サーブレット 第2版</option>
    <option value="3">Javaポケットリファレンス</option>
    <option value="4">アプリを作ろう！ Visual C++入門</option>
  </optgroup>
  <optgroup label="鈴木花子">
    <option value="6">独習PHP 第3版</option>
    <option value="7">Swiftポケットリファレンス</option>
    <option value="10">独習ASP.NET 第5版</option>
  </optgroup>
</select>
```

4.1.11 日付／時刻選択のための選択ボックスを生成する ― *xxxxx*_select メソッド

日付／時刻の入力に特化した選択ボックスを生成する datetime_select ／ date_select ／ time_select のようなメソッドもあります。

構文 *xxxxx*_select メソッド（*xxxxx* は datetime、date、time）

```
xxxxx_select(obj, prop [,opts [,html_opts]])
```

obj：オブジェクト名（form_for ブロックの配下では省略）　*prop*：プロパティ名
opts：動作オプション（表 4-7 で後述）
html_opts：<select> 要素の属性

たとえば、@book オブジェクトの published プロパティを編集するための選択ボックスは、date_select メソッドを利用して、リスト 4-19、4-20 のように表します。

▼リスト 4-19　view_controller

```
def dat_select
  @book = Book.find(1)
end
```

▼リスト 4-20　view/dat_select.html.erb

```
<%= form_for(@book) do |f| %>
  <%= f.date_select :published, use_month_numbers: true %>
<% end %>
```

```
<select id="book_published_1i" name="book[published(1i)]">
  …中略…
  <option value="2015">2015</option>
  <option value="2016" selected="selected">2016</option>
  <option value="2017">2017</option>
  …中略…
</select>
<select id="book_published_2i" name="book[published(2i)]">
  …中略…
  <option value="8">8</option>
  <option value="9" selected="selected">9</option>
  <option value="10">10</option>
  …中略…
</select>
<select id="book_published_3i" name="book[published(3i)]">
```

```
<option value="1">1</option>
  …中略…
  <option value="29">29</option>
  <option value="30" selected="selected">30</option>
  <option value="31">31</option>
</select>
```

date_select メソッドはデフォルトで月の部分を「January」のような英語表記で返します。これは日本人にとってはあまりわかりやすい状態ではありませんので、最低でも use_month_numbers オプションを有効にし、月の表示を数値にしておくと良いでしょう。

その他、*xxxxx*_select メソッドで利用可能なオプションについては、表 4-7 にまとめておきます。

▼表 4-7　*xxxxx*_select メソッドで利用可能なオプション

オプション名	概要	date_select	datetime_select	time_select
use_month_numbers	月を数値で表示するか	○	○	×
use_two_digit_numbers	月日を 2 桁で表示するか	○	○	×
use_short_month	月名を省略表示するか（例：Jan）	○	○	×
add_month_numbers	*数値+月名*で表示するか	○	○	×
use_month_names	月名をカスタマイズする（use_month_names: % w(睦月 如月 弥生 ...)）	○	○	×
date_separator	年月日の間の区切り文字（デフォルトは ""）	○	○	×
start_year	開始年（デフォルトは「Time.now.year - 5」）	○	○	×
end_year	終了年（デフォルトは「Time.now.year + 5」）	○	○	×
discard_day	日のセレクトボックスを非表示にするか	○	○	×
discard_month	月のセレクトボックスを非表示にするか	○	○	×
discard_year	年のセレクトボックスを非表示にするか	○	○	×
order	項目の並び順を指定（デフォルトは [year, month, day]）	○	○	○
include_blank	ブランクを含めて表示するか	○	○	○
include_seconds	秒数のセレクトボックスを表示するか	×	○	○
default	デフォルトの日付を設定（例：default: 3.days.from_now）	○	○	○
disabled	選択無効にするか	○	○	○
prompt	選択値の一番上の表示を指定（例：prompt: { day: 'Select day', month: 'Select month', year: 'Select year' }）	○	○	○
datetime_separator	日付と時刻の間の区切り文字	×	○	×
time_separator	時分の間の区切り文字	×	○	○
discard_type	名前の型部分を破棄（例：<select id="date_year" name="date[year]"> → <select id="date_year" name="date">）	○	○	○
prefix	名前の接頭辞を設定（デフォルトは date）	○	○	○
field_name	フィールド名（デフォルトは select_*xxxxx* メソッドの *xxxxx* 部分）	×	×	×

なお、オブジェクトを使用しない select_*xxxxx* メソッドもあります（*xxxxx* は datetime ／ date ／ time）。

構文 select_*xxxxx* メソッド

```
select_xxxxx(date, [,opts [,html_opts]])
```

date：日時（デフォルトは現在日時）　*opts*：動作オプション
html_opts：<select> 要素の属性

これらのメソッドでも対応する *xxxxx*_select メソッドとほぼ同じオプションが利用できますが、デフォルト値は引数 date で指定しますので default オプションは使用できません（逆に、*xxxxx*_select メソッドでは利用できなかった field_name オプションを利用できます）。

NOTE 年月日／時分秒に特化したビューヘルパー

この他にも、年月日／時分秒に特化したビューヘルパーとして、select_year、select_month、select_day、select_hour、select_minute、select_second などがあります（表 4-8）。それぞれのビューヘルパーでも、表 4-7 で紹介したものと同じオプションが利用できます。

▼表 4-8　select_*xxxxx* メソッドで使えるオプション*17

共通	include_blank、prompt、prefix、field_name
select_year	start_year、end_year、discard_year
select_month	use_month_numbers、use_short_month、add_month_numbers、use_month_names、use_two_digit_numbers、discard_month
select_day	discard_day、use_two_digit_numbers

*17
select_hour、select_minute、select_second では共通のオプションのみが利用できます。

4.1.12 データベースの情報をもとにラジオボタン／チェックボックスを生成する ― collection_radio_buttons ／ collection_check_boxes メソッド

collection_select メソッドのラジオボタン／チェックボックス版とも言える collection_radio_buttons ／ collection_check_boxes メソッドもあります（リスト 4-21、4-22）。構文も、まさに collection_select メソッドに準じますので、詳しくは 4.1.8 項も併せて参照してください。

▼リスト 4-21　view_controller

```
def col_radio
```

```
  @book = Book.new(publish: '技術評論社')
  @books = Book.select(:publish).distinct
end
```

▼リスト 4-22　view/col_radio.html.erb

```
<%= form_for(@book) do |f| %>
  <%= f.collection_check_boxes(:publish, @books, :publish, :publish) %><br />
  <%= f.collection_radio_buttons(:publish, @books, :publish, :publish) %>
<% end %>
```

```
<input type="hidden" name="book[publish][]" value="" />
<input type="checkbox" value="技術評論社" checked="checked"
  name="book[publish][]" id="book_publish_" />
<label for="book_publish_">技術評論社</label>
<input type="checkbox" value="秀和システム" name="book[publish][]"
  id="book_publish_" />
<label for="book_publish_">秀和システム</label>
<input type="checkbox" value="日経BP社" name="book[publish][]"
  id="book_publish_bp" />
<label for="book_publish_bp">日経BP社</label>
<input type="checkbox" value="翔泳社" name="book[publish][]"
  id="book_publish_" />
<label for="book_publish_">翔泳社</label><br />

<input type="hidden" name="book[publish]" value="" />
<input type="radio" value="技術評論社" checked="checked"
  name="book[publish]" id="book_publish_" />
<label for="book_publish_">技術評論社</label>
<input type="radio" value="秀和システム" name="book[publish]"
  id="book_publish_" />
<label for="book_publish_">秀和システム</label>
<input type="radio" value="日経BP社" name="book[publish]"
  id="book_publish_bp" />
<label for="book_publish_bp">日経BP社</label>
<input type="radio" value="翔泳社" name="book[publish]"
  id="book_publish_" />
<label for="book_publish_">翔泳社</label>
```

4.1.13　その他のフォーム系ヘルパー

次に、ここまでの項で紹介しきれなかった、その他のフォーム系ヘルパーについてまとめておきます。

ラベルテキストを生成する ― label メソッド

label メソッドは、<label> 要素を生成します。Scaffolding 機能で自動生成されたテンプレートにも含まれるヘルパーなので、これまでにも何度か見かけたはずです。

構文　label メソッド

```
label(obj, prop [,content] [,opts], &block)
```

obj：オブジェクト名（form_for ブロックの配下では省略）　*prop*：プロパティ名
content ／ *&block*：<label> 要素配下のコンテンツ　*opts*：<label> 要素の属性

たとえばリスト 4-23 は、3.4.1 項で作成した _form.html.erb の一部を書き換えたものです。

▼リスト 4-23　books/_form.html

```
<%= form_for(book) do |f| %>
  <div class="field">
    <%= f.label :isbn, 'ISBNコード' %>
    <%= f.text_field :isbn %>
  </div>
<% end %>
```

↓

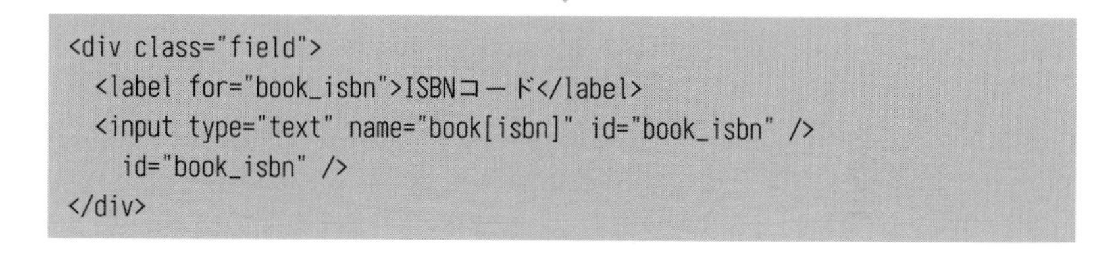

```
<div class="field">
  <label for="book_isbn">ISBNコード</label>
  <input type="text" name="book[isbn]" id="book_isbn" />
    id="book_isbn" />
</div>
```

label メソッドを利用すると、フォーム要素との関連付けが簡単になるだけではありません。10.4 節で後述する国際化対応に際しても、label メソッドは有効です。積極的に活用していきましょう。

サブミットボタンを生成する ― submit メソッド

submit メソッドは、サブミットボタン（<input type="submit"> 要素）を生成するためのヘルパーです。シンプルなヘルパーですが、よく利用するので、改めて構文をおさえておきましょう。

構文　submit メソッド

```
submit([value [,opts]])
```

value：ボタンキャプション　*opts*：動作オプション（表 4-9 を参照）

▼表 4-9　submit メソッドの動作オプション（引数 opts）

<table>
<tr><th>オプション</th><th colspan="2">概要</th></tr>
<tr><td>disabled</td><td colspan="2">サブミットボタンを無効化するか</td></tr>
<tr><td rowspan="4">data</td><td colspan="2">独自データ属性（JavaScript 動作に関わるパラメーター）</td></tr>
<tr><th>サブパラメーター</th><th>概要</th></tr>
<tr><td>confirm</td><td>サブミット時に確認ダイアログに表示するテキスト</td></tr>
<tr><td>disable_with</td><td>サブミット時にボタンを無効化した場合に表示するテキスト*18</td></tr>
<tr><td>その他の属性</td><td colspan="2">id、class など <input> 要素に付与する属性</td></tr>
</table>

*18
アップロードなど長い時間を要するようなアクションでは、サブミットボタンを無効化し、[アップロード中...] のようなテキストを表示しておくことで、ボタンの二度押しを防ぐ効果もあります。

たとえばリスト 4-24、4-25 は、3.1.1 項で Scaffolding 機能により作成した books_controller.rb、_form.html.erb の一部を書き換えた例です。

▼リスト 4-24　books_controller

```
def update
  sleep 3
  …中略…
end
```

▼リスト 4-25　books/_form.html

```
<div class="actions">
  <%= f.submit '保存', data: { confirm: '保存しても良いですか？',
    disable_with: '処理中...' } %>
</div>
```

update アクションの中の sleep 命令は、指定された秒数だけ処理を休止します。処理が一瞬で終わってしまうと、disable_with オプションで指定したテキストの表示が確認できないため、ここでダミーの処理時間を発生させているのです。

コードを修正できたら、実際に更新画面を表示し、［保存］ボタンをクリックしてみましょう。図 4-7 のように確認ダイアログが表示されること、［OK］をクリックすると、サブミットボタンが無効になり、かつ、キャプションが［処理中 ...］になることを確認してください。

▼図 4-7 ［保存］ボタンをクリックすると…

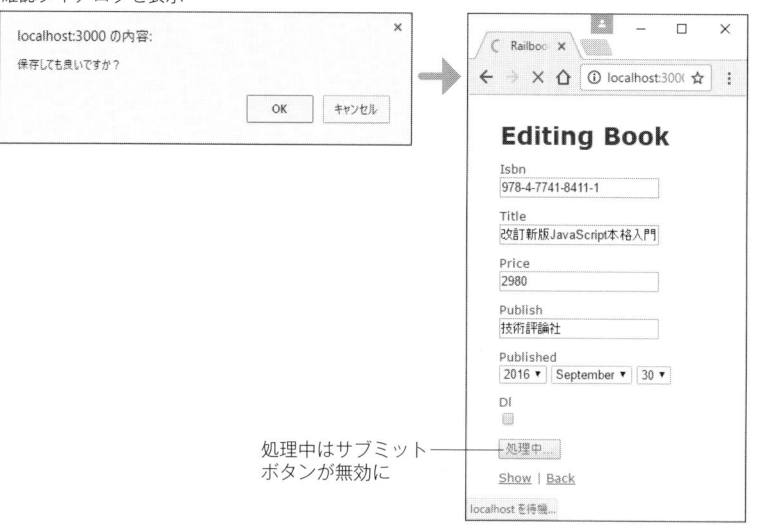

NOTE

submit メソッドはオブジェクトの内容を識別する

submit メソッドは、form_for メソッドと同じく、現在のオブジェクトの状態に応じて出力を変化させる機能を持っています。具体的には、オブジェクトが保存済みであるかどうかを判定し、（デフォルトでは）[Create *モデル名*][Update *モデル名*] のようなキャプションを表示します（図 4-8）。

▼図 4-8 Book モデルを編集するフォームの場合

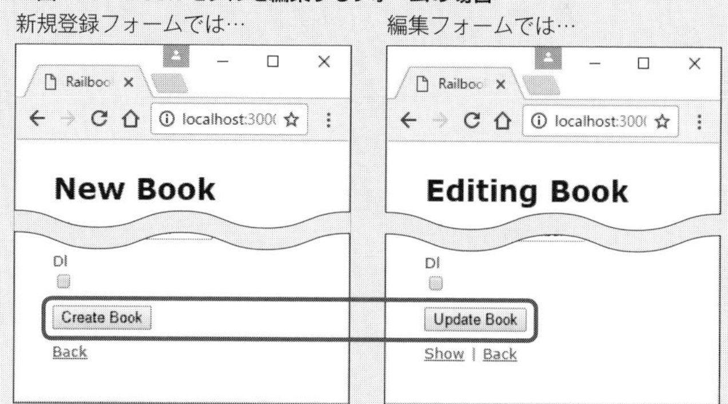

この機能は、自分で引数 value を設定すると無効になってしまうので、注意してください。オブジェクトの判定機能を維持しつつ、キャプションを日本語化するには、リソースファイルを利用する必要があります。詳しくは 10.4 節を参照してください。

form_for ブロックの中で異なるモデルを編集する — fields_for メソッド

form_for ブロックの配下では、モデルを固定して入力フォームを生成するのが基本ですが、fields_for メソッドを利用することで、複数のモデルを対象とした複合フォームを生成することもできます。

たとえば、図 4-9 のような関係を持った users（ユーザー基本情報）、authors（著者情報）テーブルをまとめて編集したい場合などに利用できるでしょう。

▼図 4-9　関連テーブルとそのリレーションシップ

なお、リスト 4-26、リスト 4-27 では、users ／ authors テーブルと対応するモデルが存在しており、双方のモデルにアソシエーション（関連）が設定されていることを前提としています。アソシエーションについては 5.6 節を参照してください。

▼リスト 4-26　view_controller

```
def fields
  @user = User.find(1)
end
```

▼リスト 4-27　view/fields.html.erb

```
<%= form_for(@user, url: { action: :create }) do |f| %>
  <div class="field">
    <%= f.label :username, 'ユーザー名：' %><br />
    <%= f.text_field :username %>
  </div>
  <div class="field">
    <%= f.label :email, 'メールアドレス：' %><br />
    <%= f.text_field :email %>
  </div>
  <%= field_set_tag '著者情報' do %> ──────┐
    <%= fields_for @user.author do |af| %> ──❶
      <div class="field">
        <%= af.label :name, '著者名：' %><br />
        <%= af.text_field :name %>
      </div>
      <div class="field">                  ├──❷
```

```
        <%= af.label :birth, '誕生日：' %><br />
        <%= af.text_field :birth %>
      </div>
    <% end %>
  <% end %>
  <%= f.submit '登録' %>
<% end %>
```

▼図 4-10　ユーザー情報と付随する著者情報を編集するためのフォーム

fields_for メソッドは、form_for ブロックの配下で利用することを目的としたビューヘルパーで、form_for 配下でその部分だけを別のモデルを対象としたサブフォームに切り替えることができます。

構文　fields_for メソッド

```
fields_for(var) do |f|
  ...body...
end
```

var：対象となるモデルオブジェクト
f：モデルオブジェクトを引き渡すためのブロック変数　　*body*：フォームの本体

❶では引数 var として @user.author を渡しているので、ユーザー情報に関連付いた著者情報（Author オブジェクト）を編集の対象とします。

また、❷で field_set_tag というメソッドを利用している点にも注目です。field_set_tag メソッドはフォーム要素をグループ化するためのメソッドで、この例のようなサブフォームを表現するのに利用します。このメソッドによって <fieldset> 要素と <legend> 要素が生成されます。

構文　field_set_tag メソッド

```
field_set_tag([legend [,opts]) do
  ...content...
end
```

legend：サブフォームのタイトル　*opts*：<fieldset> 要素の属性
content：<fieldset> 要素配下のコンテンツ

以上を理解した上で、実際に生成されるHTMLのコードも確認しておきましょう。

```
<form ...>
  …中略…
  <div class="field">
    <label for="user_email">メールアドレス：</label><br />
    <input type="text" value="yyamada@wings.msn.to"
      name="user[email]" id="user_email" />
  </div>
  <fieldset>
    <legend>著者情報</legend>
      <div class="field">
        <label for="author_name">著者名：</label><br />
        <input type="text" value="山田祥寛" name="author[name]"
          id="author_name" />
      </div>
      <div class="field">
        <label for="author_birth">誕生日：</label><br />
        <input type="text" value="1975-12-04" name="author[birth]"
          id="author_birth" />
      </div>
    </fieldset>
  <input type="submit" name="commit" value="登録" data-disable-with="登録" />
</form>
```

太字部分に注目してみるとわかるように、確かにform_for直下のフォーム要素はUserモデルに対応して「user[...]」に、fields_for配下のフォーム要素はAuthorモデルに対応して「author[...]」に、それぞれ名前付けされています。

4-2 文字列／数値関連のビューヘルパー

ビューヘルパーには、文字列や数値データを加工し、人間の目により読みやすい形式で整えるためのメソッドが用意されています。本節で、これら加工系のヘルパーについてまとめます。

4.2.1 改行文字を <p> ／
 要素で置き換える — simple_format メソッド

simple_format メソッドは、与えられた文字列を以下の規則で整形します。

- 文字列全体を <p> 要素で囲む
- 単一の改行文字には
 を付与
- 連続した改行文字には </p><p> を付与

simple_format メソッドを利用することで、改行文字を含むテキストをブラウザー上でも正しく表示できるようになるわけです[*19]。なお、細かいことですが、simple_format メソッドは改行文字を <p> ／
 要素に置き換えるのではなく、<p> ／
 要素を改行文字の後方（または前後）に追加します。もとの改行文字が破棄されるわけではありませんので、注意してください。

*19 文字列にいくら改行が含まれていても、ブラウザー上では改行されない点に注意してください。ブラウザー上で改行するには、<p>や
などでマークアップしなければなりません。

構文 simple_format メソッド

```
simple_format(text [,html_opts [,opts]])
```

text：整形対象のテキスト　*html_opts*：<p> 要素に付与する属性
opts：動作オプション（表 4-10 を参照）

▼表 4-10　simple_format メソッドの動作オプション（引数 opts のキー）

オプション	概要
sanitize	false とした場合、引数 text からタグを除去しない
wrapper_tag	テキストを囲むのに利用する要素名（デフォルトは p）

以下に、具体的な例も見てみましょう（リスト 4-28）。

▼リスト4-28　view/simple_format.html.erb

```
<%
article = <<EOL
WINGSニュース特別号

こんにちは。
WINGSプロジェクトの山田です。
今日は、おすすめ書籍の特集をお送りします。
<script>alert('Happy Rails!!');</script>
EOL
%>
<%= simple_format(article, class: :article) %>
```

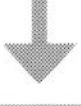

```
<p class="article">WINGSニュース特別号</p>

<p class="article">こんにちは。
<br />WINGSプロジェクトの山田です。
<br />今日は、おすすめ書籍の特集をお送りします。
<br />alert('Happy Rails!!');
</p>
```

simple_formatメソッドによって付与されたタグは太字で表しています。引数html_optionsで指定された属性は、テキストに付与されたすべての<p>要素に対して適用される点に注目してください。

引数optsを利用した場合

リスト4-28の太字のコードを書き換えて、動作オプション（引数opts）を追加してみましょう（リスト4-29）。

▼リスト4-29　view/simple_format.html

```
<%= simple_format(article, { class: :article },
  { sanitize: false, wrapper_tag: 'blockquote' }) %>
```

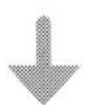

```
<blockquote class="article">WINGSニュース特別号</blockquote>
<blockquote class="article">こんにちは。
<br />WINGSプロジェクトの山田です。
<br />今日は、おすすめ書籍の特集をお送りします。
<br /><script>alert('Happy Rails!!');</script>
</blockquote>
```

sanitize オプションを false にした結果、<script> 要素が除去されて**いない**こと*20、wrapper_tag オプションを指定した結果、段落が（<p> 要素ではなく）<blockquote> 要素で囲まれていることに注目してください。

*20
ページを起動したタイミングで「Happy Rails!!」というダイアログが表示されるはずです。

4.2.2 文字列を指定桁で切り捨てる ― truncate メソッド

投稿記事やメール本文をリスト表示するような状況を考えてみましょう。タイトルだけを見ても内容がわかりにくいけれども、いちいち本文を開いて確認するのは面倒、というようなケースはよくあります。そのような場合、一覧に本文の（たとえば）先頭 100 文字を表示すれば、内容を判別しやすくなります。

こういった場合に利用できるのが truncate メソッドです。truncate メソッドを利用することで、与えられた文字列を特定の桁数で切り捨てた結果を返します。

構文　truncate メソッド

```
truncate(text [,options])
```

text：切り捨て対象の文字列　　*options*：動作オプション（表 4-11 を参照）

▼表 4-11　切り捨ての動作オプション（truncate メソッドの引数 options）

オプション	概要	デフォルト値
length	切り捨ての桁数（文字単位）	30
separator	切り捨て箇所を表す文字	―
omission	切り捨て時に末尾に付与する文字列	...

それぞれのオプションの意味については、実際の挙動を確認した方が良いでしょう（リスト 4-30）。

▼リスト 4-30　view/truncate.html.erb

```
<% msg = '<strong>Rails</strong>はRubyベースのフレームワークです。Railsに影響を受けたフレームワーク⏎
には、Catalystやsymfonyなどがあります。' %>
<%= truncate(msg, length: 50) %>
    → ❶ &lt;strong&gt;Rails&lt;/strong&gt;はRubyベースのフレームワークです。Railsに...
<%= truncate(msg, length: 50, separator: '。') %>
    → ❷ &lt;strong&gt;Rails&lt;/strong&gt;はRubyベースのフレームワークです...
<%= truncate(msg, length: 50, omission: '...後略...') %>
    → ❸ &lt;strong&gt;Rails&lt;/strong&gt;はRubyベースのフレームワークです。R...後略...
```

❶は変数 msg の内容を末尾の省略文字を含めて 50 文字になるよう無条件に切り捨てる、もっともシンプルな例です。マルチバイト文字をしっかり文字数で認識している点に注目してください。

❷は separator オプションを追加した例です。この場合、length オプションで指定した文字数を超えない範囲で、separator オプションで指定した文字が登場するもっとも長い範囲で文字列を切り捨てます。separator オプションを利用することで、より意味的に自然な箇所で文字列を切り捨てることができます（図 4-11）。

▼図 4-11　truncate メソッド

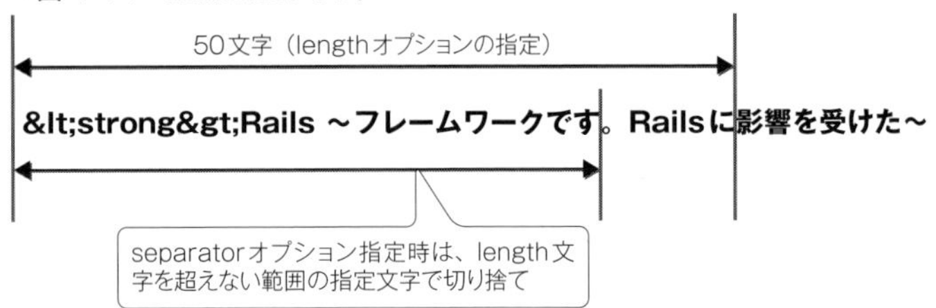

❸は、omission オプションの例です。デフォルトでは truncate メソッドは切り捨てた文字列の末尾に「...」を付与しますが、omission オプションで任意の文字列を指定することもできます。

> **NOTE　<%==... %> の利用に注意**
>
> truncate メソッドで処理された文字列を <%==... %> (4.2.7 項) でそのまま出力するのは原則として避けるべきです。というのも、文字列の切り捨てによって「危険な」文字列ができている可能性があるためです。
>
> たとえば、「<h1> 表題 </h1>」のような文字列が「<h1> 表題 ...」のようになっている可能性があります。この場合、閉じタグがないために以降のレイアウトが乱れる原因にもなります。

4.2.3　文字列から特定の部分のみを抜粋する — excerpt メソッド

excerpt メソッドは、文字列から特定の文字列を中心に、前後の文字列を抜き出します。よく似たメソッドに truncate メソッド（前項）もありますが、truncate メソッドが文字数で引用箇所を決めるのに対して、excerpt メソッドは特定のキーワードで決めるため、引用の目的がはっきりしている場合、より的確に抜粋できるというメリットがあります*21。

*21
たとえば、全文検索の結果を表示するようなケースでは、検索キーワードを中心に文章を抜き出すことで、より有意義な見せ方ができるでしょう。

構文 excerpt メソッド

```
excerpt(text, phrase [,options])
```

text：抜粋対象となる文字列　phrase：検索文字列
options：動作オプション（表 4-12 を参照）

▼表 4-12　excerpt メソッドの動作オプション（引数 options のキー）

オプション	概要	デフォルト値
radius	抜き出す前後の文字数	100
omission	抽出時に前後に付与する文字列	...

いずれのオプションも直感的にわかりやすいものだと思いますが、具体的なサンプルでも挙動を確認してみましょう（リスト 4-31）。

▼リスト 4-31　view/excerpt.html.erb

```
<% msg = 'RailsはRubyベースのフレームワークです。Railsに影響を受けたフレームワークには、↩
Catalystやsymfonyなどがあります。' %>
<%= excerpt(msg, 'Catalyst', radius: 10) %>
    → ❶ ...フレームワークには、Catalystやsymfonyなど...
<%= excerpt(msg, 'Rails', radius: 10) %>
    → ❷ RailsはRubyベースのフ...
<%= excerpt(msg, 'Catalyst', radius: 10, omission: '～') %>
    → ❸ ～フレームワークには、Catalystやsymfonyなど～
```

❶は変数 msg から「Catalyst」という文字を中心に、その前後の 10 文字を抜き出します。excerpt メソッドのもっともシンプルな例です。

❷では引数 phrase を「Rails」に変更しています。文字列の中に合致するものが複数ある場合、excerpt メソッドは最初に合致した箇所から抽出を行います。また、前方が文字列の先頭なので、文字列の省略を表す「...」が付与されない点にも注目です。

❸は omission パラメーターを指定した例です。これによって、前後の省略記号を「～」に置き換えています。

4.2.4 テーブルやリストの背景色を n 行おきに変更する — cycle メソッド

cycle メソッドは、主に each ブロックの配下で利用することを想定したメソッドで、あらかじめ指定された値リストを順番に出力します。たとえば、HTML テーブルの出力に際して、1 行おきに背景色を変更したい場合などに便利です。

構文　cycle メソッド

```
cycle(value [, ...] [,name: cname])
```

value：値リスト　　*cname*：サイクル名（デフォルトは "default"）

サイクル名（引数 cname）は、サイクルを識別するための名前です。ページ内で複数の cycle メソッドを利用する場合に指定します。

たとえばリスト 4-32 は、2.4.7 項の list.html.erb を cycle メソッドを使って書き換えたものです。

▼リスト 4-32　hello/list.html

```
<% @books.each do |book| %>
  <tr style="background-color:<%= cycle('#FFffFF', '#FFff99') %>">
    <td><%= book.isbn %></td>
    …中略…
  </tr>
<% end %>
```

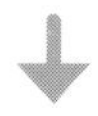

▼図 4-12　1 行おきに背景色を変更

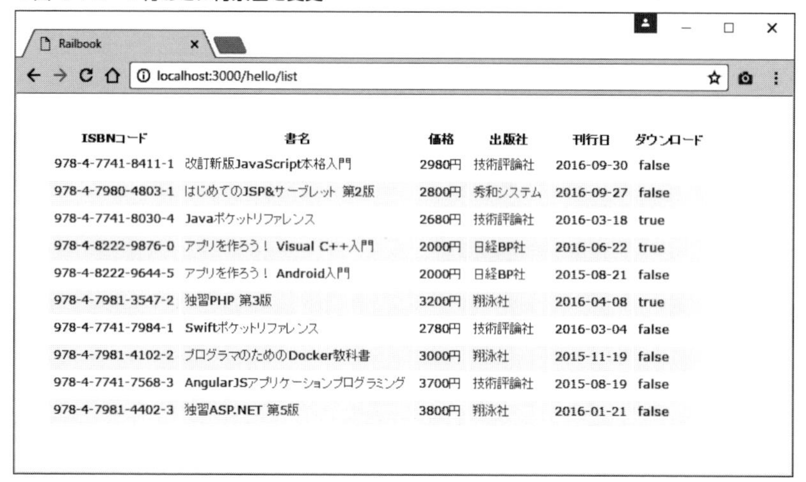

ISBNコード	書名	価格	出版社	刊行日	ダウンロード
978-4-7741-8411-1	改訂新版JavaScript本格入門	2980円	技術評論社	2016-09-30	false
978-4-7980-4803-1	はじめてのJSP&サーブレット 第2版	2800円	秀和システム	2016-09-27	false
978-4-7741-8030-4	Javaポケットリファレンス	2680円	技術評論社	2016-03-18	true
978-4-8222-9876-0	アプリを作ろう！ Visual C++入門	2000円	日経BP社	2016-06-22	true
978-4-8222-9644-5	アプリを作ろう！ Android入門	2000円	日経BP社	2015-08-21	false
978-4-7981-3547-2	独習PHP 第3版	3200円	翔泳社	2016-04-08	true
978-4-7741-7984-1	Swiftポケットリファレンス	2780円	技術評論社	2016-03-04	false
978-4-7981-4102-2	プログラマのためのDocker教科書	3000円	翔泳社	2015-11-19	false
978-4-7741-7568-3	AngularJSアプリケーションプログラミング	3700円	技術評論社	2015-08-19	false
978-4-7981-4402-3	独習ASP.NET 第5版	3800円	翔泳社	2016-01-21	false

値リストとして #FFffFF、#FFff99（背景色）が交互に出力されていることを確認できます。もちろん、リスト項目を増やすことで、3、4 行以上のサイクルで背景色を循環させることも可能です。

また、読み込む値を次に進めず、現在の値を取得するのみの current_cycle メソッドも用意されています。ループ内で同一のサイクル値を取得したい場合に利用します。

構文 current_cycle メソッド

```
current_cycle([cname = 'default'])
```

cname：サイクル名

たとえば、リスト4-32をcurrent_cycleメソッドを使って書き換えてみます（リスト4-33）。

▼リスト4-33 hello/list.html.erb

```
<% @books.each do |book| %>
  <tr>
    <td style="background-color:<%= cycle('#FFffFF', '#FFff99') %>"> ——❶
      <%= book.isbn %></td>
    <td style="background-color:<%= current_cycle %>"> ——❷
      <%= book.title %></td>
    …中略…
  </tr>
<% end %>
```

❶では値リストの定義と循環を行いますが、❷では現在の値を取得しているだけです。これによって、❶❷でいずれも同じ値を得られるわけです。

その他、現在のサイクルを初期化するreset_cycleメソッドも用意されています。

構文 reset_cycle メソッド

```
reset_cycle([cname = 'default'])
```

cname：サイクル名

4.2.5 特定のキーワードをハイライト表示する ― highlightメソッド

highlightメソッドを利用すると、文字列に含まれる特定の文字列をハイライト表示できます。

構文　highlight メソッド

```
highlight(text, phrases [,highlighter: replaced])
```

text：ハイライト処理するテキスト
phrases：ハイライトするキーワード（配列指定も可）
replaced：ハイライト文字列（置き換え文字列のフォーマット）

具体的な例も見てみましょう（リスト 4-34）。

▼リスト 4-34　view/highlight.html.erb

```
<% msg = 'RailsはRubyベースのフレームワークです。Railsに影響を受けたフレームワークには、Catalystや
 symfonyなどがあります' %>
<%= highlight(msg, 'Rails') %>
      → ❶ <mark>Rails</mark>はRubyベースのフレームワークです。<mark>Rails</mark>に影響を受けた
          フレームワークには、Catalystやsymfonyなどがあります<br />

<%= highlight(msg, ['Rails', 'フレームワーク'],
  highlighter: '<a href="search?keywd\1">\1</a>') %>
      → ❷ <a href="search?keywd=Rails">Rails</a>はRubyベースの<a href="search?keywd=フレーム
          ワーク">フレームワーク</a>です。<a href="search?keywd=Rails">Rails</a>に影響を受けた
          <a href="search?keywd=フレームワーク">フレームワーク</a>には、Catalystやsymfonyなど
          があります
```

❶は、highlight メソッドのもっともシンプルな用法です。highlight メソッドは、デフォルトで、引数 text の中で引数 phrases に合致した文字列を「<mark> ～ </mark>」で囲みます[*22]。<mark> 要素は、デフォルトスタイルでは背景を黄色くハイライトしますが、もちろん、必要に応じて、自分でスタイル定義しても構いません。

❷は、引数 phrases を配列で指定するとともに、highlighter オプションを指定した例です。highlighter オプションでは「<mark> ～ </mark>」の代わりに、文字列をハイライトするためのフォーマットを指定します。「\1」はハイライト文字列（サンプルでは Rails、フレームワーク）を埋め込むべきプレイスホルダーを表します。

***22**
<mark>はHTML5で追加された要素で、特定のテキストをハイライトするために利用します。<strong>や<em>と異なる点は、単に目立たせるだけでなく、その箇所に対して他からなんらかの言及（参照）がされていることを期待しています。言及とは、たとえば、本文でも触れているような検索キーワードのようなケースです。

4.2.6 スクリプトブロックの中に出力コードを埋め込む ― concat メソッド

テンプレートファイルにおいて <%...%>、<%=...%> のような構文があることは、既に何度か述べているとおりです。出力を伴う式は <%=...%> で、制御構文など出力を伴わないコードは <%...%> で記述するのが基本です。

もっとも、<%...%> の中でちょっとした出力を行いたいこともあるはずです。た

とえば、リスト 4-35 のようなケースです。

▼リスト 4-35 view/conc.html

```
<td><%= book.price %>円
  <% if book.price >= 3000 %>
    <%= image_tag 'expensive.gif' %>*23
  <% end %>
</td>
```

*23
image_tagメソッドは<img>要素を生成するためのビューヘルパーです。詳細は4.4.1項を参照してください。

▼図 4-13 価格が 3000 円以上の場合に画像を表示

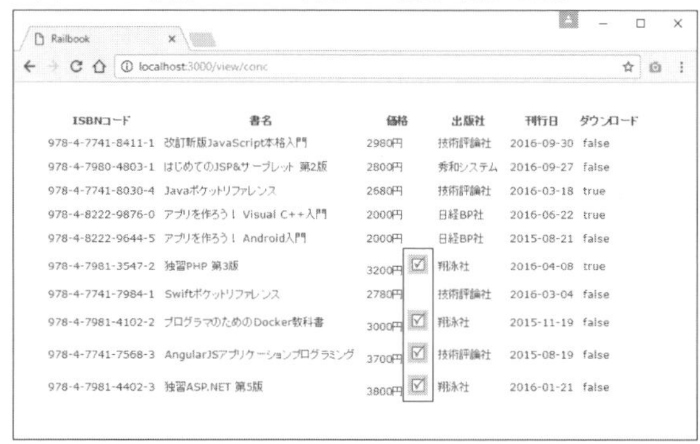

「price プロパティの値が 3000 円以上の場合に <img> 要素を出力しなさい」という命令ですが、<%...%>、<%=...%> ブロックがこま切れに発生するのが冗長に思えます。このようなケースでは、リスト 4-36 のように記述した方がスマートでしょう。

▼リスト 4-36 view/conc.html

```
<td><%= book.price %>円
  <% if book.price >= 3000
    concat image_tag 'expensive.gif'
  end %>
</td>
```

concat 命令は、このように <%...%> ブロックの中で指定された文字列（または式の結果）を出力する命令です。テンプレートの中で利用できる put ／ print メソッドと考えても良いでしょう。<%...%> の中でちょっとした文字列を出力するには便利なヘルパーですし[*24]、後述する自作のビューヘルパーでも最終的な出力のために利用することになります。

*24
concat命令による出力は、あくまでシンプルなものに留めるべきです。たとえば、concatメソッドが連綿と続くコードは記述すべきではありません。

4.2.7 文字列を HTML エスケープする ― h ／ raw メソッド

HTML エスケープとは、HTML の予約文字である「<」「>」「&」のような文字を「<」「>」「&」などの無害な文字列に置き換えることを言います。ユーザーからの入力値やデータベースから取得した値などを出力する上で、適切なエスケープ処理は欠かせません。エスケープ処理の漏れは、そのまま**クロスサイトスクリプティング**（XSS：Cross Site Scripting）と呼ばれる脆弱性にも直結するので、十分に注意してください。

もっとも、Rails 5 を利用する上では、HTML エスケープを意識しなければならないケースはそれほど多くありません。というのも、Rails 3 以降では <%=...%> で出力される値が暗黙的にエスケープ処理されるためです。

よって、以下のコードは、それぞれ Rails 2 と、3 以降の環境で同じ意味となります。

```
<%= h(@msg) %>
<%= @msg %>
```

h メソッドは、与えられた文字列をエスケープ処理するメソッドです。しかし、Rails 3 以降では、これは不要になっています。

もしも、Rails 3 以降の環境で、文字列をエスケープせずにそのまま出力したい場合には[*25]、<%==...%>（イコールが 2 個）、または raw メソッドを利用します。以下の 2 行は、いずれも同じ意味です。

*25
文字列の内容が「安全な」HTMLである、もしくは既にエスケープ済みであることがわかっている場合などです。

```
<%== @msg %>
<%= raw(@msg) %>
```

ただし一般的には、よりシンプルな <%==...%> を利用した方が良いでしょう。raw メソッドは、主に自作のビューヘルパー定義などで、コードの中でエスケープを制御する際に利用します。

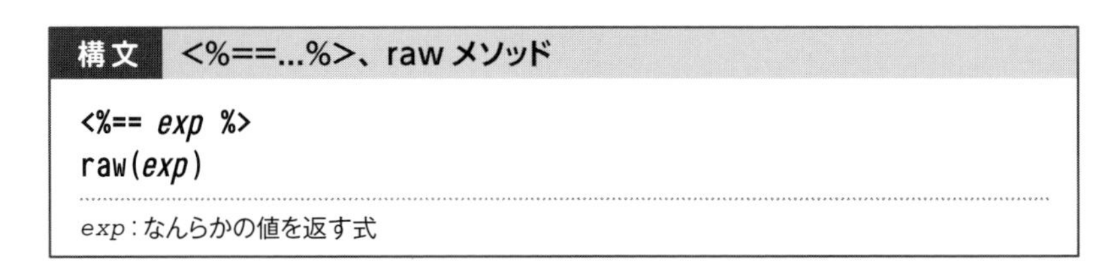

構文 <%==...%>、raw メソッド

```
<%== exp %>
raw(exp)
```

exp：なんらかの値を返す式

4.2.8 文字列から要素を除去する — sanitize メソッド

sanitize メソッドは、与えられた文字列から要素と属性を除去します。<%=...%> ／ <%==...%> は HTML を完全に無効化するか有効化するかですが、sanitize メソッドを利用すると、特定の要素／属性だけを有効化できます。

たとえば、掲示板やブログなどのアプリでエンドユーザーによるタグ付けを認める場合に、最低限のタグだけを許可することで、セキュリティを維持しやすくなります。

構文 sanitize メソッド

```
sanitize(html [,opts])
```

html：HTML 文字列　*opts*：許可する要素／属性

引数 opts には tags ／ attributes キーで、それぞれ除去**しない**要素／属性を指定できます（逆に、ここで指定されなかった要素／属性はすべて除去されるということです）。具体的な例も見てみましょう（リスト 4-37）。

▼リスト 4-37 view/sanitize.html.erb

```
<%
msg = <<EOL
<p style="color:Red">Railsについて<br />質問があります。</p>
<strong id="hoge" class="myclazz">至急</strong>
<a href="JavaScript:alert('NG')">こちらに回答お願いします。</a>
<a href="http://www.wings.msn.to">サポートサイト</a>
EOL
%>
<%= sanitize msg %>
        → ❶ <p>Railsについて<br>質問があります。</p>
             <strong class="myclazz">至急</strong>
             <a>こちらに回答お願いします。</a>
             <a href="http://www.wings.msn.to">サポートサイト</a>

<hr />
<%= sanitize msg, tags: %w(p a), attributes: %w(id class href style) %>
        → ❷ <p style="color: Red;">Railsについて質問があります。</p>
             至急
             <a>こちらに回答お願いします。</a>
             <a href="http://www.wings.msn.to">サポートサイト</a>
```

❶は、引数 opts を指定しなかった場合です。この場合、デフォルトで決められた要素／属性が除去されます。

❷は、引数 opts で許可すべき要素／属性を明示した例です。ここでは、<p>

／<a>要素、id／class／href／style属性を除いて、要素／属性を除去しています。ただし、sanitizeメソッドは**JavaScript疑似プロトコル**（javascript:）のようなプロトコルは無条件で危険であると見なします。よって、これを含んでいるhref属性は**常に**除去の対象になる点に注目してください。

4.2.9 文字列を整形する ― sprintfメソッド

sprintfメソッドは、指定された書式文字列に基づいて文字列を整形するためのメソッドです。厳密にはRailsのビューヘルパーではなく、Ruby標準の組み込みメソッドなのですが、利用の機会も多く、重要な機能ですので、ここで併せて解説しておきます。

構文　sprintfメソッド

```
sprintf(format, obj [, ...])
```

format：書式文字列　　*obj, ...*：書式文字列に埋め込む文字列

構文を解説する前に、まずは具体的な例を見ていきましょう（リスト4-38）。

▼リスト4-38　view/format.html.erb

```
<%
@name = 'WINGSプロジェクト 有限会社'
@sum  = 87512.35
@shop = 52
%>
<%= sprintf('%.10s：全店舗数%d件の月総売り上げ%.1f千円、店舗平均は%10.3f千円です。', @name, @shop, ↵
@sum, @sum / @shop) %>
```

```
WINGSプロジェク：全店舗数52件の月総売り上げ87512.4千円、店舗平均は  1682.930千円です。
```

引数formatには、変換指定子と呼ばれるプレイスホルダーを埋め込むことができます。プレイスホルダーとは、引数obj,...で指定された文字列を埋め込むための場所と考えれば良いでしょう。書式文字列で指定した内容の中で、変換指定子以外の文字列はそのまま出力されます（図4-14）。

▼図 4-14 sprintf メソッド

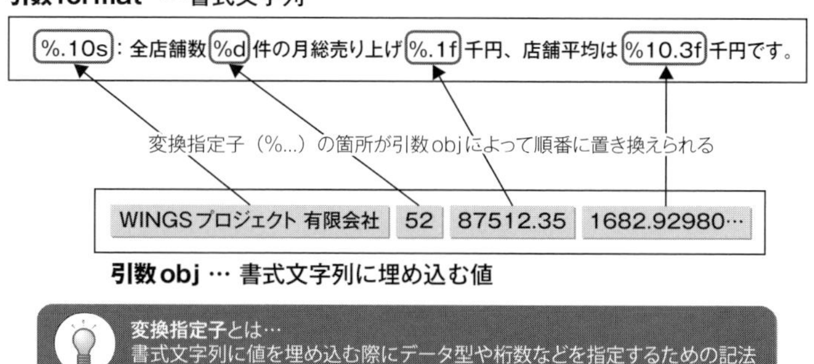

変換指定子とは…
書式文字列に値を埋め込む際にデータ型や桁数などを指定するための記法

変換指定子の構文と、主な構成要素（表 4-13）を示します。

*26
書式文字列の中でパーセント文字を表したい場合には「%%」とします。

構文 変換指定子（sprintf メソッド） *26

%[*フラグ*][*幅*][.*精度*]型

*27
sprintfメソッドの変換指定子には、ここで示した他にもさまざまなオプションを指定できます。詳しくはRubyの構文マニュアル（https://docs.ruby-lang.org/ja/latest/doc/）も参照してください。

▼表 4-13 sprintf メソッド変換指定子の主な構成要素*27

分類	指定子	概要
フラグ	+	文字列を符号付きで出力
	0	右詰めで出力（幅が指定された場合のみ有効）。左側は 0 で埋める
幅	1 以上の整数	生成される文字列の長さ（小数点や符号も含まれる）
精度	0 以上の整数	整数の場合は桁数、浮動小数点の場合は小数点以下の桁数、文字列の場合は文字列長
型	s	文字列として表現（オブジェクトなどは to_s メソッドを適用した上で出力）
	p	inspect メソッド（可読形式に変換）を適用した上で出力
	d	整数として表現
	f	浮動小数点数として表現
	e	指数として表現

以上を念頭において、リスト 4-38 を読み解いてみましょう。

まず「%.10s」は文字列を最大 10 桁で表示しなさいという意味です。よって、変数 @name の値「WINGS プロジェクト有限会社」のうち前方 10 桁「WINGS プロジェク」が出力の対象となっています。

「%d」はもっともシンプルな変換指定子の表現です。「% 型」は省略できない変換指定子の要素です。この場合は、対応する変数 @shop の値を指定された型（ここでは整数）で埋め込みます。

「%.1f」は、浮動小数点数で小数点以下の桁数を指定した例です。もともとの値は 87512.35 ですが、この場合は精度 1 で四捨五入され、87512.4 となります。

「%10.3f」のように幅と精度を双方指定することもできます。この場合は、符号や小数点まで含んだ桁数が 10 桁で、小数点以下桁数が 3 桁となります。もともとの値が 87512.35 ÷ 52 = 1682.92980... なので、まず小数点 3 桁で丸められ、1682.930 となります。ただし、この状態では小数点も合わせて 8 桁なので、10 桁に不足する分を空白で補い、「 1682.930」が出力されます。

もしも「%010.3f」のようにフラグとして「0」が指定された場合は、空白の代わりに 0 で不足桁が補われ、「001682.930」が返されるでしょう。

4.2.10 数値をさまざまな形式で加工する — number_*xxxxx* メソッド

Rails には数値を加工するためのさまざまな専用ヘルパーが用意されています（表 4-14）。

▼表 4-14　数値を加工するための number_*xxxxx* メソッド

メソッド	概要
number_to_currency(*num* [, *opt*])	数値 num を通貨形式に変換
number_to_human(*num* [, *opt*])	数値 num を 10、100、1000... の単位に変換
number_to_human_size(*num* [, *opt*])	バイト単位の数値 num を KB、MB... に変換
number_to_percentage(*num* [, *opt*])	数値 num をパーセント形式に変換
number_with_delimiter(*num* [, *opt*])	引数 num に対して桁区切り文字を追加
number_with_precision(*num* [, *opt*])	引数 num を特定の桁数で丸め

引数 opt は動作オプションを表します。利用できるオプションを、表 4-15 にまとめておきます（number_with_delimiter メソッドについては、「共通」以外で利用できるオプションはありません*28）。

▼表 4-15　number_*xxxxx* 関連メソッドの動作オプション

分類	オプション	概要	デフォルト値
共通	locale	使用するロケール	現在のロケール
	precision*29	数値の桁数	3*30
	separator	小数点記号	.
	delimiter	桁区切り文字	,*31
	raise	引数が無効な場合、InvalidNumberError を発生させるか	false
number_to_currency	unit	通貨単位	$
	format	正数の形式	%u%n*32
	negative_format	負数の形式	-%u%n

*28
number_to_*xxxxx*メソッドで指定できるオプションの一部は、ロケール単位でリソースファイルとしてデフォルト値を設定しておくこともできます。詳しくは10.4節を参照してください。

*29
ただし、number_with_delimiterメソッドでは使用不可です。

*30
number_to_currencyメソッドでは2です。

*31
ただし、number_to_percentage、number_with_precisionでは""（空文字）です。

*32
%uは通貨単位、%nはもとの数の絶対値を表します。

分類	オプション	概要	デフォルト値
number_to_human	units	単位名を表すハッシュ（整数部は :unit、:ten、:hundred、:thousand、:million、:billion、:trillion、:quadrillion。小数部は :deci、:centi、:mili、:micro、:nano、:pico、:femto）	−
	format	出力形式	%n %u
number_to_human、number_to_human_size、number_to_percentage、number_with_precision	significant	true の場合は precision が全体桁数（有効桁数）を、false の場合は小数点以下の桁数を表す	false
	strip_insignificant_zeros	小数点以下の 0 を削除	true*33

*33
ただし、number_to_percentage、number_with_precisionではfalseです。

それぞれの基本的な例も見てみましょう（リスト 4-39）。

▼リスト 4-39　view/number_to.html.erb

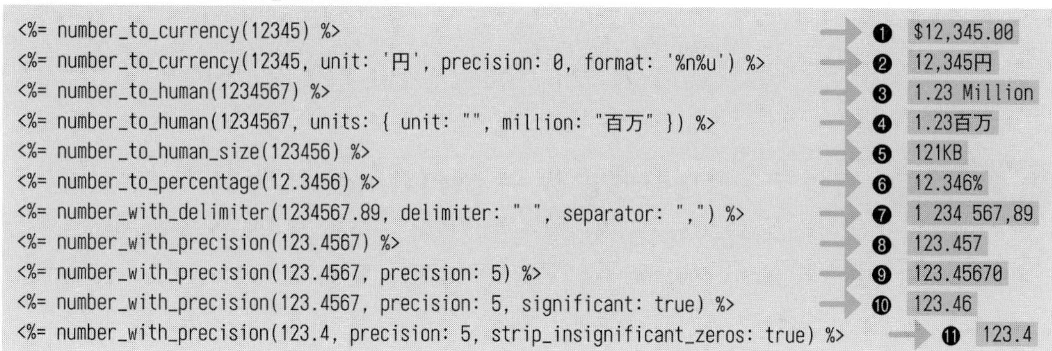

```
<%= number_to_currency(12345) %>                                        → ❶ $12,345.00
<%= number_to_currency(12345, unit: '円', precision: 0, format: '%n%u') %>  → ❷ 12,345円
<%= number_to_human(1234567) %>                                         → ❸ 1.23 Million
<%= number_to_human(1234567, units: { unit: "", million: "百万" }) %>     → ❹ 1.23百万
<%= number_to_human_size(123456) %>                                     → ❺ 121KB
<%= number_to_percentage(12.3456) %>                                    → ❻ 12.346%
<%= number_with_delimiter(1234567.89, delimiter: " ", separator: ",") %> → ❼ 1 234 567,89
<%= number_with_precision(123.4567) %>                                  → ❽ 123.457
<%= number_with_precision(123.4567, precision: 5) %>                    → ❾ 123.45670
<%= number_with_precision(123.4567, precision: 5, significant: true) %> → ❿ 123.46
<%= number_with_precision(123.4, precision: 5, strip_insignificant_zeros: true) %> → ⓫ 123.4
```

❶は number_to_currency メソッドのもっともシンプルな例です。ただし、number_to_currency メソッドのデフォルトの通貨は「$」、小数点以下桁数も 2 桁なので、最低でも❷のように unit ／ precision パラメーターと併せて利用するのが一般的でしょう。

❸❹は number_to_human メソッドの例です。デフォルトでは桁数に応じて thousand、million などの表記が付与されますので（❸）、日本語対応のためには最低でも units パラメーターの設定は必須です。❹の例では million パラメーターに対して「百万」という表記を割り当てています。もちろん、必要に応じて表 4-15 のパラメーターをハッシュ形式で渡すことも可能です。

❺❻の number_to_human_size ／ number_to_percentage メソッドは、値に応じて KB、MB... のような単位、または「%」表記で値を表示します。いずれのメソッドも日本で一般に利用されている単位（記号）で結果を返しますので、殊

更にパラメーターを指定する必要なく利用できます。

❼の number_with_delimiter メソッドは、数値そのものの丸めは行わず、桁区切り文字や小数点の変更を行いたい場合に利用します。❽以降の number_with_precision メソッドの方が高機能ですので、通常、あまり利用する機会はありません。

❽～⓫の number_with_precision メソッドは指定された桁数で数値の丸めや表記を統一するためのメソッドです。単位を伴わない汎用的なメソッドですので、数値加工ではもっとも利用する機会が多いでしょう。

❾～❿は precision ／ significant パラメーターの例です。significant パラメーターは precision パラメーターの挙動を制御するためのパラメーターです。false（または省略）時、precision パラメーターの値は小数点以下の桁数を表すものと見なされますので、❾では不足桁を補った 123.45670 が返されます。一方、significant パラメーターが true の場合、precision パラメーターは全体桁数（有効桁数）を表すものと見なされます（❿）。よって、整数部＋小数部が 5 桁となるよう丸められた 123.46 が返されます。

⓫の strip_insignificant_zeros パラメーターは末尾の 0 を切り捨てる例です。この場合、precision パラメーターが 5 ですので、デフォルトでは 123.40000 のようになるはずですが、0 が切り落とされた結果、123.4 が返されます。

4.2.11 日付データを整形する ― strftime メソッド

数値データと並んで整形のニーズが多いのが、日付データです。日付データの加工には strftime メソッドを利用できます。厳密には strftime メソッドは Rails のビューヘルパーではなく、Ruby の組み込みオブジェクトである Time のメソッドですが、よく利用する機能の 1 つですので、ここで併せて解説しておきます。

構文　strftime メソッド

```
strftime(format)
```

format：書式文字列

書式文字列には、表 4-16 のような変換指定子を埋め込むことができます。

▼表 4-16 strftime メソッドで利用できる変換指定子

指定子	概要
%c	日付時刻
%x	日付
%X	時刻
%Y	年 4 桁
%y	年 2 桁（00 ～ 99）
%m	月（01 ～ 12）
%B	月名（January、February...）
%b	月の省略名（Jan、Feb...）
%d	日（01 ～ 31）
%w	曜日（0 ～ 6。日曜が 0）
%A	曜日（Sunday、Monday...）

指定子	概要
%a	曜日の省略名（Sun、Mon...）
%p	午前／午後
%H	時刻（00 ～ 23）
%I	時刻（01 ～ 12）
%M	分（00 ～ 59）
%S	秒（00 ～ 60）
%j	年間通算日（001 ～ 366）
%U	週数（00 ～ 53。最初の日曜が第 1 週）
%W	週数（00 ～ 53。最初の月曜が第 1 週）
%Z	タイムゾーン
%%	パーセント文字

たとえば、現在の日時を「*YYYY* 年 *MM* 月 *DD* 日 *HH*:*MM*:*SS*」の形式で出力するには、リスト 4-40 のように表します。

▼リスト 4-40 view/datetime.html.erb

```
<% @current = Time.now %>
<%= @current.strftime('%Y年%m月%d日 %H:%M:%S') %>
```

```
2016年10月14日 17:34:28
```

strftime メソッドを利用する他に、アプリ全体で日付／時刻値のフォーマットを統一するならば、l メソッドという国際化／地域化対応のメソッドも使用できます。l メソッドについては 10.4 節でも触れますので、併せて参照してください。

4-3 リンク関連のビューヘルパー

本節では、リンク関連のビューヘルパーを紹介します。アンカータグを生成するもの、URL 文字列を生成するもの、などがあります。

4.3.1 ハイパーリンクを生成する ― link_to メソッド

ハイパーリンクを生成するには、link_to メソッドを利用します。

構文　link_to メソッド

```
link_to(body, url [,html_opt])
```

body：リンクテキスト　*url*：リンク先の URL（url_for メソッド（4.3.2 項）も参照）
html_opt：動作オプション（表 4-17 を参照）

▼表 4-17　link_to メソッドの動作オプション（引数 html_opt のキー）

オプション	概要	
method	リンク時に使用する HTTP メソッド（:post、:delete、:patch、:put）	
remote	Ajax でリンクを処理（9.5.2 項）	
data	独自データ属性（JavaScript 動作に関わるパラメーター）	
	サブオプション	概要
	confirm	クリック時に確認ダイアログに表示するテキスト
	disable_with	クリック時にリンクを無効化した場合に表示するテキスト*34
属性名	id、class、style などの属性	

*34
利用例と実行結果は、4.1.13 項のsubmitメソッドも参照してください。

具体的な例を見てみましょう。なお、link_to メソッドはルート定義をもとにリンク先 URL を生成します。リスト 4-41 では、routes.rb でリスト 2-2（P.31）やリスト 3-1（P.69）のようなルートが定義されていることを前提としています。

▼リスト 4-41　view/link.html.erb

```
<%= link_to 'サポートサイト', 'http://www.wings.msn.to/' %>
    → ❶ <a href="http://www.wings.msn.to/">サポートサイト</a>

<%= link_to 'トップ', { controller: :hello, action: :index },
  id: :link, class: :menu %>
    → ❷ <a id="link" class="menu" href="/hello/index">トップ</a>
```

```
<%= link_to '削除', book_path(1),
  { method: :delete, data: { confirm: '削除しても良いですか？'} } %>
      ➡ ❸ <a data-confirm="削除しても良いですか？" rel="nofollow" data-method="delete"
          href="/books/1">削除</a>
<% @book = Book.find(1) %>
<%= link_to book_path(@book) do
  image_tag "http://www.wings.msn.to/books/#{@book.isbn}/#{@book.isbn}.jpg"
end %>
      ➡ ❹ <a href="/books/1"><img src="http://www.wings.msn.to/books/978-4-7741-8411-1/↲
          978-4-7741-8411-1.jpg" alt="978 4 7741 8411 1" /></a>
```

❶は、link_toメソッドのもっともシンプルな例です。引数body／urlで指定されたリンクテキスト、URLに基づいて、アンカータグを生成します。

ただし、❶のような外部リンクをlink_toメソッドで生成する意味はあまりありません。Railsの中ではルート定義に基づいてコントローラー名（controller）／アクション名（action）から動的にURLを生成するのが一般的でしょう*35。その場合、引数urlは❷のようにハッシュの形式で指定します。引数urlで指定できるハッシュキーについては4.3.2項で詳述するので、併せて参照してください。

❷はまた、引数html_optを指定した例でもあります。このように、複数のハッシュをメソッドに引き渡す場合には、前方のハッシュを{...}で囲むのを忘れないようにしてください*36。たとえば、以下のコードは正しく解釈されません。

```
<%= link_to 'トップ', controller: :hello, action: :index,
  id: :link, class: :menu  %><br />
```

↓

```
<a href="/hello/index?class=menu&id=link">トップ</a><br />
```

この場合、controller以降のすべてのキーが引数urlに吸収されてしまうためです。

❸のように、引数urlを自動生成されたビューヘルパー（3.2.2項）で指定することもできます。confirm／methodオプションについては3.2.2項でも触れていますので、併せて参照してください。

❹は、リンクテキストをブロックで表した例です。リンクテキストを動的に生成する場合に利用します。

*35
こうすることで、ルート設計が変化した場合にも、リンクに影響が出ません。

*36
単一のハッシュである場合（=引数html_optが省略された場合）は、ハッシュを{...}で囲まなくても構いません。

4.3.2 ルート定義から動的に URL を生成する ― url_for メソッド

url_for メソッドは、引数に与えられたオプション情報から URL 文字列を生成します。テンプレートで url_for メソッドを利用する機会は少ないかもしれませんが、link_to メソッドの引数指定は url_for メソッドのそれに準じます。url_for メソッドで動的な URL 生成の理解を深めてください。

構文　url_for メソッド

```
url_for(opts)
```

opts：URL の生成オプション（表 4-18 を参照）

▼表 4-18　url_for メソッドのオプション（引数 opts のキー）

オプション	概要
controller	コントローラー名
action	アクション名
host	ホスト名（現在のホストを上書き）
protocol	プロトコル（現在のプロトコルを上書き）
anchor	アンカー名
only_path	相対 URL を返すか（プロトコル／ホスト名／ポート番号を省略するか）。host が指定されなかった場合、デフォルトは true
trailing_slash	末尾にスラッシュを付与するか
user	HTTP 認証に使用するユーザー名
password	HTTP 認証に使用するパスワード

具体的な例も見てみましょう（リスト 4-42）。なお、url_for メソッドは（link_to メソッドと同じく）ルート定義をもとにリンク先 URL を生成します。前提となるルート定義も、併せて示しておきます（リスト 4-43）。

▼リスト 4-42　view/urlfor.html.erb

```
<%= url_for(action: :new) %>
    → ❶ /view/new

<%= url_for(controller: :books, action: :show, id: 5,
  anchor: 'rails', charset: 'utf8') %>
    → ❷ /books/5?charset=utf8#rails

<%= url_for(action: :login, controller: :members,
  only_path: false, protocol: 'https') %>
    → ❸ https://localhost:3000/members/login

<% @book = Book.find(2) %>
```

<%= url_for(@book) %>
❹ /books/2
<%= url_for(:back) %>
❺ javascript:history.back()

▼リスト 4-43 routes.rb

```
resources :books
…中略…
get 'view/urlfor'
get 'view/new'
get 'members/login'
```

url_for メソッドは、まず現在のコンテキスト（コントローラー名やアクション名、その他パラメーター）を基点に URL を生成します。たとえば、❶のように action パラメーターだけを指定した場合には、コントローラー名は現在のもの（ここでは view）を使用します。

❷は id ／ anchor ／ charset などのパラメーターを指定した例です。id はルート定義（/books/:id(.:format)）に含まれていますので、そのまま URL の一部として取り込まれますし、anchor パラメーターはアンカー（「# ～」の部分）として URL の末尾に付与されます。予約パラメーターでもなく、ルート定義にも含まれていないパラメーター――charset のようなパラメーターが指定された場合、クエリ情報として追加される点にも注目してください。

❸は only_path パラメーターを false にした例です。url_for メソッドはデフォルトでサイトルートからの相対パスを生成しますが、only_path パラメーターを false に指定することで、プロトコル／ホスト名を含んだ絶対パスを返します。

url_for メソッドには、❹のようにオブジェクトを引き渡すこともできます。この場合、オブジェクトの主キー値に応じて「/books/2」のようなパスが生成されます。

❺は url_for メソッドの特殊な用法です。引数に :back を指定した場合、url_for メソッドは Referer ヘッダー*37 の値を返します。Referer ヘッダーが空の場合には「javascript:history.back()」という JavaScript 疑似プロトコルを返します。

*37
Refererヘッダーは、現在のページへのリンク元ページを表します。

NOTE **デフォルトオプションの設定**

コントローラー側で default_url_options メソッドをオーバーライドすることで、url_for メソッドにデフォルトで渡すパラメーターを指定できます。たとえば、リスト 4-44 は view コントローラー配下のすべてのリンクに charset パラメーターを付与する例です*38

*38
アプリ共通で利用するパラメーターを指定したい場合は、Applicationコントローラー(6.6節)に記述してください。

▼リスト 4-44　view_controller.rb

```
def default_url_options(options = {})
  { charset: 'utf-8' }
end
```

この状態でリスト 4-42 を実行すると、たとえば❶の結果は「/view/new?charset=utf-8」のようになります。

4.3.3 条件に応じてリンクを生成する ― link_to_if ／ link_to_unless メソッド

link_to メソッドの派生形として、条件式の正否に応じてリンクを生成する link_to_if ／ link_to_unless メソッドもあります。

構文　link_to_if ／ link_to_unless メソッド

```
link_to_if(condition, name [,url [,html_opt]], &block)
link_to_unless(condition, name [,url [,html_opt]], &block)
```

condition：条件式　　*name*：リンクテキスト
url：リンク先の URL（url_for メソッド（4.3.2 項）も参照）
html_opt：動作オプション（P.154 の表 4-17 を参照）
&block：代替コンテンツ

link_to_if メソッドは、引数 condition が true の場合にはアンカータグを、false の場合には引数 name に基づいて固定テキストのみを出力します。ただし、引数 &block（ブロック）を指定した場合には、引数 name の代わりにブロックの内容を出力します。

link_to_unless メソッドは、link_to_if メソッドとは逆に、引数 condition が false の場合にアンカータグを出力します（リスト 4-45）。

*39
前項でも示したように、このサンプルを動作するには、現在のアクションのためのルート（get 'view/linkif'）と、リンク先のアクションのためのルート（get 'login/index'）が必要です。

▼リスト 4-45　view/linkif.html.erb *39

```
<% #@user = User.new %>
<%= link_to_if @user.nil?, 'ログイン',
  controller: :login, action: :index %>
    → ❶ <a href="/login/index">ログイン</a> ／ ログイン

<%= link_to_unless @user, 'ログイン',
  controller: :login, action: :index %>
    → ❷ <a href="/login/index">ログイン</a> ／ ログイン

<%= link_to_if @user.nil?, 'ログイン',
```

```
  controller: :login, action: :index do |name|
  link_to 'マイページ', controller: :login, action: :info
end %>
```

→ ❸ <a href="/login/index">ログイン</a> ／ <a href="/login/info">マイページ</a>

❶は、変数@userが空の場合に［ログイン］リンクを生成します。同じ内容をlink_to_unlessメソッドで表すと、❷のように記述できます（@userが存在しなければ、リンクを生成しなさい、という意味です）。

冒頭のコードをコメントインすることで、リンクがただのテキストになることも確認してみましょう*40。リスト中の結果は、前方が冒頭のコードをコメントアウトした場合、後方がコメントインした場合を表しています。

❸は、link_to_ifメソッドでブロックを定義した例です。この場合、引数condition（@user.nil?）がfalseである場合に、テキストではなく、ブロックで指定されたリンクを出力します。ブロックには、ブロック変数として引数name（リンクテキスト）が渡されます。よって、❸では@userが空の場合には［ログイン］リンクを、そうでない場合には［マイページ］リンクを出力します。

*40
ここでは便宜上、Userオブジェクトをインスタンス化しているだけですが、実際のアプリではログインユーザーの情報が入っていることを想定しています。

4.3.4 現在のページの場合はリンクを無効にする ― link_to_unless_currentメソッド

link_to_unlessメソッドの特殊形として、link_to_unless_currentメソッドがあります。これは、リンク先が現在のページである場合には（リンクの代わりに）テキストのみを出力します。レイアウト上で共通メニューなどを生成する場合に便利なメソッドです。

構文 link_to_unless_currentメソッド

```
link_to_unless_current(name [, url [, html_opt]], &block)
```

name：リンクテキスト　*url*：リンク先のURL（url_forメソッドも参照）
html_opt：動作オプション（P.154の表4-17を参照）　*&block*：代替コンテンツ

引数の意味についてはlink_toメソッドに準じますので、4.3.1項も併せて参照してください。

リスト4-46に具体的な例を示します。

▼リスト4-46　view/current.html.erb*41

```
<%= link_to_unless_current '一覧へ', action: :current %> |
<%= link_to_unless_current '詳細へ', action: :detail %>
```

*41
前項でも示したように、このサンプルを動作するには、現在のアクションのためのルート（get 'view/current'）と、リンク先のアクションのためのルート（get 'view/detail'）が必要です。

```
一覧へ |
<a href="/view/detail">詳細へ</a>
```

現在のアクションが current なので、確かに current アクションへのリンクは無効化され、テキストだけが出力されていることが確認できます。

4.3.5 メールアドレスへのリンクを生成する — mail_to メソッド

mail_to メソッドは、指定されたメールアドレスに基づいて mailto: リンクを生成します。

構文 mail_to メソッド

```
mail_to(address [,name [,opt]])
```

address：メールアドレス　*name*：リンクテキスト（省略時はメールアドレス）
opt：動作オプション（表 4-19 を参照）

▼表 4-19　mail_to メソッドの動作オプション（引数 opt のキー）

オプション	概要
subject	メールの件名
body	メール本文
cc	カーボンコピー
bcc	ブラインドカーボンコピー

リスト 4-47 に、具体的な例も示します。

▼リスト 4-47　view/mailto.html.erb

```
<%= mail_to 'CQW15204@nifty.com' %>
    → ❶ <a href="mailto:CQW15204@nifty.com">CQW15204@nifty.com</a>

<%= mail_to 'CQW15204@nifty.com', 'お問い合わせはこちら' %>
    → ❷ <a href="mailto:CQW15204@nifty.com">お問い合わせはこちら</a>

<%= mail_to 'CQW15204@nifty.com', nil,
  subject: '問い合わせ', cc: 'yamada@wings.msn.to' %>
    → ❸ <a href="mailto:CQW15204@nifty.com?cc=yamada%40wings.msn.to& ⏎
    subject=%E5%95%8F%E3%81%84%E5%90%88%E3%82%8F%E3%81%9B">CQW15204@nifty.com</a>
```

❸のように引数 opt を指定する場合、引数 name は省略できませんので、明示的に nil を指定しています。cc ／ subject オプションは、自動的にエンコード処理される点にも注目です。

4.4 外部リソース指定のためのビューヘルパー

外部スクリプトやスタイルシート、画像、音声、動画などのリソースを指定する場合、「/images/rails.png」のようなパスを直接指定するのは好ましくありません。環境を移行した場合などにリンク切れを起こす原因にもなるためです。

これらリソースの指定には、原則として本節で解説するAssetヘルパーを利用してください。Assetヘルパーはビューヘルパーの中でも<img>、<link>、<script>、<audio>、<video>などリソースを取得するための要素を生成するヘルパーの総称です。

ただし、Assetヘルパーのうち、javascript_include_tag／stylesheet_link_tagメソッドについてはAsset Pipelineと呼ばれるしくみと密接に関連していることから、第9章で改めて取り上げます。本節では、これらメソッドを除くAssetヘルパーについて紹介していきます。

4.4.1 画像を表示する ― image_tagメソッド

image_tagメソッドは、<img>要素を生成するためのヘルパーです。

構文　image_tagメソッド

```
image_tag(src [,opts])
```

src：画像ファイルのパス（絶対パス、または/app/assets/imagesフォルダーからの相対パス）
opts：動作オプション（表4-20を参照）

▼表4-20　image_tagメソッドの動作オプション（引数optsのキー）

オプション	概要
alt	alt属性。省略時はファイル名から拡張子を除いたものを自動セット
size	画像サイズ（「幅x高さ」の形式）。width／heightでも代用可
width	画像の幅
height	画像の高さ
属性	その他、<img>要素に付与すべき属性（classなど）

ほとんどが直感的に理解できるものなので、さっそく具体的な例を見てみましょう（リスト4-48）。

▼リスト 4-48　view/image_tag.html.erb

```
<%= image_tag 'wings_logo.gif' %>
  → ❶ <img src="/assets/wings_logo-917a6702595de4b2937f91bd69d24debdaeac004a935f24cfbc399b↵
       013e0bb8d.gif" alt="Wings logo" />

<%= image_tag '/icons/button.gif' %>
  → ❷ <img src="/icons/button.gif" alt="Button" />

<%= image_tag 'http://www.web-deli.com/image/linkbanner_s.gif' %>
  → ❸ <img src="http://www.web-deli.com/image/linkbanner_s.gif" alt="Linkbanner s" />

<%= image_tag 'fish.jpg', alt: '沖縄の魚', size: '120x90' %><br />
  → ❹ <img alt="沖縄の魚" src="/assets/fish-a3858aa1174f43ff3235b3c3ef4c28fc0ff2aeb99d4485↵
       fc938b3bbb577f8961.jpg" width="120" height="90" />

<%= image_tag 'fish.jpg', alt: '沖縄の魚', width: 120, height: 90 %>
  → ❺ <img alt="沖縄の魚" width="120" height="90" src="/assets/fish-a3858aa1174f43ff3235b3↵
       c3ef4c28fc0ff2aeb99d4485fc938b3bbb577f8961.jpg" />
```

❶は、image_tag メソッドのもっともシンプルな例です。引数 src で相対パスが指定された場合には、画像ファイルは /app/assets/images フォルダーの配下に保存されているものと見なされ、「/assets/wings_logo-*xxxxx*.gif」のようなパスが生成されます[*42]。Rails においては、画像ファイルは /app/assets/images フォルダーの配下に保存するのが、まず基本です。

ただし、「/icons/button.gif」のように「/」ではじまるパスで表すことで、/public（公開）フォルダー配下の任意のフォルダーに配置することもできます（❷[*43]）。この場合は、/public/icons フォルダー配下に button.gif が配置されているものと見なされます。また、画像ファイルが外部サーバーに配置されている場合には、❸のように「http://」形式の URL を指定することも可能です。

なお、❶～❸ともに alt オプションが指定されていない点にも注目してください。この場合、image_tag メソッドは画像ファイルのベース名（ファイル名から拡張子を取り除いたもの）から生成した文字例を alt 属性としてセットします。

❹❺は画像サイズを指定する例です。❹のように size オプションで幅、高さをまとめて指定することもできますし、❺のように width ／ height オプションで個別に指定しても構いません。

***42**
xxxxx は Asset Pipeline によって算出されたダイジェスト値です。詳しくは、9.2節で後述します。

***43**
ただし、9.2節で述べる Asset Pipeline の恩恵を被ることができないため、原則、/app/assets/images フォルダーに配置してください。

4.4.2 音声／動画をブラウザーで再生する — audio_tag ／ video_tag メソッド

audio_tag ／ video_tag メソッドは、<audio> ／ <video> 要素を生成するためのヘルパーです。<audio> 要素と <video> 要素はいずれも HTML5 で追加された比較的新しい要素で、（たとえば）Internet Explorer 8のような古いブラウザーでは動作しないので、注意してください。

構文 audio_tag／video_tagメソッド

```
audio_tag(src [,opts])
video_tag(src [,opts])
```

src：音声／動画ファイルの絶対／相対パス
opts：動作オプション（表4-21を参照）

*44
audio_tagメソッドのオプションは、すべて共通オプションに含まれます。

▼表4-21 audio_tag／video_tagメソッドの動作オプション（引数optsのキー[*44]）

メソッド	オプション	概要
共通	autoplay	自動再生を有効にするか
	controls	再生／停止／音量調整などのコントロールパネルを表示するか
	loop	繰り返し再生を行うか
video_tag	autobuffer	自動でバッファリングを開始するか
	size	動画サイズ（「幅x高さ」の形式）。widthとheightで代替も可
	width	動画の幅
	height	動画の高さ
	poster	動画が再生可能になるまで表示するサムネイル画像（パス）

たとえばリスト4-49、リスト4-50は、それぞれaudio_tag／video_tagメソッドで音声や動画を再生する例です。

▼リスト4-49 view/audio.html.erb

```
<%= audio_tag 'chime.mp3', autoplay: false, controls: true %>
```

▼図4-15 音声再生のためのコントロールパネルを表示。▶で再生

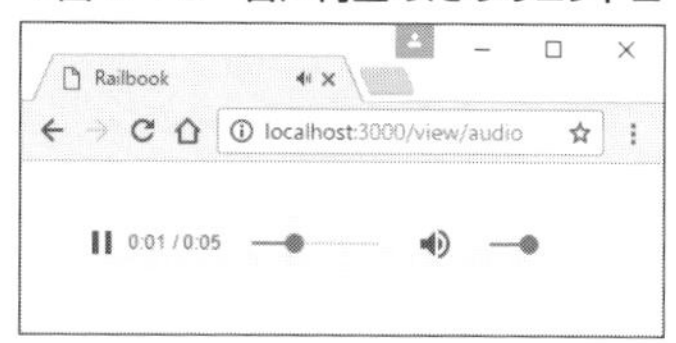

▼リスト4-50 view/video.html.erb

```
<%= video_tag 'child/sample.mp4', controls: true, autoplay: false,
  loop: true, size: '300x150', poster: 'wings_logo.gif' %>
```

▼図 4-16　動画を再生（ロード中は wings-logo.gif を表示）

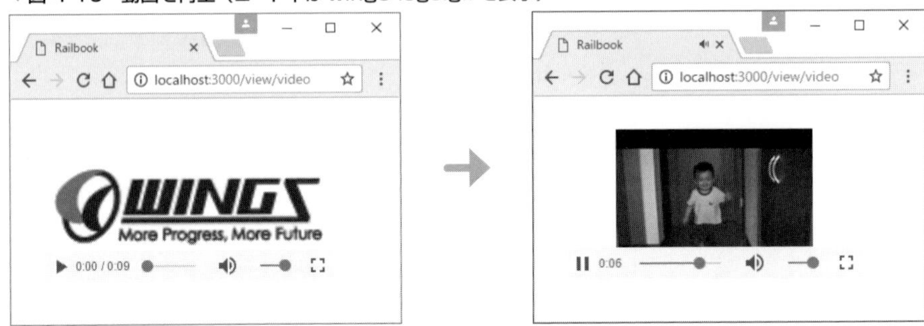

引数 src でのパス表記については、image_tag メソッドでも解説したとおりです。相対パスで指定された場合には、それぞれ所定のフォルダー（/app/assets/audios フォルダーと /app/assets/videos フォルダー）配下のパスであると見なされます[*45]。

***45**
ただし、/imagesフォルダーと異なり、/audiosフォルダーと/videosフォルダーはデフォルトでは作成されないので注意してください。自分で作成する必要があります。

4.4.3 ブラウザーのフィード検出機能を有効にする ― auto_discovery_link_tag メソッド

auto_discovery_link_tag メソッドは、ブラウザー側で RSS フィードや Atom フィードを自動検出させるために、以下のような <link> 要素を生成します。

```
<link rel="alternate" type="application/rss+xml" title="RSS"
  href="http://www.wings.msn.to/contents/rss.php" />
```

このような <link> 要素を <head> 要素の配下に埋め込んでおくことで、ブラウザーのフィードボタンが点灯し、ユーザーはそのサイトでフィード情報が提供されていることがわかるわけです（図 4-17）。

▼図 4-17　アイコンをクリックすると、フィードを表示[*46]

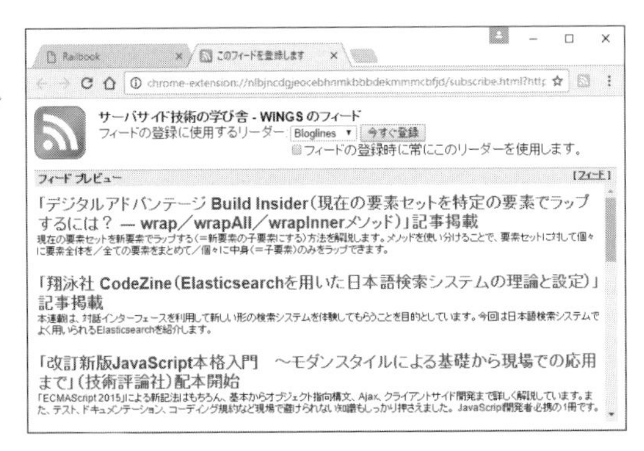

***46**
Chromeでは、あらかじめRSS Subscription Extension（https://chrome.google.com/webstore/detail/rss-subscription-extensio/nlbjncdgjeocebhnmkbbbdekmmmcbfjd）などのプラグインを追加しておく必要があります。

auto_discovery_link_tag メソッドの構文は以下のとおりです。

構文 auto_discovery_link_tag メソッド

```
auto_discovery_link_tag(type = :rss [,url_opt [,tag_opt]])
```

type：フィードの種類（:rss または :atom）
url_opt：フィードパス（ハッシュ、または URL 文字列）
tag_opt：<link> 要素に付与する属性（表 4-22 を参照）

▼表 4-22 auto_discovery_link_tag メソッドのオプション（引数 tag_opt のキー）

オプション	概要	デフォルト値
rel	外部文書との関係（rel 属性）	alternate
type	コンテンツタイプ（type 属性）	application/rss+xml
title	タイトル（title 属性）	RSS

ただし、rel 属性を変更することはほとんどありませんし、type 属性も引数 type に応じて適切なものが割り当てられるので、自分で指定する必要があるのは title オプションくらいでしょう。

具体的な例を、リスト 4-51 に示します。

▼リスト 4-51 layouts/application.html.erb

```
<%= auto_discovery_link_tag(:rss,
  { controller: :books, action: :index, id: :rails },
  title: 'サーバサイドの学び舎 - WINGS -'
) %>
```

```
<link rel="alternate" type="application/rss+xml"
  title="サーバサイドの学び舎 - WINGS -"
  href="http://localhost:3000/books?id=rails" />
```

引数 url_opt には、controller ／ action などをキーとしたハッシュだけでなく、'http://www.wings.msn.to/contents/rss.php' のような URL 文字列を指定することもできます。

4.4.4 サイトの Favicon を定義する — favicon_link_tag メソッド

ファビコン（**Favicon**）とは Favorite Icon の略で、サイトに関連付けられたアイコンを指します。ブックマークやアドレス欄、タブなどでは、ページタイトルや URL と併せてファビコンが表示されます（図 4-18）。文字列だけの表示よりも視認性が良いため、最近では多くのサイトがファビコンに対応しています。

▼図 4-18　ファビコンの表示（著者サポートサイトの場合）

このようなファビコン定義のための <link> 要素を出力するのが、favicon_link_tag メソッドの役割です。

構文　favicon_link_tag メソッド

```
favicon_link_tag([src [,opt]])
```

src : アイコン画像のパス（デフォルトは favicon.ico）
opt : <link> 要素に付与する属性

アイコン画像のファイル名に決まりはありませんが、favicon.ico とするのが一般的です（/app/assets/images フォルダー配下に配置します）。最近のブラウザーは .gif 形式や .png 形式にも対応していますが、マルチブラウザー対応を考えるならば .ico 形式にしておくのが無難でしょう。

具体的な例を、リスト 4-52 に示します。

▼リスト 4-52　layouts/application.html.erb

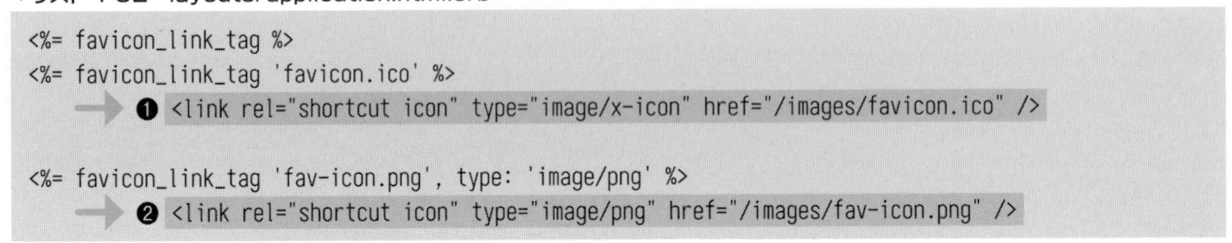

```
<%= favicon_link_tag %>
<%= favicon_link_tag 'favicon.ico' %>
    → ❶ <link rel="shortcut icon" type="image/x-icon" href="/images/favicon.ico" />

<%= favicon_link_tag 'fav-icon.png', type: 'image/png' %>
    → ❷ <link rel="shortcut icon" type="image/png" href="/images/fav-icon.png" />
```

1、2 行目はいずれも❶のコードを出力します。通常は、引数なしのもっともシンプルなパターンで十分でしょう。

❷はファビコンとして .png 形式を指定した例です。この場合、引数 opt で type パラメーターを明示的に指定する必要があります。

4.4.5 外部リソースのパスを取得する ― *xxxxx*_path メソッド

4.4.1 ～ 4.4.4 項では外部リソースを取得するために <img> ／ <link> ／ <script> などの要素を生成していましたが、対応するパスだけを取得したいこともあるでしょう*47。このような場合には、表 4-23 の *xxxxx*_path メソッドを利用します。

*47
具体的な例は、P.490も参照してください。

▼表 4-23 主な *xxxxx*_path メソッド

メソッド	概要
javascript_path(*src*)	JavaScript ファイルのパスを取得
stylesheet_path(*src*)	スタイルシートのパスを取得
audio_path(*src*)	音声ファイルのパスを取得
video_path(*src*)	動画ファイルのパスを取得
image_path(*src*)	画像ファイルのパスを取得

リスト 4-53 に、具体的なサンプルも示します。

▼リスト 4-53 view/path.html.erb

```
<%= image_path('fish') %>
    → ❶ /assets/fish-a3858aa1174f43ff3235b3c3ef4c28fc0ff2aeb99d4485fc938b3bbb577f8961.jpg
<%= image_path('nothing.gif') %>
    → ❷ /images/nothing.gif
<%= javascript_path('application') %>
    → ❸ /assets/application-51f427a9c8a8dbbb4f66b3ca954962c0fb82418ccfe562556376b7dc7bfb3ccb.js
<%= stylesheet_url('application') %>
    → ❹ http://localhost:3000/assets/↩
        application-d33a8f3381342dbf6fd5e6132f8d431c82449fd2a70a1b86769382b5a45f3e7b.css
```

これら *xxxxx*_path メソッドでは、ファイルが /app/assets/images など Asset Pipeline（9.2 節）が認識できるフォルダーに存在しない場合には、❷のように /public フォルダー配下からのパスが返されます。

「/assets/fish-*xxxxx*.jpg」の *xxxxx* は、Asset Pipeline によって付与されたダイジェスト値です。詳しくは 9.2 節で後述します。❷のように Asset Pipeline を介していない場合には、ダイジェスト値も付与されません。

*xxxxx*_path メソッドによく似た *xxxxx*_url メソッドも用意されています（❹）。*xxxxx*_path メソッドがパス形式で値を返すのに対して、*xxxxx*_url メソッドは URL を返します。

4-5 その他のビューヘルパー

本節では、ここまでの節では扱えなかったその他のビューヘルパーについてまとめます。

4.5.1 構造化データをダンプ出力する — debug メソッド

テンプレートに渡された配列やオブジェクトの内容を確認するには、debug メソッドを利用すると便利です。debug メソッドは、指定された変数の内容を人間の目にも読みやすい YAML 形式（2.4.2 項）で出力します。テンプレートに意図したデータが渡されているかを確認したい場合に重宝するでしょう。

構文　debug メソッド

```
debug(obj)
```

obj：出力対象のオブジェクト

たとえば、リスト 4-54 はテンプレート変数 @books の内容を出力する例です。2.4.7 項で作成した list.html.erb に以下のコードを追加してみましょう。

▼リスト 4-54　hello/list.html

```
</table>
<%= debug(@books) %>
```

▼図 4-19　オブジェクト配列をリスト形式で表示

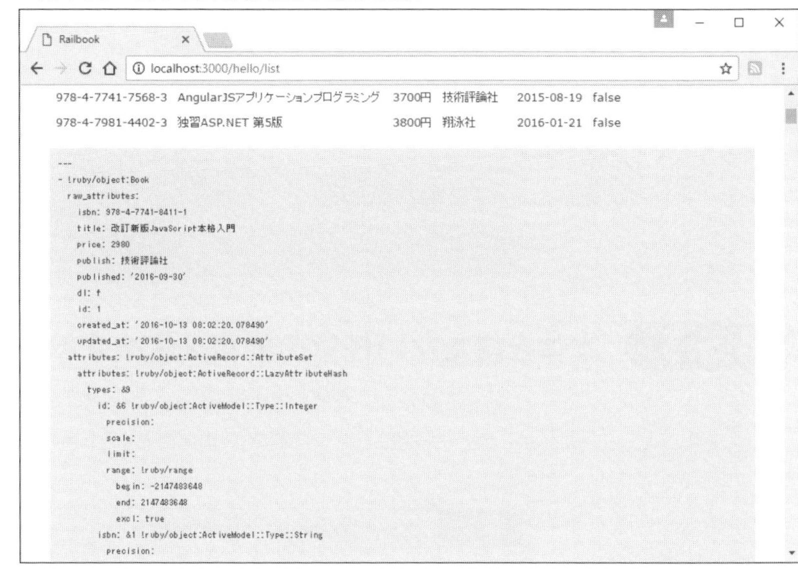

debugメソッドはYAML形式に変換した結果をエスケープ処理し、かつ、<pre>要素で修飾したものを返すので、そのままブラウザー上で参照できます[*48]。

*48
その他、オブジェクトを可読形式に変換するinspectメソッドも役立ちます。こちらは「<%= @books.inspect %>」のように利用します。

4.5.2　出力結果を変数に格納する — captureメソッド

captureメソッドを利用すると、断片的なテンプレートの結果を変数に格納できます。部分テンプレートにするほどでもないものの、テンプレートの複数箇所で再利用するようなコンテンツを定義する際に便利です。

構文　captureメソッド

```
@var = capture do
  ...template...
end
```

@var：変数　*template*：変数に格納する任意のテンプレート

たとえばリスト4-55は、テンプレートの内容を変数@currentにセットし、その内容を別の場所で出力する例です。

▼リスト4-55　view/capture.html.erb

```
<% @current = capture do %>
ただいまの時刻は<%= Time.now %>です。
<% end %>
```

```
<%= @current %>
<div style="color:Red"><%= @current %></div>
```

```
ただいまの時刻は2016-10-15 14:38:24 +0900です。
<div style="color:Red">ただいまの時刻は2016-10-15 14:38:24 +0900です。↩
</div>
```

4.5.3 本体を持たない任意の要素を生成する — tag メソッド

本体を持たない要素を生成するには、tag メソッドを利用します。ただし、専用のメソッドが用意されている要素については、そちらを優先して利用してください[*49]。

*49
本来、tagメソッドを利用する機会はそれほど多くはないはずです。HTMLタグで直接表現できるならば、あえてtagメソッドを利用するべきではありません。

構文　tag メソッド

```
tag(name [,opts [,open = false [,escape = true]]])
```

name：要素名　*opts*：タグの属性（「属性名：値」の形式）
open：開始タグを HTML4 互換とするか　*escape*：属性値をエスケープするか[*50]

*50
引数escapeをfalseにすることとは、特にユーザーの入力値をもとに属性値を生成する場合、クロスサイトスクリプティング脆弱性の原因にもなります。属性値が既にエスケープ済みであることがわかっている場合を除いては変更しないでください。

引数の指定を変えながら、いくつかの例を見てみましょう（リスト 4-56）。

▼リスト 4-56　view/tag.html.erb

```
<%= tag(:br) %>
    → ❶ <br />
<%= tag(:input, { type: 'radio', disabled: true }, true) %>*51
    → ❷ <input disabled="disabled" type="radio">
```

*51
ラジオボタンの生成は、本来であればradio_buttonなどの専用メソッドを利用すべきです。あくまで便宜上のコードと考えてください。

❶は tag メソッドのもっともシンプルな例です。引数 name はシンボルとして指定するのが通例です。「tag('br')」と記述しても同じ意味です。

❷は、引数 opts を指定した例です。disabled="disabled" のように、固定値しか持たない属性を指定する場合は「*属性名* :true」のように指定します。引数 open に true を指定した場合には、HTML4 以前に準拠して、閉じタグのない開始タグは（「/>」ではなく）「>」で閉じられます。

4.5.4 本体を持つ任意の要素を生成する — content_tagメソッド

本体を持つ要素を生成するには、content_tag メソッドを使用します。tag メソッドと同じく、専用のメソッドが用意されている要素については、できるだけそちらを利用すべきです。

構文　content_tag メソッド

```
content_tag(name [,content] [,opts [,escape = true]] ,&block)
```

name：要素名　*content*：本体　*opts*：要素の属性（「*属性名*：*値*」の形式）
escape：属性値をエスケープするか　*&block*：本体

具体的な例を、リスト 4-57 に示します。

▼リスト 4-57　view/content_tag.html.erb

```
<%= content_tag :p, '今日もいい天気', id: :exam, class: :body %>
    → ❶ <p id="exam" class="body">今日もいい天気</p>

<%= content_tag :p, id: :exam, class: :body do %>
  今日もいい天気
<% end %>
    → ❷ <p id="exam" class="body">
         今日もいい天気
         </p>

<%= content_tag :strong, content_tag(:p, '今日もいい天気'), id: :result %>
    → ❸ <strong id="result"><p>今日もいい天気</p></strong>
```

要素の本体は、❶のように引数 content として指定することも、❷のようにブロックとして指定することもできます。

❸は content_tag メソッドを入れ子にして、階層を持った要素を生成する例です。理屈としては、同じ要領で何階層でも要素を入れ子にできますが、コードの可読性は低下します。入れ子にするのは、せいぜい 2 ～ 3 階層程度に留めるのが無難でしょう。

4-6 ビューヘルパーの自作

ここまで見てきたように、Railsではビュー開発を支援するビューヘルパーを標準で数多く提供しています。しかし、実際にアプリを開発していく上では「このようなヘルパーも欲しい」と思う局面が少なくないのではないでしょうか。

そのようなときには、ビューヘルパーを自作することもできます。自作というと難しく感じるかもしれませんが、それほど難しいことではありません。

4.6.1 シンプルなビューヘルパー

まずはもっともシンプルな形でビューヘルパーを作成してみましょう。たとえばリスト4-58は、与えられた日付／時刻値（Timeオブジェクトのdatetime）を日本語形式に整形するformat_datetimeヘルパーの例です。

▼リスト4-58　view_helper.rb

```
module ViewHelper
  # datetime：整形対象の日付時刻値（Timeオブジェクト）
  # type：出力形式（日付時刻：datetime、日付のみ：date、時刻のみ：time）
  def format_datetime(datetime, type = :datetime)
    # 引数datetimeがnilの場合は空文字列を返す
    return '' unless datetime

    # 引数typeの値に応じて対応するフォーマット文字列をセット
    case type
      when :datetime
        format = '%Y年%m月%d日 %H:%M:%S'
      when :date
        format = '%Y年%m月%d日'
      when :time
        format = '%H:%M:%S'
    end

    # 指定されたフォーマットで日付時刻値を整形
    datetime.strftime(format)
  end
end
```

ビューヘルパーは、/app/helpersフォルダー配下の*xxxxx*_helper.rbに記述するのが基本です。たとえばここでは、ViewControllerコントローラーに対応する view_helper.rb（ViewHelper モジュール）にヘルパーを定義しています。

format_datetime メソッドに注目してみると、ビューヘルパーとはいっても単なるメソッドであることがわかりますね。引数として受け取った datetime（日付時刻値）、type（フォーマット種別）をもとに、日付時刻値を整形し、戻り値として返しているだけです。

実際に、format_datetime メソッドが正しく動くことを確認してみます。リスト 4-59 は、format_datetime メソッドを呼び出すためのテンプレートファイルです。

▼リスト 4-59　view/helper.html.erb

```
<% current = Time.now %>
<%= format_datetime(current, :date) %>
```

```
2016年10月15日
```

ビューヘルパーを呼び出すには、これまでと同じく「*メソッド名*（*引数*,...)」のように呼び出すだけです。太字の部分を「:datetime」「:time」と変更して、それぞれ結果が「2016 年 10 月 15 日 14:46:02」「14:46:02」のように変化することを確認してください。

NOTE ビューヘルパーの記述先

Rails 5 のデフォルトでは、/app/helpers フォルダー配下から、application_helper.rb と、現在のコントローラーに対応した*<コントローラー名>* _helper.rb だけが読み込まれます。よって、一般的には、アプリ全体で利用するヘルパーは application_helper.rb に、コントローラー固有のヘルパーは*<コントローラー名>* _helper.rb に記述すると、ヘルパーを管理しやすいでしょう。

ちなみに、以前の Rails では、無条件に /app/helpers フォルダー配下のすべての *xxxxx*_helper.rb（モジュール）を読み込んでいました。ただし、この状態は「無用なヘルパーを常に有効にしてしまう」「結果、ヘルパー名が重複する危険が高まる*52」などの問題もあります。Rails 4 以前の環境でこれを避けるには、application.rb（2.5.1 項を参照）にリスト 4-60 の設定を追加してください。これで Rails 5 環境と同じ動作になります。

▼リスト 4-60　application.rb

```
class Application < Rails::Application
  config.action_controller.include_all_helpers = false
  …中略…
end
```

*52
モジュール間で名前が重複した場合、Railsは、これを区別できません。関数のように、すべてのヘルパーが同一の名前空間にばらまかれてしまうからです。

4.6.2 HTML 文字列を返すビューヘルパー

form_tag や image_tag などのように、ビューヘルパーの結果として HTML 文字列を返したい場合も多くあります。その場合は、4.5.3 ～ 4.5.4 項で説明した content_tag ／ tag メソッドを利用するのが便利です。

たとえばリスト 4-61 は、与えられたオブジェクト配列 collection からプロパティ値（prop）の箇条書きリストを生成する list_tag メソッドの例です。

▼リスト 4-61　view_helper.rb

```
module ViewHelper
  …中略…
  # collection：リストのもととなるオブジェクト配列
  # prop：一覧するプロパティ名
  def list_tag(collection, prop)
    # <ul>要素を生成
    content_tag(:ul) do
    # <ul>要素配下の<li>要素を順に生成
      collection.each do |element|
        concat content_tag(:li, element.attributes[prop])*53
      end
    end
  end
end
```

*53
attributesメソッドは指定されたプロパティ値を取得します。element.*prop*と同じ意味です。

content_tag メソッドを利用することで、要素配下のテキストは適切にエスケープ処理されますし、もちろん、要素部分はそのまま出力してくれるというメリットがあります。また、複雑な階層構造になった場合にも content_tag メソッドのネストで表現できるので、文字列連結での処理に比べると可読性も維持しやすいはずです。

ちなみに、これを文字列処理で記述するとしたら、リスト 4-62 のようになります。

▼リスト 4-62　view_helper.rb

```
module ViewHelper
  def list_tag2(collection, prop)
    list = '<ul>'
    collection.each do |element|
      list.concat('<li>')
      list.concat(h element.attributes[prop])
      list.concat('</li>')
    end
    raw list.concat('</ul>')
  end
end
```

テキスト部分はhメソッドでエスケープ処理し、最終的な結果文字列はrawメソッドでそのまま出力しているわけです[*54]。これはコーディングが面倒なだけでなく、うっかりするとエスケープ漏れの原因にもなるので、できるだけ避けるべきです。

list_tagメソッドの動作も確認しておきましょう（リスト4-63）。

*54
rawメソッドがない場合、呼び出し側でいちいちこれを意識して、<%==...%>でヘルパーを呼び出す必要があります。

▼リスト4-63　view/helper2.html.erb

```
<% @books = Book.all %>
<%= list_tag @books, 'title' %>
```

▼図4-20　書籍名を箇条書きリストとして表示

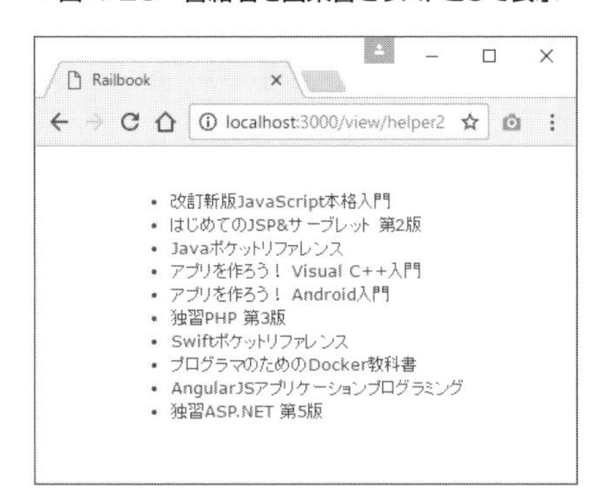

4.6.3 本体を持つビューヘルパー

form_tagやcontent_tagメソッドのように、本体を持つビューヘルパーを定義することもできます。本項では、次のような構文を持ち、<blockquote>要素を生成するblockquote_tagメソッドを実装してみます。<blockquote>要素は他の文書からの引用を表します。

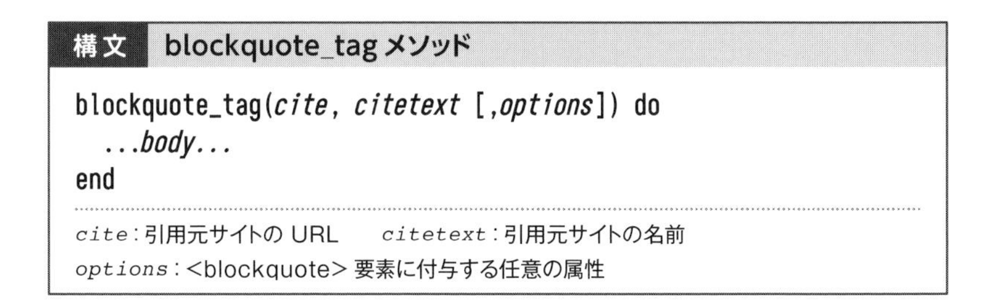

構文　blockquote_tagメソッド

```
blockquote_tag(cite, citetext [,options]) do
  ...body...
end
```

cite：引用元サイトのURL　*citetext*：引用元サイトの名前
options：<blockquote>要素に付与する任意の属性

やや複雑なヘルパーなので、最初に利用イメージと結果から確認しておきます（リスト4-64）。

▼リスト 4-64　helper3.html.erb

```
<%= blockquote_tag('http://www.wings.msn.to', 'サーバサイド技術の学び舎', class: 'quote') do %>
  WINGSプロジェクトは、当初、ライター山田祥寛のサポート（検証・査読・校正作業）集団という位置づけで⏎
開始されたコミュニティでしたが、2002年12月にメンバを大幅に増強し、本格的な執筆者プロジェクトとして⏎
生まれ変わりました。<br />
  <%= image_tag('http://www.wings.msn.to/image/wings.jpg') %>
<% end %>
```

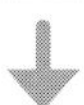

```
<blockquote class="quote" cite="http://www.wings.msn.to">
  WINGSプロジェクトは、当初、ライター山田祥寛のサポート（検証・査読・校正作業）集団という位置づけで⏎
開始されたコミュニティでしたが、2002年12月にメンバを大幅に増強し、本格的な執筆者プロジェクトとして⏎
生まれ変わりました。<br />
  <img src="http://www.wings.msn.to/image/wings.jpg" alt="Wings" />
</blockquote>
<p>出典：<cite>サーバサイド技術の学び舎</cite></p>
```

このようなblockquote_tagメソッドを実装するのは、次のコードです。

▼リスト 4-65　view_helper.rb

```
module ViewHelper
  …中略…
  def blockquote_tag(cite, citetext, options = {}, &block)
    # 引数optionsに引数citeで指定された引用元URLを追加
    options.merge! cite: cite ―――――――――――――――――――――――― ❷
    # <blockquote>要素を生成
    quote_tag = content_tag(:blockquote, capture(&block), options) ――――― ❶
    # 引用元を表す<p>要素を生成
    p_tag = content_tag(:p) do
      concat '出典：'
      concat content_tag(:cite, citetext)
    end
    # <blockquote>要素と<p>要素とを連結した結果を返す
    quote_tag.concat(p_tag)
  end
end
```

❶ブロックを定義して処理する

　ビューヘルパーの本体を受け取れるようにするには、引数としてブロックを受け取る&blockを設置しておきます。ブロック&blockの内容を処理しているのはcaptureメソッド（4.5.2項）です。captureメソッドは与えられたスクリプトブロックを解釈し、その結果を文字列として返すのでした。

　ここまでできてしまえば、あとはブロックの結果をもとに前項と同じく必要なタグ構造を組み立てていくだけです。

基本編
1
2
3
4
5
6
7
8
9
10

❷任意の属性を受け取る

もう 1 つ、サンプルで注目しておきたいのは引数 options です。ビューヘルパーでは任意の属性を指定したいというケースもあるでしょう。そのような場合には、サンプルのように引数 options でハッシュを受け取れるようにしておいて、必要に応じて、❷のように必須の属性（ここでは cite 属性）を結合します。

「*属性名*：*値*」の形式のハッシュは、そのまま content_tag メソッドの引数として引き渡すことができます。

以上を理解したら、サンプルを実行してみましょう。冒頭で示したような結果が得られれば blockquote_tag メソッドは正しく動作しています。

NOTE 省略可能なブロックを定義する

ブロックの有無を判定して、ブロックが存在する場合にはブロックの内容を利用し、さもなければ引数の内容を利用する、というようなこともできます[*55]。たとえば、以下は blockquote_tag メソッドを書き換えて、ブロックが指定されなかった場合に引数 body の内容を本体として利用するようにしたものです（変更部分を太字で示します）。

```
def blockquote_tag2(cite, citetext, body = '', options = {}, &block)
  options.merge! cite: cite
  quote_tag = content_tag(:blockquote,
    block_given? ? capture(&block) : body,
    options)
  …中略…
end
```

block_given? メソッドでブロックの有無を判定し、ブロックがある場合には capture メソッドで &block を処理し、ない場合には引数 body の内容を取得しています。

*55
link_to_ifメソッドのようなケースです。

4-7 アプリ共通のデザインを定義する ― レイアウト

ここでビューヘルパーの話題はいったん一区切りとし、ここからは第2章でも扱ったレイアウトに関する補足です。**レイアウト**、あるいは**レイアウトテンプレート**とは、ヘッダー、メニュー、フッターのようなサイトの共通レイアウトを定義する――いわばデザインの外枠です。レイアウトを利用することで、たとえば図4-21のような構造のサイトも簡単に実装できます。

▼図4-21　レイアウトを利用したサイトデザインの例

ヘッダー部
コンテンツ1
メニュー部
コンテンツ2
コンテンツ部
ヘッダー／フッター／サイドメニューなどの共通部分はそのままに、コンテンツ部だけを入れ替え

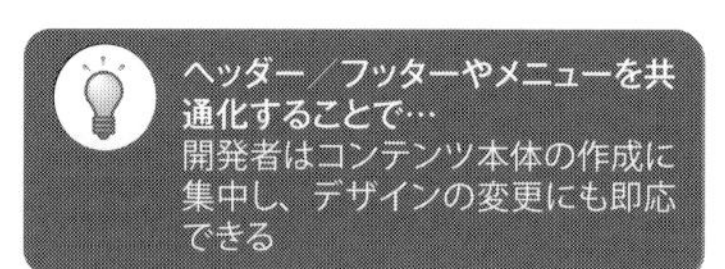

ヘッダー／フッターやメニューを共通化することで…
開発者はコンテンツ本体の作成に集中し、デザインの変更にも即応できる

ヘッダーやフッター、メニューなどアプリ共通の部分はレイアウトとして用意しておき、コンテンツ部分だけをページ単位で作成するわけです。

レイアウトの基本については2.3.4項でも述べていますので、忘れてしまったという方は、まずこちらを先に参照してください。以下では、2.3.4項の理解を前提に、より詳しい解説を進めます。

4.7.1 レイアウトを適用するさまざまな方法

Railsでは、特になにも指定しない場合、/app/views/layoutsフォルダー配下のapplication.html.erbをレイアウトとして適用しようとします。application.html.erbはプロジェクトを作成した時点で既にできているはずなので、通常はこれをもとにカスタマイズを進めるのが良いでしょう*56。

*56
application.html.erbのコードは2.3.4項にも掲載しています。

もっとも、実際のアプリでは必ずしもすべてのページで1つのレイアウトを共有しているとは限りません。特定のコントローラーやアクションの単位でレイアウトを変更

したい、そもそもレイアウトを適用したくない、ということもあるでしょう。

以下では、それぞれの方法について、レイアウト適用の優先順位が低い順に解説します。

1 コントローラー単位でレイアウトを設定する

コントローラー単位のレイアウトは、/app/views/layouts フォルダー配下に*コントローラー名*.html.erb という名前で保存します。books コントローラーであれば、/app/views/layouts/books.html.erb です。

コントローラー名.html.erb が存在しない場合は、継承をたどって、親コントローラーのレイアウトを適用しようとします。

2 コントローラー単位でレイアウトを設定する（layout メソッド）

layout メソッドを利用すると、コントローラークラスの中で明示的に、適用すべきレイアウトを指定できます（リスト 4-66）。

▼リスト 4-66　books_controller.rb

```
class BooksController < ApplicationController
  layout 'product'
  …中略…
end
```

この例では、/app/views/layouts/product.html.erb がコントローラーデフォルトのレイアウトとして適用されます。

3 アクション単位でレイアウトを設定する

アクション単位でレイアウトを変更するには、render メソッドで layout オプションを指定します（リスト 4-67）。

▼リスト 4-67　view_controller

```
def adopt
  render layout: 'sub'
end
```

この例では、/app/views/layouts/sub.html.erb が adopt アクションのレイアウトとして適用されます。

ちなみに、render layout オプション、または、2の layout メソッドで false を指定すると、レイアウト機能を無効化することもできます*57。

*57
その他、renderメソッドでplain／file／inlineなどのオプション（6.2.1、6.2.2項）を指定した場合も、レイアウトが適用されなくなります。

4.7.2 ページ単位でタイトルを変更する

レイアウトにも、通常のテンプレートファイルと同じく、テンプレート変数を埋め込むことができます。ですから、ページごとにタイトルを変更するならば、レイアウトをリスト 4-68 のように記述すれば良いでしょう。

▼リスト 4-68　layouts/application.html.erb

```
<!DOCTYPE html>
<html>
<head>
  <title><%= @title || 'Rails入門' %></title>
```

ここでは、テンプレート変数 @title が空（未設定）である場合にはデフォルトの「Rails 入門」を、そうでない場合には @title の値を、それぞれタイトルとして割り当てています[*58]。

*58
アクション側で必ずしもタイトルが振られるとは限りませんので、デフォルトのタイトルは必ずレイアウト側で設定しておくのが望ましいでしょう。

補足：個々のテンプレートでタイトルを指定する

provide ヘルパーを利用すると、個々のテンプレートからレイアウト側にタイトルを引き渡すこともできます（リスト 4-69）。

▼リスト 4-69　view/provide.html.erb

```
<% provide :title, 'provideヘルパーの例' %>
```

これをレイアウトから参照するには、yield メソッドを利用します（リスト 4-70）。

▼リスト 4-70　layouts/application.html

```
<title><%= yield(:title) || 'Rails入門' %></title>
```

先ほどと同じく、テンプレートで :title キーが指定されなかった場合に備えて[*59]、キーが存在しない場合のデフォルトタイトルを設定しておくのが望ましいでしょう。

*59
ここではキー名を:titleとしていますが、名前は自由に決めて構いません。また、provideメソッドを列挙することで、複数のキーを指定することもできます（タイトルだけでなく、一般的なパラメーターを渡すのにも利用できるということです）。

4.7.3 レイアウトに複数のコンテンツ領域を設置する

デフォルトのレイアウト（application.html.erb）は、初期状態でコンテンツ領域を 1 つだけしか持っていません。しかし、ときには複数のコンテンツ領域を持たせたいこともあるでしょう。たとえば、メインコンテンツ以外にもヘッダーの一部をページ単位に切り替えたいといったケースです（図 4-22）。

▼図 4-22　複数のコンテンツを含むレイアウト

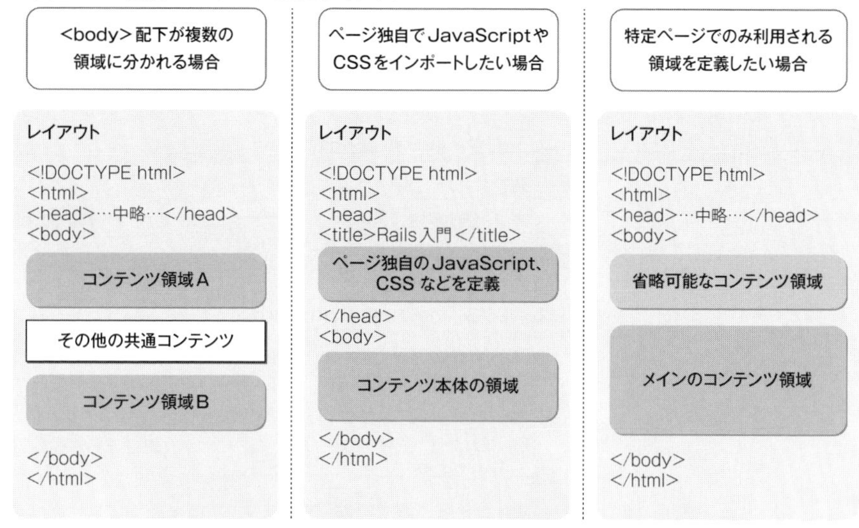

レイアウトには**複数のコンテンツ領域**を埋め込むことも可能
複数の領域を持つことで目的に応じた領域を定義しやすくなる

このようなケースでは、レイアウトに複数の「<%= yield %>」を埋め込みます。たとえばリスト 4-71 は、複数のコンテンツ領域を定義したレイアウトの例です。

▼リスト 4-71　layouts/layout.html.erb

```
<!DOCTYPE html>
<html>
<head>
  <title><%= @title ? @title : 'Rails入門' %></title>
  <%= stylesheet_link_tag "application", media: "all", "data-turbolinks-track" => true %>
  <%= javascript_include_tag "application", "data-turbolinks-track" => true %>
  <%= csrf_meta_tag %>
</head>
<body>
<%= yield :extend_menu %>            追加したコンテンツ領域
<hr />
...その他の固定コンテンツ...
<hr />
<%= yield %>            デフォルトのコンテンツ領域
</body>
</html>
```

複数のコンテンツ領域を定義する場合には、yield メソッドの引数として領域名を指定します。上の例では、デフォルトのコンテンツ領域と、:extend_menu という名前のコンテンツ領域を定義しています[*60]。

***60**
実は、デフォルトのコンテンツ領域も「yield :layout」のように記述できますが（:layoutはコンテンツ領域のデフォルトの名前です）、冗長なだけで意味はありませんので、「:layout」は略記するのが通例です。

このようなレイアウトに対してコンテンツを埋め込むには、テンプレートファイルで content_for メソッドを利用します（リスト 4-72、リスト 4-73）。

▼リスト 4-72　views_controller.

def multi
render layout: 'layout'
レイアウト layout.html.erb を適用
end

▼リスト 4-73　view/multi.html.erb

```
<% content_for :extend_menu do %>  ─┐
   [<%= link_to '関連情報', action: :relation %>]  │
   [<%= link_to 'ダウンロード', action: :download %>]  ├─❶
   [<%= link_to 'アンケート', action: :quest %>]  │
<% end %>  ─┘
<div id="main">  ─┐
...コンテンツ本体...  ├─❷
</div>  ─┘
```

名前付きのコンテンツ領域にセットするコンテンツは、content_for ブロックで定義します（❶）。

構文　content_for メソッド

```
content_for(name) do
  ...content...
end
```

name：コンテンツ名　*content*：コンテンツ本体

この例であれば、［関連情報］［ダウンロード］［アンケート］リンクを :extend_menu コンテンツとして定義しています。

デフォルトのコンテンツは、これまでと同じく特別な囲みなどを意識することなく、テンプレート直下に記述できます（❷）。

以上を理解したら、サンプルを実行してみましょう。図 4-23 のように、画面上下のコンテンツ領域にそれぞれのコンテンツが埋め込まれていることが確認できれば成功です。

▼図 4-23　複数のコンテンツ領域にテンプレートの内容が反映

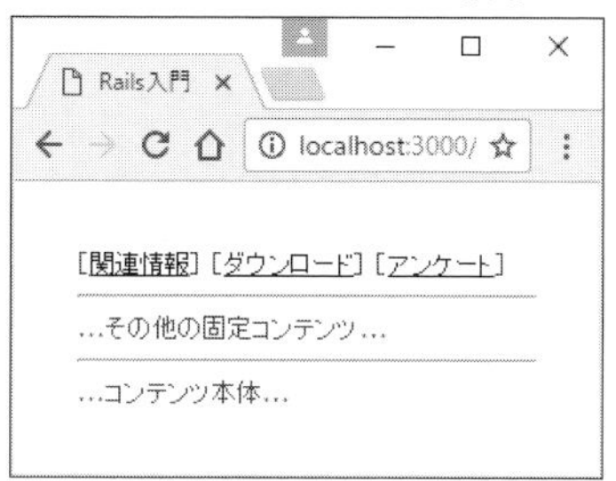

なお、指定されたコンテンツがテンプレートに存在しない場合にもyieldメソッドは例外を発生しません。よって、テンプレートによっては存在しない（=ページによって有無が分かれる）任意のコンテンツ領域をレイアウト側で定義しておくということも可能です。

4.7.4 レイアウトを入れ子に配置する

たとえば、図 4-24 のような構造の企業サイトを想定してみてください。

▼図 4-24　より複雑なサイトデザインの例

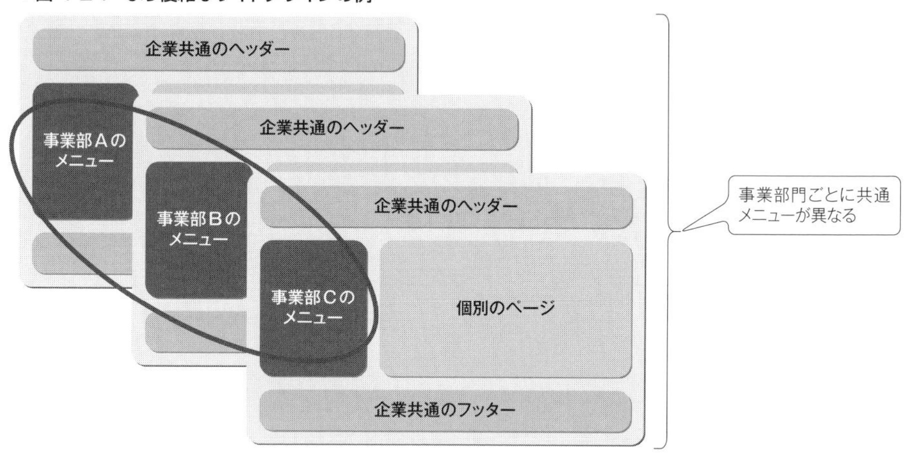

ヘッダー／フッター部分は企業共通ですが、メニュー部分は事業部門ごとに異なります。このようなケースで、それぞれの事業部門レイアウトに企業共通のヘッダーデザインまで持たせるのは望ましくありません。ヘッダーデザインに変更が生じた場合、すべての事業部門レイアウトを修正する必要があるためです。

このような場合には、レイアウトを入れ子にすることで、ヘッダー／フッター部分を1つのレイアウトとして管理できます（図 4-25）。

▼図 4-25　レイアウトは入れ子にもできる

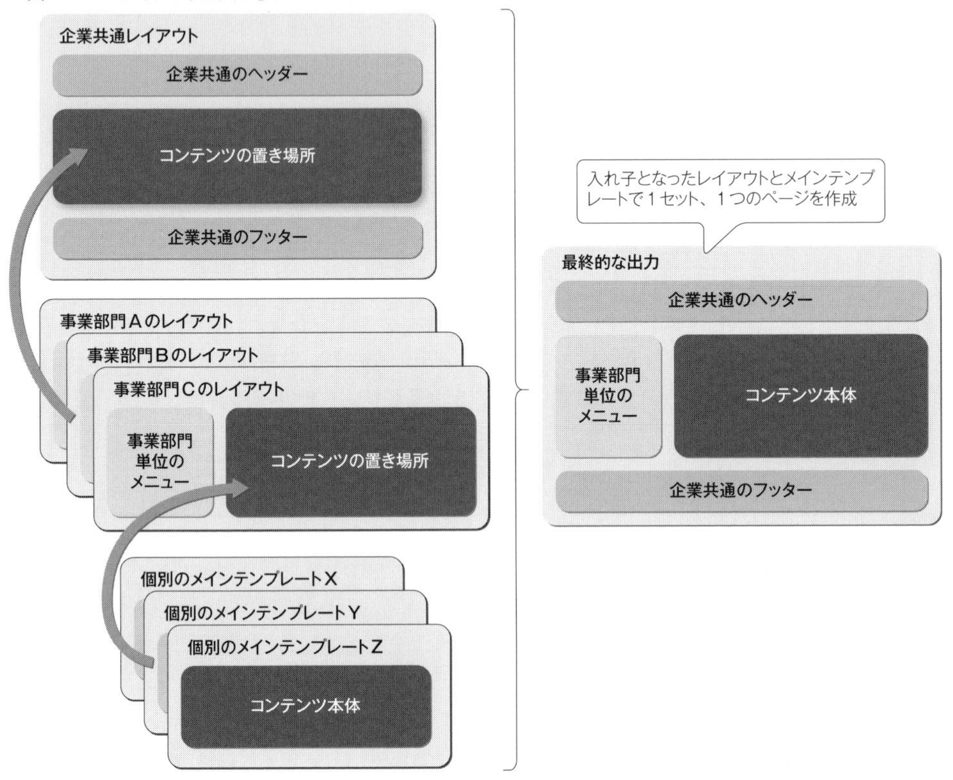

以下のリスト 4-74 の application.html.erb はアプリ共通のレイアウト（修正部分は太字）、リスト 4-75 の layouts/child.html.erb は入れ子部分のレイアウト、リスト 4-76 の view/nest.html.erb はメインテンプレートを表します。

▼リスト 4-74　layouts/application.html.erb

```
<!DOCTYPE html>
<html>
<head>
  <title><%= @title ? @title : 'Rails入門' %></title>
  <%= csrf_meta_tags %>
  ...中略...
  <%= stylesheet_link_tag    'application', media: 'all', 'data-turbolinks-track': 'reload' %>
  <%= javascript_include_tag 'application', 'data-turbolinks-track': 'reload' %>
</head>
<body>
<%= content_for?(:content) ? yield(:content) : yield %> ―――――――――――――――――――❺
</body>
</html>
```

▼リスト 4-75　layouts/child.html.erb

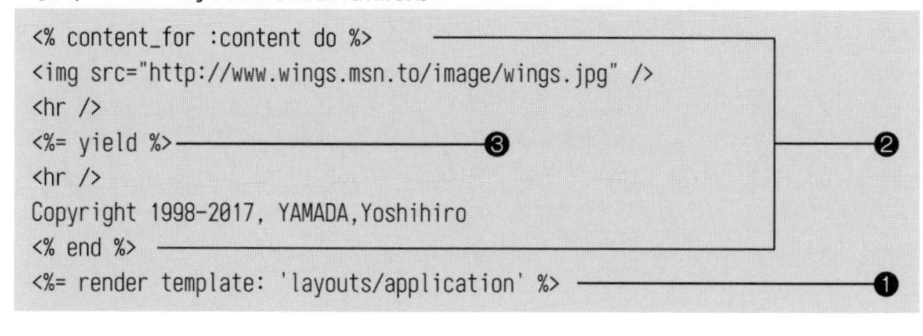

```
<% content_for :content do %>                                   ─┐
<img src="http://www.wings.msn.to/image/wings.jpg" />             │
<hr />                                                            │
<%= yield %> ──────────── ❸                                       ├─ ❷
<hr />                                                            │
Copyright 1998-2017, YAMADA,Yoshihiro                             │
<% end %>                                                        ─┘
<%= render template: 'layouts/application' %> ──────────── ❶
```

▼リスト 4-76　view/nest.html.erb

```
<%= @msg %>
```

▼リスト 4-77　view_controller

```
def nest
  @msg = '今日も良い天気です。'
  render layout: 'child' ──────────── ❶
end
```

▼図 4-26　入れ子になったレイアウトを適用

Railsでは、本質的な意味でレイアウトのネストに対応しているわけではありません。レイアウト定義を複数に分割し、呼び出しを工夫することで、ネストを表現していると考えた方が良いでしょう。

具体的には、図4-27のような構造となっています。

▼図4-27 レイアウトを入れ子にするしくみ

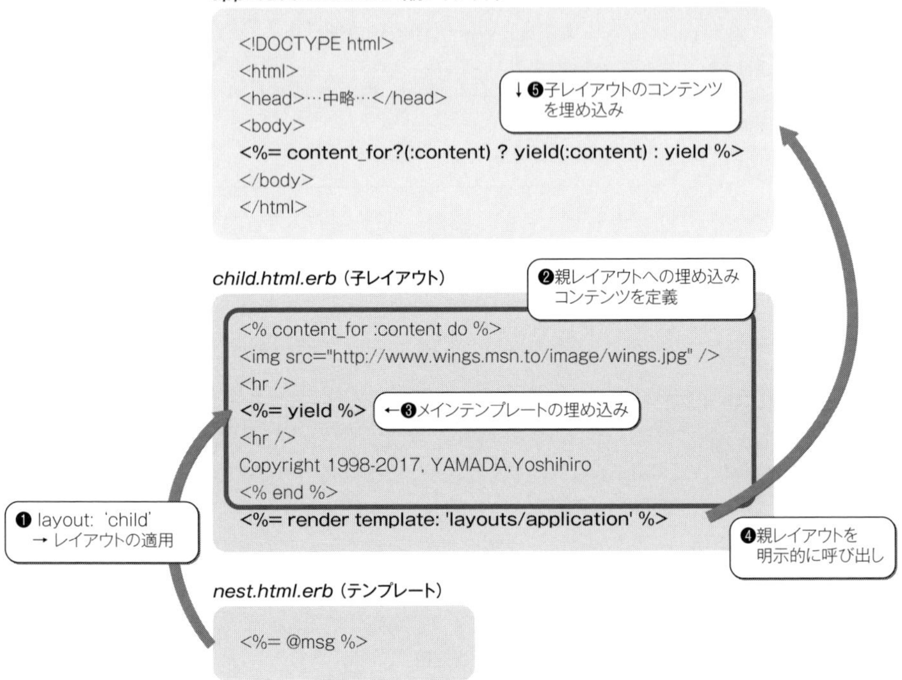

まずnestアクションは、対応するテンプレートとしてnest.html.erbを、layoutオプションで子レイアウトchild.html.erbを呼び出しています（❶*61）。ここまでは、これまでと同じ考え方です。

*61
4.7.1項でも説明したように、layoutメソッドでレイアウトを指定しても構いません。

続いて、子レイアウトchild.html.erbに注目してみると、コンテンツがcontent_forメソッドで定義されていることが確認できます（❷）。テンプレートnest.html.erbで既にデフォルトのコンテンツ（:layout）が暗黙的に使われてしまっているので、区別するために:contentコンテンツを定義しているのです。:contentコンテンツの配下では、コンテンツ:layoutをインクルードするためのyieldメソッドを呼び出します（❸）。

ここまではほぼ標準的なレイアウト呼び出しですが、ここからさらにレイアウトをネストさせるために必要な記述が❹のコードです。子レイアウトchild.html.erbから親レイアウトapplication.html.erbを呼び出すためには、renderメソッドのtemplateオプションを利用して、明示的に呼び出す必要があるのです*62。

*62
templateを省略して、「render 'layouts/application'」のようには記述できません。テンプレート（レイアウト）の中でtemplateを省略した場合、部分テンプレート（4.8節）の呼び出しを意味してしまうためです。

最後は、親レイアウトapplication.html.erbの記述です。❺のコードに注目です。content_for?メソッドは指定されたコンテンツが存在するかどうかを判定します。ここでは、contentコンテンツの有無を確認し、存在する場合は:contentコンテンツを、そうでない場合には標準の:layoutコンテンツを呼び出すようにしています*63。

*63
すべてのページがネスト構造を採っているならば、?:演算子による判定は不要です。しかし、ここではネストしていない他のページに影響が出ないよう、このような条件分岐を記述しています。

いかがですか。説明にするとやや複雑ですが、入れ子のレイアウトとは要は、

- 子レイアウトから親レイアウトの呼び出し（❹）
- 親レイアウト→ :content コンテンツ→ :layout コンテンツの呼び出し

によって実現しているにすぎません。

サンプルでは 2 階層のレイアウトを実装しましたが、理屈上は 3 階層以上のレイアウトを定義することも可能です[*64]。

***64**
もっとも、あまりに深いネストはレイアウト管理をかえって難しくします。できれば2階層、多くてもせいぜい3階層程度に留めておくのが望ましいでしょう。

COLUMN

コマンドラインから Rails のコードを実行する

rails runner コマンドを利用すると、Rails 環境をロードした上で、指定のコードを実行できます。たとえば、セッションをデータベースで管理している場合に、古くなったセッション情報を定期的に破棄するなどの用途で利用します。

rails runner コマンドを利用するには、以下のように文字列として実行したいコマンドを渡すだけです。定期的に自動実行したい処理を定義したいときは、rails runner コマンドをファイルとして用意した上で、cron などのスケジューラーに登録してください。

```
> rails runner 'FanComment.where(deleted: true).delete_all'
```

上の例では、Active Record のメソッドを直接呼び出していますが、より複雑な処理を行う場合は、できるだけモデル側でメソッドを準備し、コマンド上で指定するコードはシンプルに記述するべきでしょう。

テンプレートの一部をページ間で共有する ― 部分テンプレート

部分テンプレートとは、一言で言うならば、断片的なテンプレートファイルです。複数のページで共通で利用するような領域がある場合には、部分テンプレートを利用することで、個々のテンプレートで同じようなコードを記述する必要がなくなります（図 4-28）。

▼図 4-28　部分テンプレート

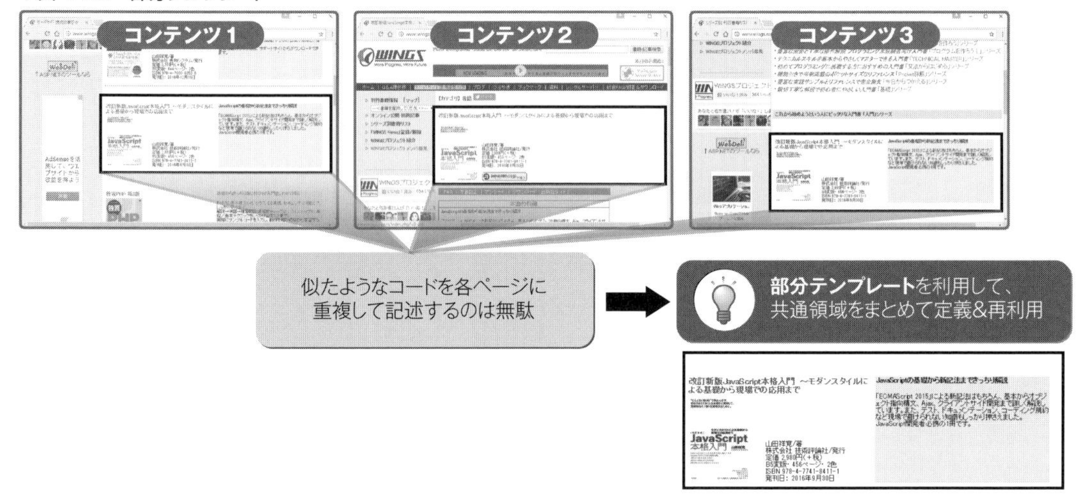

レイアウトに似ているようにも思えますが、レイアウトはヘッダーやフッターのようなページの外枠を定義するために利用し、部分テンプレートはもう少し断片的なページの共通領域を定義するために利用するのが一般的です。

4.8.1 部分テンプレートの基本

部分テンプレートの構文そのものは、これまで扱ってきたテンプレートのそれと変わるところはありません。複数のページで共有したい領域を切り出して、別ファイルとして保存すれば、それが部分テンプレートとなります。

たとえばリスト 4-78 は、テンプレート変数 @book をもとに、書籍情報を表示する領域を、部分テンプレートとして定義した例です。

▼リスト 4-78 books/_book.html.erb

```
<p>
<img src="http://www.wings.msn.to/books/<%= @book.isbn%>/<%= @book.isbn%>_logo.jpg" width="80"⏎
height="30" /><br />
<%= @book.title %><br />
<%= @book.publish %>/発行<br />
定価 <%= @book.price %>円（+税）<br />
ISBN <%= @book.isbn %><br />
発刊日：<%= @book.published %>
</p>
```


部分テンプレートを保存する場合には、

ファイル名の先頭に「_」を付けなければならない

という決まりがあります。Rails では、これによって、そのテンプレートが部分テンプレートであると認識するからです。

このルールさえ守っていれば、基本的には保存先フォルダーは /app/views フォルダー配下のサブフォルダーのどこでも構いません。しかし通常は、表 4-24 のルールに沿って保存先フォルダーを決めることを強くおすすめします。

▼表 4-24 部分テンプレートの保存先

No.	用途	保存先フォルダー
1	特定のコントローラーでのみ共有	/views/*コントローラー名*
2	アプリ全体で共有	/views/application
3	リソースに強く関連付いた部品	/views/*リソース名（複数形）*

特に 3 については、あとから見てもわかりやすいコードをシンプルに記述する上で役立つルールなので、強く意識してください。本項のサンプルでも、書籍情報の単票を表示する部分テンプレートを、books/_book.html.erb という名前で保存しています。フォルダー名は複数形、ファイル名は単数形というのがポイントです*65。

このように定義された部分テンプレートをメインテンプレート*66 に埋め込むには、render メソッドを利用します（リスト 4-79、リスト 4-80）。

*65
本来、コントローラー名はリソースに沿って命名するのがあるべき姿なので、1と3は一致するはずです。

*66
部分テンプレートを呼び出すおおもとのテンプレートを指して、本書では（部分テンプレートと区別して）「メインテンプレート」と呼ぶものとします。

▼リスト 4-79 view_controller

```
def partial_basic
  @book = Book.find(1)
end
```

▼リスト 4-80 view/partial_basic.html.erb

```
<div id="info">
```

```
  <%= render 'books/book' %> ─────────── ❶
</div>
```

▼図 4-29　部分テンプレート _book.html.erb による描画結果

*67
partialオプションを指定して、「<%= render partial: 'books/book' %>」のようにも記述できます。

render メソッドの引数には、「*パス / 部分テンプレート名*」を渡します[*67]。部分テンプレート名とは、ファイル名から先頭の「_」と拡張子「.html.erb」を取り除いたもののことです。つまり、❶であれば、books/_book.html.erb を呼び出すという意味になります。パスは /app/views フォルダーからの相対パスとして指定します。

もしも部分テンプレートがメインテンプレートと同じ場所に保存されている場合には、以下のように部分テンプレート名だけで記述しても構いません。

```
<%= render 'book' %>
```

NOTE アプリ共通の部分テンプレート

表 4-24 でも触れたように、アプリ共通の部分テンプレートは /views/application フォルダーに配置すべきです。というのも、ここに配置された部分テンプレートは、グローバルな部分テンプレートと見なされ、（パスなど意識することなく）次のようなコードで呼び出せるからです。

```
<%= render 'book' %>
```

ちなみに、同名の部分テンプレートがメインテンプレートと同じフォルダーにも存在する場合（この例であれば /view/_book.html.erb がある場合）には、同じフォルダー配下の部分テンプレートが優先して採用されます。

4.8.2 部分テンプレートにパラメーターを引き渡す

***68**
ただし、メインテンプレートで定義されているローカル変数を、部分テンプレートで利用することはできません。勘違いしやすいところなので、気を付けてください。

リスト 4-78 でも見たように、部分テンプレートではアクションメソッドで定義されたテンプレート変数をそのまま利用できます*68。しかし、テンプレート変数に依存した部分テンプレートには再利用性の点で問題があります。

というのも、テンプレート変数に依存した部分テンプレートを利用するには、すべてのアクションメソッドで同名のテンプレート変数を用意しておく必要があるためです。これは部品の独立性という意味でも望ましい状態ではありません。

部分テンプレートに汎用性を持たせるためには、部分テンプレートで利用する情報はできるだけパラメーター（引数）経由で渡すようにすると良いでしょう（図 4-30）。

▼図 4-30 部分テンプレートで使うデータはパラメーター渡しが基本

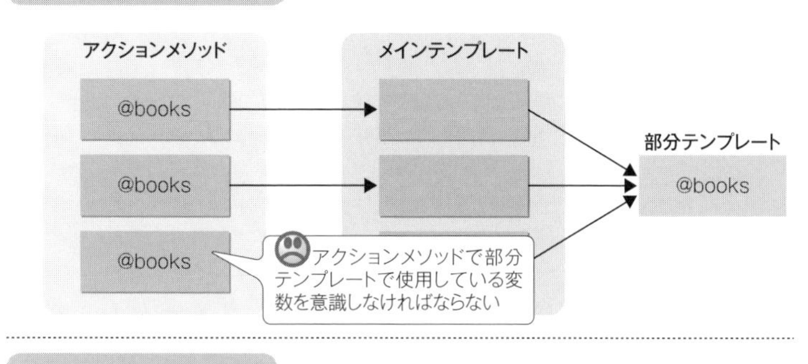

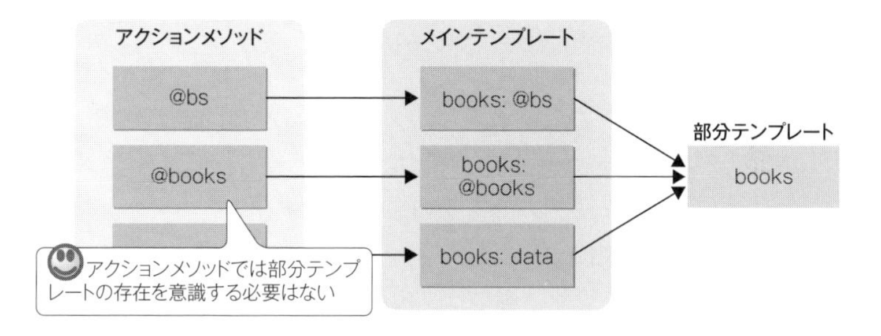

具体的な例も見てみましょう。ここでは、リスト 4-78 の _book.html.erb を改良し、表示する書籍情報を book パラメーターとして受け取れるようにます。それに伴い、type パラメーターを設置し、バナー画像の表示／非表示（:details ／ :simple）をパラメーター指定で切り替えられるようにします（図 4-31）。

▼図 4-31　本項で作成するサンプルの実行結果

type: :details の場合

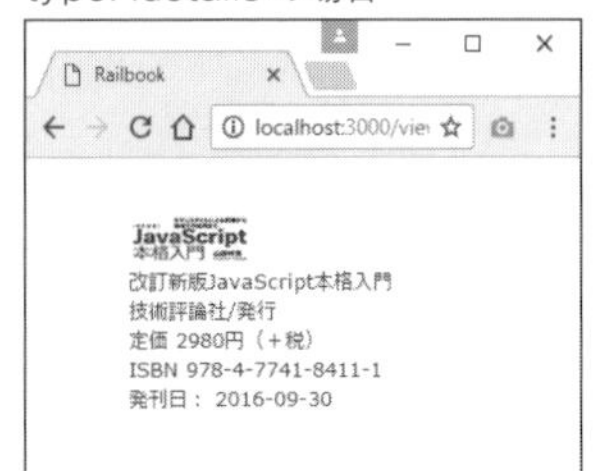

type: :simple の場合

1 部分テンプレートを修正する

リスト 4-78 で作成した _book.html.erb で、リスト 4-81 の太字の部分を追記／修正します。

▼リスト 4-81　books/_book.html.erb

```
<p>
<% type = :details if type.nil? %> ――――――――――――❶
<% if type == :details %>
<img src="http://www.wings.msn.to/books/<%= book.isbn%>/↵
<%= book.isbn%>_logo.jpg" width="80" height="30" /><br />
<% end %>
<%= book.title %><br />
<%= book.publish %>/発行<br />
定価 <%= book.price %>円（＋税）<br />
ISBN <%= book.isbn %><br />
発刊日： <%= book.published %>
</p>
```

このように、パラメーター経由で渡された情報には、ローカル変数としてアクセスできます。ここでは変数 type や book が該当します。これで部分テンプレートからテンプレート変数が取り除かれたので、アクションメソッドの側で部分テンプレートを意識する必要がなくなりました。

なお、❶では、type パラメーターが省略された場合に、デフォルトで :details をセットしています。このようにすることで、省略可能なパラメーターを定義しているのです。

2 部分テンプレートを呼び出す

部分テンプレートを呼び出しているのは、リスト 4-82、4-83 のコードです。

▼リスト 4-82　view_controller

```
def partial_param
  @book = Book.find(1)
end
```

▼リスト 4-83　view/partial_param.html.erb

```
<div id="info">
  <%= render 'books/book', book: @book, type: :details %>
</div>
```

部分テンプレートに渡すパラメーター情報は、render メソッドの第 2 引数以降に「パラメーター名 : *値* ,...」の形式で指定します。

サンプルを実行し、図 4-31 のような結果が得られれば引数は正しく認識できています。book ／ type パラメーターの値を変更することで、得られる結果が変化することも確認しておきましょう。

NOTE モデルを渡す場合の省略形

部分テンプレート books/_book.html.erb に対して、Book モデルを渡す際には、省略形を用いることもできます。以下のコードはいずれも同じ意味です。

```
<%= render 'books/book', book: @book ,type: :details %>
<%= render @book ,type: :details %>
```

render メソッドは渡されたモデル（ここでは Book）をもとに、対応する部分テンプレート books/_book.html.erb を検索&描画するわけです。4.8.1 項でリソースに関連する部分テンプレートは、「/views/*リソース名（複数形）*/_*リソース名（単数形）*.html.erb」のような名前で保存すべきと説明していたのも、このような省略形を利用するためだったわけです。

4.8.3 部分テンプレートにレイアウトを適用する ― パーシャルレイアウト

メインテンプレートと同じく、部分テンプレートに対してもレイアウトを適用できます。これを通常のレイアウトと区別して、**パーシャルレイアウト**と呼びます。

具体的な例として、前項の部分テンプレート（リスト 4-81）にパーシャルレイアウトとしてリスト 4-84 の books/_frame.html.erb を適用してみましょう（リスト 4-85）。

▼リスト 4-84　books/_frame.html.erb

```
<div style="border: 1px solid #f00; background-color: #ff0">
  <%=yield %> ―――――――――――――――――――――――――― ❶
</div>
```

▼リスト 4-85　view/partial_param.html.erb

```
<div id="info">
  <%= render partial: 'books/book', layout: 'books/frame',
    locals: { book: @book, type: :simple }%>  ❷
</div>
```

パーシャルレイアウトに、テンプレートの埋め込み先として「<%=yield %>」を指定する点は、一般的なレイアウトと同じです（❶）。ただし、ファイル名の先頭には、部分テンプレートと同じく、「_」を付与しなければならない点に注意してください。

準備したパーシャルレイアウトを適用するのが、❷のコードです。layout オプションでパーシャルレイアウトを指定しています。layout オプションを指定した場合、次の点に注意してください。

- これまで省略してきた partial オプションも省略できない
- その他のパラメーターは locals オプション配下で渡す必要がある

以上を理解したところで、サンプルを実行してみましょう。図 4-32 のようにパーシャルレイアウトが適用されて、書籍情報に背景や枠線が付与されたことが確認できます。

▼図 4-32　パーシャルレイアウトが適用された

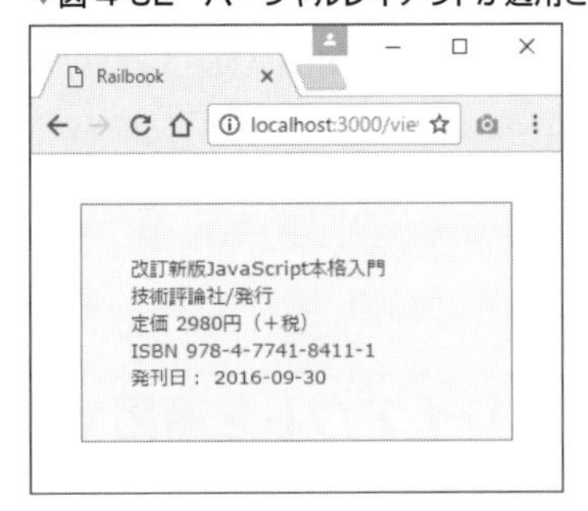

4.8.4 コレクションに繰り返し部分テンプレートを適用する ― collection オプション

render メソッドの collection オプションを利用すると、コレクション（配列）に対して、部分テンプレートを適用するようなコードがシンプルに記述できます。

collection オプションの基本的な例

まずは、先ほど作成した部分テンプレート _book.html.erb を利用して、オブジェクト配列 @books の内容を順に出力する例からです（リスト 4-86、4-87）。

▼リスト 4-86　view_controller

```
def partial_col
  @books = Book.all
end
```

▼リスト 4-87　view/partial_col.html.erb

```
<div id="list">
  <%= render partial: 'books/book', collection: @books,
    locals: { type: :details } %>
</div>
```

▼図 4-33　コレクション @book の内容を _book.html.erb で順に表示

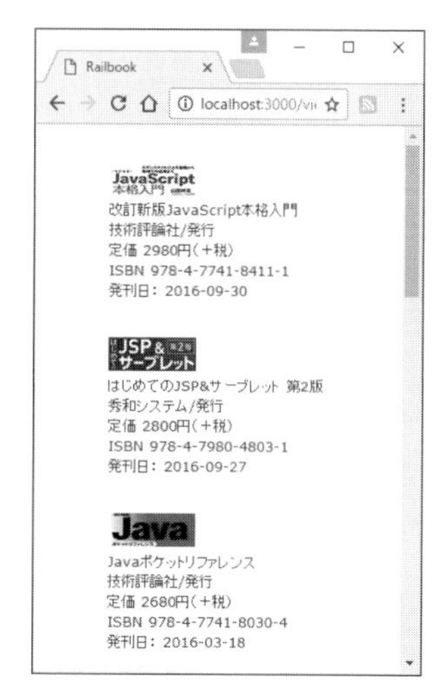

collection オプションを利用することで、コレクション @books の内容がなくなるまで順に部分テンプレートが適用されるわけです。each メソッドを使って自分で読み込んでも構いませんが、冗長な記述を自ら望んで求めることはないでしょう。

なお、collection オプションを指定した場合には、

- これまで省略してきた partial オプションも省略できない
- その他のパラメーターは locals オプション配下で渡す必要がある

などの制限があるので、注意してください[*69]。コレクション内の要素は、部分テンプレート名に対応して自動的にローカル変数 book に割り当てられるので、意識する必要はありません。

***69**
これらはパーシャルレイアウトのときと同じですね。

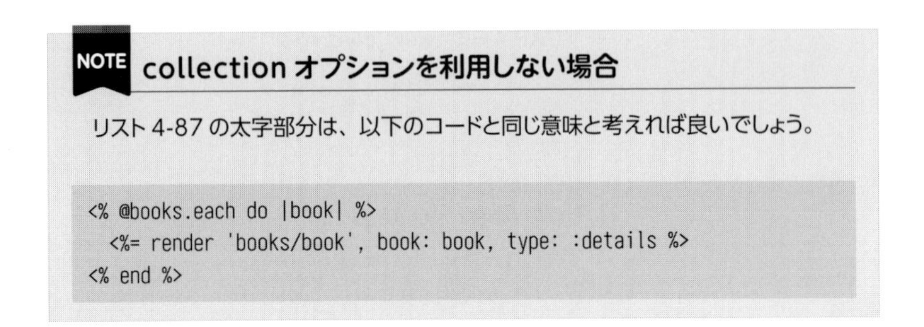

NOTE　collection オプションを利用しない場合

リスト 4-87 の太字部分は、以下のコードと同じ意味と考えれば良いでしょう。

```
<% @books.each do |book| %>
  <%= render 'books/book', book: book, type: :details %>
<% end %>
```

部分テンプレートで利用できる予約変数

collection オプションを使った場合、部分テンプレートでは「*部分テンプレート名 _iteration*」という予約変数（イテレーション変数）を利用できます。

リスト 4-81 の例であれば、次のようにすることでリストに連番を付与できます（リスト 4-88）。

▼リスト 4-88　books/_book.html.erb

```
<p>
<%=book_iteration.index + 1 %>
<% type = :details if type.nil? %>
```

▼図 4-34　書籍情報に連番が付与された

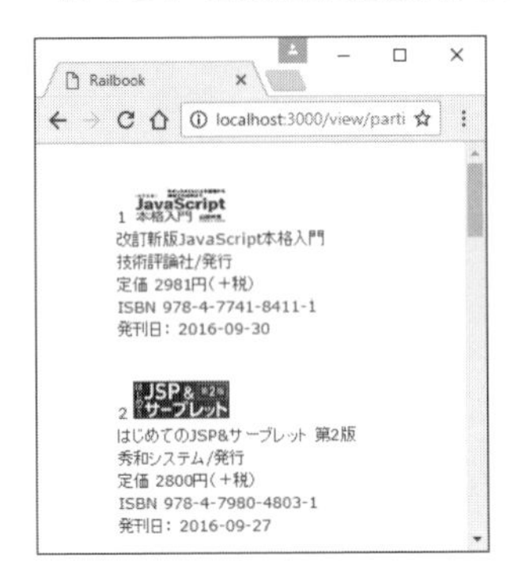

イテレーション変数は、index の他にも表 4-25 のようなメソッドを持っています。

▼表 4-25　イテレーション変数の主なメソッド

メソッド	概要
size	要素の数
first?	最初の要素か
last?	最後の要素か

collection オプションの省略形

リスト 4-87 のコードは省略して、リスト 4-89 のように記述することもできます。

▼リスト 4-89　view/partial_col.html.erb

```
<div id="list">
  <%= render @books, type: :details %>
</div>
```

この場合、render メソッドは配列 @books を構成するモデル（ここでは Book）をもとに、部分テンプレート books/_book.html.erb を呼び出し、コレクションを処理するわけです*70。これは 4.8.2 項の［Note］で紹介したのと同じ考え方です。

*70
あくまでモデルをもとにテンプレートを検出しますので、配列に異なる種類のモデルが混在していても構いません。たとえば、配列の中にBookモデルとMagazineモデルが混在していたら、books/_book.html.erbとmagazines/_magazine.html.erbを検索します。

区切りテンプレートを定義する

collection ＋ spacer_template オプションを利用すると、テンプレート同士を区切るセパレーター（テンプレート）を指定することもできます。たとえばリスト 4-90、リスト 4-91 は、書籍情報同士を水平線で区切る例です。

▼リスト 4-90　view/partial_spacer.html.erb

```
<div id="list">
  <%= render partial: 'books/book', collection: @books,
    spacer_template: 'separator' %>
</div>
```

▼リスト 4-91　view/_separator.html.erb

```
<hr />
```

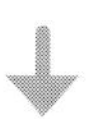

▼図 4-35　繰り返し出力される部分テンプレートが水平線で区切られる

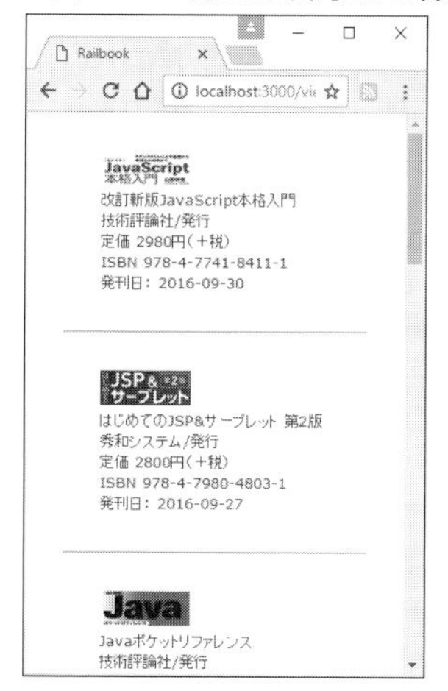

each メソッドでコレクションを処理する場合は、その要素が末尾かどうかをチェックし、末尾であれば区切り線を表示しない、などの措置が必要となりますが、spacer_template オプションを利用することで、こうした面倒からも解放されます。これもまた、collection オプションを利用する恩恵と言えるでしょう。

コレクションにパーシャルレイアウトを適用する

collection ＋ layout オプションを利用することで、コレクションの各要素に対して適用された部分テンプレートの 1 つ 1 つに対して、パーシャルレイアウトを適用することもできます。

たとえばリスト 4-92 は、リスト 4-90 にパーシャルレイアウトを適用した例です。パーシャルレイアウト books/_frame.html.erb については、リスト 4-84 をそのまま利用しています。

▼リスト 4-92　view/partial_spacer.html.erb

```
<div id="list">
  <%= render partial: 'books/book', collection: @books,
    spacer_template: 'separator', layout: 'books/frame' %>
</div>
```

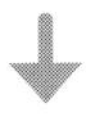

▼図 4-36　個々の部分テンプレートにパーシャルレイアウトを適用

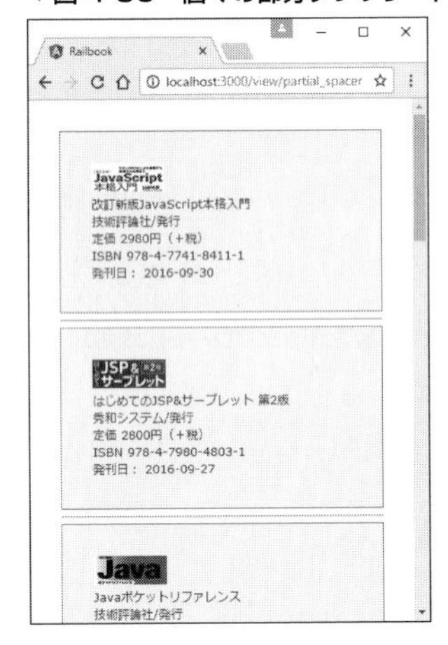

基本編

第5章

モデル開発

本章では、Rails によるモデル開発には欠かせない Active Record の解説を中心に、データベースアクセスや入力値検証の基本的な方法について解説します。また、本章後半では開発時のデータベース管理に不可欠のマイグレーションファイルやフィクスチャについても詳細に踏み込みます。
導入編では言われるがままに手順を追っていたという方も、本章で Rails におけるデータベース管理の知識を深めてください。

5-1 データ取得の基本 — find メソッド

find メソッドは、Active Record によるもっとも基本的な検索の手段で、主キーによる検索を担当します。3.3.1 項でも登場しましたので、忘れてしまったという人は、そちらを先に参照してください。以下では、3.3.1 項の理解を前提に、より詳しい解説を進めます。

> **NOTE 本章の学習に先立って**
>
> 本章の学習を進める前に、改めて以下の点を確認してください。
>
> - データベースは作成済みであるか
> - テーブルに対応したモデルクラスは作成済みであるか
> - フィクスチャによるテストデータは展開されているか
>
> この章ではサンプルデータベースが利用可能になっていることを前提に解説を進めます。データベースの準備については 3.7.2 項を参照してください。

5.1.1 主キー列による検索

まずは、もっとも基本的な find メソッドの用法からです。

構文　find メソッド

find(*keys*)

keys：主キー値（配列での指定も可）

主キーを 1 つだけ指定する例は 3.3.1 項などでも何度か登場したので、ここでは主キーを複数指定する例を見てみましょう（リスト 5-1）。

▼リスト 5-1　record_controller.rb

```
def find
  @books = Book.find([2, 5, 10])
  render 'hello/list' *1
end
```

*1
hello/list.html.erbは2.4.7項でも紹介したものです。renderメソッドについては2.3.2項の［Note］も参照してください。

▼図 5-1　主キー値が 2、5、10 であるレコードのみを取得

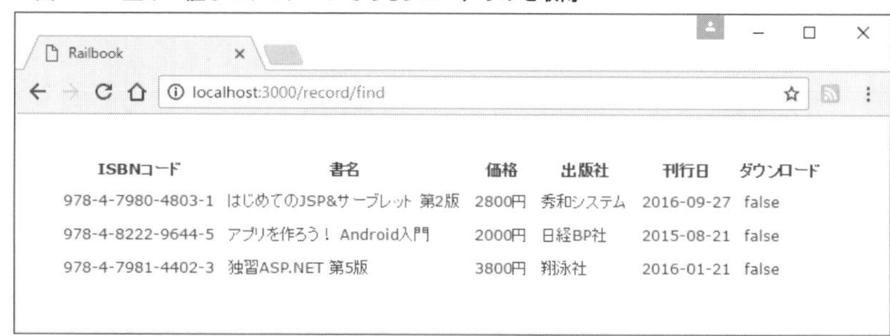

find メソッドでは、引数に配列を渡すことで、それぞれの主キー値に合致するレコードをすべて取り出すことができます。「find(2, 5, 10)」のように指定しても構いません。

サンプルを実行した後、Puma のコンソールにも以下のような SELECT 命令が出力されていることを確認しておきましょう*2。

*2
本章の結果は、以降でもPumaのコンソールに出力されるSQL命令で表記するものとします（一部の例外を除きます）。

```
SELECT "books".* FROM "books" WHERE "books"."id" IN (2, 5, 10)
```

5.1.2 任意のキー列による検索 ― find_by メソッド

find メソッドの派生形として、find_by メソッドもあります。find_by メソッドは、任意の列をキーにテーブルを検索し、ヒットした最初の 1 件を取得します。

構文　find_by メソッド

```
find_by key: value [, ...]
```

key：検索するフィールド名　*value*：検索値

たとえばリスト 5-2 は、出版社（publish 列）が「技術評論社」である書籍を取得する例です。

▼リスト 5-2　record_controller.rb

```
def find_by
  @book = Book.find_by(publish: '技術評論社')
  render 'books/show'
end
```

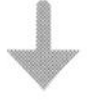

```
SELECT "books".* FROM "books" WHERE "books"."publish" = ? LIMIT ? ↩
 [["publish", "技術評論社"], ["LIMIT", 1]]
```

[["publish", " 技術評論社 "], ["LIMIT", 1]] は、publish、LIMIT 句の対応する「?」に対して、それぞれ「技術評論社」「1」を割り当てなさい、という意味です。

ここでは、取得行を 1 行に制限するために、SELECT 命令の末尾に「LIMIT 1」という記述が付与されている点に注目です（複数の行がヒットしても、find_by メソッドが返すのは常に先頭の 1 件だけということです）。その性質上、find_by メソッドは最初から結果が 1 件に絞り込めるようなケースで利用すべきです[*3]。

*3
レコードの順序は不定なので、複数行がヒットした場合でも「先頭の」レコードを特定できないからです。そのようなケースでは、後述するwhere／order／limitメソッドの組み合わせを利用してください。

「*フィールド名 : 値*」を連ねることで、論理積演算子（AND）を含んだ、より複雑な検索も可能です。たとえばリスト 5-3 は、出版社（publish 列）が「技術評論社」で、価格（price 列）が 2980 円である書籍情報を取得する例です。

▼リスト 5-3　record_controller.rb

```
def find_by2
  @book = Book.find_by(publish: '技術評論社', price: 2980)
  render 'books/show'
end
```

```
SELECT "books".* FROM "books" WHERE "books"."publish" = ? AND "books"."price" = ? LIMIT ? ↩
[["publish", "技術評論社"], ["price", 2980], ["LIMIT", 1]]
```

NOTE　Rails のコンソールを活用する

モデルクラスの挙動を手軽に確認したいならば、いちいちアクションメソッドを記述せずに、Rails コンソールを利用しても良いでしょう。Rails コンソールは、rails console コマンドで起動できます。

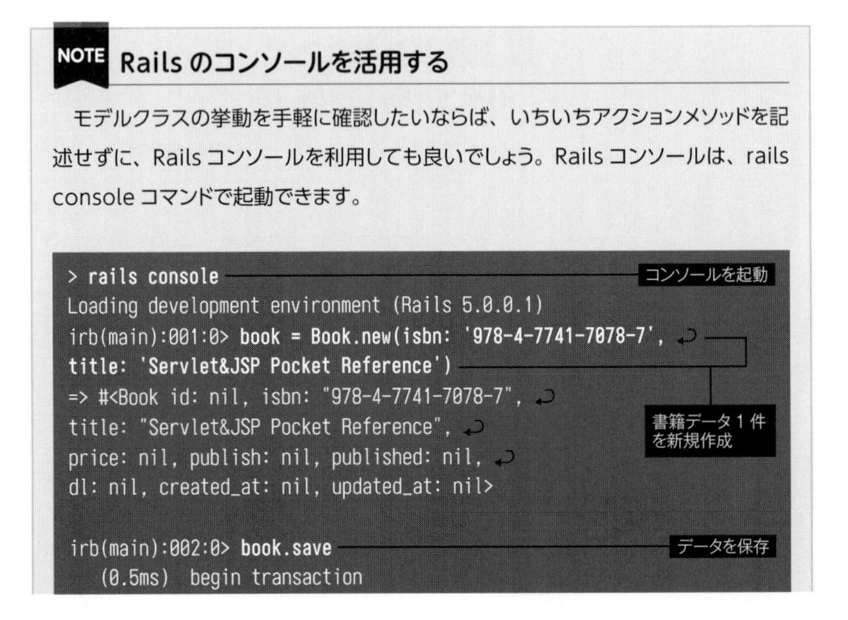

```
  SQL (0.0ms)  INSERT INTO "books" ("isbn", "title", "created_at", ↵
"updated_at") VALUES (?, ?, ?, ?)  [["isbn", "978-4-7741-7078-7"], ↵
["title", "Servlet&JSP Pocket Reference"], ["created_at", ↵
2016-10-15 07:11:11 UTC], ["updated_at", 2016-10-15 07:11:11 UTC]]
   (165.3ms)  commit transaction
=> true

irb(main):003:0> new_book = Book.last ―――― 末尾の書籍データを取得
  Book Load (0.0ms)  SELECT  "books".* FROM "books" ORDER BY ↵
"books"."id" DESC LIMIT ? [["LIMIT", 1]]
=> #<Book id: 11, isbn: "978-4-7741-7078-7", title: "Servlet&JSP ↵
Pocket Reference", price: nil, publish: nil, published: nil, dl: ↵
nil, created_at: "2016-10-15 07:11:11", updated_at: "2016-10-15 ↵
07:11:11">

irb(main):004:0> quit ―――― コンソールを終了
```

コンソールは、デフォルトでは開発環境で起動します。異なる環境で起動したい場合は、「rails console test」のように環境名を指定してください。

また、「rails console -s」[*4] のように起動すると、コンソール終了時にデータベースに対するすべての変更をロールバックできます。

*4
-sオプションの代わりに、--sandboxオプションを利用しても構いません。

5-2 より複雑な条件での検索を行う ― クエリメソッド

all メソッドや find メソッドは手軽に利用できる検索の手段ですが、シンプルであるがゆえに、利用できる状況も限られます。より複雑な条件式を指定したり、ソート、グループ化、範囲抽出、結合などを行ったりするには、本節で扱うクエリメソッドを利用するのが望ましいでしょう。

5.2.1 クエリメソッドの基礎

Rails 5 ではデータ取得のために、表 5-1 のようなメソッドを用意しています。

▼表 5-1　主なクエリメソッド

メソッド	概要
where	条件でフィルタリング
not	否定の条件式を表す
or 5.0	OR 条件を表す
order	並べ替え
reorder	ソート式を上書き
select	列の指定
distinct	重複のないレコードを取得
limit	抽出するレコード数を指定
offset	抽出を開始する数を指定。limit と一緒に使う
group	特定のキーで結果をグループ化
having	GROUP BY に更に制約を付ける
joins	他のテーブルと結合
left_outer_joins 5.0	他のテーブルと左外部結合
includes	関連するモデルをまとめて取得
readonly	取得したオブジェクトを読み取り専用に
none	空の結果セットを取得

これらクエリメソッドは、find や find_by などのメソッドと違って、その場ではデータベースにアクセスしません。ただ、条件句を追加した結果を ActiveRecord::Relation オブジェクトとして返すだけです。そして、結果が必要になったところではじめて、データベースに問い合わせるのです（これを**遅延ロード**と言います）。

クエリメソッドのこの性質を利用することで、（たとえば）以下のような記述が可能となります。

```
@books = Book.where(publish: '技術評論社').order(published: :desc)
```

上の例では、where メソッドで条件式（WHERE 句）を追加した後、order メソッドでソート式（ORDER BY 句）を追加しているので、最終的に「SELECT "books".* FROM "books" WHERE "books"."publish" = '技術評論社' ORDER BY "books"."published" DESC」のようなSQLが生成されます。メソッド呼び出しを連鎖して条件を積み上げるそのさまから、クエリメソッドのこのような性質と記法のことを**メソッドチェーン**と呼びます。

メソッドチェーンを利用することで、複合的な条件もごく自然なコードで指定できます。

5.2.2 基本的な条件式を設定する ― where メソッド

クエリメソッドの基本を理解したところで、個別の構文について見ていくことにしましょう。まずは、条件句を設定するための where メソッドからです。

構文 where メソッド

```
where(exp)
```

exp：条件を表すハッシュ

where メソッドのもっとも簡単な使い方は、条件式をハッシュで表現することです。たとえばリスト 5-4 は、出版社が「技術評論社」である書籍を抽出する例です。

▼リスト 5-4 record_controller.rb

```
def where
  @books = Book.where(publish: '技術評論社')
  render 'hello/list'
end
```

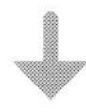

```
SELECT "books".* FROM "books" WHERE "books"."publish" = ? [["publish", "技術評論社"]]
```

等価演算子を使った条件式は、このように where メソッドの引数 exp に対して「*フィールド名*：*値*」の形式で表現します。

その他にも引数 exp の指定を変更することで、さまざまな条件式を表現できます。表 5-2 には、リスト 5-4 の太字部分に相当するコードのみを挙げているので、適宜、差し替えて実行結果を確認すると良い勉強になるでしょう。

▼表 5-2　where メソッドでのさまざまな条件式

No.	引数 exp	自動生成された SELECT 命令（コンソール出力）
1	publish: '技術評論社', price: 2980	SELECT "books".* FROM "books" WHERE "books"."publish" = ? AND "books"."price" = ? [["publish", "技術評論社"], ["price", 2980]]
2	published: '2016-06-01'..'2016-12-31'	SELECT "books".* FROM "books" WHERE ("books"."published" BETWEEN ? AND ?) [["published", Wed, 01 Jun 2016], ["published", Sat, 31 Dec 2016]]
3	publish: ['技術評論社', '翔泳社']	SELECT "books".* FROM "books" WHERE "books"."publish" IN ('技術評論社', '翔泳社')

1. のように「*フィールド名 : 値*」の組を複数指定した場合、条件式は論理積（AND）で連結されます。論理和（OR）を含む条件式の表現方法については、5.2.6 項で説明します。

2. は BETWEEN 演算子を指定する例です。範囲式（..）で境界値を指定します。3. のように値を配列で指定した場合には、IN 演算子が生成されます。

5.2.3 プレイスホルダーによる条件式の生成 — where メソッド（2）

ハッシュによる条件式の指定は手軽な反面、表現の幅に限界があります。そこで where メソッドでは、条件式をプレイスホルダー付きの文字列で指定する方法を提供しています。説明の便宜上、まずは手軽なハッシュ記法を学びましたが、一般的には本項での記述をより多く利用します。

構文　where メソッド（2）

```
where(exp [,value, ...])
```

exp : 条件式（プレイスホルダーを含むこともできる）
value : プレイスホルダーに渡すパラメーター値

プレイスホルダーとは、文字どおり、パラメーターの置き場所のことです。プレイスホルダーを利用することで、条件式に対して実行時に任意のパラメーターを引き渡すことができます。

具体的な例も見てみましょう。リスト 5-5、5-6 は、指定された出版社（publish 列）の書籍の中から指定価格以上（price 列）のデータを取得する例です。

▼リスト 5-5　record/keyword.html.erb

```
<%= form_tag action: :ph1 do %>
  <div class="field">
    <%= label_tag :publish, '出版社 : ' %>
    <%= text_field_tag :publish %>
  </div>
```

```
  <div class="field">
    <%= label_tag :price, '最低価格：' %>
    <%= text_field_tag :price %>
  </div>
    <%= submit_tag '検索' %>
<% end %>
```

▼リスト 5-6　record_controller.rb

```
def ph1
  @books = Book.where('publish = ? AND price >= ?',
    params[:publish], params[:price])
  render 'hello/list'
end
```

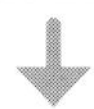

▼図 5-2　指定条件に合致する書籍情報を表示

引数 exp に含まれる「?」がプレイスホルダーです。プレイスホルダーにセットすべきパラメーター値は、第２引数以降で指定します（図 5-3）。

▼図 5-3　プレースホルダーと where メソッド

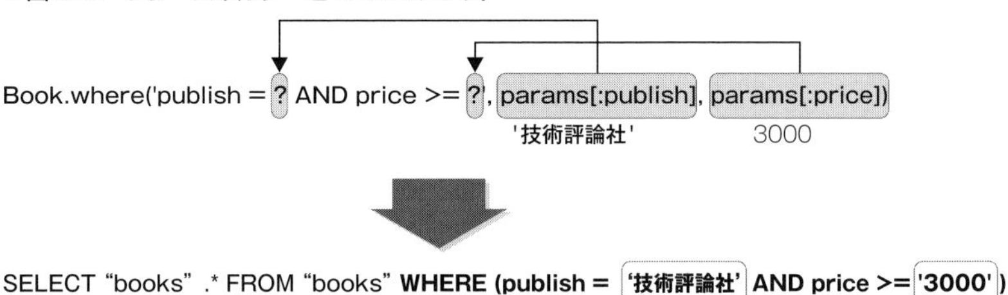

プレイスホルダーを利用することで、条件式そのものとパラメーター値とを明確に分離できますので、複雑な条件式になった場合にもコードの見通しを維持しやすいというメリットがあります*5。

プレイスホルダーは引数 exp の中に複数設置することもできます。ただし、その場合は第２引数以降のパラメーター値も**プレイスホルダーの記述順**に並べる必要がある点に注意してください。

***5**
入力値に基づく条件式を文字列連結（展開）で生成するのは絶対に避けてください。プレイスホルダーを利用しない条件式の生成は、**SQLインジェクション**と呼ばれる脆弱性の原因となる可能性があります。

5.2.4 名前付きパラメーターと名前なしパラメーター

リスト5-6では「?」という形式でプレイスホルダーを表しましたが、Railsでは「:*名前*」の形式でプレイスホルダーを表すこともできます。前者を**名前なしパラメーター**、後者を**名前付きパラメーター**と呼びます。

リスト5-6を名前付きパラメーターで書き換えると、リスト5-7のように記述できます。

▼リスト5-7　record_controller.rb

```
def ph1
  @books = Book.where('publish = :publish AND price >= :price',
    publish: params[:publish], price: params[:price])
  render 'hello/list'
end
```

名前付きパラメーター（:*名前*）の名前は自由に決めて構いませんが、関係がわかりやすいように比較対象となるフィールドと同名にするのが一般的です。名前付きパラメーターに対しては、値も「*名前*:*値*」のハッシュとして割り当てます。

いずれも、値をあとから動的に割り当てられるという点は同じですが、両者を比べてみると、記法としての性質上、表5-3のような長所／短所があります。

▼表5-3　名前付きパラメーターと名前なしパラメーターの長所／短所

	長所	短所
名前付きパラメーター	パラメーターと値の対応がわかりやすい	記述はやや冗長
名前なしパラメーター	記述はシンプル	パラメーターと値の対応関係がわかりにくい パラメーターの増減や順番の変化に影響を受けやすい

両者の長所／短所が表裏一体であることが見て取れます。通常は、パラメーター数が少ない場合は名前なしパラメーターを、多い場合には名前付きパラメーターを、という使い分けをおすすめします*6。

*6
ただし、プロジェクトとして記述を統一するのが望ましいという考え方もあるでしょう。

5.2.5 否定の条件式を表す — notメソッド

否定を表すnotメソッドをwhereメソッドと併せて利用することで、NOT条件をよりスマートに表現できます。たとえばリスト5-8は、指定のISBNコード**以外**の書籍を取得する例です。

*7
:idを受け取れるように、ルートとして「get 'record/not(/:id)' => 'record#not'」が定義されているものとします。

▼リスト 5-8 record_controller.rb *7

```
def not
  @books = Book.where.not(isbn: params[:id])
  render 'books/index'
end
```

```
SELECT "books".* FROM "books" WHERE ("books"."isbn" != ?) [["isbn", "978-4-7741-8411-1"]]
```

※「~/record/not/978-4-7741-8411-1」でアクセスした場合

notメソッドに渡せる条件式は、whereメソッドのそれに準じますので、ここでは、割愛します。この例であれば、指定の条件を「!=」演算子で反転している点に注目してください。

5.2.6 条件式を論理和で結合する — orメソッド 5.0

5.2.2項でも触れたように、whereメソッドでハッシュに複数の条件式を指定した場合、それらの式は論理積（AND演算子）で連結されるのでした。このため、Rails 4以前でOR演算子を伴う条件式を表すには、文字列式を使うしかありませんでした。

しかし、Rails 5では新たにorメソッドが追加されたので、よりシンプルなコードでOR条件式を表現できるようになりました（リスト5-9）。

▼リスト 5-9 record_controller.rb

```
def where_or
  @books = Book.where(publish: '技術評論社').or(Book.where('price > 2000'))
  render 'hello/list'
end
```

```
SELECT "books".* FROM "books" WHERE ("books"."publish" = ? OR (price > 2000)) [["publish", ↩
"技術評論社"]]
```

*8
グループ化されている場合には、HAVING条件式だけが異なることを許されます。

orメソッドによって、2個のActiveRecord::Relationオブジェクトを結合するわけです。ただし、（当然ですが）結合対象のActiveRecord::Relationオブジェクトは互換性がなければなりません。つまり、両者は同じモデルで、WHERE条件式だけが異なるActiveRecord::Relationでなければなりません*8。たとえば以下のような式は互換性エラーとなります。

```
@books = Book.where(publish: '技術評論社').or(Book.where('price > 2000').limit(1))
```

5.2.7 データを並べ替える ― orderメソッド

取得したデータを特定のキーで並べ替えるには、orderメソッドを使用します。

構文　orderメソッド

```
order(sort)
```

sort：ソート式（「*フィールド名：並び順*,...」の形式。並び順は:asc／:desc）

リスト5-10は、出版社（publish列）が「技術評論社」である書籍情報を、刊行日（published列）について降順で並べ替える例です。

▼リスト5-10　record_controller.rb

```
def order
  @books = Book.where(publish: '技術評論社').order(published: :desc)*9
  render 'hello/list'
end
```

*9
:asc（昇順）は省略可能です。たとえば、刊行日について昇順に並べたい場合には、「～.order(:published)」のように表します。

```
SELECT "books".* FROM "books" WHERE "books"."publish" = ? ORDER BY ⏎
"books"."published" DESC [["publish", "技術評論社"]]
```

以下のように、複数のソート式を指定しても構いません。

```
@books = Book.where(publish: '技術評論社').order(published: :desc, price: :asc)
```

```
SELECT "books".* FROM "books" WHERE "books"."publish" = ? ORDER BY "books"."published" DESC, ⏎
"books"."price" ASC [["publish", "技術評論社"]]
```

5.2.8 ソート式を上書きする ― reorderメソッド

複数のorderメソッドをメソッドチェーンした場合、Railsは両者を連結したORDER BY句を生成します。たとえば次のようになります（リスト5-11）。

▼リスト5-11　record_controller.rb

```
def reorder
  @books = Book.order(:publish).order(:price)
  render 'books/index'
```

```
end
```

```
SELECT "books".* FROM "books" ORDER BY "books"."publish" ASC, "books"."price" ASC
```

しかし、以前のソート式を破棄して、新たにソート式を加えたい場合もあるでしょう。そのようなケースでは、reorderメソッドを利用します。reorderメソッドの構文はorderメソッドのそれに準じますが、前のorderメソッドを無視する点が異なります。

```
@books = Book.order(:publish).reorder(:price)
```

```
SELECT "books".* FROM "books" ORDER BY "books"."price" ASC
```

上書きではなく、単に前のソート式を打ち消したいならば、reorderメソッドにnilを指定します。

```
@books = Book.order(:publish).reorder(nil)
```

```
SELECT "books".* FROM "books"
```

5.2.9 取得列を明示的に指定する ― selectメソッド

Active Recordでは、デフォルトですべての列を取得しようとします（つまり「SELECT * FROM ...」を発行します）。しかし、巨大なテーブルにおいて不要な列まで無条件に取り出すことはメモリリソースの無駄遣いです。

そこで登場するのがselectメソッドです。selectメソッドによって取得列を明示的に指定できます。データの取得に際しては、まず、行／列はできるだけ絞り込むのが基本と考えるべきでしょう。

構文 selectメソッド

```
select(cols)
```

cols：取得する列

たとえばリスト 5-12 は、価格（price 列）が 2000 円以上の書籍のみを取得する例です。取得列は書名（title 列）と価格（price 列）のみとします。

▼リスト 5-12　record_controller.rb

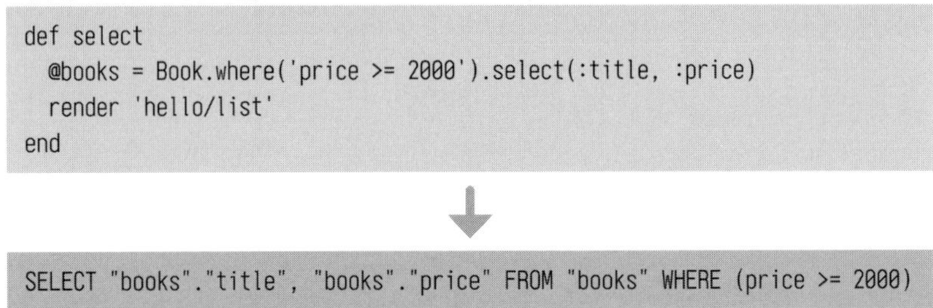

```
def select
  @books = Book.where('price >= 2000').select(:title, :price)
  render 'hello/list'
end
```

```
SELECT "books"."title", "books"."price" FROM "books" WHERE (price >= 2000)
```

select メソッドで取得列を限定した場合、取得していない列（プロパティ）にアクセスしようとすると、ActiveRecord::MissingAttributeError 例外が発生します。たとえば、上のサンプルはブラウザー上では図 5-4 のようなエラーを返すでしょう。これは hello/list.html.erb で取得列以外の isbn や publish などの列にアクセスしようとしているためです[*10]。

*10
取得列であるtitleとprice以外の列へのアクセスを削除することで、正しく動作するようになります。

▼図 5-4　取得列以外にアクセスした場合

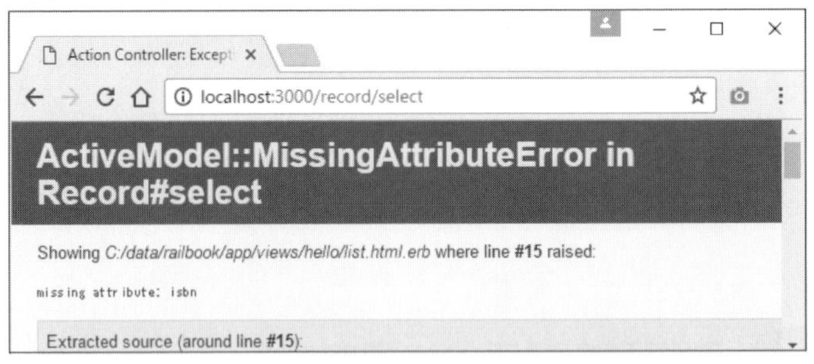

また、select メソッドを利用することで、SQL 関数の呼び出しも可能になります。具体的な例については、5.2.13 項も参照してください。

5.2.10 重複のないレコードを取得する — distinct メソッド

distinct メソッドは、結果セットから重複した行を除去します。SELECT 命令の DISTINCT 句に相当します。

構文 distinct メソッド

```
distinct([flag])
```

flag：重複を除去するか（デフォルトは true）

たとえばリスト 5-13 は、books テーブルから重複のない出版社（publish 列）情報を取得する例です。

*11
対応するテンプレートファイル select2.html.erbは紙面上では割愛します。完成コードは配布サンプルを参照してください。

▼リスト 5-13 record_controller.rb *11

```
def select2
  @pubs = Book.select(:publish).distinct.order(:publish)
end
```

```
SELECT DISTINCT "books"."publish" FROM "books" ORDER BY "books"."publish" ASC
```

一度追加した DISTINCT 句を破棄するには、引数 flag に false を指定してください。

```
@pubs = Book.select(:publish).distinct.distinct(false)
```

```
SELECT "books"."publish" FROM "books"
```

5.2.11 特定範囲のレコードだけを取得する — limit ／ offset メソッド

limit メソッドと offset メソッドとを組み合わせることで、特定範囲のレコードだけを取得することもできます。

構文 limit ／ offset メソッド

```
limit(rows)
offset(off)
```

rows：最大取得行数　*off*：取得開始位置（先頭行を 0 でカウント）

たとえばリスト 5-14 は、刊行日（published 列）について降順に並べたときに、5 ～ 7 件目となるデータを取得する例です。

基本編 1 2 3 4 5 6 7 8 9 10

▼リスト5-14　record_controller.rb

```
def offset
  @books = Book.order(published: :desc).limit(3).offset(4)
  render 'hello/list'
end
```

```
SELECT  "books".* FROM "books" ORDER BY "books"."published" DESC LIMIT ?⏎
OFFSET ? [["LIMIT", 3], ["OFFSET", 4]]
```

「5～7件目を取得」＝「5件目から最大3件を取得」というわけです。limit／offsetメソッドを利用する場合には、レコードの並び順が決まっていないと意味がありませんから、原則、orderメソッドとセットで利用します。

limit／offsetメソッドを利用することで、ページング処理を実装することもできます。たとえばリスト5-15は、3件単位でリストをページングする例です。「～/record/page/2」のようなURLを指定すると、対応するページを表示できます[*12]。

*12
本来であれば前後するページへのリンクも作成する必要がありますが、この項では簡略化のために割愛しています。

*13
:idを受け取れるように、ルートとして「get 'record/page(/:id)' => 'record#page'」が定義されているものとします。

▼リスト5-15　record_controller.rb[*13]

```
def page
  page_size = 3    # ページ当たりの表示件数
  page_num = params[:id] == nil ? 0 : params[:id].to_i - 1    # 現在のページ数
  @books = Book.order(published: :desc).limit(page_size).offset(page_size * page_num)
  render 'hello/list'
end
```

▼図5-5　「～/record/page」「～/record/page/2」でアクセスした場合

現在のページ数（page_num）はルートパラメーター（params[:id]）経由で取得します。:idパラメーターが指定されなかった場合に備えて、nil判定を加えるのを忘れないようにしてください（先頭ページは0とします）。あとは、ページサイズ

(ページ当たりの表示件数)と現在のページ数との積で、レコードの取得開始行(オフセット位置)を求められます。

5.2.12 先頭/末尾のレコードを取得する ― first / last メソッド

結果セットの先頭/末尾レコードを取得する場合、limit メソッドを使っても(もちろん)構いませんが、より直感的に利用できる first / last メソッドが用意されています。たとえば、刊行日(published 列)について降順に並べたときに末尾に来るレコードを取得するには、リスト 5-16 のように記述します。

▼リスト 5-16 record_controller.rb

```
def last
  @book = Book.order(published: :desc).last
  render 'books/show'
end
```

```
SELECT  "books".* FROM "books" ORDER BY "books"."published" ASC LIMIT ? [["LIMIT", 1]]
```

降順にしたときの末尾ですので、自動的に最適化し、昇順にしたときの先頭を取得しているわけです[*14]。ただし、「~.limit(3).last」のように limit メソッドと併用した場合には、limit メソッドが優先(= last メソッドが無視)されてしまいます。

なお、first / last メソッドはクエリメソッドではありませんので、遅延ロードの**対象外**です。メソッドチェーンの途中で記述することはできませんので、注意してください(必ず末尾に記述する必要があります)。

*14
ORDER BY句が明記されていない場合、first/lastメソッドは主キーについてソートした結果に基づいて、先頭/末尾レコードを取得します。

5.2.13 データを集計する ― group メソッド

特定のキーで結果をグループ化するには、group メソッドを利用します。

構文 group メソッド

```
group(key)
```

key:グループ化キー(カンマ区切りで複数指定も可)

たとえばリスト 5-17、5-18 は、books テーブルの内容を出版社(publish 列)でグループ化し、出版社ごとの価格の平均値を求める例です。

▼リスト 5-17　record_controller.rb

```
def groupby
  @books = Book.select('publish, AVG(price) AS avg_price').group(:publish)
end
```

▼リスト 5-18　record/groupby.html.erb

```
<table>
<tr>
  <th>出版社</th><th>価格</th>
</tr>
<% @books.each do |book| %>
  <tr>
    <td><%= book.publish %></td>
    <td><%= book.avg_price.round %>円</td> *15
  </tr>
<% end %>
</table>
```

***15**
roundメソッドは、与えられた数値を四捨五入します。

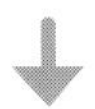

▼図 5-6　出版社ごとの平均価格を一覧表示

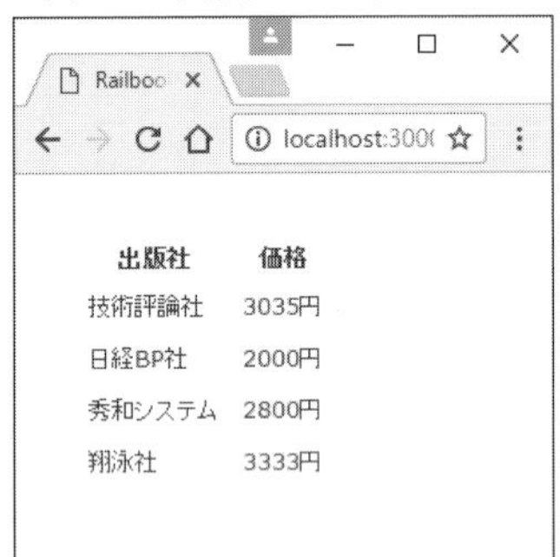

SQL 関数は、select メソッドから呼び出せます。select メソッドの中で演算子や関数を利用した場合には、演算列にアクセスできるよう AS 句で別名（エイリアス）を付与するのも忘れないようにしてください。select メソッドで宣言された別名には、もともと定義されていた列名と同じく「*オブジェクト名 . 別名*」の形式でアクセスできます（リスト 5-18 太字部分）。

サンプルを実行したら、例によって Puma のコンソールで SELECT 命令も確認しておきましょう。

```
SELECT publish, AVG(price) AS avg_price FROM "books" GROUP BY "books"."publish"
```

5.2.14 集計結果をもとにデータを絞り込む — having メソッド

havingメソッドを利用することで、集計した結果をもとに、更にデータを絞り込むことも可能です。

構文 havingメソッド

```
having(exp [,value, ...])
```

exp:条件式（プレイスホルダーを含むこともできる）
value:プレイスホルダーに渡すパラメーター値

たとえばリスト5-19は、リスト5-17を書き換えて、平均価格が2500円以上である出版社の情報だけを取得する例です。

▼リスト5-19 record_controller.rb

```
def havingby
  @books = Book.select('publish, AVG(price) AS avg_price').group(:publish).
    having('AVG(price) >= ?', 2500)
  render 'record/groupby'
end
```

```
SELECT publish, AVG(price) AS avg_price FROM "books" GROUP BY "books"."publish" HAVING ⏎
(AVG(price) >= 2500)
```

プレイスホルダーの書式については5.2.3項で詳説していますので、併せて参照してください。

5.2.15 条件句を破壊的に代入する — where! メソッド

Rails 4以降では、条件式を破壊的に*16追加するwhere!などのメソッド（「!」付きメソッド）も利用できます。where!の他にも、order!、select!、limit!、offset!、group!、having!、distinct!など、ほとんどのクエリメソッドは「!」付きで呼び出すことが可能です。これらを、本書では便宜的に「破壊的クエリメソッド」と呼びます。破壊的クエリメソッドを利用することで、複数の文で段階的に条件式を追加する際にも、変数への再代入が必要ないため、コードを（わずかながら）シンプルに記述できます（リスト5-20）。

*16
標準のwhereメソッドは、追加した条件式を戻り値として返します（=もとのオブジェクトに影響を及ぼしません）。一方、「破壊的に」とはメソッドの実行によってオブジェクト自身の内容を変更することを言います。

▼リスト 5-20　record_controller.rb

```
def where2
  @books = Book.all
  @books.where!(publish: '技術評論社')
  @books.order!(:published)
  render 'books/index'
end
```

```
SELECT "books".* FROM "books" WHERE "books"."publish" = ? ⮐
ORDER BY "books"."published" ASC [["publish", "技術評論社"]]
```

5.2.16 クエリメソッドによる条件式を除去する — unscope メソッド

本節冒頭でも触れたように、クエリメソッドはその場では実行されません。条件式を積み重ねて、最終的に結果が必要になってはじめて、クエリが実行されるのです（遅延ロード）。よって、実行する前であれば、一度追加した条件式（の一部）を取り消すこともできます。これを行うのが unscope メソッドです。

構文　unscope メソッド

unscope(*skips*)

skips：除外する条件式

たとえばリスト 5-21 は、指定された where ／ order ／ select 条件のうち、where ／ select を除去する例です。

▼リスト 5-21　record_controller.rb

```
def unscope
  @books = Book.where(publish: '技術評論社').order(:price)
    .select(:isbn, :title).unscope(:where, :select)
  render 'books/index'
end
```

```
SELECT "books".* FROM "books" ORDER BY "books"."price" ASC
```

where メソッドで複数の条件式を追加した場合には、検索列の単位で条件を削除することもできます。たとえばリスト 5-22 は、dl 列に対する条件を除去する例です。

▼リスト 5-22 record_controller.rb

```
def unscope2
  @books = Book.where(publish: '技術評論社', dl: true).order(:price)
    .unscope(where: :dl)
  render 'books/index'
end
```

```
SELECT "books".* FROM "books" WHERE "books"."publish" = ? ⏎
ORDER BY "books"."price" ASC [["publish", "技術評論社"]]
```

ただし、unscopeメソッドが除外する対象は、unscopeメソッドが呼び出されるまでに追加された条件式です。unscope以降に追加された条件式は除外されません。

5.2.17 空の結果セットを取得する — noneメソッド

noneメソッドを呼び出すと、空の結果セット[*17]を取得できます。と、それだけ聞くと「どんな場合に利用するの?」と思うかもしれませんが、それは以下のようなケースです。

リスト5-23は、ルートパラメーター経由でall、new、cheapいずれかのキーワードを与えると、「すべての書籍情報」「刊行日の新しい書籍5冊」「安い書籍5冊」をそれぞれ返します。また、想定以外のキーワードを渡した場合は、空の結果を返します。

*17
正確には、DBNullを表すActiveRecord::NullRelationオブジェクトを返します。NullRelationは、特殊なActiveRecord::Relationオブジェクトと言っても良いでしょう。

▼リスト 5-23 record_controller.rb[*18]

```
def none
  case params[:id]
    when 'all'
      @books = Book.all
    when 'new'
      @books = Book.order('published DESC').limit(5)
    when 'cheap'
      @books = Book.order(:price).limit(5)
    else
      @books = Book.none
  end
  render 'books/index'
end
```

*18
:idを受け取れるように、ルートとして「get 'record/none(/:id)' => 'record#none'」が定義されているものとします。

▼図 5-7　キーワードに応じて異なる結果を表示（左：～ /record/none/all、中：～ /record/none/new、右：～ /record/none/dummy でアクセスした場合）

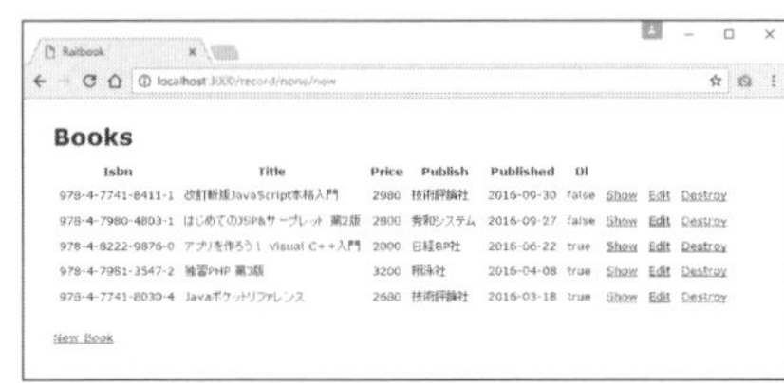

　ポイントとなるのは太字の部分です。この部分を「@books = nil」とするのは誤りです。この場合、「undefined method `each' for nil:NilClass」のようなエラーが発生することになります。books/index.html.erb（3.2.2 項）では、モデルの配列を each メソッドで繰り返し処理することを想定していますが、nil には each メソッドはありませんよ、と怒られているわけです。エラーを回避するには、each メソッドを呼び出す前に、変数 @books の内容が nil であるかどうかを判定しなければなりません。

　しかし、none メソッドを利用することで、戻り値は Relation（NullRelation）オブジェクトとなります。この場合、中身が空なだけでそれ自体は結果セットなので、そのまま each メソッドを呼び出してもエラーにはなりません[*19]。

***19**
このようにNull状態を表す（なにもしない）オブジェクトのことを**NullObject（ヌルオブジェクト）**と言います。

5-3 データ取得のためのその他のメソッド

Active Recordではまず、all／find／クエリメソッドさえ理解しておけば、おおよその基本的な取得処理はまかなえるはずです。本節では、これら以外に知っておくと便利ないくつかのメソッドを紹介しておきます。

5.3.1 指定列の配列を取得する — pluckメソッド

pluckメソッドを利用することで、指定された列を配列として取得できます。

構文 pluckメソッド

```
pluck(column ,...)
```

column：フィールド名

たとえばリスト5-24は、取得した結果セットからtitle／price列を抽出する例です。

▼リスト5-24 record_controller.rb

```
def pluck
  render plain: Book.where(publish: '技術評論社').pluck(:title, :price)
end
```

```
[
  ["改訂新版JavaScript本格入門", 2980],
  ["Javaポケットリファレンス", 2680],
  ["Swiftポケットリファレンス", 2780],
  ["AngularJSアプリケーションプログラミング", 3700]
]
```

5.3.2 データの存在を確認する — exists?メソッド

データを取得するのではなく、指定されたデータが存在するかどうかだけを確認したい場合には、exists?メソッドを利用します。たとえばリスト5-25は、出版社

（publish列）が「新評論社」であるデータが存在するかどうかを確認するためのコードです。

▼リスト5-25　record_controller.rb

```
def exists
  flag = Book.where(publish: '新評論社').exists?
  render plain: "存在するか？ : #{flag}"
end
```

```
SELECT  1 AS one FROM "books" WHERE "books"."publish" = ? ⏎
LIMIT ? [["publish", "新評論社"], ["LIMIT", 1]]
```

存在チェックだけですので、実際に発行されるSELECT命令も最低限、「与えられた条件で先頭の1件、ダミー列のみ」を取得していることが確認できます。

whereメソッドと連携する他、以下のような記述もできます。

```
Book.exists?(1)                          # id値が1であるレコードが存在するか
Book.exists?(['price > ?', 5000])        # price列が5000より大きいレコードが存在するか
Book.exists?(publish: '技術評論社')      # publish列が技術評論社のレコードが存在するか
Book.exists?                             # booksテーブルに1件でもデータが存在するか
```

5.3.3 よく利用する条件句をあらかじめ準備する ― 名前付きスコープ

データベース検索のコードを記述していくと、同じような検索条件がそちこちに登場することはよくあります。たとえばユーザーテーブルで性別（sex列）や年齢（old列）を管理しているとしたら、成人男性を取り出すために「old >= 20 AND sex = 'male'」のような条件式を何度も記述することになるかもしれません。

そこで登場するのが**名前付きスコープ**（**Named Scope**）です。名前付きスコープとは、特定の条件式やソート式などをあらかじめモデル側で名前付けしておくことで、利用時にも名前で呼び出せるようにするしくみです。名前付きスコープを利用すると、呼び出しのコードがより直感的に記述できますし、条件に変更があった場合にも修正箇所を限定できるというメリットがあります（図5-8）。

▼図 5-8　スコープ利用のメリット

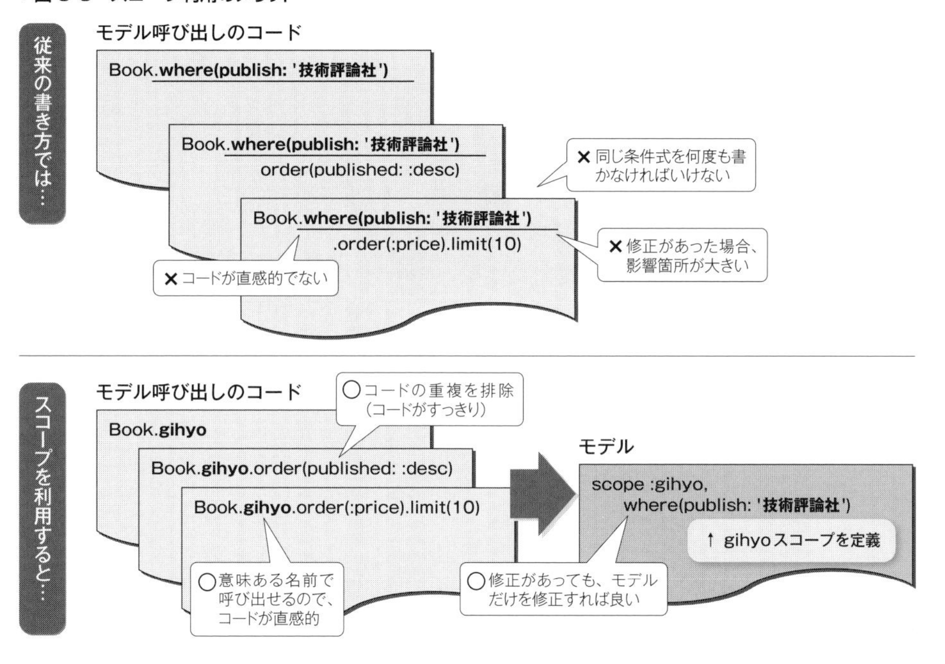

　具体的な例を見てみましょう。ここで紹介するのは、モデルクラス Book に以下のような名前付きスコープを定義する例です。

- 技術評論社の書籍のみを取得する gihyo スコープ
- 刊行日の新しい順に並べる newer スコープ
- 刊行日の新しいものから先頭 10 件を取得する top10 スコープ

　名前付きスコープはモデルクラス（この場合であれば Book クラス）で定義します（リスト 5-26）。これまでモデルクラスそのものをあまり意識することはありませんでしたが、2.4.3 項の手順によって既に作成されているはずです*[20]。

*20
配置先は/apps/modelsフォルダーでした。

▼リスト 5-26　book.rb

```
class Book < ApplicationRecord
  scope :gihyo, -> { where(publish: '技術評論社') }
  scope :newer, -> { order(published: :desc) }
  scope :top10, -> { newer.limit(10) }
end
```

　名前付きスコープを定義するための構文は、以下のとおりです。

構文　名前付きスコープ

```
scope name , -> { exp }
```

name：スコープの名前　　*exp*：条件式

where ／ order ／ limit などクエリメソッドの構文は 5.2 節で紹介済みですので、そちらを参照してください。

太字部分のように、名前付きスコープは一から設定するだけでなく、既存の名前付きスコープ（ここでは newer スコープ）をもとに作成することもできます。既存の名前付きスコープは「*スコープ名 . クエリメソッド* (...)」のような形式で連鎖できます。

名前付きスコープを定義できたら、コントローラー側からこれを呼び出してみましょう。リスト 5-27 は、技術評論社で刊行日の新しい書籍 10 件を抽出する例です。

▼リスト 5-27　record_controller.rb

```
def scope
  @books = Book.gihyo.top10
  render 'hello/list'
end
```

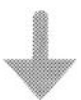

```
SELECT "books".* FROM "books" WHERE "books"."publish" = ? ORDER BY "books"."published" DESC LIMIT ? ⏎
[["publish", "技術評論社"], ["LIMIT", 10]]
```

定義済みのスコープをそのままメソッドチェーンとして連鎖させることができるわけです。何度も利用する条件式はできるだけスコープとしてまとめておくことで、コードをぐんと読みやすくできるでしょう。

NOTE　名前付きスコープはパラメーター化も可能

名前付きスコープには引数を渡すこともできます。たとえばリスト 5-28 は、指定された出版社の最新書籍 5 件を取り出す whats_new スコープを定義する例です。

▼リスト 5-28　book.rb

```
scope :whats_new, ->(pub) {
  where(publish: pub).order(published: :desc).limit(5)
}
```

whats_new スコープは、以下のように呼び出せます。似たような条件句がある場合にも、このようにパラメーター化することで、いくつもスコープを定義せずに済みます。

```
@books = Book.whats_new('技術評論社')
```

↓

```
SELECT  "books".* FROM "books" WHERE "books".⏎
"publish" = ? ORDER BY "books"."published" DESC LIMIT ? ⏎
[["publish", "技術評論社"], ["LIMIT", 5]]
```


5.3.4 デフォルトのスコープを定義する — default_scope メソッド

よくある抽出／ソート条件に名前を付けて、モデル呼び出しのコードをわかりやすくする名前付きスコープに対して、モデル呼び出しの際にデフォルトで適用される**デフォルトスコープ**という機能もあります。

たとえばレビュー情報（reviews テーブル）の内容を常に投稿日降順で取り出すのであれば、これを毎回、呼び出しのコードで指定するのは面倒です。しかし、デフォルトスコープを利用すれば、指定された条件が必ず適用されますので、呼び出しのコードがシンプルになります。

リスト 5-29、5-30 は、reviews テーブルに対して投稿日の降順というデフォルトスコープを適用し、アクションメソッドから実際に呼び出す例です。

▼リスト 5-29　review.rb

```
class Review < ApplicationRecord
  …中略…
  default_scope { order(updated_at: :desc) }
end
```

▼リスト 5-30　record_controller.rb

```
def def_scope
  render plain: Review.all.inspect
end
```

```
SELECT "reviews".* FROM "reviews" ORDER BY "reviews"."updated_at" DESC
```

デフォルトスコープを定義するのは、default_scope メソッドの役割です。

構文　default_scope メソッド

```
default_scope exp
```

exp：条件式

この例では「updated_at: :desc」というソート式を指定しているので、「Review.all」と指定した場合でも、SQL 命令には自動的に ORDER BY 句が追加されていることが確認できます。

デフォルトスコープで指定された条件式は、個別の問い合わせで order ／ where メソッドを指定した場合でも取り消されることはありません[*21]。個別の問い合わせで指定された条件は、order メソッドであれば第 2 キー以降に追加されるだけですし、where メソッドであれば AND 演算子で追加されます。

*21
デフォルトスコープを解除したい場合には、unscope、またはunscopedメソッドを利用してください。unscopedメソッドはそれまでに追加したすべてのクエリを破棄します。

5.3.5 検索結果の行数を取得する — count メソッド

特定の条件で絞り込んだ結果セットの件数を取得するには、count メソッドを利用します。select メソッドで SQL の COUNT 関数を直接呼び出しても構いませんが、count メソッドを利用した方がより直感的にコードを記述できるでしょう。

リスト 5-31 は、出版社（publish 列）が「技術評論社」である書籍の件数を求める例です。

▼リスト 5-31　record_controller.rb

```
def count
  cnt = Book.where(publish: '技術評論社').count
  render plain: "#{cnt}件です。"
end
```

```
SELECT COUNT(*) FROM "books" WHERE "books"."publish" = ? [["publish", "技術評論社"]]
```

コンソールから確認すると、count メソッドはクエリメソッドに従ってデータを絞り込んだ上で、その結果を SQL の COUNT 関数でカウントしていることがわかります。

where メソッドと連携する他にも、count メソッドを使って以下のような記述もできます。

```
cnt = Book.count                     # テーブルのレコード件数
cnt = Book.count(:publish)           # publish列が空でないレコードの件数*22
cnt = Book.distinct.count(:publish) # publish列の値の種類（出版社の数）
```

*22
いわゆる「COUNT(publish)」です。もしも「COUNT(*)」を表したいならば、単にcount、またはcount(:all)とします。

5.3.6 特定条件に合致するレコードの平均や最大／最小を求める

countメソッドの仲間として、表5-4のような集計メソッドも用意されています。

▼表5-4 Active Recordで利用できる集計メソッド（引数colは列名）

メソッド	概要
average(*col*)	平均値
minimum(*col*)	最小値
maximum(*col*)	最大値
sum(*col*)	合計値

たとえばリスト5-32は、出版社（publish列）が「技術評論社」である書籍の平均価格を求める例です。

▼リスト5-32 record_controller.rb

```
def average
  price = Book.where(publish: '技術評論社').average(:price)
  render plain: "平均価格は#{price}円です。"
end
```

```
SELECT AVG("books"."price") FROM "books" WHERE "books"."publish" = ? [["publish", "技術評論社"]]
```

averageメソッドをはじめとした集計メソッドは、取得した結果セット全体を集計する場合に、selectメソッドを利用するよりもシンプルにコードを記述できるでしょう。

集計メソッドは、groupメソッドと一緒に利用することもできます。たとえばリスト5-33は、5.2.13項の例を集計メソッドとSQL関数を使って書き換えたものです。

▼リスト5-33 record_controller.rb

```
def groupby2
  @books = Book.group(:publish).average(:price)
end
```

▼リスト5-34 record/groupby2.html.erb

```
<table>
<tr>
  <th>出版社</th><th>価格</th>
</tr>
<% @books.each do |key, value| %>
```

```
<tr>
  <td><%= key %></td>
  <td><%= value.round %>円</td>
</tr>
<% end %>
</table>
```

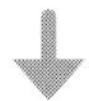

```
SELECT AVG("books"."price") AS average_price, "books".⏎
"publish" AS books_publish FROM "books" GROUP BY "books"."publish"
```

グループ化キー（groupメソッド）と集計列（averageメソッド）を取得列とするSELECT命令が生成されるわけです。ただし、集計メソッドを利用した場合、戻り値は「*グループ列の値*：*集計値*」形式のハッシュとして返される点に注意してください。そのため、テンプレートファイルでもkeyとvalueという仮変数で、それぞれの値にアクセスする必要があります*[23]。

***23**
これはテンプレートファイルの見通しを悪くするもとですので、著者としてはgroupメソッドと集計メソッドをセットで利用するのはあまりおすすめしません。

5.3.7 生のSQL命令を直接指定する ― find_by_sqlメソッド

Active Recordでは原則として、まずクエリメソッドを利用するべきですし、クエリメソッドでまかなえないようなケースはあまり考えられません。しかし、それでもあまりに複雑な問い合わせは、生のSQL命令で記述した方がかえってわかりやすいという場合もあるでしょう。

そのようなケースでは、find_by_sqlメソッドを利用してください。リスト5-35は、5.2.14項のリスト5-19をfind_by_sqlメソッドで書き換えた例です。

▼リスト5-35　record_controller.rb

```
def literal_sql
  @books = Book.find_by_sql(['SELECT publish, AVG(price) AS avg_price FROM "books" GROUP BY publish ⏎
HAVING AVG(price) >= ?', 2500])
  render 'record/groupby'
end
```

find_by_sqlメソッドでは、「[*SQL命令*, *値*,...]」のような配列形式でSELECT命令を指定するのが基本ですが、SQL命令にプレイスホルダーが含まれない場合は、単に文字列としてSELECT命令のみを指定しても構いません。

構文 find_by_sql メソッド

```
find_by_sql(sql)
```

sql：SQL 命令と検索値の配列

SQL 命令に精通した人にとっては、find_by_sql メソッドの方が手軽に感じるかもしれません。しかし、（繰り返しですが）Rails ではまずクエリメソッドを利用するのが基本です。find_by_sql メソッドを利用することは、それだけ特定のデータベースに依存する原因になることを理解してください。

COLUMN

きれいなコードを書いていますか？ - コーディング規約

Ruby の長所の 1 つとして、コードを記述する際の自由度の高さが挙げられます。もっとも、「自由」は、ストレスなくコーディングを進めるという意味では良いことですが、複数人で開発を行う場合にはデメリットとなることがあります。不統一なコードは、そのまま可読性の低下にもつながるからです。

ちょっとした書き捨てのスクリプトを記述する場合ならともかく、将来的に保守を必要とするアプリケーションの開発では、一定の規約に沿ってコーディングを進めるべきでしょう。

そこで登場するのが**コーディング規約**です。コーディング規約とは、インデントやスペースの付け方、識別子の命名規則、その他、推奨される記法についてまとめたものです。コーディング規約に従うことで、コードが読みやすくなるだけでなく、潜在的なバグを減らせるなどの効果も期待できます。

以下に、Ruby のコーディング規約としてよくまとまっているページを紹介します。

- Ruby コーディング規約（http://shugo.net/ruby-codeconv/codeconv.html）
- The Unofficial Ruby Usage Guide（http://www.caliban.org/ruby/rubyguide.shtml）

これらの規約が、きれいなコードを書く方法のすべてというわけではありません。しかし、少なくともコーディング規約に従っておくことで「最低限汚くない」コードを記述できるはずです。最初はなかなか気が回らないかもしれませんが、こうした作法は初学者のうちから気にかけておくことが大切です。

レコードの登録／更新／削除

SELECT 命令について理解できたところで、本節では INSERT（追加）／UPDATE（更新）／DELETE（削除）処理を行ってみましょう。

もっとも、基本的な INSERT ／ UPDATE ／ DELETE については、第 3 章で解説済みです。本節では第 3 章では解説しきれなかった箇所についてのみ補足しますので、save ／ update ／ destroy などのメソッドについては該当の項を参照してください[*24]。

*24
本節では、実行によってデータベースが書き変わるサンプルが多くあります。データベースを初期状態に戻す方法については、3.7.2項も参照してください。

5.4.1 複数のレコードをまとめて更新する ― update_all メソッド

update_all メソッドを利用すると、特定の条件に合致するレコードをまとめて更新できます。

構文　update_all メソッド

```
update_all(updates)
```

updates：SET 句（更新値）

たとえばリスト 5-36 は、出版社（publish 列）を「技術評論社」から「Gihyo」に修正する例です。

▼リスト 5-36　record_controller.rb

```
def update_all
  cnt = Book.where(publish: '技術評論社').update_all(publish: 'Gihyo')
  render plain: "#{cnt}件のデータを更新しました。"
end
```

```
UPDATE "books" SET "publish" = 'Gihyo' WHERE "books"."publish" = ? [["publish", "技術評論社"]]
```

where メソッドで対象のレコードを絞り込んでおいて、update_all メソッドで更新列と値を指定するわけです。

order ／ limit メソッドと併用することで、「特定の並び順で先頭 n 件のみを更新する」という操作も可能になります。たとえばリスト 5-37 は、刊行日（published

列）が古いもの５件について、価格（price 列）を２割引きする例です。

▼リスト 5-37　record_controller.rb

```
def update_all2
  cnt = Book.order(:published).limit(5)
    .update_all('price = price * 0.8')
  render plain: "#{cnt}件のデータを更新しました。"
end
```

```
UPDATE "books" SET price = price * 0.8 WHERE "books"."id" IN (SELECT "books"."id" FROM "books" ⏎
ORDER BY "books"."published" ASC LIMIT ?)  [["LIMIT", 5]]
```

5.2.11 項でも触れたように、limit ／ order メソッドはセットで利用するのが基本です。

なお、update_all メソッドでは、リスト 5-36 のように更新値をハッシュで指定する他、この例のように文字列（式）で指定することもできる点に注目です（太字部分）。

5.4.2　レコードを削除する ― destroy ／ delete メソッド

Rails では、既存のレコードを削除するためのメソッドとして、destroy メソッドと delete メソッドというよく似た２種類のメソッドを用意しています。

構文　delete ／ destroy メソッド

```
delete(keys)
destroy(keys)
```

keys：主キー値（配列での指定も可）

このうち、3.6 節では destroy メソッドを利用した例を見ました（リスト 5-38）。

▼リスト 5-38　books_controller.rb

```
def destroy
  @book.destroy*25
  …中略…
end
```

*25
@bookはset_bookフィルターによってあらかじめ用意されています。前後のコードについては、3.6節も併せて参照してください。

ここでは、いったんオブジェクトを取得してから削除処理を行っていますが、これは削除したモデルの内容をあとから参照できるようにするための措置です。もしもオブジェクトが不要であるならば、destroyをクラスメソッドとして呼び出しても構いません（リスト5-39）。

*26
リスト5-39、40の動作を確認するには、books_controller.rbのbefore_actionメソッド（3.3.1項）を一時的にコメントアウトして、destroy／deleteメソッドによって生成されるSQLだけが表示されるようにしてください。

▼リスト5-39　books_controller.rb[*26]

```
def destroy
  Book.destroy(params[:id])
  …中略…
end
```

この場合も、内部的には以下のようにSELECT→DELETEの順で処理が実行されます。

```
SELECT  "books".* FROM "books" WHERE "books"."id" = ? LIMIT ?  [["id", 11], ["LIMIT", 1]]
DELETE FROM "books" WHERE "books"."id" = ?  [["id", 11]]
```

もう1つ、deleteメソッドも利用してみましょう（リスト5-40）。

▼リスト5-40　books_controller.rb

```
def destroy
  Book.delete(params[:id])
  …中略…
end
```

```
DELETE FROM "books" WHERE "books"."id" = ?  [["id", 12]]
```

レコードを削除するという結果は同じですが、SQL命令のレベルで見てみると、destroyメソッドはSELECT→DELETEの順で、deleteメソッドはDELETEのみが実行されていることが確認できます。

この違いは、後々にアソシエーションやコールバックという機能を利用したときに現れてきます。それぞれの詳細は後節に譲りますが、Active Recordの機能をきちんと利用したい場合にはdestroyメソッドを、単純にデータの削除のみを行いたい場合にはdeleteメソッドを利用するという使い方になるでしょう。deleteメソッドの制約を理解していないうちは、まずはdestroyメソッドを優先して利用することをおすすめします。

5.4.3 複数のレコードをまとめて削除する ― destroy_all メソッド

destroy_all メソッドは、特定の条件に合致するレコードをまとめて削除します。たとえばリスト 5-41 は、出版社が「技術評論社」でない書籍をすべて削除する例です。

▼リスト 5-41 record_controller.rb

```
def destroy_all
  Book.where.not(publish: '技術評論社').destroy_all*27
  render plain: '削除完了'
end
```

```
SELECT "books".* FROM "books" WHERE ("books"."publish" != ?) ⏎
[["publish", "技術評論社"]]
begin transaction
DELETE FROM "books" WHERE "books"."id" = ?  [["id", 2]]
commit transaction
begin transaction
DELETE FROM "books" WHERE "books"."id" = ?  [["id", 4]]
…後略…
```

*27
destroy_allメソッドではSELECT→DELETEの順で個別のレコードを削除している点にも注目です。一方、delete_allメソッドは単一のDELETE命令で複数レコードを一括削除します。destroy／deleteメソッドの違いについては、前項も併せて確認してください。

以前の Rails では、destroy_all ／ delete_all メソッドに条件式を直接引き渡すこともできましたが、Rails 5 では非推奨の扱いになっています。条件式は where メソッドに分離するようにしてください。

5.4.4 トランザクション処理を実装する ― transaction メソッド

トランザクション処理とは、一言で言うならば、それ全体として「成功」するか「失敗」するかしかない、ひとかたまりの処理のことです。ある一連の処理がすべて成功すればトランザクション処理は成功ですし、処理が 1 つでも失敗すればトランザクション処理は失敗し、それまでに行われた処理はすべて無効となります。

たとえば、銀行でのお金の振り込みを思い浮かべてみてください。振り込みという処理は、ごく単純化すると、

- 振り込み元口座からの出金
- 振り込み先口座への入金

から成り立っています。

もしこのような振り込み処理で、出金には成功したのに、（通信の障害などが原因で）入金に失敗してしまったとしたらどうでしょう。振り込み元口座の残高は減ってい

るのに、振り込み先口座の残高は増えないという、おかしなことになってしまいます。逆の場合も同じです。

こうした不整合は、（当然）システム的には絶対あってはならない問題です。入金／出金という 2 つの処理は「両方とも成功するか」、さもなければ「両方とも失敗」しなければなりません。つまり、入金と出金とは意味的に関連するひとまとまりの処理、すなわちトランザクションとして扱うべき処理といえます。

さて、入金と出金という処理を 1 つのトランザクションとして扱うということは、どういうことなのでしょうか。まず、トランザクションを開始すると、ある処理（命令）を実行しても、その変更は、すぐにはデータベースに反映されません。

たとえば、最初に行われる出金処理は、その段階では確定されません。仮登録された状態と見なされます。そして、その後の入金処理が成功したタイミングではじめて出金／入金という双方の処理を確定するわけです。これがトランザクション処理です。なお、トランザクション処理を確定することを**コミット**（**Commit**）と言います。

逆に、出金、あるいは入金処理が失敗した場合、トランザクションは仮登録の状態となっている処理をもとに戻します。このような巻き戻し処理を**ロールバック**（**Rollback**）と言い、トランザクションに属するすべての処理を「なかったこと」にします（図 5-9）。

▼図 5-9　トランザクション処理

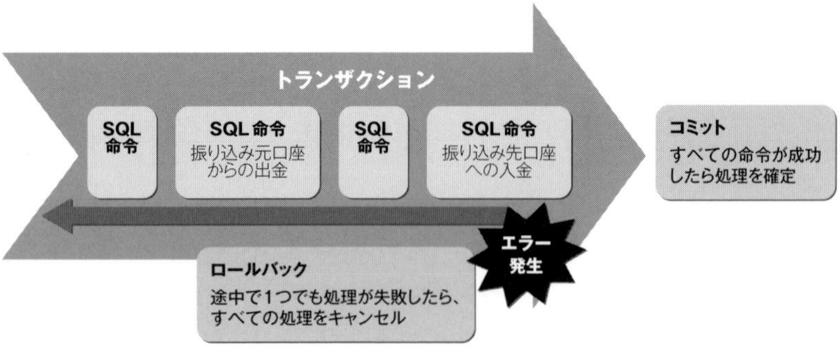

トランザクション
SQL 命令
SQL 命令 振り込み元口座からの出金
SQL 命令
SQL 命令 振り込み先口座への入金
コミット すべての命令が成功したら処理を確定
エラー発生
ロールバック 途中で1つでも処理が失敗したら、すべての処理をキャンセル

これが、トランザクション処理は「すべて成功」か「すべて失敗」しかないということの意味です。あえて難しい言い方をすると、トランザクションは「複数の処理を行う場合に、データ間の整合を保つ（=矛盾を防ぐ）ためのしくみ」であるとも言えます。

トランザクション処理の挙動を確認する

前置きが長くなってしまいましたが、ここからはトランザクションを利用した基本的なコードを見てみましょう。リスト 5-42 は、トランザクションの中でわざと例外を発生させ、処理がロールバックされることを確認する例です。

▼リスト 5-42 record_controller.rb

```
def transact
    Book.transaction do                                              ─┐
      b1 = Book.new({isbn: '978-4-7741-5067-3',                        │
        title: 'Rubyポケットリファレンス',                               │
        price: 2580, publish: '技術評論社', published: '2017-04-17'})  │
      b1.save!                                                         │
      raise '例外発生：処理はキャンセルされました。' ──────❷          ├─❶
      b2 = Book.new({isbn: '978-4-7741-5067-5',                        │
        title: 'Tomcatポケットリファレンス',                             │
        price: 2500, publish: '技術評論社', published: '2017-05-10'})  │
      b2.save!                                                         │
    end                                                              ─┘
    render plain: 'トランザクションは成功しました。'
  rescue => e                                                        ─┐
    render plain: e.message                                            ├─❸
end                                                                  ─┘
```

```
例外発生：処理はキャンセルされました。
```

トランザクションを利用するには、モデルクラス経由[*28]で transaction メソッドを呼び出し、その配下に一連の処理を記述します。この例であれば、❶のブロックがトランザクションとして管理される処理です。

*28
トランザクションは（モデル単位でなく）接続単位で管理されるため、transactionメソッドはインスタンス経由で呼び出しても構いません。

トランザクションは transaction ブロックを抜けたタイミングでコミットされる一方、ブロックの配下で例外が発生した場合はロールバックされます。ここでは、❷で例外を発生させていますので、この時点でトランザクションはロールバックされ、rescue ブロック（❸）の中で例外処理が行われるというわけです（図 5-10）。サンプルを実行した後、データベースの内容を確認しても、確かにデータが登録されて**いない**ことが確認できるはずです。

ちなみに、❷のコードをコメントアウトした上でサンプルを実行すると、transaction ブロックは正しく終了して、トランザクションがコミットされます。データベースを確認すると、2 件のレコードが追加されているのがわかるはずです（図 5-11）。

▼図 5-10　transaction ブロック

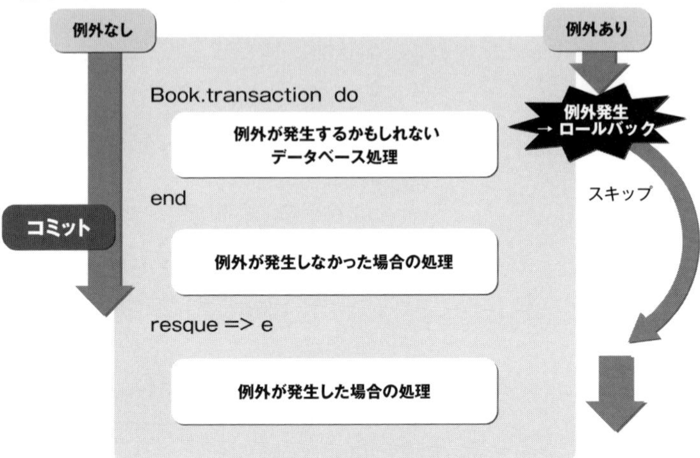

▼図 5-11　SQLite クライアントから books テーブルの内容を確認

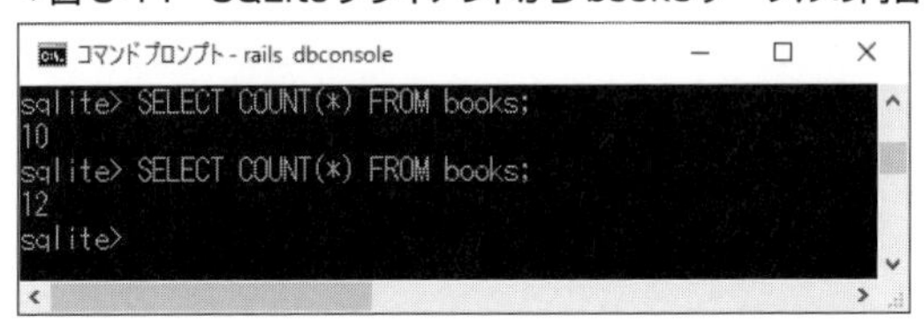

NOTE save メソッドと save! メソッド

レコードを保存するためのメソッドには、実はこれまで利用してきた save メソッドの他に、save! メソッドがあります。save メソッドと save! メソッドとの違いは、結果の返し方の違いと考えておけば良いでしょう。

save メソッドが保存の成否を true ／ false で返すのに対して、save! メソッドは保存に失敗した場合に例外を返します。トランザクションの中では保存に失敗した場合、例外をトリガーにロールバックするので、save! メソッドを優先して利用しています。

5.4.5 補足：トランザクション分離レベルを指定する

transaction メソッドでは、**トランザクション分離レベル**を指定することもできます[*29]。**分離レベル**とは、複数のトランザクションを同時実行した場合の挙動を表すものです。分離レベルが高ければそれだけデータの整合性は高まりますが、同時実行性は低下します。

*29
ただし、データベースが分離レベルに対応していることが前提です。たとえばSQLiteは分離レベルには対応していません。

利用できる分離レベルには、表 5-5 のようなものがあります。分離レベルは「非コミット読み込み」「反復不能読み込み」「幻像読み込み」といった問題（表 5-6）が発生するかどうかによって分類できます。

▼表 5-5　分離レベルの分類（レベルの低い順に表記）

分離レベル	非コミット読み込み	反復不能読み込み	幻像読み込み
:read_uncommitted	発生	発生	発生
:read_committed	―	発生	発生
:repeatable_read	―	―	発生
:serializable	―	―	―

▼表 5-6　複数のトランザクション間で起こりうる問題

問題	問題の内容
非コミット読み込み	未コミット状態のデータを他のトランザクションから読み込んでしまう
反復不能読み込み	あるトランザクションが複数回にわたって同一のデータを読み込んだ場合に、他のトランザクションからの変更によって読み込む値が変化してしまう
幻像読み込み	あるトランザクションが複数回にわたって同一のデータを読み込んだ場合に、他のトランザクションからの挿入／変更によって、初回読み込みでは見えなかったデータが現れたり、存在していたデータが消えてしまう

分離レベルは、transaction メソッドの isolation オプションで指定できます。以下は、具体的なコード例と、データベースとして MySQL を利用している場合に生成される SQL 命令です。

```
Book.transaction(isolation: :repeatable_read) do
  @book = Book.find(1)
  @book.update(price: 3000)
end
```

```
SET TRANSACTION ISOLATION LEVEL REPEATABLE READ
BEGIN
SELECT `books`.* FROM `books` WHERE `books`.`id` = 1 LIMIT 1
UPDATE `books` SET `price` = 3000, `updated_at` = '2016-12-06 05:14:43' WHERE `books`.`id` = 1
COMMIT
```

5.4.6 オプティミスティック同時実行制御

Railsアプリに限らず、一般的にWebアプリでは、同一のレコードに対して複数のユーザーが同時に更新しようとする状況が頻繁に発生します（図5-12）。

▼図5-12 同時実行による競合の発生

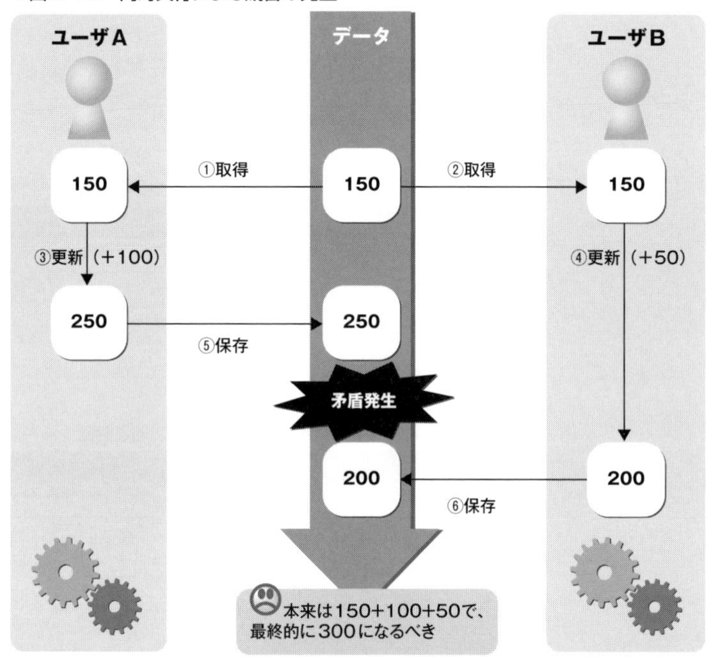

たとえば上の図では、ユーザーA／Bが同一のレコードを同時に取得しています。この状態でユーザーA→Bの順でレコードを更新したとしたらどうでしょう。ユーザーAによる変更は（結果的に）なかったものとして無視されてしまうのです。他のユーザーはもちろん、ユーザーBもユーザーAによる変更があったことを知るすべはありません。このような状況のことを、更新の**競合**と言います。

Active Recordでは、このような競合の発生を防ぐために**オプティミスティック同時実行制御**（**楽観的同時実行制御**）という機能を用意しています。以下に具体的な手順を追ってみることにしましょう。

1 テーブルにlock_version列を追加する

Active Recordには、行単位にバージョン番号を持たせることで、更新（競合）の有無を検出するしくみがあります。

この場合、対象のテーブルにも、あらかじめバージョンを管理するためのlock_version列を加えておく必要があります。たとえば本項では、表5-7のようなmembersテーブルを作成するものとします*30。

*30
もちろん、既存のテーブルにlock_version列を加えても構いません。

▼表5-7 membersテーブルのフィールドレイアウト

列名	データ型	概要
name	string	氏名
email	string	メールアドレス
lock_version	integer	バージョン番号

Scaffolding機能を利用して、membersテーブルを編集するためのアプリを作成します。Scaffolding機能の詳細については3.1節で触れていますので、ここでは一連の手順のみを掲載しておきます。

```
> rails generate scaffold member name:string email:string lock_version:integer
```

20161017055908_create_members.rbのようなマイグレーションファイルが作成されますので、リスト5-43のように編集します。lock_version列にはデフォルト値としてあらかじめ0をセットしておかなければならない点に注意してください*31。

*31
マイグレーションファイルについては、5.8節で詳しく取り上げます。

▼リスト5-43 20161017055908_create_members.rb

```
class CreateMembers < ActiveRecord::Migration[5.0]
  def change
    create_table :members do |t|
      t.string :name
      t.string :email
      t.integer :lock_version, default: 0

      t.timestamps
    end
  end
end
```

マイグレーションファイルはrailsコマンドで実行します。

```
> rails db:migrate
```

2 オプティミスティック同時実行制御を実装する

オプティミスティック同時実行制御を利用するには、自動生成されたアプリのviews/members/_form.html.erbを、リスト5-44のように編集します。

▼リスト 5-44　members/_form.html.erb

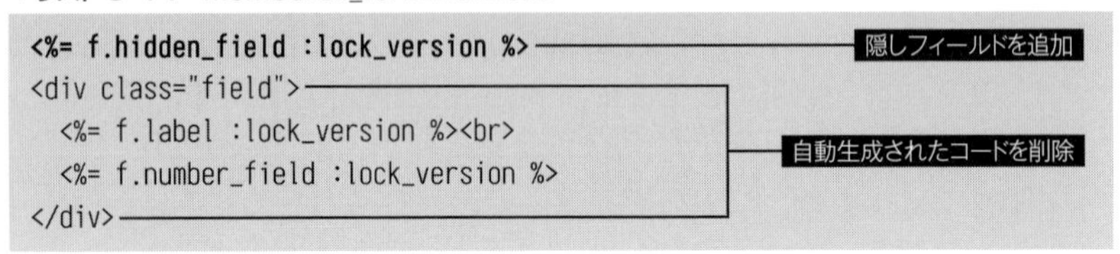

```
<%= f.hidden_field :lock_version %>
<div class="field">
  <%= f.label :lock_version %><br>
  <%= f.number_field :lock_version %>
</div>
```


lock_version 列の値を隠しフィールドとして受け渡しするわけです。

3 オプティミスティック同時実行制御の挙動を確認する

それではさっそく、具体的な挙動を確認してみましょう。同じレコードに対するメンバー更新画面を２つのブラウザーで開いた上で、順に更新処理を行います*32。すると、あとから更新処理を実行した方のブラウザーでは、図 5-13 のようなエラーメッセージが表示されるはずです。

*32
データは、配布サンプルのフィクスチャmembers.ymlを使って登録できます。フィクスチャの登録方法は、3.7.2項を参照してください。

▼図 5-13　競合検出時には ActiveRecord::StaleObjectError 例外を発生

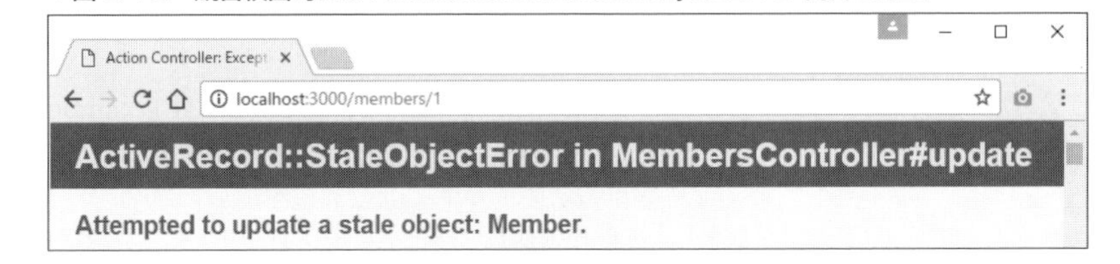

このように、オプティミスティック同時実行制御では、「たぶん競合は起こらないであろう」ことを前提に、データの取得時にはなにもせず、更新時に競合をチェックするのが特徴です（図 5-14）。Optimistic（楽観的）と呼ばれる所以です*33。

*33
これに対して、最初から競合が発生するであろうことを前提に制御する手法のことを**ペシミスティック（悲観的）同時実行制御**と言います。

コンソールから SQLite クライアントを開き、lock_version 列がインクリメントされていることも確認しておきましょう。

```
sqlite> SELECT lock_version FROM members WHERE id = 1;
1
```

冒頭で述べたように、lock_version 列は行のバージョンを管理するための列です。Active Record ではデータ取得時のバージョンと更新時のバージョンを比較し、双方が異なっている場合には（他のユーザーが更新してしまったと見なして）競合エラーを発生しているのです。正しく更新できた場合には、lock_version 列をインクリメントし、バージョンを進めます。

▼図 5-14　オプティミスティック同時実行制御

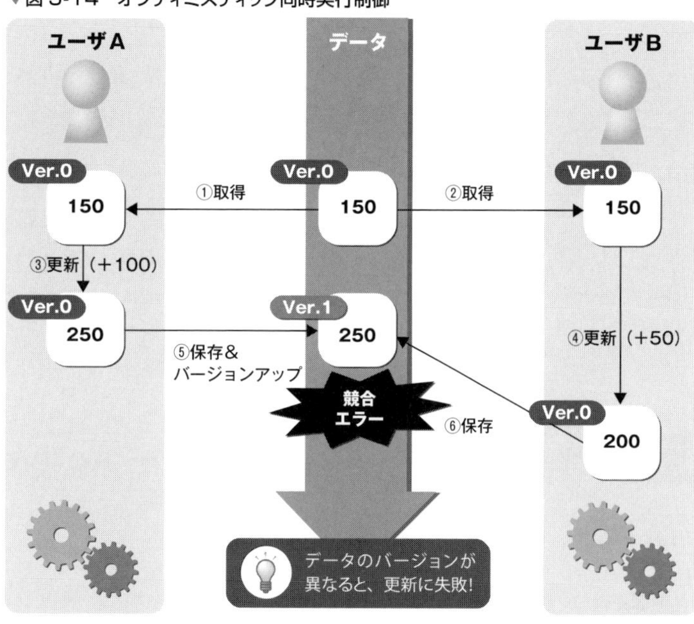

4 例外検出時のコードを記述する

以上で、最低限のオプティミスティック同時実行制御は動作していますが、例外メッセージがそのまま表示されるのは好ましくありませんので、例外処理を追加しておきます（リスト 5-45）。

▼リスト 5-45　members_controller.rb

```
def update
  …中略…
  rescue ActiveRecord::StaleObjectError
  render plain: '競合エラーが発生しました。'
end
```

この状態で3と同じ手順を踏むと、図 5-15 のように、競合発生時にエラーメッセージが表示されるようになります*34。

*34
もちろん、エラーメッセージをテンプレート変数にセットした上で、編集画面を再描画しても良いでしょう。ここでは簡略化のために最低限テキストを表示するに留めています。

▼図 5-15　競合検出時にはエラーメッセージを表示

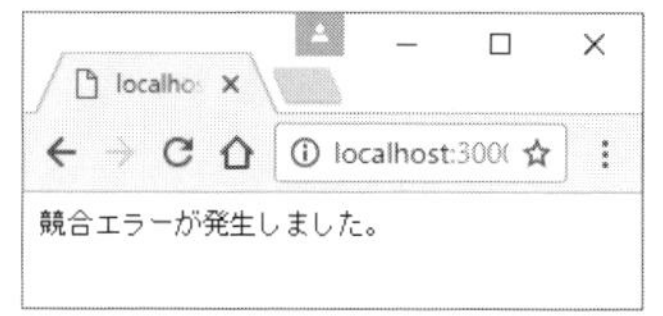

> **NOTE　うまく動作しない場合**
>
> オプティミスティック同時実行制御がうまく動作しない場合、以下のような原因が考えられます。ポイントをおさえながら、今一度、本文の手順と意味を確認してください。
>
> 1. lock_version 列に初期値 0 がセットされていない
> 2. lock_version 列の値がフォームパラメーターとして送信されていない
> 3. 設定ファイルで config.active_record.lock_optimistically パラメーターが false になっている*35

*35
デフォルトではtrueなので、通常は問題ないはずです。

5.4.7 列挙型のフィールドを定義する — Active Record enums

特定の数値リストに意味を持たせて、データベースに保存したいということはよくあります。本書のサンプルであれば、reviews テーブル（3.7.1 項）の status フィールドが、その例です。status は integer 型の列で、それぞれの値が表 5-8 のような意味を持つものとします。

▼表 5-8　status フィールドの意味

値	意味
0	下書き（draft）
1	公開済（published）
2	削除済（deleted）

このようなフィールドを操作する際に、0、1、2 という便宜的な数値で操作するよりも、draft、published、deleted のようなキーワードで操作／参照できた方がコードの可読性は改善します。そのような状況で利用するのが、**Active Record enums** です。

実際の動作を、具体的なコードで確認してみましょう。

1 status フィールドの初期値を設定する

rails generate コマンドで自動生成したマイグレーションファイルは、ほとんどそのまま利用できますが、最低限、Active Record enums を適用するフィールド（ここでは status）には、デフォルト値として 0 をセットしておく必要があります（リスト 5-46）。

▼リスト 5-46 20161013075533_create_reviews.rb

```
class CreateReviews < ActiveRecord::Migration[5.0]
  def change
    create_table :reviews do |t|
      …中略…
      t.integer :status, default: 0, null: false
      t.text :body
      …中略…
    end
  end
end
```


2 status フィールドに列挙体を定義する

あとは、モデルクラスの対象列（ここでは Review クラスの status プロパティ）に対して、列挙体を定義するだけです（リスト 5-47）。これで、表 5.8 のような数値とキーワードの対応関係ができあがります。

▼リスト 5-47 review.rb

```
class Review < ApplicationRecord
  enum status: { draft:0, published:1, deleted:2 }
  …中略…
end
```

3 Active Record enums を利用して status フィールドにアクセスする

それでは、Active Record enums の機能を利用して、Review モデルから現在のステータス情報を更新／参照してみましょう（リスト 5-48）。

▼リスト 5-48 record_controller.rb

```
def enum_rec
  @review = Review.find(1)
  @review.published! ―――――――――――――――――――――――――― ❶
  render plain: 'ステータス：' + @review.status ――――――― ❷ 結果：published
end
```

```
UPDATE "reviews" SET "status" = ?, "updated_at" = ? WHERE "reviews"."id" = ?  [["status", 1], ↩
["updated_at", 2016-11-28 05:20:35 UTC], ["id", 1]] ――――――――――――――――――――― ❸
```

まず、Active Record enums では、published!、draft!、deleted! のよう

な「*enumで定義したキーワード*＋!」の形式で、statusフィールドを設定できます（❶）。

また、❷でstatusフィールドにアクセスした場合にも、戻り値は（数値ではなく）キーワードである点に注目です（ただし、❸を見てもわかるようにあくまでデータベースに保存されるのは対応する数値です）。

太字の部分を「@review.published?」とすることで、現在のステータス値がpublishedであるかどうかをtrue／falseで得ることもできます[*36]。

*36
同様に、この例であれば、draft?、deleted?のようなメソッドも利用できます。

Active Record enumsのさまざまな記法

Active Record enumsの基本を理解できたところで、その他にも知っておきたい代表的な記法をまとめておきます。

❶ 列挙値は配列としても定義できる

リスト5-47の太字部分は、配列として以下のように記述しても同じ意味です。

```
enum status: [:draft, :published, :deleted]
```

この場合、データベースには配列のインデックス値がセットされます。0スタートの列挙値を定義するならば、配列を利用するとコードがシンプルになります。

ただし、その性質上、自分で数値を設定できない、あとから列挙値を追加／削除した場合、既存の値がずれる可能性がある、などの問題もあります。一般的には、わずかな手間を惜しまず、列挙値はハッシュで定義するのが安全でしょう。

❷ 列挙値をスコープとして利用する

たとえば、以下のようにすることで、ステータスがpublishedであるレビューだけを取得できます。

```
@reviews = Review.published
```

この場合のpublishedはスコープ（5.3.3項）として扱えるので、もちろん、クエリメソッドをつなげることも可能です。

```
@reviews = Review.published.where('updated_at < ?', 6.months.ago)
```

❸ 不正な値も排除できる

draft!、published!、deleted!のような更新メソッドを利用する他、シンプルにstatusフィールドに値を設定することもできます。

```
@review.status = 1
@review.status = :published
```

ただし、その場合は、列挙値として定義されていない値が設定されると、ArgumentError例外（不正な設定値）が発生します。列挙値を定義することで、データの登録／更新時に不正な値を排除することもできるわけです。

5.4.8 補足：その他の更新系メソッド

ここまでに紹介したものの他にも、Active Recordには更新／削除に関わるさまざまなメソッドが用意されています。表5-9に、前項までで紹介しきれなかったものの中から、有用と思われるメソッドをまとめておきます。

▼表5-9 Active Recordのその他の更新系メソッド

メソッド	概要
increment(*attr*, *num*)	指定された列attrを値num（デフォルトは1）でインクリメント
decrement(*attr*, *num*)	指定された列attrを値num（デフォルトは1）でデクリメント
new_record?	現在のオブジェクトは未保存（新規レコード）か
persisted?	現在のオブジェクトは保存済みか（new_record?の反対）
toggle(*attr*)	指定されたブール型列attrの値を反転
touch([*name*])	updated_at/on列を現在時刻で更新（引数name指定時はその列も更新）
changed	取得してから変更された列名の配列
changed?	取得してからなんらかの変更がされたか
changed_attributes	変更された列の情報（「*列名* => *変更前の値*」のハッシュ）
changes	変更された列の情報（「*列名* => [*変更前の値* , *変更後の値*]」のハッシュ）
previous_changes	保存前の変更情報（「*列名* => [*変更前の値* , *変更後の値*]」のハッシュ）
destroyed?	現在のオブジェクトが削除済みか
lock	オブジェクトをロック

5-5 検証機能の実装

エンドユーザーから入力された値は、まず「正しくないこと」を前提に、アプリは実装されるべきです。善意であるか悪意であるかに関わらず、ユーザーとは間違える生き物であるからです。

不正な値によってアプリが予期せぬ動作をしたり、ましてや例外でクラッシュしてしまったりというような状況は、絶対に避けなければなりません。また、悪意あるユーザーが意図的に不正な値を入力することで、データを盗聴／破壊しようと試みるケースも少なくありません。入力値を検証することは、このような攻撃のリスクを最小限に抑える、セキュリティ対策の一環でもあるのです。

もっとも、このような検証機能を一から実装するのは、なかなか面倒なことです。しかし、Active Model の Validation 機能を利用することで、（たとえば）必須検証や文字列検証、正規表現検証のように、アプリでよく利用するような検証処理をシンプルなコードで実装できるようになります。

> **NOTE クライアントサイド検証**
>
> 検証機能は、jQuery Validation (http://docs.jquery.com/Plugins/Validation) のようなライブラリを利用することで、クライアントサイドで実装することもできます。ただし、クライアントサイド検証はあくまで一次的な検証であることを忘れないでください。ブラウザー側で JavaScript 機能を無効化されてしまえば、検証機能をすり抜けることはごく簡単だからです。
>
> クライアントサイド検証で予備的な検証を行うことで、検証のたびに通信が発生するのを防いだ上で、サーバーサイド検証で改めて最終的な検証を行うのが原則です。

5.5.1 Active Model で利用できる検証機能

Active Model では、検証処理の内容に応じて、それぞれ専用の検証クラス（ActiveModel::Validations::*xxxxx*Validator クラス）を提供しています。表 5-10 に、Active Model が提供する検証クラスと、それぞれで指定可能なパラメーターをまとめます*37。

*37
ここでは検証名として、実際に検証機能を呼び出すための名前を記載しています。実際のクラス名は「ActiveModel::Validations::*xxxxx*Validator」のようになります（*xxxxx*が検証名。たとえばacceptance検証であれば、ActiveModel::Validations::AcceptanceValidator）。

▼表 5-10 Active Model で利用できる検証機能

検証名	検証内容	エラーメッセージ
	パラメーター	意味
acceptance	チェックボックスにチェックが入っているか	must be accepted
	accept	チェック時の値（デフォルトは 1）
confirmation	2 つのフィールドが等しいか	doesn't match confirmation
	—	—
exclusion	値が配列／範囲に含まれて**いない**か	is reserved
	in	比較対象の配列、または範囲オブジェクト
inclusion	値が配列／範囲に含まれているか	is not included in the list
	in	比較対象の配列、または範囲オブジェクト
format	正規表現パターンに合致しているか	is invalid
	with	正規表現パターン
length	文字列の長さ（範囲／完全一致）をチェック	is too short (minimum is *xxx* characters) など
	minimum	最小の文字列長
	maximum	最大の文字列長
	in	文字列長の範囲（range 型）
	tokenizer	文字列の分割方法（ラムダ式）
	is	文字列長（長さが完全に一致していること）
	too_long	maximum パラメーターに違反したときのエラーメッセージ
	too_short	minimum パラメーターに違反したときのエラーメッセージ
	wrong_length	is パラメーターに違反したときのエラーメッセージ
numericality	数値の大小／型をチェック（チェック内容はパラメーターで指定可）	is not a number など
	only_integer	整数であるか
	greater_than	指定値より大きいか
	greater_than_or_equal_to	指定値以上か
	equal_to	指定値と等しいか
	less_than	指定値未満か
	less_than_or_equal_to	指定値以下か
	odd	奇数か
	even	偶数か
presence	値が空でないか	can't be empty
	—	—
absence	値が空であるか	must be blank
	—	—
uniqueness	値が一意であるか	has already been taken
	scope	一意性制約を決めるために使用する他の列
	case_sensitive	大文字小文字を区別するか（デフォルトは true）

5.5.2 検証機能の基本

検証機能を利用するのはさほど難しいことではありません。ここでは具体的な実装例として、3章で作成した書籍情報アプリに対して検証機能を実装してみましょう。実装する検証ルールは、表5-11のとおりです。

▼表5-11　実装する検証ルール

フィールド	検証ルール
isbn	必須検証／一意検証／文字列長検証（17文字）／正規表現検証（[0-9]{3}-[0-9]{1}-[0-9]{3,5}-[0-9]{4}-[0-9X]{1}）
title	必須検証／文字列長検証（1～100文字）
price	数値検証（整数／10000未満）
publish	候補値検証（技術評論社／翔泳社／秀和システム／日経BP社／ソシムのいずれか）

では、具体的な手順を追っていきます。

1 モデルクラスに検証ルールを定義する

検証ルールは、モデルクラス（ここではbook.rb）に宣言するのが基本です（リスト5-49）。

▼リスト5-49　book.rb

```
class Book < ApplicationRecord
  validates :isbn,
    presence: true,
    uniqueness: true,
    length: { is: 17 },
    format: { with: /\A[0-9]{3}-[0-9]{1}-[0-9]{3,5}-[0-9]{4}-[0-9X]{1}\z/ } *38
  validates :title,
    presence: true,
    length: { minimum: 1, maximum: 100 }
  validates :price,
    numericality: { only_integer: true, less_than: 10000 }
  validates :publish,
    inclusion:{ in: ['技術評論社', '翔泳社', '秀和システム', '日経BP社', 'ソシム'] }
  …中略…
end
```

***38**
Rails 4以降では、文字列の先頭／末尾を意味する正規表現として「^」「$」は利用できなくなりました。「^」「$」は行頭／行末も意味することから、意図せず不正なコードの混入を許してしまう可能性があるためです。今後は、代わりに「\A」「\z」を利用してください。

検証ルールを宣言するのは、validatesメソッドの役割です。

構文 validates メソッド

```
validates field [, ...] name: params [, ...]
```

field：検証対象のフィールド名（複数指定も可）　*name*：検証名
params：検証パラメーター（「パラメーター名：値」のハッシュ、または true）

リスト 5-49 では、それぞれのフィールド単位に validates メソッドを呼び出していますが、「validates :first_name, :last_name, ...」のように複数のフィールドに対してまとめて検証ルールを適用することもできます。複数のフィールドが同一の検証ルールを持つ場合には、このように記述した方がコードはシンプルになるでしょう。

引数 name と params には検証ルールをハッシュ形式で指定します。検証パラメーター（引数 params）が不要である場合には、検証を有効にする意味で true とだけ指定してください。

2 検証を実行する

検証はデータの保存時に自動的に行われるので、基本的にアプリ側ではあまり意識することはありません。たとえば、books#create アクションを例に見てみましょう。3.4.2 項でも説明した内容ですが、以下に再掲します（リスト 5-50）。

▼リスト 5-50　books_controller.rb

```
def create
  @book = Book.new(book_params)
  respond_to do |format|
    if @book.save
      ...保存（検証）に成功した場合の処理...
    else
      ...保存（検証）に失敗した場合の処理...
    end
  end
end
```

create アクションであれば、save メソッドが呼び出されるタイミングで、入力値の検証が実施されます。save メソッドは検証が成功した場合にのみ保存処理を行い、失敗した場合には保存処理を中断し、戻り値として false を返します。そのため、アクションメソッド側では save メソッドの戻り値に応じて結果処理を分岐すれば良かったわけです。

ちなみに、save メソッドの他にも、検証処理は以下のメソッドを実行する際に行われます。

- create
- create!
- save
- save!
- update
- update!

逆に、以下のメソッドでは検証処理がスキップされ、値の正否に関わらず、オブジェクトはそのままデータベースに反映されます。

- decrement!
- decrement_counter
- increment!
- increment_counter
- toggle!
- touch
- update_all
- update_attribute
- update_counters
- update_column
- update_columns
- save(validate: false)

これらのメソッドは、既になんらかの方法で値が検証済みである場合、もしくは、あらかじめ信頼できる値であることがわかっている場合にのみ利用してください。

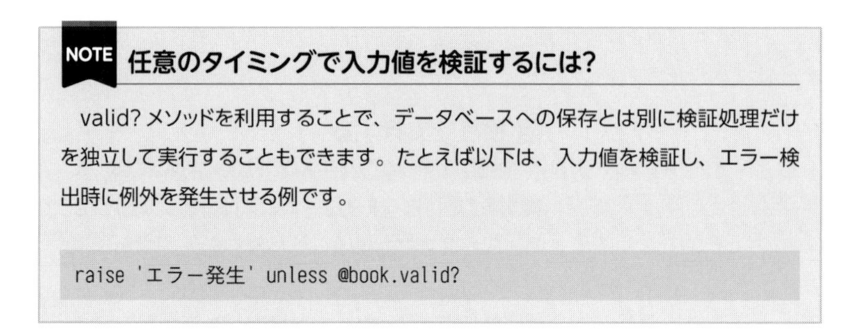

NOTE　任意のタイミングで入力値を検証するには?

valid? メソッドを利用することで、データベースへの保存とは別に検証処理だけを独立して実行することもできます。たとえば以下は、入力値を検証し、エラー検出時に例外を発生させる例です。

```
raise 'エラー発生' unless @book.valid?
```

3 検証エラーを表示する

検証エラーを表示しているのは、部分テンプレート _form.html.erb のリスト 5-51 の部分です[*39]。

*39
3.4.1項では解説をスキップした箇所ですが、覚えていますか?

▼リスト 5-51　books/_form.html.erb

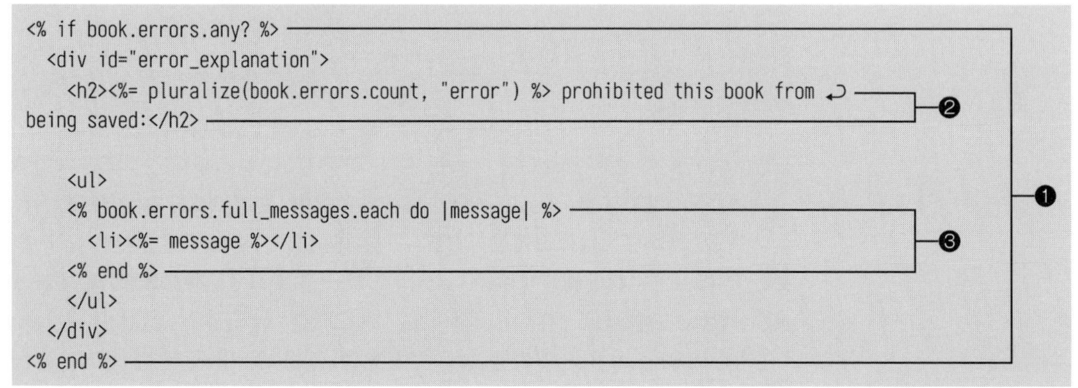

```
<% if book.errors.any? %>                                              ❶
  <div id="error_explanation">
    <h2><%= pluralize(book.errors.count, "error") %> prohibited this book from ⏎   ❷
being saved:</h2>

    <ul>
    <% book.errors.full_messages.each do |message| %>                  ❸
      <li><%= message %></li>
    <% end %>
    </ul>
  </div>
<% end %>
```

検証エラーに関する情報を取得しているのは、モデルオブジェクトの errors メソッドです。errorsメソッドは戻り値をActiveSupport::OrderedHashオブジェクトとして返しますので、❶ではOrderedHash#any?メソッドを呼び出して、エラーの有無をチェックしているわけです。エラーが存在する場合には、配下のブロックでエラーメッセージをリスト表示します。

❷では、countメソッドでエラー数を取得し、表示しています。ビューヘルパーpluralizeは与えられた数値によって単数形／複数形の単語を返すメソッドです。日本語で利用する機会はそれほどないでしょう。

あとは、❸でエラーメッセージをリスト表示するだけです。full_messagesメソッドはオブジェクトに格納されているすべてのエラーメッセージを配列として返します。

4 エラー表示関連のスタイルを確認する

検証エラーが発生した場合には、対象要素を表す<label>／<input>要素が<div>要素によって囲まれます[*40]。たとえば以下は、isbnフィールドにエラーがあった場合の出力です。

*40
自動生成される要素そのものを変更したい場合には、config.action_view.field_error_procパラメーターを設定してください(2.5.2項)。

```
<div class="field">
  <div class="field_with_errors"><label for="book_isbn">Isbn</label></div>
  <div class="field_with_errors"><input type="text" value="" name="book[isbn]" id="book_isbn"></div>
</div>
```

<div>要素にはclass属性（値は"field_with_errors"）が付与されているので、あとはスタイルシートでデザインを付与すれば、エラーの発生箇所を視覚的に目立たせることができます。

リスト5-52は、Scaffolding機能で自動生成されるスタイルシートの抜粋です。

▼リスト5-52 scaffolds.scss

```
.field_with_errors {
  padding: 2px;
  background-color: red;
  display: table;
}
```

デフォルトでは背景色が赤く染まる設定になっていますが、お世辞にもクールとは言えないデザインですので、サイトデザインに応じて修正を施すと良いでしょう。

以上、Scaffolding機能を利用しているならば、モデルクラスに検証ルールを追加するだけで検証機能が利用できてしまうことがおわかりになると思います[*41]。

*41
そうでなくとも、アクションメソッド／テンプレートファイルに記述しなければならないコードはごくわずかです。

それではさっそく、サンプルアプリを起動し、新規登録画面からあえて不正なデータを入力してみましょう。図5-16は、そもそもなにも入力しなかった場合のエラー表示です。

▼図 5-16　エラー発生時のフォーム表示

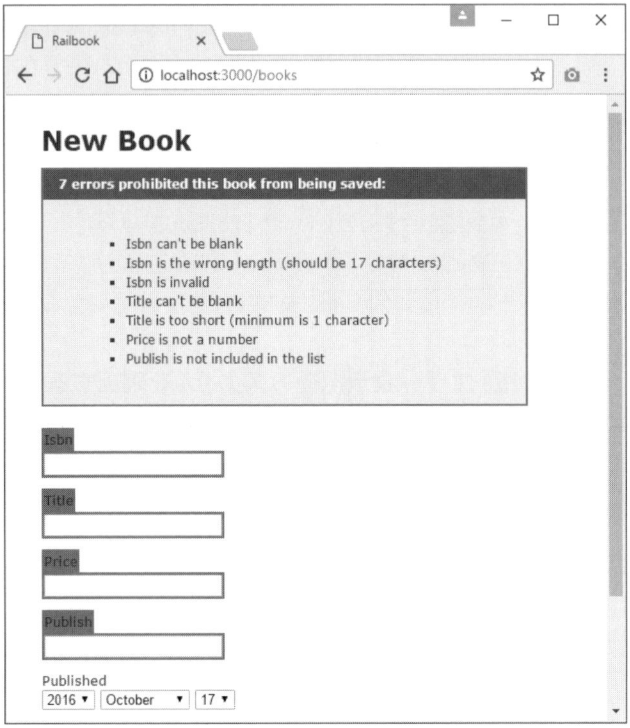

```
Railbook
localhost:3000/books

New Book

7 errors prohibited this book from being saved:

  ▪ Isbn can't be blank
  ▪ Isbn is the wrong length (should be 17 characters)
  ▪ Isbn is invalid
  ▪ Title can't be blank
  ▪ Title is too short (minimum is 1 character)
  ▪ Price is not a number
  ▪ Publish is not included in the list

Isbn
Title
Price
Publish
Published
2016 ▾  October ▾  17 ▾
```

5.5.3 その他の検証クラス

ほとんどの検証機能（検証クラス）は前項の手順で利用できますが、いくつかの検証機能については使用にあたって注意すべき点があります。ここでは、acceptance／confirmation／uniqueness 検証について補足しておきます。

acceptance 検証 ― 受諾検証

acceptance 検証は、（たとえば）ユーザーが利用規約などに同意しているかを検証するために利用します。他の検証と異なる点は、acceptance 検証ではデータベースに対応するフィールドを用意する必要が**ない**という点です。「同意」という行為はあくまでデータ登録時にチェックするだけの用途で、データベースに保存する必要はないためです。

たとえば、ここではユーザー情報（users テーブル）を登録する際に、利用規約に同意させるフォームを作成してみましょう（リスト 5-53 ～ 55）。users テーブルを登録／編集するためのフォームは 3.7.2 項で Scaffolding 機能によって既に作成済みですので、ここでは差分のコードについてのみ紹介していきます*42。

***42**
完成コードは配布サンプルを参照してください。

▼リスト 5-53 users_controller.rb

```
def user_params
  params.require(:user).permit(:username, :password, :email, :dm, :roles, :agreement)
end
```

▼リスト 5-54 user.rb

```
class User < ApplicationRecord
  validates :agreement, acceptance: true
end
```

▼リスト 5-55 users/_form.html.erb

```
  <%= f.text_field :roles %>
</div>
<div class="field">
  <%= f.label :agreement %><br />
  <%= f.check_box :agreement %>
</div>
<div class="actions">
  <%= f.submit %>
</div>
```

図 5-17 は、利用規約に同意しなかった（=チェックを入れなかった）場合の結果です。

▼図 5-17 利用規約に同意しなかった場合

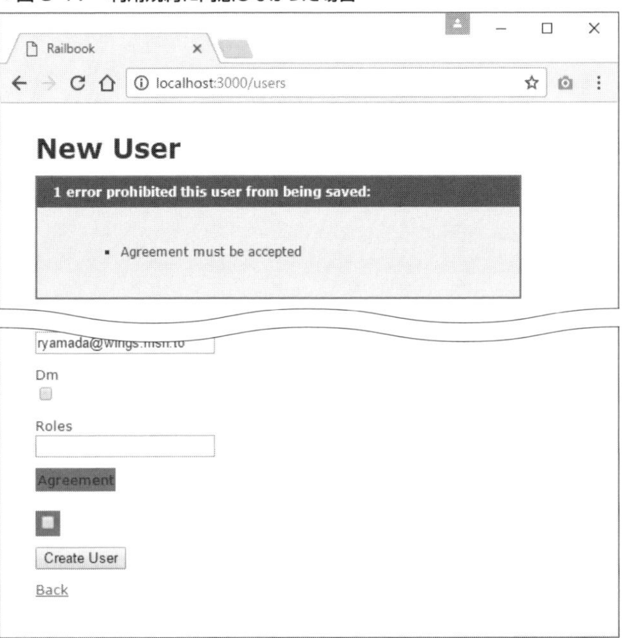

冒頭で述べたように、acceptance 検証ではテーブル側に対応するフィールドを設置する必要はありません。acceptance 検証を宣言したところで、対応する仮想フィールド（ここでは :agreement）が内部的に自動生成されるためです。仮想フィールドは、あくまで検証のためにのみ利用されます。

ちなみに、acceptance 検証ではチェックボックスのチェック時の値を表す accept パラメーターを指定することもできます。たとえば、フォームで、

```
<%= f.check_box :agreement, {}, 'yes' %>
```

のようなチェックボックスが設置されていたとしたら、モデル側では、

```
validates :agreement, acceptance: { accept: 'yes' }
```

のように、対応する値を受け取れるようにしておく必要があります。

> **NOTE　StrongParameters に要注意**
>
> バージョン 3 以前から Rails を利用している人は、acceptance 検証を利用するにあたって、コントローラーに仮想フィールド（ここでは :agreement）を追加するのを忘れないようにしてください。以下の部分です。
>
> ```
> params.require(:user).permit(:username, :password, :email, :dm, ↩
> :roles, :agreement)
> ```
>
> permit メソッドは、StrongParameters（6.1.2 項）に基づいた記述です。Rails 4 以降では、入力フォームから受け取るべき項目を明示的に宣言していないと、検証機能も正しく動作しないので、注意してください。以下の confirmation 検証でも同様です。

confirmation 検証 ― 同一検証

confirmation 検証は、パスワードやメールアドレスなど重要な項目を確認のために 2 回入力させる場合に、両者が等しいかどうかを確認します。acceptance 検証と同じく、確認用のフィールドは仮想的に準備されますので、データベースに対応するフィールドを用意する必要はありません。

具体的な例も見てみましょう。リスト 5-56 ～ 58 は、先ほどのユーザー登録フォームに［email_confirmation］欄（確認メールアドレス）を追加し、［email］欄（メールアドレス）と比較するサンプルです。

▼リスト 5-56 users_controller.rb

```
def user_params
  params.require(:user).permit(:username, :password, :email, ⮐
:email_confirmation, :dm, :roles, :agreement)
end
```

▼リスト 5-57 user.rb

```
class User < ApplicationRecord
  …中略…
  validates :email, confirmation: true
end
```

▼リスト 5-58 users/_form.html.erb

```
<div class="field">
  <%= f.label :email %><br />
  <%= f.text_field :email %>
</div>
<div class="field">
  <%= f.label :email_confirmation %><br />
  <%= f.text_field :email_confirmation %>
</div>
```

▼図 5-18 メールアドレスが異なる場合のエラー

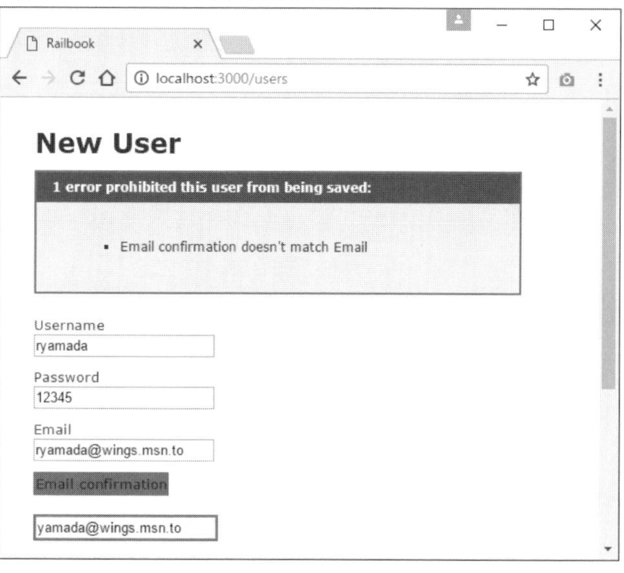

confirmation 検証を有効にした場合、もとのフィールド名に「_confirmation」という接尾辞を加えた仮想的な属性が追加されます*43。コントローラー／テンプレー

*43
しつこいようですが、データベースに対応するフィールドを用意する必要はありません。

トファイルにも「*xxxxx*_confirmation」という名前で入力要素を用意しておきましょう。

uniqueness 検証 ― 一意性検証

uniqueness 検証は、指定されたフィールドの値が一意であるかどうかをチェックします。たとえば、5.5.2 項の例であれば、検証時に以下のような SELECT 命令が発行されます。

```
SELECT  1 AS one FROM "books" WHERE "books"."isbn" = ? LIMIT ?  [["isbn", "978-4-7741-8411-1"], ⮐
["LIMIT", 1]]
```

もっとも、状況によっては複数のフィールドで一意になるようチェックしたい場合もあるでしょう。たとえば、books テーブルで書名（title 列）と出版社（publish 列）で一意になるよう検証したいという場合には、リスト 5-59 のように記述します。

▼リスト 5-59　book.rb

```
validates :title, uniqueness: { scope: :publish }
```

この場合、裏側では以下のような SELECT 命令が発行されます。

```
SELECT  1 AS one FROM "books" WHERE "books"."title" = ? AND "books"."publish" = ? LIMIT ?  ⮐
[["title", "改訂新版JavaScript本格入門"], ["publish", "技術評論社"], ["LIMIT", 1]]
```

5.5.4 検証クラス共通のパラメーター

検証クラスには表 5-10 で示した以外にも、すべての検証クラス共通で利用できるパラメーターがあります（表 5-12）。

▼表 5-12　検証クラスの共通パラメーター

パラメーター	概要
allow_nil	nil の場合、検証をスキップ
allow_blank	nil と空白の場合、検証をスキップ
message	エラーメッセージ
on	検証のタイミング。デフォルトは save 時
if	条件式が true の場合にのみ検証を実施
unless	条件式が false の場合にのみ検証を実施

以下では、それぞれのパラメーターについて詳細を解説していきます。

空白時に検証をスキップする — allow_nil ／ allow_blank パラメーター

任意入力の項目ですべての検証が実行されてしまうのは望ましくありません（実質、任意入力である意味がありません）。また、必須項目であっても、必須検証が適用されているならば、未入力時に他の検証エラーまで出力されてしまうのは冗長でしょう。

たとえば、5.5.2 項の例で、isbn フィールドで既に必須エラーが発生しているのに、文字列長エラー／正規表現エラーまで表示されているのは余計です。必要以上のエラーメッセージは、本来のエラー原因をわかりにくくする原因ともなります（図 5-19）。

▼図 5-19　isbn フィールドだけでも 3 種類のエラーが表示

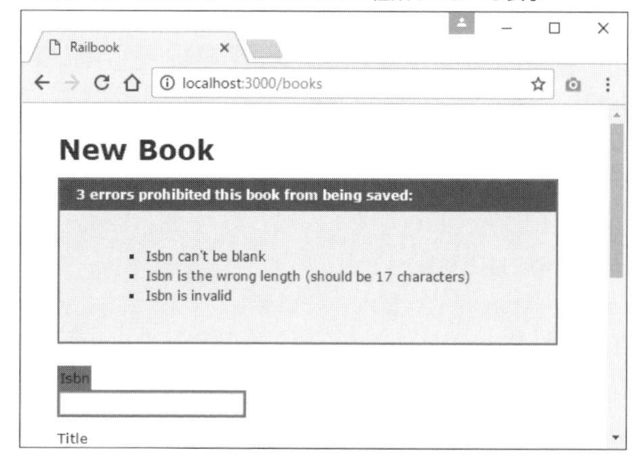

そこで登場するのが allow_nil ／ allow_blank パラメーターです。これらのパラメーターを有効（true）にしておくことで、対象の項目が空である場合に検証をスキップさせることができます[*44]。

*44
両者の違いは、前者がnilのみを空と見なすのに対して、後者はnilと空文字列を空と見なす点です。

たとえばリスト 5-60 は、isbn フィールドが空の場合に uniqueness ／ length ／ format 検証をスキップするように、リスト 5-49 を修正した例です。

▼リスト 5-60　book.rb

```
validates :isbn,
  presence: true,
  uniqueness: { allow_blank: true },
  length: { is: 17 , allow_blank: true },
  format: { with: /\A[0-9]{3}-[0-9]{1}-[0-9]{3,5}-[0-9]{4}-[0-9X]{1}\z/, allow_blank: true }
```

図 5-20 は、isbn フィールドを空の状態でフォーム送信した結果です。図 5-19 と比べてみるとわかるように、今度は必須エラーのみが出力されています。

▼図 5-20　必須エラーのみを出力

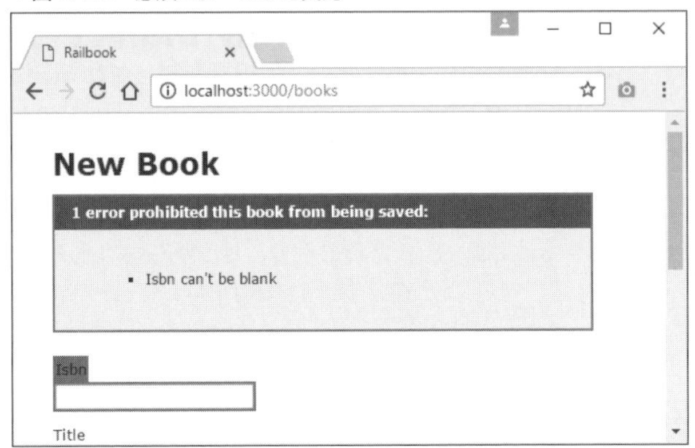

検証のタイミングを制限する ― on パラメーター

検証クラスは、デフォルトでデータ保存時に入力値を検証します。しかし、検証の種類によっては、データの新規登録／更新いずれかのタイミングでのみ処理を行いたいというケースもあるでしょう。たとえば、5.5.3 項の例で規約同意の有無（acceptance）をチェックしましたが、これは一般的には、ユーザー情報の更新時には不要なチェックです。

しかし、現在の状態では更新フォームでも acceptance 検証が働いてしまい、無条件にエラーが発生してしまいます（図 5-21）。

▼図 5-21　ユーザー情報の編集画面（[規約に同意] チェックがないのでエラー）

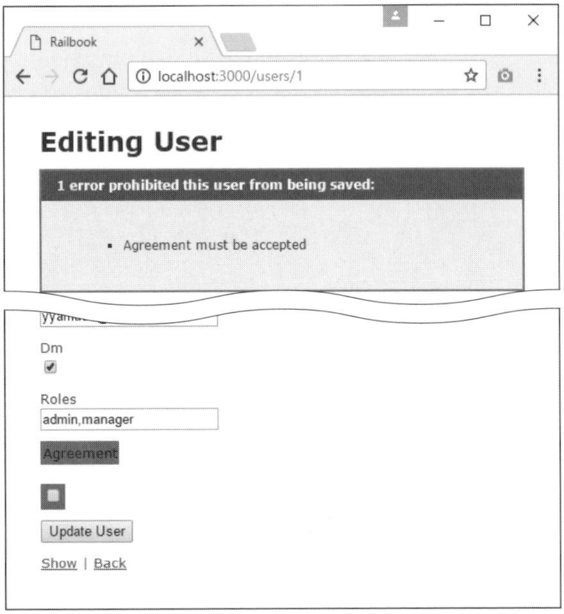

そこで登場するのがonパラメーターです。onパラメーターを利用することで、検証発生のタイミングを制限できます（表5-13）。

▼表5-13　onパラメーターの設定値

設定値	概要
create	新規登録時のみ
update	更新時のみ
save	新規登録／更新時の双方（デフォルト）

さっそく、Userクラスのacceptance検証を修正してみましょう（リスト5-61）。

▼リスト5-61　user.rb

```
class User < ApplicationRecord
  validates :agreement, acceptance: { on: :create }
end
```

もう一度、編集画面からユーザー情報を修正してみると、今度は検証エラーが発生することなく、正しくデータを更新できます。

エラーメッセージを修正する ― messageパラメーター ―

これまでの結果を見てもわかるように、検証クラスが生成するデフォルトのエラーメッセージは英語です。検証機能を利用する上では、最低でもエラーメッセージを日本語化しておく必要があるでしょう。

エラーメッセージを修正するもっとも手軽な方法は、messageオプションを指定することです。たとえばリスト5-62は、5.5.2項で作成したサンプルのエラーメッセージを日本語化したものです（一部抜粋）。

▼リスト5-62　book.rb

```
validates :isbn,
  presence: { message: 'は必須です'},
  uniqueness: { allow_blank: true,
    message: '%{value}は一意でなければなりません' },
  length: { is: 17 , allow_blank: true,
    message: '%{value}は%{count}桁でなければなりません' },
  format: { with: /\A[0-9]{3}-[0-9]{1}-[0-9]{3,5}-[0-9]{4}-[0-9X]{1}\z/,
    allow_blank: true, message: '%{value}は正しい形式ではありません' }
```

ただし、検証クラスによっては、検証の種類に応じて異なるメッセージ設定パラメーターを持つ点に注意してください（表5-10も参照）。

また、messageパラメーターには%{value}や%{count}のような形式でプレイスホルダーを埋め込める点にも注目です。%{value} は入力された値を、%{count} は最大値や最小値などの検証パラメーターを表します[*45]。

*45
したがって、%{count}を利用できるのはlengthやnumericality検証などに限定されます。

条件付きの検証を定義する — if ／ unless パラメーター —

特定の条件配下でのみ実行すべき検証を定義するには、if ／ unless パラメーターを使用します。たとえば、5.5.3 項で見たユーザー登録画面を例にしてみます。このフォームで「メール通知を有効化」（dm）欄にチェックした場合にのみ、メールアドレスを必須としてみましょう（リスト 5-63）。

▼リスト 5-63　user.rb

```
class User < ApplicationRecord
  validates :email, presence: { unless: 'dm.blank?' }
end
```

この例であれば「dm フィールドが空（blank?）でなければ、presence 検証を有効にしなさい」という意味になります。if オプションで、

```
validates :email, presence: { if: '!dm.blank?' }
```

のように記述しても構いません。

if ／ unless オプションには、リスト 5-63 のように文字列で条件式を指定する他、シンボル、Proc オブジェクト[*46]で指定する方法もあります。

*46
Procオブジェクトは、匿名関数を定義するためのオブジェクトです。

```
class User < ApplicationRecord                                  シンボルを使用
  validates :email, presence: { unless: :sendmail? }

  def sendmail?
    dm.blank?
  end
end
```

```
class User < ApplicationRecord                          Proc オブジェクトを使用
  validates :email,
    presence: { unless: Proc.new { |u| u.dm.blank? } }
end
```

シンボル指定（上）では、シンボルに対応するメソッドを定義する必要があります。Proc オブジェクトによる指定（下）では、引数として現在のモデルオブジェクト（ここでは引数 u）が渡されますので、これをもとに処理を記述します。

一般的にはシンボル指定を利用し、シンプルな条件指定では文字列または Proc オブジェクトを、という使い分けをすると良いでしょう。

複数項目にまとめて条件を指定する

特定の条件を満たした場合、まとめて複数の検証を有効（無効）にしたいというケースもあるでしょう。そのようなときには、with_options メソッドを利用することで、条件式をまとめて記述できます。

たとえばリスト 5-64 は、「メール通知を有効化」（dm）欄をチェックした場合にのみ、メールアドレス／ロール欄を必須とする例です。

▼リスト 5-64　user.rb

```
with_options unless: 'dm.blank?' do |dm|
  dm.validates :email, presence: true
  dm.validates :roles, presence: true
end
```


5.5.5 自作検証クラスの定義

Active Model では、標準でもさまざまな検証クラスを提供していますが、本格的にアプリを構築する上では、標準の検証機能だけではまかなえない部分も出てきます。そのような場合には、検証クラスを自作することも可能です。

さっそく、いくつかの実装例を示していきます。

パラメーターを持たない検証クラス

まずは、もっともシンプルな、パラメーターを受け取らない検証クラスからです。ISBN コードの妥当性を検証するための IsbnValidator クラスを定義してみましょう（リスト 5-65）。検証クラスは /app/models フォルダーに配置するものとします。

▼リスト 5-65　isbn_validator.rb

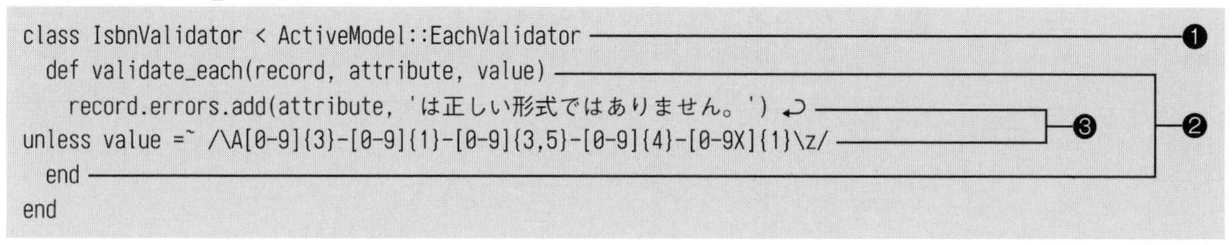

```
class IsbnValidator < ActiveModel::EachValidator                                   ❶
  def validate_each(record, attribute, value)                                      ❷
    record.errors.add(attribute, 'は正しい形式ではありません。') ⮐                  ❸
unless value =~ /\A[0-9]{3}-[0-9]{1}-[0-9]{3,5}-[0-9]{4}-[0-9X]{1}\z/
  end
end
```

検証クラスは、ActiveModel::EachValidator の派生クラスとして（❶）、「*検証名* Validator」の形式で命名する必要があります。ActiveModel::EachValidator は検証クラスの基本機能を提供するクラスです。

検証クラスの実処理を定義するのは、validate_each メソッドです（❷）。validate_each メソッドは、引数として、

- 検証対象のモデルオブジェクト（record）
- 検証対象のフィールド名（attribute）
- 検証対象の値（value）

を受け取ります。メソッド配下では、これらの値を利用して、実際の検証処理を行うわけです。検証時に発生したエラー情報は、errors.add メソッドを介してモデルオブジェクト record に登録する必要があります（❸）。この例では入力値 value をあらかじめ与えられた正規表現パターン（ISBN コードの形式）と比較し、合致しない場合にエラーメッセージを登録しています。

検証クラスの準備ができてしまえば、これを利用するのは簡単です。Book クラスの isbn フィールドに対して適用した format 検証を、IsbnValidator クラスによる検証で置き換えてみましょう（リスト 5-66）。

▼リスト 5-66　book.rb

```
validates :isbn,
  …中略…
  length: { is: 17 },
  isbn: true
```

検証名は、検証クラス名の末尾から「Validator」を取り除いた上で、アンダースコア形式[*47]に変換したものとなります。具体的には、IsbnValidator であれば isbn、EmailAddressValidator であれば email_address が検証名となります。

*47
すべての文字を小文字で表記し、単語の区切りはアンダースコア（_）で表す記法のことを言います。

isbn 検証は特にパラメーターを受け取りませんので、最低限、true を引き渡せば呼び出すことができます。

標準的に用意された検証クラスとまったく同じ要領で呼び出せることがおわかりになると思います。サンプルを実行し、ISBN コードの形式チェックが動作していることも確認しておきましょう。

パラメーターを受け取る検証クラス

続いて、パラメーター情報を受け取る検証クラスを定義してみましょう。先ほどの isbn 検証を改良して、allow_old パラメーターを受け取れるようにします（リスト 5-67、5-68）。allow_old パラメーターに true が渡された場合、isbn 検証は古い形式の ISBN コード[*48]も許可します。

*48
2006年以前に利用されていた10桁のISBNコードです。現在は13桁のISBNコードが利用されています。

▼リスト 5-67　isbn_validator.rb

```
class IsbnValidator < ActiveModel::EachValidator
  def validate_each(record, attribute, value)
  # :allow_oldパラメーターが有効かどうかで正規表現を振り分け
    if options[:allow_old]
      pattern = '\A([0-9]{3}-)?[0-9]{1}-[0-9]{3,5}-[0-9]{4}-[0-9X]{1}\z'
```

```
    else
      pattern = '\A[0-9]{3}-[0-9]{1}-[0-9]{3,5}-[0-9]{4}-[0-9X]{1}\z'
    end
    # 指定された正規表現で入力値valueを検証
    record.errors.add(attribute, 'は正しい形式ではありません。') unless value =~ /#{pattern}/
  end
end
```


▼リスト 5-68 book.rb

```
validates :isbn,
  …中略…
  isbn: { allow_old: true }
```

パラメーター情報には「options[パラメーター名]」でアクセスできます。上の例では、allow_old パラメーターが true / false いずれであるかによって、旧形式/新形式の正規表現パターンをセットし、入力値 value と比較しています。

複数項目をチェックする検証

複数の項目にまたがる検証も表現できます。たとえばリスト 5-69 は、他のフィールド値との比較検証(compare 検証)を実装する例です。ここでは、表 5-14 のパラメーター情報を受け取って、検証に使用しています。

▼表 5-14 compare 検証のパラメーター情報

パラメーター名	概要
compare_to	比較するフィールドの名前
type	比較の方法(:less_than、:greater_than、:equal)

▼リスト 5-69 compare_validator.rb

```
class CompareValidator < ActiveModel::EachValidator
  def validate_each(record, attribute, value)
    # :compare_toパラメーターで指定されたフィールドの値を取得
    cmp = record.attributes[options[:compare_to]].to_i ──── ❶
    case options[:type] ─────────────────────┐
      when :greater_than    # 検証項目が比較項目より大きいか
        record.errors.add(attribute, 'は指定項目より大きくなければなりません。') unless value > cmp
      when :less_than       # 検証項目が比較項目より小さいか
        record.errors.add(attribute, 'は指定項目より小さくなければなりません。') unless value < cmp ── ❷
      when :equal           # 検証項目が比較項目と等しいか
        record.errors.add(attribute, 'は指定項目と等しくなければなりません。') unless value == cmp
    else
      raise 'unknown type'
    end ─────────────────────────────────┘
  end
end
```

やや長めのコードですが、ポイントとなるのは❶の箇所だけです。指定されたフィールドの値を現在のモデルから取得するのは、attributes メソッドの役割です。

構文　attributes メソッド

```
attributes[name]
```

name：フィールド名

これまでは、record.title のようにプロパティ構文を利用してきましたが、この例では利用できません。フィールド名が、:compare_to パラメーター経由で文字列として渡されるからです。このような場合には、attributes メソッドを利用することで、取得するフィールド名を文字列で指定できるようになります。

ここでは :compare_to パラメーター経由で渡されたフィールドの値を取得し、to_i メソッドで整数値に変換しています。

値を取得できてしまえば、あとは❷の case ブロックで、:type パラメーターに応じて値を比較するだけです。

compare 検証を利用するには、たとえば以下のように記述します。これで min_value フィールドが max_value フィールドより小さいことを検証します。

```
validates :min_value,
  compare: { compare_to: 'max_value', type: :less_than }
```

検証クラスを定義せずにカスタム検証を定義する

カスタムの検証ルールは、まず ActiveModel::EachValidator クラスを継承して実装するのが基本です。しかし、他のモデルで使いまわさないようなモデル固有の検証ルールなどは、あえてクラスとして定義するまでもないということもあるでしょう。

そのような場合には、モデルの中でプライベートメソッドとして検証ルールを定義することもできます。たとえばリスト 5-70 は、先ほどの isbn 検証をモデルクラスの中で定義した例です。

▼リスト 5-70　book.rb

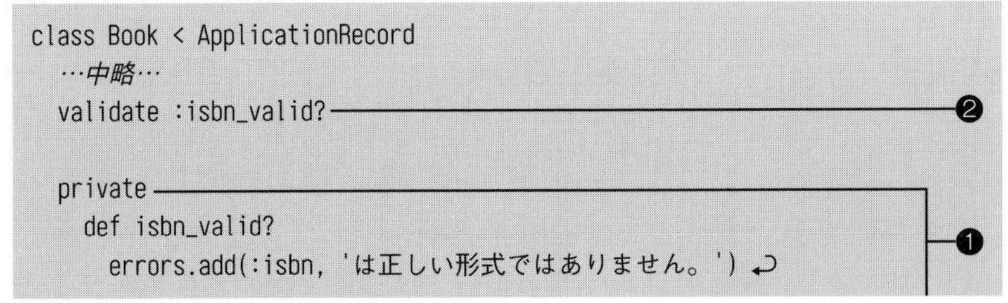

```
class Book < ApplicationRecord
  …中略…
  validate :isbn_valid?  ❷

  private  ❶
    def isbn_valid?
      errors.add(:isbn, 'は正しい形式ではありません。') ⏎
```

```
unless isbn =~ /\A[0-9]{3}-[0-9]{1}-[0-9]{3,5}-[0-9]{4}-[0-9X]{1}\z/
    end
end
```

ここでは、検証ルールをプライベートメソッドisbn_valid?として定義しています（❶）。モデルの配下なので、errors.addメソッドやプロパティ（ここではisbn）に直接アクセスできるという違いはありますが、基本的な記述はリスト5-65と同じです。

このように定義した検証メソッドは、validateメソッド（単数形）で呼び出すことができます（❷）。

構文 validateメソッド

```
validate method [, ...]
```

method：検証メソッド（シンボル指定）

ここでは検証メソッドとしてisbn_valid?を1つ指定しているだけですが、必要に応じて複数のメソッドを列記することもできます。

5.5.6 データベースに関連づかないモデルを定義する ― ActiveModel::Modelモジュール

Active Modelとは、モデルの基本的な構造や規約を決定するコンポーネントです。Active Modelの機能（具体的にはActiveModel::Modelモジュール）を直接利用することで、データベースと対応関係にないモデルを実装することもできます。

たとえば「データベースの項目ではないが、フォームからの入力を受け取って検証を行う」必要があるような処理を、（アクションメソッドを検証処理などで汚すことなく）モデルクラスとしてまとめるような用途で利用します。

リスト5-71に、具体的な例も示しておきます。以下は検索フォームを想定したサンプルで、ページから入力された検索キーワードをSearchKeywordモデルとしてまとめ、必須検証を実装しています。

▼リスト5-71　search_keyword.rb

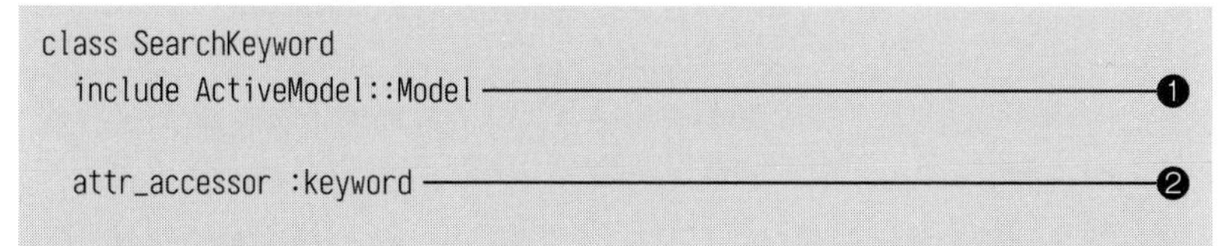

```
class SearchKeyword
  include ActiveModel::Model ❶

  attr_accessor :keyword ❷
```

```
  validates :keyword, presence: true ――――――――――――――――――――――――❸
end
```

非データベース系のモデルを定義する際のルールは、主に以下の２点です。

❶ ActiveModel::Model モジュールをインクルードすること
❷ モデルとして管理すべき項目をアクセサー（attr_accessor メソッド）で定義

この例では、検索キーワードを表す keyword プロパティを定義しています。もちろん、必要に応じて、複数の項目を列記しても構いません。

以上で最低限のモデルの体裁はできましたので、あとは❸のように validates メソッドなどで検証ルールを定義できます。

非データベース系のモデルを利用する

作成した SearchKeyword モデルは、これまでと同じ方法で利用できます。本来であれば、検索キーワードを受け取った後、データベースへの検索などの処理が発生するはずですが、リスト 5-72、5-73 では、検証キーワード、もしくは、入力に不備がある場合はエラーを表示するに留めます。

▼リスト 5-72　record_controller.rb

```
# 検索フォームを表示する
def keywd
  @search = SearchKeyword.new
end

# ［検索］ボタンがクリックされた場合に呼び出されるアクション
def keywd_process
  # 入力値をもとにモデルオブジェクトを生成
  @search = SearchKeyword.new(params.require(:search_keyword).permit(:keyword))
  # 検証を実施（正常時はキーワードを、エラー時はエラーメッセージを表示）
  if @search.valid?
    render plain: @search.keyword
  else
    render plain: @search.errors.full_messages[0]
  end
end
```

▼リスト 5-73　record/keywd.html.erb

```
<%= form_for @search, url: { action: :keywd_process } do |f| %>
  <%= f.text_field :keyword, size: 25 %>
  <%= f.submit '検索' %>
<% end %>
```

▼図 5-22　エラー時はエラーメッセージを表示

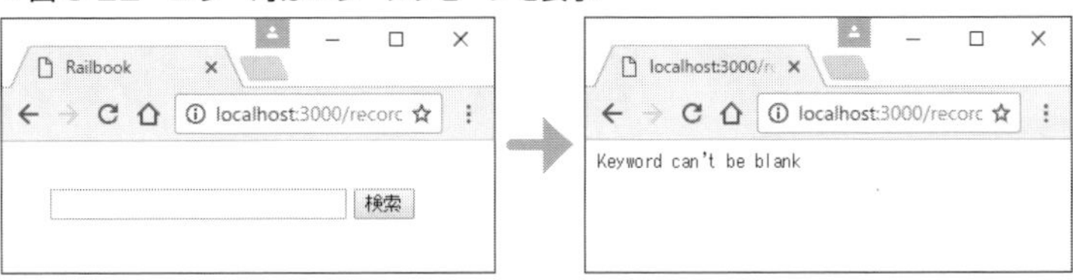

これまで同様に、ビューヘルパー form_for からもモデルオブジェクトを参照できる点、検証エラーでエラーメッセージが表示される点を確認してください。

COLUMN

コードの改行位置には要注意

Rails (Ruby) では、基本的に改行で文の区切りを表すのが基本です。しかし、「次の行に文が継続するのが明らかな場合だけ」例外的に空白文字と見なされ、行継続が認められます。よって、たとえば以下は正しい Rails のコードです。行末にカンマがあるので、「明らかに次の行に継続している」ことがわかるからです。

```
redirect_to @book,                        次の行への継続が明らか
  notice: 'Book was successfully created.'
```

しかし、以下のようなコードは SyntaxError（文法エラー）となります。行末が引数値で終わっているため、次の行に継続していないと見なされてしまうのです。

```
redirect_to @book                         次行への継続が明らかでない
  , notice: 'Book was successfully created.'
```

このようなケースでは、先の例のようにカンマを 1 行目に持ってくるか、行末にバックスラッシュを付与するようにしてください。行末のバックスラッシュは、行継続を意味する特殊文字です。

```
redirect_to @book\
  , notice: 'Book was successfully created.'
```

アソシエーションによる複数テーブルの処理

アソシエーション（**関連**）とは、テーブル間のリレーションシップをモデル上の関係として操作できるようにするしくみのことです。アソシエーションを利用することで、複数のテーブルにまたがるデータ操作もより直感的に利用できるようになります。

たとえば、図 5-23 のようなデータベースを想定してみましょう。

▼図 5-23　主キー／外部キーによるリレーションシップ

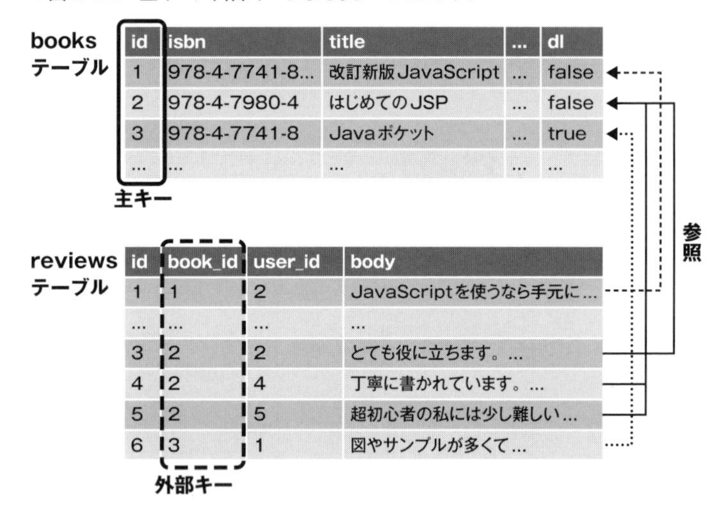

1 件の書籍情報（books テーブル）に対して、複数のレビュー（reviews テーブル）が結びついている関係です。書籍情報とレビューとの対応関係は、books テーブルの id 列と reviews テーブルの book_id 列によって表現しています。

books.id 列は書籍情報を一意に識別するための**主キー**——いわゆる書籍情報の背番号です。reviews.book_id 列には、この books.id 列に対応する値をセットすることで、どの書籍情報に対応しているかを表すことができます。このような参照キーのことを**外部キー**と呼びます。

さて、このような関係にあるテーブルから「id=1 である書籍に属するレビューを取得する」にはどうしたら良いでしょう。これまでの知識のみで記述するならば、以下のようになるでしょう。

```
@book = Book.find(1)
@reviews = Review.where(book_id: @book.id)
```

しかし、アソシエーションを利用することで、以下のように記述できるようになります。

```
@book = Book.find(1)
@reviews = @book.reviews
```

いちいち主キー／外部キーを意識して、条件式を記述しなければならなかった前者に比べると、後者がごく直感的なコードであることがおわかりになるでしょう。本節では、これらアソシエーションを利用するためのモデルの設定から操作方法までを学びます。

5.6.1 リレーションシップと命名規則

本書で扱っているデータベースのリレーションシップ（関係）を図示すると、図5-24のようになります。リレーションシップと一口に言っても、1：1、1：n、m：nとさまざまな関係があることが見て取れると思います。本節を読み進める前に、まずはこの関係を頭に入れておいてください。以降では、これらの関係をモデルの関連（アソシエーション）として表現していきます。

▼図 5-24　本書で使用するデータベース

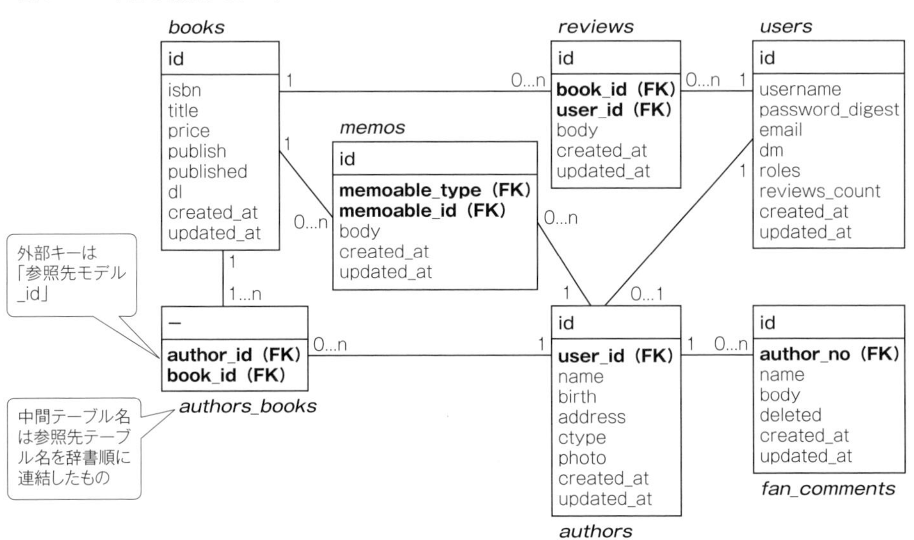

なお、Railsでリレーションシップを表現する場合は、いくつか命名規則があるので、注意してください。

● 外部キー列は「*参照先のモデル名*_id」の形式であること（例：book_id、

user_id[*49])

* 中間テーブルは参照先のテーブル名を「_」で連結したものであること。ただし、連結順は辞書順（例：authors_books）

*49
ちなみに、主キーはデフォルトで「id」固定です。

中間テーブルとは m：n の関係を表現する際に、互いの関連付けを管理するための便宜的なテーブルのことです。**結合テーブル**と呼ぶ場合もあります。

繰り返しですが、Rails においては命名規則がとても重要です。アソシエーションで正しく参照先のテーブルが取得できないようなケースでは、まず名前付けに誤りがないかをもう一度確認してください。

NOTE

参照先テーブルと参照元テーブル

関連を扱っていると、**参照先テーブル（被参照テーブル）**、**参照元テーブル**という言葉をよく見かけます。参照先テーブルとは、要は、関連において主キーを持つテーブルのことで、参照元テーブルとは外部キーを持つテーブルのことです。そのテーブルが外部キーによって参照されているか、それとも相手先を参照しているか、という観点での用語と考えれば良いでしょう。

たとえば、図 5-24 の books ／ reviews テーブルの関連であれば、books テーブルが参照先テーブル、reviews テーブルが参照元テーブルということになります。もちろん、参照先／元という区別は相対的なものですので、ある関連では参照先テーブルであっても、別な関連では参照元テーブルになるということもあるでしょう[*50]。以降でもよく登場する言葉ですので、きちんと理解しておいてください。

*50
たとえば、authorsテーブルはbooks_authorsテーブルに対しては参照先テーブルですが、usersテーブルに対しては参照元テーブルです。

5.6.2 参照元テーブルから参照先テーブルの情報にアクセスする ― belongs_to アソシエーション

アソシエーションの中でももっとも基本的で、よく利用するであろう belongs_to アソシエーションです。サンプルデータベースでも、この関連はいくつか登場しますが、とりあえずここでは books ／ reviews テーブルを例にしてみましょう。reviews テーブルが book_id 列を外部キーに、books テーブルを参照しているという関係です（図 5-25）。

▼図 5-25　belongs_to アソシエーション

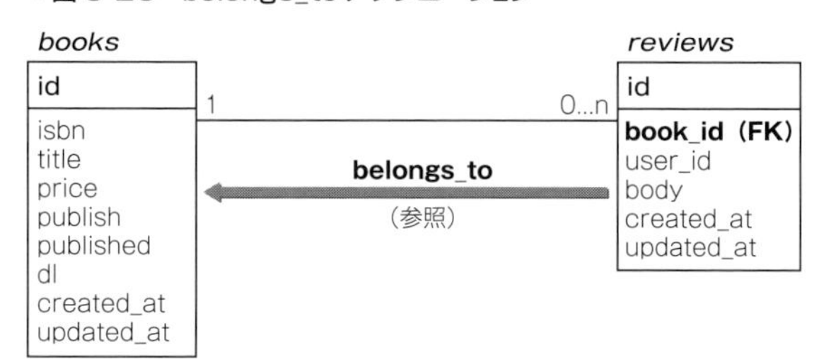

これを表すには、モデルクラスに対してリスト 5-74 のようなコードを追記する必要があります。

▼リスト 5-74　review.rb

```
class Review < ApplicationRecord
  belongs_to :book
end
```

belongs_to メソッドは、現在のモデルから指定されたモデルを参照しますよ*51、という意味です。

*51
ちょっと難しげに言うならば、現在のモデルが指定されたモデルに従属している、と言い換えても良いかもしれません。

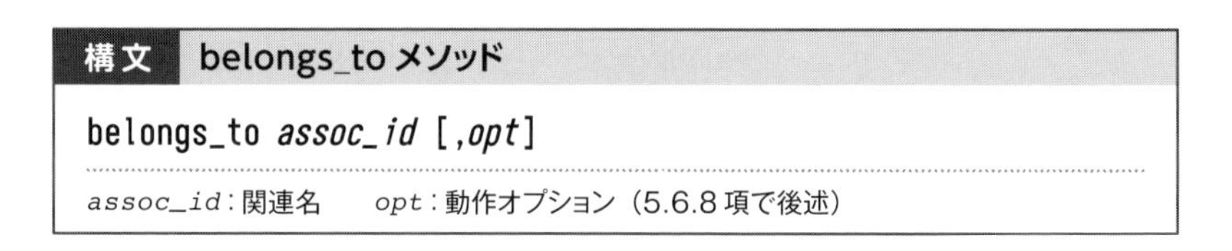
構文 belongs_to メソッド

belongs_to *assoc_id* [,*opt*]

assoc_id：関連名　*opt*：動作オプション（5.6.8 項で後述）

引数 assoc_id は関連の名前です。この名前がそのまま参照先テーブルを取得するためのアクセサーメソッドにもなります。基本は、モデル名（参照先のレコードは 1 つなので単数形）を指定します。

これによって、Review モデルを経由して Book モデルの情報を取得できます。たとえばリスト 5-75、5-76 は、id=3 であるレビューと、対応する書名を取得する例です。

▼リスト 5-75　record_controller.rb

```
def belongs
  @review = Review.find(3)
end
```

▼リスト 5-76　record/belongs.html.erb

```
<h2>「<%= @review.book.title %>」のレビュー</h2>
<hr />
```

```
<p><%= @review.body %> (<%= @review.updated_at %>) </p>
```

▼図 5-26　レビュー本文と関連する書籍名を表示

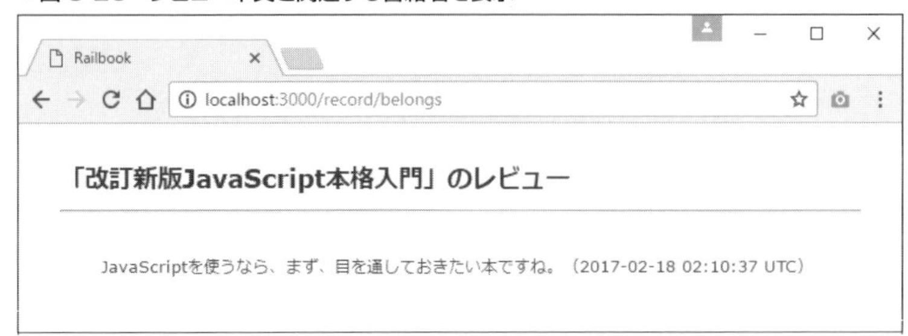

アクションメソッドではfindメソッドによる検索を行っているだけなので、特筆すべき点はありません。

ここで注目していただきたいのは、太字の部分です。変数@reviewはレビュー情報を表すReviewオブジェクトを、bookはリスト5-74で定義した関連名を、それぞれ表します。belongs_toメソッドでアソシエーションを設定することで、このように関連名をプロパティのように表して、関連するオブジェクトにアクセスできるのです。

Pumaのコンソールで、どのようなSELECT命令が発行されているのかも確認しておきましょう。

```
SELECT  "reviews".* FROM "reviews" WHERE "reviews"."id" = ? LIMIT ?  [["id", 3], ["LIMIT", 1]]
SELECT  "books".* FROM "books" WHERE "books"."id" = ? LIMIT ?  [["id", 2], ["LIMIT", 1]]
```

@review.bookを参照したタイミングで、reviewsテーブルのbook_id列（外部キー）の値をもとにbooksテーブルが検索されていることが確認できます。

5.6.3　1:nの関係を表現する — has_manyアソシエーション

続いて、1:nの関連を表すhas_manyアソシエーションです。前項のbelongs_toメソッドでは参照元テーブル→参照先テーブルという一方向の関係を表しているのみでしたが、has_manyアソシエーションを利用することで、ようやく双方向の関係を定義できることになります[*52]（図5-27）。

*52
参照先テーブルで利用できるアソシエーションにはhas_manyメソッドの他にも、後述するhas_oneメソッドがあります。

▼図 5-27　has_many アソシエーション

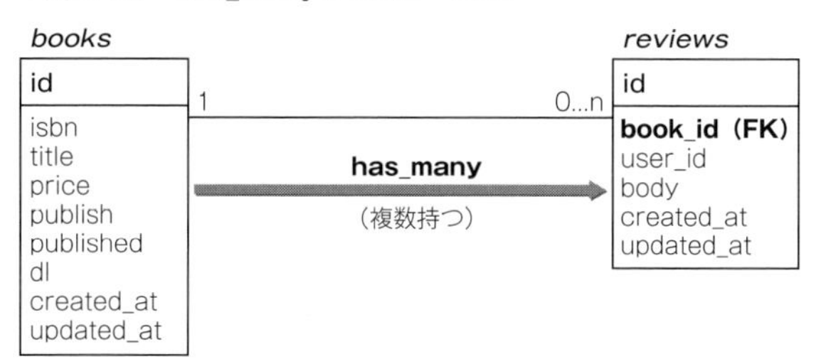

1：n の関係を表すには、参照先のモデルに対してリスト 5-77 のようなコードを追記する必要があります。

▼リスト 5-77　book.rb

```
class Book < ApplicationRecord
  has_many :reviews
end
```

has_many メソッドは、1 つの Book オブジェクトに対して複数の Review オブジェクトが存在しますよ、という意味になります。

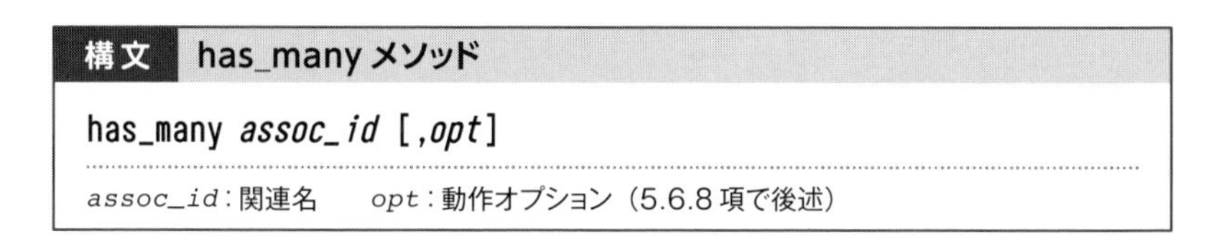

構文　**has_many メソッド**

has_many *assoc_id* [,*opt*]

assoc_id：関連名　　*opt*：動作オプション（5.6.8 項で後述）

関連名（引数 assoc_id）には、今度はモデルの複数形を指定している点に注目してください（関連の先のオブジェクトが複数存在するからです）。

これによって、Book モデルを経由して Review モデルの情報を取得できるようになります。たとえばリスト 5-78、5-79 は、isbn 列（ISBN コード）をキーに書籍情報を取得する例ですが、books テーブルの情報に加え、書籍情報に関連付けられたレビュー情報を reviews テーブルから取得しています。

▼リスト 5-78　record_controller.rb

```
def hasmany
  @book = Book.find_by(isbn: '978-4-7741-8411-1')
end
```

▼リスト 5-79　record/hasmany.html.erb

```
<h2>「<%= @book.title %>」のレビュー</h2>
<hr />
```

```
<ul>
<% @book.reviews.each do |review| %>
  <li><%= review.body %> (<%= review.updated_at %>) </li>
<% end %>
</ul>
```

▼図 5-28　書籍情報に関連付けられたレビューをリスト表示

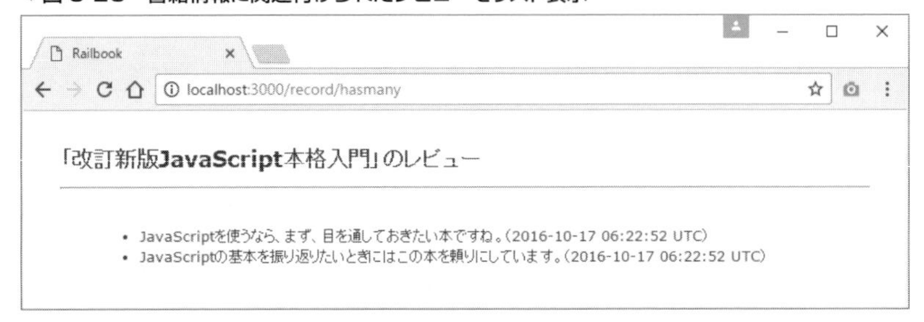

has_many アソシエーションを設置したことで、belongs_to の場合と同じく「@book.reviews」（*オブジェクト . 関連名*）の形式で、関連するオブジェクトを取得できるようになりました。reviews メソッドの戻り値は、今度は（単一のオブジェクトではなく）配列である点に注意してください。

NOTE　has_many ／ belongs_to メソッドは双方必須?

正確には、has_many ／ belongs_to 双方の宣言によって、リレーショナルデータベースにおける 1：n の関係が表現できます（片方向のみの参照という考え方はデータベースにはないためです）。では、モデル側でも has_many ／ belongs_to 双方の記述は必須なのでしょうか。

いいえ、そのようなことはありません。参照先→参照元のアクセスだけを行うのであれば has_many メソッドの宣言のみで十分ですし、参照元→参照先のアクセスだけを行うのであれば belongs_to メソッドだけの記述でも構いません。

ただし、後々の利用を考慮すれば、まずは参照先／参照元モデルの双方で対となるようにアソシエーションを定義するのが「望ましい」でしょう。

5.6.4　1：1 の関係を表現する ― has_one アソシエーション

1：1 の関係とは、サンプルデータベースでの users テーブルと authors テーブルのような関係を言います（図 5-29）。users ／ authors テーブルでは、あるユーザーが著者としても登録されるようなモデルを想定しています（1 人のユーザーが複数の著者になることはありません）。

▼図 5-29　has_one アソシエーション

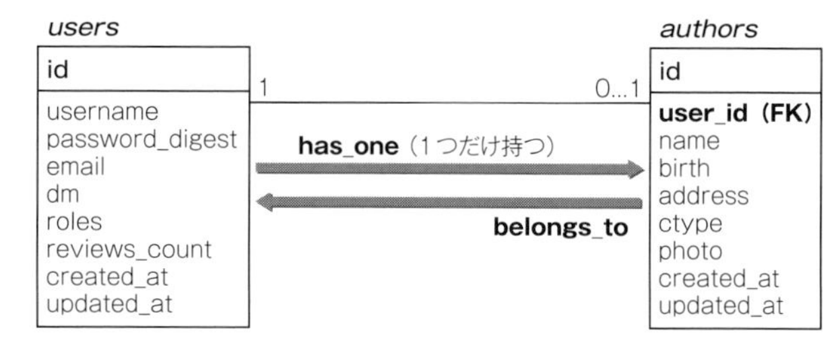

これを表すには、各モデルクラスに対して、リスト 5-80、5-81 のようなコードを追記する必要があります。

▼リスト 5-80　user.rb

```
class User < ApplicationRecord
  has_one :author
end
```

▼リスト 5-81　author.rb

```
class Author < ApplicationRecord
  belongs_to :user
end
```

belongs_to メソッドは、5.6.2 項でも示したように、Author モデルが User モデルを参照していることを表すアソシエーションです。そして、has_one メソッドは、1 つの User オブジェクトに対して最大 1 つ Author オブジェクトが存在しますよ、という意味になります。前項の［Note］でも示したように、いずれか片方からの参照であれば、has_one ／ belongs_to メソッドで必要なものだけを記述しても構いません。

構文　has_one メソッド

```
has_one assoc_id [,opt]
```

assoc_id：関連名　　*opt*：動作オプション（5.6.8 項で後述）

has_one メソッドによって関連付くオブジェクトは 1 つなので、関連名（引数 assoc_id）に指定するモデル名も単数形となります。

これによって、User と Author の双方のモデルから対応する相互の情報にアクセスできるようになります。たとえばリスト 5-82、5-83 は、ユーザー名

（username 列）をキーにユーザー情報を取得し、対応する著者情報がある場合は、併せて表示する例です。

▼リスト 5-82　record_controller.rb

```
def hasone
  @user = User.find_by(username: 'yyamada')
end
```

▼リスト 5-83　record/hasone.html.erb

```
<ul>
  <li>ユーザー名：<%= @user.username %></li>
  <li>パスワード：<%= @user.email %></li>
  <% unless @user.author.nil? %>            ─┐
    <li>著者名：<%= @user.author.name %></li>   ├❶
    <li>住所：<%= @user.author.address %></li>  │
  <% end %>                                  ─┘
</ul>
```

▼図 5-30　ユーザー情報と、存在する場合のみ対応する著者情報を表示

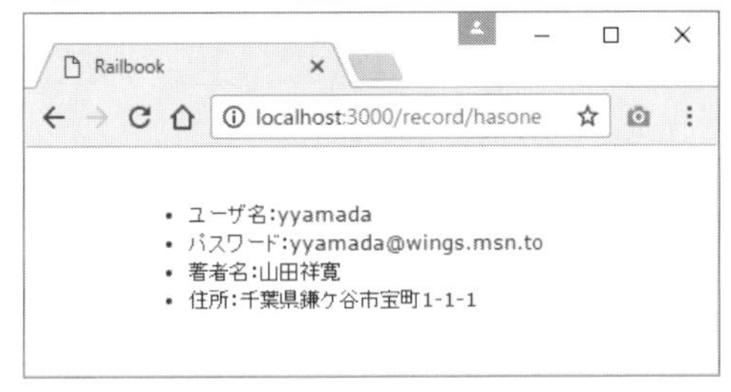

❶では nil? メソッドで User モデルに関連付いた Author モデルが存在することを確認した上で、Author オブジェクトのプロパティにアクセスしています。

NOTE has_one か、belongs_to か

1：1の関係では、それぞれがほぼ同等の関係であるため、いずれに外部キーを持たせるべきか（いずれをhas_one／belongs_toアソシエーションとするか）に悩むことがあるかもしれません。

そのような場合は、どちらが主としてよりふさわしいかを考えてください。belongs_to（外部キー）は「従属する」という意味のとおり、主となるモデルに従うモデルという意味です。よって、従となるテーブルにbelongs_toを持たせた方が自然と言えるでしょう。

たとえば、本文の例であれば著者でないユーザーはありえますが、ユーザーでない著者はありえません。よって、ユーザーが主、著者が従と考えることができます。

5.6.5 m：nの関係を表現する（1）— has_and_belongs_to_many アソシエーション

m：n（多：多）の関係とは、サンプルデータベースでのbooks／authorsのような関係を言います（図5-31）。書籍情報には複数の著者が含まれる可能性があり、著者もまた複数の書籍を執筆している可能性があります。リレーショナルデータベースでは、このような関係を直接表現することができないので、authors_booksのような形式的な中間テーブルを使って表現するのが一般的です。

▼図5-31 has_and_belongs_to_many アソシエーション

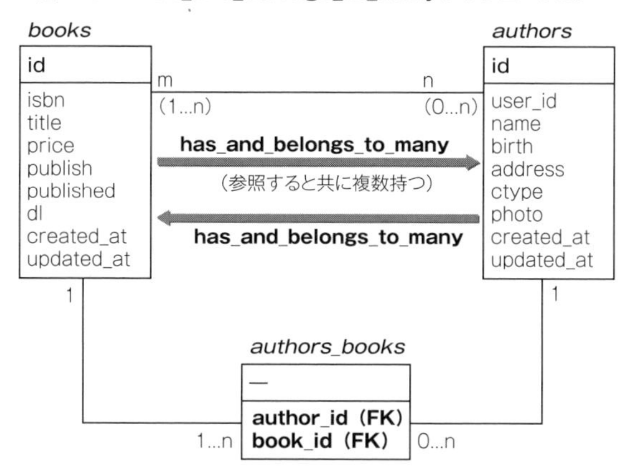

中間テーブルの名前は、参照先のテーブル名をアルファベット順に「_」で連結したものである必要があります。また、Book／Authorモデルに対して、リスト5-84のコード、5-85を追記します。

▼リスト 5-84　book.rb

```
class Book < ApplicationRecord
  has_and_belongs_to_many :authors
end
```

▼リスト 5-85　author.rb

```
class Author < ApplicationRecord
  has_and_belongs_to_many :books
end
```

m：n の関係ではどちらが主、従ということはありませんので、双方に対して has_and_belongs_to_many メソッドによる宣言を追加します。

構文　has_and_belongs_to_many メソッド

has_and_belongs_to_many *assoc_id* [,*opt*]

assoc_id：関連名　　*opt*：動作オプション（5.6.8 項で後述）

関連名は、いずれも複数形（:books や :authors など）として指定します。また、m：n の関係では、authors_books テーブルはあくまでリレーショナルデータベースの都合で作成したテーブルですので、アプリ側では特に意識する必要はありませんし、そもそもモデルとして作成する必要もありません。

それではさっそく、Book モデルを経由して Author モデルの情報を取得してみましょう。たとえばリスト 5-86、5-87 は、isbn 列（ISBN コード）をキーに書籍と、その著者名を取得する例です。

▼リスト 5-86　record_controller.rb

```
def has_and_belongs
  @book = Book.find_by(isbn: '978-4-7980-4803-1')
end
```

▼リスト 5-87　record/has_and_belongs.html.erb

```
<h2>「<%= @book.title %>」の著者情報</h2>
<hr />
<ul>
  <% @book.authors.each do |author| %>
    <li><%= author.name %> (<%= author.birth %> | <%= author.address %>) </li>
  <% end %>
</ul>
```

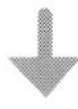

▼図 5-32　書籍情報に関連付いた著者情報をリスト表示

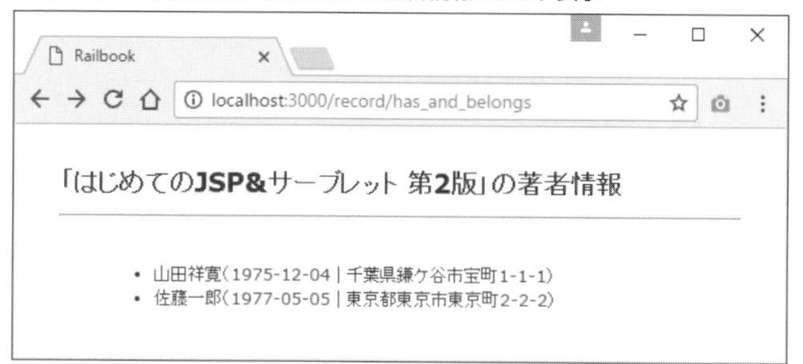

5.6.6 m：n の関係を表現する（2）― has_many through アソシエーション

has_and_belongs_to_many アソシエーションは m：n の関係を表現するには手軽な方法ですが、その分、デメリットもあります。というのも、中間テーブル（先ほどの例では authors_books テーブル）を便宜的なものとして操作するため、中間テーブルに関連付け以上の情報を加えることができないのです。

つまり、has_and_belongs_to_many アソシエーションでは、図 5-33 のようなケースでの m：n 関係を表すことはできません。

▼図 5-33　has_many through アソシエーション

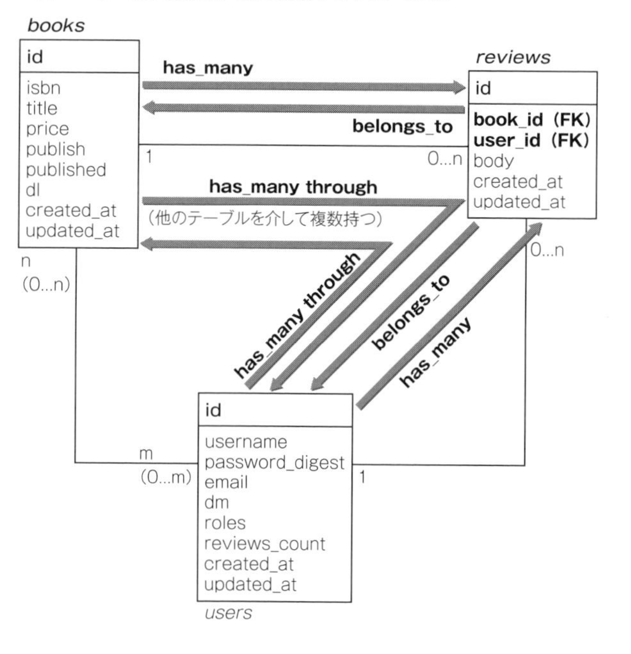

books／usersテーブルがreviewsテーブルを挟んでm：nの関係にあるという構成です。このような場合、reviewsテーブルもそれ自体がモデルとしてアクセスできる必要がありますので、リスト5-88～90のようなアソシエーションを設置する必要があります。

▼リスト5-88　book.rb

```
class Book < ApplicationRecord
  has_many :reviews
  has_many :users, through: :reviews
end
```

▼リスト5-89　review.rb

```
class Review < ApplicationRecord
  belongs_to :book
  belongs_to :user
end
```

▼リスト5-90　user.rb

```
class User < ApplicationRecord
  has_many :reviews
  has_many :books, through: :reviews
end
```

has_many／belongs_toアソシエーションについては、既に5.6.2～5.6.3項で解説したとおりです。これによって、互いの1：nの関係をまず定義しておきます。

その状態でhas_many throughアソシエーションにより、books／usersテーブル間を、reviewsテーブルを中間テーブルとして関連付けるわけです。

構文　has_manyメソッド（throughオプション）

```
has_many assoc_id , through: middle_id [,opt]
```

assoc_id：関連名　*middle_id*：中間テーブルの関連名
opt：動作オプション（5.6.8項で後述）

has_many throughアソシエーションを利用せず、has_many／belongs_toアソシエーションの組み合わせでも、Book→Review→Userによるアクセスは可能です。しかし、has_many throughアソシエーションを利用することで、Bookモデルから直接Userモデルにアクセスすることが可能になります。

具体的な例も見てみましょう。リスト5-91、5-92はユーザー名（username列）

をキーにユーザー情報を取得すると共に、レビューを書いたことのある書籍名を表示する例です。

▼リスト 5-91 record_controller.rb

```
def has_many_through
  @user = User.find_by(username: 'isatou')
end
```

▼リスト 5-92 record/has_many_through.html.erb

```
<ul>
  <li>ユーザー名：<%= @user.username %></li>
  <li>メールアドレス：<%= @user.email %></li>
  <% unless @user.books.empty? %> ─┐
  <li>レビューした書籍：            │
    <ul>                            │
    <% @user.books.each do |book| %>│
      <li><%= book.title %></li>    ├─❶
    <% end %>                       │
    </ul>                           │
  </li>                             │
  <% end %> ───────────────────────┘
</ul>
```

▼図 5-34 ユーザー情報と、存在する場合のみ対応するレビュー済み書籍名を表示

❶では empty? メソッドで User モデルに関連付いた Book モデルが存在することを確認した上で、Book オブジェクトのプロパティにアクセスしています。

5.6.7 アソシエーションによって追加されるメソッド

アソシエーションを宣言するということは、モデルに対してメソッドを自動的に追加するということでもあります。たとえば、@book.reviews、@user.books.

empty? のようなメソッドも、実はアソシエーションによって自動で追加されたものだったのです。

表 5-15、表 5-16 に、それぞれのアソシエーションによって追加されるメソッドをまとめます。なお、association、collection はそれぞれのアソシエーションで宣言された関連名を、collection_singular は関連名を単数形で表現したものを意味するものとします。

▼表 5-15　belongs_to ／ has_one アソシエーションで追加されるメソッド

メソッド	概要
例	
association(force_reload = false)	関連するモデルを取得（存在しなければ nil）
@book = @review.book	*# Review モデルに関連する Book モデルを取得*
association =(*associate*)	関連先のモデルを割り当て*53
@review.book = @book	*# Book モデルを Review モデルに関連付け*
build_*association*(*attrs* = {})	関連先のモデルを新規に生成（保存はしない）
@author = @user.build_author(name: ' 掛谷奈美 ', birth: '1940-12-31', address: ' 広島県鎌ケ谷市梶野町 1-1-11') *# User に関連付いた Author を生成*	
create_*association*(*attrs* = {})	関連先のモデルを新規に生成（保存も行う*54）
@user.create_author(name: ' 掛谷奈美 ', birth: '1940-12-31', address: ' 広島県鎌ケ谷市梶野町 1-1-11') *# User に関連付いた Author を生成*	

*53
内部的には関連モデルの主キーを現在のモデルの外部キーに設定します。

*54
保存が失敗したときに例外を発生するcreate_association! メソッド(「!」付き)もあります。

▼表 5-16　has_many ／ has_and_belongs_to_many アソシエーションで追加されるメソッド

メソッド	概要
例	
collection(*force_reload* = *false*)	関連するモデルを取得（存在しなければ nil）
@reviews = @book.reviews(true)	*# Book モデルに関連する Reviews モデル群を取得*
collection <<(*obj* ,...)	関連するモデルを追加
@book.reviews << @review	*# Book モデルに Review モデルを追加*
collection.destroy(*obj* ,...)	関連するモデルを削除
@book.reviews.destroy(@review)	*# Book モデルに関連付いた Review モデルを削除*
collection.delete(*obj* ,...)	関連するモデルを削除
@book.reviews.delete(@review)	*# Book モデルに関連付いた Review モデルを削除*
collection =*objs*	現在のモデルに関連するモデルを指定モデル群で入れ替え
@book.reviews = @new_reviews	*# Book モデルに Review モデル群を関連付け*
*collection_singular*_ids	関連モデルの id 値を配列として取得
@review_ids = @book.review_ids	*# 関連する Review モデルの id 群を取得*
*collection_singular*_ids = ids	関連モデルの id 値を総入れ替え
@book.review_ids = @review_ids	*# 関連する Review モデルの id 群を設定*
collection.clear	関連モデルを破棄
@book.reviews.clear	*# 関連付いた Review モデルを破棄*
collection.empty?	関連するモデルが存在するかをチェック
@book.reviews.empty? *# Book モデルに関連付いた Review モデルが存在するか*	

メソッド 例	概要
collection.size	関連するモデルの数を取得
@book.reviews.size　　# *Book モデルに関連付いた Review モデルの数を取得*	
collection.find(...)	関連モデル群から特定のモデルを抽出
@book.reviews.find(1)　　# *Book モデルに関連付いた Review モデルから id=1 のものを取得*	
collection.exists?(...)	関連モデル群の中に特定のモデルが存在するかをチェック
@book.reviews.exists?(1)　　# *Book モデルに関連付いた id=1 の Review モデルが存在するか*	
collection.build(*attrs* = {})	関連先のモデルを新規に生成（保存はしない）
@book.reviews.build(body: '良い本です。')	
collection.create(*attrs* = {})	関連先のモデルを新規に生成（保存も行う*55）
@book.reviews.create(body: '良い本です。')	

＊55
保存が失敗したときに例外を発生するcollection.create!メソッド（「!」付き）もあります。

5.6.8 アソシエーションで利用できるオプション

アソシエーションで利用できるオプションには、表 5-17 のようなものがあります。

本来、基本的なテーブルでデフォルトの命名規則に沿っている場合には、特別なオプションの指定はほとんど必要ありません。しかし、独自の命名を行っている場合や、あるいは、後述するカウンターキャッシュやポリモーフィック関連のような追加機能を利用したいケースもあるでしょう。

そのような場合にも、Rails ではオプションを指定することで、さまざまなカスタマイズに対応できるようになっています*56。

＊56
もっとも、命名に関するオプションはできるだけ使用しないに越したことはありません。まずは本来の命名規則に沿うのが大原則です。

▼表 5-17　アソシエーションで利用できる主なオプション（bl：belongs_to、ho：has_one、hm：has_many、hbtm：has_and_belongs_to_many）

オプション	bl	ho	hm	hbtm	概要
as	×	○	○	×	ポリモーフィック関連を有効化（親モデルの関連名）
association_foreign_key	×	×	×	○	m：n 関係で関連先への外部キー（たとえば Book モデルから見た author_id など）
autosave	○	○	○	○	親モデルに併せて保存／削除を行うか
class_name	○	○	○	○	関連モデルのクラス名（完全修飾名）
counter_cache	○	×	○	×	モデル数を取得する際にキャッシュを利用するか
dependent	○	○	○	×	モデル削除時に関連先のモデルも削除するか（:destroy、:delete*57、:nullify*58）
foreign_key	○	○	○	○	関連で使用する外部キー列の名前
join_table	×	×	×	○	中間（結合）テーブルの名前
optional	○	×	×	×	関連先のオブジェクトが存在するかを検証しない
primary_key	○	×	○	×	関連で使用する主キー列の名前

＊57
has_manyメソッドでは、:deleteの代わりに:delete_allを利用します。

＊58
dependentオプションが:nullify（デフォルト）の場合、関連先テーブルのレコードは削除せずに、ただ外部キーをNULLにします。これによって関係のみを解消するわけです。

オプション	bl	ho	hm	hbtm	概要
polymorphic	○	×	×	×	ポリモーフィック関連を有効化
readonly	×	×	×	○	関連先のオブジェクトを読み取り専用にするか
required	○	×	×	×	関連先のオブジェクトが存在するかを検証
touch	○	×	×	×	モデル保存時に関連先オブジェクトの created_at ／ updated_at も更新
through	×	○	○	×	5.6.6 項を参照
validate	○	○	○	○	現在のモデルを保存する際、関連先の検証も実行するか

以下では、主なオプションについて、具体的な例をいくつか示します。

関連の命名を変更する

たとえば図 5-35 は、Author モデルに対して 1:n の関係にある FanComment モデル（ファンによるコメント）を追加する例です。

▼図 5-35　標準ルールと異なる関連

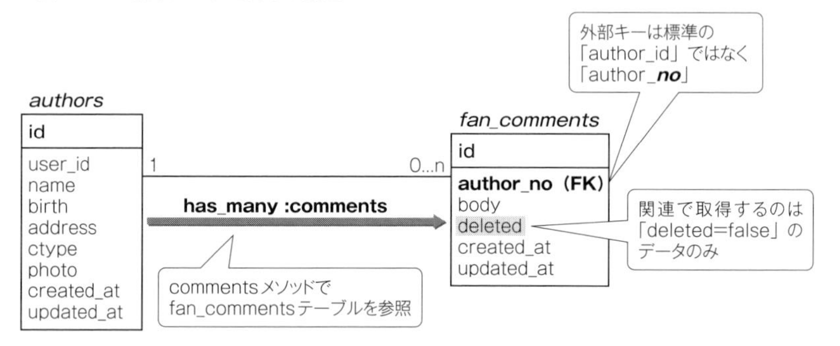

ここには、いくつか標準の動作ではまかなえない要件が含まれます。

- Author モデルからは FanComment モデルを（fan_comments メソッドではなく）comments メソッドで参照
- fan_comments テーブルの外部キーは author_no フィールド
- Author モデルから FanComment モデルを取得する際、deleted 列が false（未削除）であるもののみを抽出したい

以上の要件を満たすためには、Author モデルで has_many 関連を定義する際に、リスト 5-93 のようなオプションを設定する必要があります。

▼リスト 5-93 author.rb

```
class Author < ApplicationRecord
  has_many :comments❶, -> { where(deleted: false) },❹class_name: 'FanComment'❷,
    foreign_key: 'author_no'❸
end
```

まず関連名は、❶のように用途に合わせて自由に付けてしまって構いません（ここまで見てきたように、関連名はそのまま関連先のテーブルを参照する際のメソッド名となります）。

ただし、デフォルトでは関連名がそのまま関連先のクラス名とみなされるため、自由に命名した場合には、class_name オプションで関連先のクラス名を宣言する必要があります（❷）。

❸は関連を形成する際の外部キーを指定しています。通常は、「author_id」のようにモデル名（小文字）+「_id」の形式となるはずですが、異なる命名をしている場合には、このように foreign_key オプションで明示的に宣言する必要があります。

そして、❹では FanComment モデルを参照する際の条件式を指定しています。条件式は（オプションとしてではなく）メソッドの第 2 引数にラムダ式（-> { ... }）の形式で表します。この例では、削除済みコメントは参照したくないので、deleted 列が false（未削除）のもののみに限定して取得しているわけです。ラムダ式の中では、where メソッドだけでなく、order ／ limit など任意のクエリメソッドを指定できます。

関連モデルの件数を親モデル側でキャッシュする ― counter_cache オプション

たとえばあるユーザー（users テーブル）が投稿したレビュー（reviews テーブル）の件数を users テーブルで保存しておければ、件数を取得するためだけに両者を結合する必要がなくなり便利です（図 5-36）。アソシエーションでは、belongs_to メソッドの counter_cache オプションを利用することで、このようなしくみを簡単に実装できます（**カウンターキャッシュ**）。

▼図 5-36 カウンターキャッシュ

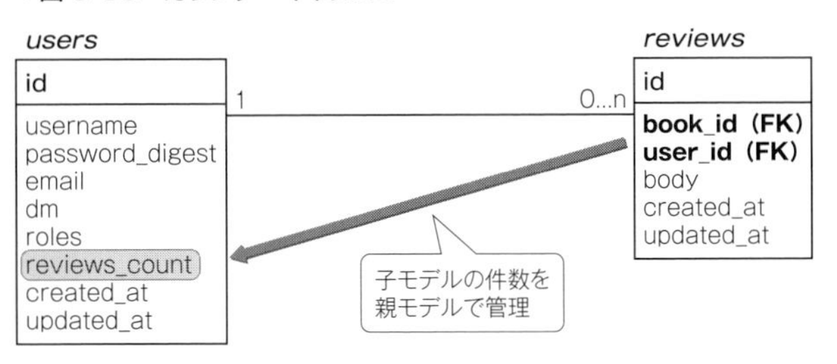

具体的な手順は、以下のとおりです。

1 カウンター管理のための列を作成する

まず、親テーブルに「子テーブル名 _count」という名前で integer 型の列（カウンター列）を準備します。Active Record では、このカウンター列に対して関連モデルの件数を記録することで、カウンターキャッシュを実現しているのです。この例であれば、users テーブルの reviews_count 列が、関連するレビュー数を管理します。

rails generate コマンド[*59]で自動生成したマイグレーションファイルは、ほとんどそのまま利用できますが、最低限、リスト 5-94 の太字部分の追記が必須です。カウンター列のデフォルト値として、0 をセットしています。

*59
具体的なコマンドは3.7.2項も参照してください。

▼リスト 5-94　20161013075510_create_users.rb

```
class CreateUsers < ActiveRecord::Migration[5.0]
  def change
    create_table :users do |t|
      …中略…
      t.string :roles
      t.integer :reviews_count, default: 0

      t.timestamps
    end
  end
end
```

2 カウンターキャッシュ機能を有効にする

あとは、子モデル（ここでは Review モデル）でカウンターキャッシュを有効にするだけです（リスト 5-95）。

▼リスト 5-95　reviews.rb

```
class Review < ApplicationRecord
  belongs_to :book
  belongs_to :user, counter_cache: true
  …中略…
end
```

ただし、カウンター列が「子テーブル名 _count」という命名規則に沿っていない場合、太字の部分は「counter_cache: :review_num」のように、明示的に列名を指定しなければなりません。

3 カウンターキャッシュを利用して件数を取得する

それでは、カウンターキャッシュを利用して、User モデル経由でレビュー件数を取得してみましょう（リスト 5-96）。

▼リスト 5-96　record_controller.rb

```
def cache_counter
  @user = User.find(1)
  render plain: @user.reviews.size
end
```

```
SELECT  "users".* FROM "users" WHERE "users"."id" = ? LIMIT ?  [["id", 1], ["LIMIT", 1]]
```

「@user.reviews.size」で Review モデルへのアクセスが発生しているにも関わらず、reviews テーブルへの問い合わせは発生して**いない**点に注目です。

size メソッドと似たようなメソッドとして、length ／ count などもありますが、これらのメソッドではカウンターキャッシュは働かないので、要注意です。

NOTE

カウンターキャッシュのしくみ

カウンターキャッシュを有効にした状態で、子モデル（本文の例では Review モデル）を追加／削除すると、親モデルのカウンター列が自動的にインクリメント／デクリメントされます*60。以下は、新規にレビューを登録した場合に発生する SQL 命令です。

```
INSERT INTO "reviews" ("book_id", "user_id", "status", "body", "created_at", "updated_at") ⏎
VALUES (?, ?, ?, ?, ?, ?)  [["book_id", 1], ["user_id", 1], ["status", 0], ["body", ⏎
"役に立った"], ["created_at", 2016-12-03 03:13:22 UTC], ["updated_at", 2016-12-03 03:13:22 UTC]]
UPDATE "users" SET "reviews_count" = COALESCE("reviews_count", 0) ⏎
+ 1 WHERE "users"."id" = ?  [["id", 1]]
```

関連先の users テーブルをカウントアップ

その性質上、モデルを介さずにデータベースを更新した場合、もしくはコールバックを利用しないメソッド（たとえば delete メソッドのように）でモデルを操作した場合には、カウンターは正しく管理できません。

同じ理由から、テーブルのデータを初期化*61 する場合には、その時点での子モデルの件数を反映しなければなりません。自動的に、その時点での件数が反映されるわけではないので、要注意です。

*60
内部的には、コールバック（5.7節）というしくみを利用しています。

*61
フィクスチャやシードファイルを利用することになるでしょう（5.8.8項）。

1 つのモデルを複数の親モデルに関連付ける — ポリモーフィック関連

ポリモーフィック関連とは、1 つのモデルが複数の親モデルに紐づく関連のことを言います。具体的には、図 5-37 のような関連です。

▼図 5-37　ポリモーフィック関連

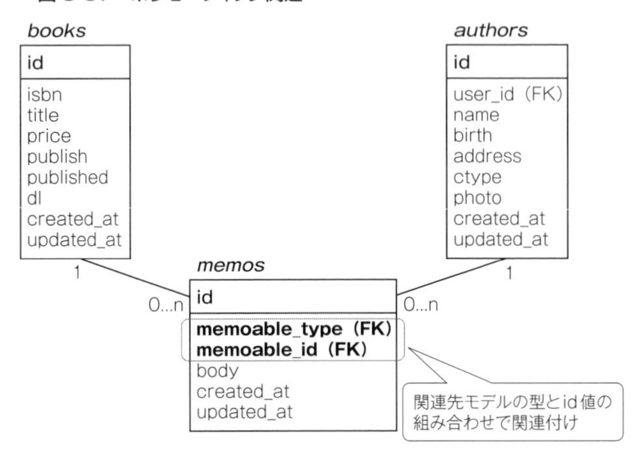

この例では、Book（書籍）／ Author（著者）モデルは、それぞれのメモ情報を Memo（メモ）モデルで管理しています。このようなポリモーフィック関連では、通常の外部キーだけでは紐づけを表現できないので、

- *xxxxx*_type（紐づけるモデル）
- *xxxxx*_id（外部キー）

のような列をテーブルに準備しておく必要があります。*xxxxx* はあとから指定する関連名を表します。

そして、モデル側では以下のような宣言が必要となります。

- 親モデル側で as オプション付きの has_many メソッドを宣言
- 子モデル側で polymorphic オプション付きの belongs_to メソッドを宣言

具体的には、リスト 5-97 ～ 99 のようなコードとなります。

▼リスト 5-97　book.rb

```
class Book < ApplicationRecord
  …中略…
  has_many :memos, as: :memoable
  …中略…
end
```

▼リスト 5-98 author.rb

```
class Author < ApplicationRecord
  …中略…
  has_many :memos, as: :memoable
  …中略…
end
```

▼リスト 5-99 memo.rb

```
class Memo < ApplicationRecord
  belongs_to :memoable, polymorphic: true
end
```

asオプションには関連名を指定します。この例であれば、親モデル（Book／Author）が子モデル（Memo）からmemoableという名前で参照できるよう、ポリモーフィック宣言しています。値を設定する際、

- asオプションの値
- belongs_toメソッドの引数
- 子テーブル側の*xxxxx*_type／*xxxxx*_id列の*xxxxx*の部分

は、すべて同じ名前でなければならない点に注意してください。

以上の準備ができたら、リスト5-100のようなアクションでmemosテーブルを登録してみましょう。

▼リスト 5-100 record_controller.rb

```
def memorize
  @book = Book.find(1)
  # 書籍情報に関連するメモを登録
  @memo = @book.memos.build({ body: 'あとで買う' })
  if @memo.save
    render plain: 'メモを作成しました。'
  else
    render plain: @memo.errors.full_messages[0]
  end
end
```

buildメソッド（表5-15）で書籍情報に関連付いたメモ情報を生成しています。上のアクションを実行した後、rails dbconsoleコマンド（2.4.6項）などでmemosテーブルの内容を確認してみましょう。以下のように、memoable_type列に関連先モデルであるBookが、memoable_id列にbooksテーブルのid値がセットされていれば、ポリモーフィック関連は正しく動作しています。

```
> rails dbconsole
SQLite version 3.14.2 2016-09-12 18:50:49
Enter ".help" for usage hints.
sqlite> .header ON ──────────────── ヘッダーを出力
sqlite> SELECT * FROM memos;
id|memoable_type|memoable_id|body|created_at|updated_at
1|Book|1|あとで買う|2016-10-18 07:46:58.329024|2016-10-18 07:46:58.329024
```

いかがですか。ここで挙げているのはあくまで一例にすぎませんが、他のオプションも直感的に利用できるものが多いので、是非、自分でも実際に設定してみて、実際の挙動を確認してみてください。

5.6.9 関連するモデルと結合する ― joins メソッド

複数のテーブルを結合する場合、Rails ではアソシエーションを利用するのが基本ですが、joins メソッドを利用する方法でもほぼ同様のことができます。joins メソッドは、関連するモデルを結合し、まとめて取得するメソッドです。

構文　joins メソッド

```
joins(exp)
```

exp：結合条件

引数 exp には、結合条件を示すために、以下のような式を指定できます。

関連名（シンボル）

指定した関連名で INNER JOIN 句を生成します。カンマ区切りで複数のシンボルを同時に指定しても構いません（リスト 5-101）。

▼リスト 5-101　record_controller.rb

```
def assoc_join
  @books = Book.joins(:reviews, :authors).
   order('books.title, reviews.updated_at').
   select('books.*, reviews.body, authors.name')
end
```

```
SELECT books.*, reviews.body, authors.name FROM "books"
  INNER JOIN "reviews" ON "reviews"."book_id" = "books"."id"
  INNER JOIN "authors_books" ON "authors_books"."book_id" = "books"."id"
    INNER JOIN "authors" ON "authors"."id" = "authors_books"."author_id"
```

```
ORDER BY books.title, reviews.updated_at
```


関連名1：関連名2

複数モデルにまたがる結合を表します（リスト5-102）。

▼リスト5-102　record_controller.rb

```
def assoc_join2
  @books = Book.joins(reviews: :user).
  select('books.*, reviews.body, users.username')
end
```

```
SELECT books.*, reviews.body, users.username FROM "books"
  INNER JOIN "reviews" ON "reviews"."book_id" = "books"."id"
    INNER JOIN "users" ON "users"."id" = "reviews"."user_id"
```

文字列

LEFT JOIN／RIGHT JOINなど、INNER JOIN以外の結合条件を表すのに利用します（リスト5-103）。

▼リスト5-103　record_controller.rb

```
def assoc_join3
  @books = Book.joins('LEFT OUTER JOIN reviews ON reviews.book_id = ↩
books.id').
  select('books.*, reviews.body')
end
```

```
SELECT books.*, reviews.body FROM "books"
  LEFT OUTER JOIN reviews ON reviews.book_id = books.id
```

いずれの場合も、JOIN句によって複数のテーブルの内容を単一の問い合わせで取得している点に注目してください*62。

また、joinsメソッドを利用した場合、関連モデルの列には現在のモデルからアクセスします。たとえばリスト5-104は、リスト5-101に対応するビューです。body列はreviewsテーブルに、name列はauthorsテーブルに属する列である点に注目です。

*62
アソシエーションでは結合先のテーブルを参照するのに、最低でも2つのSQL命令を発行する必要がありました。

▼リスト 5-104　record/assoc_join.html.erb

```
<% @books.each do |b| %>
  <p><%= b.body %> (<%= b.title %> : <%= b.name %>) </p>
<% end %>
```

5.6.10 関連するモデルと結合する（左外部結合）— left_outer_joins メソッド 5.0

*63
エイリアスとしてleft_joinsメソッドも利用できます。

Rails 4 以前で外部結合を実装するには、joins メソッドに対して文字列を渡す必要がありましたが、Rails 5 では新たに（左）外部結合のための専用メソッドとして、left_outer_joins メソッド*63 が追加されました。これによって、joins メソッドを利用するよりも、よりシンプルに――ということは直観的にコードを記述できます。

たとえばリスト 5-105 は、前項のリスト 5-103 を left_outer_joins メソッドを使って書き換えた例です。先ほどと同じ SELECT 命令が発行されることを確認してみましょう。

▼リスト 5-105　record_controller.rb

```
def assoc_join4
  @books = Book.left_outer_joins(:reviews).select('books.*, reviews.body')
  render 'assoc_join3'
end
```

```
SELECT books.*, reviews.body FROM "books"
  LEFT OUTER JOIN "reviews" ON "reviews"."book_id" = "books"."id"
```

5.6.11 関連するモデルをまとめて取得する — includes メソッド

アソシエーションで関連モデルを読み込むのは、それが必要になったタイミングです。つまり、複数のモデルを each メソッドなどで処理し、それぞれの関連モデルを取得する際には、元モデルの数だけデータアクセスが発生するということです。

これは効率という意味でも望ましくないため、このような状況では includes メソッドを利用してください。includes メソッドでは、指定された関連モデルを元モデルの読み込み時にまとめて取得することで、データアクセスの回数を減らしています（リスト 5-106、5-107）。

▼リスト 5-106　record_controller.rb

```
def assoc_includes
  @books = Book.includes(:reviews).all
end
```

▼リスト 5-107　record/assoc_includes.html.erb

```
<ul>
<% @books.each do |b| %>
  <li><%= b.title %>
   (<% b.reviews.each do |r| %><%= r.body %> <% end %>) </li>
<% end %>
</ul>
```

```
SELECT "books".* FROM "books"
SELECT "reviews".* FROM "reviews" WHERE "reviews"."book_id" IN (1, 2, 3, 4, 5, 6, 7, 8, 9, 10)
```

includes メソッドの引数には関連モデル（関連名）を指定します。

構文　includes メソッド

```
includes(assoc, ...)
```

assoc：関連名

リスト 5-106 から includes メソッド（太字部分）を外した場合、以下のように reviews テーブルへのアクセスが何度も発生することになります。

```
SELECT "books".* FROM "books"
SELECT "reviews".* FROM "reviews" WHERE "reviews"."book_id" = ?  [["book_id",1]]
SELECT "reviews".* FROM "reviews" WHERE "reviews"."book_id" = ?  [["book_id",2]]
...book_id=1～Nまで、データ数だけのアクセス...
SELECT "reviews".* FROM "reviews" WHERE "reviews"."book_id" = ?  [["book_id",10]]
```

5-7 コールバック

コールバック（**コールバックメソッド**）とは、Active Recordによる検索／登録／更新／削除、および、検証処理のタイミングで実行されるメソッドのことです。たとえば、

- ユーザー情報を登録する際にパスワードが指定されていなかったら、ランダムのパスワードを生成
- 書籍情報を削除する際に、削除される書籍情報を履歴情報として記録する
- 著者情報を削除する際に、ファイルシステムで管理していたサムネイル画像も削除
- 著者情報が登録／更新されたタイミングで、管理者にメールを送信

など、モデル操作のタイミングでまとめて実行すべき処理は、コールバックとして定義することで、同じようなコードがモデルやコントローラーに分散するのを防げます。

また、Active Recordは、実際の保存処理とコールバックとを、1つのトランザクション（5.4.4項）として実行します。コールバックを利用することで、関連する一連の処理を、トランザクションを意識することなく記述できるというメリットもあります。

5.7.1 利用可能なコールバックと実行タイミング

新規登録／更新／削除タイミングで呼び出されるコールバックには、表5-18のようなものがあります。表の記載順序は、コールバックの発生順序に沿っています。

▼表5-18　新規作成／更新／削除タイミングで実行されるコールバック

登録	更新	削除	実行タイミング
before_validation		－	検証処理の直前
after_validation		－	検証処理の直後
before_save		－	保存の直前
around_save		－	保存の前後
before_create	before_update	before_destroy	作成／更新／削除の直前
around_create	around_update	around_destroy	作成／更新／削除の前後
after_create	after_update	after_destroy	作成／更新／削除の直後
after_save		－	保存の直後
after_commit*64			コミットの直後
after_rollback			ロールバックの直後

*64
Rails 5では、作成／更新／削除の各コミットのタイミングで実行されるafter_create_commit／after_update_commit／after_destroy_commitメソッドも追加されました。

その他、データの取得、オブジェクトの生成タイミングで呼び出されるコールバックもあります（表5-19）。

▼表5-19　検索／オブジェクト生成タイミングで実行されるコールバック

コールバック	実行タイミング
after_find	データベースの検索時
after_initialize	newによる生成、データベースからのロード

after_find／after_initilizeメソッドには、対応するbefore_*xxxxx*メソッドがない点に注意してください。

これらのコールバックメソッドは、それぞれ表5-20のようなメソッドが呼び出されたタイミングで実行されます。逆に言えば、たとえばdeleteやdelete_allのようなメソッドでは、コールバックは呼び出されず、すぐにデータの削除が行われるということです*65。

*65
その他にも、decrement、decrement_counter、delete、delete_all、increment、increment_counter、toggle、touch、update_column、update_columns、update_all、update_countersなどがコールバックの対象外となります。

▼表5-20　コールバックの実行タイミング

分類	トリガーとなるメソッド
作成／更新／削除系	create、create!、decrement!、destroy、destroy!、destroy_all、increment!、save、save!、toggle!、update、update!、update_attribute、valid?
after_find	all、first、find、find_by、find_by_sql、last
after_initialize	new、その他オブジェクト生成を伴うメソッド

以上を念頭に、以降では、具体的なコールバックの実装例を見ていきましょう。

5.7.2 コールバック実装の基本

コールバックメソッドは、モデルに以下のような形式で登録する必要があります。以下はafter_destroyコールバックの例ですが、他のコールバックも同じ要領で記述できます。

構文　after_destroyメソッド

```
after_destroy :method
```

method：メソッド名

たとえばリスト5-108は、書籍情報（booksテーブル）が削除されたタイミングで、削除された書籍情報をログに記録する例です*66。

*66
本来であればデータベースや専用のログファイルに記録するべきですが、簡略化のため、今回は標準のログ機能を利用しています。ログに関する詳細は6.2.8項も参照してください。

▼リスト 5-108　book.rb

```
class Book < ApplicationRecord
  after_destroy :history_book ──────────────── ❶

  private ───────────────────────────┐
    def history_book                 ├─ ❷
      logger.info('deleted: ' + self.inspect)
    end ─────────────────────────────┘
end
```

after_destroy メソッドで、コールバックメソッド history_book を登録し（❶）、histroy_book の本体はプライベートメソッドとして宣言します（❷）。

この状態で、たとえば 3.7.2 項の Scaffolding 機能で作成したサンプルから適当な書籍情報を削除してみましょう。Puma のコンソール、または /log/development.log に、以下のような情報が記録されていることを確認してください。

```
deleted: #<Book id: 4, isbn: "978-4-8222-9876-0", title: "アプリを作ろう！ Visual C++入門", price: ↵
2000, publish: "日経BP社", published: "2016-06-22", dl: true, created_at: "2016-12-02 07:33:29", ↵
updated_at: "2016-12-02 07:33:29">
```

NOTE　条件付きでコールバックを適用する

特定の条件を満たした（満たさなかった）場合にのみコールバックを作動させたい場合には、if ／ unless パラメーターを指定します。たとえば、以下は publish 列が unknown でない場合にのみ history_book コールバックを実行する例です。

```
after_destroy :history_book,
  unless: Proc.new { |b| b.publish == "unknown" }
```

5.7.3 コールバックのさまざまな定義方法

コールバックメソッドはプライベートメソッドとして定義するのが、基本です。しかし状況によっては、以下のような構文で定義した方が良い場合もあります。

ブロック形式で定義する

after_destroy メソッド*[67] に対して、コールバック処理を直接ブロックとして指定することもできます（リスト 5-109）。ブロックの内容がごくシンプルである場合には、有効な記法です。

*67
繰り返しですが、その他のコールバックメソッドも同様です。

▼リスト 5-109　book.rb

```
class Book < ApplicationRecord
  after_destroy do |b|
    logger.info('deleted: ' + b.inspect)
  end
  …中略…
end
```

ブロック構文では、引数として現在のモデルを受け取ります。

コールバッククラスとして定義する

コールバックを複数のモデルで共有するようなケースでは、コールバックメソッドを別のクラス（コールバッククラス）として外部化した方が再利用性という点で有利です（リスト 5-110、5-111）。

▼リスト 5-110　book_callbacks.rb

```
class BookCallbacks
  cattr_accessor :logger          ─┐
  self.logger ||= Rails.logger    ─┘─❶

  def after_destroy(b)
    logger.info('deleted: ' + b.inspect)
  end
end
```

▼リスト 5-111　book.rb

```
class Book < ApplicationRecord
  after_destroy BookCallbacks.new ─❷
end
```

コールバックメソッドそのものの記述は、これまでと同様です。しかし、一点、注意していただきたいのは、コールバッククラスは普通の Ruby クラスなので、そのままでは logger オブジェクトを呼び出せないという点です。

そこでサンプルでは、❶の処置を施しています。cattr_accessor メソッドでクラス変数 logger を定義した上で、logger に Rails.logger プロパティ経由でアプリデフォルトのロガーをセットしているわけです。この記述によって、普通の Ruby クラスからでも logger オブジェクトにアクセスできるようになります。

コールバックをクラスとして定義した場合、モデル側では❷のようにそのインスタンスを渡すようにしてください。

5-8 マイグレーション

Rails では、テーブルレイアウトを作成／変更するためのしくみとして**マイグレーション**という機能を提供しています。2.4.4 項では、単にテーブルを準備するためのしくみとしてのみ紹介しましたので、あまりその価値が実感できなかったかもしれませんが、Migration（移行）という名前のとおり、マイグレーション機能は開発途中でのスキーマの変化に際して真価を発揮します。

本節ではマイグレーションのしくみを理解すると共に、マイグレーションによるさまざまなスキーマ管理の方法について学びます。マイグレーションファイルの生成／実行の基本については、2.4.4 項も併せて参照してください。

5.8.1 マイグレーションのしくみ

まずは、マイグレーションがどのようなしくみであるのかを理解するために、マイグレーションの全体像を確認してみましょう（図 5-38）。

▼図 5-38　マイグレーションのしくみ

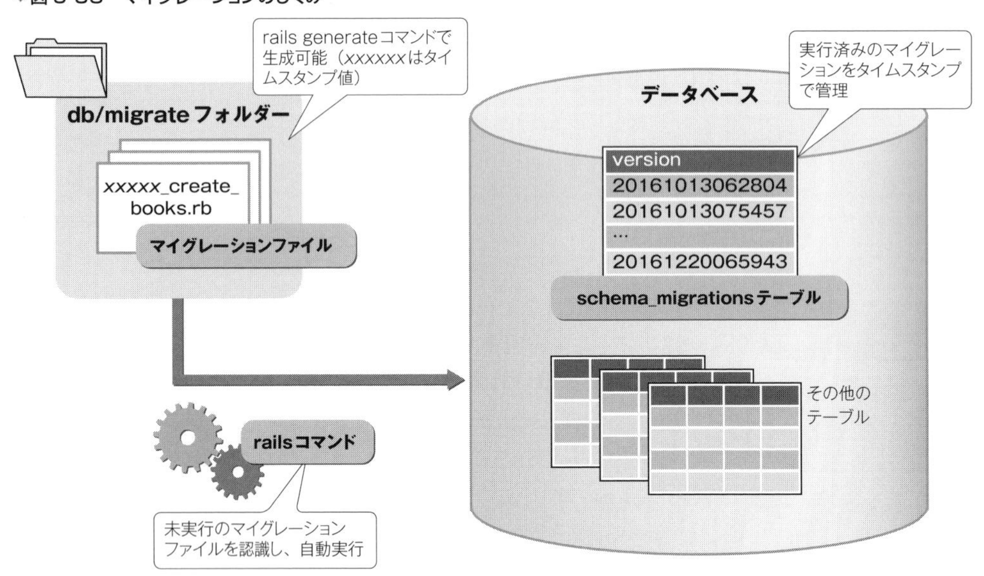

まず、データベースのスキーマ変更の役割を担うのがマイグレーションファイルです。rails generate コマンドで生成できます。マイグレーションファイルの名前に

は生成時のタイムスタンプ値（たとえば20161013062804のような）が含まれており、Railsはこの値を使って、そのスクリプトが実行済みであるかどうかを管理します。

具体的には、データベースのschema_migrationsテーブルに注目してみましょう。マイグレーション機能を利用した場合、schema_migrationsテーブルに実行済みマイグレーションファイルのタイムスタンプが記録されます[*68]。Rails（railsコマンド）では、schema_migrationsテーブルとdb/migrateフォルダー配下のマイグレーションファイルとを比較し、未実行のマイグレーションを自動的に認識し、実行していたわけです。

また、マイグレーション機能では、特定タイミングまでスキーマの状態を戻したり、あるいは、指定されたバージョンだけスキーマをロールバックしたり、といったこともできます。

スキーマの変動が激しい（場合によっては、過去の状態を復元させたい）ような開発の局面では、マイグレーションは欠かすことのできない機能です。

***68**
マイグレーションの実行履歴はrails db:migrate:statusコマンドで確認できます。

5.8.2 マイグレーションファイルの構造

2.4.4項で使用したマイグレーションファイルを再掲し、その基本的な構文を見ていきましょう（リスト5-112）。

▼リスト5-112　20161013062804_create_books.rb

```
class CreateBooks < ActiveRecord::Migration[5.0]
  def change
    create_table :books do |t|
      t.string :isbn
      t.string :title
      t.integer :price
      t.string :publish
      t.date :published
      t.boolean :dl

      t.timestamps
    end
  end
end
```

NOTE
Migration Versioning

Rails 4 以前から Rails に触れていた人は、マイグレーションファイルの先頭行にある「ActiveRecord::Migration**[5.0]**」という記述が気になったかもしれません。

Rails 5 では、このようにマイグレーションファイルに、「どのバージョンの Rails で作成されたか」を表す情報が付与されるようになりました。これによって、Rails のバージョンによってマイグレーションの挙動が変わった場合にも、それぞれのバージョンに応じた操作が可能になります。

たとえば Rails 5.0 では、timestamps メソッドで NOT NULL 制約が付与されるようになりました（以前のバージョンでは付与されません）。そのような挙動の変化が、[5.0] という記述の有無によって制御できるようになったわけです。

マイグレーションファイルでは、まず change メソッドでスキーマ操作の実処理を表すのが基本です[*69]。利用できるメソッドにはテーブルの作成／削除をはじめ、インデックスの設置／破棄、フィールドの追加／変更／削除などのメソッドがありますが、詳細は 5.8.4 項でまとめるとして、本項ではもっともよく利用すると思われる create_table メソッド（テーブルの作成）について理解します（リスト 5-112 太字部分）。

***69**
基本、とは、changeメソッドでは表現できない（表現しにくい）ケースがあるためです。詳しくは5.8.6項で改めて解説します。

構文　create_table メソッド

```
create_table tname [,toption] do |t|
  t.type fname [,flag, ...]
  ...
end
```

tname：テーブル名　*toption*：テーブル（「オプション名：値」の形式）
type：データ型　*fname*：フィールド名　*flag*：列制約（「制約名：値」の形式）

ポイント盛りだくさんのメソッドなので、引数の内容を順に見ていきましょう。

引数 toption ― テーブルオプション

引数 toption は、テーブル全体に関わる、またはその他、SQL の CREATE TABLE 命令に付与すべきオプション情報を指定します。具体的には、表 5-21 のようなものが指定できます。

▼表 5-21 引数 toption で利用できるテーブルオプション

オプション	概要	デフォルト値
id	主キー列 id を自動生成するか	true
primary_key	主キー列の名前（id オプションが true の場合のみ）	id
temporary	一時テーブルとして作成するか	false
force	テーブルを作成する前にいったん既存テーブルを削除するか	false
options	その他のテーブルオプション（例 . options: 'ENGINE=InnoDB CHARSET=utf8'）	–

基本編 1 2 3 4 5 6 7 8 9 10

2.4.6 項でも触れたように、Rails ではデフォルトで主キー列 id が自動生成されます。特別な理由がない限り、できるだけこのルールを変更するべきではありません[*70]。もしもデータベース側で id 以外の主キーを設定した場合には、対応するモデル側でも以下のように主キー名を宣言する必要があります。

*70
せいぜい、既存のスキーマをそのまま利用する場合に留めるべきです。

```
class Book < ApplicationRecord
  set_primary_key 'book_no'      # 主キー列は book_no 列
end
```

NOTE

SELECT した結果をもとにテーブルを作成する

ちょっと変わり種のオプションとして、create_table メソッドには as オプションもあります。as オプションを利用することで、テーブルを作成する際に（ブロックで個々のフィールドを指定する代わりに）サブクエリを指定できるようになります。

たとえばリスト 5-113 は、books ／ reviews テーブルを結合した結果をもとに、テーブル current_reviews を生成するサンプルです[*71]。

*71
この場合、テーブルそのものが作成されるだけでなく、中のデータもbooks／reviewsテーブルのそれに基づいてセットされます。

▼リスト 5-113 20161203071804_create_current_reviews.rb

```
create_table :current_reviews, as: 'SELECT books.*, reviews.body ⏎
FROM books INNER JOIN reviews ON books.id=reviews.book_id'
```

as オプションを指定した場合、create_table メソッドの本体は指定できない（=無視される）ので注意してください。

フィールド定義は「t. *データ型*」で

テーブルに属するフィールドは、create_table メソッド配下の「t. *データ型*」メソッドで定義します。利用できるデータ型と、SQLite データベース、Ruby のデータ型との対応関係は、表 5-22 のとおりです。

▼表5-22　利用できるデータ型

マイグレーション	SQLite	Ruby
integer	INTEGER	Fixnum
decimal	DECIMAL	BigDecimal
float	FLOAT	Float
string	VARCHAR(255)	String
text	TEXT	String
binary	BLOB	String
date	DATE	Date
datetime	DATETIME	Time
timestamp	DATETIME	Time
time	TIME	Time
boolean	BOOLEAN	TrueClass/FalseClass

その他、特殊な列を定義するためのメソッドとしてtimestampsやreferencesもあります。

timestampsメソッドは、日付時刻型のcreated_at／updated_at列を生成します。これらはRailsで決められた特別な列で、それぞれレコードの作成／更新時に作成日時や更新日時を自動設定します。データの絞り込みなどにも役立ちますので、まずは無条件に設置しておくのが望ましいでしょう。

referencesメソッドは、外部キー列を生成します。たとえば「t.references: book」とした場合には、booksテーブルへの外部キー列としてbook_id列を生成するでしょう。

列制約も定義できる

「t.*データ型*」メソッドには、「*制約名*: *値*」の形式で列制約も定義できます（表5-23）。

▼表5-23　引数flagで利用できる列制約

制約名	概要
limit	列の桁数
default	デフォルト値
null	null値を許可するか（デフォルトはtrue）
precision	数値の全体桁（decimal型）。123.45であれば5
scale	小数点以下の桁数（decimal型）。123.45であれば2
polymorphic	belong_toアソシエーションで利用する列名
index	インデックスを追加するか
comment	列の説明（備考）

たとえば、booksテーブルに表5-24の制約を付与してみます（リスト5-114）。

▼表 5-24　books テーブルの制約

フィールド名	データ型	制約
isbn	VARCHAR(17)	NOT NULL
title	VARCHAR(100)	NOT NULL
price	DECIMAL	全体 5 桁（小数点以下 0 桁[*72]）
publish	VARCHAR(20)	技術評論社（デフォルト値）

＊72
本来であれば、こうした列はINTEGER型で定義すべきですが、今回はprecisionとscaleの例とするためにあえてDECIMAL型としています。

＊73
配布サンプルでは、/tmp/migrateフォルダーに収録しています。

▼リスト 5-114　20161205000859_create_books.rb[*73]

```
def change
  create_table :books do |t|
    t.string :isbn, limit: 17, null: false
    t.string :title, limit: 100, null: false
    t.decimal :price, precision: 5, scale: 0
    t.string :publish, limit: 20, default: '技術評論社'
    t.date :published
    t.boolean :dl

    t.timestamps
  end
end
```

補足：データベースの値を暗黙的に型変換する 5.0

Rails 5.0 で追加された **ActiveRecord attibutes API** を利用することで、マイグレーションで定義された型（データベースに格納する型）を、モデル側で上書きすることが可能になります。

たとえば books テーブルの price フィールドは integer 型です（3.7.1 項）。しかし、なんらかの都合でアプリ側では float 型として扱いたいという状況があったとします。そのような場合には、モデルクラスに attribute メソッドでリスト 5-115 のように宣言してください。

▼リスト 5-115　book.rb

```
class Book < ApplicationRecord
  attribute :price, :float
  …中略…
end
```

attribute メソッドの構文は、以下のとおりです。ここでは利用していませんが、default オプションで、値を得られなかった場合のデフォルト値を指定することもできます。

構文　**attribute メソッド**

```
attribute(name, type [,default: value])
```

name：プロパティ名　*type*：データ型　*value*：デフォルト値

この状態で、リスト 5-116 のコードを実行してみましょう。

▼リスト 5-116　record_controller.rb

```
def attr
  @book = Book.find(1)
  render plain: @book.price.class ――――― 結果：Float
end
```

price プロパティの型を確認してみると、「Float」という結果が得られます。もしもリスト 5-115 の太字部分をコメントアウトすると、結果は「Fixnum」に変化します*74。

*74
Ruby 2.4環境では「Integer」を返します。

5.8.3 マイグレーションファイルの作成

マイグレーションファイルを作成する方法は、以下の 2 種類に大別できます。

1. rails generate model コマンドでモデルと併せて作成する
2. rails generate migration コマンドを使ってマイグレーションファイル単体で作成する

新規にテーブルを作成する場合には、1. でモデルもろとも作成するのが手軽でしょう。既に存在するテーブルに対して、レイアウトの修正を行いたい場合には、2. の方法を利用します。

1. については既に 2.4.3 項でも解説済みですので、本項では 2. の方法を中心に解説を進めます。

構文　**rails generate コマンド（マイグレーションファイルの生成）**

```
rails generate migration name [field :type ...] [options]
```

name：名前　*field*：フィールド名　*type*：データ型*75
options：動作オプション（P.27 表 2-2 の基本オプションを参照）

*75
データ型には「decimal{5,2}」「string{15}」のように中カッコで桁数を指定することもできます。

名前とは、マイグレーションファイル（ActiveRecord::Migration 派生クラス）のクラス名です。自由に命名できますが、すべてのマイグレーションファイルの中で一意である必要があります。また、処理内容を識別しやすくするという意味でも、できるだけ具体的な名前を指定することをおすすめします（つまり、Migration1 のような名前でなく、AddBirthToAuthors のような名前が望ましいということです）。

そもそもフィールドの追加／削除を行う場合には、

- Add*Xxxxx*To *テーブル名*
- Remove*Xxxxx*From *テーブル名*

の形式に則った名前を指定すれば、マイグレーションファイルの骨組みだけでなく、具体的な追加／削除のコードも自動生成してくれます。

たとえば、以下は author テーブルに日付型の birth 列を追加する場合のコマンド例です[*76]。

```
> rails generate migration AddBirthToAuthors birth:date
```

これによって、リスト 5-117 のようなコードができあがります。

▼リスト 5-117　20161205002328_add_birth_to_authrs.rb[*77]

```
class AddBirthToAuthors < ActiveRecord::Migration[5.0]
  def change
    add_column :authors, :birth, :date
  end
end
```

果たして、change メソッドには列を追加するためのコードが自動生成されていることが確認できます。もちろん、自動生成されたコードはあくまで骨組みにすぎないので、必要に応じて、さまざまな処理を自分で追加できます。

＊76
Add*Xxxxx*Toテーブル名、Remove*Xxxxx*Fromテーブル名の*Xxxxx*の部分はあくまで便宜的なもので、追加／削除すべきフィールドは後続のオプション（「*列名:データ型* ...」）で決まります。よって、*Xxxxx*の部分には自由な名前を付けても構いません。ただし、しつこいようですが、できるだけ具体的な名前にすべきです。

＊77
配布サンプルでは、/tmp/migrateフォルダーに収録しています。

NOTE 手作業での作成

マイグレーションファイルは手作業で作成することもできます。無用なトラブルを引き起こさないためにも、まずは rails generate migration コマンドの利用をおすすめしますが、もしも一からファイルを作成する場合は、以下の点に注意してください。

1. ファイル名とクラス名は対応関係にあること
2. ActiveRecord::Migration クラスを継承していること

マイグレーションファイルの名前には、クラス名をアンダースコア形式（すべて小文字で表記し、単語の区切りは「_」）に変換した上で、先頭にタイムスタンプ値を付与する必要があります。つまり、クラス名が AddAuthorToBooks であれば、ファイル名は 20161205002606_add_author_to_books.rb のような名前でなければ**ならない**ということです。

　特に、クラス名をあとから変更した場合など、ファイル名の変更忘れに注意するようにしてください。

5.8.4 マイグレーションファイルで利用できる主なメソッド

　create_table メソッド以外にも、マイグレーションファイルでは表 5-25 のようなメソッドを利用できます。

▼表 5-25　マイグレーションファイルで利用できる主なメソッド

メソッド	概要
add_column(*tname*, *fname*, *type* [, *opt*])	新規に列を追加
add_index(*tname*, *fname* [, *i_opt*])	新規にインデックスを追加
add_foreign_key(*tname*, *frname* [, *fr_opt*])	外部キーを追加
add_timestamps(*tname*)	created_at ／ updated_at 列を追加
change_column(*tname*, *fname*, *type* [, *opt*])	既存の列定義を変更
change_column_null(*tname*, *fname*, *null*)	引数 null が false の場合、列の NOT NULL 制約を有効化
change_column_default(*tname*, *fname*, *default*)	列のデフォルト値を引数 default に変更
change_table(*tname*)	テーブル定義を変更
column_exists?(*tname*, *fname* [, *type* [, *opt*]])	指定列が存在するかを確認
create_table(*tname* [, *t_opt*])	新規テーブルを追加（5.8.2 項を参照）
create_join_table(*tname1*, *tname2* [, *t_opt*])	tname1 と tname2 を紐づける中間テーブルを生成
drop_table(*tname* [, *t_opt*])	既存のテーブルを削除
index_exists?(*tname*, *fname* [, *i_opt*])	インデックスが存在するかを確認
remove_column(*tname*, *fname* [, type, opt])	既存の列を削除
remove_columns(*tname*, *fname* [, ...])	既存の列を削除（複数列対応）
remove_index(*tname* [, *i_opt*])	既存のインデックスを削除
remove_foreign_key(*tname*, *frname*)	外部キーを削除
remove_timestamps(*tname*)	既存の created_at ／ updated_at 列を削除
rename_column(*tname*, *old*, *new*)	既存の列名を old から new に変更
rename_index(*tname*, *old*, *new*)	既存のインデックス名を old から new に変更
rename_table(*tname*, *new*)	既存のテーブル名を tname から new に変更
execute(*sql*)	任意の SQL 命令を実行

※ *tname*：テーブル名　*frname*：外部テーブル名　*fname*：フィールド名　*type*：データ型　*opt*：列オプション（P.302の表5-23も参照）　*i_opt*：インデックスオプション（P.308の表5-27を参照）　*t_opt*：テーブルオプション（P.301の表5-21を参照）　*fr_opt*：外部キーオプション（P.309の表5-28を参照）

　ほとんどが直感的に利用できるものばかりですが、いくつかのメソッドについて補足しておきます。

テーブル定義を変更する ― change_table メソッド

change_table メソッドは、テーブルレイアウトの変更やインデックスの追加／削除をまとめて行いたい場合に便利なメソッドです。

構文 change_table メソッド

```
change_table tname do |t|
  ...definition...
end
```

tname：テーブル名　*definition*：修正のための命令

たとえばリスト 5-118 は、books テーブルを操作するためのコードです。

▼リスト 5-118　20161205003541_change_books.rb[*78]

```
def change
  change_table :books do |t|
    t.string :author                 ← strings 型の author 列を追加
    t.remove :published, :dl         ← published、dl 列を削除
    t.index :title                   ← title 列にインデックスを追加
    t.rename :isbn, :isbn_code       ← isbn 列を isbn_code 列にリネーム
  end
end
```

*78 配布サンプルでは、/tmp/migrateフォルダーに収録しています。

change_table メソッドを利用することで、（他の add_column のようなメソッドと異なり）テーブル名を何度も記述せずにすむため、コードをよりスマートに記述できます。呼び出しのメソッドも、add_index が index に、remove_column が remove に、rename_column が rename に、それぞれ短くなっている点にも注目してください。change_table メソッドで利用可能なメソッドは表 5-26 のとおりです（構文は表 5-25 に準じます）。

▼表 5-26　change_table メソッドの配下で利用できるメソッド[*79]

index	change	change_default	rename
remove	remove_references	remove_index	remove_timestamps

*79 これらの他に「t.データ型」でフィールドの定義も可能です。

インデックスを追加／削除する ― add_index ／ remove_index メソッド

インデックスを追加するのは、add_index メソッドの役割です。

構文 add_index メソッド

```
add_index(tname, fname [,opt])
```

tname：テーブル名　*fname*：インデックスを付与するフィールド名
opt：インデックスオプション

引数optには、表5-27のようなオプションを指定できます。

▼表5-27　add_indexメソッドの主なオプション

オプション名	概要
unique	一意性制約を付与するか
name	インデックス名
length	インデックスに含まれる列の長さ（SQLiteでは未対応）

具体的な例もいくつか見てみましょう。

```
add_index :books, :title ――――――――――――――――――――――――――――――――――――――――――――――――――――― ❶
add_index :books, [:publish, :title] ―――――――――――――――――――――――――――――――――――――――― ❷
add_index :books, [:publish, :title], unique: true, name: 'idx_pub_title' ――――――――― ❸
add_index :books, [:publish, :title], length: { publish: 10, title: 20 } ―――――――――― ❹
```

❶はもっともシンプルな例で、booksテーブルのtitle列についてインデックスを設置します。❷のように引数fnameを配列にすることで、publish／title列のような複数フィールドにまたがるマルチカラムインデックスを生成することもできます。

❸は引数optを指定した例です。インデックス名はデフォルトで「*テーブル名*_*フィールド名*_index」のようになりますが、自分で名前を指定したい場合にはnameオプションを使用してください。

❹はlengthオプションを利用して、publish列の先頭10桁、title列の先頭20桁をもとにインデックスを作成しています。lengthオプションを指定することで、ディスクサイズを節約できるのみならず、INSERT命令を高速化できます。

このように定義したインデックスは、remove_indexメソッドによって破棄できます。

構文 remove_index メソッド

```
remove_index(tname [,opt])
```

tname：テーブル名　*opt*：インデックスオプション

引数optには、name（インデックス名）、またはcolumn（インデックスを構成するフィールド名）を指定できます。オプション名を省略した場合はフィールド名を指定したものと見なされます。

```
remove_index :books, :title ―――――――――――――――― books_title_index インデックスを削除
remove_index :books, column: [:publish, :title] ―――― publish／title 列から構成されるインデックスを削除
```


外部キー制約を追加／削除する ― add_foreign_key メソッド

外部キー制約を追加するのは、add_foreign_key メソッドの役割です。

構文 add_foreign_key メソッド

```
add_foreign_key(tname, frname [,opt])
```

tname：テーブル名 frname：参照先のテーブル名
opt：外部キーオプション（表 5-28 を参照）

▼表 5-28　主な外部キーオプション（引数 opt のキー名）

オプション	概要
column	外部キー列の名前（デフォルトは*参照先テーブル* _id）
primary_key	参照先テーブルの主キー名（デフォルトは id）
name	制約名
on_delete	削除時の挙動
on_update	更新時の挙動

on_delete ／ on_update オプションは、参照先テーブルが更新／削除された場合の参照元テーブルの挙動を指定するための設定です。設定できる値は、表 5-29 のとおりです。

▼表 5-29　on_delete ／ on_update オプションの設定値

設定値	概要
:nullify	参照列の値を null に設定
:cascade	対応するレコードの値を更新
:restrict	外部キー制約違反のエラーを通知（デフォルト）

具体的な例も見てみましょう。

```
add_foreign_key :reviews, :books ―――――――――――――――――――――――― ❶
add_foreign_key :reviews, :books, on_update: :cascade, on_delete: :nullify ―――― ❷
```

❶はもっともシンプルな例で、reviews テーブルから books テーブルを参照するための外部キー列 book_id に対して、外部キー制約を設定します。on_update ／ on_delete オプションのデフォルト値は :restrict なので、この状態で（たとえば）books テーブルのレコードを削除した場合、外部キー制約でエラーとなります。

❷は明示的に on_update ／ on_delete オプションを指定した例です。on_update では :cascade が設定されているので、books テーブルの変更によって対応する reviews テーブルの外部キーも更新されます。一方、on_delete には :nullify が設定されているので、books テーブルのレコードを削除することで、reviews テーブルの外部キー列には null がセットされます。

このように、外部キー制約を設定することで、テーブル同士の整合関係を自動的に維持できるわけです。

任意の SQL 命令を実行する ― execute メソッド

マイグレーションファイルにはさまざまなメソッドが提供されており、基本的なスキーマ定義はおおよそまかなうことができますが、それでもすべての SQL 命令をサポートしているわけではありません。たとえばマイグレーションでは ENUM、GEOGRAPHY、XML などのデータベース固有の特殊型はもちろん、CHAR、NVARCHAR、LONGTEXT など表現できない型は多くあります。また、CHECK 制約なども定義できませんし、データベースオブジェクトとしてのビューやトリガーの作成にも対応していません。

これらを表現したいケースでは、execute メソッドで直接 SQL 命令を記述する必要があります。たとえば、以下は books テーブルから技術評論社の書籍だけを取り出した gihyo_books ビューを定義する例です[*80]。

*80
Railsからビューにアクセスするには、テーブルの場合と同じく、ビューに対応するGihyoBookのようなモデルを準備してください。

```
execute "CREATE VIEW gihyo_books AS SELECT * FROM books WHERE publish = '技術評論社'"
```

ただし、execute メソッドは往々にしてマイグレーションファイルの可搬性を損なう可能性があります（たとえば、SQLite で動作する SQL 命令が必ずしも MySQL で動作するとは限りません）。あくまで最終的な手段として利用するべきで、まずは標準的なメソッドでの操作を検討してください。

HABTM 中間テーブルを生成する ― create_join_table メソッド

HABTM（has_and_belongs_to_many）関係とは、5.6.5 項でも触れた m:n の関係のことです。create_join_table メソッドは、HABTM 関係での中間テーブル[*81] を作成します。

*81
本書のサンプルデータベースであれば、authors_books テーブルがこれに当たります。

構文 create_join_table メソッド

```
create_join_table(table1, table2 [,opts])
```

table1、*table2*：紐づけるテーブル　*opts*：中間テーブルオプション＊82

＊82
P.301の表5-21参照してください。ただし、id／primary_keyオプションは利用できません。

中間テーブルは、外部キー以外の列を持ってはいけないという制約がありますが、crate_join_table メソッドを利用すれば、こうした制約も意識する必要がなくなります（リスト5-119）。

▼リスト5-119　20161013075457_create_join_table_author_book.rb

```
def change
  create_join_table :authors, :books
end
```


5.8.5 マイグレーションファイルの実行

マイグレーションファイルを実行するには、rails コマンドを利用します。2.4.4 項でも紹介したように、未実行のマイグレーションファイルを実行するだけなら、以下のコマンドで可能でした。

```
> rails db:migrate
== ChangeBooks: migrating ====================================================
-- change_table(:books)
-> 0.1870s
== ChangeBooks: migrated (0.1870s) ===========================================
```

rails db:migrate コマンドは、schema_migrations テーブルと現在の db/migrate フォルダーとを比較し、未実行のマイグレーションファイルを検出&実行します。まずは、これがもっともシンプルで、よく利用するパターンだと理解しておけば良いでしょう。

もっとも、本節冒頭でも述べたように、マイグレーションの本来の目的は「いつでも特定タイミングの状態にスキーマを戻せること」です。そして、rails コマンドでは、そのためのさまざまなサブコマンドを提供しています（表5-30）。

▼表5-30　マイグレーション関係のrailsコマンド

コマンド	概要
例	
db:migrate	指定されたバージョンまで移行（VERSION未指定の場合、最新に）
rails db:migrate VERSION=20161205000859	
db:rollback	指定ステップだけバージョンを戻す
rails db:rollback STEP=5	
db:migrate:redo	指定ステップだけバージョンを戻して、再度実行
rails db:migrate:redo STEP=5	
db:migrate:reset	データベースをいったん削除し、再作成の上で、最新のバージョンとなるようマイグレーションを実行
rails db:migrate:reset DISABLE_DATABASE_ENVIRONMENT_CHECK=1 *83	

これらのサブコマンドでは、以下のようなオプションを付与することもできます。

RAILS_ENVオプション

railsコマンドでは、デフォルトでdatabase.ymlで定義された開発データベース（本書ではdevelement.sqlite3）に対して処理を行います*84。もしもテストデータベースや本番データベースに対して処理を行いたいという場合には、以下のようにRAILS_ENVオプションを指定してください。

```
> rails db:migrate RAILS_ENV=test
```

VERBOSEオプション

railsコマンドは、デフォルトで、マイグレーションの処理過程を詳細に通知します。これらの出力を停止したいならば、以下のようにVERBOSEオプションにfalseをセットします。

```
> rails db:migrate VERBOSE=false
```

*83
DISABLE_DATABASE_ENVIRONMENT_CHECKは、本来、production環境でデータベースを削除する際に付与するオプションです。ただし、Windows環境ではdevelopment環境でも明示する必要があるようです。

*84
Railsで　はdevelopment、test、productionという3種類の実行環境が用意されているのでした。database.ymlについては2.4.2項も参照してください。

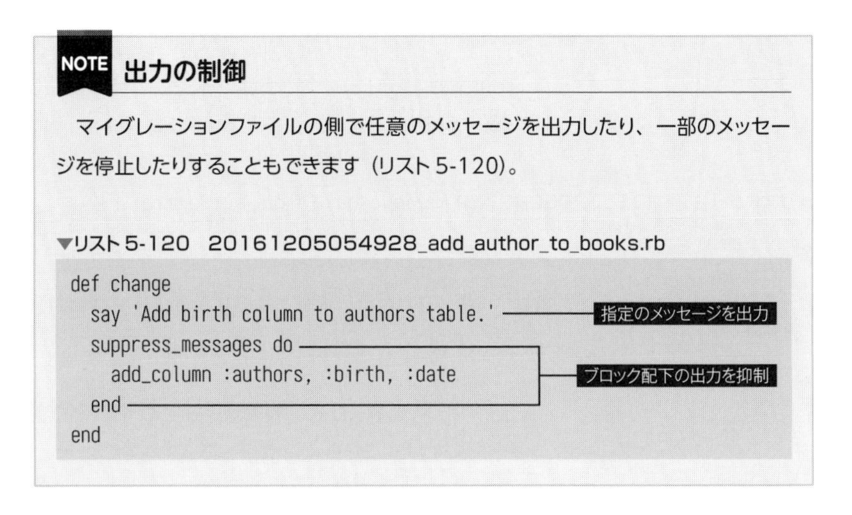

NOTE 出力の制御

マイグレーションファイルの側で任意のメッセージを出力したり、一部のメッセージを停止したりすることもできます（リスト5-120）。

▼リスト5-120　20161205054928_add_author_to_books.rb

```
def change
  say 'Add birth column to authors table.'
  suppress_messages do
    add_column :authors, :birth, :date
  end
end
```


5.8.6 リバーシブルなマイグレーションファイル

マイグレーションのルールを記述する基本は、まずはchangeメソッドです。Railsのchangeメソッドは賢くできており、スキーマをバージョンアップ（更新）する場合はもちろん、前のバージョンに戻す場合にも、自動的に「逆の処理」を生成し、特定の状態までロールバックしてくれます。

もっとも、すべてのケースでロールバックが可能というわけではありません。たとえば、drop_tableメソッドは標準ではロールバックできません（=テーブルを再作成できません）。「hogeテーブルを削除する」という情報だけでは、どんなhogeテーブルを作成して良いか、Railsが判断できないためです。

標準でロールバック可能なメソッドは、以下のとおりです。

- add_column
- add_index
- add_reference
- add_timestamps
- change_table*85
- create_table
- create_join_table
- remove_timestamps
- rename_column
- rename_index
- remove_reference
- rename_table

*85
ただし、配下でchange／change_default／removeメソッドを呼び出していない場合に限ります。

それ以外のメソッドをchangeメソッドに含んでいる場合には、以下のような方法で対処してください。

ロールバックのための情報を追加する — remove_column ／ drop_table メソッド

そのままではロールバックに対応していないが、情報を追加することでロールバックできるようになるメソッドがあります。remove_column ／ drop_table メソッドです。

remove_column メソッドは、削除する列の情報を引数で明記しておくと、ロールバック可能になります（リスト 5-121）。

▼リスト 5-121　20161205062729_remove_birth_from_authors.rb

```
def change
  remove_column :authors, :birth, :date
  # 「remove_column :authors, :birth」ではデータ型が不明なのでロールバック不可
end
```

よく似たメソッドとして、複数列をまとめて削除できる remove_columns メソッドもありますが、こちらは列情報を指定できないため、ロールバックできません。

また、drop_table メソッドも、削除すべきテーブルの列情報を明示しておくことで、ロールバック可能になります。ブロック配下の列定義については、5.8.2 項の create_table メソッドに準じます。

バージョンアップ／ダウンの処理を分岐する — reversible メソッド

reversible メソッドを利用することで、change メソッドの中でバージョンアップ時の処理とバージョンダウン時の処理を分岐して記述できるようになります。

構文　reversible メソッド

```
reversible do |dir|
  dir.up do
    ...statements_up...
  end
  dir.down do
    ...statements_down...
  end
end
```

dir：マイグレーション処理を管理するためのオブジェクト
statements_up：バージョンアップ時の処理
statements_down：バージョンダウン時の処理

たとえばリスト 5-122 は、books テーブルを作成する際に、併せて「技術評論社の書籍だけを抜き出した gihyo_books ビューを作成する」例です。5.8.4 項でも触れたように、マイグレーションではビューを生成するためのメソッドはないため、execute メソッドを利用しなければなりません。execute メソッドはロールバック不可のメソッドなので、reversible メソッドで、それぞれビューを追加／削除するため

の処理を表します。

▼リスト 5-122　20161223062124_create_books.rb

```
class CreateBooks < ActiveRecord::Migration[5.0]
  def change
    create_table :books do |t|
      …中略…
    end

    reversible do |dir|
      dir.up do
        execute 'CREATE VIEW gihyo_books AS SELECT * FROM books WHERE publish = "技術評論社"'
      end
      dir.down do
        execute 'DROP VIEW gihyo_books'
      end
    end
  end
end
```


バージョンアップ／ダウンの処理を分岐する（2）— up ／ down メソッド

change メソッドの代わりに、バージョンアップ／ダウン時の処理を up ／ down メソッドに分離して表すこともできます。up メソッドがバージョンアップ時の処理（これまでの change メソッドですね）を、down メソッドがバージョンダウン時の処理を、それぞれ表します。たとえば先ほどのリスト 5-122 を up ／ down メソッドで表したのが、リスト 5-123 です。

▼リスト 5-123　20161223065041_create_books.rb

```
class CreateBooks < ActiveRecord::Migration[5.0]
  def up
    create_table :books do |t|
      …中略…
    end
    execute 'CREATE VIEW gihyo_books AS SELECT * FROM books WHERE publish = "技術評論社"'
  end

  def down
    drop_table :books
    execute 'DROP VIEW gihyo_books'
  end
end
```

reversibleメソッドとup／downメソッドは、互いに置き換え可能です。いずれを利用するかは、全体のうち、どの程度がロールバック可能かによって判断してください。処理のすべて（もしくは大部分）がロールバックできない場合には、up／downメソッドに分離した方が可読性は向上します。一方、ロールバックできない処理が一部だけの場合は、そこだけをreversibleメソッドで二重化した方がコードは短くまとめられます。

いずれを利用すべきかは一概には言えませんが、後々のコードの読みやすさを考え、なんでもreversibleメソッド（changeメソッド）に詰め込むのは避けてください。

5.8.7 スキーマファイルによるデータベースの再構築

マイグレーションは、なるほど、とても便利なしくみですが、一からデータベースを（再）構築する上で最適なツールとは言えません。変更の履歴をすべて追うのは効率的でないだけでなく、予期せぬエラーを発生させる原因にもなるためです。

そこでRailsでは、スキーマの更新履歴を表すマイグレーションファイルとは別に、最新のスキーマ情報を表す**スキーマファイル**（db/schema.rb）を用意しています。中身を確認するとわかりますが、スキーマファイルとは、要は「マイグレーションファイルの集合」です（リスト5-124）。

▼リスト5-124　schema.rb

```
ActiveRecord::Schema.define(version: 20161220065943) do

  create_table "authors", force: :cascade do |t|
    t.integer  "user_id"
    t.string   "name"
    t.date     "birth"
    t.text     "address"
    t.string   "ctype"
    t.binary   "photo"
    t.datetime "created_at", null: false
    t.datetime "updated_at", null: false
    t.index ["user_id"], name: "index_authors_on_user_id"
  end
  …中略…
end
```

マイグレーションの実行によって自動的に更新され、最新のスキーマ情報をRubyスクリプトとして表現しているのです。スキーマファイルは、一からデータベースを再構築する場合はもちろん、既存のデータベースを異なるデータベースに移行する場合、複数の異なるデータベースに対応するアプリを配布する場合などに有用です*86。

*86
ただし、マイグレーションファイルがそうであったように、スキーマファイルもデータベースのすべてのオブジェクトを表現できるわけではありません。可搬性と引き換えに、表現できる内容は制限される点に注意してください。

また、現在のスキーマ情報を一望したいという場合にも、スキーマファイルは利用できます。

スキーマファイルをデータベースに展開するには、以下のようにします。

```
> rails db:schema:load
-- create_table("authors", {:force=>true})
-> 0.4614s
…中略…
-- initialize_schema_migrations_table()
-> 0.0030s
```

現在のデータベースを破棄して、最新のスキーマ情報で再構築したいならば、以下のようにしても構いません。

```
> rails db:reset DISABLE_DATABASE_ENVIRONMENT_CHECK=1*87
```

*87
DISABLE_DATABASE_ENVIRONMENT_CHECKは、本来、production環境でデータベースを削除する際に付与するオプションです。ただし、Windows環境ではdevelopment環境でも明示する必要があるようです。

冒頭で述べたように、スキーマファイルは自動的に更新されますが、手動で出力することもできます。なんらかの事情でマイグレーションを経由せずにスキーマを更新した場合（本来避けるべきですが）や、既存のデータベースからスキーマファイルを生成したい、という場合などに利用できます。

```
> rails db:schema:dump
```

NOTE .sqlファイルを作成する方法

データベースの現在のスキーマを（Rubyスクリプトとしてでなく）SQLスクリプトとして取得したい場合には、以下のようにします。データベース固有のオブジェクトも併せてダンプしたい場合には、こちらの方法を利用する必要があります。

```
> rails db:structure:dump
```

5.8.8 データの初期化

スキーマが準備できたら、データを初期化する必要があります。Railsでは、データを初期化するために、**シードファイル**と**フィクスチャ**という2つのアプローチを提供しています。

いずれもrailsコマンド経由でデータベースにデータを提供するため、使い分けが曖昧になりやすいのですが、もともとフィクスチャ（fixture）とはソフトウェア用語でテスト時のアプリの初期状態のことを、シード（seed）とは英語で種のことを、それぞれ意味します。語源からすれば、フィクスチャはテストデータの投入に、シードファイルはマスターテーブルなどの初期データを投入するために利用するのが基本と考えれば良いでしょう。

シードファイル

シードファイルは、単なるRubyのスクリプトコードにすぎません。よって、新たに覚えなければならないというものはなく、ただRuby（Active Record）でデータを生成／保存するコードを記述していくだけでOKです。

作成したコードは、db/seed.rbとして保存してください。たとえばリスト5-125は、booksテーブルにデータを投入するためのコードです。

▼リスト5-125　seeds.rb

```
Book.create(id: 1, isbn: '978-4-7741-8411-1', title: '改訂新版JavaScript本格入門',⮐
 price: 2980, publish: '技術評論社', published: '2016-09-30', dl: false)
Book.create(id: 2, isbn: '978-4-7980-4803-1', title: 'はじめてのJSP&サーブレット 第2版',⮐
 price: 2800, publish: '秀和システム', published: '2016-09-27', dl: false)
Book.create(id: 3, isbn: '978-4-7741-8030-4', title: 'Javaポケットリファレンス',⮐
 price: 2680, publish: '技術評論社', published: '2016-03-18', dl: true)
```

作成したシードファイルは、railsコマンドによって実行できます。

```
> rails db:seed
```

データベースの作成からスキーマの構築、初期データの投入までをまとめて行いたいならば、以下のようにすることもできます。

```
> rails db:setup
Created database 'db/development.sqlite3'
Created database 'db/test.sqlite3'
-- create_table("authors", {:force=>:cascade})
   -> 0.3138s
…中略…
-- initialize_schema_migrations_table()
-> 0.0050s
```

フィクスチャ

純粋なRubyスクリプトであるシードファイルに対して、フィクスチャファイルはYAML形式で記述できます。たとえばリスト5-126は、booksテーブルに投入することを想定したフィクスチャです。フィクスチャファイルはtest/fixturesフォルダー配下に「テーブル名.yml」という名前で保存します。

▼リスト5-126　books.yml

```
modernjs:
  id: 1
  isbn: 978-4-7741-8411-1
  title: 改訂新版JavaScript本格入門
  price: 2980
  publish: 技術評論社
  published: 2016-09-30
  dl: false

jsp:
  id: 2
  isbn: 978-4-7980-4803-1
  title: はじめてのJSP&サーブレット 第2版
  price: 2800
  publish: 秀和システム
  published: 2016-09-27
  dl: false
…後略…
```

レコードを識別するラベル（ここではjsp:など）の配下に、「*フィールド名:値*」の形式で定義するわけです。YAML形式のインデントは、タブ文字ではなく空白（一般的には半角スペース2個）で表現しなければならない点に注意してください。

フィクスチャファイルでは、外部キーもよりシンプルに記述できます。たとえば、usersテーブルと、これを参照するreviewsテーブルであれば、リスト5-127、5-128のように記述できます。

▼リスト5-127　users.yml [*88]

```
yyamada:
  username: yyamada
  password_digest: $2a$10$uTwYyniemA7y7.z80yw17uqmRzN/LggEoSzUe.↩
tXGdCUWPvYp9M2m
  email: yyamada@wings.msn.to
  dm: true
  roles: admin,manager
  reviews_count: 2

isatou:
```

***88**
配布サンプルでは、/tmp/fixturesフォルダーに収録しています。

```
  username: isatou
  password_digest: $2a$10$uTwYyniemA7y7.z80yw17uqmRzN/LggEoSzUe.↵
tXGdCUWPvYp9M2m
  email: isatou@wings.msn.to
  dm: false
  roles: admin
  reviews_count: 2
…後略…
```

▼リスト 5-128　reviews.yml

```
modernjs_1:
  book: modernjs
  user: isatou
  status: 0
  body: JavaScriptを使うなら、まず、目を通しておきたい本ですね。

modernjs_2:
  book: modernjs
  user: hsuzuki
  status: 1
  body: JavaScriptの基本を振り返りたいときにはこの本を頼りにしています。
…後略…
```

外部キーが「*モデル名 : 参照先のラベル*」の形式で表現されている点に注目してください。本来であれば、user_id 列には users テーブルの対応する id 値がセットされるべきですが、常に参照先テーブルの id 値を意識していなければならないというのも面倒ですし、そもそも users テーブルの情報を変更した場合などは id 値も変化してしまう可能性があります。

これは望ましい状況ではありませんので、ラベルでもって参照先を識別するわけです。これによって、本来の id 値を意識することなく、両者を関連付けることができます。なお、ラベルによる関連付けを行う場合は、users.yml 側で id 値は明示せず、Rails で自動採番させるようにしてください[*89]。

***89**
ただし、自動採番としたid値は「841205535」のようにランダムな値となってしまい、findメソッドで参照する場合に使いづらいという問題があります。そのため、本書の配布サンプルでは自動採番機能は利用せず、自分でid値を採番しています。

作成したフィクスチャファイルは、rails コマンドによって実行できます。

```
> rails db:fixtures:load FIXTURES=users,reviews
```

FIXTURES オプションを省略した場合には、/test/fixtures フォルダー配下のすべてのフィクスチャが展開されます。

また、現在の環境（デフォルトは開発環境）以外にフィクスチャを展開したい場合には、マイグレーションのときと同じく「RAILS_ENV=production」のようなオプションを付与してください。

NOTE

フィクスチャで大量データを生成する

フィクスチャでは、テンプレートファイルのようにスクリプトブロックを埋め込むこともできます。これによって、一定の規則を持った大量データを一気に作成することが可能になります。たとえばリスト5-129は、0～9の番号が振られた書籍データを生成する例です。

▼リスト5-129　books.yml

```
<% 0.upto(9) do |n| %>
book<%= n %>:
  isbn: 978-4-7741-5878-<%= n %>
  title: 書名タイトル<%= n %>
  price: <%= 1000 + n %>
  publish: 出版社<%= n %>
  published: 2016-12-31
<% end %>
```

COLUMN

日付／時刻に関する便利なメソッド

Active Supportでは、標準のDate／Timeオブジェクトを拡張して、より簡単に相対的な日付を取得できます。たとえば、「Time.now.yesterday」で昨日の日付を求めることができます。特に、表5-31に挙げるものはよく利用しますので、是非覚えておいてください。

▼表5-31　日付／時刻に関する便利なメソッド

メソッド	概要
yesterday	昨日
tomorrow	明日
prev_*xxxxx*	前年／月／週（*xxxxx*はyear、month、week）
next_*xxxxx*	翌年／月／週（*xxxxx*はyear、month、week）
beginning_of_*xxxxx*	年／四半期／月／週の最初の日（*xxxxx*はyear、quarter、month、week）
end_of_*xxxxx*	年／四半期／月／週の最後の日（*xxxxx*はyear、quarter、month、week）

また、日付／時間の間隔を求めるならば、「3.**months**.ago」（3か月前）、「3.**months**.from_now」（3か月後）のようにNumericオブジェクトのメソッドとして表現できます。太字の部分は、単位に応じて以下のものも利用できます（monthのような単数形も可）。

```
years、months、days、hours、minutes、seconds
```

ドキュメンテーションコメントで仕様書を作成する - RDoc -

ドキュメンテーションコメントとは、ファイルの先頭やクラス／メソッド宣言などの直前に記述し、クラス／メンバーの説明を記述するための「特定のルールに則った」コメントのこと。Ruby の標準ツールである **RDoc**（**Ruby Documentation System**）を利用することで、API ドキュメントを自動生成できるのが特徴です。ソースコードと一体で管理されていますので、ソースと説明の同期をとりやすいというメリットがあります。

あとからコードを読みやすくするという意味でも、最低限、ドキュメンテーションコメントに沿ったコメントくらいは残しておく癖を付けておきたいものです。

以下は、ドキュメンテーションコメントの例です。ドキュメンテーションコメントとは言っても記法自体は通常のコメント構文がベースとなっているため、ごく直感的に記述できます。固有の決まりもありますが、まずはサンプルの内容を理解しておけば、日常的な記述には困らないでしょう。

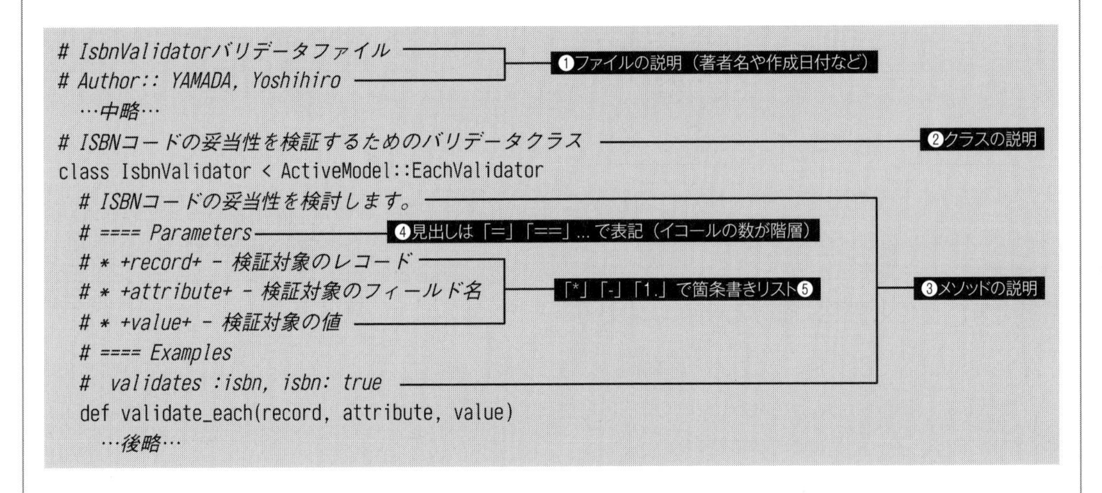

作成したコメントは rdoc コマンドでドキュメント化できます。以下は README.md をトップページに、/app、/lib フォルダー配下の .rb ファイルをドキュメント化する、という意味です[*90]。

```
> rdoc --main README.md README.md app/**/*.rb lib/**/*.rb
```

自動生成されたドキュメント（図 3-14）には、アプリルート配下の /doc/app/index.html からアクセスしてください[*91]。

▼図 3-14　RDoc で自動生成したドキュメント

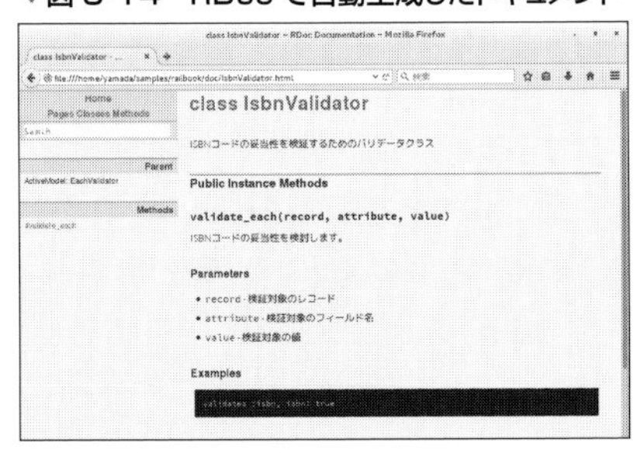

***90**
以前はドキュメント化を担当するrake doc:appというコマンドが提供されていましたが、Rails 5では削除されています。

***91**
Windows環境では、マルチバイト文字を含んだ.rbファイルを正しくドキュメント化できないようです。この例は、Linux環境で動作を確認しています。

基本編

第6章 コントローラー開発

Model – View – Controllerモデルにおいて、リクエスト処理の基点となるのがController（コントローラークラス）です。処理過程において、Model（ビジネスロジック）を呼び出し、その結果をView（ユーザーインターフェイス）に引き渡すのもコントローラークラスの役割です。コントローラークラスとは、リクエストの受信からレスポンスの送信までを一手に管理する、Railsアプリの中核と言えるでしょう。
これまでは断片的な知識の中で、コントローラークラス（アクションメソッド）をなんとなく記述してきたという方も、本章で改めて知識を体系的に整理し、Railsに対する知識を深めてください。

6-1 リクエスト情報

コントローラーの役割を大まかに分類するならば、リクエスト（要求）情報の取得と、レスポンス（応答）の生成に分けられるでしょう。逆に言えば、リクエスト／レスポンス処理を理解してしまえば、コントローラーは８割がた理解したも同じです。

本節では、まず処理の入口にあたるリクエスト情報の取得から、解説を進めていくことにしましょう。

6.1.1 リクエスト情報を取得する — params メソッド

Railsでは、クライアントから送信された値（**リクエスト情報**）を１つにまとめて、params[:*パラメーター名*]という形式でアクセスできるようにしています。ここで言うリクエスト情報とは、表6-1のようなものを指します。

▼表6-1 paramsメソッドで取得できるリクエスト情報

種類	概要
ポストデータ	<form method="POST">で定義されたフォームから送信された情報
クエリ情報	URLの末尾「?」以降に「*キー名*＝*値*&...」の形式で付与された情報
ルートパラメーター	ルートで定義されたパラメーター（「/books/1」の「1」の部分など）

たとえば、ルートパラメーターidを取得するならば、リスト6-1のように記述します[*1]。

*1
:idを受け取れるように、ルートとして「get 'ctrl/para(/:id)' => 'ctrl#para'」が定義されているものとします。

▼リスト6-1 ctrl_controller.rb

```
def para
  render plain: 'idパラメーター：' + params[:id]
end
```

```
idパラメーター：108
```

※「~/ctrl/para/108」でアクセスした場合

「~/ctrl/para?id=108」のようにクエリ情報として値を与えても、同じ結果を得られることを確認してみましょう。このことからもparamsメソッドの戻り値が、ポストデータ、クエリ情報、ルートパラメーターの集積であることが理解できます。

配列／ハッシュの受け渡し

params メソッドでは、配列やハッシュを受け取ることもできます。

1 配列の場合

params メソッドに配列として値を渡す場合は、キー名の末尾に [] を付与する必要があります。たとえば、クエリ情報として配列を渡すときは次のようにします。

```
~/ctrl/para_array?category[]=rails&category[]=ruby
```

このようにして受け取った params メソッドの戻り値を確認してみましょう（リスト 6-2）。

▼リスト 6-2　ctrl_controller.rb

```
def para_array
  render plain: 'categoryパラメーター：' + params[:category].inspect*2
end
```

```
categoryパラメーター：["rails", "ruby"]
```

*2
inspectメソッドは、取得した配列やハッシュ、オブジェクトなどを人間の目にも読みやすい形式で整形するためのメソッドです。

確かに :category キーで配列を取得できていることが確認できます。「~ /ctrl/para_array?**category**=rails&**category**=ruby」のように [] を除いてしまった場合は、配列であることを Rails が認識できないため、結果が以下のようになります（片方の category 値が無視されます）。

```
categoryパラメーター："ruby"
```

2 ハッシュの場合

ハッシュの例は、実は既に登場しています。たとえば、_form.html.erb（3.4.1 項）は、以下のようなフォームを生成します。

```
<form ...>
  …中略…
  <div class="field">
    <label for="book_isbn">ISBN</label><br />
    <input id="book_isbn" name="book[isbn]" type="text" />
  </div>
  <div class="field">
    <label for="book_title">Title</label><br />
```

```
    <input id="book_title" name="book[title]" type="text" />
  </div>
  …中略…
</form>
```

ハッシュ値を受け取るには、このように「キー[サブキー]」の形式でパラメーター名を指定すれば良いのです。

確かにハッシュを受け取っていることも、確認しておきましょう。books_controller.rbのcreateアクションに対して、リスト6-3のコードを追加します。

▼リスト6-3　books_controller.rb

```
def create
  render plain: params[:book].inspect
  return                                    # 後続の処理を中断
  …中略…
end
```

この状態で、新規作成フォームから書籍情報を入力してサブミットボタンをクリックすると、以下のような結果が得られるはずです。

```
{"isbn"=>"978-4-7741-7078-7", "title"=>"サーブレット＆JSPポケットリファレンス ", ↩
"price"=>"2680", "publish"=>"技術評論社", "published(1i)"=>"2015", "published(2i)"=>"1", ↩
"published(3i)"=>"8", "dl"=>"0"}
```

モデルクラスでは「*プロパティ名:値*」のハッシュを受け取ることで、対応するモデルオブジェクトを生成／更新することができるのでした[*3]。リクエスト情報をハッシュで送信することは、モデル連携のフォームを生成する際の典型的な手段と考えて良いでしょう。

また、「book[author][address]」のようにすれば、より複雑な入れ子のハッシュを生成することもできます。

*3
正確には、Rails 4以降ではStrongParametersの制約で、params[:book]をそのまま引き渡すことはできません(permitメソッドで受け取るキーを明示的に宣言する必要があります)。詳しくは、3.4.2項および次項を併せて参照してください。

6.1.2 マスアサインメント脆弱性を回避する — StrongParameters

マスアサインメントとは、Active Recordにもともと備えられている機能の1つで、モデルに対するフィールドのまとめ設定のことを言います。たとえば、Rails 3では、以下のような記述が可能でした[*4]。

*4
params[:book]には、フォームからの入力値がハッシュ形式で含まれているものとします。

```
# 新規オブジェクトの生成
@book = Book.new(params[:book])
```

```
# 既存オブジェクトの更新
@book = Book.find(params[:id])
@book.update_attributes(params[:book])*5
```

*5
update_attributesメソッドは、updateメソッド(3.5.1項)のエイリアスです。Rails 4でupdateメソッドが新設されたことで、あまり利用されなくなりました。

基本編 1 2 3 4 5 6 7 8 9 10

new／update_attributesなどのメソッドに「*フィールド名*：*値*, ...」の形式で構成されるハッシュを渡すことで、それぞれ対応するプロパティに値を一括でセットできるのです。

これはとても便利なしくみですが、セキュリティ的なリスクとも背中合わせです。

たとえば、3.7.1項の表3-8のようなユーザー情報テーブル（users）において、エンドユーザーがフォームから操作できるのはusername／password／email／dmフィールドまでとし、roles（権限）フィールドは勝手に編集できないものとします。しかし、悪意あるユーザーがポストデータを改ざんして、rolesをキーとしたハッシュを送信するのはさほど難しいことではありません（図6-1）。

▼図6-1　フィールドの一括設定は危険

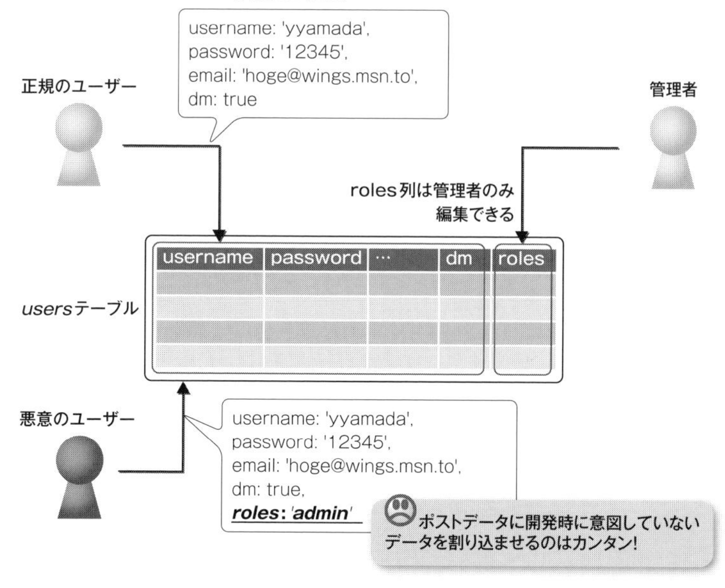

そして、このようなデータが送信された場合に、new／update_attributesのようなマスアサインメント系のメソッドは、無条件にすべてのフィールドを上書きしてしまうのです。結果、悪意あるユーザーが自分のアカウントに（たとえば）管理者権限を付与し、システムを自由に操作できてしまう危険があります。

これが**マスアサインメント脆弱性**です。

StrongParametersによる防御策

そこでRails 4以降で提供されるようになったのが、**StrongParameters**と呼ばれるしくみです。StrongParametersは、マスアサインメント脆弱性に対する、いわゆるホワイトリスト対策です。フィールド値の一括設定に先立って、あらかじめ設定可能な値を明示的に宣言しておくわけです。

具体的には、以下のような構文で利用します（図6-2）。

構文 StrongParameters

```
params.require(model).permit(attr, ...)
```

model：モデル名　*attr*：取得を許可する列名

▼図6-2 StrongParametersのしくみ

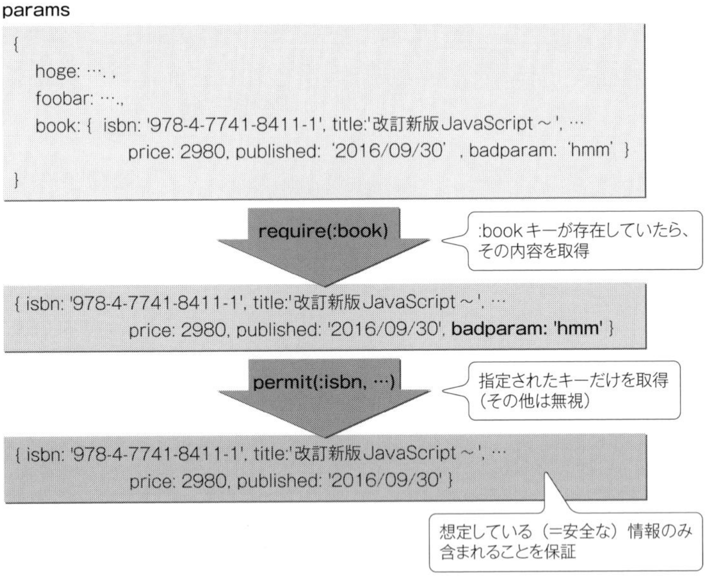

params

```
{
  hoge: …. ,
  foobar: ….,
  book: { isbn: '978-4-7741-8411-1', title:'改訂新版JavaScript～', …
          price: 2980, published: '2016/09/30' , badparam: 'hmm' }
}
```

require(:book)

:bookキーが存在していたら、その内容を取得

```
{ isbn: '978-4-7741-8411-1', title:'改訂新版JavaScript～', …
  price: 2980, published: '2016/09/30', badparam: 'hmm' }
```

permit(:isbn, …)

指定されたキーだけを取得（その他は無視）

```
{ isbn: '978-4-7741-8411-1', title:'改訂新版JavaScript～', …
  price: 2980, published: '2016/09/30' }
```

想定している（=安全な）情報のみ含まれることを保証

requireメソッドは、まずパラメーターの中に指定されたモデルに対応するキーが存在するかを確認し、存在する場合に、その値を返します。存在しない場合にはActionController::ParameterMissing例外を発生します。

permitメソッドには、モデルへの一括設定を許可するプロパティを指定します。戻り値として、指定のキーだけを含んだハッシュを返します。指定されないキーは、含まれていても無視されます。

具体的なコード例も見てみましょう。リスト6-4は、Scaffolding機能で自動生成されたコード（3.4.2項）からの抜粋です。

▼リスト 6-4　books_controller.rb

```
def create
  @book = Book.new(book_params) ―――❷
  …中略…
end
…中略…
def book_params
  params.require(:book).permit(:isbn, :title, :price, :publish, :published, :dl) ―――❶
end
```

require ／ permit メソッドでフィルターしたパラメーター値（❶）を、new メソッドに引き渡しています（❷）。

StrongParameters によるフィルターは、個別のアクションで以下のように記述しても構いません。

```
@book = Book.new(params.require(:book).permit(:isbn, :title, :price, :publish, :published, :dl))
```

しかし、なにを入力として受け取るかは、大概、（アクション単位ではなく）コントローラー単位で決まるはずです。まずは、この例のように、プライベートメソッドとして切り出すのが、正しい作法です。すべてのアクションで、入力値は「コントローラー名_params」メソッドで受け取るとイディオム化してしまえば、StrongParameters のチェック漏れも防ぎやすくなるでしょう。

ちなみに、Rails 3 以前と同様に、params メソッドの値をそのまま new メソッドに渡そうとすると、以下のようなエラーとなります*6。

*6
Rails 3以前を知っている人がRails 4以降に移行した場合、よく遭遇するエラーなので、覚えておきましょう。

```
@book = Book.new(params[:book])
```

↓

▼図 6-3　StrongParameters を利用しなかった場合のエラー

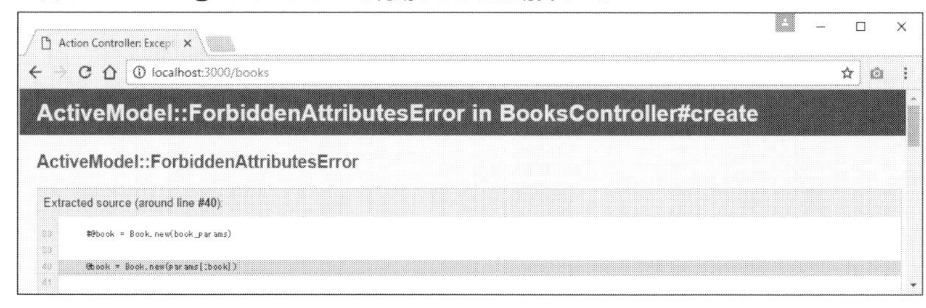

このように StrongParameters では、一括入力できるパラメーターをあらかじめ明示することで、想定しない値の受け渡しを未然に防いでいるのです。

NOTE　想定していないパラメーターを受け取った場合の挙動

config.action_controller.action_on_unpermitted_parameters パラメーターを利用すると、StrongParameters で想定（許可）していないパラメーターを受け取った場合の動作を指定できます。development 環境でのデフォルト値は :log で、ログに警告が表示されます（図 6-4）。

▼図 6-4　指定されていないパラメーターを受け取った場合

```
rails s

Started PATCH "/books/1" for ::1 at 2016-12-07 10:08:31 +0900
Processing by BooksController#update as HTML
  Parameters: {"utf8"=>"✓", "authenticity_token"=>"acFHQzEcKliDpo7iOEglRiVgBX+L
qy/PFl6GQRGOgRW/HbCx5GhpXpjDCrEMgm1VACBRJUn8z8ne/wFICwnqLg==", "book"=>{"isbn"=>
"978-4-7741-8411-1", "title"=>"改訂新版JavaScript本格入門", "price"=>"2980", "pu
blish"=>"技術評論社", "published(1i)"=>"2016", "published(2i)"=>"9", "published(
3i)"=>"30", "dl"=>"0"}, "commit"=>"Update Book", "id"=>"1"}
  Book Load (0.0ms)
    [["id", 1], ["LIMIT", 1]]
Unpermitted parameter: title
   (0.0ms)  begin transaction
   (0.0ms)  commit transaction
Redirected to http://localhost:3000/books/1
Completed 302 Found in 10ms (ActiveRecord: 0.0ms)
```

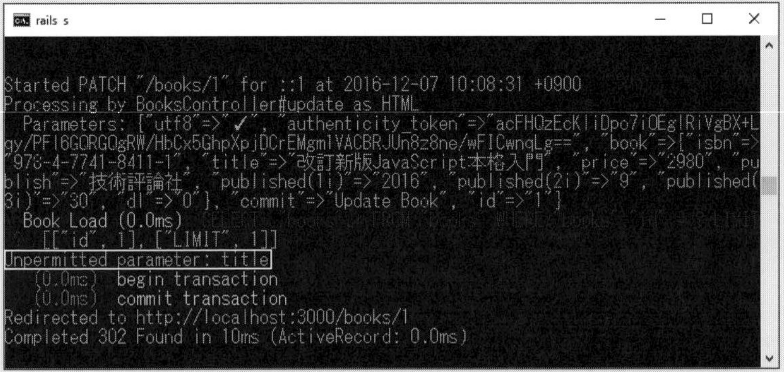

:raise を指定することで、ActionController::UnpermittedParameters 例外を発生させることもできます。

6.1.3　リクエストヘッダーを取得する — headers メソッド

ブラウザーからサーバーに送信されるのは、なにも目に見える情報ばかりではありません。たとえば、クライアントが対応している言語、ブラウザーの種類、リンク元のページなど、さまざまな情報がブラウザーの中で生成され、サーバーに送信されています。このような不可視の情報のことを**ヘッダー情報**と言います。さらに、リクエスト時に送信されるヘッダーという意味に限定した場合は、**リクエストヘッダー**とも呼ばれます（図 6-5）。

▼図 6-5　リクエスト情報

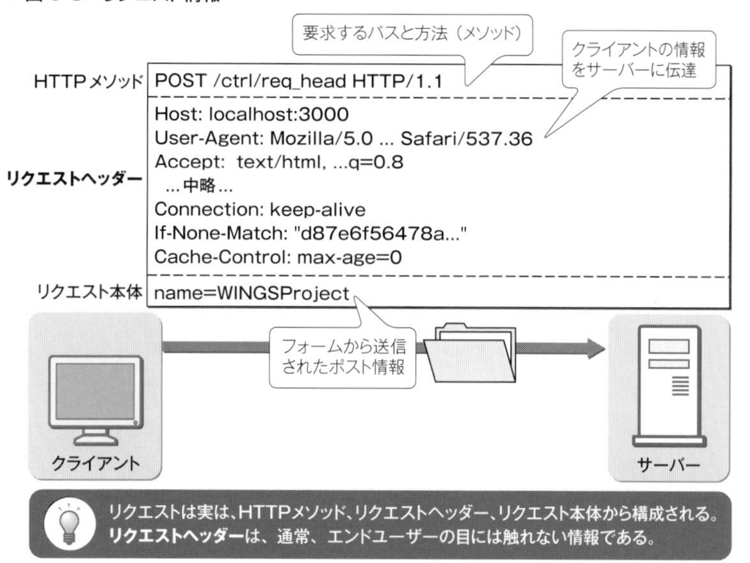

代表的なリクエストヘッダーを、表 6-2 に挙げておきます。

▼表 6-2　主なリクエストヘッダー

ヘッダー名	概要
Accept	クライアントがサポートしているコンテンツの種類
Accept-Language	クライアントの対応言語（優先順位順）
Authorization	認証情報
Host	要求先のホスト名
Referer	リンク元の URL
User-Agent	クライアントの種類

Rails でこれらのリクエストヘッダーにアクセスするには、request.headers メソッドを利用します。たとえばリスト 6-5 は、User-Agent ヘッダー（クライアントの種類）を取得する例です。

▼リスト 6-5　ctrl_controller.rb

```
def req_head
  render plain: request.headers['User-Agent']
end
```

```
Mozilla/5.0 (Windows NT 10.0; WOW64) AppleWebKit/537.36 (KHTML, like Gecko) Chrome/53.0.2785.143 ↩
Safari/537.36
```

すべてのヘッダー情報を取得したいときは、リスト6-6、6-7のようにも記述できます。

▼リスト6-6　ctrl_controller.rb

```
def req_head2
  @headers = request.headers
end
```

▼リスト6-7　ctrl/req_head2.html.erb

```
<ul>
<% @headers.each do |key, value| %>
  <li><%= key %> : <%= value %></li>
<% end %>
</ul>
```

▼図6-6　すべてのヘッダー情報をリスト表示

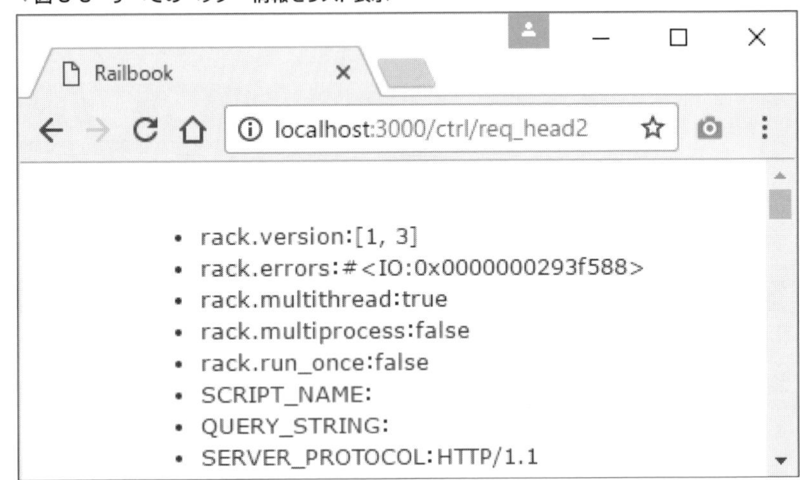

request.headersメソッドは戻り値としてハッシュを返すので、そのキー／値をeachメソッドで順に取り出しているわけです。

さて、結果を眺めてみると、いくつかの点に気付くかと思います。

❶サーバー環境変数も取得できる

headersメソッドの戻り値には、（ヘッダー情報だけでなく）サーバー環境変数などが含まれます。サーバー環境変数には、たとえば表6-3のような情報があります。これらの変数は、使用している環境によって変化する可能性もありますので、注意してください。

▼表 6-3　主なサーバー環境変数

名前	概要	戻り値（例）
GATEWAY_INTERFACE	CGI のリビジョン	CGI/1.2
QUERY_STRING	クエリ情報	id=1
PATH_INFO	パス情報	/ctrl/req_head2
REMOTE_ADDR	クライアントの IP アドレス	::1
REQUEST_METHOD	HTTP メソッド	GET
REQUEST_URI	リクエスト時の URI	/ctrl/req_head2?id=1
SERVER_NAME	サーバー名	localhost
SERVER_PORT	サーバーのポート番号	3000
SERVER_PROTOCOL	使用しているプロトコル	HTTP/1.1
SERVER_SOFTWARE	使用しているサーバーソフトウェア	puma 3.6.0 Sleepy Sunday Serenity

❷ヘッダーの内部的な名前は「HTTP_ ~」

headers メソッドの中では、リクエストヘッダー名は「HTTP_」で始まる「すべて大文字、アンダースコア区切り」の名前になっています。つまり、User-Agent ヘッダーであれば HTTP_USER_AGENT です。

ただし、request オブジェクトは内部的に相互変換を行っているため、headers メソッドのキーには User-Agent、HTTP_USER_AGENT のいずれを指定しても正しい値を取得できます（大文字小文字も区別しません*7）。

*7
ヘッダー名以外は、大文字小文字も含め、正しく指定する必要があります。

6.1.4 リクエストヘッダーやサーバー環境変数を取得するための専用メソッド

headers メソッドの他にも、request オブジェクトではよく利用するヘッダー情報やサーバー環境変数について、取得のための専用メソッドを用意しています。専用メソッドは戻り値をそれぞれに応じた適切なデータ型で返すというだけでなく、名前に誤りがあった場合に明示的にエラーを通知してくれます*8。

*8
headersメソッドでは、ヘッダー（環境変数）名を間違えても、空の文字列が返るだけです。

問題箇所を見付けやすくするという意味でも、そもそもコードをすっきり記述するという意味でも、専用メソッドが用意されているものについては、できるだけそちらを優先して利用すべきです。

表 6-4 は、主な専用メソッドをまとめたものです。

▼表 6-4　リクエストヘッダー／サーバー環境変数を取得するためのメソッド

メソッド	概要	戻り値（例）
accepts	クライアントがサポートしているコンテンツの種類	text/html:, image/webp:, application/xml:, ...*/*:
authorization	認証情報	Basic eXlhbWFkYToxMjM0NQ==
body	生のポストデータ	(StringIO オブジェクト)
content_length	コンテンツのサイズ	0

メソッド	概要	戻り値（例）
fullpath	リクエスト URL	/ctrl/req_head
get?、post?、put?、patch?、delete?、head?	HTTP GET ／ POST ／ PUT ／ PATCH ／ DELETE ／ HEAD による通信か	true
host	ホスト名	localhost
host_with_port	ポート番号付きのホスト名	localhost:3000
local?	ローカル通信であるか	true
method	HTTP メソッド	GET
port	ポート番号	3000
port_string	ポート番号（文字列）	:3000
protocol	プロトコル	http://
remote_ip	クライアントの IP アドレス	::1
request_method	HTTP メソッド（Rails 内部で利用されているもの*9）	GET
scheme	スキーマ名	http
server_software	使用しているサーバーソフトウェア	puma
ssl?	暗号化通信であるか	false
standard_port?	Well-known ポートであるか	false
url	完全なリクエスト URL	http://localhost:3000/ctrl/req_head2
xml_http_request?	XMLHttpRequest オブジェクトによる通信であるか	0

*9
_methodパラメーター（3.5.2項）などで疑似的にHTTP PATCH／DELETEメソッドを作り出している場合、methodとrequest_methodの値が変わります。

NOTE リクエストヘッダーの活用方法

普段、我々の目には触れないためか、存在そのものを忘れがちなヘッダー情報ですが、その中には、Web アプリを開発する上で重要な手がかりとなる情報が多く含まれています。

たとえば、Referer ヘッダーはリンク元の URL を表します。この情報を収集すれば、自分のサイトに対して、ユーザーがどのような経路でアクセスしているのかを分析できるので、サイト構造やデザインを改善する手がかりになるでしょう。

Accept-Language ヘッダーは、ブラウザーの言語設定を表します。この情報を利用すると、クライアントに応じて表示言語を切り替えることもできます。

更に、クライアントが使用しているブラウザーの種類を表す User-Agent のようなヘッダーもあります。この情報をログとして記録しておけば、使用ブラウザーの傾向を把握できるため、マークアップやスタイル定義の指標になるでしょう。また、ブラウザーの種類に応じて、適切なコンテンツ形式を選択的に出力するようなことも可能です*10。

サンプルを見てもわかるように、Rails でヘッダー情報にアクセスするのは難しいことではありません。取得したヘッダー情報をアプリの中でどのように利用するか、改めて意識してみると良いでしょう。

*10
たとえば、デスクトップブラウザーと画面サイズの小さい携帯端末向けのブラウザーとでは、コンテンツも区別する必要があるでしょう。

6.1.5 ファイルをアップロードする（1）— ファイルシステムへの保存

アップロードしたファイルを取得する場合も、params メソッドを利用できます。params メソッドはアップロードファイルをオブジェクトとして返すので、アップロードされたファイルもごく直感的に操作できます。

さっそく具体的なコード例も見ていくことにしましょう（リスト 6-8、6-9）。なお、本サンプルを動作させるためには、あらかじめ /public フォルダー配下に、ファイル保存のための /docs フォルダーを作成しておく必要があります*11。

*11
セキュリティの観点から、本番環境では公開フォルダー（/public配下）をアップロードファイルの保存先にするのは避けるべきです。本番利用時は、適宜異なるフォルダーに移動してください。

▼リスト 6-8　ctrl/upload.html.erb

```
<%= form_tag({ action: :upload_process }, multipart: true) do %> ――― ❶
  <label>ファイルを指定：
    <%= file_field_tag :upfile, size: 50 %></label>
  <%= submit_tag 'アップロード' %>
<% end %>
```

▼リスト 6-9　ctrl_controller.rb

```
def upload_process
  # アップロードファイルを取得
  file = params[:upfile]                                  ┐
  # ファイルのベース名（パスを除いた部分）を取得              ├― ❷
  name = file.original_filename                           ┘
  # 許可する拡張子を定義
  perms = ['.jpg', '.jpeg', '.gif', '.png']               ┐
  # 配列permsにアップロードファイルの拡張子に合致するものがあるか │
  if !perms.include?(File.extname(name).downcase)         │
    result = 'アップロードできるのは画像ファイルのみです。'    ├― ❸
  # アップロードファイルのサイズが1MB以下であるか              │
  elsif file.size > 1.megabyte                            │
    result = 'ファイルサイズは1MBまでです。'                 ┘
  else
    # /public/docフォルダ配下にアップロードファイルを保存
    File.open("public/docs/#{name}", 'wb') { |f| f.write(file.read) } ――― ❹
    result = "#{name}をアップロードしました。"
  end
  # 成功／エラーメッセージを保存
  render plain: result
end
```

▼図6-7　指定したファイルをサーバーにアップロード（http://localhost:3000/ctrl/upload）

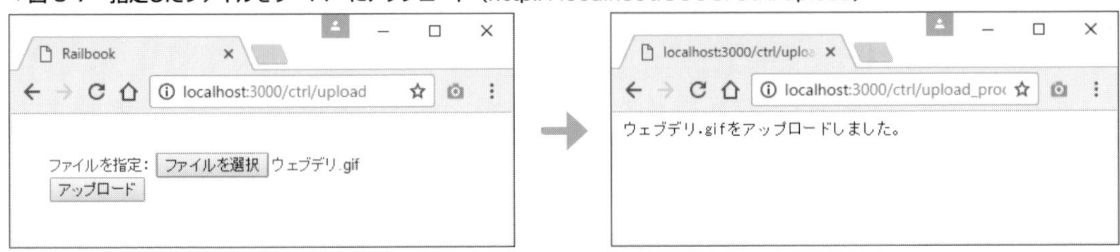

正しくファイルをアップロードできることを確認したところで、サンプルの内容をもう少し詳しく見ていきましょう。

❶multipartオプションを有効にする

ファイルをアップロードするには、<form>要素に「enctype="multipart/form-data"」属性を追加する必要があります。enctype属性は、普通にテキストデータを送信する際にはほとんど意識することはありません。しかし、ファイルアップロード時は明示的に指定しておかないと、サーバー側で正しくデータを受信できないため要注意です。

「enctype="multipart/form-data"」を付与するには、ビューヘルパーform_tag（またはform_for）メソッドで、multipartオプションを有効にします。

❷アップロードファイルを取得する

冒頭で述べたように、アップロードされたファイルは、テキストデータと同じくparamsメソッドで取得できます。ただし、ファイルの場合、paramsメソッドの戻り値は（文字列ではなく）UploadedFileというオブジェクトになります。UploadedFileオブジェクト経由で取得できるファイル情報には、表6-5のようなものがあります。

▼表6-5　アップロードファイルの情報

プロパティ／メソッド名	概要
original_filename	オリジナルのファイル名
content_type	コンテンツタイプ
size	サイズ
read	ファイル本体の読み込み

リスト6-9の❷では、あとから保存に利用するために、original_filenameプロパティでアップロードファイルのもともとのファイル名を取得しています。

❸アップロードファイルの妥当性をチェックする

ファイル情報を取得できたら、アップロードされたファイルが正しいかどうか、妥当性チェックを行います[*12]。アップロードという処理はとかくセキュリティホールの温床になりやすいので、最低でも以下のチェックは行うべきです。

*12
こうした検証処理は本来、モデル側に記述するべきですが、ここではわかりやすくするためにコントローラーにまとめて記述しています。

- ファイルの拡張子が、.jpg、.jpeg、.gif、.png のいずれかであること（ファイルの種類のチェック）
- ファイルのサイズが 1MB 以下であること（サイズチェック）

エンドユーザーにアップロードを行わせる場合、ユーザーが不正なファイルを送信する危険も想定しておかなければなりません。たとえば、悪意を持ったスクリプトをアップされたとしたら、あなたのサーバーを踏み台に任意の処理を実行されてしまうおそれもあります。

サンプルでは画像ファイルのアップロードだけを許可するものとし、拡張子が .jpg、.jpeg、.gif、.png のいずれかであることをチェックしています[*13]。拡張子の取得には、File.extname メソッドを利用できます。許可する拡張子を変更したい場合には、適宜、配列 perms の内容を修正してください。

*13
拡張子とファイルの実際の内容が食い違っている場合もあります。サンプルではそこまでのチェックはしていませんが、そのようなチェックを行うときは、RMagick（http://rmagick.rubyforge.org/）などのライブラリの利用も検討してください。

また、ファイルサイズのチェックも欠かせません。サイズの大きなファイルを無制限に許してしまうと、サーバーのディスクリソース圧迫の原因となるためです。ファイルサイズは size プロパティから取得できます。

❹ファイルを保存する

エラーチェックをクリアしたら、あとは File.open メソッドで保存先のファイルをオープンし、アップロードファイルの内容を write メソッドで書き込むだけです。保存するファイル名は、オリジナルのファイル名をそのまま利用するものとします（同名のファイルがある場合も、サンプルでは無条件に上書きします）。

6.1.6 ファイルをアップロードする（2）― データベースへの保存

続いて、アップロードしたファイルを、ファイルシステムではなくデータベース（authors テーブルの photo 列）に保存してみましょう[*14]（図 6-8）。

*14
登録した画像にブラウザーからアクセスするためのコードについては、6.2.7項で改めて解説します。

▼図 6-8　指定されたファイルをデータベースに保存

サイズの大きくなりがちなバイナリデータをデータベースに保存することには賛否あると思いますが、メリットとしては、ファイルへのアクセス制御にデータベースの機

能をそのまま利用できる点があります[*15]。反面、デメリットとしては、データベースそのもののサイズが肥大化しやすい、という問題が挙げられます。バイナリデータをファイルシステム、データベースのいずれに保存するかは、それぞれのメリット／デメリットを勘案して行うべきです。

それでは早速、サンプル実装の具体的な手順を見ていくことにしましょう。

*15
もちろん、ファイルシステムでもできないわけではありませんが、細かなアクセス制御を行うには、なにかと面倒なことが多いでしょう。

1 モデルクラスを修正する

アップロードファイル（UploadedFile オブジェクト）は、そのままではモデルクラスで受け取ることができません。そこで対象となるモデル（ここでは Author クラス）をリスト 6-10 のように修正しておきましょう。また、前項ではコントローラー側に記述していたファイルの検証ロジックも、モデル側に追加しておきます。

▼リスト 6-10　author.rb

```
class Author < ApplicationRecord
  …中略…
      # アップロードファイルの妥当性をfile_invalid?メソッドで検証
  validate :file_invalid?
      # 書き込み専用のdataプロパティ（UploadedFileオブジェクト）を定義
  def data=(data)                                                          ─┐
    self.ctype = data.content_type      # ctypeプロパティにコンテンツタイプをセット  ├─❶
    self.photo = data.read      # photoプロパティにファイル本体をセット          │
  end                                                                      ─┘
      # アップロードファイルの妥当性を検証するfile_invalid?メソッドを定義
  private
    def file_invalid?                                                      ─┐
      ps = ['image/jpeg', 'image/gif', 'image/png']                          │
      errors.add(:photo, 'は画像ファイルではありません。') if !ps.include?(self.ctype)  ├─❷
      errors.add(:photo, 'のサイズが1MBを超えています。') if self.photo.length > 1.megabyte │
    end                                                                    ─┘
end
```

アップロードファイルを受け取るために最低限必要なコードは❶の部分です。このような書き込み専用の data プロパティを定義して、UploadedFile オブジェクトからコンテンツタイプとデータ本体のみを本来の ctype ／ photo プロパティ（authors テーブルの ctype ／ photo 列）にセットしているわけです。

また、本項のサンプルでは ctype ／ photo プロパティの内容をもとに、許可されたコンテンツタイプであるか、データサイズが許容量に収まっているかを、プライベートメソッド file_invalid? で検証しています（❷[*16]）。先ほども述べたように、ファイルアップロードはセキュリティホールの温床にもなりやすいところなので、最低でも本項レベルのチェックは実施するようにしてください。

*16
カスタム検証の詳細については、5.5.5項を参照してください。

2 コントローラー／テンプレートを定義する

モデルを準備できたら、あとは画像をアップロードするためのコントローラー／テンプレートを定義するだけです（リスト6-11、6-12）。

▼リスト6-11　ctrl_controller.rb

```
# アップロードフォームを表示するためのupdbアクション
# （「~/ctrl/updb/108」のようなアドレスで呼び出し可能*17）
def updb
  @author = Author.find(params[:id])
end

# ［アップロード］ボタンクリック時に呼び出され、アップロード処理を実施
def updb_process
  @author = Author.find(params[:id])
  # アップロードファイルをデータベースに保存（失敗時は1番目のエラーのみを表示）
  if @author.update(params.require(:author).permit(:data))
    render plain: '保存に成功しました。'
  else
    render plain: @author.errors.full_messages[0]
  end
end
```

*17
:idを受け取れるように、「get 'ctrl/updb(/:id)' => 'ctrl#updb'」「patch 'ctrl/updb_process(/:id)' => 'ctrl#updb_process'」のようなルートが定義されているものとします。

▼リスト6-12　ctrl/updb.html.erb

```
<%= form_for(@author, url: { action: :updb_process, id: @author },
  html:{ multipart: true }) do |f| %>
   <%= f.label :data, '著者近影：' %> ─┐
  <%= f.file_field :data %> ──────────┴─❶
  <%= f.submit 'アップロード' %>
<% end %>
```

先ほどAuthorモデル側でアップロードファイルの受け口として、dataプロパティを用意したので、テンプレート側の❶のプロパティ名も「:data」となっている点に注意してください（:photoではありません!）。

データ処理の流れはこれまでと同じく、updateメソッドでポストデータの内容をモデルに反映&保存するだけです。updateメソッドはデータ保存の正否をtrue／falseで返すので、検証エラーがあった場合はとりあえず1番目のエラーメッセージだけをテキスト表示しています*18。

*18
本来であれば入力フォームに差し戻すべきです。具体的な方法については、5.5.2項を参考にしてください。

6-2 レスポンスの操作

Railsでは、アクションでの処理結果を出力するために、表6-6のようなメソッドを提供しています（以降、便宜的に**レスポンスメソッド**と呼びます）。アクションメソッドでは、これらのメソッドのいずれかを利用して、レスポンスを生成するのが基本です[*19]。

*19
応答を操作するためのresponseオブジェクトもありますが、Railsではresponseオブジェクトを直接操作する機会はあまりありません。

▼表6-6　主なレスポンスメソッド

メソッド	概要
render	テンプレートの呼び出しやテキスト／スクリプトの出力など、汎用的な結果出力の手段
redirect_to	指定されたアドレスに処理をリダイレクト
send_file	指定されたファイルを出力
send_data	指定されたバイナリデータを出力
head	応答ヘッダーのみを出力

6.2.1 テンプレートファイルを呼び出す ― render メソッド（1）

レスポンスメソッドの中でももっとも基本的で、頻繁に利用することになるのが、renderメソッドです。そもそもアクションで明示的にレスポンスメソッドが呼び出されない場合には、暗黙的にrenderメソッドが呼び出され、該当するテンプレートファイルが実行されるのでした（2.3節）。

renderメソッドはさまざまなオプションを持っていますが、まず本項ではテンプレートファイルの呼び出しに関わるオプションについて見ていきます[*20]。

*20
ここで扱う他にも、layout／partialなどのオプションがありますが、これらについては4.7.1項と4.8.3項で解説済みです。

アクション名と異なるテンプレートを呼び出す

たとえばctrl#res_renderアクションがデフォルトで呼び出すテンプレートは、ctrl/res_render.html.erb[*21]です。もしもctrl/index.html.erbを呼び出したいならば、actionオプションを利用して、以下のように記述します。

*21
正確には、指定されたフォーマットによって拡張子は変化します。

```
render action: 'index'
```

actionという名前から誤解しやすいのですが、呼び出されているのはあくまでテンプレートです。indexアクションが呼び出されるわけではない点に注意してください。

異なるフォルダーのテンプレートを呼び出す

action オプションは、現在のコントローラーを基点としてテンプレートを呼び出します。よって、現在のコントローラーが ctrl で「action: 'index'」が指定された場合には、ctrl/index.html.erb を呼び出します。現在のコントローラーと異なるコントローラー配下のテンプレートを呼び出したい場合には、template オプションを使用してください。

以下は、hello/view.html.erb を呼び出したい場合の記述です。

```
render template: 'hello/view'
```

アプリ外のテンプレートを呼び出す

複数のアプリでテンプレートを共有している場合、アプリの外部にテンプレートを配置したいというケースもあるでしょう。この場合、file オプションで絶対パスを指定します。

```
render file: '/data/template/list'
```

これによって、(Windows 環境であれば)「C: ¥data ¥template ¥list.html.erb」が呼び出されます。

action / template / file オプションの省略形

上記いずれのパターンにおいても、オプション名を省略して、以下のように記述できます。

```
render 'index'
render 'hello/view'
render '/data/template/list'
```

シンプルさという意味では、このような省略形を使用するのが望ましいと著者は考えています。特に action オプションは直感的にも誤解を招きやすいので(名前のわかりにくさという意味で)、できれば省略して記述するのが望ましいでしょう*22。

*22
基点を曖昧にしないという意味では、fileオプションだけは明記して、action/templateオプションは省略するという考え方もあるでしょう。

NOTE 二重レンダリングの注意

renderメソッドを利用していると、「Render and/or redirect were called multiple times in this action(アクションの中で複数回レンダリングはできない)」というエラーに見舞われることがあります。たとえば、以下のようなケースです。

```
def double_render
  @book = Book.find(6)
  if @book.reviews.empty?
    render 'simple_info'
  end
  render 'details_info'
end
```

上は、@book.reviews.empty? メソッドが true の場合、simple_info テンプレートが呼び出され、そうでない場合は details_info テンプレートが呼び出されることを意図したコードですが、そうはなりません。simple_info テンプレートが呼び出された場合も、それで処理は終わらず、続けて details_info テンプレートが呼び出されてしまうのです。アクションの途中で render ／ redirect_to メソッドを呼び出す場合には、「render 'simple_info' **and return**」のようにして、明示的にアクションを終了するようにしてください。

知らないとハマりやすいエラーなので、要注意です。

6.2.2 レスポンスをインラインで設定する — render メソッド (2)

render メソッドの役割はテンプレートを呼び出すだけではありません。自らコンテンツを出力するための機能も備えています。本来、コントローラー側で出力を生成するというのは、Model － View － Controller の考え方に反しますが、デバッグなどの用途で活用できるでしょう。

プレーンな文字列を出力する — plain オプション

これまでも何度も利用してきたオプションです。plain オプションによって、指定された文字列をそのまま出力することができます。

```
render plain: '<div style="color: Red;">今日は良い天気ですね。</div>'
```

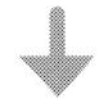

▼図 6-9　プレーンなテキストとして文字列を表示

plain オプションは、テキストを text/plain 形式で出力します。よって、文字列にタグが含まれていたとしても、タグとは見なされない（＝そのまま表示される）点に注意してください*23。

*23
以前は、textオプションを利用することでtext/html形式の出力が可能でした。しかし、名前が誤解を招きやすいということで、現在では非推奨となっています。代わりに、後述するhtmlオプションを利用してください。

HTML 文字列を出力する — html オプション

text/html 形式の文字列を出力するには、html オプションを利用します。

```
render html: '<div style="color: Red;">今日は良い天気ですね。</div>'.html_safe
```

▼図 6-10　文字列を HTML として解釈

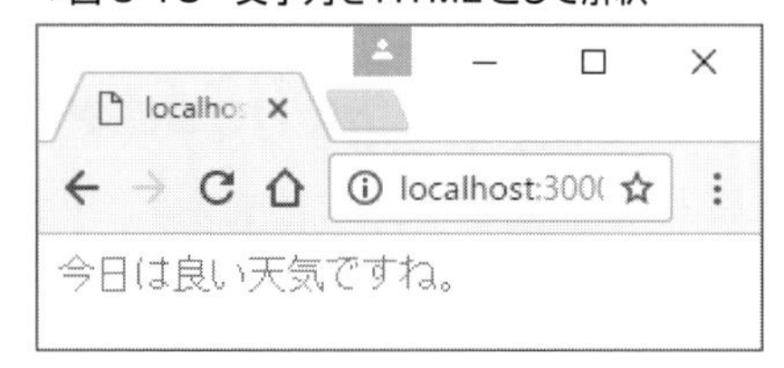

ただ HTML 文字列を指定しただけでは、エスケープ処理されてしまいます。html_safe メソッドで文字列が「安全な」HTML であることをマークしなければならない点に注意してください*24。図 6-11 は、太字部分を削除した結果です。

*24
ただし、html_safeメソッドは、安全であることをアプリ開発者がマークするために使用されるもので、Railsがなにかしらの検証を行うものではありません。利用にあたっては、あらかじめ文字列の検証を忘れないようにしてください。

▼図 6-11　html_safe メソッドを削除した場合

> **NOTE　コンテンツタイプを指定するには?**
>
> render メソッドでは、それぞれ指定したオプションによってコンテンツタイプが決まります。plain オプションで text/plain、html オプションで text/html、json オプション（6.3.1 項）で application/json、xml オプション（同 6.3.1 項）で application/xml、それ以外では text/html です。これらのコンテンツタイプを変更したいという場合は、content_type オプションを利用してください。

```
render plain: str, content_type: 'text/comma-separated-values'
```

インラインのテンプレートを指定する ― inline オプション ―

inline オプションでは、指定された文字列を ERB テンプレートとして解釈した上で、その結果を出力します。

```
render inline: 'リクエスト情報：<%= debug request.headers %>'
```

plain ／ html ／ inline オプションを指定した場合、デフォルトではレイアウトが適用**されない**点に注意してください。（あまりその必要性はないと思いますが）レイアウトを利用したい場合には、明示的に layout オプションを指定する必要があります。

6.2.3 空のコンテンツを出力する ― head メソッド

コンテンツ本体は必要なく、ただ処理結果（ステータスコード）だけを返したいというケースもあるでしょう。たとえば、Ajax 通信（9.5 節）でサーバー側での処理結果のみを呼び出し元に通知したいなどのケースです。

そのような場合に利用するのが、head メソッドです。head メソッドは、ステータスコード／レスポンスヘッダーの出力に特化したメソッドです。

構文　head メソッド

```
head status [,opt]
```

status：ステータスコード　*opt*：応答ヘッダー（「ヘッダー名：*値*」の形式）

引数 status は、ステータスコードを表すためのオプションです。たとえば 404 Not Found（ページが見つかりませんでした）を出力するならば、以下のように表します。

```
head 404
```

ステータスコードは（数値ではなく）シンボルで指定することもできます。この場合のシンボルは、標準的なステータスメッセージをすべて小文字にして、かつ、空白を「_」で表したものになります（表 6-7）。

▼表 6-7 主なステータスコード

シンボル	ステータスコード	意味
:ok	200	成功
:created	201	リソースの生成に成功
:moved_permanently	301	リソースが恒久的に移動した
:found	302	リソースが一時的に移動した
:see_other	303	リソースが別の場所にある
:unauthorized	401	認証を要求
:forbidden	403	アクセスが禁止されている
:not_found	404	リソースが存在しない
:method_not_allowed	405	HTTP メソッドが許可されていない
:internal_server_error	500	サーバーエラー

数値で表すよりもコードはやや長くなりますが、次のように、ひと目で内容が識別しやすくなります。

```
head :not_found
```

NOTE **render メソッドでステータスコードを指定する**

render メソッドはデフォルトでステータスコード 200（:ok）を返します。しかし、status オプションを付与すると、この挙動を明示的に変更することもできます。

```
render plain: 'ファイルが見つかりませんでした。', status: :not_found
```

ちなみに、Rails 4.2 以前では、render メソッドに status + nothing オプションを付与することで、head メソッドを代用することも可能でした。しかし、nothing オプションの利用は、Rails 5 で非推奨となっています。

```
render nothing: true, status: 404
```

6.2.4 処理をリダイレクトする — redirect_to メソッド

redirect_to メソッドは、指定されたページに処理をリダイレクト（移動）します。

構文　redirect_to メソッド

```
redirect_to url [,status = 302]
```

url：リダイレクト先の URL　　*status*：ステータスコード（数字、またはシンボル*25）

*25
利用できるシンボルについては、表6-7を参照してください。

引数 url には、link_to ／ url_for メソッドと同じように文字列、またはハッシュ形式で URL を指定できます。以下にいくつかの例を示します。

```
redirect_to 'http://www.wings.msn.to' ――― 絶対 URL
redirect_to action: :index ――― 同一コントローラーのアクション
redirect_to controller: :hello, action: :list ――― 異なるコントローラー
redirect_to books_path ――― 自動生成されたビューヘルパー（3.2.2 項）
```

引数 status はリダイレクト時に使用するステータスコードを表します。デフォルトは 302（Found）で、これを変える必要があるのは「古いアドレスから新しいアドレスにユーザーを誘導する」ような用途です。というのも、302（Found）はページの「一時的な」移動を表すため、検索エンジンのクローラー（巡回エンジン）がリダイレクト先のアドレスをあくまで一時的なものと見なして記録しないからです。

これを避けたいときは引数 status に 301（Moved Permanently）を指定します。このステータスコードはページが恒久的に（Permanently）移動したことを表しますので、クローラーもリダイレクト先を記録するようになります。

ステータスコードを正しく指定するのは SEO（Search Engine Optimization）の観点からも意味のあることなのです。

6.2.5 直前のページにリダイレクトする ― redirect_back メソッド

redirect メソッドの派生形として redirect_back メソッドもあります。こちらは、1 つ前のページにリダイレクトするメソッドです。

構文　redirect_back メソッド

```
redirect_back fallback_location: url
```

url：直前のページがなかった場合のリンク先

redirect_back メソッドは、Referer ヘッダーから直前のページを検出します。Referer ヘッダーが存在しない（=直前のページがない）場合は fallback_location オプションで指定されたページにリダイレクトします。引数 url には、

link_to ／ url_for メソッドと同じように文字列、またはハッシュ形式で URL を指定できます。

```
redirect_back fallback_location: { controller: 'hello', action: 'index' }
```


6.2.6 ファイルの内容を出力する — send_file メソッド

send_file メソッドは、指定されたパスに存在するファイルを読み込み、その内容をクライアントに送信します。たとえば、ドキュメントルートの外に配置されたファイルを読み込み、クライアントに送出するような操作も、send_file メソッドを利用することで一文で記述できます[*26]。

構文 send_file メソッド

send_file *path* [,*opts*]

path：読み込むファイルのパス　*opts*：動作オプション（表 6-8 を参照）

▼表 6-8　send_file メソッドの動作オプション（引数 opts のキー）

オプション	概要	デフォルト
filename	ダウンロード時に使用するファイル名[*27]	(もとのファイル名)
type	コンテンツタイプ	application/octet-stream
disposition	ファイルをブラウザーインラインで表示するか（:inline）、ダウンロードさせるか（:attachment）	:attachment
status	ステータスコード	200 (ok)
url_based_filename	ダウンロード時のファイル名を、URL をもとに生成するか（filename が指定されている場合はそちらを優先[*28]）	false

以下に、いくつかの具体例を示しておきます。

```
# 指定された圧縮ファイルをダウンロード
send_file 'c:/data/sample.zip'

# 指定画像をブラウザーインラインで表示
send_file 'c:/data/RIMG1125.jpg', type: 'image/jpeg', disposition: :inline

# PDF文書をGuideline.pdfという名前でダウンロード
send_file 'c:/data/doc931455.pdf', filename: 'Guideline.pdf'
```

ただし、send_file メソッドを利用する場合は、リクエスト情報（ポストデータやクエリ情報など）でファイルパスを直接指定させるのは厳禁です。たとえば、以下の

*26
特定のユーザーにのみ開示するファイルは、原則としてドキュメントルートの外に配置すべきです。それによって、アクションでまずアクセスの可否を判定してから、ファイルを送出することが可能になります。

*27
ダウンロード時にデフォルトで表示されるファイル名であり、クライアントがここに指定した名前で保存することを保証するものではありません（ユーザーが保存時にファイル名を変更するのは自由です）。

*28
現在のURLが「～/ctrl/filesend」の場合は、「filesend」がダウンロードファイル名になります。

ようなコードは、ユーザーが自由にサーバー内のファイルにアクセスできてしまうため、大変危険です。

```
send_file params[:path]
```

ダウンロードファイルをユーザに指定させる場合も、あくまで受け渡しするのはコードのみとし、物理的なパスはデータベースなどで管理するようにしてください（図6-12）。

▼図6-12 リクエスト情報で内部パスを指定させない

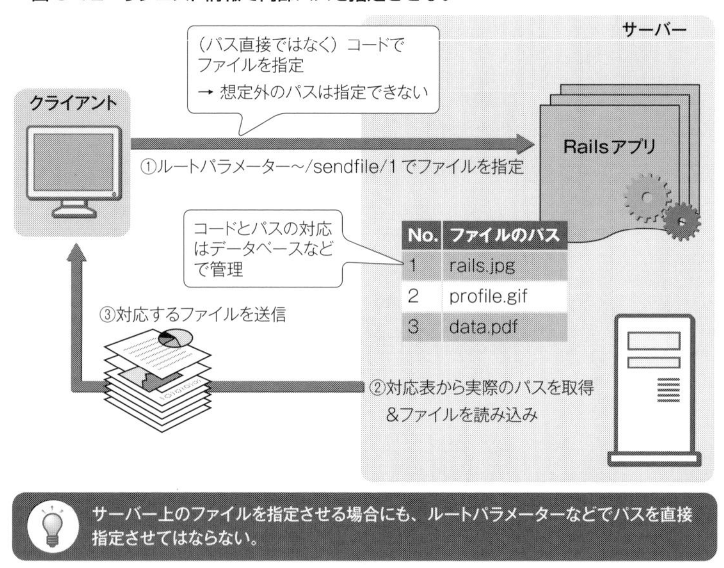

サーバー上のファイルを指定させる場合にも、ルートパラメーターなどでパスを直接指定させてはならない。

6.2.7 バイナリデータを出力する — send_data メソッド

send_data メソッドは、指定されたバイナリデータを受け取り、そのままブラウザーに送出します。

構文 send_data メソッド

send_data *data* [,*opts*]

data：出力するデータ　*opts*：動作オプション（表6-8を参照*29）

*29
url_based_filenameオプションを除くすべてのオプションを利用できます。

リスト6-13は、authorsテーブルにあらかじめ登録しておいた画像ファイルを取得し、ブラウザーインラインで表示するサンプルです。なお、authorsテーブルに対して画像をアップロードするコードについては、6.1.5 項も併せて参照してください[*30]。

*30
画像データはサンプルデータベースには含まれていませんので、あらかじめアップロードしておく必要があります。

▼リスト 6-13　ctrl_controller.rb[*31]

```
def show_photo
  # ルートパラメーターが指定されている場合はその値を、さもなければ1をセット
  id = params[:id] ? params[:id] : 1
  # authorsテーブルからid値をキーにレコードを取得
  @author = Author.find(id)
  # photo列（バイナリ型）をレスポンスとして送出
  send_data @author.photo, type: @author.ctype, disposition: :inline ──❶
end
```

*31
:idを受け取れるように、ルートとして「get 'ctrl/show_photo(/:id)' => 'ctrl#show_photo'」が定義されているものとします。

データベースからバイナリデータを取り出すというと難しそうに感じますが、コードは意外とシンプルです。これまでと同じ要領で目的のレコードを取得したら、

- バイナリ列（photo 列）を引数 data に
- コンテンツタイプを表す列（ctype 列）を type オプションに

それぞれ渡すだけです（❶）。コンテンツタイプが最初から決まっているならば、固定値として渡しても構いません。

以上を理解したら、「http://localhost:3000/ctrl/show_photo/**1**」のようなアドレス[*32]でサンプルを呼び出してみましょう。図 6-13 のように登録済みの画像が表示されれば、正しくデータは取得できています。

*32
値の部分はauthorsテーブルのid値に応じて変更してください。

▼図 6-13　authors テーブルに登録済みの画像を表示

6.2.8 補足：ログを出力する ― logger オブジェクト

直接的な応答ではありませんが、開発時にアクションメソッドでの途中経過などを確認する目的で、ログを標準出力（Puma のコンソール）やログファイルに出力したいという状況はよくあります。また、本番稼働した後も致命的なエラー情報などは、適宜、ログファイルに出力するようにしておくと、問題が発生した場合にも原因を特定しやすくなります。

Rails には、こうしたロギングを行うためのオブジェクト logger が標準で用意されています。logger オブジェクトでは、ログの重要度に応じて、表 6-9 のようなメソッドを利用できます。

▼表 6-9 logger オブジェクトの主なメソッド

メソッド	概要
unknown(*msg*)	不明なエラー
fatal(*msg*)	致命的なエラー
error(*msg*)	エラー
warn(*msg*)	警告
info(*msg*)	情報
debug(*msg*)	デバッグ情報

unknown（不明なエラー）がもっとも優先順位の高いログで、以降は fatal ／ error ／ warn ／ info ／ debug の順で優先順位が下がっていきます。具体的な例も見ておきましょう（リスト 6-14）。

*33
loggerオブジェクトは、（アクションではなく）モデルクラスやテンプレートファイル、ヘルパーからも同様に呼び出せます。それ以外のファイルからloggerオブジェクトを利用する例については、5.7.3項も参照してください。

▼リスト 6-14 ctrl_controller.rb[*33]

```
def log
  logger.unknown('unknown')
  logger.fatal('fatal')
  logger.error('error')
  logger.warn('warn')
  logger.info('info')
  logger.debug('debug')
  render plain: 'ログはコンソール、またはログファイルから確認ください。'
end
```

*34
環境に応じて、ログはdevelopment.log、test.log、production.logに記録されます。ログファイルをクリアするには、rails log:clearコマンドを利用します。

「～/ctrl/log」にアクセスした後、Puma のコンソールには以下のようなログが出力されているはずです。同様に log/development.log にも同じ内容のログが出力されていることを確認してください[*34]。

```
Started GET "/ctrl/log" for ::1 at 2016-11-09 15:12:35 +0900
Processing by CtrlController#log as HTML
unknown
```

```
fatal
error
warn
info
debug
  Rendering text template
  Rendered text template (0.0ms)
Completed 200 OK in 6ms (Views: 1.7ms | ActiveRecord: 0.0ms)
```

ログの設定は、設定ファイルから変更することもできます。

ログの出力レベルを変更する

たとえば、開発環境ではdebugログまですべてのログを出力したいが、本番環境ではunknown／fatal／errorログのみを出力できれば十分という場合、Railsではログの出力レベルを簡単に切り替えることができます。

設定ファイルに、リスト6-15のような記述を追加するだけです。

▼リスト6-15　development.rb

```
config.log_level = :error
```

サーバーを再起動した上で、先ほどのサンプルを実行すると、ログが以下のように絞り込まれていることが確認できます。

```
unknown
fatal
error
```

ただし、これまで標準で出力されていたログも出力されなくなっているので、上の結果を確認できたら、設定ファイルは元に戻しておきましょう。

一部のログをフィルターする

リクエスト情報の内容によっては、ログに記録してほしくないものもあるでしょう。たとえば、パスワードなどがログに記録されてしまうのはセキュリティなどという言葉を持ち出すまでもなく望ましい状況ではありません。

デフォルトで用意されている初期化ファイルfilter_parameter_logging.rb[*35]を確認すると、末尾付近に以下のようなパラメーターが設定されていることが確認できます（リスト6-16）。

*35
初期化ファイルはアプリ起動時に読み込まれるファイルで、名前のとおり、アプリ全体に関わる設定情報を定義します。config/initializersフォルダーの配下に格納されています。

▼リスト6-16　filter_parameter_logging.rb

```
Rails.application.config.filter_parameters += [:password]
```

*36
filter_parametersパラメーターは、シンボル、文字列で指定する他、「/password/」のような正規表現で指定することもできます。

このようにfilter_parametersパラメーターを設定しておくことで、指定されたパラメーター情報（この例ではpassword）がログに記録されなくなります[*36]。たとえばリクエスト情報にpasswordを含んでいた場合、ログ上では[FILTERED]のようにマスクされることが確認できるでしょう。

```
Started PATCH "/users/1" for ::1 at 2016-11-09 15:58:27 +0900
Processing by UsersController#update as HTML
  Parameters: {"utf8"=>"✔", "authenticity_token"=>"FqzVxVLRGRifXjlDlf8Hnd5kudAO ↵
+8ojsbL5PEzdNZaFgOp3w0mvnW8c5A1ZsveESeKn5pIa6LavgO2JrE9z4g==", "user"=>{"username"=>"yyamada", ↵
"password"=>"[FILTERED]", "email"=>"yyamada@wings.msn.to", "dm"=>"1", "roles"=>"admin,manager"}, ↵
"commit"=>"Update User", "id"=>"1"}
```

Railsを支える標準基盤 - Rack

Rackとは、HTTPサーバーとアプリ／フレームワークとの間を仲介する共通の基盤（インターフェイス）です。インターフェイスと言うと難しく聞こえるかもしれませんが、Rackで決められた規約は、以下の点だけです。

リクエストをあらかじめ用意したcallメソッドで処理し、その結果を「ステータスコード、HTTPヘッダー、レスポンス本体」のセットで返すこと

Rackを利用することで、アプリの窓口部分が統一されますので、Rack対応のサーバーやフレームワークとの連携が容易になるというメリットがあります。

Railsも、このRackの規約に則ったRackフレームワークです。アプリルートに注目すると、config.ruというファイルがありますが、これも、実はRack標準の設定ファイルで、アプリ起動時にエントリポイントとして読み込まれます。

▼リスト6-17　config.ru

```
require_relative 'config/environment'
run Rails.application
```

6-3 HTML 以外のレスポンス処理

ここまでは取得したデータを人間が閲覧することを想定して、もっとも一般的なHTML 形式で出力する方法を中心に解説してきました。しかし、サービスの内容によっては、そもそもコンテンツを（人間のユーザーに対してではなく）外部のアプリに対して提供したいというケースもあるでしょう。そのようなケースでは、構造化データの表現に適したマークアップ言語であるXML（eXtensible Markup Language）、あるいは、Ajax 通信などの用途ではJSON（JavaScript Object Notation）などの形式でデータを出力したいということもあるはずです。

本節では、そのようなHTML 以外の形式のコンテンツを作成するためのさまざまな方法について解説していきます。

6.3.1 モデルの内容をXML ／ JSON 形式で出力する

取得したモデルの内容をXML ／ JSON 形式に変換するのは、さほど難しいことではありません。render メソッドにxml ／ json オプションを指定して呼び出すだけです。

以下に簡単な例を見てみましょう。リスト6-18 はbooks テーブルからすべてのレコードを取得し、その内容をXML 形式で出力する例です。

▼リスト6-18　ctrl_controller.rb

```
def get_xml
  @books = Book.all
  render xml: @books
end
```

```
<?xml version="1.0" encoding="UTF-8"?>
<books type="array">
  <book>
    <id type="integer">1</id>
    <isbn>978-4-7741-5878-5</isbn>
    <title>AndroidエンジニアのためのモダンJava</title>
    <price type="integer">3360</price>
    <publish>技術評論社</publish>
    <published type="date">2013-08-20</published>
    <cd type="boolean">false</cd>
```

```
    <created-at type="dateTime">2013-09-17T06:09:32Z</created-at>
    <updated-at type="dateTime">2013-09-17T06:09:32Z</updated-at>
  </book>
  …中略…
</books>
```

xml オプションには、ただ取得したモデルを引き渡すだけです。これによって、render メソッドは

- to_xml メソッドでモデルを XML 形式に変換
- Content-Type ヘッダーとして "application/xml" を設定

という処理を自動的に行ってくれるのです。

NOTE Rails 5 での準備

Rails 4 までは以上のコードで動作していましたが、Rails 5 ではこのままでは正しい結果が得られません（=モデルが XML 形式に変換されません）。というのも、to_xml メソッドを提供していた ActiveModel::Serializers::Xml が、Rails 5 ではデフォルトでインストールされなくなったためです。

Rails 5 では、Gemfile[*37] の末尾にリスト 6-19 の行を追加してください。

*37
詳しい記法は10.5.2項でまとめます。

▼リスト 6-19　Gemfile

```
gem 'activemodel-serializers-xml'
```

あとは、コマンドプロンプトから以下のコマンドを実行することで、ActiveModel::Serializers::Xml が有効になります。bundle install コマンドを実行した後は、Puma を再起動してください。

```
> bundle install
```

NOTE xml オプションには文字列も指定できる

xml オプションには簡単な文字列を渡すこともできます。エラー通知を行うようなケースでは、この方法で手軽に XML データを送出できます。

```
render xml: '<error>123 Failed</error>'
```

json オプションも同じ要領で利用できます（リスト 6-20）。

▼リスト 6-20 ctrl_controller.rb

```
def get_json
  @books = Book.all
  render json: @books
end
```

```
[
  {
    "id":1,"isbn":"978-4-7741-8411-1",
    "title":"改訂新版JavaScript本格入門",
    "price":2980,"publish":"技術評論社",
    "published":"2016-09-30",
    "dl":false,
    "created_at":"2016-10-19T00:23:35.159Z",
    "updated_at":"2016-10-19T00:23:35.159Z"
  },
  …中略…
]*38
```

＊38
ここでは、出力結果が確認しやすいように、適宜改行などを入れて整形しています。

6.3.2 テンプレート経由で JSON ／ XML データを生成する ― JBuilder ／ Builder

render メソッドの json ／ xml オプションは手軽に JSON ／ XML 形式のレスポンスを生成するには便利ですが、結果の生成を View に委ねるという MVC のポリシーには反します。そもそも json ／ xml オプションにモデルを渡す方式は、モデルの内容を機械的に変換しているだけなので、フォーマットを厳密に決めたいというケースには対応できません[39]。

＊39
文字列を直接引き渡すことで対応できますが、ViewとControllerの分離という考え方からすれば、モデルを渡す以上に望ましくありません。

よりあるべき姿としては、ERB で HTML データを生成するのと同じく、JSON ／ XML データについてもテンプレート経由で生成するのが望ましいでしょう。これを行うのが、JBuilder ／ Builder テンプレートです。JBuilder は JSON データの生成に、Builder は XML データの生成に、それぞれ特化したテンプレートです。

いずれも Rails が生成したプロジェクトに標準で組み込まれ、利用にあたって特別な準備を必要としません。

JBuilder テンプレートで JSON データを生成する

まずは、JBuilder テンプレートで JSON データを生成する方法からです。リスト 6-21、6-22 では Scaffolding 機能（3.1.1 項）で自動生成された index.

json.jbuilderを例に、JBuilderの基本的な用法を示します。JBuilderを利用する場合、拡張子も.json.jbuilderとなります。

▼リスト6-21　books/index.json.jbuilder[*40]

```
json.array! @books, partial: 'books/book', as: :book ――❶
```

*40
「http://localhost:3000/books.json」のようなURLで呼び出せます。

▼リスト6-22　books/_book.json.builder

```
json.extract! book, :id, :isbn, :title, :price, :publish, :published, :dl, :created_at, :updated_at ―❸
json.url book_url(book, format: :json) ――❷
```

```
[
  {
    "id":1,
    "isbn":"978-4-7741-8411-1",
    "title":"改訂新版JavaScript本格入門",
    "price":2980,"publish":"技術評論社",
    "published":"2016-09-30",
    "dl":false,
    "created_at":"2016-10-19T00:23:35.159Z",
    "updated_at":"2016-10-19T00:23:35.159Z",
    "url":"http://localhost:3000/books/1.json"
  },
  …中略…
]*41
```

*41
ここでは、出力結果が確認しやすいように、適宜改行などを入れて整形しています。

純粋なRubyスクリプトとなっており、同じテンプレートとは言え、ERBとはずいぶんと雰囲気も異なっていますね。

しかし、基本的な考え方には共通するところもあります。❶のjson.array!メソッドは、「指定された配列から順番に要素を取り出して、その内容を部分テンプレート（books/book）で描画しなさい、個々の要素には変数bookでアクセスできますよ」という意味です。4.8節で説明した部分テンプレートそのままですね[*42]。

*42
テンプレートを指定する際に、拡張子やファイル名先頭の「_」は取り除くのでした。

構文　array!メソッド

```
json.array! coll, partial: template, as: var
```

coll：オブジェクト配列　*template*：個々の要素を描画するためのテンプレート
var：テンプレートで個々の要素にアクセスするための変数

array!メソッドによって呼び出された部分テンプレートbooks/_book.json.builderについても読み解いていきます。

まず、❷は JBuilder のもっとも基本的な構文です。指定されたキー／値のセットを出力します。

構文　json オブジェクト

```
json.key value
```

key：キー　*value*：値

たとえば❷であれば、「"url":"http://localhost:3000/books/1.json"」のような JSON 文字列を出力します。book_url は resources メソッドによって自動生成されたビューヘルパーです。詳しくは 7.1.1 項でも触れますので、ここでは format パラメーターを付与することで、出力形式に応じたリンク先を生成できる、とだけ覚えておいてください。

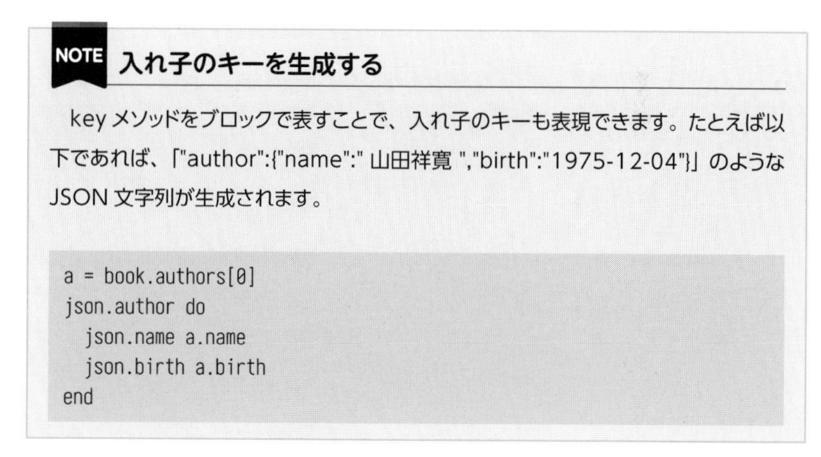

NOTE　入れ子のキーを生成する

key メソッドをブロックで表すことで、入れ子のキーも表現できます。たとえば以下であれば、「"author":{"name":" 山田祥寛 ","birth":"1975-12-04"}」のような JSON 文字列が生成されます。

```
a = book.authors[0]
json.author do
  json.name a.name
  json.birth a.birth
end
```

オブジェクトのプロパティをまとめて「*プロパティ名*：*値*」の形式で出力したいならば、extract! メソッドを利用します。

構文　extract! メソッド

```
json.extract! obj, prop, ...
```

obj：モデルオブジェクト　*prop*：プロパティ

❸は、以下のコードと同じ内容を出力します。

```
json.isbn book.isbn
json.title book.title
json.price book.price
```

```
json.publish book.publish
json.published book.published
json.dl book.dl
json.created_at book.created_at
json.updated_at book.updated_at
```

省略形として、以下のように記述することもできます。

```
json.(book, :isbn, :title, :price, :publish, :published, :dl, :created_at, :updated_at)
```

Builder テンプレートで XML 文書を生成する

JSON データを組み立てる JBuilder に対して、XML データを組み立てるのは Builder の役割です。リスト 6-23 では、Builder を利用して books#index アクション（3.2 節）を XML 出力にも対応してみます。Builder テンプレートの拡張子は .xml.builder です。

▼リスト 6-23　books/index.xml.builder[*43]

```
# <books>要素を生成
xml.books do
  # @booksをもとに、順に<book>要素を生成
  @books.each do |b|
    xml.book(isbn: b.isbn) do
      xml.title(b.title)
      xml.price(b.price)
      xml.publish(b.publish)
      xml.published(b.published)
      xml.dl(b.dl)
    end
  end
end
```

*43
「http://localhost:3000/books.xml」のようなURLで呼び出せます。

Builder もまた、JBuilder と同じく純粋な Ruby スクリプトから成るテンプレートです。以下のような構文でタグ構造を表現します。

構文　xml オブジェクト

```
xml.element([content] [,attr: value, ...]) do
  ...content...
end
```

element：要素名　*attr*：属性名　*value*：属性値
content：要素配下のコンテンツ

要素配下のコンテンツは引数、もしくはブロックとして指定できます。基本的には、json.keyメソッドと同じ考え方ですね。

Builder／JBuilderともに、出力文書の階層構造をそのままコードの階層として表現できますので、見た目にも読みやすく、また、直感的に記述できることがわかります。

NOTE

ERBテンプレートでXML文書を生成する

もっとも、JSON／XMLデータを生成するために、JBuilder／Builderが必須というわけではありません。これまで散々利用してきたERBでJSON／XMLデータを生成することもできます。たとえばリスト6-24は、リスト6-23のindex.xml.builderをERBテンプレートで書き直したものです*44。

▼リスト6-24 books/index.xml.erb

```
<?xml version="1.0" ?>
<books>
  <% @books.each do |b| %>
    <book isbn="<%= b.isbn %>">
      <title><%= b.title %></title>
      <price><%= b.price %></price>
      <publish><%= b.publish %></publish>
      <published><%= b.published %></published>
      <dl><%= b.dl %></dl>
    </book>
  <% end %>
</books>
```

*44
拡張子が「.xml.erb」となる点に注意してください。

応用：Atomフィードを生成する — atom_feedメソッド

Builderに対応したビューヘルパーatom_feedを利用することで、Atomフィード*45もごく直感的に記述できます。

さっそく、具体的な例を見てみましょう。リスト6-25では、これまでの例と同じく、books#indexアクション（3.2.1項）をAtom形式に対応させています。

*45
フィードとはサイトの新着／更新情報などを配信するためのドキュメントで、Atomはフィードを表すためのフォーマットの一種です。フィードはインターネットブラウザーをはじめ、専用のリーダーを利用することで参照でき、複数サイトのコンテンツを効率良く収集するのに役立ちます。

▼リスト 6-25　books/index.atom.builder

```
atom_feed do |feed|                                          ❶
  feed.title('最新書籍情報')                                  ❷
  feed.updated(@books.last.created_at)                       ❷

  @books.each do |book|
    feed.entry(book,                                         ❸
      url: "http://www.wings.msn.to/index.php/-/A-03/#{book.isbn}/",
      published: book.published,
      updated: book.published) do |entry|
      entry.title(book.title)
      entry.content("#{book.publish}刊 #{book.price}円")
      entry.author do |author|
        author.name(book.authors[0].name)
      end
    end
  end
end
```

atom_feed メソッドの一般的な構文は、以下のとおりです（❶）。

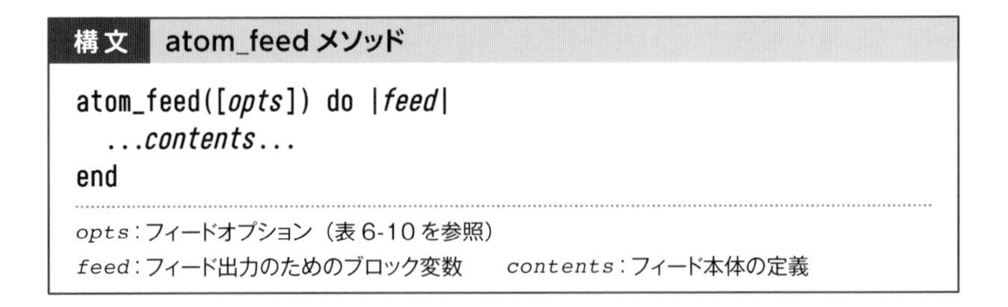

構文　**atom_feed メソッド**

```
atom_feed([opts]) do |feed|
  ...contents...
end
```

opts：フィードオプション（表 6-10 を参照）
feed：フィード出力のためのブロック変数　　*contents*：フィード本体の定義

▼表 6-10　atom_feed メソッドのオプション（引数 opts のキー）

オプション名	概要	デフォルト値
language	使用する言語	en-US
root_url	フィードを代替する HTML 文書（URL）	/
url	フィード URL	（現在の URL）
id	フィードの id 値	tag:#{request.host},#{options[:schema_date]}:#{request.fullpath.split(".")}
schema_date	フィードのスキーマ情報（年月日）	2005

atom_feed メソッドでは、ブロック変数（ここでは feed）を xml オブジェクトのように利用して、階層構造を記述していきます。ブロック変数 feed からは、title ／ updated ／ entry のようなメソッドを呼び出し、それぞれ対応する要素を作成しています（❷）。

entry メソッドだけはやや複雑なので、構文も示しておきましょう（❸）。

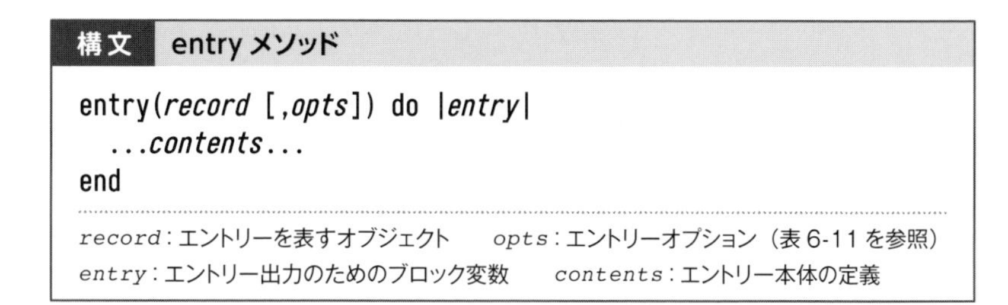

構文　entry メソッド

```
entry(record [,opts]) do |entry|
  ...contents...
end
```

record：エントリーを表すオブジェクト　opts：エントリーオプション（表 6-11 を参照）
entry：エントリー出力のためのブロック変数　contents：エントリー本体の定義

▼表 6-11　entry メソッドのオプション（引数 opts のキー）

オプション	概要	デフォルト値
published	記事の発行年月日	created_at 列
updated	記事の更新年月日	updated_at 列
url	エントリーのリンク先	―
id	エントリーの id 値	tag:#{@view.request.host},#{@feed_options[:schema_date]}:#{record.class}/#{record.id}
type	コンテンツタイプ	text/html

entry メソッドの配下では、ブロック変数（ここでは entry）を経由して、その他、必要な要素――<title> ／ <content> ／ <author> などの要素を生成します。

以上を理解したら、「http://localhost:3000/books.atom」のようなアドレスでアクセスしてみましょう。図 6-14 のような結果が得られれば、テンプレートファイルは正しく認識できています。

▼図 6-14　Atom フィードをブラウザーで参照した結果[*46]

*46
Chromeでは、あらかじめRSS Subscription Extensionアドオン（https://chrome.google.com/webstore/detail/rss-subscription-extensio/nlbjncdgjeocebhnmkbbbdekmmmcbfjd）を追加しておく必要があります。

補足：Rubyスクリプトの結果を出力する — Rubyテンプレート

Rubyテンプレートとは、「*テンプレート名.拡張子*.ruby」の形式で呼び出すテンプレートです。名前のとおり、純粋なRubyスクリプトで書かれたテンプレートで、スクリプトとしての最終的な戻り値をビューの結果として出力します。ほとんどがRubyスクリプトで占められているようなテンプレートでは、ERBテンプレートよりもすっきりとコードを表現できます。

リスト6-26、6-27は、booksテーブルの内容をCSV形式で出力する例です[*47]。

*47
拡張子は「**.csv**.ruby」となっていますが、もちろん、太字の部分は出力形式によって「.html」や「.txt」のように変化します。

▼リスト6-26　ctrl_controller.rb

```
def download
  @books = Book.all
end
```

▼リスト6-27　ctrl/download.csv.ruby[*48]

```
require 'kconv'
result = ''
# モデルのプロパティ名をカンマ区切りで出力（ヘッダー行）
result << @books.attribute_names.join(',') ――――――――❶
result << "\r"
# テーブルの内容を順にカンマ区切りで出力（データ行）
@books.each do |b|
  result << b.attributes.values.join(',') ――――――――❷
  result << "\r"
end
# 最終的な結果（戻り値はShift-JIS）
result.kconv(Kconv::SJIS, Kconv::UTF8) ――――――――❸
```

*48
「http://localhost:3000/ctrl/download.csv」のようなURLで呼び出せます。

▼図6-15　ダウンロードしたCSVファイルをExcelで開いたところ

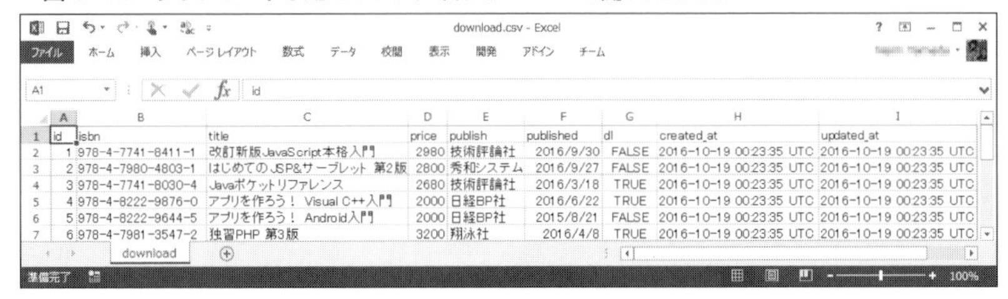

id	isbn	title	price	publish	published	dl	created_at	updated_at
1	978-4-7741-8411-1	改訂新版JavaScript本格入門	2980	技術評論社	2016/9/30	FALSE	2016-10-19 00:23:35 UTC	2016-10-19 00:23:35 UTC
2	978-4-7980-4803-1	はじめてのJSP&サーブレット 第2版	2800	秀和システム	2016/9/27	FALSE	2016-10-19 00:23:35 UTC	2016-10-19 00:23:35 UTC
3	978-4-7741-8030-4	Javaポケットリファレンス	2680	技術評論社	2016/3/18	TRUE	2016-10-19 00:23:35 UTC	2016-10-19 00:23:35 UTC
4	978-4-8222-9876-0	アプリを作ろう！ Visual C++入門	2000	日経BP社	2016/6/22	TRUE	2016-10-19 00:23:35 UTC	2016-10-19 00:23:35 UTC
5	978-4-8222-9644-5	アプリを作ろう！ Android入門	2000	日経BP社	2015/8/21	FALSE	2016-10-19 00:23:35 UTC	2016-10-19 00:23:35 UTC
6	978-4-7981-3547-2	独習PHP 第3版	3200	翔泳社	2016/4/8	TRUE	2016-10-19 00:23:35 UTC	2016-10-19 00:23:35 UTC

attribute_namesメソッドは、モデルに属するすべてのプロパティ名を配列として返します。❶ではjoinメソッドでカンマ区切りの文字列として結合することで、ヘッダー行を生成しています。

attributesメソッドは、モデルのすべてのプロパティを「*名前*:*値*」のハッシュ形式で返します。❷では、valuesメソッドで値のみの配列を取り出した上で、これをカンマ区切りで連結しています。

Ruby テンプレートでは、スクリプトの最後の値が文字列として評価され、出力されます。❸では、Excel で利用することを想定して、変数 result を kconv メソッドで Shift-JIS 変換しています。

基本編 1 2 3 4 5 6 7 8 9 10

6.3.3 マルチフォーマット出力に対応する ― respond_to メソッド

Rails でマルチフォーマット対応するには、まず、ERB ／ JBuilder ／ Builder ／ Ruby などのテンプレートを利用して、対応するビューを複数用意するのが基本です[*49]。

*49
先ほどの例であれば、index.html.erb、index.json.jbuilder、index.xml.builder などのテンプレートを用意しました。

しかし、簡易なエラーメッセージの出力など、テンプレートを用意するまでもない場合、あるいは、そもそもフォーマットに応じて（描画ではなく）リダイレクトしたい、ヘッダーだけを出力したい、などのケースでは、respond_to メソッドを利用することで、簡単に処理を分岐できます。

リスト 6-28 に、Scaffolding 機能で自動生成された books#create メソッドの例を再掲します。

▼リスト 6-28　books_controller.rb

```
def create
  @book = Book.new(book_params)

  respond_to do |format|
    if @book.save
      format.html { redirect_to @book, notice: 'Book was successfully created.' } ――❶
      format.json { render :show, status: :created, location: @book }
    else
      format.html { render :new }
      format.json { render json: @book.errors, status: :unprocessable_entity }
    end
  end
end
```

respond_to メソッドの構文は、以下のとおりです。

構文　respond_to メソッド

```
respond_to do |format|
  format.type { statements }
  ...
end
```

format：フォーマット制御オブジェクト　　*type*：応答フォーマット
statements：描画コード

respond_to メソッド配下のブロックには「format.type」の形式で、対応するフォーマットの種類を列挙できます。format.type は対応したいフォーマットの数だけ記述してください。

それぞれのブロック（statements の部分）には、フォーマットに応じた処理コードを表します。リスト 6-28 の例の処理内容については、3.4.2 項で取り上げたので、忘れてしまったという人は再確認してください。

ブロック（statements）を略して単に「format.html」のように表した場合には、対応するテンプレート（たとえば index.html.erb のような）を使ってレスポンスを描画しようとします。

NOTE　利用できるフォーマット

respond_to メソッドで利用できるフォーマットは、Rails の action_dispatch/http/mime_types.rb で定義されています。デフォルトでは、html、xml、json、rss、atom、yaml、text、js、css、csv、ics などが定義されています。もしもこれ以外のフォーマットを利用したい場合には、/config/initializers/mime_types.rb で、以下のような形式でフォーマットの登録を行ってください（以下は mime_types.rb に書かれているサンプルです）。

```
Mime::Type.register "text/richtext", :rtf
```

6-4 状態管理

状態管理とは、複数のページ（アクション）間で情報を維持するためのしくみのことを言います。状態管理の必要性を理解するには、改めて**HTTP**（**HyperText Transfer Protocol**）の制約を理解しておく必要があります。

HTTPは、クライアントからの要求（リクエスト）に対して、サーバーが応答（レスポンス）を返して終わり、というとても単純なプロトコルです。つまり、同じクライアントから何度リクエストを送っても、サーバーはこれを同じクライアントからのものとは見なしません。少し難しげな言い方をするならば、HTTPとは**ステートレス**（状態を維持できない）なプロトコルなのです（図6-16）。

▼図6-16　HTTPはステートレスなプロトコル

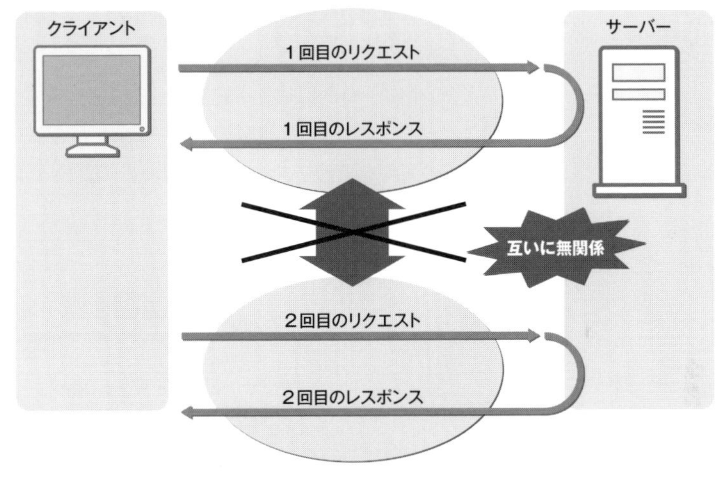

HTTPプロトコルはリクエスト→レスポンスの一往復が基本単位
1回目の通信と2回目の通信とは（同じユーザーからのものでも）それぞれに独立したもの

しかし、アプリを実装する上で、この制約は致命的です。たとえば、グループウェアのように認証を必要とするアプリを想定してください。グループウェアには、スケジュール管理や掲示板、ワークフロー管理など、さまざまなページが用意されているはずです。このようなアプリでは、ページをまたがって、ユーザーが認証済みであるということや、そもそもそのユーザーが誰かという「状態」を維持している必要があります（さもなければ、ページごとにログインしなおさなければならないでしょう）。

アプリ全体、もしくは特定の機能で、このように状態を維持（管理）しなければならない局面は、いくらでもあります。そして、Railsでは（本来、HTTPが持たない）状態管理の機能をアプリで補うために、表6-12のような機能を提供しています。

▼表6-12　Railsで利用可能な状態管理の方法

機能	概要
クッキー	ブラウザーに保存される小さなテキスト情報（Rails以外の環境でも利用できる汎用的な状態管理の手段）
セッション	クッキー、キャッシュ、データベースなどに状態情報を保存するしくみ（もっともよく利用される状態管理の方法）
フラッシュ	現在と次のリクエストでのみ維持できる特殊なセッション情報

厳密には、クエリ情報や隠しフィールドのような機能も状態管理の一種とも言えますが、状態管理としての用途は限定的です。本節では、より汎用的に利用することになるであろう表6-12の機能について、順に見ていくことにします。

6.4.1 クッキーを取得／設定する ― cookiesメソッド

クッキー（**Cookie**）とは、クライアント側に保存される簡易なテキストファイルのことです。原則として、Webの世界ではサーバーがクライアントにデータを書き込むことを許してはいません。しかし、クッキーだけは唯一の例外です。サーバーがクライアントに一時的に情報を記録させるには、まずクッキーを利用する必要があります。クッキーによって、複数のページにまたがる形で、ユーザーの識別やクライアント単位の情報を管理できるようになります（図6-17）。

▼図6-17　クッキーとは

さっそく、具体的な例を見てみましょう。ここで作成するのは、初回のアクセスで入力したメールアドレスをクッキーに保存し、2回目以降のアクセスで復元するサンプルです（リスト6-29、6-30）。

▼リスト 6-29　ctrl_controller.rb

```
def cookie
  # テンプレート変数@emailにクッキー値をセット
  @email = cookies[:email] ――――❷
end

def cookie_rec
  # クッキー:emailをセット（有効期限は3か月後）
  cookies[:email] = { value: params[:email],     ┐
    expires: 3.months.from_now, http_only: true } ┘―❶
  render plain: 'クッキーを保存しました。'
end
```

▼リスト 6-30　ctrl/cookie.html.erb

```
<%= form_tag(action: :cookie_rec) do %>
  <%= label_tag :email, 'メールアドレス：' %>
  <%= text_field_tag :email, @email, size: 50 %>
  <%= submit_tag '保存' %>
<% end %>
```

▼図 6-18　初回に入力したアドレスが 2 回目以降のアクセスではデフォルトで表示される

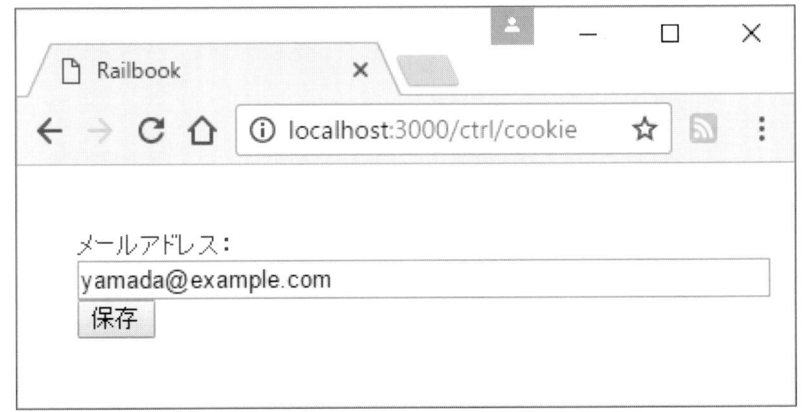

クッキーを設定するには、cookies メソッドを利用します（❶）。

構文　cookies メソッド

```
cookies[:name] = { key: value,... }
```

name：クッキー名　*key*：オプション名　*value*：値

クッキーに関する情報は「*オプション名*：*値*」のハッシュ形式で設定できます。cookies メソッドに引き渡すことのできるオプションは、表 6-13 のとおりです。

▼表 6-13　cookies メソッドに対して指定できるオプション

オプション名	概要	設定値（例）
value	クッキーの値	yamada@wings.msn.to
expires	クッキーの有効期限	3.hours.from_now
domain	クッキーが有効なドメイン	web-deli.com
path	クッキーが有効なパス	/~wings/
secure	true の場合、暗号化通信でのみクッキーを送信	true
httponly	HTTP クッキーを有効にするか	true

value と expires は事実上、必須のオプションです。expires オプションが省略された場合、クッキーはブラウザーを閉じたタイミングで破棄されますので、注意してください。

domain と path は、そのクッキーが有効となるドメインとパスを設定します。特にドメイン名を複数のユーザーで共有するようなサーバーを利用している場合*50、クッキーが他のユーザーに漏れないよう、path は必ず指定しておくべきです。

*50
たとえば、wingsとyamadaの2ユーザーがwww.web-deli.comドメインに相乗りしている、http://www.web-deli.com/~wings/とhttp://www.web-deli.com/~yamada/のようなケースです。

secure は、通信を暗号化している場合には true としておくべきです。これによって、暗号化されていないページが混在している場合にもクッキーが不用意に送出されることはなくなりますので、より安全です。

httponly は、HTTP 通信でのみアクセスできる **HTTP クッキー**を有効化します。これによって JavaScript からのクッキーアクセスが遮断されるので、クロスサイトスクリプティング脆弱性によるクッキー盗聴を防ぐことができます。

value オプションのみを指定するならば、次のように記述するだけでも構いません。

```
cookies[:email] = params[:email]
```

このようにして保存されたクッキーは、同じく cookies メソッドでアクセスできます（❷）。キーには保存時に指定した名前を指定するだけです。

既存のクッキーを削除するには、delete メソッドを利用してください。

```
cookies.delete(:email)
```

ただし、domain ／ path オプションで制約されたクッキーは、削除に際しても対象の domain ／ path を明示する必要があります。

```
cookies.delete(:email, path: '/~wings')
```

6.4.2 補足：永続化クッキー／暗号化クッキー

permanent ／ encrypted メソッドを利用することで、永続化クッキー／暗号化クッキーを生成できます。

```
cookies.permanent[:email] = { value: ... }  ── 恒久的なクッキー
cookies.encrypted[:email] = { value: ... }  ── クッキー値の暗号化
```

クッキーはクライアントに保存されるものであるため、従来、不正なアクセスや改ざんを防ぐのは難しいことでした。しかし、暗号化クッキーを利用することで、クッキーをより安全に利用できます。

NOTE 秘密トークン

暗号化クッキーを利用するには、クッキーを暗号化／解読するときに利用するトークンを、config/secrets.yml 配下の development − secret_key_base キーに設定しておく必要があります[*51]（リスト 6-31）。

▼リスト 6-31　secrets.yml[*52]

```
development:
  secret_key_base: 4878594c6f7c054d57120be...

test:
  secret_key_base: fba8ab3112a1a16224b4f92...

production:
  secret_key_base: <%= ENV["SECRET_KEY_BASE"] %>
```

プロジェクトを作成したタイミングで、既に 128 バイトのトークン値が設定されているので、まずは、このままで構いません。自分で値を変更する場合には、以下の点に注意してください[*53]。

1. 変更を反映させるには、サーバーを再起動させること
2. トークンを変更したとき、それまでの暗号化クッキーはすべて無効化されること
3. production 環境では、トークンをハードコーディングしないこと

production 環境では、代わりに環境変数として SECRET_KEY_BASE を設定してください。そのままでは、production 環境は動作**しない**ので、要注意です。

永続化（permanent）クッキーは、正確には、有効期限が 20 年後に設定されるクッキーです。expires オプションが指定された場合も、permanent 設定が優

*51
development環境の場合です。test環境では、test− secret_key_baseキーを編集します。

*52
secrets.ymlには、任意のキーで外部サービスで利用しているAPIキーを管理することもできます。たとえば、my_api_keyキーは、「Rails.application.secrets.my_api_key」でアクセスできます。

*53
キーを生成するには、rails secretコマンドを利用できます。

先される点に注意してください。便利な機能ではありますが、セキュリティ的な観点からは有効期限の長いクッキーは嫌われる傾向にありますので、濫用は避けるべきです。

なお、以下のようにすると、クッキーの永続化と暗号化を同時に設定することも可能です。

```
cookies.permanent.encrypted[:email] = { value: ... }
```

6.4.3 セッションを利用する — session メソッド

Rails では、ページ間で情報を共有するためのしくみとして、クッキーの他にもう 1 つ、**セッション**というしくみを提供しています。セッションとは、ユーザー（クライアント）単位で情報を管理するためのしくみのことで、昨今のフレームワークの多くが同様の機能を提供しています。

もっとも、Rails のセッションは、デフォルトではクッキーにすべての情報を保存するため、標準の状態ではクッキーとほとんど違いがありません。しかし、セッションでは設定を変更することで、保存先（データストア）を変更できるという特長があります（表 6-14）。ブラウザーが開いている間、データを維持したいというケースではまずセッションを優先して利用すると良いでしょう*54

*54
ブラウザーを閉じてからもセッションを維持することはできますが、特にデータストアとしてデータベースやキャッシュなどサーバーリソースを利用している場合、長期間の保存には向きません。

▼表 6-14　セッション情報のデータストア

保存先	概要
クッキー（CookieStore）	クライアントのクッキーとしてセッションを保存（デフォルト）。高速に動作する反面、クライアントサイドへの保存なので、機密情報の保存には不向き。格納サイズも 4KB に制限
キャッシュ（CacheStore）	アプリのキャッシュにセッションを保存。さほど重要でない、短命なデータの保存に利用
データベース（ActiveRecordStore）	Active Record 経由でアクセスできるデータベースにセッションを保存。サーバー保存なので、機密情報の保存にも有利*55

*55
Railsで はCookieStoreを推奨していることから、ActiveRecordStoreはRails 4以降で外部gem化(activerecord-session_store)されました。

セッションのしくみ

本文でも示したように、Railsではセッション情報の保存先をクライアントサイド（クッキー）とサーバーサイド（データベース、キャッシュ）から選択できます。クッキーによるセッション管理については、図6-17のような処理の流れを思い出していただければ良いでしょう。では、サーバーサイドにセッションデータを保存する場合、Railsでは、状態を保存するためにどのような流れで処理を行っているのでしょうか（図6-19）。

▼図6-19　セッションのしくみ

id	session_id	data	created_at	updated_at
1	374e708a458 ff8fb051cbe64 f7a7bb6d	BAh7B0kiEF9jc3Jm X3Rva2VuBjoGRUZ JIjFpM0pVbGVwM...	2016-12-30 08:48:40.946799	2016-12-30 08:51:37.439894
2	6afd50ed7f7e 1fbe24c8c863 fb3ce5b2	BAh7B0kiEF9jc3Jm X3Rva2VuBjoGRUZ JIjFmVWFCenlsd...	2016-12-30 09:12:21.803068	2016-12-30 09:12:32.470678
	...	...		

ここでポイントとなるのは、サーバーサイドでセッションを管理する場合も、そのキーだけはクッキー経由でやり取りされるという点です[*56]。クライアント単位で発行されるキーのことを**セッションID**と言います。サーバー側では、クライアントから発信されたセッションIDをキーにして、アクセスしてきたユーザーを識別し、対応するセッション情報を取得しているのです。

***56**
セッション管理のためのクッキーのことを**セッションクッキー**とも言います。

セッションの基本

それではさっそく、セッションの利用方法を具体的に見ていくことにしましょう。リスト6-32、6-33は、6.4.1項のサンプルを、セッションを使うように書き換えたものです（主な変更点は太字で示しています）。

▼リスト6-32　ctrl_controller.rb

```
def session_show
  @email = session[:email]
end
```

```
def session_rec
  session[:email] = params[:email]
  render plain: 'セッションを保存しました。'
end
```

▼リスト 6-33　ctrl/session_show.html.erb

```
<%= form_tag(action: :session_rec) do %>
  <%= label_tag :email, 'メールアドレス：' %>
  <%= text_field_tag :email, @email, size: 50 %>
  <%= submit_tag '保存' %>
<% end %>
```

「～ /ctrl/session_show」にアクセスし、メールアドレスを入力してみましょう。「セッション情報を保存しました。」というメッセージが表示されたら、再度、「～ /ctrl/session_show」にアクセスし、初回アクセス時に入力したメールアドレスがデフォルトで表示されていることを確認してください（図 6-20）。

▼図 6-20　初回アクセス時に入力したメールアドレスをデフォルトで表示

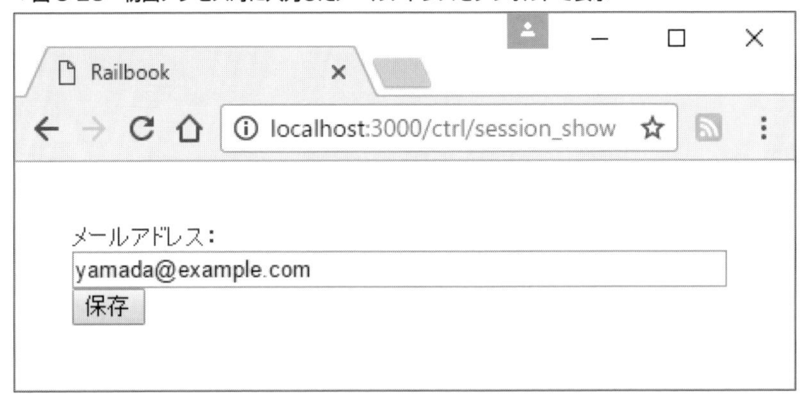

また、6.4.1 項のサンプルではブラウザーを閉じてもメールアドレスが維持されていたのに対して、今回の例では、ブラウザーを閉じてしまうと、メールアドレス欄が空白に戻ってしまうことも確認してください*57。

*57
セッションの有効期限は、デフォルトではブラウザーが閉じるまでです。

動作を確認できたところで、セッションを読み書きするための構文についても確認しておきましょう。もっとも、セッションの読み書きはクッキーの読み書き以上にシンプルです。

構文　**session メソッド**

```
session[:name] = value
```

name：キー名　*value*：値

基本編 1 2 3 4 5 6 7 8 9 10

cookiesメソッドであったようなパラメーターは、（後述するように）設定パラメーターとして記述するため、コード上は変数を読み書きする要領でセッションを扱えるのです。

既存のセッションを破棄する場合、特定のキー単位で破棄するならば対応するキーに対してnilを設定します。すべてのセッションを破棄するならばreset_sessionメソッドを利用します。

```
session[:email] = nil   ―― 特定のキーでセッションを破棄
reset_session           ―― すべてのセッション情報を破棄
```

セッションの保存先

セッションの保存先を変更するには、/config/initializers/sesssion_store.rbからconfig.session_storeパラメーターを編集してください。指定できる設定値は、表6-15のとおりです。

▼表6-15　config.session_storeパラメーターの設定値

設定値	概要
:cookie_store	クッキー（デフォルト）
:cache_store	キャッシュ
:active_record_store	Active Record経由のデータベース*58
:disabled	セッションを無効化

*58
Rails 4以降ではgem（activerecord-session_store）として本体からは切り離されています。別途インストールの必要があります。

リスト6-34に、アプリを自動生成した直後のsession_storeパラメーターの設定例を示します。

▼リスト6-34　session_store.rb

```
Rails.application.config.session_store :cookie_store, key: '_railbook_session'
```

第1引数にはデータストアの種類を、第2引数以降には「*キー名*:*値*」の形式で動作パラメーターを指定します。利用できる動作パラメーターは、データストアによって異なりますので、表6-16では共通のパラメーターについてまとめます。

▼表6-16 データストアの動作パラメーター

パラメーター	概要	デフォルト値
key	セッション情報の格納に利用するクッキー名	_session_id
domain	セッションクッキーが有効なドメイン	nil（現在のドメイン）
path	セッションクッキーが有効なパス	/
expire_after	セッションの有効期限	nil（ブラウザーを閉じるまで）
secure	暗号化通信の場合のみクッキーを送信するか	false
httponly	HTTPクッキーを有効にするか	true

6.4.4 フラッシュを利用する — flashメソッド

リダイレクト処理の前後で、一時的にデータを保存したいことはよくあります。たとえば、データを登録／更新し、その結果をリダイレクトした先の画面で「～の保存に成功しました」のように表示するようなケースです（図6-21）。

▼図6-21 フラッシュ

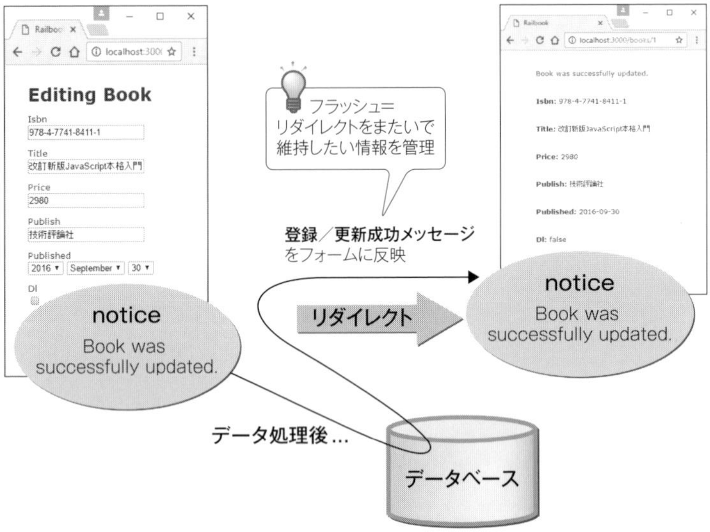

しかし、これをここまでに学んだしくみだけで実現するのは、実は意外と厄介です。テンプレート変数は現在のアクションと対応するテンプレートでしか維持されないため利用できません。しかし、セッションを利用しようとすれば、今度はリダイレクト先のページで不要になった後、自分で削除する必要があるのです。

そこでRailsでは、現在のリクエストと次のリクエストでのみデータを維持するための**フラッシュ**という機能を提供しています。フラッシュとは、「次のリクエストで自動的に削除される機能を持ったセッション」と考えても良いでしょう。

フラッシュの基本

フラッシュは、その性質上、リダイレクト命令（redirect_to メソッド）と併せて利用するケースがほとんどです。実は、この例は既に 3.4.2 項でも紹介済みです（リスト 6-35）。

▼リスト 6-35　books_controller.rb

```
def create
  …中略…
  respond_to do |format|
    if @book.save
      format.html { redirect_to @book, notice: 'Book was successfully created.' }
      …中略…
    end
  end
end
```

books#create アクションでは、書籍情報の保存に成功した場合に詳細画面に「Book was successfully created.」というメッセージを表示しますが、このメッセージの送信に利用していたのがフラッシュのしくみだったのです。

redirect_to メソッドで notice オプションとして指定された文字列は、リダイレクト先にフラッシュ経由で引き継がれます。

notice オプションで指定されたエラーメッセージは、テンプレート側でリスト 6-36 のように参照できます。

▼リスト 6-36　books/show.html.erb

```
<p id="notice"><%= notice %></p>
```

同じような動作をするオプションとして、alert オプションも用意されています。notice オプションは通知メッセージ、alert オプションは警告／エラーメッセージに、という使い分けをすると良いでしょう。

flash メソッドによる記法

notice ／ alert オプションを利用する他、flash メソッドを使う方法でもフラッシュを設定できます。redirect_to メソッドとは別のタイミングでフラッシュを設定する際は、こちらを利用します。

構文　flash メソッド

```
flash[:key] = value
```

key：キー名　*value*：値

*59
冗長なだけで、この例ではあえてflashメソッドを利用する意味はありません。あくまでサンプルとして見てください。

セッションと同じく、キーには任意の名前を指定できます。たとえば、リスト6-35の太字部分をflashメソッドで書き換えると、リスト6-37、リスト6-38のようになります*59。

▼リスト6-37　books_controller.rb

```
format.html {
  flash[:msg] = 'Book was successfully created.'
  redirect_to @book
}
```

▼リスト6-38　books/show.html.erb

```
<p id="notice"><%= flash[:msg] %></p>
```

この例では、キー名を:msgとしてみました。予約キーであるnoticeやalertであれば、参照に際してもローカル変数のようにアクセスできますが、その他のキーの場合は「flash[:msg]」と、flashメソッド経由でアクセスしなければなりません。

補足：フラッシュのその他のメソッド

flashメソッド経由で、表6-17のようなメソッドにアクセスすることもできます。

▼表6-17　フラッシュ関連のメソッド

メソッド	概要
flash.now[:*key*]	現在のアクションでのみ有効なフラッシュを定義
flash.keep(:*key*)	指定されたフラッシュを次のアクションに持ち越す（:keyを省略した場合はすべてのフラッシュが対象）
flash.discard(:*key*)	指定されたフラッシュを破棄（:keyを省略した場合はすべてのフラッシュが対象）

flash.nowメソッドは、リダイレクト先ではなく現在のアクションでフラッシュを参照させたい場合に利用します。具体的な利用例は6.5.5項も併せて参照してください。

6.5 フィルター

フィルターとは、アクションメソッドの前、後、あるいは前後双方で付随的な処理を実行するためのしくみです。フィルターを利用することで、アクションに付随する共通の処理——たとえば、アクセスログや認証、アクセス制御といった機能を、アクションごとに記述しなくても済むようになりますので、コードをよりスマートに記述できます（図 6-22）。

▼図 6-22　フィルターとは?

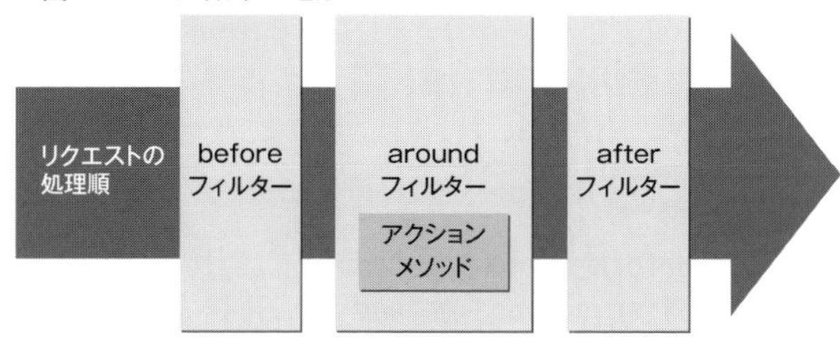

フィルターの基本については、既に 3.3 節でも触れていますので、忘れてしまったという人は、まずこちらを再確認するようにしてください。以下では、3.3 節の理解を前提に、より詳しい解説を進めます。

6.5.1 アクションの事前／事後に処理を実行する — before ／ after フィルター

アクションの直前、または直後で実行すべき処理は、before ／ after フィルターに記述します。たとえばリスト 6-39 は、アクションの前後でそれぞれ現在時刻をログするためのサンプルです。

▼リスト 6-39　ctrl_controller.rb

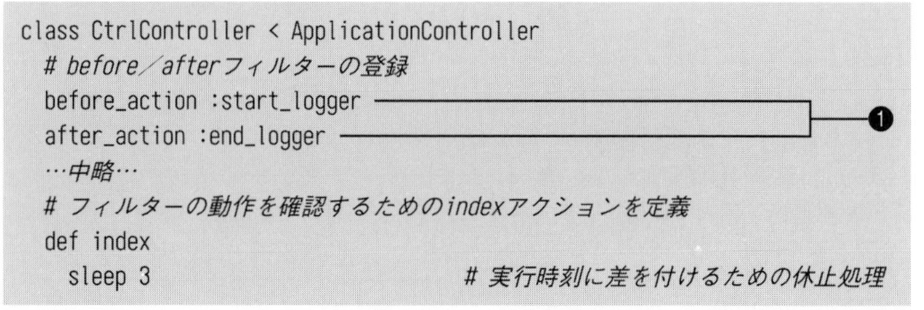

```
class CtrlController < ApplicationController
  # before／afterフィルターの登録
  before_action :start_logger ────┐
  after_action :end_logger ───────┴─❶
  …中略…
  # フィルターの動作を確認するためのindexアクションを定義
  def index
    sleep 3                    # 実行時刻に差を付けるための休止処理
```

```
    render plain: 'indexアクションが実行されました。'
  end

  private ─────────────────────────────────┐
    # 開始時刻をログに記録
    def start_logger
      logger.debug('[Start] ' + Time.now.to_s)
    end                                             ├─❷

    # 終了時刻をログに記録
    def end_logger
      logger.debug('[Finish] ' + Time.now.to_s)
    end ─────────────────────────────────┘
end
```

before ／ after フィルターを定義するのは、before_action ／ after_action メソッドの役割です（❶）。

構文 before_action ／ after_action メソッド

```
before_action :method [, ...]
after_action :method [, ...]
```

method：フィルターとして適用されるメソッド名

before_action ／ after_action メソッドともに複数のメソッドを指定することもできます。ここでは、before フィルターとして start_logger メソッドを、after フィルターとして end_logger メソッドを、それぞれ登録しています。

フィルターとして登録されたメソッドの実体を表しているのが❷です。フィルター自体は普通のメソッドなので特筆すべき点はありません。ただし、フィルターメソッドがアクションとして利用できてしまうのは望ましくありませんので、原則としてプライベートメソッドとして定義するようにしてください。

以上を理解したら、サンプルを実行してみましょう。ログファイル（/log/development.log）の内容を確認すると、以下のような情報が記録されていることが見て取れます。

```
Started GET "/ctrl/index" for ::1 at 2016-11-09 17:21:34 +0900
Processing by CtrlController#index as HTML
[Start] 2016-11-09 17:21:34 +0900 ──────────── beforeフィルターによるログ
  Rendering text template
  Rendered text template (0.0ms)
[Finish] 2016-11-09 17:21:37 +0900 ──────────── afterフィルターによるログ
Completed 200 OK in 3005ms (Views: 2.4ms | ActiveRecord: 0.0ms)
```

ここでは index アクションでの動作を確認していますが、フィルターはコントローラー全体に対して適用されます。たとえば、index2 アクションを呼び出した場合にも、同じく before ／ after フィルターが実行されることも確認しておきましょう。

6.5.2 アクションの前後で処理を実行する ― around フィルター

アクションの事前／事後の処理を記述する before ／ after フィルターに対して、アクション前後の処理をまとめて記述するのが around フィルターです。前項の例を around フィルターで書き換えてみると、リスト 6-40 のようになります。

▼リスト 6-40　ctrl_controller.rb

```
class CtrlController < ApplicationController
  # aroundフィルターの登録
  around_action :around_logger
  …中略…
  # indexアクションの定義
  def index
    sleep 3
    render plain: 'indexアクションが実行されました。'
  end

  private
    # 開始／終了時刻をログに記録
    def around_logger
      logger.debug('[Start] ' + Time.now.to_s)
      yield                                          # アクションを実行
      logger.debug('[Finish] ' + Time.now.to_s)
    end
end
```

around_action メソッドで around フィルターを登録し、その実体をプライベートメソッド（ここでは around_logger）として登録するところまでは、before ／ after フィルターと同じです。異なる点は太字の部分です。around_action フィルターでは、アクションの**前後**の処理をまとめて記述していますので、どのタイミングでアクションを呼び出すのか、明示的に指定する必要があるのです。そのタイミングを指定しているのは yield メソッドです。

よって、around フィルターにおいて条件次第でアクションを実行させたくないという場合には、yield メソッドを呼び出さなければ良いということになります*60。

***60**
試しに太字部分をコメントアウトしてみると、空のコンテンツが返され、アクションが実行されていないことが確認できます。

before フィルターでアクションを中止するには

before フィルターで render ／ redirect_to メソッドを呼び出すか、あるいは、例外を発生させることでアクションの実行をスキップさせることもできます（たとえば、認証の可否を判定し、許可されなかった場合には他のページにリダイレクトしてしまう、というような使い方ができるでしょう）。その場合、後続のフィルターもすべてスキップされますので、注意してください。

なお、当たり前ですが、after フィルターのタイミングでは既にアクションが実行済みなので、アクションをスキップすることはできません。

6.5.3 フィルターの適用範囲をカスタマイズする

フィルターを利用する上で、その適用範囲を理解しておくことは重要です。本項では、適用範囲の基本を理解すると共に、フィルターを特定のコントローラー／アクションに適用／除外する方法について理解します。

フィルターの適用範囲を制限する — only ／ except オプション

フィルターは、デフォルトでコントローラー配下のすべてのアクションに対して適用されます。しかし、フィルターによっては特定のアクションに対してのみ適用したい、あるいは、特定のアクションには適用したくない、ということもあるでしょう。そのような場合には、*xxxxx*_action メソッドで only ／ except オプションを指定してください。

たとえばリスト6-41は、before フィルター start_logger を index ／ index2 アクションに対してのみ適用し、after フィルター end_logger を index アクションに対してのみ適用**しない**ことを指定した例です。

▼リスト 6-41　ctrl_controller.rb

```
class CtrlController < ApplicationController
  before_action :start_logger, only: [:index, :index2]
  after_action :end_logger, except: :index
```

only オプションでは指定されたアクションに対してのみ（only）フィルターを適用し、except オプションでは指定されたアクションを除いて（except）フィルターを適用するわけです。

もっとも、only ／ execpt オプションの利用は必要最小限に留めるべきです。あまりに複雑なフィルター設定はコードの可読性を著しく低下させ、デバッグ時にも（特に論理的な）問題を見付けにくくする原因ともなるからです。そうした意味では、コントローラーもできるだけ同じフィルターを適用できるような設計にすべきですし、逆に一部のアクションにしか適用できないようなフィルターは、そもそもそれがフィルターとすべき処理なのかを再検討してください。

フィルターの適用範囲

次に、コントローラーをまたいだフィルターの適用範囲を確認します。

フィルターは、定義されたコントローラー、また、その派生コントローラーで有効です。図 6-23 に、コントローラーの継承例とその有効範囲を示します。

▼図 6-23　フィルターの適用範囲

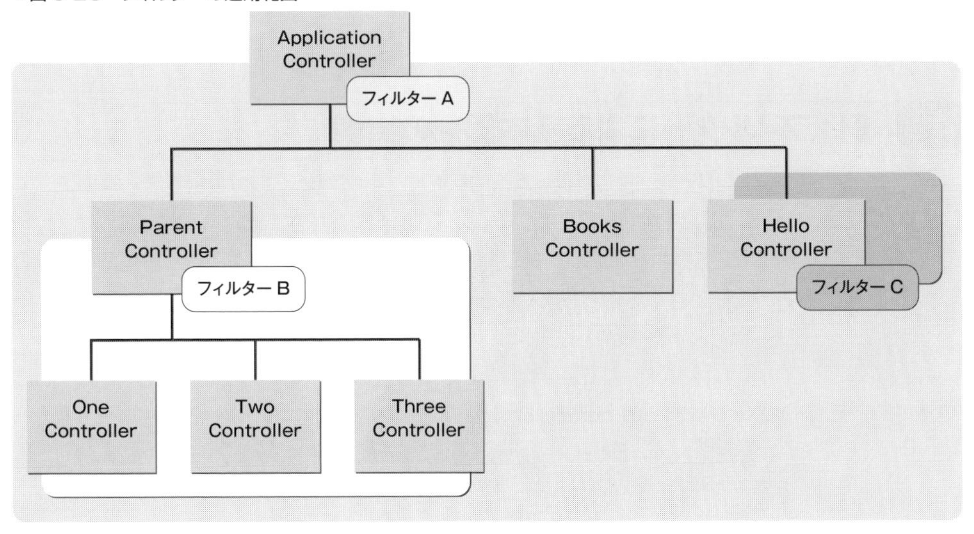

ApplicationController はすべてのコントローラーの基底クラスなので、アプリ共通のアクセスログや認証のような機能は、ここに設置するべきです。継承ツリーの途中に、ParentController コントローラーのような派生コントローラーが存在する場合、そこで定義されたフィルターは配下のコントローラー（図 6-23 では OneController ～ ThreeController）でのみ有効になります。

なお、継承ツリーにまたがるフィルターは、基底コントローラー→派生コントローラーの順で実行されます。

継承したフィルターを除外する ― skip_*xxxxx*_action メソッド

skip_before_action ／ skip_after_action ／ skip_around_action メソッドを利用することで、基底コントローラーから引き継いだフィルターを除外することもできます*61。たとえば、基底コントローラーで定義された before フィルター my_

*61
以前はすべてのフィルターを対象とするskip_action_callbackメソッドもありましたが、除外の対象が曖昧になることから、現在では非推奨となっており、Rails 5.1では削除予定です。

loggingを除外したいならば、リスト6-42のように記述します。

▼リスト6-42　ctrl_controller.rb

```
class CtrlController < ApplicationController
  skip_before_action :my_logging*62
```

*62
複数のフィルターを除外するならば、カンマ区切りで列挙します。

*xxxxx*_actionメソッドの場合と同じく、only／exceptオプションも利用できます。以下のコードはindexアクションでのみmy_loggingフィルターを除外するという意味になります。

```
skip_before_action :my_logging, only: :index
```

6.5.4 例：フィルターによる基本認証の実装

フィルターを利用した少し実践的な例として、本項ではindexアクションに対してHTTP認証を実装してみましょう（リスト6-43）。基本認証はユーザー名／パスワードが平文で扱われるため、厳密な認証には不向きですが、ブラウザー標準の機能のみで実装できるため、「導入のハードルが低い」「ログインフォームなどの準備も不要」などの手軽さが特長です。

▼リスト6-43　ctrl_controller.rb

```
class CtrlController < ApplicationController
  # indexアクションに対してbeforeフィルターauthを登録
  before_action :auth, only: :index
  …中略…
  private
    def auth
      # 認証に利用するユーザ名／パスワード
      name = 'yyamada'
      passwd = '8cb2237d0679ca88db6464eac60da96345513964'
      # 基本認証を実行（入力されたユーザー名／パスワードをname／passwdと比較）
      authenticate_or_request_with_http_basic('Railsbook') do |n, p|
        n == name && Digest::SHA1.hexdigest(p) == passwd
      end
    end
  …中略…
end
```

Railsで基本認証を実装するには、authenticate_or_request_with_http_basicメソッドを呼び出すだけです。

構文 authenticate_or_request_with_http_basic メソッド

```
authenticate_or_request_with_http_basic(realm) do |name, passwd|
  login_procedure
end
```

realm：レルム名（デフォルトは "Application"）　*name*：ユーザー名
passwd：パスワード　*login_procedure*：ログイン処理

authenticate_or_request_with_http_basic メソッドは、それ単体で認証の要求から入力されたユーザー名／パスワードの判定までを行います。

ブロック変数 name ／ passwd で、クライアントから送信されたユーザー名／パスワードを受け取ることができますので、あとはブロック（login_procedure）配下でその妥当性を判定すれば良いわけです。

上の例では、あらかじめ用意された name ／ passwd と入力された n ／ p とを比較し、双方ともに等しい場合に true を返しています。authenticate_or_request_with_http_basic メソッドでは、ブロックとしての戻り値（true ／ false）によって認証の成否を判断します[*63]。なお、パスワードはセキュリティの関係上、Digest::SHA1.hexdigest メソッドであらかじめハッシュ化しておくものとします。

*63
よって、ここでデータベースなどへ問い合わせすることもできます。

以上を理解したら、サンプルを実行してみましょう。ctrl#index アクションにアクセスすると、図 6-24 のような認証ダイアログが表示されますので、ユーザー名「yyamada」、パスワード「12345」（ハッシュ化前の値）を入力し、正しくアクセスできることを確認してください。認証をキャンセルした場合には、エラーメッセージが表示されます（図 6-25）。

▼図 6-24　認証ダイアログを表示

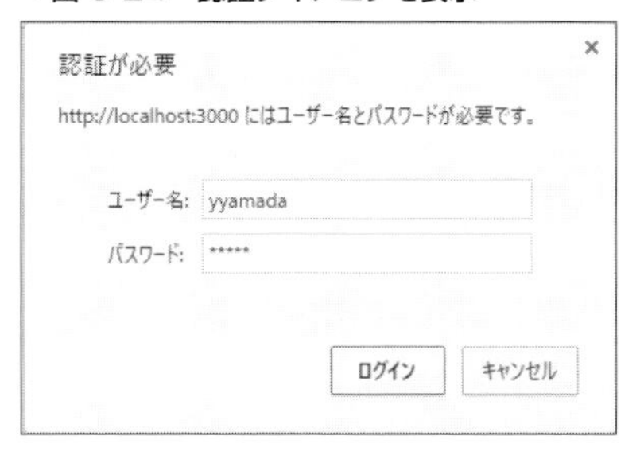

図 6-25　認証キャンセル時はエラーメッセージを表示

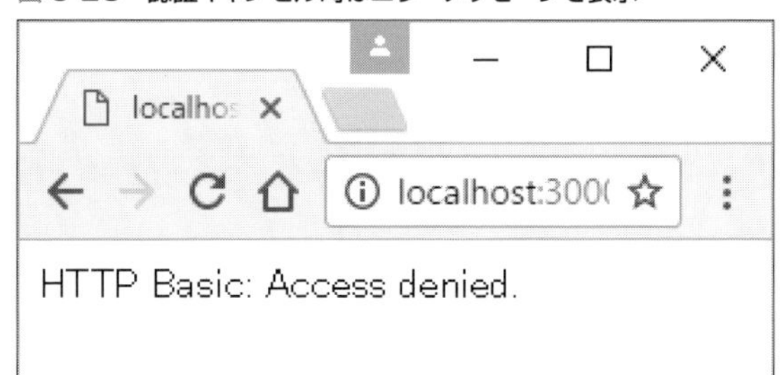

ダイジェスト認証

基本認証より高いセキュリティを求められる場合には、ダイジェスト認証を利用してください。ダイジェスト認証では、ユーザー名／パスワードをハッシュ化したものを受け渡しするため、基本認証よりもこれらを安全に扱うことができます。以下は、リスト 6-43 をダイジェスト認証に対応させたものです。

```
def auth
  members = { 'yyamada' => '47449ae3e102927e4fab12a5549ed5d7' }
  authenticate_or_request_with_http_digest('railbook') do |name|
    members[name]
  end
end
```

authenticate_or_request_with_http_digest メソッドでは、ブロック変数としてユーザー名を受け取り、対応するパスワードを返すようにします[*64]。

*64
ダイジェスト認証のハッシュ化パスワードは、「Digest::MD5::hexdigest([username, realm, passwd].join(':'))」で求めることができます。

6.5.5 例：フィルターによるフォーム認証の実装

基本認証は便利なしくみですが、決定的な問題があります。それは、

- ブラウザー標準の認証ダイアログしか利用できない
- ブラウザーを閉じるまで認証が維持される（ログアウト機能がない）

のような問題です。そのような制約を不便に感じるならば、フォーム認証のしくみを実装することを検討してみましょう（図 6-26）。

▼図 6-26　フォーム認証

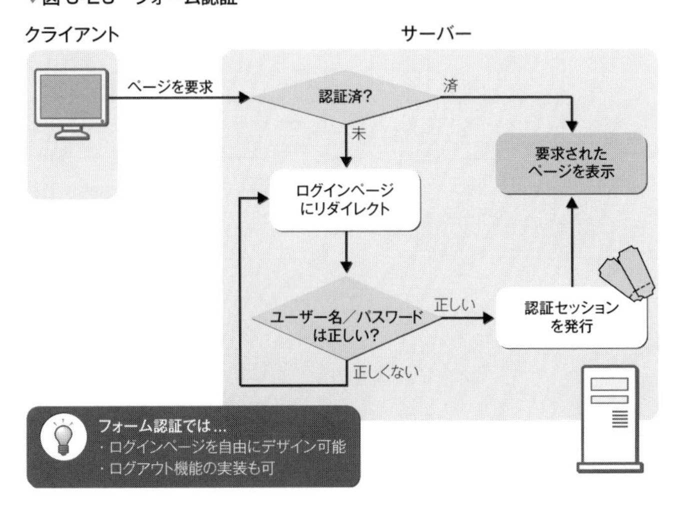

フォーム認証と言っても、認証の流れそのものは基本認証とほとんど変わりませんが、以下のような利点があります。

- ログインページを自由にデザインできる
- ログアウト機能の実装も可能

一般的には、不特定多数のユーザーに公開するような認証機能は、フォーム認証として実装します。

それではさっそく、具体的な実装の手順を見ていくことにしましょう。以下で作成するのは、認証の必要なページ（「~ /hello/view」）にアクセスすると、自動的にログインページが表示され（図 6-27）、認証に成功すると、本体の「~ /hello/view」ページが表示される（図 6-28）というサンプルです。

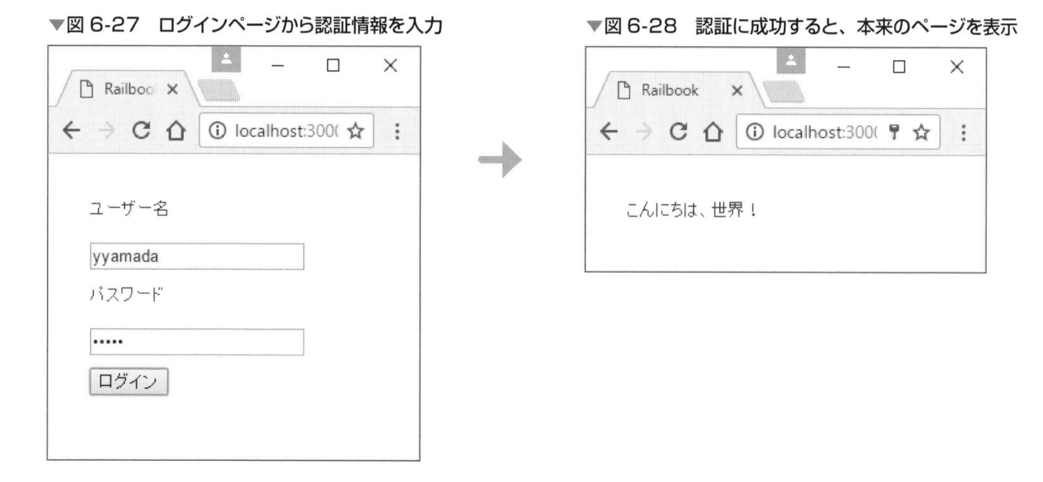

▼図 6-27　ログインページから認証情報を入力

▼図 6-28　認証に成功すると、本来のページを表示

サンプルの構成がやや複雑なので、表 6-18 に必要なコードをまとめておきます。

▼表 6-18　フォーム認証の実装に必要なファイル

ファイル名	概要
hello_controller.rb	認証対象のコントローラー（認証済みかどうかの判定も行う）
user.rb	認証機能を実装したモデル
login/index.html.erb	ログインページ
login_controller.rb	認証処理を呼び出すためのコントローラー

以下では、それぞれの役割を念頭に置きながら、コードを読み解いてください。

1 アクセス制限のためのフィルターを設定する

現在のユーザーが認証済みかどうかを判定する before フィルターを設置してみましょう。リスト 6-44 は、hello#view アクション（2.3.1 項）に対して、認証を課す場合の例です。

▼リスト 6-44 hello_controller.rb

```
class HelloController < ApplicationController
  # viewアクションにのみ適用されるbeforeフィルターcheck_loginedを登録
  before_action :check_logined, only: :view
  …中略…
  # 認証済みかどうかを判定するcheck_loginedフィルターを定義
  private
    def check_logined
      # セッション情報:usr（id値）が存在するか
      if session[:usr] then                                    ─┐
        # 存在する場合はusersテーブルを検索し、ユーザー情報を取得     │
        begin                                            ─┐     │
          @usr = User.find(session[:usr])                 │     │
          # ユーザー情報が存在しない場合は不正なユーザーと見なし、セッションを破棄 ├─❷ ├─❶
        rescue ActiveRecord::RecordNotFound               │     │
          reset_session                                   │     │
        end                                              ─┘     │
      end                                                      ─┘
      # ユーザー情報を取得できなかった場合にはログインページ（login#index）へ
      unless @usr                                       ─┐
        flash[:referer] = request.fullpath ──────❹       ├─❸
        redirect_to controller: :login, action: :index   │
      end                                               ─┘
    end
end
```

ここでは、現在のユーザーが認証済みである場合には、ユーザーID（usersテーブルのid列）がセッション情報:usrにセットされていることを前提としています。

❶ではそもそもセッション情報:usrが存在するかを、❷ではセッション情報:usrがusersテーブルに存在するユーザーであるかを判定することで、ログイン済みかどうかを判定しているわけです。ユーザー情報を取得できなかった場合は、現在のユーザーは未ログインであると見なして、ログインページ（login#indexアクション）にリダイレクトします（❸）。❹でフラッシュ:refererにリクエストURL（request.fullpath）を渡しているのは、ログインに成功した場合、もともと要求されたページ（ここでは「/hello/view」）にリダイレクトするためです。

2 モデルで認証機能を有効化する

Userモデルをリスト6-45のように編集します。

▼リスト 6-45 user.rb

```
class User < ApplicationRecord
  has_secure_password
  …中略…
end
```

has_secure_passwordはActive Model標準で提供されているメソッドで、モデルに対して以下の情報を追加します。

* password／password_confirmationプロパティ
* passwordプロパティの必須検証、文字列長検証（72文字以内）
* password／password_confirmationプロパティのconfirmation検証[*65]
* 認証のためのauthenticateメソッド

もしも検証機能そのものを無効化したい[*66]という場合には、「has_secure_password **validations: false**」としてください。

*65
confirmation検証を無効化するには、password_confirmationプロパティに値を渡さないことです。プロパティ値がnilの場合、検証は動作しません。

*66
自分で検証機能を定義したいなどのケースです。

3 has_secure_passwordメソッドを有効化する

2 でも見たように、has_secure_passwordは1行で認証に必要な機能を準備してくれる優れもののメソッドですが、利用にあたっては以下の準備が必要です。

(a) bcryptライブラリをインストールする

Gemfile上のリスト6-46のコードをコメントインした上で、bundle installコマンドを実行してください。

▼リスト6-46　Gemfile[*67]

```
gem 'bcrypt', '~> 3.1.7'
```

*67
Windows環境では、この表記では動作しません。代わりに「gem 'bcrypt-ruby', '~> 3.0.0', require: 'bcrypt'」でbcrypt-rubyを追加してください。

bundle installコマンドを実行した後は、Pumaを再起動してください。

(b) usersテーブルにpassword_digestフィールドを準備する

has_secure_passwordメソッドを利用する場合には、ハッシュ化[*68]したパスワードを格納するためのpassword_digestフィールドを、データベース側に用意しておきます。本書のサンプルデータベース（3.7.1項）を利用している場合には、既に準備済みのはずです。

なお、has_secure_passwordメソッドによってモデルに追加されたpassword／password_confirmationは仮想属性で、データベース側に対応するフィールドを持っている必要はありません。

*68
ハッシュ化とは、元の文字列を一定のルールに従って別の値（ハッシュ値）に変換することを言います。ハッシュ値からは元の値を得ることはできないので、パスワードの保管によく利用されます。

4 認証ページを作成する

続いて、Userモデルを利用して、認証ページを実装してみましょう（リスト6-47、6-48）。

▼リスト6-47　login/index.html.erb

```
<p style="color: Red"><%= @error %></p>
```

```
<%= form_tag action: :auth do %>
  <div class="field">
    <%= label_tag :username, 'ユーザー名' %>：<br />
    <%= text_field_tag :username, '', size: 20 %>
  </div>
  <div class="field">
    <%= label_tag :password, 'パスワード' %>：<br />
    <%= password_field_tag :password, '', size: 20 %>
  </div>
  <!--ログイン後にリダイレクトすべきアクションを隠しフィールドにセット-->
  <%= hidden_field_tag :referer, flash[:referer] %>
  <%= submit_tag 'ログイン' %>
<% end %>
```

▼リスト 6-48　login_controller.rb

```
class LoginController < ApplicationController
  # ［ログイン］ボタンのクリック時に実行されるアクション
  def auth
    # 入力値に従ってユーザー情報を取得
    usr = User.find_by(username: params[:username])
    # ユーザー情報が存在し、認証（authenticate）に成功したら...
    if usr && usr.authenticate(params[:password]) then ――― ❶
      # 成功した場合はid値をセッションに設定し、もともとの要求ページにリダイレクト
      reset_session
      session[:usr] = usr.id
      redirect_to params[:referer] ――― ❷
    else
      # 失敗した場合はflash[:referer]を再セットし、ログインページを再描画
      flash.now[:referer] = params[:referer] ――― ❸
      @error = 'ユーザ名／パスワードが間違っています。'
      render 'index'
    end
  end
end
```

authenticateメソッドは、先ほどhas_secure_passwordメソッドによって追加されたメソッドです（❶）。引数にパスワードを渡すことで、認証の成否を判定します。ここでは、指定されたユーザーが存在し、かつ、authenticateメソッドによる認証が成功した場合に、隠しフィールドにセットしておいた本来の要求ページにリダイレクトしています（❷）。

認証に失敗した場合は、flash[:referer]を再セットし、ログインページを再描画しています（❸）。この場合は、フラッシュを利用するのが**現在の**ページですので、（flashメソッドではなく）flash.nowメソッドでフラッシュを設定している点に注目です。ただのflashメソッドでは、現在と**次の**リクエストまでフラッシュが残ってしまいます。これは余計なデータが残ってしまうという意味で、望ましい状態ではありま

せん。このような場合は、flash.nowメソッドを利用することで、現在のリクエストで即座にフラッシュを破棄することができます*[69]。

以上で実装の手順は完了です。ブラウザーから「~ /hello/view」にアクセスし、正しくログインページが表示されること、ユーザー名「yyamada」とパスワード「12345」でログインすると認証が成功し*[70]、目的のページが表示されることを確認してください。

***69**
もちろん、テンプレート変数で済むならば、できるだけテンプレート変数を優先して利用するべきです。この場合は、テンプレート側でflash[:referer]によってもともとのリクエストURLを受け取っていますので、アクション側でもフラッシュとして設定する必要があるのです。

***70**
3.7.2項でフィクスチャを利用してユーザー情報を展開している場合です。ユーザー名として、他にもisatou、hsuzuki、tyamamoto、shayashi、nkakeyaなどが利用できます(パスワードは一律「12345」)。パスワードを自分で作成する場合には、「BCrypt::Password.create('12345')」のようにしてください。

NOTE

ログアウトの実装

ログアウト機能を実装するのは簡単です。先ほど述べたように、本項では認証済みかどうかという情報をセッションで管理していますので、セッションを破棄してしまえば良いのです（リスト6-49）。

▼リスト6-49 login_controller.rb

```
def logout
  reset_session                          # セッションを破棄
  redirect to '/'                        # トップページにリダイレクト
end
```

アプリ共通の挙動を定義する ─ Application コントローラー

Application コントローラー（application_controller.rb）は、アプリにデフォルトで用意されているコントローラーで、すべてのコントローラーの基底クラスとなっています。すべてのコントローラーの根幹になるという意味で、ルートコントローラーと言っても良いでしょう。

これまでと同じルールで、Application コントローラーにもアクションを実装することはできますが、原則として Application コントローラーに直接呼び出すアクションを実装するべきではありません。あくまで Application コントローラーはアプリ共通の機能──たとえば、

- 個別のコントローラーから呼び出せるヘルパーメソッド
- すべて（あるいはほとんど）のコントローラーで利用するフィルター
- アプリ共通の設定

などの記述にのみ利用してください。本節では、Application コントローラーでよく見かけるコードの例をいくつか示します。

6.6.1 共通フィルターの定義 ─ ログイン機能の実装

6.5.3 項でも述べたように、フィルターは（現在のコントローラーだけでなく）派生コントローラーでも呼び出されます[*71]。この性質を利用して、アプリ共通で適用すべきフィルターは、Application コントローラーで実装すると良いでしょう。

*71
その場合、呼び出しの順序は基底クラスが先となるのでした。

たとえば 6.5.5 項で紹介したログインチェックのための before フィルター check_logined などは、Application コントローラーに適用すべきフィルターの候補です（リスト 6-50、6-51）。

▼リスト 6-50　application_controller.rb

```
class ApplicationController < ActionController::Base
  protect_from_forgery with: :exception
  before_action :check_logined

  private
    def check_logined
      …中略…*72
    end
end
```

*72
check_loginedメソッドの中身は、6.5.5項のものと同じなので割愛します。

▼リスト 6-51　login_controller.rb

```
class LoginController < ApplicationController
  skip_before_action :check_logined
```

これによって、すべてのコントローラーで認証機能が有効になるわけです。login コントローラーで skip_before_action メソッドを呼び出しているのは、ログインページでは認証チェックが不要であるからです（これからログインするわけですから、当たり前ですね）。この記述がないと、ログインページへのリダイレクトが無限ループになってしまうので、要注意です。

その他、もしも特定のコントローラー（アクション）で認証を無効にしたいという場合にも、同じく skip_before_action メソッドを利用してください。たとえばリスト 6-52 は、hello#list アクションで check_logined フィルターを除外する例です。

▼リスト 6-52　hello_controller.rb

```
class HelloController < ApplicationController
  skip_before_action :check_logined, only: :list
```

6.6.2 共通的な例外処理をまとめる ― rescue_from メソッド

アプリの中ではさまざまな例外が発生します。もちろん、その中にはアクションごとに処理すべき例外もあるかもしれませんが、すべての例外をアクションレベルで処理することに固執すべきではありません。アクションレベルで例外を吸収してしまうことで、本来発生すべき例外情報が開発者の目に届かず、問題の特定を困難にしてしまう可能性があるためです。

アクションレベルでは、できるだけ例外は発生するに任せ（あるいは、投げっぱなしにし）、必要であれば、アプリレベルで例外処理するのが望ましいでしょう[*73]。アプリレベルで例外を捕捉するには、Application コントローラーで rescue_from メソッドを利用します。

***73**
アクション個別に処理しなければならない例外処理は、その上で実装しても決して遅くはありません。

構文　rescue_from メソッド

```
rescue_from except, with: rescuer
```

except：捕捉する例外　*rescuer*：例外を処理するメソッド

たとえばリスト 6-53、6-54 は、rescue_from メソッドで ActiveRecord::RecordNotFound 例外を捕捉し、エラーページを表示する例です。ActiveRecord::RecordNotFound 例外は、（たとえば）books#show アク

ションで「～/books/10008」のように存在しないidが指定されたなど、レコードが見つからなかったことを通知するために発生します。

▼リスト6-53　application_controller.rb

```
class ApplicationController < ActionController::Base
  protect_from_forgery with: :exception
  # RecordNotFound例外を処理するのはid_invalidメソッド
  rescue_from ActiveRecord::RecordNotFound, with: :id_invalid

  private
    def id_invalid(e)
      # ステータス404（Not Found）で指定ビューを描画
      render 'shared/record_not_found', status: 404
    end
  …中略…
end
```

▼リスト6-54　shared/record_not_found.html.erb

```
<p>要求されたURL「<%= request.fullpath %>」は存在しません。</p>
```

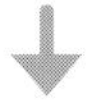

▼図6-29　「～/books/1008」（存在しないid値）でアクセスすると、エラーメッセージを表示

例外処理メソッド（ここではid_invalid）では、発生した例外オブジェクトを引数として受け取ることができます。ここでは使っていませんが、致命的な例外であれば、例外オブジェクトから必要な情報を取り出して、（たとえば）管理者にメール通知するなどの使い方も考えられるでしょう。

NOTE　その他の捕捉されなかった例外

本番環境のRailsアプリでは、発生した例外の種類に応じてHTTPステータスが割り振られ、それぞれのステータスコードに応じたエラーページが表示されます*74。たとえば、RoutingError（ルーティングに失敗）やUnknownAction（アクションが不明）であれば404 Not Foundが発生しますし、Exception（一般例外）であれば500 Internal Server Errorが発生します。そして、それぞれ対応するエラーページのpublic/404.htmlや500.htmlなどを描画するわけです。もしもこれらのエラー表示をカスタマイズしたいならば、それぞれ対応する.htmlファイルを修正してください。

***74**
正確には、config.consider_all_requests_localパラメーターがfalseの場合です。development環境ではtrueとなっており、詳細なエラー情報をログ出力します。

基本編
1
2
3
4
5
6
7
8
9
10

6.6.3 クロスサイトリクエストフォージェリ対策を行う ― protect_from_forgery メソッド

クロスサイトリクエストフォージェリ（**CSRF：Cross-Site Request Forgeries**）とは、サイトに攻撃用のコード（一般的には JavaScript）を仕込むことで、アクセスしてきたユーザーに対して意図しない操作を行わせる攻撃のことを言います。CSRF 攻撃を受けることで、（たとえば）自分の日記や掲示板に意図しない書き込みが行われてしまったり、あるサービスに勝手に登録させられたり、果ては、オンラインショップで勝手に購入処理をされたり、といったことが起こる可能性があります。CSRF 攻撃の怖いところは、ユーザーの現在の権限でもってページにアクセスできてしまうという点で、認証が必要なページであっても、（ユーザーがログイン状態であれば）攻撃を防ぐことができないという点にあります（図 6-30）。

▼図 6-30　クロスサイトリクエストフォージェリ攻撃（CSRF）のしくみ

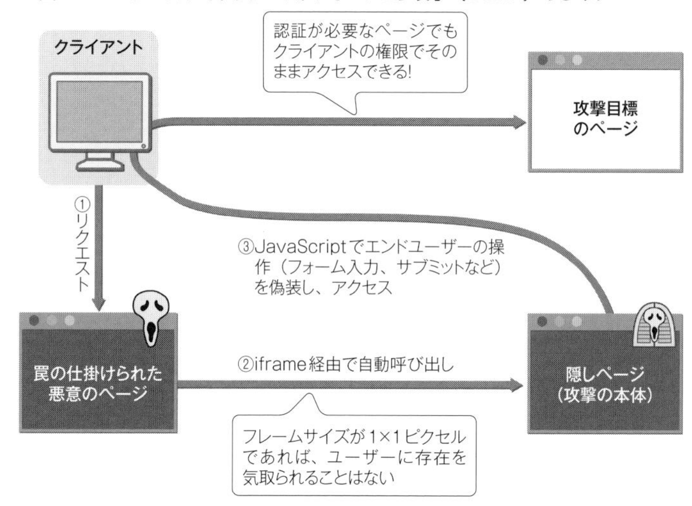

もっとも、Rails ではデフォルトで CSRF 対策が組み込まれていますので、開発者がそれほど強く対策を意識する必要はありません。しかし、もちろん、まったく知らないというわけにもいきませんので、本項では簡単に Rails による CSRF 対策のしくみをおさえておくことにしましょう。

CSRF 対策を有効にしているのは、Application コントローラー（リスト 6-55）とレイアウト（リスト 6-56）のコードです。

▼リスト 6-55　application_controller.rb

```
class ApplicationController < ActionController::Base
  protect_from_forgery with: :exception
```

▼リスト6-56　layouts/application.html.erb

```
<!DOCTYPE html>
<html>
<head>
  …中略…
  <%= csrf_meta_tags %>
</head>
```

あとは、個別のページでHTTP POST／PUT／DELETEを行うフォーム／リンクを生成するときに、form_for／form_tagやlink_toなどのビューヘルパーを使用するだけです。これによって、アプリ側で**トークン**と呼ばれる証明書のようなもの（ランダムな文字列）が生成され、フォームにも自動的に埋め込まれるようになります（リスト6-57の太字部分）。

▼リスト6-57　フォームに埋め込まれたトークン

```
<!DOCTYPE html>
<html>
<head>
  <title>Railbook</title>
  …中略…
  <meta name="csrf-param" content="authenticity_token" />
  <meta name="csrf-token" content="Y/Uz84/0dJPwc0n3aUlUved7WF..." />
</head>
<body>
…中略…
<h1>New Book</h1>
<form class="new_book" id="new_book" action="/books" accept-charset="UTF-8" method="post">
<input name="utf8" type="hidden" value="&#x2713;" />
<input type="hidden" name="authenticity_token" value="yGlrmebtbnZ3/xjHVsn+y..." />
```

Railsでは、リクエスト処理時にアプリ側で保持しているトークンと、リクエスト情報として送信されるトークンとを比較し、これが一致していれば以降の処理を行います。トークンが存在しない、またはトークンが一致しない場合、RailsはActionController::InvalidAuthenticityToken（セキュリティトークンが不正である）例外を発生します（図6-31）。

▼図 6-31 CSRF 対策のしくみ

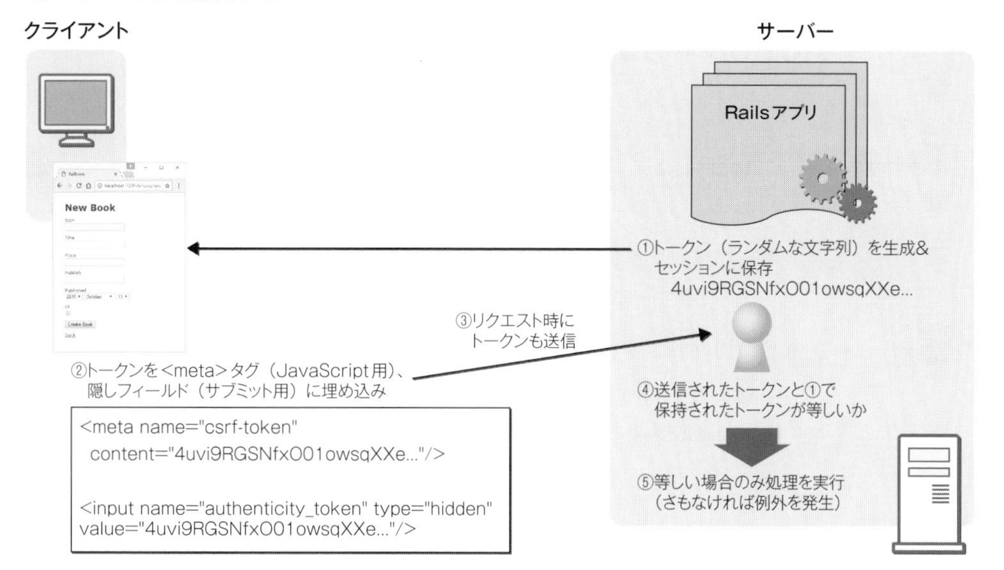

トークンはアプリがランダムに生成していますので、悪意ある第三者が類推することはできないはずです。結果、本来のフォーム以外からの不正なデータ操作を防げるというわけです。

よって、Rails で CSRF 対策を行う場合、開発者が留意すべきことは以下のポイントのみです。

- HTTP GET によるリンクでデータ操作（特に削除）を行わない
- データ操作のリクエストは、form_for ／ form_tag ／ link_to などのビューヘルパー経由で生成する
- レイアウトを自分で作成する場合は、csrf_meta_tags メソッドの呼び出しを忘れない

なお、protect_from_forgery メソッド（リスト 6-55）では、with オプションを指定することで、不正なリクエストが行われた場合の挙動を変更することもできます。主な設定値には、表 6-19 のものがあります。

▼表 6-19 protect_from_forgery メソッドの主な設定値

設定値	概要
:exception	ActionController::InvalidAuthenticityToken 例外を発生
:reset_session	セッションを破棄
:null_session	空のセッションで置換（デフォルト*75）

*75
デフォルトで生成されるレイアウトでは、:exceptionがセットされています。

6.6.4 デバイス単位でビューを振り分ける ― Action Pack Variants

モバイルファーストという言葉すら陳腐に聞こえる昨今、モバイル端末の普及は著しく、Web アプリを開発する上でもこれらの存在を無視することはできません。

モバイル対応といった場合、その代表的なアプローチとして挙げられるのが**レスポンシブデザイン**。デバイスの画面サイズに応じて、レイアウトを変化させる手法です。「単一のページで複数のデバイスに対応できる」「環境に依らず、一貫性のあるデザインを提供できる」などのメリットから、昨今ではよく採用される手法です。

反面、以下のようなデメリットもあります。

- 既存のサイトをレスポンシブデザイン対応にするのは困難
- スタイルシートが複雑になりがち
- デバイスによって、デザインや操作性を最適化しにくい

そのような状況では、なにからなにまでレスポンシブデザインというのではなく、デバイスによってページそのものを振り分けるという選択肢もあります。Rails では、そのような状況のために、**Action Pack Variants** という機能を提供しています。

Action Pack Variants はデバイス単位でビューを切り替えるための機能で、request.variant にデバイスを識別するための値を設定しておくことで、対応するビューが自動選択されるようになります。たとえば、request.variant に :mobile をセットした場合、index.html+mobile.erb が選択されます。

では、具体的な利用の手順を見ていきましょう。

1 before フィルターを設置する

まずは、Application コントローラーに対して request.variant を設定するための before フィルターを設置します（リスト 6-58）。本来であれば User-Agent ヘッダーなどからデバイスを判定すべきですが[*76]、ここではシンプルにクエリ情報 type でデバイスを判定するものとします。

*76
browser (https://github.com/fnando/browser) のようなブラウザー判定のライブラリを利用する方法もあります。

▼リスト 6-58　application_controller.rb

```
class ApplicationController < ActionController::Base
  …中略…
  before_action :detect_device
  …中略…
  # クエリ情報typeの値に応じて、request.variantを設定
  private
    def detect_device
      case params[:type]
        when 'mobile'
          request.variant = :mobile
```

```
        when 'tablet'
          request.variant = :tablet
      end
    …中略…
  end
```

2 テンプレートを準備する

あとはデバイスに応じたテンプレートを準備するだけです。リスト6-59は、ctrl/device.html+mobile.erb（スマホ用）の例を挙げていますが、ctrl/device.html+tablet.erb（タブレット用）、ctrl/device.html.erb*77も同じ要領で用意してください。

*77
「+mobile」「+tablet」のような修飾子が付かないテンプレートは、request.variantが無指定、または、想定した値以外のときに適用されるデフォルトのテンプレートです。

▼リスト6-59　ctrl/device.html+mobile.erb

```
<p>スマホ向けのページです！</p>
```

以上を理解したら、「~ /ctrl/device?type=**tablet**」「~ /ctrl/device?type=**mobile**」「~ /ctrl/device」でアクセスし、図6-32のように結果が変化することを確認してください。

▼図6-32　クエリ情報typeに応じて結果が変化

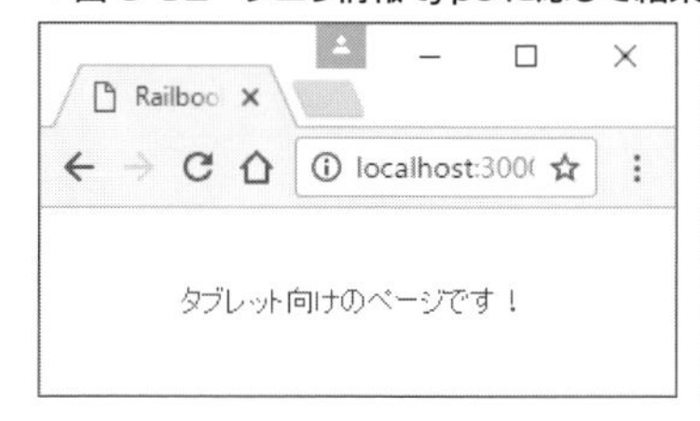

6.6.5 独自のフラッシュメッセージを追加する ― add_flash_types メソッド

6.4.4項でも触れたように、フラッシュではデフォルトのキーとしてnotice／alertが用意されており、redirect_toメソッドの引数として渡したり、ビュー側ではあたかもローカル変数のようにアクセスできるのでした。

このようなキーは、add_flash_typesメソッドを利用することで追加可能です。

構文　add_flash_types メソッド

```
add_flash_types(type, ...)
```

type：キー

アプリでよく利用するキーは、リスト6-60のようにApplicationControllerに対して登録することで、すべてのコントローラーで利用できるようになります。

▼リスト6-60　application_controller.rb

```
class ApplicationController < ActionController::Base
  add_flash_types :info     # infoキーを登録
  …中略…
end
```

これによって、redirect_toメソッドがリスト6-61、リスト6-62のように記述できるようになります。

▼リスト6-61　books_controller.rb

```
redirect_to @book, info: 'Book was successfully created.'
```

▼リスト6-62　books/show.html.erb

```
<p id="notice"><%= info %></p>
```

6.6.6 補足：共通ロジックをモジュールにまとめる ― concernsフォルダー

アプリ共通、というほどではないが、複数のコントローラー／モデルで共通したロジックがある場合、これをどこで管理したら良いでしょう。以前のRailsでは、これといったルールはなかったため、独自の基底クラスを用意したり、ApplicationControllerコントローラーにまとめたり、あるいは、app/modelsフォルダー配下にまとめるなど、開発プロジェクトによって基準はさまざまでした。

しかし、Rails 4以降では、こうした共通ロジックを配置するための標準となる場所が設けられました。

- app/controllers/concerns
- app/models/concerns

複数のコントローラー／モデルをまたいで利用するロジックは、モジュールとして切り出し、/concerns フォルダーに配置するのが基本です。たとえばリスト 6-63 は、6.5.5 項の check_logined フィルターを FormAuth モジュールとして切り出した例です*78。

*78
コントローラーに関する共通機能なので、配置先はapp/controllers/concernsフォルダーです。

▼リスト 6-63　form_auth.rb

```
module FormAuth
  extend ActiveSupport::Concern

  included do
    before_filter :check_logined
  end

  private
    def check_logined
      …中略…*79
    end
end
```

*79
check_loginedメソッドの中身は、6.5.5項で触れたものと同じなので割愛します。

モジュールの基本的な構文は、以下のとおりです。

構文　共通モジュールの定義

```
module name
  extend ActiveSupport::Concern

  included do
    call_clazz
  end

  module ClassMethods
    clazz
  end

  instance
end
```

name：モジュール名
call_clazz：インクルード元のクラスメソッドを呼び出すためのコード
clazz：クラスメソッドの定義　*instance*：インスタンスメソッドの定義

ActiveSupport::Concern は、共通モジュールを記述する際の定型的な記述を肩代わりしてくれるモジュールです。共通モジュールの中身がインスタンスメソッドだけであれば、「extend ActiveSupport::Concern」の部分は省略しても構いません。上の例では、call_clazz ／ instance の部分だけを定義（clazz は省略）して、check_logined メソッドの定義と、フィルター登録のコードを用意しています。

FormAuth モジュールを用意できたら、これを適用するのは簡単で、対象のコントローラーで include するだけです[*80]。たとえばリスト 6-64 は SampleController で FormAuth モジュール（フォーム認証）を有効にする例です。

*80
これを**Mix-In（ミックスイン）**と言います。

▼リスト 6-64　sample_controller.rb

```
class SampleController < ApplicationController
  include FormAuth
  …中略…
end
```

応用編

第7章 ルーティング

ルーティングとは、リクエストURLに応じて処理の受け渡し先（アクション）を決定すること、または、そのしくみのことを言います。2.2.3項や3.1.2項などでも、本書で利用する、あるいは、railsコマンドで自動生成される最低限のルーティング設定（**ルート**）について、その内容を解説してきました。
その後のサンプルでも、基本的にここで説明したのと同じ要領でルートを定義してきたので、ここまでルーティングについて、それほど強く意識することはなかったと思います。しかし、Railsを活用していく上で、ルートを細かくカスタマイズしたいという状況は何度も発生するはずです。エンドユーザーにもわかりやすいURLを用意するという意味で、ルーティングの理解は欠かすことのできないものです。
そこで本章では、ある意味、Railsの窓口とも言うべきルーティングの、さまざまな設定方法について理解を深めていきます。

RESTful インターフェイスとは

RESTful なインターフェイスとは、REST の特徴を備えたルートのことを言います。REST の世界では、ネットワーク上のコンテンツ（リソース）をすべて一意な URL で表現します。これらの URL に対して、HTTP のメソッドである GET（取得）、POST（作成）、PATCH（更新）、DELETE（削除）を使ってアクセスするわけです[*1]。REST とは、なに（リソース）をどうする（HTTP メソッド）かを表現する考え方であると言っても良いでしょう（図 7-1）。

*1
HTTP POST／GET／PATCH／DELETEは、それぞれCRUD（Create／Read／Update／Delete）に相当するものと考えれば良いでしょう。

RESTful なインターフェイスを利用することで、より統一感のある、かつ、意味がつかみやすい URL を設計できます。

▼図 7-1　REST の考え方

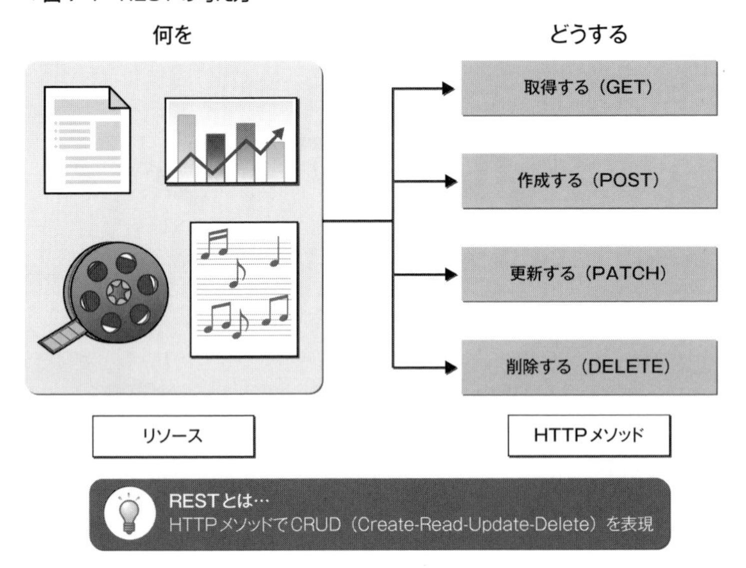

Rails では、原則として RESTful なインターフェイスに沿ってルート設計するのが基本です。本章後半では非 RESTful なルート設定についても解説しますが、それらの利用はあまりおすすめしません。というのも、Rails では form_for や url_for、link_to などのビューヘルパーも、RESTful なインターフェイスを前提として機能設計されているため、RESTful なインターフェイスの方がより自然に表現できることが多いからです[*2]。

*2
2.2.3項の例をおすすめしないのも、同じ理由からです。

7.1.1 RESTful インターフェイスを定義する — resources メソッド

RESTful なインターフェイスを定義するには、routes.rb で resources メソッドを呼び出します。

構文 resources メソッド

```
resources :name [, ...]
```

name：リソース名

リソースとは、CRUD の対象となる情報（コンテンツ）であると考えれば良いでしょう。具体的には、モデルによって取得／編集する書籍情報（books）、ユーザー情報（users）、レビュー情報（reviews）などがリソースです。

たとえばリスト 7-1 は、ユーザー情報（users）の取得／編集を意図したルート設定の例です。

▼リスト 7-1 routes.rb

```
Rails.application.routes.draw do
  resources :users*3
  …中略…
end
```

*3
「resources :users, :authors, :reviews」のように、複数のリソースをまとめて定義することもできます。

これによって、表 7-1 のように URL とアクションとがマッピングされます[*4]。わずか 1 行で定型的なマッピングが生成できてしまうのも RESTful インターフェイスの良いところです。フォーマット指定（6.3.2 項）にも対応している点に注目です。

*4
定義済みのルートをリスト表示するには、rails routesコマンドを利用するのでした（3.1.2 項）。

▼表 7-1 「resources :users」で定義されたルート

URL	アクション	HTTP メソッド	役割
/users(.:format)	index	GET	ユーザー一覧画面を生成
/users/:id(.:format)	show	GET	個別ユーザー詳細画面を生成
/users/new(.:format)	new	GET	新規ユーザー登録画面を生成
/users(.:format)	create	POST	新規ユーザー登録画面からの入力を受けて登録処理
/users/:id/edit(.:format)	edit	GET	既存ユーザー編集画面を生成
/users/:id(.:format)	update	PATCH ／ PUT	編集画面からの入力を受けて更新処理
/users/:id(.:format)	destroy	DELETE	一覧画面で選択されたデータを削除処理

これらのアクションはすべて、リソース名に対応する UsersController コントローラーに属します。

また、resources メソッドは、ビューヘルパー link_to などで利用できる Url へルパーも自動生成します（表7-2）。これらのヘルパーを利用することで、リンクをより直感的なコードで、かつ、ルート定義に左右されずに表現できるというわけです。

▼表7-2 「resources :users」によって自動生成されるUrlヘルパー

ヘルパー名（_path）	ヘルパー名（_url）	戻り値（パス）
users_path	users_url	/users
user_path(id)	user_url(id)	/users/:id
new_user_path	new_user_url	/users/new
edit_user_path(id)	edit_user_url(id)	/users/:id/edit

*xxxxx*_pathと*xxxxx*_urlの違いは、*xxxxx*_pathヘルパーは相対パスを返すのに対して、*xxxxx*_urlヘルパーは「http://～」ではじまる絶対URLを返す点です。idには、id値を直接的に渡す他、「user_path(@user)」のようにオブジェクトを渡すこともできました。これらUrlヘルパーを利用した例については、3.2.2項などでも触れています。

NOTE **Urlヘルパーはformatパラメーターにも対応**

Urlヘルパーは、formatパラメーターにも対応しています。たとえば、「book_url(@book, format: :json)」とすると、「http://localhost:3000/books/1.json」のようにフォーマットを加味したURLを得られます。具体的な例は6.3.2項も参照してください。

7.1.2 単一のリソースを定義する — resourceメソッド

resourcesメソッド（複数形）が複数のリソースを対象としたRESTfulインターフェイスを生成するのに対して、resourceメソッド（単数形）を利用することで単一のリソースを対象としたRESTfulインターフェイスも定義できます。

単一のリソースとは、たとえばアプリの設定情報のようなリソースを言います。アプリ設定は、（当然）そのアプリで唯一ですので、「/config/15」ではなく、「/config」のようなURLでアクセスしたいと考えるでしょう。

構文 resourceメソッド

```
resource :name [, ...]
```

name：リソース名

たとえば以下は、configリソースの登録（リスト7-2）と、それによって生成されるルート定義の例（表7-3）です。

▼リスト 7-2　routes.rb

```
Rails.application.routes.draw do
  resource :config
  …中略…
end
```

▼表 7-3 「resource :config」で定義されたメソッド

URL	アクション	HTTP メソッド	役割
/config(.:format)	show	GET	設定情報画面を表示
/config/new(.:format)	new	GET	新規の設定登録画面を表示
/config(.:format)	create	POST	登録画面の入力を受けて登録処理
/config/edit(.:format)	edit	GET	既存設定の編集画面を表示
/config(.:format)	update	PATCH ／ PUT	編集画面の入力を受けて更新処理
/config(.:format)	destroy	DELETE	指定された設定情報を削除処理

resources メソッドによく似ていますが、index アクション（一覧）に対応するルートが定義されないのと、show ／ edit ／ delete などのアクションで :id パラメーターを要求しない点が異なります。また、resource メソッドでも、config リソース（単数形）は Config**s**Controller コントローラー（複数形）にマッピングされる点に注意してください。

更に、resource メソッドでも resources メソッドと同じく、パス生成のための Url ヘルパーが生成されます（表 7-4）。

▼表 7-4 「resource :config」によって自動生成されるパス

ヘルパー名（_path）	ヘルパー名（_url）	戻り値（パス）
config_path	config_url	/config
new_config_path	new_config_url	/config/new
edit_config_path	edit_config_url	/config/edit

7.1.3 補足：ルート定義を確認する

現在のルート定義を確認するには、以下のような方法があります。コマンドを使う方法については 3.1.2 項でも紹介しましたが、本章ではよく利用するので、改めて結果の見方を確認しておきましょう。

ブラウザーからアクセス

ブラウザーから「http://localhost:3000/rails/info/routes」にアクセスします（図 7-2）。表示も高速で、検索機能も付いている便利なツールです。

▼図 7-2 ブラウザーからルート定義を確認

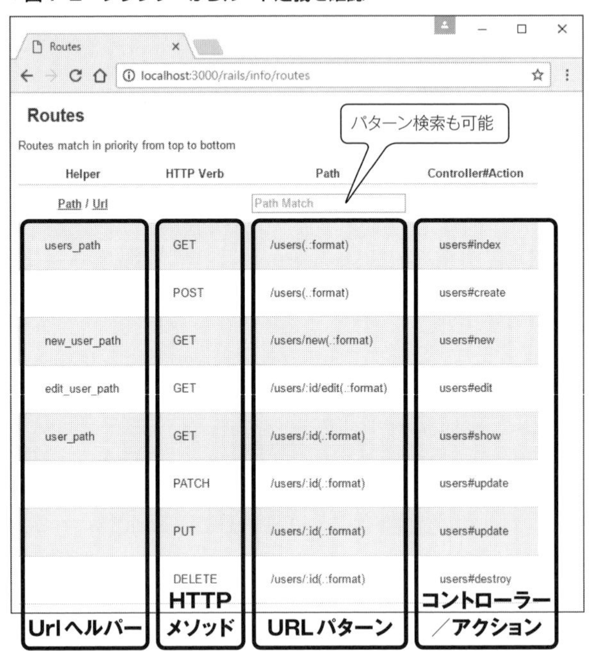

結果は、左からUrlヘルパー、HTTPメソッド、URLパターン、対応するコントローラー／アクションを表します。Urlヘルパーは、ヘッダー部分のリンク（Path／Url）をクリックすることで、users_path／users_urlのように表示を切り替えることもできます。

また、URLパターンに含まれる「(...)」という表記は、その部分が省略可能であることを表します。

コマンドプロンプトから確認

rails routesコマンドを利用することで、コマンドプロンプトからルートを確認することもできます。

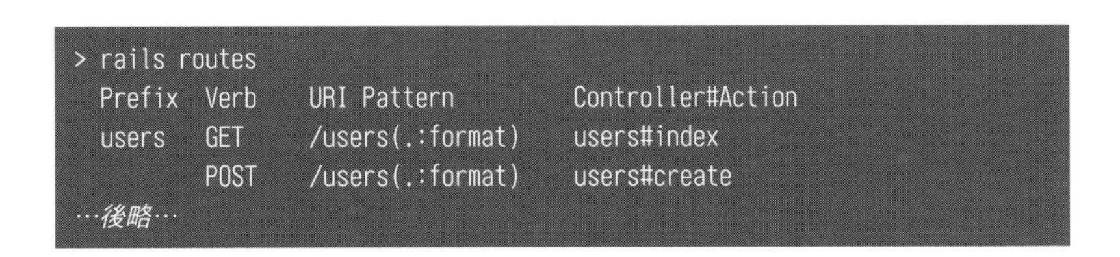

```
> rails routes
  Prefix  Verb    URI Pattern         Controller#Action
  users   GET     /users(.:format)    users#index
          POST    /users(.:format)    users#create
…後略…
```

ブラウザーでアクセスした場合とほぼ同じ結果を得られますが、Urlヘルパーに関してはPrefix（接頭辞）のみが表示されます。上の例であれば、usersと表示されているので、使用の際はusers_url／users_pathのように「_path」「_url」を付与してください。

7-2 RESTful インターフェイスのカスタマイズ

Rails では、resources ／ resource メソッドを利用することで定型的なルートを自動生成できます。その手軽さが RESTful インターフェイスの利点ですが、それだけではありません。resources ／ resource メソッドの各種オプションを活用することで、あらかじめ決められたマッピングルールを自由にカスタマイズすることが可能です。

実際のアプリでは、なかなか標準のルールだけですべてをまかなうのは難しいので、現実的には主要なオプションを理解しておくことは重要です。

7.2.1 ルートパラメーターの制約条件 — constraints オプション

resources ／ resource メソッドで自動生成される URL には、:id という名前のルートパラメーターが含まれています。たとえばリスト 7-1 の例であれば「/users/:id(.:format)」というルートが定義されていますので、「/users/108」のような URL で :id パラメーターに 108 という値を渡すことができるわけです*5。

*5
ルートパラメーターとして渡された値は、ポストデータやクエリ情報と同じく、params[:id] のようにアクセスできるのでした。

さて、このルートパラメーターには、デフォルトでは任意の値を渡すことができますが、あらかじめ渡される値がわかっている場合には、そもそもパラメーター自体の値に制限を設けておくのが望ましいでしょう。

たとえばリスト 7-3 は、books リソースの id パラメーターに対して「1 ～ 2 桁の数値であること」という制約を設定した例です。

▼リスト 7-3 routes.rb

```
Rails.application.routes.draw do
  resources :books, constraints: { id: /[0-9]{1,2}/ }
  …中略…
end
```

ルートパラメーターに対する制約条件は、このように constraints オプションで「*パラメーター名*: *正規表現パターン*」の形式で指定します。この状態で、「～/books/108」のような URL でアプリにアクセスしてみましょう（図 7-3）。

▼図 7-3　id パラメーターの制約条件に反する場合

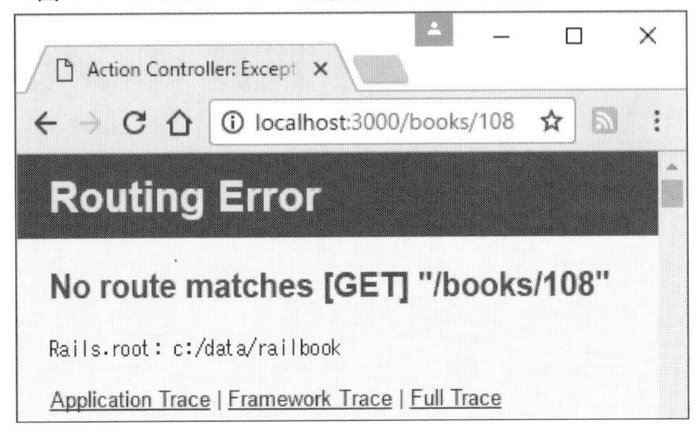

id パラメーターの条件は「1～2 桁の数値であること」なので、「～/books/108」は books リソースにはマッチせず、結果、「採用すべきルートが見つからない」というエラーが返されるわけです。

リクエストパラメーターの妥当性はモデルの側でチェックするのが基本ですが、そもそもルート（入口）で排除してしまえば、不正な値をより確実に遮断できます。

複数のリソース定義に対して、同一の制約条件を課したい場合には、ブロック形式で制約条件を記述することもできます。

```
constraints(id: /[0-9]{1,2}/) do
  resources :books
  resources :reviews
end
```

7.2.2 より複雑な制約条件の設定 — 制約クラスの定義

正規表現パターンだけでは表現できないより複雑な制約条件を定義するならば、制約クラスを利用します。たとえばリスト 7-4 は、現在の時刻によってルーティングの有効／無効を判定する TimeConstraint クラスの例です。9～18 時の間だけルーティングを有効にし、それ以外の時間帯でのアクセスを拒否します。

*6
TimeConstraintクラスは/modelsフォルダーに保存してください。

▼リスト7-4　time_constraint.rb*6

```
class TimeConstraint
  def matches?(request)
    current = Time.now
    current.hour >= 9 && current.hour < 18
  end
end
```

制約クラスであることの条件はmatches?メソッドを実装していることだけです。matches?メソッドは、

- 引数としてリクエスト情報（requestオブジェクト）を受け取り
- 戻り値としてルートを有効にすべきかどうか（true／false）を返す

必要があります。ここでは、Time.nowでシステムの現在時刻を取得し、その時刻（hourメソッド）が9～17の間である場合のみtrueを返すようにしています。

この TimeConstraint 制約クラスを適用しているのが、リスト7-5のコードです。

▼リスト7-5　routes.rb

```
require 'time_constraint'

Rails.application.routes.draw do
  resources :books, constraints: TimeConstraint.new
  …中略…
end
```

constraintsオプションに対して、制約クラスのインスタンスを渡すだけです。

これによって、booksリソースに9～18時以外の時間帯にアクセスしようとすると、「Routing Error（No route matches ~）」のようなエラーが表示されます。システム上の時刻設定を変更して、動きの変化を確認してみましょう。

7.2.3 formatパラメーターを除去する — formatオプション

resources／resourceメソッドで定義されたすべてのルートは、「~(.:format)」が付与されています。これによって、「~/books.xml」「~books.json」のように、拡張子の形式で出力フォーマットを指定できるのです。

もっとも、リソースによっては複数のフォーマットに対応しない（したくない）場合もあるでしょう。そのようなケースでは、formatオプションをfalseとします（リスト7-6）。これによって、URLパターンから「~(.:format)」が除去されたルートが生成されます。

▼リスト 7-6 routes.rb

```
resources :books, format: false
```

```
> rails routes
   Prefix Verb   URI Pattern        Controller#Action
    books GET    /books             books#index
          POST   /books             books#create
 new_book GET    /books/new         books#new
edit_book GET    /books/:id/edit    books#edit
     book GET    /books/:id         books#show
          PATCH  /books/:id         books#update
          PUT    /books/:id         books#update
          DELETE /books/:id         books#destroy
```

7.2.4 コントローラークラス／Url ヘルパーの名前を修正する ― controllers ／ as オプション

resources ／ resource メソッドはデフォルトで、指定されたリソース名をもとに対応するコントローラーを決定し、また、Url ヘルパーを生成します（7.1 節）。

しかし、controller ／ as オプションを指定することで、マッピングすべきコントローラーや、生成する Url ヘルパーの名前を変更することもできます（リスト 7-7）。

▼リスト 7-7 routes.rb

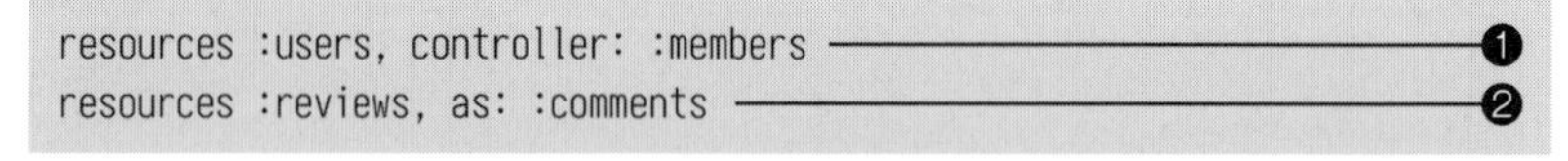

```
resources :users, controller: :members ―――――――――――――――――――― ❶
resources :reviews, as: :comments ――――――――――――――――――――――― ❷
```

本来、users リソースに対応するのは UsersController コントローラーであるはずですが、❶では controller オプションが指定されているので、MembersController コントローラーにマッピングされます。

同じく、reviews リソースに対しては、本来、reviews_path や review_path などの Url ヘルパーが生成されるはずですが、❷では as オプションが指定されているので、comments_path や comment_path のようなヘルパーが用意されます。

7.2.5 モジュール配下のコントローラーをマッピングする ― namespace ／ scope ブロック

コントローラークラスの数が多くなってくると、モジュールを利用してコントローラーを特定のサブフォルダー配下にまとめたいというケースも出てくるでしょう。その場合、まず以下のようにコントローラークラスを生成します。

```
> rails generate controller Admin::Books
```


これで Admin::BooksController コントローラーが、controllers/admin フォルダーの配下に books_controller.rb という名前で生成されます[*7]。

このようなモジュール対応のコントローラークラスに対して、RESTful インターフェイスを定義するには、リスト 7-8 のように namespace ブロックを利用します。

*7
このようなモジュール対応のコントローラークラスに対してテンプレートを設置する場合、モジュール単位でサブフォルダーが分かれるように、「views/モジュール名/コントローラー名」フォルダー、たとえば、/views/admin/books フォルダー配下に配置してください。

*8
namespaceブロックの配下には、複数のresources/resourceメソッドを列記することも可能です。

▼リスト 7-8　routes.rb

```
namespace :admin do
  resources :books*8
end
```

これによって、/admin/books や /admin/books/:id のような URL パターン、そして、admin_books_path や admin_book_path(id) のような Url ヘルパーが生成されます。rails routes コマンドでルートの状態を確認しておきましょう。

```
> rails routes
          Prefix Verb   URI Pattern                        Controller#Action
     admin_books GET    /admin/books(.:format)             admin/books#index
                 POST   /admin/books(.:format)             admin/books#create
  new_admin_book GET    /admin/books/new(.:format)         admin/books#new
 edit_admin_book GET    /admin/books/:id/edit(.:format)    admin/books#edit
      admin_book GET    /admin/books/:id(.:format)         admin/books#show
                 PATCH  /admin/books/:id(.:format)         admin/books#update
                 PUT    /admin/books/:id(.:format)         admin/books#update
                 DELETE /admin/books/:id(.:format)         admin/books#destroy
```

モジュールを認識させたいだけで、URL パターンや Url ヘルパーには影響を及ぼしたくない場合には、scope ブロックを利用します（リスト 7-9）。

▼リスト 7-9　routes.rb

```
scope module: :admin do
  resources :books
end
```

```
> rails routes
  Prefix Verb   URI Pattern                Controller#Action
   books GET    /books(.:format)           admin/books#index
         POST   /books(.:format)           admin/books#create
```

```
  new_book GET    /books/new(.:format)      admin/books#new
 edit_book GET    /books/:id/edit(.:format) admin/books#edit
      book GET    /books/:id(.:format)      admin/books#show
           PATCH  /books/:id(.:format)      admin/books#update
           PUT    /books/:id(.:format)      admin/books#update
           DELETE /books/:id(.:format)      admin/books#destroy
```

Controller#Actionを確認するとadmin/books#～のようになっており、確かにモジュールを認識していますが、Urlヘルパー（books_pathやnew_book_pathなど）や、URLパターン（/books、/books/:idなど）にはモジュール名が含まれ**ない**ことが確認できます。

NOTE

パス接頭辞を付与するには?

本文の例とは逆に、Adminモジュールに属さないBooksコントローラーに対して、「/admin/books」のようなURLだけを割り当てたい場合には、リスト7-10のようにscopeブロックを指定してください（リスト7-9と違い「module:」の指定がない点に注目です）。

▼リスト7-10 routes.rb

```
scope :admin do
  resources :books
end
```

「scope **':locale'** do」のような指定で、「/:locale/books」のようにルートパラメーターを伴うURLパターンを生成することもできます*9。

*9
「:locale」はシンボルそのものをURLパターンに加えたいので、文字列として指定している（=クォートで囲んでいる）点に注意してください。

7.2.6 RESTfulインターフェイスに自前のアクションを追加する — collection ／ memberブロック

collection ／ memberブロックを利用することで、resources ／ resourceメソッドで生成されるルートに対して、必要に応じて自前のアクションを追加することもできます*10。

*10
ただし、極端にたくさんのアクションを追加するのは避けてください。どうしてもそうする必要があるならば、そもそもリソース設計に問題がある可能性があります。

構文　collection／memberブロック

```
resources :name do
  [collection do
    method action
    ...
  end]
  [member do
    method action
    ...
  end]
end
```

name：リソース名
method：関連付けるHTTPメソッド（get／post／put／patch／delete）
action：関連付けるアクション

collectionブロックは複数のオブジェクトを扱うアクションに対して、memberブロックは単一のオブジェクトを扱うアクションに対して、それぞれ利用します。いずれのブロックも省略可能です。

たとえばリスト7-11は、reviewsリソースに関するルート定義に、unapprovalアクション（複数オブジェクト）とdraftアクション（単一オブジェクト）を追加する例です。

▼リスト7-11　routes.rb

```
resources :reviews do
  collection do
    get :unapproval
  end
  member do
    get :draft
  end
end
```

↓

```
> rails routes
             Prefix Verb   URI Pattern                    Controller#Action
unapproval_reviews GET    /reviews/unapproval(.:format) reviews#unapproval
      draft_review GET    /reviews/:id/draft(.:format)  reviews#draft
           reviews GET    /reviews(.:format)            reviews#index
                   POST   /reviews(.:format)            reviews#create
        new_review GET    /reviews/new(.:format)        reviews#new
       edit_review GET    /reviews/:id/edit(.:format)   reviews#edit
            review GET    /reviews/:id(.:format)        reviews#show
```

```
            PATCH  /reviews/:id(.:format)        reviews#update
            PUT    /reviews/:id(.:format)        reviews#update
            DELETE /reviews/:id(.:format)        reviews#destroy
```

collection／memberブロックで追加したルートは、それぞれ表7-5のようなURLパターンとUrlヘルパーを生成していることが確認できます。memberブロックで追加したdraftアクションは単一オブジェクトを扱うため、URLパターンにも確かにオブジェクトを特定するための:idパラメーターが含まれています。

▼表7-5　collection／memberブロックによるルート定義

ブロック	URLパターン	Urlヘルパー
collection	/reviews/unapproval(.:format)	unapproval_reviews_path、unapproval_reviews_url
member	/reviews/:id/draft(.:format)	draft_review_path、draft_review_url

ブロック配下のアクションが1つである場合には、onオプションを使ってシンプルに記述することもできます。リスト7-12は、リスト7-11をonオプションで書き換えたものです。

▼リスト7-12　routes.rb

```
resources :reviews do
  get :unapproval, on: :collection
  get :draft, on: :member
end
```

7.2.7 RESTfulインターフェイスのアクションを無効化する —only／exceptオプション

collection／memberブロックとは逆に、デフォルトで生成されるアクションの一部を無効化したいという場合には、only／exceptオプションを指定します。ルート定義が複雑になった場合、不要なルートを残しておくことはアプリのパフォーマンスを低下させる原因にもなります。自動生成されるルートの一部が不要であることがわかっている場合には、必ず無効化しておきましょう。

たとえばリスト7-13は、show／destroyアクションを無効化する例です。

▼リスト7-13　routes.rb

```
resources :users, except: [ :show, :destroy ]
```

```
> rails routes
   Prefix Verb  URI Pattern                  Controller#Action
    users GET   /users(.:format)             users#index
          POST  /users(.:format)             users#create
 new_user GET   /users/new(.:format)         users#new
edit_user GET   /users/:id/edit(.:format) users#edit
     user PATCH /users/:id(.:format)         users#update
          PUT   /users/:id(.:format)         users#update
```

exceptオプションで指定されたアクション以外をルート定義しなさい、という意味になるわけです。onlyオプションで指定されたアクションだけをルート定義しなさい、という意味を表すこともできます。

リスト7-14は、リスト7-13をonlyオプションで書き換えたものです。

▼リスト7-14　routes.rb

```
resources :users, only: [ :index, :new, :create, :edit, :update ]
```

NOTE **new ／ editアクションに関連付いたURLを修正するには?**

ルート定義を追加／無効化するのではなく、標準アクションnew ／ editに関連付いたURLを変更したいならば、:path_namesオプションを指定してください。

```
resources :reviews, path_names:  { new: :insert, edit: :revise }
```

これによって、「/reviews/insert」「/reviews/:id/revise」というURLから、それぞれnew ／ editアクションを呼び出せるようになります。

7.2.8 階層構造を持ったリソースを表現する ― resourcesメソッドのネスト

アプリの中でリソース同士が親子関係にあることは珍しくありません。たとえば、booksリソース（書籍情報）は、配下にreviewsリソース（書籍レビュー）を伴います。そう、リソース同士の親子関係は、Railsではhas_manyやbelong_toなどのモデルアソシエーションで表されるのでした（5.6節）。

このようなリソース（モデル）同士の関係はURLでも表現される方が直感的です。たとえば書籍1のレビュー情報は「～/books/1/reviews」のように表現できるのが望ましいでしょう。

Railsでは、こうした関係をresources／resourceメソッドのネストによって表現することが可能です。さっそく、books／reviewsリソースの親子関係を表現してみましょう（リスト7-15）。

▼リスト7-15　routes.rb

```
resources :books do
  resources :reviews
end
```

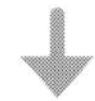

```
> rails routes
          Prefix Verb   URI Pattern                                   Controller#Action
    book_reviews GET    /books/:book_id/reviews(.:format)             reviews#index
                 POST   /books/:book_id/reviews(.:format)             reviews#create
 new_book_review GET    /books/:book_id/reviews/new(.:format)         reviews#new
edit_book_review GET    /books/:book_id/reviews/:id/edit(.:format)    reviews#edit
     book_review GET    /books/:book_id/reviews/:id(.:format)         reviews#show
                 PATCH  /books/:book_id/reviews/:id(.:format)         reviews#update
                 PUT    /books/:book_id/reviews/:id(.:format)         reviews#update
                 DELETE /books/:book_id/reviews/:id(.:format)         reviews#destroy
           books GET    /books(.:format)                              books#index
…後略…
```

booksリソースに関するルートは、「resources :books」単体で実行した場合と同じなので、省略しています。ここではネストされた:reviewsリソースのルートに注目してみましょう。

結果を見てもわかるように、ネストされたリソースでは、URLパターンには「/books/:book_id」（:idではありません）、Urlヘルパーには「book_」という接頭辞が、それぞれ付与されることになります。あとに続く内容は、これまでどおりですので、直感的にも理解しやすいでしょう。

resources／resourceメソッドのネストは、理論上はいくらでも可能です。しかし、ネストは原則として2階層までにしておくのが無難でしょう。それ以上の階層関係は、URLがかえってわかりにくくなるだけで[*11]、「人間が解しやすいURL」という本来の思想には反します。

*11
「/books/12/reviews/5/images/1」のようなURLは、もはや直感的であるとは言えません。

7.2.9 リソースの「浅い」ネストを表現する — shallowオプション

resources／resourceメソッドのネストはリソース同士の関係を表すにはとても便利な機能ですが、反面、URLが不必要に長くなるという問題もあります。たとえば、id=10の書籍に属するレビューを表すために、

```
~/books/10/reviews
```

のようなURLは妥当です。しかし、id=10の書籍に属するid=8のレビューを表すために、

```
~/books/10/reviews/8
```

と表すのは、やりすぎです。レビューのid値が書籍のid値に依らず一意であるならば、単に、

```
~/reviews/8
```

で表せた方がシンプルです。

そこで利用できるのが、shallowオプションです（リスト7-16）。

▼リスト7-16 routes.rb

```
resources :books do
  resources :reviews, shallow: true
end
```

```
> rails routes
         Prefix Verb   URI Pattern                            Controller#Action
   book_reviews GET    /books/:book_id/reviews(.:format)      reviews#index
                POST   /books/:book_id/reviews(.:format)      reviews#create
new_book_review GET    /books/:book_id/reviews/new(.:format) reviews#new
    edit_review GET    /reviews/:id/edit(.:format)            reviews#edit
         review GET    /reviews/:id(.:format)                 reviews#show
                PATCH  /reviews/:id(.:format)                 reviews#update
                PUT    /reviews/:id(.:format)                 reviews#update
                DELETE /reviews/:id(.:format)                 reviews#destroy
…後略…
```

shallowオプションによって、:idパラメーターを受け取らないindex／new／createアクションでのみ:book_idパラメーターが付与され、それ以外のアクションではネストされない（＝浅い）URLが生成されるのです。

リスト7-16は、以下のリスト7-17と同じ内容を、shallowオプション1つで表現しているわけです。

▼リスト7-17　routes.rb

```
resources :books do
  resources :reviews, only: [ :index, :new, :create ]
end
resources :reviews, except: [ :index, :new, :create ]
```

scopeメソッドとshallow_pathオプションを併用することで、「浅い」URLにプレフィックスを付与することもできます（リスト7-18）。

▼リスト7-18　routes.rb

```
scope shallow_path: :b do
  resources :books do
    resources :reviews, shallow: true
  end
end
```

```
> rails routes
         Prefix Verb   URI Pattern                            Controller#Action
   book_reviews GET    /books/:book_id/reviews(.:format)      reviews#index
                POST   /books/:book_id/reviews(.:format)      reviews#create
new_book_review GET    /books/:book_id/reviews/new(.:format) reviews#new
    edit_review GET    /b/reviews/:id/edit(.:format)          reviews#edit
         review GET    /b/reviews/:id(.:format)               reviews#show
                PATCH  /b/reviews/:id(.:format)               reviews#update
                PUT    /b/reviews/:id(.:format)               reviews#update
                DELETE /b/reviews/:id(.:format)               reviews#destroy
…後略…
```

同じく、shallow_prefixオプションを利用した場合には、「浅い」URLに対応したUrlヘルパーに対してのみ、プレフィックスを付与できます（リスト7-19）。

▼リスト7-19　routes.rb

```
scope shallow_prefix: :b do
  resources :books do
    resources :reviews, shallow: true
  end
end
```

```
> rails routes
         Prefix Verb   URI Pattern                            Controller#Action
   book_reviews GET    /books/:book_id/reviews(.:format)      reviews#index
```

```
                   POST   /books/:book_id/reviews(.:format)     reviews#create
new_book_review GET    /books/:book_id/reviews/new(.:format) reviews#new
  edit_b_review GET    /reviews/:id/edit(.:format)           reviews#edit
       b_review GET    /reviews/:id(.:format)                reviews#show
                PATCH  /reviews/:id(.:format)                reviews#update
                PUT    /reviews/:id(.:format)                reviews#update
                DELETE /reviews/:id(.:format)                reviews#destroy
…後略…
```


7.2.10 ルート定義を再利用可能にする — concern メソッド& concerns オプション

concern メソッドを利用することで、複数のルート定義で共通する内容を切り出せます。

構文 concern メソッド

```
concern :name do
  ...definition...
end
```

name：定義名　*definition*：リソース定義

たとえば、以下のルート定義はブロック配下が重複していますので、concern メソッドで分離すべきです（リスト 7-20）。

▼リスト 7-20　routes.rb

```
resources :reviews do
  get :unapproval, on: :collection
  get :draft, on: :member
end

resources :users do
  get :unapproval, on: :collection
  get :draft, on: :member
end
```

↓

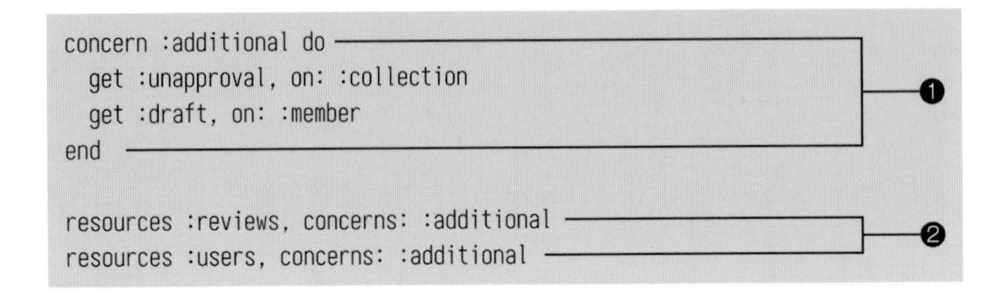

```
concern :additional do
  get :unapproval, on: :collection
  get :draft, on: :member
end

resources :reviews, concerns: :additional
resources :users, concerns: :additional
```


この例では、重複したルート定義を:additionalという名前で定義しています（❶）。concernメソッドで宣言されたルートは、resources／resourceメソッドのconcernsオプションで引用できます（❷）。

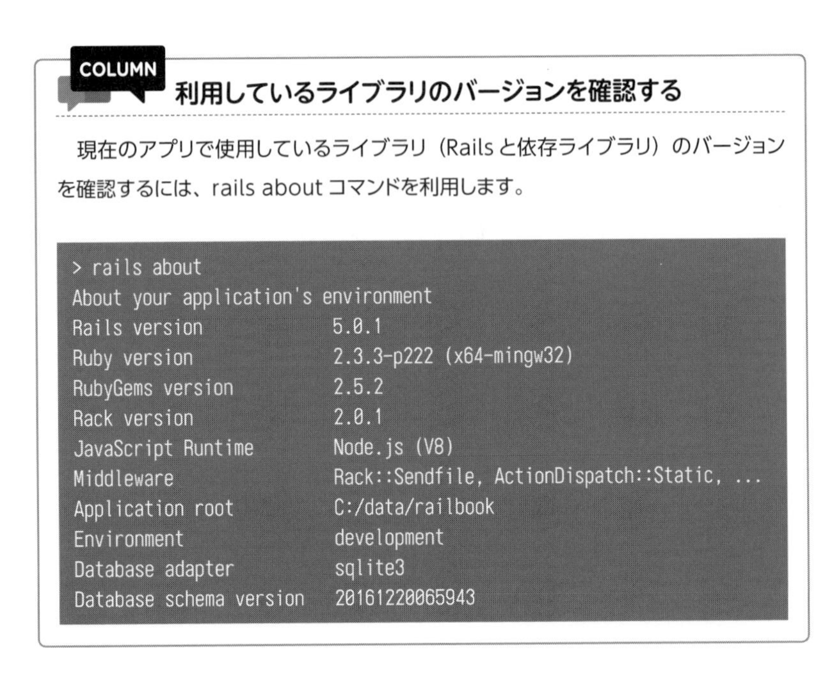

COLUMN

利用しているライブラリのバージョンを確認する

現在のアプリで使用しているライブラリ（Railsと依存ライブラリ）のバージョンを確認するには、rails aboutコマンドを利用します。

```
> rails about
About your application's environment
Rails version             5.0.1
Ruby version              2.3.3-p222 (x64-mingw32)
RubyGems version          2.5.2
Rack version              2.0.1
JavaScript Runtime        Node.js (V8)
Middleware                Rack::Sendfile, ActionDispatch::Static, ...
Application root          C:/data/railbook
Environment               development
Database adapter          sqlite3
Database schema version   20161220065943
```

7.3 非 RESTful なルートの定義

本章冒頭で述べたように、Rails ではまず RESTful インターフェイスが基本ですが、必ずしも REST の思想に沿う状況ばかりではありません。そのようなときは、RESTful インターフェイスを無理やり適用するのではなく[*12]、よりシンプルな非 RESTful なルートの利用を検討すべきです。アプリをすべて RESTful にするのは決して得策ではありません。

*12
collection/memberブロックを駆使すれば拡張はいくらでも可能ですが、それはもはやRESTfulとは言えないでしょう。

7.3.1 非 RESTful ルートの基本 — match メソッド

非 RESTful なルートを定義するには、match メソッドを利用します。

構文 match メソッド

```
match pattern => action, via: verb [,opts]
```

pattern:URL パターン　*action*:実行するアクション
verb:許可する HTTP メソッド(複数指定も可)　*opts*:動作オプション

まずは、match メソッドのもっとも基本的なパターンからです(リスト 7-21)。

▼リスト 7-21 routes.rb

```
match '/details(/:id)' => 'hello#index', via: [ :get, :post ]
```

```
> rails routes
GET|POST /details(/:id)(.:format) hello#index
```

丸カッコで囲まれた部分は、省略可能であることを意味します。よって、この場合は、

- /details
- /details/13
- /details/about
- /details/about.html

のような URL にマッチし、hello#index アクションを呼び出します[*13](必須であるのは、/details だけということです)。

*13
応答フォーマットを表すルートパラメーター「.:format」は、URLパターンに明示的に指定しなくても自動で付与される点にも注目です。

NOTE　ワイルドコントローラールートは利用しない

Rails 4 以前では、以下のようなルート定義が可能でした。

```
match ':controller(/:action(/:id))', via: [ :get, :post, :patch ]
```

:controller はコントローラー名、:action はアクション名を表しますので、これだけで「/hello/index」であれば、hello#index アクションを呼び出しなさい、という意味になります。

このような記法を**ワイルドコントローラールート**と言います。アクションメソッドを設置するだけでルーティングを意識しなくても良い、という意味で便利な記法です。反面、「*コントローラー名 / アクション名*」の形式で自由にアクションを呼び出せてしまう大雑把さは、本番環境での利用には適しません。ときとして、思わぬアクションが呼び出されてしまうことから、脆弱性の原因となる可能性もあるでしょう。

このため、Rails 5 では、この記法は非推奨となり、Rails 5.1 では削除予定となっています。以前からの Rails ユーザーには長くお世話になってきた人もいるかと思いますが、今後はワイルドコントローラールートは利用しないようにしてください。

via オプションは、ルートで許可する HTTP メソッドを指定します。Rails 3 までは任意のオプションでしたが[*14]、その曖昧さが CSRF 攻撃の間接的な原因となる[*15]という理由から、Rails 4 以降では必須となっています。リスト 7-21 のように、複数の HTTP メソッドを列記しても構いませんし、「via: :get」のように単一で指定しても構いません。

ただし、許可する HTTP メソッドが 1 つである場合には、get ／ post ／ put ／ patch ／ delete などのメソッドを利用した方がスマートでしょう。たとえば、リスト 7-21 は、以下のコードと同義です。

```
get '/details(/:id)' => 'hello#index'    ←HTTP GET を許可
post '/details(/:id)' => 'hello#index'   ←HTTP POST を許可
```

via オプションでは、特別な値として :all（すべての HTTP メソッドを許可）を指定することもできますが、先ほど述べた理由から利用すべきではありません。

*14
つまり、すべてのHTTPメソッドを認めていたということです。

*15
RailsではHTTP POST、PUT／PATCHなどでのリクエストに対してトークンチェックを行います（6.6.3項）。よって、（たとえば）HTTP POSTを期待しているアクションをHTTP GET経由で呼び出せば、そのままチェックを回避できてしまうということです。

7.3.2 さまざまな非 RESTful ルートの表現

非 RESTful ルートでも（resources メソッドと同じく）オプションを利用することで、さまざまな表現が可能です。以下では、具体的な例とともに、よく利用するルート定義のコードについて見ていくことにします。

なお、リスト 7-22 では get メソッドを例にしていますが、match メソッドはじめ、post ／ delete ／ put ／ patch などのメソッドでも同じように表せます。「→」では、rails routes コマンドで得られる結果と、マッチするリクエスト URL を示しています。

▼リスト 7-22　routes.rb

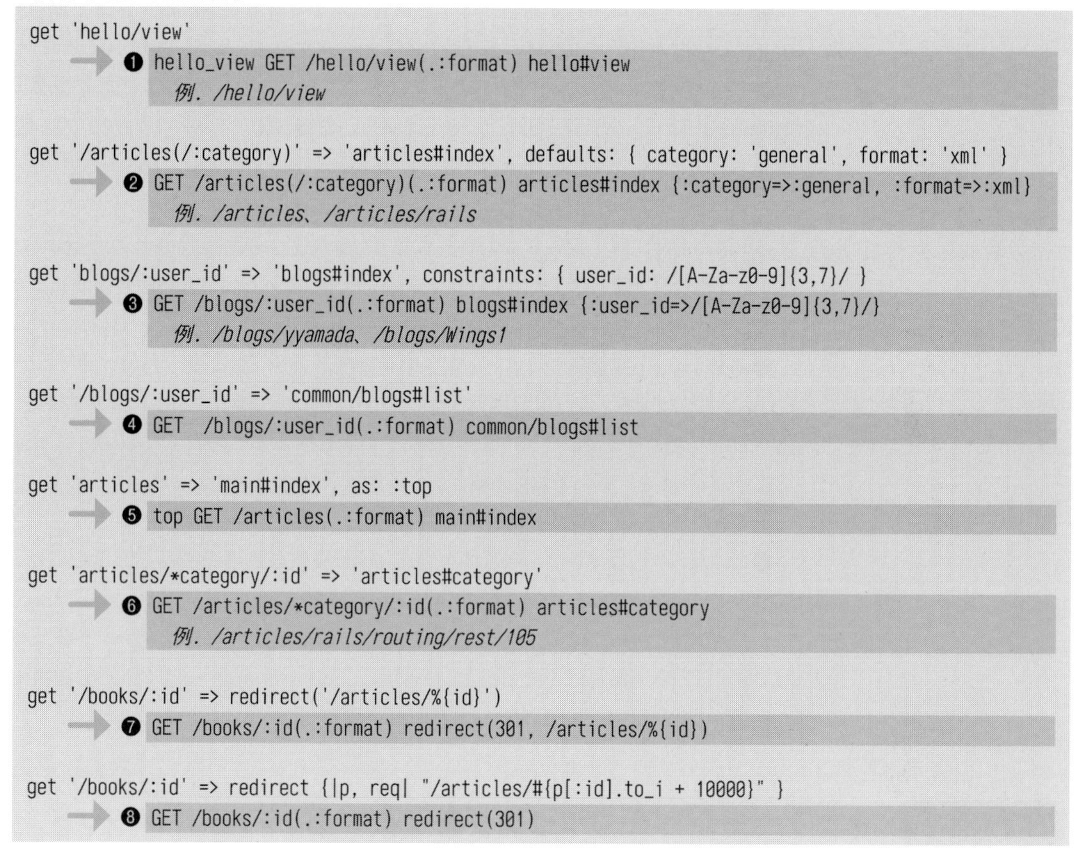

```
get 'hello/view'
  → ❶ hello_view GET /hello/view(.:format) hello#view
       例. /hello/view

get '/articles(/:category)' => 'articles#index', defaults: { category: 'general', format: 'xml' }
  → ❷ GET /articles(/:category)(.:format) articles#index {:category=>:general, :format=>:xml}
       例. /articles、/articles/rails

get 'blogs/:user_id' => 'blogs#index', constraints: { user_id: /[A-Za-z0-9]{3,7}/ }
  → ❸ GET /blogs/:user_id(.:format) blogs#index {:user_id=>/[A-Za-z0-9]{3,7}/}
       例. /blogs/yyamada、/blogs/Wings1

get '/blogs/:user_id' => 'common/blogs#list'
  → ❹ GET  /blogs/:user_id(.:format) common/blogs#list

get 'articles' => 'main#index', as: :top
  → ❺ top GET /articles(.:format) main#index

get 'articles/*category/:id' => 'articles#category'
  → ❻ GET /articles/*category/:id(.:format) articles#category
       例. /articles/rails/routing/rest/105

get '/books/:id' => redirect('/articles/%{id}')
  → ❼ GET /books/:id(.:format) redirect(301, /articles/%{id})

get '/books/:id' => redirect {|p, req| "/articles/#{p[:id].to_i + 10000}" }
  → ❽ GET /books/:id(.:format) redirect(301)
```

❶は、もっともシンプルなパターンです。URL パターン自体が「*コントローラー名 / アクション名*」の形式で表現できる場合には、「=>」以降を省略できます[*16]。「get 'hello/view' => 'hello#view'」と書いても同じ意味です。

❷は、ルートパラメーターのデフォルト値を指定する例です。defaults オプションで「*パラメーター名 : デフォルト値*」の形式で指定します。ここでは category パラメーターと format パラメーターのデフォルト値を、それぞれ 'general' と 'xml' に設定しています[*17]。

❸はルートパラメーターに制約条件を設定する例です。resources ／ resource メソッドと同じく constraints オプションを使用します[*18]。

*16
本書サンプルのルート定義は、ほぼこの書き方に沿っています。

*17
defaultsオプションは resources／resourceメソッドでも利用できます。しかし、(:idパラメーターは省略できないため):formatパラメーターのデフォルト値を設定する程度で、あまり利用する機会はありません。

*18
ブロック指定なども同じように利用できます。詳しくは7.2.1項も参照してください。

```
get 'blogs/:user_id' => 'blogs#index', user_id: /[A-Za-z0-9]{3,7}/
```

のようにconstraintsオプションを省略して記述しても構いません。

❹はモジュール対応のコントローラーにルートを紐づける例です。「*モジュール名/コントローラー名#アクション名*」の形式で表現します。

❺はルート定義に対応するUrlヘルパーを指定する例です。この例では、ルート定義とともに、top_urlとtop_pathというUrlヘルパーを生成します。

❻では特殊なルートパラメーターの例として「*パラメーター名」という表記を使っています。「*パラメーター名」は「/」をまたいだ複数のパラメーターをまとめて取得するという意味です。これによって、たとえば「~/articles/rails/routing/rest/105」のようなURLであれば、*categoryパラメーターには「rails/routing/rest」が、:idパラメーターには105がそれぞれセットされるようになります。アクション側では「/」でいったん値を分解してから処理を行う必要がありますが、可変長のパラメーターを扱いたい場合には便利です*19。

*19
「*パラメーター名」も、取得の際は「params[:パラメーター名]」の形式で、普通のルートパラメーターと同じようにアクセスできます。

❼はあるルート定義を他のルートにリダイレクトする例です。アプリの改修などでURLを束ねたい場合などに利用できるでしょう。この例であれば、「/books/15」は「/articles/15」にリダイレクトされます（もちろん、別に「/articles/:id」のようなルートを定義しておく必要があります）。%{id}によって、もともとのURLで指定されたルートパラメーターがリダイレクト先に引き渡されます。

❽のように、リダイレクト時のパス生成により複雑な処理を挟みたい場合には、redirectメソッドにブロックを渡します。ブロックは、パラメーター情報pとリクエストオブジェクトreqとを受け取り、戻り値としてリダイレクト先のパスを返す必要があります。この例であれば「/books/15」は、（:idパラメーターに10000を加えた結果）「/articles/10015」にリダイレクトされます。

7.3.3 トップページへのマッピングを定義する — rootメソッド

トップページ（たとえば、http://www.examples.com/）に対してルートを設定するには、rootメソッドを利用します。rootメソッドはroutes.rbの末尾で記述するのが基本です。

構文 rootメソッド

```
root(opts)
```

opts：動作オプション

たとえば、トップページへのアクセス時にbooks#indexアクションにアクセスさせたい場合には、リスト7-23のように記述します。toオプションはディスパッチ先（*コントローラー名#アクション名*）を表します。

▼リスト7-23 routes.rb

```
Rails.application.routes.draw do
  …中略…
  root to: 'books#index'
end
```

この状態で「http://localhost:3000/」にアクセスしてみましょう。確かに、books#indexアクションの結果が表示されることが確認できます。

NOTE

ルートの優先順位

routes.rbでルートを追加する順序は、とても大切です。というのも、ルートの優先順位はそのまま記述の順序によって決まるからです。よって、汎用的な――たとえば「:controller(/:action(/:id))(.:format)」のようなルートはできるだけ最後に記述するべきです[*20]。同じ理由から、rootメソッドはroutes.rbの末尾で定義してください。

*20
このようなルートは現在では利用すべきではありませんが、ここではそれはさておきます。

＊21
Rails 5でも、従来のrakeコマンドを利用することは可能です。

COLUMN

Railsで利用できるRakeコマンド

Rakeは、Rubyで記述されたビルドツールです。Railsでは、初期のバージョンからさまざまなRakeタスクが用意されており、データベースの作成からテストの実行、アセットプリコンパイルの処理までを自動化できるようになっています。

なお、Rails 4までは、railsコマンドと、Rakeタスクを実行するrakeコマンドとは別ものでしたが、Rails 5でrailsコマンドとして一本化されました。これによって、rails／rakeコマンドの使い分けに迷うことがなくなりました[＊21]。

利用できるタスクは、rails -Tコマンドで確認できます。本書で紹介しきれなかったタスクの中にも有用なものはたくさんあるので、一度、自分の目で確認しておくと良いでしょう。

```
> rails -T
rails about                             # List versions of all Rails frame...
rails app:template                      # Applies the template supplied by...
rails app:update                        # Update configs and some other in...
rails assets:clean[keep]                # Remove old compiled assets
rails assets:clobber                    # Remove compiled assets
rails assets:environment                # Load asset compile environment
rails assets:precompile                 # Compile all the assets named in ...
rails cache_digests:dependencies        # Lookup first-level dependencies ...
rails cache_digests:nested_dependencies # Lookup nested dependencies for T...
rails db:create                         # Creates the database from DATABA...
rails db:drop                           # Drops the database from DATABASE...
rails db:environment:set                # Set the environment value for th...
rails db:fixtures:load                  # Loads fixtures into the current ...
rails db:migrate                        # Migrate the database (options: V...
rails db:migrate:status                 # Display status of migrations
rails db:rollback                       # Rolls the schema back to the pre...
rails db:schema:cache:clear             # Clears a db/schema_cache.dump file
rails db:schema:cache:dump              # Creates a db/schema_cache.dump file
rails db:schema:dump                    # Creates a db/schema.rb file that...
rails db:schema:load                    # Loads a schema.rb file into the ........中略...
rails tmp:clear                         # Clear cache and socket files fro...
rails tmp:create                        # Creates tmp directories for cach...
```

応用編

第8章 テスト

昨今のアプリ開発では、テストのためのスクリプトを用意し、テストを自動化するのが一般的です。テストの自動化によって、人間の目と手を介さなければならない作業を最小限に抑えられるとともに、コードに修正が発生した場合にも繰り返しテストを実施しやすいというメリットがあります。
Railsでも、初期のバージョンからテストの自動化を重視しており、Unitテスト／Functionalテスト／Integrationテストといったテストをサポートしています。本章では、これらテストの記述と実行方法を解説する中で、テスト自動化の基本を理解します。

8-1 テストの基本

アプリ開発の過程でテストという作業は欠かせません。もっとも、テストと一口に言っても、その形態はさまざまです。たとえば、ソースコードを書いて、できあがったら実際にブラウザーで動かして、正しい結果が得られるかどうかを確認するのも一種のテストです。問題が見つかった場合には、アプリに変数出力のコードを埋め込んで、途中経過をチェックする、というようなこともあるでしょう。

しかし、このような方法は小規模なアプリであるうちは良いのですが、ある程度の規模のアプリになってくると、問題箇所を見付けにくい、誤りを見落としがち、そもそも人間の目を介さなければならないためテストの工数が無制限に膨らみがち、などの問題があります。

そこで昨今のアプリ開発では、テストのためのスクリプトを用意し、テストを自動化するのが一般的です。もちろん、テストを自動化したからといって、人間がテストしなくても良いというわけではありませんが、少なくともその範囲を最小限に抑えることができます。

8.1.1 Rails アプリのテスト

本章でも、単にテストと言った場合は、自動化されたテストのことを指すものとします。Rails では初期のバージョンから、このテストをとても重要視しており、表 8-1 のようなテストをサポートしています。

▼表 8-1　Rails で対応しているテストの種類

テスト名	概要
Unit テスト	モデルやビューヘルパー単体の動作をチェック
Functional テスト	コントローラー／テンプレートの呼び出し結果をチェック（ステータスコードやテンプレート変数、ビューによる出力結果など）
Integration テスト	エンドユーザーの実際の操作を想定し、複数のコントローラーにまたがるアプリの挙動をチェック

本書では、テスティングフレームワークとして Rails 標準の **Minitest** を採用しますが、昨今では RSpec（http://rspec.info/）というライブラリもよく利用されるようになっています。RSpec は BDD（Behavior Driven Development）フレームワークに分類されるライブラリです。テストコードを英文に近い構文で、アプリの振る舞い（Behavior）として表現できるため、とても読みやすいという特長があります。RSpec に関する詳細は、やや古い記事ですが「RSpec の概要と、

RSpec on Rails」（http://magazine.rubyist.net/?0021-Rspec）が参考になります。

8.1.2 テストの準備

Railsでテストを実施するには、一般的にはデータベースとテストデータの準備が必要です。

テストデータベースの構築

データベースを準備するには、以下のコマンドでマイグレーションファイルを実行するだけです[*1]。

*1
従来、テストデータベースをメンテナンスするために用意されていたrails(rake) db:test:*コマンドは非推奨になっています。

```
> rails db:migrate RAILS_ENV=test
== 20161013062804 CreateBooks: migrating ============================
-- create_table(:books)
   -> 0.0030s
== 20161013062804 CreateBooks: migrated (0.0036s) ===================
…後略…
```

コマンドを正しく実行できたところで、テストデータベース[*2]に意図したテーブルが揃っていることを、rails dbconsoleコマンドからもチェックしておきましょう。テストデータベースにアクセスするには、明示的にtestと指定します。

*2
テストデータベースの名前は、デフォルトで（database.ymlを変更していなければ）test.sqlite3です。

```
> rails dbconsole test
SQLite version 3.17.0 2017-02-13 16:02:40
Enter ".help" for usage hints.
sqlite> .tables ―――――――――――――――― テーブルを一覧表示
ar_internal_metadata  fan_comments          schema_migrations
authors               members               users
authors_books         memos
books                 reviews
sqlite> .quit ―――――――――――――――― SQLiteクライアントを終了
```

テストデータベースを破棄したい場合には、以下のようにrails db:dropコマンドを実行してください[*3]。

```
> rails db:drop RAILS_ENV=test DISABLE_DATABASE_ENVIRONMENT_CHECK=1*4
```

*3
SQLiteであれば、test.sqlite3をファイルとして削除しても良いでしょう。

*4
DISABLE_DATABASE_ENVIRONMENT_CHECKは、本来、production環境でデータベースを削除する際に付与するオプションです。ただし、Windows環境ではdevelopment環境でも明示する必要があるようです。

テストデータの準備

テストデータ（フィクスチャ）については、テストスクリプトの実行タイミングで自動的に展開されますので、データそのものを用意する以上の操作は必要ありません。フィクスチャは既に3.7.2項でも準備済みのはずなので、以下のファイルが/test/fixturesフォルダーに揃っていることだけ確認しておきましょう。

- authors.yml
- authors_books.yml
- books.yml
- fan_comments.yml
- reviews.yml
- users.yml

以上でテストを行うための準備は完了です。次節からはUnitテスト、Functionalテスト、Integrationテストの順に、テストスクリプトを作成&実行していきます。

8-2 Unit テスト

Unit テスト（**ユニットテスト**、**単体テスト**）とは、アプリを構成するライブラリ（主にモデル）が正しく動作するかをチェックするためのテストです。

Rails で行うテストの中でも、もっとも基本的なテストです。ここで学んだ知識は後述する Functional テストや Integration テストでも有効ですので、テストの基本的な考え方を学ぶという意味でも、きちんと内容を理解しておいてください。

8.2.1 Unit テストの基本

3.7.2 項の手順に従ってモデルを作成していれば、/test/models フォルダー配下にはテストスクリプトとして既に book_test.rb ができているはずです。まずは、この book_test.rb に対してテストコードを追加して、Book モデルの挙動を確認してみましょう。

具体的なコードは、リスト 8-1 のとおりです。

▼リスト 8-1　book_test.rb

```
require 'test_helper'

class BookTest < ActiveSupport::TestCase
  test "book save" do
     book = Book.new({                      ❶
      isbn: '978-4-7741-4466-X',
      title: 'Ruby on Rails本格入門',
      price: 3100,
      publish: '技術評論社',
      published: '2017-02-14',
      dl: false
    })
    assert book.save, 'Failed to save'      ❷
  end

  # test "the truth" do                     削除*5
  #   assert true
  # end
end
```

*5
the truthテストは、テストスクリプトにデフォルトで記述されているテストメソッドの見本です。不要ですので、削除してしまって構いません。

*6
「test_」ではじまるメソッドを直接定義しても構いません。testメソッドも内部的にはtest_*xxxxx*メソッドを生成しているだけです。

テストを実施するためのメソッド（**テストメソッド**）を定義するには、test メソッドを利用します[*6]。

構文　test メソッド

```
test name do
  assertion
end
```

name：テスト名　*assertion*：テストコード

引数 name には空白が混在していても構いませんが、テストスクリプトの中で一意となるように命名してください（内部的には名前をもとにメソッド名を生成するからです）。

テストとして実行するコードは、test メソッドのブロックとして記述します。❶では、Book モデルのインスタンスを生成し、これをデータベースに保存しています。

あとは、Assertion メソッドで処理の結果を確認するだけです（❷）。**Assertion メソッド**とは結果のチェックを行うためのメソッドの総称で、test ブロックの中で最低限 1 つは呼び出す必要があります。

ここでは、Assertion メソッドの中でももっともシンプルな assert メソッドを呼び出しています。assert メソッドは第 1 引数（save メソッドの戻り値）が true である（＝保存に成功した）場合に、テストが成功したものと見なします。もしも保存に失敗していることを期待しているならば、

```
assert !book.save, 'Succeeded to save'
```

のように書き換えます。第 2 引数は、テストに失敗したときに表示すべきメッセージを指定します。

Rails（Ruby）には、さまざまな Assertion メソッドが用意されています。表 8-2 に主なものをまとめておきます。

▼表 8-2　標準で利用できる主な Assertion メソッド（引数 msg は失敗時のメッセージ）

メソッド	確認する内容
assert(*test* [, *msg*])	式 test が true であるか
assert_not(*test* [, *msg*])	式 test が false であるか
assert_equal(*expect*, *act* [, *msg*])	期待値 expect と実際値 act が互いに等しいか
assert_not_equal(*expect*, *act* [, *msg*])	期待値 expect と実際値 act が互いに等しくないか
assert_same(*expect*, *act* [, *msg*])	期待値 expect と実際値 act が同一のインスタンスか
assert_not_same(*expect*, *act* [, *msg*])	期待値 expect と実際値 act が同一のインスタンスでないか
assert_nil(*obj* [, *msg*])	obj が nil であるか
assert_not_nil(*obj* [, *msg*])	obj が nil でないか
assert_match(*reg*, *str* [, *msg*])	正規表現 reg に文字列 str がマッチするか
assert_no_match(*reg*, *str* [, *msg*])	正規表現 reg に文字列 str がマッチしないか

メソッド	確認する内容
assert_in_delta(*expect*, *act*, *delta* [, *msg*])	実際値 act が期待値 expect の絶対誤差 delta の範囲内であるか
assert_not_in_delta(*expect*, *act*, *delta* [, *msg*])	実際値 act が期待値 expect の絶対誤差 delta の範囲内にないか
assert_throws(*symbol* [, *msg*]) { *block* }	ブロック内で例外 symbol が発生するか
assert_raises(*except1*, *except2* [, ...]) { *block* }	ブロック内で例外 except1、2... が発生するか
assert_nothing_raised(*except1*, *except2* [, ...]) { *block* }	ブロック内で例外 except1、2... のいずれもが発生しないか
assert_instance_of(*clazz*, *obj* [, *msg*])	オブジェクト obj がクラス clazz のインスタンスであるか
assert_not_instance_of(*clazz*, *obj* [, *msg*])	オブジェクト obj がクラス clazz のインスタンスでないか
assert_kind_of(*clazz*, *obj* [, *msg*])	オブジェクト obj がクラス clazz（派生クラスを含む）のインスタンスであるか
assert_not_kind_of(*clazz*, *obj* [, *msg*])	オブジェクト obj がクラス clazz（派生クラスを含む）のインスタンスでないか
assert_respond_to(*obj*, *symbol* [, *msg*])	オブジェクト obj がメソッド symbol を持つか
assert_not_respond_to(*obj*, *symbol* [, *msg*])	オブジェクト obj がメソッド symbol を持たないか
assert_operator(*obj1*, *ope*, *obj2* [, *msg*])	「obj1.ope(obj2)」が true であるか
assert_not_operator(*obj1*, *ope*, *obj2* [, *msg*])	「obj1.ope(obj2)」が false であるか
assert_send(*ary* [, *msg*])	ary[0].ary[1](ary[2], ...) が true であるか
pass([*msg*])	無条件に成功
skip([*msg*])	現在のテストをスキップ
flunk([*msg*])	無条件に失敗（未完成のテストケースなどで使用）

以上、テストスクリプトの準備ができたら、テストを実施してみましょう。モデルのUnit テストを実施するのは、rails test コマンドの役割です。rails コマンドはいつもどおり、アプリルートにカレントフォルダーを移動した上で実行してください。

ここではテスト対象としてファイルを直接指定していますが、「test/models」のようにフォルダーを指定した場合、rails test コマンドは /test/models フォルダー配下のすべての Unit テストを実行します[*7]。

***7**
Unitテストに限らず、すべてのテストを無条件に実行したい場合には、引数なしでrails testコマンドを使用します。

```
> rails test test/models/book_test.rb
Run options: --seed 2559

# Running:

. ──────────────────────── 「.」はテストメソッドの成功を表す

Finished in 0.316410s, 3.1605 runs/s, 3.1605 assertions/s.

1 runs, 1 assertions, 0 failures, 0 errors, 0 skips
```

太字の部分に注目です。この場合、1 つのテストメソッドが実行され、その中で 1 つの Assertion メソッドが成功したことを示しています。もしも Assertion の失敗や例外の発生があった場合には、それぞれ failures と errors としてカウントされ、以降に例外メッセージが出力されます。

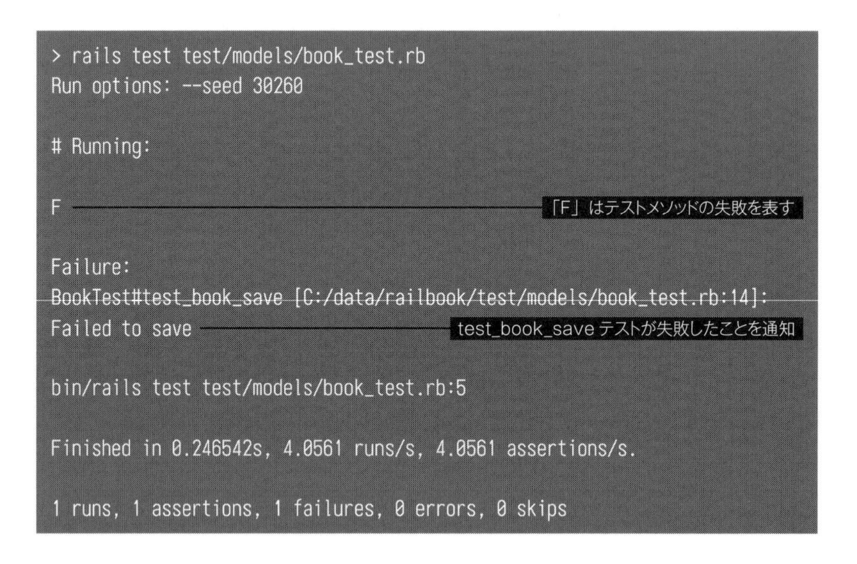

```
> rails test test/models/book_test.rb
Run options: --seed 30260

# Running:

F

Failure:
BookTest#test_book_save [C:/data/railbook/test/models/book_test.rb:14]:
Failed to save

bin/rails test test/models/book_test.rb:5

Finished in 0.246542s, 4.0561 runs/s, 4.0561 assertions/s.

1 runs, 1 assertions, 1 failures, 0 errors, 0 skips
```


なお、テストメソッドが複数ある場合には、その実行順序が必ずしも記述順になるとは限りません。実行順序に依存するようなテストメソッドは記述しないようにしてください。

8.2.2 Unit テストの具体例

同じ要領で、いくつかテストメソッドを作成してみましょう。

モデルでの検証結果を確認する

リスト 8-1 の例では、単に保存の成否をチェックしただけでしたが、モデルで定義された検証の挙動を確認することもできます（リスト 8-2）。なお、検証ルールは既に 5.5.2 項の手順で定義されているものとします。

▼リスト 8-2　book_test.rb

```
test "book validate" do
  book = Book.new({
    isbn: '978-4-7741-44',
    title: 'Ruby on Rails本格入門',
    price: 3100,
    publish: '技術評論社',
    published: '2017-02-14',
    dl: false
```

```
  })
  assert !book.save, 'Failed to validate'
  assert_equal 2, book.errors.size, 'Failed to validate count'
  assert book.errors[:isbn].any?, 'Failed to isbn validate'
end
```

book_validate テストでは、3 種類の Assertion を行っています。

- 検証の結果、モデルの保存に失敗すること
- 2 種類の検証エラーが返されること
- isbn フィールドの検証エラーが少なくとも 1 つは発生していること

検証エラーの情報には errors メソッドでアクセスできるのでした（5.5.2 項）。ここでは行っていませんが、検証メッセージの正否をチェックするようなこともできるでしょう。

モデル経由での検索結果を確認する

モデル経由で検索を行った場合に、正しい結果を得られるか確認します。リスト 8-3 は、Book モデルで title 列をキーに「改訂新版 JavaScript 本格入門」で検索した場合に、

- 得られる結果が Book オブジェクトであること
- isbn 列がフィクスチャ books.yml における :modernjs キーの isbn 列に等しいこと
- published 列は「2016/09/30」であること

を確認しています。

▼リスト 8-3　book_test.rb

```
test "where method test" do
  result = Book.find_by(title: '改訂新版JavaScript本格入門')
  assert_instance_of Book, result ,'result is not instance of Book'
  assert_equal books(:modernjs).isbn, result.isbn, 'isbn column is wrong.'
  assert_equal Date.new(2016, 9, 30), result.published,  ─┐
    'published column is wrong.' ──────────────────────────┴─❶
end
```

ここで改めて注目していただきたいのは、Rails ではテストの実行時にフィクスチャをデータベースにロードするだけでなく、

テストスクリプトから利用できるようにハッシュとして展開している

という点です。

よって、（たとえば）books.yml の中で「:modernjs」というキーで定義された

レコードであれば、「books(:modernjs)」でアクセスできます（太字部分）。戻り値は対応するモデルオブジェクトですので、そのままisbnプロパティにもアクセスできる点に注目してください。これを利用することで、❶のコードも「assert_equal books(:modernjs).published,...」のように書き換えることができます。

フィクスチャのこの性質は、Unitテストだけではなく、後述するFunctionalテストやIntegrationテストでも有効です。

ビューヘルパーのテスト

ビューヘルパー（4.6節）のテストも、考え方はモデルと同じです。2.2.1項の手順でコントローラーを作成していれば、/test/helpersフォルダー配下には<*コントローラー名*>_helper_test.rbのようなテストスクリプトができているはずなので、これにテストコードを追記します。

具体的な例として、ここではview_helper_test.rbを作成して、format_datetimeメソッド（4.6.1項）をテストするためのコードを追加してみましょう*8（リスト8-4）。

*8
Rails 4ではコントローラーの作成時に併せてヘルパーのテストスクリプトが自動生成されていましたが、Rails 5では自動生成されません。一からコードを記述してください。

▼リスト8-4　view_helper_test.rb

```
require 'test_helper'

class ViewHelperTest < ActionView::TestCase
  test "format helper" do
    result = format_datetime(Time.now, :date)
    assert_match /\d{4}年\d{1,2}月\d{1,2}日/, result
  end
end
```

format_helperテストでは、format_datetimeメソッドの戻り値が「9999年99月99日」の形式であることを確認しています。このように、assert_matchメソッドを利用することで、正規表現を用いた文字列パターンの一致も確認できます。

ビューヘルパーのUnitテストも、モデルと同じく、rails testコマンドで実行できます。

```
> rails test test/helpers/view_helper_test.rb
Run options: --seed 30349

# Running:

.

Finished in 0.247050s, 4.0478 runs/s, 8.0955 assertions/s.

1 runs, 2 assertions, 0 failures, 0 errors, 0 skips
```

8.2.3 テストの準備と後始末 — setup ／ teardown メソッド

テストスクリプトには、それぞれのテストメソッドが呼び出される前後に呼び出される表8-3のような予約メソッドがあります*9。これらは基底クラスActiveSupport::TestCaseで定義されているので、個別のテストスクリプトでオーバーライドして使用します。

*9
これらのメソッドは、Unitテストに限らず、後述するFunctionalテストやIntegrationテストでも同様に利用できます。

▼表8-3 テストスクリプトでの予約メソッド

メソッド	概要
setup	各テストメソッドが呼び出される直前に実行（使用するリソースの初期化）
teardown	各テストメソッドが呼び出された直後に実行（使用したリソースの後始末）

たとえば、リスト8-3のテストスクリプトをsetup ／ teardownメソッドを使って書き換えてみましょう（リスト8-5）。

▼リスト8-5 book_test.rb

```
def setup
  @b = books(:modernjs)
end

def teardown
  @b = nil
end

test "where method test" do
  …中略…
  assert_equal @b.isbn, result.isbn, 'isbn column is wrong.'
  assert_equal @b.published, result.published, 'published column is wrong.'
end
```

ここでは、setupメソッドでフィクスチャbooks.ymlの:modernjsキーをインスタンス変数@bにセットし、teardownメソッドで@bを破棄しています。それに伴い、"where method test"テストでも、「books(:modernjs)」という記述を「@b」で置き換えています。

このように、複数のテストメソッドで利用するリソースはあらかじめsetupメソッドで準備しておくことで、コードをよりすっきりと記述できるようになります*10。

なお、先述したようにデータベースのクリアとフィクスチャの読み込みはRailsが自動的に行ってくれますので、setupメソッドで明示的に行う必要はありません。

*10
ここではteardownメソッドで@bを明示的に破棄していますが、本来は自動的に破棄されるため、実際のコードでは不要です。

8-3 Functionalテスト

Functionalテスト（**機能テスト**）とは、コントローラー（アクション）の動作やテンプレートの出力をチェックするためのテストです。Functionalテストでは、ブラウザーによるHTTPリクエストを疑似的に作成することで、アクションメソッドを実行し、その結果、HTTPステータスやテンプレート変数、あるいは、最終的な出力の構造までを確認します。また、ルート定義の妥当性をチェックするのもFunctionalテストの役割です。

8.3.1 Functionalテストの準備

Rails 5からは従来、Functionalテストで利用していた機能の一部[*11]が外部gem化されました。このため、Rails 4と同じ要領でテストを実施するには、以下の準備が必要となります。まずは、Gemfile[*12]の末尾にリスト8-6の行を追加してください。

*11
予約変数assignsとAssertionメソッドassert_templateがそれです。

*12
詳しい記法は10.5.2項でまとめます。

▼リスト8-6　Gemfile

```
gem 'rails-controller-testing'
```

あとは、コマンドプロンプトからbundle installコマンドを実行すれば、rails-controller-testingがインストールされます。bundle installコマンドの実行後は、Pumaを再起動してください。

8.3.2 Functionalテストの基本

では、具体的なテストの手順に移ります。2.2節の手順に従ってコントローラーを作成していれば、/test/controllersフォルダーの配下には、テストスクリプトとして既にhello_controller_test.rbができているはずです。hello_controller_test.rbは、helloコントローラーをFunctionalテストするためのテストコードです。

まずは、このhello_controller_test.rbに対してテストコードを追加して、helloコントローラーの挙動を確認してみましょう（リスト8-7）。

▼リスト 8-7 hello_controller_test.rb

```
require 'test_helper'

class HelloControllerTest < ActionDispatch::IntegrationTest
  test "list action" do
    get '/hello/list' ──────────────────── ❶
    assert_equal 10, assigns(:books).length, 'found rows is wrong.' ── ❷
    assert_response :success, 'list action failed.' ─┐
    assert_template 'hello/list' ─────────────────────┴─ ❸
  end

  # test "the truth" do ─┐
  #   assert true         ├─ 削除*13
  # end ──────────────────┘
end
```

*13
Unitテストと同じく、the truthテストは、テストスクリプトにデフォルトで記述されているサンプルです。不要ですので、削除しておきましょう。

テストメソッドの記法そのものは Unit テストと同じですが、いくつか Functional テスト固有のポイントがあるので、順におさえていきます。

❶ get メソッドでリクエストを生成する

Functional テストでは、まずコントローラーを起動するために get メソッドで疑似的に HTTP リクエストを生成します。

構文 get メソッド

```
get path, opts
```

path：リクエスト先のパス　*opts*：動作オプション（表 8-4 を参照）

▼表 8-4 get メソッドの動作オプション（引数 opts のキー）

パラメーター名	概要
params	リクエストパラメーター（「キー名 : *値*」のハッシュ形式）
headers	ヘッダー情報（「ヘッダー名 : *値*」のハッシュ形式）
env	環境変数（「変数名 : *値*」のハッシュ形式）
xhr	Ajax 通信であるかどうか（true ／ false）
as	リクエストのコンテンツタイプ

ここでは引数 path だけを指定した例を示しています。引数 opts を利用した例については、次項を参照してください。

なお、get メソッドは HTTP GET リクエストを再現しますが、その他の HTTP メソッドに対応した post ／ put ／ patch ／ delete ／ head メソッドも用意されています（構文は同じです）。アクションの種類に応じて、適宜使い分けてください。

❷ Functionalテストで利用できる予約変数

Functionalテストでは、get／postなどのメソッドを実行した後、表8-5のような予約変数にアクセスできるようになります。

▼表8-5　リクエスト実行後に参照できるオブジェクト／ハッシュ変数

分類	変数名	概要
オブジェクト	@controller	リクエストを処理したコントローラークラス
	@request	リクエストオブジェクト
	@response	レスポンスオブジェクト
ハッシュ	assigns(:*key*)、assigns[:*key*]	ビューで利用できるテンプレート変数[*14]
	cookies[:*key*]	クッキー情報
	flash[:*key*]	フラッシュ情報
	session[:*key*]	セッション情報

*14
assignsだけはブラケット、丸カッコ双方でアクセスできます。

アクションメソッドの中で生成された情報には、これらの変数を介してアクセスしてください。たとえば、リスト8-7の❷であれば、hello#listアクションで生成されたテンプレート変数@booksを取得し、その内容を検査しています。

❸ Functionalテストで利用できるassert_*xxxxx*メソッド

Functionalテストでは、表8-2で示したAssertionメソッドに加えて、表8-6のようなメソッドも利用できます。

▼表8-6　Functionalテストで利用する主なAssertionメソッド（引数msgは失敗時のメッセージ）

メソッド	概要
assert_difference(*exp* [,*diff* [,*msg*]]) { *block* }	ブロック配下の処理を実行した前後で式expの値が引数diffだけ変化しているか（引数diffのデフォルト値は1）
assert_no_difference(*exp* [, *msg*]) { *block* }	ブロック配下の処理を実行した前後で式expの値が変化しないか
assert_generates(*exp_path*, *options* [, *defaults* [, *extras* [, *msg*]]])	与えられた引数options（url_forメソッドの引数）によってパスexp_pathを生成できるか
assert_recognizes(*exp_options*, *path* [, *extras* [, *msg*]])	与えられたパスpathで引数exp_optionsと解析できるか（assert_generatesの逆）
assert_response(*type* [, *msg*])	指定されたHTTPステータスが返されたか。引数typeは:success（200）、:redirect（300番台）、:missing（404）、:error（500番台）など
assert_redirected_to([*opts* [, *msg*]])	リダイレクト先optsが正しいか
assert_template(*temp* [, *msg*])	指定されたテンプレートが選択されたか
assert_select(*selector* [, *equality* [, *msg*]])	セレクターselectorに合致した要素の内容を引数equalityでチェック（引数equalityの値は後述）
assert_select(*element*, *selector* [, *equality* [, *msg*]])	要素element配下についてセレクターselectorで要素を取得し、その内容を引数equalityでチェック（引数equalityの値は後述）

リスト8-7の❸では、この中でもassert_response／assert_templateメ

ソッドを利用して、アクションの処理が成功しているか、正しいテンプレートが選択されているかを検査しています。その他のAssertionメソッドについては、次項で後述します。

以上を理解できたら、Functionalテストを実行してみましょう[*15]。

```
> rails test test/controllers/hello_controller_test.rb
Run options: --seed 62899

# Running tests:

.

Finished tests in 1.204504s, 0.8302 tests/s, 2.4907 assertions/s.

1 tests, 3 assertions, 0 failures, 0 errors, 0 skips
```

*15
ここでは、先ほどと同じくファイル名で実行すべきテストを特定しています。フォルダー名を指定することで、/test/controllersフォルダー配下のすべてのテストを実行することも可能です。

結果の見方はUnitテストに準じますので、前節も併せて参照してください。

8.3.3 Functionalテストで利用できるAssertionメソッド

Functionalテストの基本を理解したところで、主なAssertionメソッドの用法を確認しておきましょう。

処理による状態の変化を検査する — assert_differenceメソッド

assert_differenceメソッドは、ブロック配下の処理を実行した前後で式の値が変化しているかどうかをチェックするためのAssertionメソッドです。

たとえばリスト8-8は、books#createアクションをテストするコードです。

▼リスト8-8 books_controller_test.rb[*16]

```
test "diff check" do
  assert_difference 'Book.count', 1 do
    post books_url,
      params: {
        book: {
          isbn: '978-4-7741-4223-0',
          title: 'Rubyポケットリファレンス',
          price: 3000,
          publish: '技術評論社'
        }
      }
```

*16
books_controller_test.rbには、Scaffolding機能で自動生成されたアクションをテストするために、たくさんのテストが自動生成されています。しかし、デフォルトの状態ではこれらのテストはすべてエラーとなるので、あらかじめコメントアウトまたは削除するようにしてください。

```
  end
end
```

create アクションでは与えられたポストデータに基づいて、書籍情報を登録します[*17]。よって、create アクションの処理が成功したならば、books テーブルの件数（Book.count）は 1 増えるはずです。よって、ここでの assert_difference メソッドは「create アクションが正しく動作して、書籍情報が 1 件増えたかどうか」を確認していることになります。

*17
3.1.2項でも見たように、createアクションはHTTP POST経由で呼び出す必要がありました。

ちなみに、ブロック配下の処理によって式の値が変化**しない**ことを確認するには assert_no_difference メソッドを利用します。

ルーティングの挙動をチェックする — assert_generates メソッド

ルーティングの挙動を確認するには、assert_generates メソッドを利用します（リスト 8-9）。

▼リスト 8-9　hello_controller_test.rb

```
test "routing check" do
  assert_generates('hello/list', { controller: 'hello', action: 'list' })
end
```

assert_generates メソッドでは、第 2 引数で指定されたパラメーター情報で第 1 引数のパスを再構築できるかどうかをチェックします。第 2 引数には url_for メソッドに渡すようなパラメーター情報をハッシュで指定します。

ちなみに、assert_generates メソッドの逆の役割を持つメソッドとして、assert_recognizes メソッドがあります。assert_recognizes メソッドは第 2 引数で指定されたパスをルーティングして、第 1 引数のルートパラメーターが得られるかどうかをチェックします。

```
assert_recognizes({ controller: 'hello', action: 'list' }, 'hello/list')
```

テンプレートによる出力結果をチェックする — assert_select メソッド

assert_select メソッドは、ビュー検査のための高機能な Assertion メソッドです。これ 1 つで実にさまざまな確認ができますので、構文を精査しつつ、まずはどんなことができるのかを理解していきましょう。

構文 assert_select メソッド

```
assert_select(selector [,equality [,msg]])
```

selector：セレクター式　equality：比較内容　msg：エラー時のメッセージ

引数selectorには、CSSのセレクター式を指定できます。assert_selectメソッドでは、セレクター式を利用することで、ごくシンプルな式でHTMLから目的の要素にアクセスできるのが大きな特長です。表8-7に、よく利用するセレクター式の例を示します*18。

*18
セレクター式では、ここで挙げている他にもさまざまな表現が可能です。セレクター式は本書の範疇を外れるため、これ以上の解説は割愛しますが、詳しくは「http://www.w3.org/TR/css3-selectors/」のようなページも参考にしてください。

▼表8-7　assert_selectメソッドで利用できるセレクター式（引数selectorの例）

セレクター式 記述例	意味 例の意味
#id	指定したid値を持つ要素を取得
#result	id="result"である要素
.class	指定したclass属性を持つ要素を取得
.article	class="article"である要素
element	指定したタグ名の要素を取得
script	すべての<script>要素
element.class	指定したclass属性を持つ要素elementを取得
div.list	class="list"である<div>要素
ancestor descendant	要素ancestor配下のすべての子孫要素descendantを取得
div.main ul	class="main"である<div>要素配下の<ul>要素
parent > child	要素parent直下の子要素childを取得
#menu > ul	id="menu"である要素直下の<ul>要素
[attr =value]	属性attrの値がvalueである要素を取得*19
img[src="logo.gif"]	src属性がlogo.gifである<img>要素
:first-child	最初の子要素を取得*20
ul#menu li:first-child	<ul id="menu">要素配下の最初の<li>要素

*19
「=」の他、「!=」（等しくない）、「^=」（指定値ではじまる）、「$=」（指定値で終わる）、「*=」（指定値を含む）なども利用できます。単独で「[*attr*]」とした場合には、その属性が存在する要素を意味します。

*20
同様に、:last-child（最後の子要素）、:empty（子要素を持たない）、:nth-child(n)（n番目の子要素）などの表現もできます。

HTML文書から特定の要素を抽出できたら、これを「どのように確認するのか」を指定するのが引数equalityです。リスト8-10で、具体的な例とともに、指定できる値のパターンを確認しておきましょう。

▼リスト8-10　hello_controller_test.rb

```
test "select check" do
  # listアクションを実行（hello/list.html.erbが実行されているはず）
  get '/hello/list'
  # ❶ <title>要素がひとつでも存在するか
  assert_select 'title'
  # ❷ <title>要素がひとつでも存在するか（上と同じ意味）
```

```
  assert_select 'title', true
  # ❸ <font>要素がひとつも存在しないか
  assert_select 'font', false
  # ❹ <title>要素配下のテキストが「Railbook」であるか
  assert_select 'title', 'Railbook'
  # ❺ <script>要素のdata-turbolinks-track属性が「reload」であるか
  assert_select 'script[data-turbolinks-track=?]', 'reload'
  # ❻ <title>要素配下のテキストが英数字で構成されているか
  assert_select 'title', /[A-Za-z0-9]+/
  # ❼ <table>要素配下にstyle属性を持った<tr>タグが10個存在するか
  assert_select 'table tr[style]', 10
  # ❽ <table>要素配下にstyle属性を持った<tr>要素が1～10個存在するか
  assert_select 'table' do
    assert_select 'tr[style]', 1..10
  end
  # ❾ <title>要素がひとつだけ存在し、テキストが「Railbook」であるか
  assert_select 'title', { count: 1, text: 'Railbook' }
end
```

引数equalityには、表8-8のような値を指定できます。表のNo.はリスト8-10内の番号に対応しています。

▼表8-8　引数equalityで指定可能な値

<table>
<tr><th>No.</th><th>値</th><th colspan="2">チェック内容</th></tr>
<tr><td>❶、❷</td><td>true、省略</td><td colspan="2">指定された要素が1つ以上存在するか</td></tr>
<tr><td>❸</td><td>false</td><td colspan="2">指定された要素が1つも存在しないか</td></tr>
<tr><td>❹、❺</td><td>文字列</td><td colspan="2">指定された要素配下のテキスト、属性値のいずれかがテキストに一致するか</td></tr>
<tr><td>❻</td><td>正規表現パターン</td><td colspan="2">指定された要素配下のテキストのいずれかが正規表現パターンにマッチするか</td></tr>
<tr><td>❼</td><td>整数値</td><td colspan="2">取得した要素の数が指定値に等しいか</td></tr>
<tr><td>❽</td><td>Rangeオブジェクト</td><td colspan="2">取得した要素の数が指定範囲内であるか</td></tr>
<tr><td rowspan="7">❾</td><td rowspan="7">ハッシュ</td><td colspan="2">指定した複合条件で要素をチェック（指定可能なキーは以下）</td></tr>
<tr><th>キー</th><th>チェック内容</th></tr>
<tr><td>text</td><td>文字列、または正規表現にマッチ</td></tr>
<tr><td>html</td><td>文字列、または正規表現にHTML文字列がマッチ</td></tr>
<tr><td>count</td><td>マッチした要素の数が指定値に等しい</td></tr>
<tr><td>minimum</td><td>マッチした要素の数が少なくとも指定値以上ある</td></tr>
<tr><td>maximum</td><td>マッチした要素の数が最大でも指定値以下である</td></tr>
</table>

ほとんどが直感的に理解できるものばかりですが、一部のコードについては補足しておきます。

❺は、引数selectorにプレイスホルダー「?」を埋め込んだ例です。このようにすることで、対応する属性の値（ここではdata-turbolinks-track属性の値）を判定することもできます。

*21
つまり、❼❽の例で、セレクター式の意味は等しいということです。

❽の例のように、assert_select メソッドは入れ子にもできる点に注目です。この場合、特定の要素配下について検査を行うことができます*21。特定の要素配下について、複数の assert_select メソッドを実行する場合には、入れ子構文を利用することで、セレクター式をよりシンプルに記述できるでしょう。

❾は、引数 equality にハッシュを指定した例です。ハッシュを利用することで、登場回数やテキストの正否などを 1 つの assert_select メソッドでまとめてチェックできます。

COLUMN

オリジナルの Rake タスクを定義する

Rake（P.426）で動作するタスクを自分で作成する場合には、lib/tasks フォルダーの配下に .rake ファイルを作成してください。

たとえば、以下は標準出力にメッセージを表示するだけの rails my:message コマンドの例です。

▼リスト 8-11　message.rake

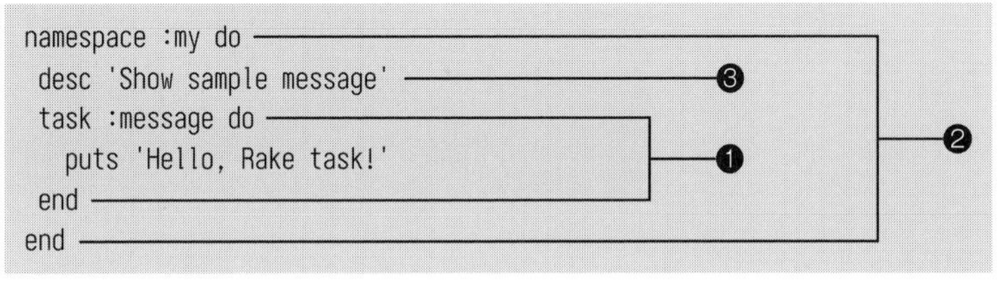

```
namespace :my do
  desc 'Show sample message'
  task :message do
    puts 'Hello, Rake task!'
  end
end
```


タスク本体は、task メソッドの配下に定義します（❶）。タスクを特定の名前空間（モジュール）配下で定義したい場合には、namespace ブロックでタスクを括ってください（❷）。複数の階層にしたい場合には、namespace ブロックを入れ子にすることもできます。

desc メソッド（❸）は、rails -T コマンドなどで表示すべきタスクの説明を表します。

8-4 Integration テスト

Integration テストは**統合テスト**とも呼ばれ、複数のコントローラーにまたがって、ユーザーの実際の操作を追跡するような用途で利用します。

たとえば、6.5.5 項で作成したログインページの例を想定してみましょう。アクセス制限のかかった hello#view アクションにアクセスするには、以下のような処理を経る必要がありました。

❶ hello#view アクションにアクセス
❷ 未認証なので、login#index アクション（ログインページ）にリダイレクト
❸ ログインページでユーザー名／パスワードを入力の上、認証処理
❹ login#auth アクションで認証できたら、hello#view アクションにリダイレクト

Integration テストを利用することで、このような多段階のプロセスを追跡し、それぞれのステップが正しく動作しているかどうかをチェックできるわけです。それではさっそく、具体的なテストスクリプトを作成しながら、Integration テストの基本を確認します。

1 テストスクリプトを作成する

Unit テストはモデル作成時に、Functional テストはコントローラー作成時に、それぞれ併せて自動生成されましたが、Integration テストは自ら rails generate コマンドを利用して生成する必要があります。

```
> rails generate integration_test admin_login
      …中略…
      invoke  test_unit
      create    test/integration/admin_login_test.rb
```

テスト admin_login を作成すると、末尾に「_test」を付与した admin_login_test.rb が生成されます。これが Integration テストのスケルトンです。

2 テストスクリプトを作成する

テストスクリプトに、冒頭述べたようなログインの挙動を確認するための "login test" テストを追加します（リスト 8-12）。リスト内の番号は冒頭の箇条書きリストの番号に対応しています。

▼リスト8-12 admin_login_test.rb

```
require 'test_helper'

class AdminLoginTest < ActionDispatch::IntegrationTest
  test "login test" do
    # ❶ hello#viewアクションにアクセス
    get '/hello/view'
    # 応答がリダイレクトであることをチェック
    assert_response :redirect
    # リダイレクト先がlogin#indexアクションであるかをチェック
    assert_redirected_to controller: :login, action: :index
    # flash[:referer]に現在のURL「/hello/view」がセットされているか
    assert_equal '/hello/view', flash[:referer]

    # ❷ ログインページ（login/index）の表示をチェック
    follow_redirect!
    # 応答が成功であることをチェック
    assert_response :success
    # flash[:referer]に、もともとの要求先「/hello/view」がセットされているか
    assert_equal '/hello/view', flash[:referer]

    # ❸ ユーザー名／パスワードを入力して、認証処理
    post '/login/auth', params: { username: 'yyamada', password: '12345',
      referer: '/hello/view' }
    # 応答がリダイレクトであることをチェック
    assert_response :redirect
    # リダイレクト先がhello#viewアクションであるかをチェック
    assert_redirected_to controller: :hello, action: :view
    # session[:usr]に、usersテーブル:yyamadaのid列がセットされているかをチェック
    assert_equal users(:yyamada).id, session[:usr]

    # ❹ もともとの要求先である「/hello/view」が正しく表示できたかをチェック
    follow_redirect!
    assert_response :success
  end

  # test "the truth" do
  #   assert true
  # end
end
```

削除*22

Integrationテストとは言っても、ここまでで学んだ知識で理解できる内容だと思います。ただし、1点だけ注目していただきたいのは太字の部分、「follow_redirect!」です。follow_redirect!メソッドは直前のリダイレクトを追跡して、リクエスト処理を行うという機能を持ちます[*23]。これによって、未認証の場合にログインページにリダイレクト、というような処理を疑似的に再現しているわけです。

*22
既述のようにthe truthテストは、テストスクリプトにデフォルトで記述されているテストメソッドの見本です。不要ですので、削除してしまって構いません。

*23
直前の応答がリダイレクトでない場合には、例外を発生します。直前の応答がリダイレクトであるかをチェックするには、redirect?メソッドを利用してください。

3 テストを実行する

Integrationテストを実行するには、これまでと同じくrails testコマンドを利用します。

```
> rails test test/integration/admin_login_test.rb
Run options: --seed 21971

# Running:

.

Finished in 13.346911s, 0.0749 runs/s, 0.8242 assertions/s.

1 runs, 11 assertions, 0 failures, 0 errors, 0 skips
```

応用編

第9章 クライアントサイド開発

今日では、Webアプリを開発する際、サーバーサイド技術だけで完結することは稀です。Webアプリでも、デスクトップアプリ的な、リッチなユーザーインターフェイスは当たり前のものとなっており、これを実現するにはクライアントサイド技術――JavaScript ／ CSSは欠かせません。
Railsでは、これらクライアントサイド開発にも手厚いサポートを提供しています。本章前半では、JavaScript ／スタイルシートの管理方法、そして、その基盤とも言えるAsset Pipelineについて概観した後、中盤では、JavaScript ／ CSS開発を効率化するCoffeeScript ／ SCSSについて学び、後半ではAjax開発まで扱います。

9-1 JavaScript ／スタイルシートのインポート

まずは、JavaScript ／スタイルシートなどのアセットをページにインポートする方法からです。Rails では、アセット[*1] を読み込むために Sprockets というライブラリを利用するのが基本です。Sprockets では、あらかじめ用意されたリスト（マニフェスト）をもとに、アセットを読み込みます（図 9-1）。

*1
アセット (Asset) とは、JavaScriptのコード、スタイルシート、画像など、アプリで扱うリソース一式の総称です。

▼図 9-1　マニフェストファイル

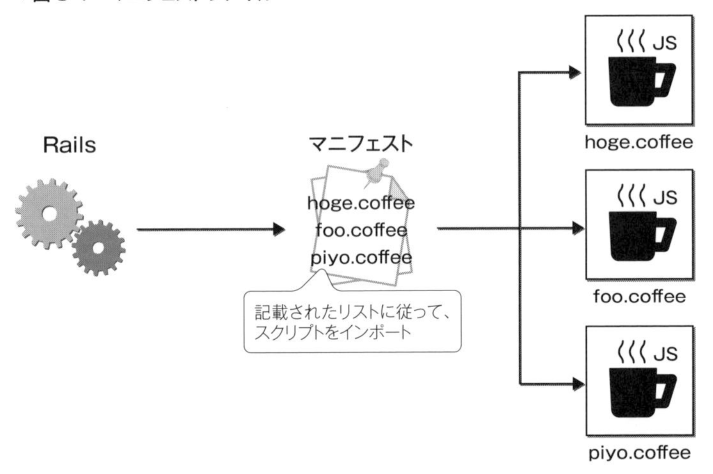

マニフェストは（もちろん）一から作成することもできますが、デフォルトで以下のものが用意されています。

- /app/assets/javascripts/application.js
- /app/assets/stylesheets/application.css

これらには最低限必要なコードがデフォルトで記述されているので、ビュー（一般的には、レイアウト）からもまず、application.js ／ application.css を読み込む、と覚えておけば良いでしょう。あとは、これらのマニフェストの内容に基づいて、Sprockets が JavaScript ／スタイルシートを読み込んでくれるわけです[*2]。

*2
もちろん、必要に応じて、あとから必要なJavaScript／スタイルシートを追加するのは自由です。

9.1.1 マニフェストの基本

それでは具体的なコードを、順を追って見ていくことにしましょう。

応用編

1
2
3
4
5
6
7
8
9
10

1 マニフェストを定義する

繰り返しですが、Sprocketsを利用するには、まずマニフェストを準備しておく必要があります。リスト9-1、9-2に、デフォルトで用意されているマニフェスト――application.js／application.cssを引用しておきます。

▼リスト9-1　application.js

```
…前略…
//= require jquery
//= require jquery_ujs
//= require turbolinks
//= require_tree .
```

▼リスト9-2　application.css

```
/*
 …中略…
 *= require_tree .
 *= require_self
 */
```

マニフェスト定義は、それぞれコメント（//、/*～*/）の配下に、「= *ディレクティブ 引数*」の形式で表すのが基本です。Sprocketsで利用できる主なディレクティブ（コマンド）を、表9-1にまとめます。

▼表9-1　Sprocketsで利用できる主なディレクティブ

ディレクティブ	概要
require *path*	指定されたファイルpathをインクルード
require_directory *path*	指定されたフォルダーpathの内容をアルファベット順にインクルード
require_tree *path*	指定されたフォルダーpathの配下を再帰的にインクルード
require_self	現在のファイルの内容を、他のrequireの前に挿入

application.jsであれば、jquery.js、jquery_ujs.js[*3]、turbolinks.js[*4]に加えて、カレントフォルダー（/app/assets/javascriptsフォルダー）配下のすべてのアセットを読み込みなさい、という意味になります。

*3
RailsでjQueryの機能を動作させるための、内部的なライブラリです。

*4
Turbolinks（9.6節）の機能を動作させるためのライブラリです。

一方、application.cssの方には、明示的に読み込まれるアセットはありません。カレントフォルダー（/app/assets/stylesheetsフォルダー）配下のすべてのアセットに加えて、自分自身をインクルード（require_self）します。

2 カレントフォルダーの中身を確認する

require_treeディレクティブで読み込まれるカレントフォルダー（/app/assetsフォルダー配下の/javascripts、/stylesheetsフォルダー）の中身も確認しておきましょう（図 9-2）。「～.coffee」「～.scss」のようなファイルが並んでいますが、これらは Scaffolding 機能によって、自動生成されたものです*5。

*5
ファイルが生成されているだけで、内容はコメントだけの空ファイルです。

▼図 9-2　/javascripts、/stylesheets フォルダーの内容

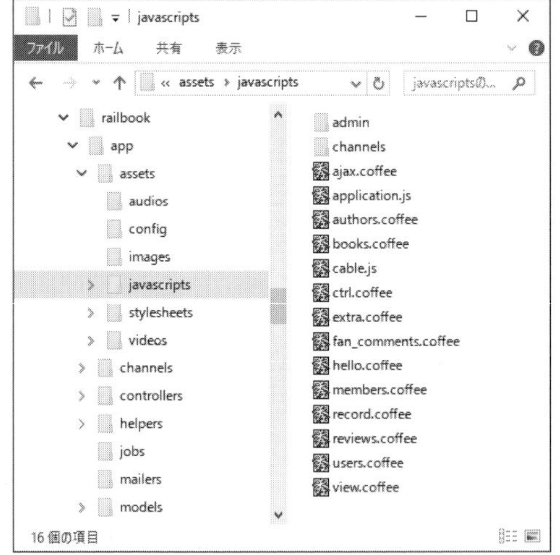

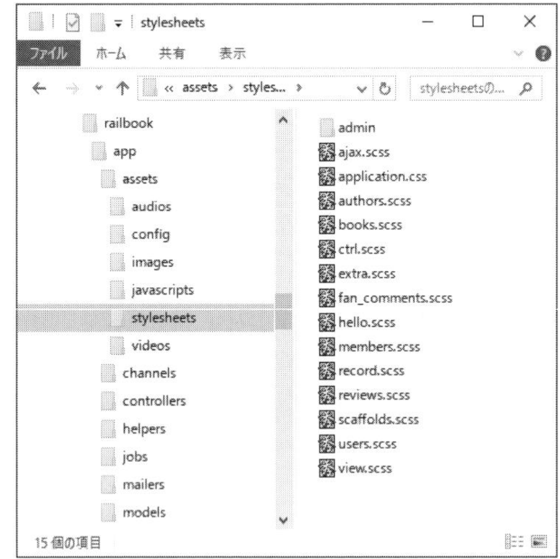

「.coffee」は CoffeeScript で書かれたスクリプトの、「.scss」は SCSS（Sassy CSS）で書かれたスタイルシートの、それぞれ拡張子です。

Rails では、クライアントサイド開発の言語として CoffeeScript ／ SCSS を標準サポートしています。CoffeeScript ／ SCSS とは、ざっくりと言ってしまうならば、JavaScript ／ CSS をよりシンプルに記述するための高級言語です。いずれも「利用しなければならない」（must）というわけではありませんが*6、開発生産性の高さを考えれば、CoffeeScript ／ SCSS を習得しておくのは決して無駄なことではありません。本書でも 9.3 ／ 9.4 節で改めて、CoffeeScript ／ SCSS の基本構文を解説します。

*6
従来どおり、生のJavaScript、CSSを利用しても構いません。

NOTE **標準ライブラリのありか**

ところで、/javascripts フォルダーを眺めてみると、application.js で指定されていた jquery.js ／ jquery_ujs.js ／ turbolinks.js などのライブラリが見当たらないことに気付くかもしれません。これら標準ライブラリはどこに置かれているのでしょうか。

実は、これらのファイルは jquery-rails と turbolinks の gem の中に配置されています。具体的なパスは、rails console コマンド（P.202）から、インクルードパスを参照することで確認できます。

```
irb(main):001:0> puts Rails.application.config.assets.paths
```

```
C:/data/railbook/app/assets/audios
C:/data/railbook/app/assets/config
C:/data/railbook/app/assets/images
C:/data/railbook/app/assets/javascripts
C:/data/railbook/app/assets/stylesheets
C:/data/railbook/app/assets/videos
C:/data/railbook/vendor/assets/javascripts
C:/data/railbook/vendor/assets/stylesheets
C:/Ruby23-x64/lib/ruby/gems/2.3.0/gems/jquery-rails-4.2.2/vendor/⏎
assets/javascripts
C:/Ruby23-x64/lib/ruby/gems/2.3.0/gems/coffee-rails-4.2.1/lib/⏎
assets/javascripts
C:/Ruby23-x64/lib/ruby/gems/2.3.0/gems/actioncable-5.0.1/lib/⏎
assets/compiled
C:/Ruby23-x64/lib/ruby/gems/2.3.0/gems/turbolinks-source-5.0.0/lib/⏎
assets/javascripts
```

関連gemの他、/vendor/assetsフォルダーなども参照していることが確認できます。

3 マニフェスト経由でJavaScript ／スタイルシートをインクルードする

2で用意されたマニフェストをもとに、JavaScript ／スタイルシートを取り込むのは、javascript_include_tag ／ stylesheet_link_tagメソッドの役割です。

構文 javascript_include_tag ／ stylesheet_link_tagメソッド

```
javascript_include_tag(src [,opts])
stylesheet_link_tag(src [,opts])
```

src：マニフェストのファイル名（拡張子「.js」は除いたもの）
opts：動作オプション

javascript_include_tag ／ stylesheet_link_tagメソッドは、デフォルトのレイアウトファイルで使用されているので、改めてコードを引用しておきます（リスト9-3）。

▼リスト 9-3 layouts/application.html.erb

```
<!DOCTYPE html>
<html>
<head>
  <title>Railbook</title>
  <%= csrf_meta_tags %>
```

```
  <%= stylesheet_link_tag    'application', media: 'all', 'data-turbolinks-track': 'reload' %>
  <%= javascript_include_tag 'application', 'data-turbolinks-track': 'reload' %>
</head>

<body>
  <%= yield %>
</body>
</html>
```

*7
「data-turbolinks-track: ～」となっていないのは、シンボルに予約文字である「-」を含めることはできないためです。

data-turbolinks-track オプションは、Turbolinks（9.6節）による追跡を有効にするかを決めるものです[*7]。Turbolinks の機能を無効にする際には、data-turbolinks-track オプションも削除します。

media オプションはスタイルシートを出力する対象メディアを表します。<link> 要素の media 属性に対応します。サンプルでは all としていますので、すべてのメディアが対象となっていますが、screen（コンピューターの画面）、print（プリンター）、tv（テレビ）などを指定することもできます。

4 実行結果を確認する

*8
レイアウトを使ってさえいれば、アクセスするページはなんでも構いません。

最後に、アセットのインクルード結果を確認しておきましょう。以下は、ブラウザーから「～/hello/view」などにアクセスした結果です[*8]。

```
<!DOCTYPE html>
<html>
<head>
  <title>Railbook</title>
  <meta name="csrf-param" content="authenticity_token" />
  <meta name="csrf-token" content="jr+A9ZmbkE7hSA1pUz39V8eltyf5KuGnQtrq5pyd6CUrFZ4kv0DYxrcKso4hi3lw/ ↵
xLXLscwe6PFXZ/rIT7niQ==" />
  …中略…
  <link rel="stylesheet" media="all" href="/assets/application.self-af04b226fd7202dfc532ce7aedb95a ↵
0128277937e90d3b3a3d35e1cce9e16886.css?body=1"data-turbolinks-track="reload" />
  <script src="/assets/jquery.self-bd7ddd393353a8d2480a622e80342adf488fb6006d667e8b42e4c0073393abee. ↵
js?body=1" data-turbolinks-track="reload"></script>
  <script src="/assets/jquery_ujs.self-784a997f6726036b1993eb2217c9cb558e1cbb801c6da88105588c56f13b466a. ↵
js?body=1" data-turbolinks-track="reload"></script>
  …中略…
</head>
…後略…
```

*9
application-*xxxxx*.cssなどの*xxxxx*は、Asset Pipelineによって算出されたダイジェスト値です。詳しくは、次節で後述します。

確かに、マニフェストで宣言されたアセットが <script> ／ <link> 要素でインクルードされていることが確認できます[*9]。

ただし、この挙動は development 環境でアクセスした場合です。あとから述べるように、production 環境では異なる結果となりますので、注意してください。

9-2 Asset Pipeline

さて、JavaScript／スタイルシートをインポートする基本的な方法を理解したところで、本節では Asset Pipeline について触れておきます。**Asset Pipeline** とは、Sprockets ライブラリによって提供されるしくみで、JavaScript／スタイルシート／画像などのアセットをまとめて管理し、より効率的に返す機能を提供します。縁の下の力持ちとも言うべき裏側のしくみですが、Rails 環境でクライアント開発を行う上で避けては通れないテーマです。大枠の挙動から細かなパラメーターによる設定まで、きちんと理解しておきましょう。

9.2.1 Asset Pipeline のしくみ

Asset Pipeline が「アセットを効率的に返す」と言っても、イメージが湧きにくいかもしれません。まずはアセットがブラウザーに送信されるまでの、大まかな流れを確認しておきましょう（図 9-3）。

▼図 9-3 Asset Pipeline による処理の流れ

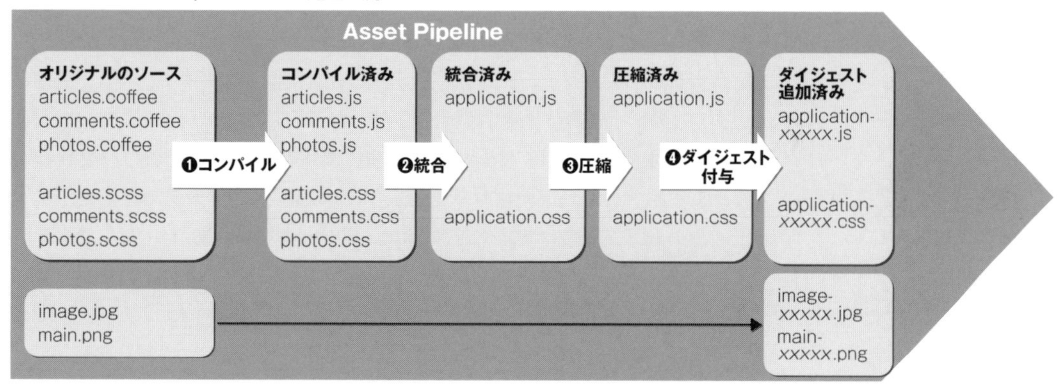

先ほども触れたように、「.coffee」「.scss」は CoffeeScript ／ SCSS ファイルの拡張子です。CoffeeScript ／ SCSS のコードは、そのままでは、一般的なブラウザーで動かすことはできません。実行にあたっては、CoffeeScript ／ SCSS のコードを、ブラウザーネイティブに扱える JavaScript ／ CSS のコードに変換（**コンパイル**）しなければならないのです。しかし、Rails では Asset Pipeline によって、これを自動化しているため、開発者が意識することはありませ

ん。逆に言えば、Asset Pipeline の導入によってはじめて、CoffeeScript ／ SCSS のような高級言語が導入可能になったとも言えます。

続いて、生成された .js ／ .css ファイルは、application.js ／ application.css と、1 つのファイルにまとめられた上で（❷）、コード圧縮[*10] されます（❸）。これによって、サーバー／クライアント間で何度も通信が発生するのを防ぐとともに、通信量そのものも節約しているわけです。

*10
オリジナルのコードからコメントや改行／空行を除去する処理を言います。

そして、最後の**ダイジェスト付与**（❹）とは、コードの内容からハッシュ値（ダイジェスト）を算出し、ファイル名の末尾に付与する処理です。

なぜ、このようなことをしなければならないのでしょうか。それは、ブラウザーの意図せぬキャッシュを回避するためです。クライアント開発では、キャッシュが悪さをして、「アセットへの修正がリアルタイムに反映されない」ということがよくあります。しかし、❹の処理によって、コードが更新されれば強制的にファイル名（ハッシュ値）も変化します。結果、ブラウザーキャッシュを強制的にリフレッシュできるというわけです。

9.2.2 実行環境による挙動の違い

ただし、この Asset Pipeline の挙動は、実行環境（2.4.2 項）によって異なるので、要注意です。たとえば、development 環境では❷～❸の処理は行われません。デバッグ作業を考慮すると、コードはできるだけオリジナルのままで残しておいた方が、あとから確認しやすいからです。

一方、production 環境では、❶～❹の処理を事前に実行し、静的なアセットとして配信するのが基本です。アセットの処理はいずれもオーバーヘッドの高い処理なので、アプリの実行速度に大きく影響してしまうからです。

結果、production 環境で development 環境と同じ要領でアプリを動作させようとすると、JavaScript やスタイルシートに正しくアクセスできません[*11]。production 環境でアプリを動作させるには、アセットをプリコンパイル（事前コンパイル）しておく必要があります。これには、コマンドプロンプトから以下のようにコマンドを実行してください。

*11
production環境でPumaを起動する方法については、2.4.2項も参照してください。

```
> cd C:¥data¥railbook
> rails assets:precompile RAILS_ENV=production
I, [2016-12-29T09:57:34.590452 #16244]  INFO -- : Writing C:/data/ ↩
railbook/public/assets/application- ↩
a944567aa3e4b2089bc1a01223b9042b79b236285040c66da79472bc2ab7d1c2.js
I, [2016-12-29T09:57:35.106830 #16244]  INFO -- : Writing C:/data/ ↩
railbook/public/assets/application- ↩
a944567aa3e4b2089bc1a01223b9042b79b236285040c66da79472bc2ab7d1c2.js.gz
…後略…
```

/public/assetsフォルダーに変換済みのコードが生成されていれば、コンパイルは成功です。

さらに、環境変数としてRAILS_SERVE_STATIC_FILESに1を設定してください[*12]。production.rbでは、リスト9-4のようにこの環境変数の存否によって、public_file_server.enabledパラメーターの有効／無効を切り替えています[*13]。public_file_server.enabledは、静的なアセットをRailsで処理するかどうかを決めるパラメーターです。

***12**
存在確認をしているだけなので、任意の値で構いません。

***13**
Nginx（10.6節）などと連携している場合は、そちらで面倒を見てくれますが、Puma環境では有効（true）としなければなりません。

▼リスト9-4　production.rb

```
config.public_file_server.enabled = ENV['RAILS_SERVE_STATIC_FILES'].present?
```

再度、アプリにアクセスしてみると、今度は正しくページを表示できるはずです。以下は、development（上）／production（下）それぞれの環境での出力結果です。

```
development 環境
<link rel="stylesheet" media="all" href="/assets/admin/books.self-e3b0c44298fc1c149afbf4c8996fb924 ↩
27ae41e4649b934ca495991b7852b855.css?body=1"data-turbolinks-track="reload" />
…中略…
<link rel="stylesheet" media="all" href="/assets/application.self-af04b226fd7202dfc532ce7aedb95a01 ↩
28277937e90d3b3a3d35e1cce9e16886.css?body=1"data-turbolinks-track="reload" />
…中略…
<script src="/assets/jquery.self-bd7ddd393353a8d2480a622e80342adf488fb6006d667e8b42e4c0073393abee. ↩
js?body=1"data-turbolinks-track="reload"></script>
<script src="/assets/jquery_ujs.self-784a997f6726036b1993eb2217c9cb558e1cbb801c6da88105588c56f13b4 ↩
66a.js?body=1"data-turbolinks-track="reload"></script>
…中略…
<script src="/assets/application.self-b89234cf2659d7fedea75bca0b8d231ad7dfc2f3f57fcbaf5f44ed9dc384 ↩
137b.js?body=1"data-turbolinks-track="reload"></script>
```

```
production 環境
<link rel="stylesheet" media="all" href="/ ↩
assets/application-d12397cbc3a266ce5a99f7b588223090c55ca04a439953bb5f9304395de93fc3.css" ↩
data-turbolinks-track="reload" />
<script src="/assets/application-a944567aa3e4b2089bc1a01223b9042b79b236285040c66da79472bc2ab7d1c2.js" ↩
data-turbolinks-track="reload"></script>
```

development環境では、個別ファイルのままインポートされていたJavaScript／CSSが、production環境ではapplication-xxxxx.js／application-xxxxx.cssとして1つにまとめられていることを確認しておきましょう。

9.2.3 Asset Pipelineの挙動を制御する

前項で述べたdevelopment／production環境の挙動は、あくまでデフォルトのものです。/config/environmentsフォルダー配下の設定ファイル――development.rb／production.rbなどを編集することで、これらの挙動は変更することもできます。

表9-2に、主なパラメーターをまとめておきます。

▼表9-2　Asset Pipelineの主なパラメーター

パラメーター	概要	デフォルト値	
		development	production
config.assets.path	アセットの置き場所	P.452の［Note］を参照	
config.assets.prefix	アセットパスのプレフィックス	/assets	/assets
config.assets.debug	デバッグを有効にするか（コードを統合しないか）	true	false
config.assets.compile	自動コンパイル機能を有効にするか	true	false
config.assets.digest	ダイジェスト付与を有効にするか	true	true
config.assets.js_compressor	JavaScriptの圧縮ライブラリ	nil	:uglifier
config.assets.css_compressor	CSSの圧縮ライブラリ	nil	:sass

9-3 CoffeeScript

CoffeeScriptとは、一言で言ってしまうと、JavaScriptのコードを生成するためのコンパクトな高級言語です。CoffeeScriptを利用することで、JavaScriptでは冗長なコードを記述せざるを得なかった、または、誤りが混在しやすかった局面で、よりシンプルで、安全なコードを記述しやすくなります。

CoffeeScriptのコードはJavaScriptにコンパイルされた上で実行されるので、クライアント環境には特別なプラグインやライブラリは必要ありません（図9-4）。文法もJavaScriptをベースとしつつ、Rubyのそれにもよく似ていますので、これまでRuby＋JavaScriptを利用してきた人であれば、習得は容易でしょう。

▼図9-4　CoffeeScriptのコンパイル

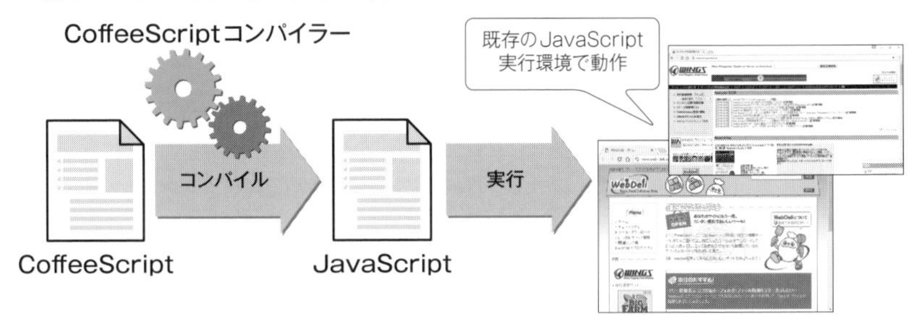

以下では、CoffeeScriptの基本的な構文ルールを解説します。JavaScript（一部、jQuery）の基本を理解していることを前提に、CoffeeScript固有の規則をまとめます*14。

*14
JavaScriptの基礎的な事項については、拙著「改訂新版JavaScript本格入門」（技術評論社）、「10日でおぼえるjQuery入門教室 第2版」（翔泳社）などの専門書を参照してください。

NOTE　ECMAScript 2015

ECMAScript 2015（ES2015）は、標準化団体ECMA Internationalによって標準化されたJavaScriptの2016年12月時点の最新版です。ES2015にはさまざまな機能が追加され、もともとCoffeeScriptがJavaScriptに不足する機能を補うために提供していた機能も標準サポートされるようになっています。具体的には、class構文、文字列リテラルの変数展開、ヒアドキュメント、for...of命令、可変長引数関数、引数のデフォルト値などがそれに当たります。

もっとも、すべてのブラウザーがES2015に対応しているわけではないため、当面は、CoffeeScriptのお世話になることでしょう。なお、CoffeeScriptの構文と、対応するES2015の構文は微妙に異なっているものもあります。ES2015を学習している人は混同しないように注意してください。

9.3.1 CoffeeScriptの基本

Railsでは Asset Pipelineを利用して、CoffeeScriptを自動的にコンパイルしてくれるので、特にコンパイル作業を意識する必要はありません。拡張子を「.coffee」とし、/app/assets/javascriptsフォルダーに配置するだけで利用できます。

もっとも、CoffeeScriptに慣れないうちはRails上でいきなり動かすよりは、コンパイル/実行結果を確認しながらコーディングできた方が便利です。以下に手元でCoffeeScriptコードをコンパイルするための方法を示します。

本家サイトの簡易インタプリターを利用

まずは、CoffeeScript本家サイト（http://coffeescript.org/）で提供されている簡易インタプリターを利用させてもらうのが手っ取り早いでしょう（図9-5）。このインタプリターはブラウザー上で動作するため、特別な準備は必要ないのが特長です。

▼図9-5 本家サイトで提供される簡易インタプリター

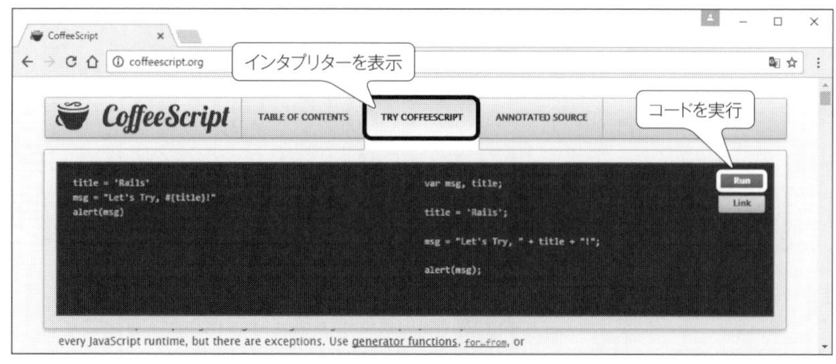

インタプリターは、本家サイトの上部メニューから［TRY COFFEESCRIPT］をクリックすると起動できます。ウィンドウの左枠にCoffeeScriptのコードを入力すると、右枠にリアルタイムでコンパイル済みのJavaScriptコードが表示されます。また、右上の［Run］ボタンをクリックすると、コードを実行することも可能です。

オフライン環境でコンパイルする

1.2節で既にNode.jsをインストールしているならば、CoffeeScriptのコンパイル環境を準備するのは簡単です。コマンドプロンプトから次のnpmコマンド[*15]を実行してください。

*15
Node Package Manager。Node.jsで作成されたパッケージを管理するためのツールです。

```
> npm install -g coffee-script
```

インストールに成功したら、あとは以下のコマンドで .coffee ファイルをコンパイルできます。hello.coffee と同じフォルダーに、コンパイル結果として hello.js が生成されていれば成功です。

```
> coffee -c hello.coffee
```

コンパイル（hello.js を生成）

本節のサンプルは、インタプリター上で動作を確認しています。また、以下ではインタプリターが出力する JavaScript のコードも併記しますので、理解の手助けとしてください。

9.3.2 CoffeeScript の基本構文

まずは、CoffeeScript を利用する上で最初におさえておきたいポイントを、ごく簡単なサンプルで確認します。文法レベルでの JavaScript との違いを確認しておきましょう（リスト 9-5）。

▼リスト 9-5　CoffeeScript の基本的な例

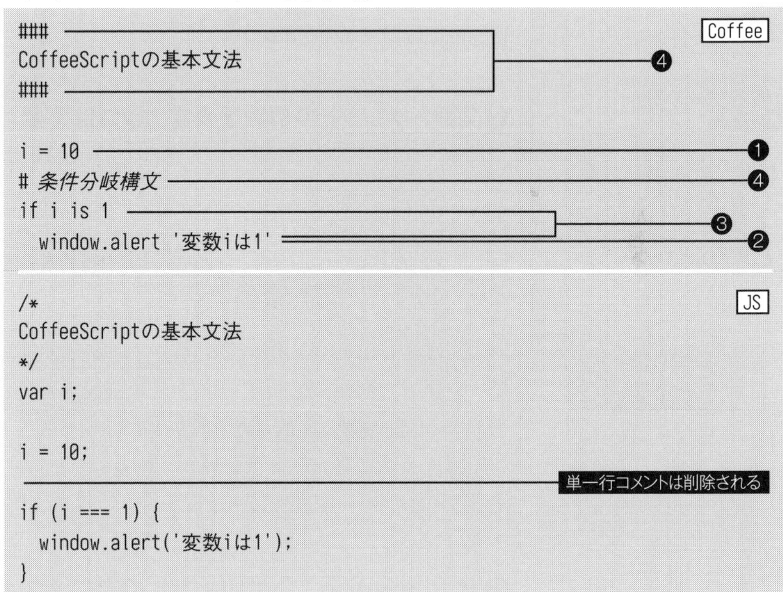
Coffee

```
###
CoffeeScriptの基本文法
###

i = 10
# 条件分岐構文
if i is 1
  window.alert '変数iは1'
```

JS

```
/*
CoffeeScriptの基本文法
*/
var i;

i = 10;

if (i === 1) {
  window.alert('変数iは1');
}
```


ポイントは、以下の 4 点です。

❶文末のセミコロンは不要

JavaScriptと違って、文末のセミコロン（;）は不要です。ただし、1行で複数の文をまとめる場合は、セミコロンを省略できません。たとえば、以下の場合です。

```
window.alert 'one'; window.alert 'two'
```

逆に、文が継続していることが明らかな文脈では、文の途中で改行しても構いません。よって、以下は正しいCoffeeScriptのコードです。

```
window.
alert 'one'
```

ただし、無制限な改行は思わぬバグの原因となりますので、要注意です。たとえば以下のコードは（おそらく）1文であることを意図したコードですが、CofeeScriptでは2文と見なされます。

```
return
height * width / 2
```

文の途中で改行を加える際には、演算子やカンマ、左カッコの直後など、限られた文脈に限定するのが無難です。

❷関数／メソッドの引数を表すカッコは不要

関数／メソッドの引数はカッコで囲まなくても構いません。ただし、以下のようなケースには要注意です。

```
hoge foobar 2, 3
```

上記は、「hoge(foobar(2), 3)」となることを意図したコードですが、曖昧なので、結果、CoffeeScriptでは「hoge(foobar(2, 3))」のように、すべての引数がfoobar関数に吸収されてしまいます。

引数の対応関係が不明確な場合（関数が入れ子の関係にある場合など）には、カッコで囲んでおくのが無難です。

❸ if ／ switch ／ while などのブロックはインデントで表す

あとから触れるように、CoffeeScriptでも、JavaScriptと同じくif／switch／whileなどの制御構文を利用できます。しかし、配下のブロックは{...}で囲む代わりに、インデントで表現しなければならない点に注意してください。

これは、単なる文法の違いにも思えるかもしれませんが、

「見た目の階層」と「論理的な構造」とを文法レベルで一致させる

という意味で、とても重要な性質です[*16]。

*16
コードの見た目の階層が、そのまま論理的なブロックを表しているため、コードの可読性が格段に改善します。一方、JavaScriptではインデントは単なる空白であり、論理的なブロックと一致しているべきですが、一致していなくても誤りではありません。

❹コメントは #、###...### の 2 種類

CoffeeScript のコメントには、#（単一行コメント）、###...###（複数行コメント）の 2 種類があります。単一行コメントはコンパイル時に破棄されますが、複数行コメントはコンパイル後も維持されるという点に注意してください。その性質上、複数行コメントには、ライセンス表示など、配布時も維持したい内容を記述します。

9.3.3 変数とリテラル表現

ここからは、CoffeeScript の個別の構文について解説していきます。まずは、変数と、リテラル表現についてです。なお、数値リテラル、正規表現リテラルなどについては、JavaScript のそれに準じますので、ここでは割愛します[*17]。

*17
以降も、原則としてJavaScriptと異なる点にフォーカスして解説を進めます。言及していない構文は、JavaScriptのそれに準じると考えてください。

変数

変数の宣言に、var キーワードは不要です。変数のスコープも最初に値が代入された位置で決まります。

```
title = 'Rails'
```
Coffee

```
var title;
title = 'Rails';
```
JS

その性質上、CoffeeScript では、関数の内外で同名の変数があった場合、**いずれもグローバル変数**であると見なされます。グローバル変数とローカル変数とは、名前で明確に区別するようにしてください。

```
i = 100

hoge = ->
  i = 100
  return
```
Coffee

```
var hoge, i;
```
JS

```
i = 100;

hoge = function() {
  i = 100;
};
```

同じグローバル変数

文字列リテラル

文字列リテラルは、JavaScriptと同じくダブルクォート（"）、またはシングルクォート（'）で囲みます。ダブルクォートで囲んだ文字列には、#{変数名}の形式で変数や式を埋め込むこともできます（**変数展開**）。

Coffee
```
title = 'Rails'
msg = "Let's Try, #{title}!"
alert(msg)
```

JS
```
var msg, title;
title = 'Rails';
msg = "Let's Try, " + title + "!";
alert(msg);
```

更にCoffeeScriptは、複数行の文字列を表現するための**ヒアドキュメント**という構文にも対応しています。ヒアドキュメントは「"""...."""」（変数展開あり）、または「'''...'''」（変数展開なし）で表します。

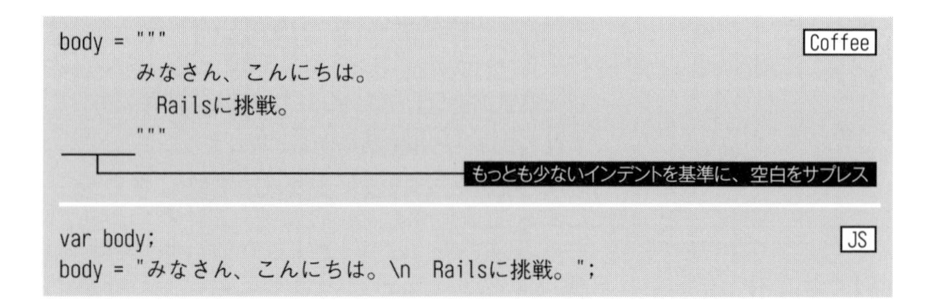

Coffee
```
body = """
       みなさん、こんにちは。
         Railsに挑戦。
       """
```

もっとも少ないインデントを基準に、空白をサプレス

JS
```
var body;
body = "みなさん、こんにちは。\n  Railsに挑戦。";
```

ヒアドキュメントに対応していないJavaScriptでは、文字列リテラルに直接の改行を含めることはできませんので、代わりに「\n」で改行を表現しなければなりません。

なお、ヒアドキュメントの中のインデントは、コンパイル時にもっとも少ないものを基準に除去されます。よって、コードの読みやすさを考慮して、上の例のようにインデントを加えても、文字列に余計な空白が混入することはありません。

真偽リテラル

JavaScriptのtrue／falseを利用することもできますが、CoffeeScriptでは、更にエイリアスとして、

- on／off
- yes／no

のようなリテラルも用意されています。意味は同じですが、文脈によって使い分けることで、コードをより読みやすくできるでしょう。

配列／ハッシュリテラル

配列やハッシュ（オブジェクト）のリテラルは、JavaScriptと同じく[...]、{...}で表現できます。ただし、以下の点がJavaScriptとは異なります。

- 要素の区切り文字としてカンマ（,）だけでなく改行も利用できる
- 最後の要素がカンマで終わっても構わない*18

*18
正確には最後のカンマはJavaScriptでも利用できますが、ブラウザーによって動作が異なるため、利用すべきではありません。

具体的な例も見てみましょう。

```
# 最後にカンマを付けても構わない
ary1 = [ 100, 200, 300, ]
hash1 = { a:100, b:200, c:300, }

# 要素を（カンマではなく）改行で区切っても良い
ary2 = [
  'Red'
  'Yellow'
  'Green'
]
hash2 = {
  a: 'Red'
  b: 'Yellow'
  c: 'Green'
}
```
Coffee

```
var ary1, ary2, hash1, hash2;
ary1 = [100, 200, 300];
hash1 = { a: 100, b: 200, c: 300};
ary2 = ['Red', 'Yellow', 'Green'];
hash2 = { a: 'Red', b: 'Yellow', c: 'Green'};
```
JS

インデントで階層付けすることで、入れ子のハッシュも表せます。この記法はYAMLと同じなので、Railsを触れてきた人にとっては直感的にも理解しやすいですね。

Coffee
```
picture =
  Landscape:
    title: '雪と梅'
    price: 10000
    delete: false
  Portrait:
    title: '傘さす子ども'
    price: 25000
    delete: false
```

JS
```
var title;
picture = {
  Landscape: {
    title: '雪と梅',
    price: 10000,
    "delete": false ──── 予約語は自動的にクォートで処理される
  },
  Portrait: {
    title: '傘さす子ども',
    price: 25000,
    "delete": false
  }
};
```

コンパイル済みのJavaScriptコード（太字部分）を確認すると、JavaScriptの予約語（サンプルではdelete）が自動的にクォート処理されています。すべての予約語を記憶するのは難しいことですが、こうした点もCoffeeScriptならばフォローしてくれるのです。

9.3.4 演算子

演算子は、ほぼJavaScriptと同じものを利用できますが、一部についてはエイリアス（別名）が用意されています（表9-3）。

▼表9-3 CoffeeScriptの演算子

CoffeeScript	JavaScript	利用例
is	===	a is b
isnt	!==	a isnt b
not	!	not flag
and	&&	a is 1 and b is 2
or	||	a is 1 or b is 2

また、CofeeScript特有の規則もありますので、以下にまとめておきます。

「==」演算子は利用できない

JavaScriptの「==」演算子は、比較に際してオペランド（被演算子）のデータ型を変換して「なんとか等しいと見なせないか」と、あれこれ努力してくれる親切な演算子です。これによって、開発者はさほどデータ型を意識することなくコーディングできるわけです。

ただ、この親切はときとして「余計なお世話」になる場合があります。たとえば、

```
'0X10' == 16
```

は「0X」が16進数と解釈された結果、trueとなります。しかし、「0X」が16進数の接頭辞ではなく、単なる文字列としての「0X」であったとしたら、どうでしょう。「0X10」と16とが同値と見なされてしまうのは、期待した挙動ではありません。

以上のような例はほんの一例で、「==」演算子はそのお節介さから意図せぬ挙動をとることがしばしばあるため、原則として利用すべきではありません。CoffeeScriptでは、このルールが更に徹底されており、「==」演算子は無条件に「===」演算子（厳密な比較）に変換されます。利用すべきでない「==」演算子は、CoffeeScriptにはそもそも存在しないのです。

```
x == 1
```
Coffee

```
x === 1;
```
JS

連結した比較演算子で範囲条件を表現できる

たとえば、50～100の範囲を表現するために、「x <= 50 && x > 100」のような条件式を表すことはよくあります。範囲であることをより明確にするために、「50 <= x && x < 100」のように表す場合もあるかもしれません。

CoffeeScriptでは、このようなケースで「50 <= x < 100」のような表現を認めていますので、より直感的に範囲を表せます。

変数の存在をチェックする「?」演算子

CoffeeScript独自の演算子として、「?」演算子（**存在演算子**）もあります。変数の後方に「title?」のように存在演算子を付与することで、変数の有無を確認できます。なお、ここでの「存在」とは、変数が定義済みであり、なおかつ、null以外の値が設定されている状態のことを言います。

```
# 変数titleが存在するかを判定
if title?
```
Coffee

```
  alert(title)
```

```
if (typeof title !== "undefined" && title !== null) {
  alert(title);
}
```
JS

コンパイル結果を見てもわかるように、JavaScript では null であることを確認する前に、title が undefined（未定義）でないことをチェックしなければなりません。さもないと、「'title' は定義されていません」のようなエラーが発生するためです。しかし、CoffeeScript では、このような冗長な記述を「?」1 文字で表現できるのです。

その他にも、存在演算子は、以下のような用途で利用できます。

❶デフォルト値の設定

変数が存在しない場合に、デフォルト値を設定するために利用できます。

Coffee
```
value = null
# 変数valueがnullの場合は、デフォルト値wingsをセット*19
value ?= "wings"
# 変数valueが存在しなければ、変数initialには0をセット
initial = value ? 0
```

JS
```
var initial, value;
value = null;

if (value == null) {
  value = "wings";
}
initial = value != null ? value : 0;
```

*19
ただし、この用途では最初に変数（ここではvalue）を宣言しておく必要があります。さもないと、未定義エラーが発生してしまうためです。

ただし、変数 value が存在しない、もしくは 0、空文字列の場合に、デフォルト値をセットしたいならば、「||=」を利用しなければなりません。

```
value ||= "hoge"
```

❷関数やプロパティ／メソッドの安全な呼び出し

関数やメソッドを呼び出す場合にも、存在演算子は有効です。以下はそれぞれ、

- 関数 func が存在する場合のみ実行
- オブジェクト obj が存在する場合のみ foo プロパティにアクセス

する例です。

```
# 関数funcが存在する場合のみ実行                                          Coffee
alert(func?())
# オブジェクトobjが存在する場合のみfooプロパティにアクセス
alert(obj?.foo)
```

```
alert(typeof func === "function" ? func() : void 0);                     JS
alert(typeof obj !== "undefined" && obj !== null ? obj.foo : void 0);
```

コンパイル結果を見てもわかるように、関数ではtypeof演算子の戻り値がfunctionである（=関数型である）ことだけをチェックしています。関数の場合は、そもそもnull／undefinedでないかではなく、対象が関数であることが呼び出しの条件となるからです。

三項演算子は利用できない

「?」が存在演算子として認識される結果、CoffeeScriptでは三項演算子を利用できません。

```
x = (flag ? 1 : 0)                                                        Coffee
```

```
var x;                                                                    JS
x = typeof flag !== "undefined" && flag !== null ? flag : {
  1: 0
};
```

コンパイル結果を見てもわかるように、存在確認に置き換わってしまっているのです。もしもCoffeeScriptで三項演算子「的」な表現をしたい場合には、以下のようにif命令を利用してください（if命令については後述します）。

```
x = if flag then 1 else 0                                                 Coffee
```

```
var x;                                                                    JS
x = flag ? 1 : 0;
```

連続する数値を表す範囲演算子

範囲演算子「..」を利用することで、m～nの範囲の数値配列をスマートに生成できます。たとえば以下は、10～20の値を表現した例です。JavaScriptであれば、すべての値をハードコーディングするか、forループで動的に生成する必要がありますが、範囲演算子を利用することで、ぐんとシンプルに表現できます。

```
x = [10..20]                                                    Coffee
```

```
var x;                                                          JS
x = [10, 11, 12, 13, 14, 15, 16, 17, 18, 19, 20];
```

数値範囲の種類によって、配列生成の方法も変化します。以下は1～50の値を生成する例です。forループで配列resultを動的に生成していることが見て取れます。

```
x = [1..50]                                                     Coffee
```

```
var i, results, x;                                              JS

x = (function() {
  results = [];
  for (i = 1; i <= 50; i++){ results.push(i); }
  return results;
}).apply(this);
```

なお、「...」演算子（ピリオドが3個）を利用した場合には、範囲から終点の数値が除かれます。

```
x = [10...20]                                                   Coffee
```

```
var x;                                                          JS
x = [10, 11, 12, 13, 14, 15, 16, 17, 18, 19];
```

範囲演算子を利用した例については、for...in命令（P.473）の項も併せて参照してください。

9.3.5 制御構文

CoffeeScriptでも、if／switch／for／whileなど主な制御構文を利用できます。ただし、微妙に構文が変化していたり、unless、for...inなどCoffeeScript固有の命令もあります。似ているだけに、両者の違いを意識しながら理解を進めてください。

汎用的な条件分岐を表す — if...else命令

本節冒頭でも述べたように、制御命令のブロック{...}はインデントで表現します。1行で表すならば、条件式と実行文の間をthenキーワードで区切っても構いません。以下のコードの❶、❷は、いずれも同じ意味です。

```
# ifブロックをインデントで表現する標準形式                    Coffee
if x is 1 ──────────────────────┐
  alert 'success'               ├──── ❶
else                            │
  alert 'failure' ──────────────┘
# thenキーワードを利用することで、1行でも表せる
if x is 1 then alert 'success' else alert 'failure' ────── ❷
```

```
// いずれも以下のif命令にコンパイルされる                      JS
if (x === 1) {
  alert('success');
} else {
  alert('failure');
}
```

対象の処理が 1 文であれば、if 句を命令の後方に記述する**後置構文**も利用できます。

```
alert 'success' if x is 1                                     Coffee
```

```
if (x === 1) {                                                JS
  alert('success');
}
```

前置／後置いずれもそれほどコード量には変化がないと思われるかもしれません。しかし、コードの読みやすさに差があります。

従来の構文では「条件式が●○であれば■□をしなさい」と、条件式が表現の主となります。しかし、後置構文では「～しなさい。ただし、条件式が正しければね!」と、処理そのものが主となります（条件式はあくまで付随的な情報というわけですね）。いずれの構文も機能そのものは同じですが、コードを読んで、いずれがよりスムーズに把握できるかという観点で使い分けると良いでしょう。

後置構文は、後述する unless ／ while ／ until 命令でも利用可能です。

否定の条件分岐を表現する — unless 命令

条件式が true の場合に命令を実行する if 命令に対して、条件式が false の場合に命令を実行する unless 命令も用意されています。CoffeeScript 固有の構文です。

記述自体がシンプルになるというわけではありませんが、「否定」というのは人間の頭にとってどうしても混乱のもとになりやすいものです。条件式から否定を取り除き、できるだけ人間の思考に近い形で表現できることで、結果、論理的なバグを減らせます。

```
unless x is 1                                             Coffee
  alert 'failure'
```

```
if (x !== 1) { ──────────── 否定の条件式に変換される          JS
  alert('failure');
}
```

unless 命令でも else 句は利用できますが、否定の否定はコードを読みにくくする原因ですので、原則として利用すべきではありません[*20]。

*20
単純に、if...else命令で代替できます。

等価比較による多岐分岐を表現する — switch...when...else 命令

式の値に応じて処理を分岐するのが、switch 命令の役割です。JavaScript にも switch 命令はありますが、CoffeeScript では以下の点が異なります。

- case 句の代わりに when 句、default 句の代わりに else 句を利用する
- when 句にはカンマ区切りで複数の値を指定できる
- 条件句を明示的に抜ける break 命令は不要

以下に、具体的な例を示します。

```
switch point                                              Coffee
  when 3
    alert '上級'
  when 2, 1 ──────────────────── 複数の値を列挙できる
    alert '中級'
  else
    alert '初級'
```

```
switch (point) {                                          JS
  case 3:
    alert('上級');
    break; ──────────────────── break が自動的に補われる
  case 2:
  case 1:
    alert('中級');
    break;
  default:
    alert('初級');
}
```

特に break 命令の書き忘れによる不具合は、JavaScript ではよくある誤りです。CoffeeScript では、そもそも break を必要としないので、潜在的なバグの可能性を防げます。

条件式によって処理を繰り返す ― while ／ until 命令

条件式が true の間処理を繰り返すには while 命令、条件式が false の間（true になるまで）処理を繰り返すには until 命令を利用します。until 命令は、CoffeeScript 固有の命令です。unless 命令でも触れたように、条件式に否定が含まれる場合は、until 命令を利用することで、コードがより直感的にわかりやすくなります。

```
# 変数iが10未満の間、処理を繰り返す                    Coffee
while i < 10
  alert i
  i++

# iが10より大きくなるまで、処理を繰り返す
until i > 10
  alert i
  i++
```

```
while (i < 10) {                                       JS
  alert(i);
  i++;
}

while (!(i > 10)) { ―――― 条件式を反転した上で while 命令に変換
  alert(i);
  i++;
}
```

while ／ until いずれの命令でも、後置構文（P.471）を利用可能です。また、ループを抜けるための break ／ continue 命令は、JavaScript と同じように利用できます。

配列をもとに特定の処理を繰り返す ― for...in ／ for...of 命令

配列から順に値を取り出すならば、for...in 命令を利用します。たとえば以下は、配列 ary から取り出した要素を、順にダイアログに表示する例です。for...in ブロックの中では、仮変数（以下の例では color）を介して、配列要素にアクセスできます。

```
ary = [ 'Red', 'Yellow', 'Green' ]                     Coffee
for color in ary
  alert color
```

```
var ary, color, i, len;                                JS
ary = ['Red', 'Yellow', 'Green'];
```

```
for (i = 0, len = ary.length; i < len; i++) {
  color = ary[i];
  alert(color);
}
```

ハッシュで同じような操作を行うならば、for...of命令を利用します。for...of命令の仮引数（以下の例ではkey、value）には、ハッシュのキー／値がセットされます。

Coffee
```
hash = { name:'Uta', age:1, kind:'hamster' }
for key, value of hash
  alert "#{key}=#{value}"
```

JS
```
var hash, key, value;

hash = {
  name: 'Uta',
  age: 1,
  kind: 'hamster'
};

for (key in hash) {
  value = hash[key];
  alert(key + "=" + value);
}
```

指定された回数だけ処理を繰り返す ― for...in 命令（2）―

CoffeeScriptでは、JavaScriptのforにあたる命令はありません。for...in命令と範囲演算子で代用してください。

Coffee
```
for i in [5..10]
  alert i
```

JS
```
var i, j;
for (i = j = 5; j <= 10; i = ++j) {
  alert(i);
}
```

もしも終了条件「i ＜ 10」（イコールなし）を表現したいならば、太字の部分を[5...10]（ドット3個）で表します。

9.3.6 関数

*21
条件分岐などがあっても、適切に最後の式が判定されます。

関数は、「(*引数*) -> 式」の形式で表します。戻り値を返すための return 命令は必要ありません。CoffeeScript では、最後の式の値が自動的に戻り値となるためです*21。

```
# 引数height／weightからBMI（体格指数）を求めるbmi関数        Coffee
bmi = (height, weight) ->
  weight / (height * height)

# 関数の呼び出しにはカッコは不要（あってもOK）
alert bmi 1.75, 60
```

```
var bmi;                                                      JS

bmi = function(height, weight) {
  return weight / (height * height);
};
alert(bmi(1.75, 60)); ―――――――――― 結果：19.591836734693878
```

引数／戻り値がない場合

引数を受け取らない場合、関数定義の際の「(*引数*)」の部分は省略できます。ただし、その場合は呼び出しのカッコは**必須**となりますので、注意してください（カッコがないと、関数呼び出しであることを認識できないからです）。

また、戻り値が不要である場合には、明示的に空の return 命令を記述する必要があります。

```
nice = ->                                                     Coffee
  alert 'Nice!'
  return

nice() ―――――――――― 引数がない場合は呼び出しのカッコは必須
```

```
var nice;                                                     JS

nice = function() {
  alert('Nice!');
};

nice();
```

太字の部分を削除した場合、以下のように、alert メソッドの戻り値が nice 関数の戻り値となるような JavaScript が生成されます。この例に限っては、結果的に戻り値は変化しませんが[*22]、意図しない値が返るのを防ぐためにも、戻り値が不要である場合はreturn命令を明記するようにしてください。

*22
alertメソッドも戻り値はundefined（未定義）であるからです。

```
nice = function() {
  return alert('Nice!');
};
```

引数のデフォルト値

「引数名 = 値」の形式で、引数にデフォルト値を持たせることもできます。

Coffee
```
# 引数typeがtriangleの場合は三角形の、それ以外は四角形の面積を求めるarea関数
# 引数typeのデフォルト値として'triangle'を設定
area = (base, height, type = 'triangle') ->
  if type is 'triangle'
    base * height / 2
  else
    base * height

alert area 3, 6, 'triangle'
```

JS
```
var area;

area = function(base, height, type) {
  if (type == null) {
    type = 'triangle';
  }
  if (type === 'triangle') {
    return base * height / 2;
  } else {
    return base * height;
  }
};

alert(area(3, 6, 'triangle'));
```

デフォルト値は、このように展開される

結果：9

コンパイル済みのJavaScriptを見てもわかるように、引数のデフォルト値は内部的には引数がnullの場合にデフォルト値をセット、という形で実装されています。

可変長引数

引数の末尾に「...」を付与した場合には、**可変長引数**と見なされます。可変長引数は内部的には配列と見なされますので、for...in命令などで処理できます。

Coffee
```
# 可変長引数numsの総積を求めるproduct関数
```

```
product = (nums...) ->
  total = 1
  # 可変長引数は配列としてそのまま処理できる
  total *= num for num in nums
  total

alert product 1, 2, 3
```

```
JS
var product,
  slice = [].slice;

product = function() {
  var i, len, num, nums, total;
  nums = 1 <= arguments.length ? slice.call(arguments, 0) : [];
  total = 1;
  for (i = 0, len = nums.length; i < len; i++) {
    num = nums[i];
    total *= num;
  }
  return total;
};

alert(product(1, 2, 3)); ――――――― 結果：6
```

匿名関数

匿名関数（**無名関数**）も、変数への代入がないというだけで、同じ要領で記述できます。たとえば以下は、jQuery の hover メソッドを CoffeeScript から呼び出した例です。

```
Coffee
# マウスポインターが出入りするタイミングでid="button"要素のsrc属性を変更
$ ->
  $('#button').hover ->
    $(this).attr 'src', 'enter.gif'
    return
  , ->
    $(this).attr 'src', 'out.gif'
    return
  return
```

```
JS
$(function() {
  $('#button').hover(function() {
    $(this).attr('src', 'enter.gif');
  }, function() {
    $(this).attr('src', 'out.gif');
  });
});
```

9.3.7 オブジェクト指向構文

JavaScriptにはいわゆるクラスの概念がなく、代わりにプロトタイプというクラスライクな概念がありましたが、考え方にやや癖があり馴染みにくいものでした。しかし、CoffeeScriptではclassキーワードが用意されており、ごく直感的にクラスを定義できるようになっています。

クラスの基本

まずは、基本的なクラスから定義してみましょう。

配下のプロパティ／メソッドは「名前：～」の形式で定義します。ただし、コンストラクターの名前はconstructorで固定です。

```
# Dogクラスを定義
class Dog
  # voiceプロパティを定義
  voice: 'ワンワン'

  # 引数としてnameを受け取るコンストラクターを定義（nameプロパティを設定）
  constructor: (@name) ->

  # インスタンスメソッドbarkを定義
  bark: ->
    alert "#{@name}は#{@voice}吠えています。"
    return

dog = new Dog 'シロ'
dog.bark()
```
Coffee

```
var Dog, dog;
Dog = (function() {
  Dog.prototype.voice = 'ワンワン';
  function Dog(name) {
    this.name = name;
  }
  Dog.prototype.bark = function() {
    alert(this.name + "は" + this.voice + "吠えています。");
  };
  return Dog;
})();

dog = new Dog('シロ');
dog.bark();
```
JS

結果：「シロはワンワン吠えています。」

「@name」とはプロパティへの参照で、JavaScriptでの「this.name」と同じ意味です。サンプルでは、コンストラクターの引数として直接「@name」を指定し、中身には何も記述していませんが、これは以下のコードと同じ意味です。

```
constructor: (name) ->
  @name = name
```

引数で受け取った値をそのままnameプロパティに代入しなさい、というわけです。わずかな省力化とはいえ、コンストラクターでプロパティを初期化するケースが多いことを考えると、こうしたしくみはなかなか便利です。

静的メンバー

静的メソッド／プロパティを定義するには、メンバー名の先頭に「@」を付与します。

```
class Figure                                          Coffee
  # 静的プロパティpiを定義
  @pi: 3.14
  # 静的メソッドsquareを定義
  @square: (base, height) ->
    base * height

alert Figure.pi
alert Figure.square 3, 4
```

```
var Figure;                                           JS
Figure = (function() {
  function Figure() {}
  Figure.pi = 3.14;
  Figure.square = function(base, height) {
    return base * height;
  };
  return Figure;
})();

alert(Figure.pi); ——————————————————— 結果:3.14
alert(Figure.square(3, 4)); ————————— 結果:12
```

継承

extendsキーワードでクラスを継承することもできます。子クラスから親クラスのメソッドを呼び出すには、superメソッドを利用します。

```
class Dog                                             Coffee
  …中略…
```

```
# Dogクラスを継承したBigDogクラスを定義
class BigDog extends Dog
  bark: ->
    # 親メソッドを呼び出し
    super()
    alert '大声で'
    return

dog = new BigDog 'クロ'
dog.bark()
```

```
var BigDog, Dog, dog,                                               JS
  extend = function(child, parent) { …中略… }, ――― 継承のしくみを関数で実装
  hasProp = {}.hasOwnProperty;
Dog = (function() {…中略…})();
BigDog = (function(superClass) {
  extend(BigDog, superClass);
  function BigDog() {
    return BigDog.__super__.constructor.apply(this, arguments);
  }
  BigDog.prototype.bark = function() {
    BigDog.__super__.bark.call(this);
    alert('大声で');
  };
  return BigDog;
})(Dog);

dog = new BigDog('クロ');
dog.bark(); ――― 結果:「クロはワンワン吠えています。」「大声で」
```

メンバーの動的な追加

CoffeeScriptのクラスは、クラスとは言っても、あくまで見かけだけで、その実体はJavaScriptの緩いクラスであるにすぎません。よって、JavaScriptの「緩い」性質はそのまま引き継いでおり、「::」演算子によって、あとから動的にメンバーを追加することもできます。

たとえば以下は、定義済みのDogクラスにeatメソッドを追加する例です。

```
Dog::eat = ->                                                   Coffee
  alert "#{@name}は食べています。"
  return
```

```
Dog.prototype.eat = function() {                                    JS
  alert(this.name + "は食べています。");
};
```

「@」キーワードには要注意

CoffeeScriptの「@」は「自分自身」を表すキーワードで、JavaScriptのthisに相当します。JavaScriptのthisがそうであったように、「@」はそのときどきの文脈で指すものが変わることから、しばしば混乱のもとになります。

たとえば、以下のようなケースを見てみましょう。

```
class Sample
  constructor: (@name) ->
    result = document.getElementById 'result'
    result.onclick = ->
      alert "はじめまして、#{@name}さん！"

$ ->
  s = new Sample('山田')
  return
```

Coffee

❶@はSampleオブジェクト
❷@はイベントの発生元

本来は、id="result"である要素をクリックしたところで、「はじめまして、●○さん!」というメッセージを表示することを意図しています。しかし、結果は「はじめまして、undefinedさん!」。@nameを正しく認識できていないのです。

これが「@」(this)の落とし穴です。コンストラクターの直下(❶)ではオブジェクト自身を指していた「@」が、イベントハンドラーの配下ではイベントの発生元(要素オブジェクト)を指しているのです。そして、要素オブジェクトにはnameプロパティはないので、undefined(未定義)が返されます。

このような挙動を防ぐのが「=>」(二重矢印)の役割です。これによって、関数(メソッド)の外側(この例ではコンストラクター)で示している「@」をそのまま、関数の内側にも引き継げるようになります。

上記コード4行目の太字の部分を「=>」に書き換えた上で再びコードを実行してみると、今度は「はじめまして、●○さん!」という意図した結果が確認できます。コンパイル済みのJavaScriptも確認しておきましょう。

```
var Sample;

Sample = (function() {
  function Sample(name) {
    var result;
    this.name = name;
    result = document.getElementById('result');
    result.onclick = (function(_this) {
      return function() {
        return alert("はじめまして、" + _this.name + "さん！");
      };
    })(this);
```

❷退避させたthisでアクセス
❶this(Sampleオブジェクト)を_thisに退避

```
  }

  return Sample;

})();

$(function() {
  var s;
  s = new Sample('山田');
});
```

onclick イベントハンドラーに対して、その時点での this を仮引数 _this に引き渡し（❶）、イベントハンドラーの中では _this でもって name プロパティにアクセスしているわけです（❷）。JavaScript において、これは this を固定化する定型的なコードです。

9.3.8 補足：即時関数

本家サイト提供の簡易インタプリターを利用していると気付きにくい点ですが、CoffeeScript で記述されたコードを coffee コマンドでコンパイルすると、

```
(function() {...}).call(this);
```

でラップされたコードが出力されます*23。

*23
本家サイトの簡易インタプリターでは、「...」の部分だけが出力されます。

一見して奇異にも見える書き方ですが、実はこれ、JavaScript の世界ではイディオムの 1 つで、**即時関数**と呼ばれます。function 命令で関数を定義しておいて、その場で即座に実行することから、このような名前が付いています。

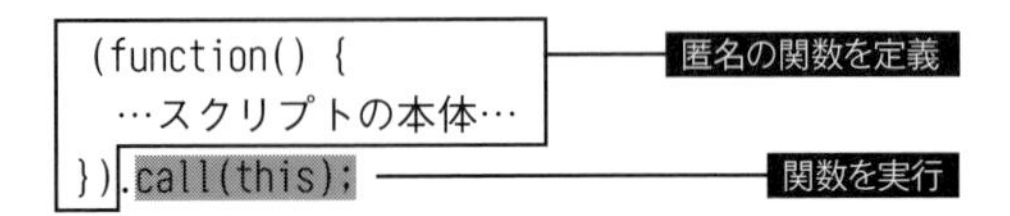

すぐに実行するのに、なぜわざわざ関数として定義するのか――結論から言うと、その目的は「すべての変数をローカル変数に封じ込める」ことです。JavaScript では、関数の外で定義された変数はすべてグローバルな変数と見なされます。

しかし、グローバル変数が増えれば、変数名が衝突する危険も高まり、潜在的なバグの原因ともなります。「グローバル変数は最小限にすべき」とは、JavaScript に限らず、プログラミングの鉄則です。

では、グローバル変数を減らすには、どうしたら良いでしょう。

その解が即時関数なのです。JavaScript では関数によってのみスコープが決ま

りますから、コードをすべて関数で包んでしまえば、すべての変数はローカル変数となります。即時関数とは、関数を（処理のかたまりとしてではなく）スコープの範囲として利用した「便宜的な関数」と言っても良いでしょう。

ライブラリの作成には要注意

以上の性質から、CoffeeScript でライブラリを作成する際には要注意です。たとえば、foo.coffee で作成した Dog クラスを、hoge.coffee から呼び出すようなケースでは、「'Dog' は定義されていません。」とエラーになってしまいます。

なぜなら、Dog クラスが即時関数でラップされている（=ローカルな名前空間で定義されている）せいで、グローバルには呼び出せなくなっているためです。これを回避するには、Dog クラスの定義に、以下のような記述を追加してください。

```
class Dog
  …中略…
window.Dog = Dog
```

window オブジェクトは、ブラウザー環境でのグローバルオブジェクトなので、window オブジェクトのプロパティに値を登録することは、グローバル変数を登録することと同じ意味になります。この例では、ローカル変数（クラス）Dog を、グローバル変数 Dog に登録することで、外部に公開しています。

NOTE

Asset Pipeline の読み込み順序

require_tree ディレクティブ（9.1.1 項）によるファイルの読み込み順序は指定できません。このため、クラス定義とそれを利用するコードとが別ファイルに記述されている場合、読み込み順序によっては正しく動作しない場合があります。

これを避けるには、次のようにクラス定義されているファイルを require ディレクティブで明示するようにしてください*24 (リスト 9-6)。

▼リスト 9-6　application.js

```
//= require foo
//= require_tree .
```

*24
この場合も、require系のディレクティブは同じファイルを重複してインクルードしないようになっています。

9-4 Sass (SCSS)

Sass (Syntactically Awesome StyleSheets) は、いわゆるCoffeeScriptのCSS版とも言うべき存在で、CSSのコードを生成するための言語です。CoffeeScriptと同じく、Sassのコードもまた、CSSにコンパイルされた上で送出されますので、クライアント環境に特別なプラグインやライブラリは必要ありません。

Sassは、ネストや変数、文字列展開のような機能を提供しており、従来のCSSでは冗長になりがちであったコードをコンパクトにまとめることができます。

Sassの文法は、インデント文法とSCSS (Sassy CSS) とに大別できますが*25、本書ではCSS3と高い互換性を持つSCSSに沿って解説を進めます。正しいCSSのコードはそのまま正しいSCSSとなりますので、既存のCSSを移行するのも容易ですし、学習コストも低くて済みます。以下でも、CSSの知識を前提に、SCSSで拡張されている機能について解説します。

*25
本書では便宜上、旧来からあるインデント文法をSassと呼び、SCSSと区別するものとします。

9.4.1 SCSSの基本

Railsでは Asset Pipelineを利用して、SCSSを自動的にコンパイルしてくれますので、特にコンパイル作業を意識する必要はありません。拡張子を「.scss」とし、/app/assets/stylesheetsフォルダーに配置するだけで利用できます。

もっとも、SCSSに慣れないうちは、いきなりアプリに組み込んでしまうよりは、コンパイル結果を確認しながらコーディングできた方が便利です。以下に手元でSCSSコードをコンパイルするための方法を示します。

ブラウザー上で動作する簡易インタプリターを利用

SassMeisterというサイト (http://www.sassmeister.com/) から、ブラウザー上で簡易なインタプリターを利用できます (図9-6)。

▼図 9-6　SassMeister で提供される簡易インタプリター

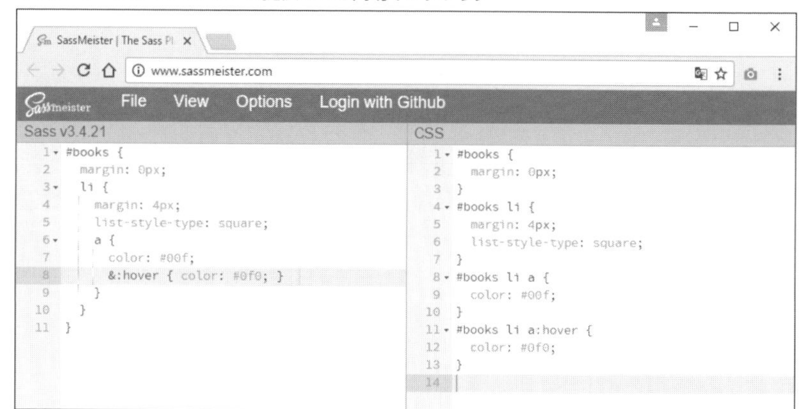

左のテキストエリアに SCSS のコードを入力（コピー&ペースト）すると、右の欄にコンパイル結果がリアルタイムに表示されます*26。

*26
結果の表示方法は、ページ上部の[Options] −[CSS Output] からexpanded（展開）、nested（入れ子）、compact（シンプル）、compressed（圧縮）などを選択できます。

オフライン環境でコンパイルする

Rails をインストールしているならば、既にコンパイル環境は準備済みのはずです。scss コマンド（Linux 環境では /usr/local/lib/ruby/gems/2.4.0/gems/sass-3.4.23/bin、Windows 環境では C: ¥Ruby23-x64 ¥lib ¥ruby ¥gems ¥2.3.0 ¥gems ¥sass-3.4.23 ¥bin）へのパスを通した上で、以下のコマンドを実行してください。これでカレントフォルダーにある style.scss を style.css にコンパイルできます。

```
> scss style.scss style.css
```

以下でも、SCSS のコードとコンパイル済みの CSS コードを併記するので、理解の手助けとしてください*27。

*27
コンパイル結果は、nestedに指定した場合のものを掲載しています。

9.4.2 スタイル定義のネスト

SCSS の最大の特長は、スタイル定義をネスト（入れ子）できるという点です。ネストによって、たとえば「#list」「#list li」「#list li a」「#list li a:hover」のように親子関係にあるセレクターの記述をシンプルにできます。

「a:hover」「a:visited」のような疑似クラスで親セレクターを参照させる場合は、「&:hover」のように、SCSS の予約文字「&」を利用してください。

```
#books {                                                    SCSS
  margin: 0px;
```

```
  li {
    margin: 4px;
    list-style-type: square;
    a {
      color: #00f;
      &:hover { color: #0f0; }
    }
  }
}
```

疑似クラスでは「&」を利用

CSS
```
#books {
  margin: 0px; }
  #books li {
    margin: 4px;
    list-style-type: square; }
    #books li a {
      color: #00f; }
      #books li a:hover {
        color: #0f0; }
```

ネストできるのは、セレクターばかりではありません。以下のようにプロパティ名をネストさせることもできます（名前の後ろに「:」を付けます）。これによってborder-*xxxxx*、list-*xxxxx*、font-*xxxxx*、text-*xxxxx*など、サブプロパティを持つプロパティをよりシンプルに記述できます。

SCSS
```
.ad {
  font: {
    family: serif;
    weight: bold;
  }
  border: {
    top: {
      width: 3px;
      color: #0f0;
    }
    bottom: {
      width: 3px;
      color: #00f;
    }
  }
}
```

CSS
```
.ad {
  font-family: serif;
  font-weight: bold;
  border-top-width: 3px;
  border-top-color: #0f0;
```

```
  border-bottom-width: 3px;
  border-bottom-color: #00f;}
```


9.4.3 変数

SCSSでは、**SassScript**と呼ばれる拡張スクリプトを提供しており、変数や演算子、独自の関数を利用できます。たとえば、変数は「$変数」の形式で表現できます。フォントや色、サイズの設定など、複数の箇所で参照するような値は、変数として宣言しておくことで、修正時にも影響範囲を抑えられます*[28]。

*28
ただし、変数とは言っても、あくまで擬似的なもので、コンパイル時に静的なCSSに変換されます。実行時に、動的に値を変更するような用途では利用できません。

SCSS
```
$spcolor: #f30; ―――― 変数$spcolorを宣言
#attention { color: $spcolor; }
```

CSS
```
#attention {
  color: #f30; }
```

#{変数名}という書式で、変数を（プロパティ値だけでなく）セレクターやプロパティ名の一部として埋め込むこともできます（**変数展開**）。

SCSS
```
$type: lime;
$side: top;

#main-#{$type} { ―――― セレクターの一部を変数で指定
  border-#{$side}-color: #0f0; ―┐
  border-#{$side}-width:3px; ――┴― プロパティ名の一部を変数で指定
}
```

CSS
```
#main-lime {
  border-top-color: #0f0;
  border-top-width: 3px; }
```

9.4.4 演算子

+、-、*、/、and、orなどの演算子を利用できます。演算子はほぼ直感的に利用できるものばかりですが、単位付きの数値やRGBカラーなども処理できる点に注目です。

SCSS
```
#main menu {
  background-image: url('../images/' + 'webdeli.jpg'); ―――― 文字列の連結
```

```
  height: 30mm + 2cm; ―――――――――――――― 単位付き数値の演算
  color: #123456 + #987654; ―――――――――― RGB カラーの演算も可
}
```

```css
#main menu {
  background-image: url("../images/webdeli.jpg");
  height: 50mm;
  color: #aaaaaa; }
```

NOTE　インタラクティブモード

演算子や関数をはじめ、SassScript の挙動を 1 つずつ確認したいならば、scss コマンドのインタラクティブモードを試してみると良いでしょう。scss コマンドを -i オプション付きで実行することで、コマンドライン上で対話的にスクリプトを実行できます。

```
> scss -i
>> rgb(255, 255, 255)
#ffffff
```

9.4.5 関数

文字列／数値／リストなどの基本データや色／明るさを操作するための関数が提供されています。たとえば以下は、指定された色を指定の割合だけ明るくする例です。

```scss
$basecolor: #039;

#sidebar {
  background-color: lighten($basecolor, 20%); ― 指定の色を指定割合だけ明るくする
}
```

```css
#sidebar {
  background-color: #0055ff; }
```

その他、SassScript で利用できる主な関数をまとめます（表 9-4）。

▼表 9-4　SassScript で利用できる主な関数

分類	関数	概要
	例 ⇒ 結果	
色	hsl(*$hue*, *$saturation*, *$light*)	色相／彩度／輝度から色を生成
	hsl(100deg, 25% , 25%) ⇒ #3a5030	
	hsla(*$hue*, *$saturation*, *$light*, *$alpha*)	色相／彩度／輝度／透明度から色を生成
	hsla(100deg, 25%, 25%, 0.5) ⇒ rgba(58, 80, 48, 0.5)	
	adjust-hue(*$color*, *$degrees*)	指定色の色相を -360 °～ 360 °の範囲で変化
	adjust-hue(#3c0, 60deg) ⇒ #00cc99	
	lighten(*$color*, *$amount*)	指定色の輝度を指定量だけ明るく
	lighten(#3c0, 40%) ⇒ #b3ff99	
	darken(*$color*, *$amount*)	指定色の輝度を指定量だけ暗く
	darken(#3c0, 40%) ⇒ #269900	
	saturate(*$color*, *$amount*)	指定色の彩度を指定量だけ増加
	saturate(#3c0, 10%) ⇒ #33cc00	
	desaturate(*$color*, *$amount*)	指定色の彩度を指定量だけ減少
	desaturate(#3c0, 10%) ⇒ #38c20a	
	grayscale(*$color*)	指定の色をグレースケール変換
	grayscale(#00f) ⇒ #808080	
	invert(*$color*)	色を反転
	invert(#f00) ⇒ #00ffff	
	mix(*$color1*, *$color2* [, *$weight*])	2 個の色を混ぜる（$weight は $color2 の割合で 0～1 の範囲）
	mix(#fff, #00f, 25%) ⇒ #3f3fff	
透明度	alpha(*$color*)	指定色の透明度を取得（0 ～ 1）
	alpha(blue) ⇒ 1	
	fade-in(*$color*, *$amount*)	指定色の不透明度を増加
	fade-in(rgba(0, 0, 10, 0.3), 0.4) ⇒ rgba(0, 0, 10, 0.7)	
	fade-out(*$color*, *$amount*)	指定色の透明度を増加
	fade-out(rgba(0, 0, 10, 0.6), 0.4) ⇒ rgba(0, 0, 10, 0.2)	
リスト	length(*$list*)	リスト長を取得
	length(10 20 30) ⇒ 3	
	append(*$list*, *$value*)	リストに値 $value を追加
	append(10 20 30, 40) ⇒ 10 20 30 40	
	nth(*$list*, *$n*)	リストから $n 番目の値を取得
	nth(10 20 30, 2) ⇒ 20	
	index(*$list*, *$value*)	指定された値のリスト位置を取得
	index(10 20 30 40, 30) ⇒ 3	
	join(*$list1*, *$list2*, [*$sep*])	リストを 1 つにまとめる
	join(10 20 30, 40 50 60) ⇒ (10 20 30 40 50 60)	
その他	if(*$cond*, *$true*, *$false*)	条件式 $cond が true であれば $true を、さもなくば $false を返す
	if(true, 10px, 20px) ⇒ 10px	
	unit(*$number*)	値から単位を取得
	unit(5px) ⇒ "px"	

補足：画像パスの指定

Asset Pipelineを利用している場合、画像ファイルにはダイジェスト値（9.2.1項）が付与されますので、スタイルシート上でもこれを加味したパスを指定する必要があります。もっとも、Railsでは、デフォルトでアセットパスを動的に取得するためのヘルパーを用意しており、これを利用することで、関数ライクに画像リソースのパスを取得できます。

以下で紹介するのは、あくまでRailsの機能であり、image-urlはSassの関数ではありませんが、ここで併せて例示しておきます。

```
body {                                                              SCSS
  background: image-url('fish.jpg')
}
```

```
body {                                                              CSS
  background: url(/assets/fish-a3858aa1174f43ff3235b3c3ef4c28fc0ff2aeb99d4485fc938b3bbb577f8961.jpg);
}
```

内部的には、4.4.5項でも触れた*xxxxx*_path／*xxxxx*_urlヘルパーを利用していますが、Sassではアンダースコア（_）の代わりにハイフンで表記する点に注意してください。

9.4.6 ディレクティブ

ディレクティブとは、「@ *名前*」の形式で指定する命令のことです。SCSSはディレクティブによって、条件分岐や繰り返し処理、Mix-inのようなさまざまな処理制御に対応しています。以下に、主なものをまとめます。

条件分岐を表現する — @if...@else if...@else

@ifディレクティブは、条件式がtrueの場合に、配下のスタイルを有効にします。たとえば以下は、変数$typeの値に応じて、colorプロパティの値を切り替える例です。

```
$type: spring;                                      SCSS

div {
  @if $type == spring {
    color: #0f0;
  } @else if $type == fall {
    color: #f30;
  } @else {
    color: #0ff;
```

```
  }
}
```

```
div {                                               CSS
  color: #0f0; }
```

リストを繰り返し処理する ― @each

@each ディレクティブは、リストから順番に値を取り出して、配下のスタイル定義を出力します。たとえば以下は、fine／cloudy／rainy を順に $type にセットし、backgroud-image プロパティの画像パスに埋め込んでいます。

```
@each $type in fine, cloudy, rainy {                                SCSS
 .item-#{$type} { background-image: url('/images/#{$type}.gif'); }
}
```

```
.item-fine {                                                        CSS
  background-image: url("/images/fine.gif"); }

.item-cloudy {
  background-image: url("/images/cloudy.gif"); }

.item-rainy {
  background-image: url("/images/rainy.gif"); }
```

条件式に応じて処理を繰り返す ― @while

@while ディレクティブは、指定された条件式が true である間だけ、配下のスタイル定義を出力します。たとえば以下は変数 $i を 1 ～ 3 の範囲で変化させて、それに応じた背景色（background-color プロパティ）を生成します。lighten は、指定色を指定量だけ明るくする関数でした。

```
$i: 1;                                                              SCSS
@while $i < 4 {
  .sect#{$i} { background-color: lighten(#300, 15% * $i); }
  $i: $i + 1;
}
```

```
.sect1 {                                                            CSS
  background-color: maroon; }

.sect2 {
  background-color: #cc0000; }
```

```
.sect3 {
  background-color: #ff1a1a; }
```

スタイル定義を再利用する ― @mixin ／ @include

@mixinディレクティブ（**ミックスイン**）は、スタイル定義を再利用するためのしくみです。@mixinディレクティブで定義したスタイルは、@includeディレクティブで任意の場所に埋め込むことができます。

たとえば以下は、あらかじめ定義しておいたcommon-boxミックスインを、別の場所で再利用する例です。

```
@mixin common-box {            ← common-boxミックスインを定義
  border: solid 1px #300;
  font-size: 11px;
}

.menu {
  @include common-box;          ← ミックスインでの定義内容を埋め込み
  text-align: left;
}
```
SCSS

```
.menu {
  border: solid 1px #300;
  font-size: 11px;
  text-align: left; }
```
CSS

@mixinディレクティブでは引数を受け取ることもできます。

```
@mixin common-border($color, $backcolor: #00f) {   ← 引数$color、$backcolor（デフォルト値は#00f）を受け取るcommon-borderミックスイン
  border: solid 1px #{$color};
  background-color: #{$backcolor};
}

.top {
  @include common-border(#300, #ffc);   ← 引数付きのミックスインを呼び出し
  margin: 0px;
```
SCSS

```
.top {
  border: solid 1px #300;
  background-color: #ffc;
  margin: 0px; }
```
CSS

スタイル定義を継承する — @extend

@extend ディレクティブは、定義済みのスタイルの定義を継承して、新たなスタイルを定義します。たとえば以下は、main-content スタイルを継承して、sub-content スタイルを生成する例です。

```
.main-content {                                                          SCSS
  color: #300;
  background-color: #ffc;
}

.sub-content {
  @extend .main-content;
  border: solid 2px #003;
}
```

```
.main-content, .sub-content { ――― 継承先のセレクターが補完される          CSS
  color: #300;
  background-color: #ffc; }

.sub-content {
  border: solid 2px #003; }
```

コンパイル済みの CSS を見ると、継承先（子スタイル）のセレクターが継承元（親スタイル）に追加されていることが確認できます。これによって、あるスタイル定義を拡張、積み重ねながら、新たなスタイルを定義するということが、よりスリムに表現できます。

ここでは一段階の継承のみ表現していますが、Ruby のオブジェクトと同じく、子スタイルを更に継承した孫スタイルや、そのまた先の、曾孫スタイルを作成することも可能です。

ミックスインにも似ていますが、ミックスインがあらかじめ再定義すべきスタイルを @mixin ディレクティブで切り出しておく必要があるのに対して、@extend ディレクティブでは既にあるスタイル定義をそのまま再利用できるという点でより手軽です。また、スタイル同士に明確な親子関係がある場合には、継承を利用した方がより直感的でしょう。

外部スタイルシートをインポートする — @import

@import ディレクティブは、外部の .scss ファイルをインポートする機能を持ちます。これによって、外部ファイルで定義された変数やミックスインも呼び出せるようになります。その性質上、特にミックスインなどは外部ファイル化し、必要になったときにインポートするのが望ましいでしょう。

@import ディレクティブでは拡張子の「.scss」を省略しても構いません。よって、以下のコードは同じ意味です。

```
@import 'common';
@import 'common.scss';
```

common.scssをインポート

9.4.7 コメント

SCSSのコメントには、JavaScriptと同じく、以下の2種類があります。

- //（単一行コメント）
- /*...*/（複数行コメント）

ただし、単一行コメントはコンパイル時に破棄されますが、複数行コメントはコンパイル後も維持される点に注意してください。その性質上、複数行コメントにはライセンス表示など、配布時にも残しておきたい内容を記述します。

// コメントです。
/* これも
コメントです。

単一行コメントは破棄される
/* これも
コメントです。

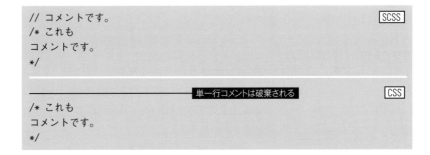

9.5 Ajax 開発

Ajax（Asynchronous JAvascript + Xml）とは、言うなればブラウザー上でデスクトップアプリのようなリッチな表現を可能にする技術のこと。HTML／JavaScriptといったブラウザー標準の技術だけで実装でき、Flash／Silverlightのようにプラグインの準備も要りません。

Ajax技術は、出現当初、Google Maps（http://maps.google.com/）のような実装例と共に紹介される中で俄かに注目を集め、その後、着実に実績を積み重ねる中で、現在ではもはや「知っていて当たり前」の技術として定着した感があります。Railsでも、Ajax機能に標準で対応しており、ごく定型的な手順でAjax対応アプリの実装が可能になっています。初学者の皆さんにも、基礎を理解した次のステップとして、是非とも習得していただきたいテーマの1つです。

本章後半では、クライアント開発の実践例として、Ajax開発について学びます。

9.5.1 Ajaxの基礎知識

図9-7は、従来型のWebアプリとAjaxアプリとを比較したものです。

従来であればサーバーとの通信を行うたびにページ全体がリフレッシュされていたので、ユーザーはサーバー処理の終了を待つ必要がありました。しかし、Ajaxの世界では非同期通信が基本です[*29]。つまり、サーバーとの通信はあくまでブラウザー操作の裏側で行われるため、ユーザーはサーバー処理の間も自分の操作を続けられます。また、ページを更新する際にも（ページ全体ではなく）必要な領域だけを更新するため、従来のアプリにありがちなページのチラツキも抑えられます。

そしてなにより、こうしたリッチな表現をプラグインに頼ることなく、ブラウザー標準の技術であるJavaScriptのみで実装できるのがAjaxの大きな強みと言えるでしょう。昨今ではAjaxでの実装を強く意識したJavaScriptライブラリも多く登場しており、ますますAjaxの実装は手軽になってきています。Railsでも、標準のJavaScriptライブラリとしてjQuery（http://jquery.com/）を採用しています[*30]。

＊29
もっとも、昨今ではAjaxという言葉もかなり広義に使われており、単にJavaScriptでリッチなUIを実現することを指す場合もあります。もともとの言葉の定義はさておき、一般的にはJavaScriptによるUI開発の技術、という程度に捉えておいて良いでしょう。

＊30
jQueryの基本については守備範囲を外れますので、本書では割愛します。詳しくは、拙著「10日でおぼえるjQuery入門教室 第2版」（翔泳社）などの専門書を参照してください。

▼図 9-7　従来のアプリと Ajax アプリ

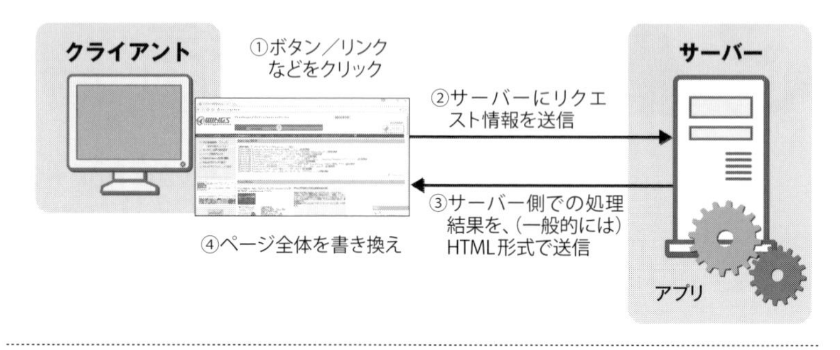

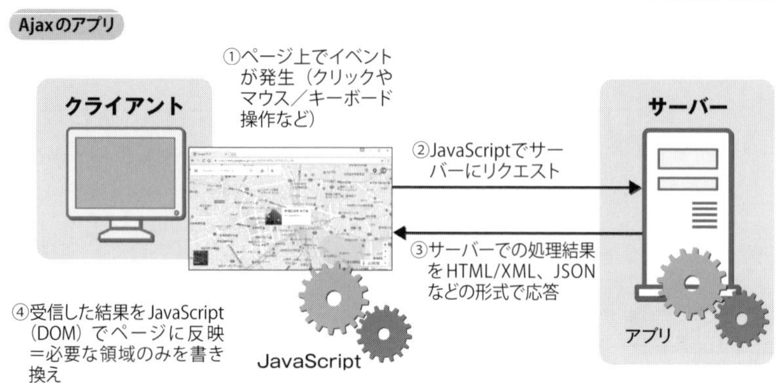

9.5.2 Ajax 対応のハイパーリンクを生成する — link_to メソッド

Rails では、link_to ／ form_tag（form_for）などのビューヘルパーが Ajax 通信のための機能を提供しています。図 9-8 では、link_to メソッドを利用して現在時刻の表示を非同期更新するサンプルを紹介します。

▼図 9-8　［更新］リンクをクリックすると、ページ下の現在時刻だけを非同期に更新

1 Ajax 通信に対応したテンプレートを作成する

現在時刻を非同期通信するためのテンプレートを準備します（リスト 9-7）。現在時刻を上下に並べて表示するようになっていますが、非同期更新の対象となるのは下の <div id="result"> 要素だけです。

▼リスト 9-7　ajax/index.html.erb

```
<div>現在時刻：<%= Time.now %></div>
<div id="result">現在時刻：<%= Time.now %></div>
<%= link_to '更新',{ action: :upanel }, remote: true %>
```

link_to メソッドを Ajax 対応させるには、remote オプションを true に設定してください。これで、ハイパーリンクをクリックしてたときに（ページが切り替わるのではなく）リンク先が非同期で呼び出されるようになります。

NOTE 出力された HTML も確認してみよう

サンプルを実行し、ブラウザーの［ページのソースを表示］から実際に生成されるアンカータグを確認してみましょう。

```
<a data-remote="true" href="/ajax/upanel">更新</a>
```

Ajax 対応のリンクとは言っても、見慣れない data-remote という属性が追加されているだけです。Rails では、「控えめな JavaScript」の思想から JavaScript のコードをタグに直接埋め込むことを避けています。代わりに、JavaScript 呼び出しのための情報を data-*xxxxx* 属性で埋め込んでおき、これを外部 JavaScript から読み込んで、適切な処理を実施しているのです。

2 非同期呼び出し時の処理を記述する

Ajax 対応のハイパーリンクがクリックされた場合、Rails では、リンク先のアクションから結果を JavaScript として受け取り、その結果でもって画面の更新処理を行います。具体的には図 9-9 のようなイメージです。

応用編
1
2
3
4
5
6
7
8
9
10

▼図 9-9　Rails による Ajax 通信の流れ

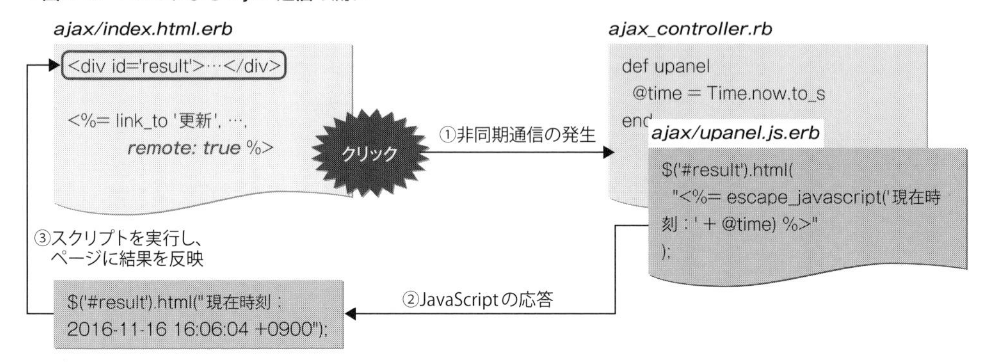

Ajax 呼び出しではテンプレートとして（.html.erb ではなく）.js.erb が呼び出される点に注目です[*31]。.js.erb には、アクションでの処理結果に基づいてページを更新するための JavaScript を記述します。あとは、この JavaScript が呼び出し元のページで実行されることで、ページが更新されるわけです。

以上を念頭に、リスト 9-8、9-9 のコードを見ていきましょう。

***31**
Ajax通信では、Acceptヘッダー（受信可能なコンテンツタイプ）として「text/javascript, application/javascript」という値が送られます。この値でもってRailsは応答すべきフォーマットを判定しています。

▼リスト 9-8　ajax_controller.rb

```
def upanel
  @time = Time.now.to_s
end
```

▼リスト 9-9　ajax/upanel.js.erb

```
$('#result').html(
  "<%= escape_javascript('現在時刻 : ' + @time) %>"
);
```

$('#result').html(...) は、「id="result"」要素配下のテキストを指定された HTML 文字列で更新しなさいという意味です。ここでは、現在時刻に応じて、

```
$('#result').html("現在時刻 : 2016-11-16 16:06:04 +0900");
```

のような JavaScript コードが生成されるはずです。

escape_javascript はビューヘルパーの一種で、「'」「"」や改行文字などをエスケープ処理します。エスケープ処理を正しく行わなかった場合、文字列の内容によっては、JavaScript が正しく動作しない、あるいは（もっと深刻なことに）クロスサイトスクリプティング脆弱性の原因にもなりますので、注意してください。

以上で、Ajax 対応リンクの実装は完了です。サンプルを実行し、［更新］リンクをクリックすると、図 9-8 のように下の現在時刻だけが更新されることを確認してください。

9.5.3 補足：更新コンテンツの生成は部分テンプレートで

前項のサンプルのコンテンツは「現在時刻:2016-11-16 16:06:04 +0900」のような文字列だけでしたので、.js.erb の中でまとめて組み立ててしまいましたが、（たとえばテーブル組みのような）複雑な文字列を .js.erb の中ですべて組み立てるのは、テンプレートの可読性を考えても好ましいことではありません。

一般的には、.js.erb にはページ更新のためのコードだけを記述し、コンテンツ本体は部分テンプレートとして外部化するのが望ましいでしょう。たとえばリスト 9-10、9-11 は、先ほどのリスト 9-9 を部分テンプレートを使って書き換えた結果です。

▼リスト 9-10　ajax/upanel.js.erb

```
$('#result').html(
  "<%= escape_javascript(render 'ajax_result') %>"
);
```

▼リスト 9-11　ajax/_ajax_result.html.erb

```
現在時刻：<%= @time %>
```

これによって、レイアウト部分はすべて .html.erb に集約されるので、JavaScript に複雑なコードを記述する必要がなくなります。

9.5.4 Ajax 対応のフォームを生成する — form_tag ／ form_for メソッド

form_for メソッドを利用した Ajax 対応フォームもほぼ同じ要領で実装できます。本項で実装するのは［検索］ボタンをクリックすると、非同期にデータを検索し、その結果をページ下部に反映させるサンプルです（図 9-10）。

▼図 9-10　出版社で検索すると、その結果を非同期にページ下部に反映

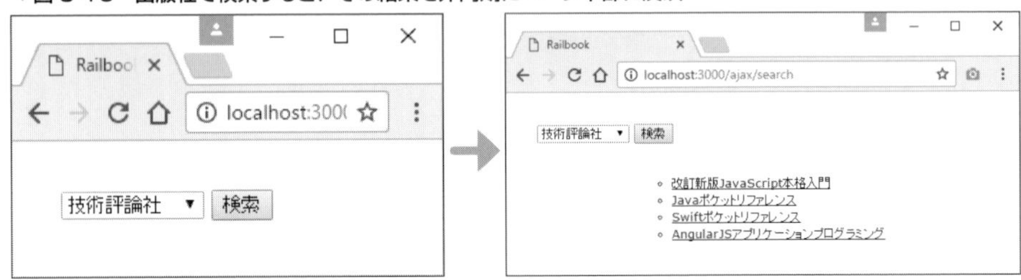

9.5.2 項の復習も兼ねて、アクションとテンプレートの関係をまとめておきます（図 9-11）。

▼図 9-11　サンプルスクリプトの構造

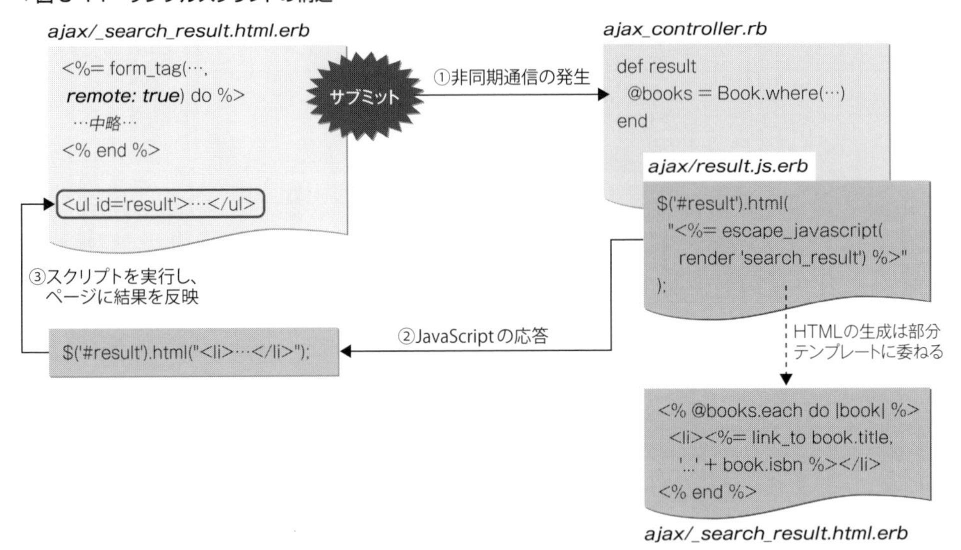

関係する要素が多くなってくると、頭も混乱しがちですが、それぞれがどのような呼び出しの関係になっているのかを意識しながら、以降のコード（リスト 9-12 ～ 15）も読み解いてください。

▼リスト 9-12　ajax_controller.rb

```
def search
  # 選択ボックスに表示する出版社名を取得
  @books = Book.select(:publish).distinct
end

def result
  # 選択ボックスで指定された出版社でbooksテーブルを検索
  @books = Book.where(publish: params[:publish])
```

```
end
```

▼リスト 9-13　ajax/search.html.erb

```
<%= form_tag({ action: :result }, id: :ajax_form, remote: true) do %>
  <%= select_tag(:publish, options_from_collection_for_select(
    @books, :publish, :publish, '技術評論社')) %>
  <%= submit_tag '検索' %>
<% end %>
<!--結果を反映させるための領域を確保-->
<ul id="result"></ul>
```

▼リスト 9-14　ajax/result.js.erb

```
$('#result').html(
  "<%= escape_javascript(render 'search_result') %>"
);
```

▼リスト 9-15　ajax/_search_result.html.erb

```
<% @books.each do |book| %>
  <li><%= link_to book.title,
    'http://www.wings.msn.to/index.php/-/A-03/' + book.isbn %></li>
<% end %>
```

ここでポイントとなるのは、実はリスト 9-13 の太字部分だけです。link_to メソッドと同じく、form_tag ／ form_for メソッドに remote オプションを付与するだけで、サブミット時の通信が非同期で行われるようになるわけです。

ajax#result アクションでページ更新のための JavaScript を生成する点、更新コンテンツは部分テンプレートに委ねている点も先ほどのサンプルと同じですね。

Rails で Ajax を利用するときの典型的なパターンとして、remote オプションによる呼び出し、更新 JavaScript の定義、部分テンプレートによるコンテンツの生成、という組み合わせを覚えておきたいところです。

9.5.5 Ajax 通信で JSON データを利用する

前項までは、部分更新すべき「ページの断片」をすべてサーバーサイドで生成してしまい、クライアントサイドで行うのはページの反映だけでした*32。ほとんどの処理をサーバーサイドに集約できるので、これはこれで便利なのですが、条件や入力に応じて、結果を細かく制御するならば、クライアントサイドでの処理が適しています。

*32
htmlメソッドの呼び出しがそれです。

そこで本項では、サーバーサイドではJSON形式のデータだけを送出し、結果データの整形はクライアントサイド（CoffeeScript）で行う例を見てみます。サンプルは前項のものを利用しますので、差分のコードだけを紹介します。サンプルの全体的なイメージは、以下のとおりです（図9-12）。

▼図9-12　サンプルスクリプトの構造

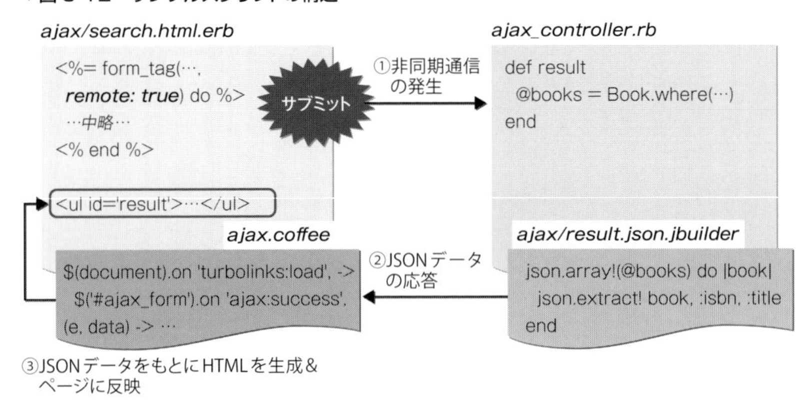

まず、.js.erbテンプレートの代わりに、.json.jbuilderテンプレートを用意します[*33]（リスト9-16）。

*33
以降のサンプルを動作する際には、前項で用意した.js.erbファイルは別フォルダーに退避しておくようにしてください。さもないと、そちらが優先して実行されてしまうためです。

▼リスト9-16　ajax/result.json.jbuilder

```
json.array!(@books) do |book|
  json.extract! book, :isbn, :title
end
```

不要なデータは取り除いていますが、6.3.2項でも触れたbooks/index.json.jbuilderと、中身はほぼ一緒です。Ajax通信はユーザーが意識しないタイミングで発生することも多いため、通常の同期通信以上に、データ量は必要最小限まで絞り込んでおくべきです。

以上の記述によって、以下のようなJSONデータが生成されます（出版社「技術評論社」で検索した場合）。

```
[
  {"isbn":"978-4-7741-8411-1","title":"改訂新版JavaScript本格入門"},
  {"isbn":"978-4-7741-8030-4","title":"Javaポケットリファレンス"},
  {"isbn":"978-4-7741-7984-1","title":"Swiftポケットリファレンス"},
  {"isbn":"978-4-7741-7568-3","title":"AngularJSアプリケーションプログラミング"}
]
```

そして、このJSONデータを処理しているのが、リスト9-17のCoffeeScriptです。

▼リスト 9-17 ajax.coffee[*34]

```
# ページロード時に実行すべき処理
$(document).on 'turbolinks:load', ->                                      ❶
  # Ajax通信に成功したタイミングで実行
  $('#ajax_form').on 'ajax:success', (e, data) ->                         ❷
    # <ul id="result">要素の配下を空に
    $('#result').empty()                                                  ❸
    # 取得したデータをもとに<li>要素を生成
    $.each data, ->                                                       ❹
      $('#result').append(
        $('<li></li>').append(
          $('<a></a>').attr('href', 'http://www.wings.msn.to/index.php/-/A-03/' ⏎
+ @isbn).append(@title)
        )
      )
```

*34
配布サンプルでは、前項のサンプルに影響が出ないよう、コードをコメントアウトしています。

*35
その他、エラー時に発生するajax:errorイベント、成功／エラーに関わらず、通信完了時に発生するajax:completeイベントもあります。

turbolinks:load は、Turbolinks で提供されるイベントの一種で、ページロード時に発生します。Rails では、ページ起動時の処理を turbolinks:load イベントリスナーの配下で表すのが基本です（❶）。Turbolinks については 9.6 節で説明するので、まずは Rails アプリで CoffeeScript（JavaScript）を記述する場合のイディオムとして覚えておいてください。

❷の ajax:success イベントは、Ajax 通信に成功した場合に発生します[*35]。ここでは、2 回目以降のアクセスに備えて、<ul id="result"> 要素の配下をクリアし（❸）、❹で <li> − <a> 要素を組み立てています。ajax:success イベントは、引数としてイベントオブジェクト e、結果データ data を受け取ります。ここでは、$.each メソッドで変数 data（書籍オブジェクトの配列）を順に処理しています。以下は、each メソッドで生成される HTML の例です。

```
<li><a href="http://www.wings.msn.to/index.php/-/A-03/978-4-7741-8411-1">⏎
改訂新版JavaScript本格入門</a></li>
```

9.5.6 補足：Ajax 呼び出しの際に進捗メッセージを表示する

時間のかかる Ajax 呼び出しでは、エンドユーザーが何度もボタンやリンクをクリックしてしまわないよう、（最低でも）現在、通信処理中であることがわかるように「通信中 ...」などのメッセージやアイコン画像を表示するのが一般的です。

リスト 9-18 に、その方法を示しておきます。

▼リスト 9-18 ajax.coffee

```
$(document).on 'turbolinks:load', ->
```

```
$(document).ajaxStart ->
  $('#progress').html '通信中...'
.ajaxComplete ->
  $('#progress').html ''
```

コードの内容は（Railsというよりも）jQueryの領域ですので、詳細は割愛しますが、まずは、

ページでAjax通信が発生したときに、「id="progress"」要素配下に「通信中...」メッセージを表示し、完了時にメッセージを消去する

というコードが書かれていると理解しておけば良いでしょう。

前項で作成したサンプルにも、進捗メッセージを表示できるように修正を施しておきます（リスト9-19、9-20の太字部分）。

▼リスト9-19　ajax/search.html.erb

```
<%= form_tag({ action: :result }, id: :ajax_form, remote: true) do %>
  …中略…
  <!--進捗メッセージを表示するための領域-->
  <span id="progress"></span>
<% end %>
```

▼リスト9-20　ajax_controller.rb

```
def result
  sleep(2) ──────────────── 2秒間、処理を休止
  @books = Book.where(publish: params[:publish])
end
```

デフォルトではAjax通信が一瞬で終了してしまい、進捗メッセージを確認できません。sleepメソッドは進捗メッセージを確認するためのウェイトで、これは本来のアクションでは不要のものです。

サンプルを実行し、通信中には図9-13のようなメッセージが表示されることを確認してください。

▼図9-13　Ajax通信中は「通信中...」というメッセージを表示

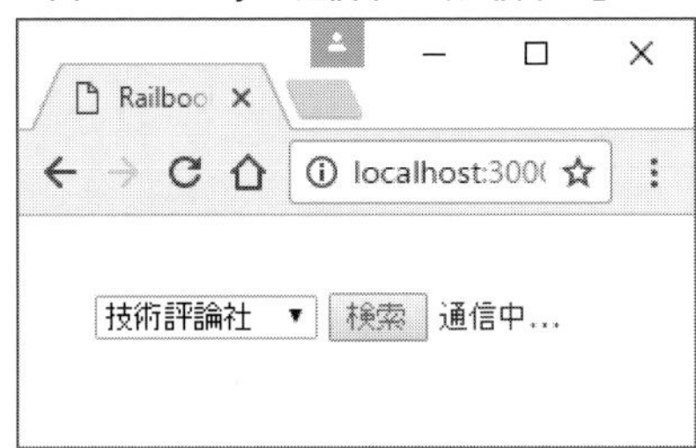

9.5.7 Slideshare API を利用する

Ajax の基本を理解できたところで、応用例として、Slideshare API を利用して、インターネットからキーワードに合致するスライド資料を検索してみましょう（図 9-14）。

▼図 9-14　入力したキーワードに従って Slideshare でスライドを検索し、その結果を表示

Slideshare API とは?

Slideshare API とは、Slideshare（http://www.slideshare.net/ *36）が提供するサービスの 1 つで、これを利用することで、Slideshare が提供するスライド検索エンジンをあたかも自分のアプリの一部であるかのように利用できるようになります（図 9-15）。

*36
PowerPointやPDFなどで作成されたスライドをシェアするためのサービス。

▼図 9-15　Slideshare API 利用イメージ

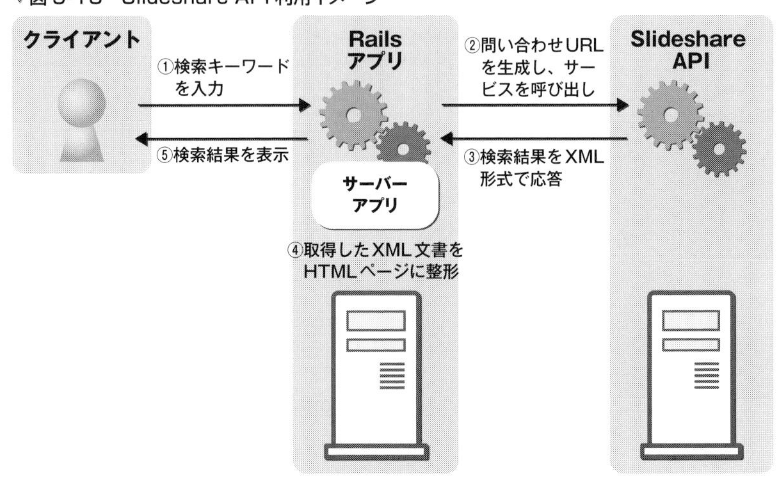

Slideshare API のしくみはカンタンで、あらかじめ決められた URL に対して、検索に必要なパラメーター（クエリ情報）を引き渡すだけです。まずは試しに、ブラウザーから Slideshare API にアクセスしてみましょう（図 9-16）*37。

*37
api_key／hash／tsパラメーターの値は、自分のもので置き換えなければなりません。問い合わせURLは、配布サンプルのajax#slideshowアクションで求めることもできます。

```
https://www.slideshare.net/api/2/search_slideshows?q=Rails&lang=ja&api_key=xxxxxxxx&hash=xxxxxxxxx↵
xxxxxxxxxxxxxxxxxxxxxxxxxxxxxxxx&ts=xxxxxxxxxx
```

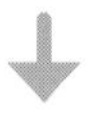

▼図 9-16　問い合わせ結果は XML 文書で返される

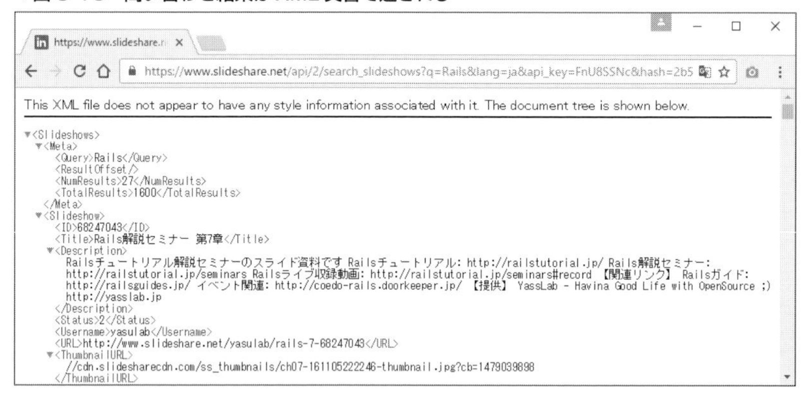

「?」より前の部分が Slideshare API を利用するための固定の URL で、後ろの部分が検索に必要なパラメーターです。指定できるパラメーターはさまざまですが、最低限、表 9-5 のパラメーターが必要です。

▼表 9-5　Slideshare API の主な検索パラメーター[*38]

パラメーター	概要
q	検索キーワード
lang	言語コード
api_key	Slideshare API キー
hash	秘密鍵＋ Unix タイムスタンプを SHA1 形式でハッシュ化した値
ts	現在時刻（Unix タイムスタンプ。1970 年 1 月 1 日からの経過秒数）

*38
Slideshare APIキーと秘密鍵(secret)は、「Apply for API Key」(http://www.slideshare.net/developers/applyforapi)から入手できます。登録後のメールで送信された情報をコピー&ペーストして利用してください。

アクセスした結果、図 9-14 のような結果が得られれば、まずは成功です。結果 XML の構造は、図 9-17 に示します。

▼図 9-17　Slideshow API の結果 XML（主な要素）

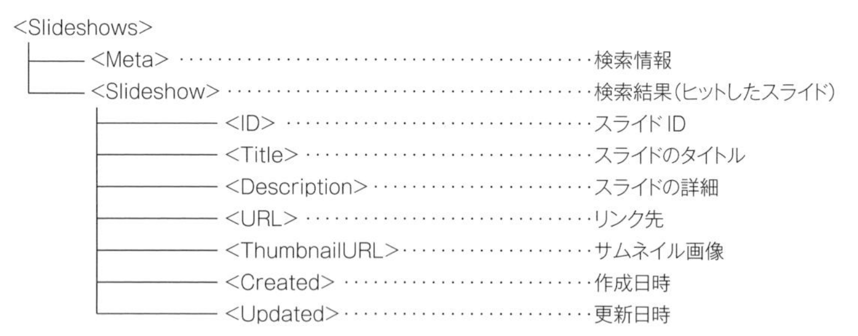

もちろん、実際のアプリでは、取得したXML文書をそのまま表示しても意味がないので、ここから適宜必要な情報を取り出し、適切な形式に整形した上で、クライアントに出力することになります。

スライド検索機能の実装

Slideshare APIの概要を把握できたところで、実際にサンプルを実装してみましょう。例によって、アクション、テンプレート、サービスの関係を図示しておきます（図9-18）。

▼図9-18　サンプルスクリプトの構造

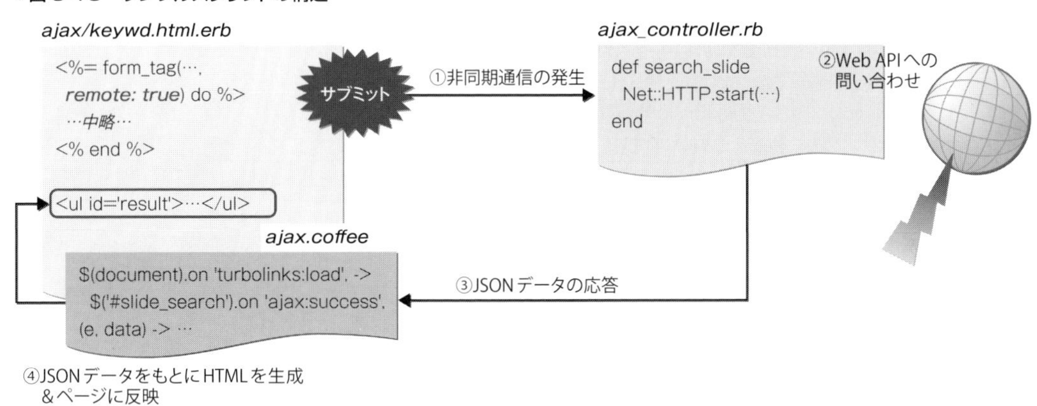

以上を念頭に、リスト9-21、リスト9-22、リスト9-23を参照してください。

▼リスト9-21　ajax/keywd.html.erb

```
<!--Ajax対応のフォームを定義-->
<%= form_tag({ action: :search_slide }, id: 'slide_search', remote: true) do %>
  <%= text_field_tag :keywd, '', size: 30 %>
  <%= submit_tag '検索' %>
<% end %>
<!--検索結果を反映させる領域-->
<ul id="result"></ul>
```

▼リスト9-22　ajax_controller.rb

```
require 'net/http'
…中略…
def search_slide
  # APIキー／秘密鍵を用意（自分のもので差し替え！）
  api_key = 'xxxxxxxx'
  secret = 'xxxxxxxxx'
  # タイムスタンプ／ハッシュ値を準備
```

```
  ts = Time.now.to_i
  h = Digest::SHA1.hexdigest(secret + ts.to_s)
  # Slideshare APIにアクセス＆結果をJSON形式で出力
  Net::HTTP.start('www.slideshare.net', 443, ─────────────┐
    use_ssl: true, ca_file: 'tmp/cacert.pem') do |https| ──┘─❶
    res = https.get("/api/2/search_slideshows?q=#{ERB::Util.url_encode(params[:keywd])}&lang=ja ⏎
&api_key=#{api_key}&hash=#{h}&ts=#{ts}") ─────────────────❷
    render json: Hash.from_xml(res.body).to_json ──────────❸
  end
end
```

▼リスト 9-23　ajax.coffee

```
$(document).on 'turbolinks:load', ->
  # Ajax通信に成功したタイミングで実行
  $('#slide_search').on 'ajax:success', (e, data) ->
    # <ul id="result">要素の配下を空に
    $('#result').empty()
    # 取得したデータをもとに<li>要素を生成
    $.each data.Slideshows.Slideshow, ->
      $('#result').append(
        $('<li></li>').append(
          $('<a></a>').attr('href', @URL).append("#{@Title} (#{@Description}) ")
        )
      )
```

ほとんどがこれまで見てきた内容であり、注目したいのはSlideshare APIにアクセスしているリスト9-22のsearch_slideアクションのコードだけです。HTTP（HTTPS）経由で外部のサービスにアクセスするには、Net::HTTPクラスを利用するのが便利です。

❶では、アクセス先のホスト名を指定して、新しいNet::HTTPオブジェクトを生成しています。use_sslパラメーターはHTTPS通信を有効にするか、ca_fileパラメーターは証明書ファイルの場所*39を、それぞれ表します。先ほども見たように、Slideshare APIは「https:// ～」でアクセスしなければなりません。

ブロック内にはブロック変数として生成されたNet::HTTPオブジェクトが渡されますので、getメソッドでHTTP GETによる通信を行いましょう（❷）。クエリ情報を付与する場合には、ERB::Util.url_encodeメソッドで値をURLエンコードするのを忘れないようにしてください*40。

getメソッドは、戻り値としてHTTPResponseオブジェクトを返すので、❸ではそのbodyプロパティの値を使って、レスポンス本体を取得しています。先ほども見たように、Slideshare APIはXML形式で結果を返しますが、このままでは扱いにくいので、Hash.from_xmlメソッドでハッシュ形式に変換し、更にそのハッ

*39
証明書ファイルは配布サンプルの/tmpフォルダー配下に用意してあるので、自分のアプリの同じ場所にコピーしてください。

*40
URLでは日本語（マルチバイト文字）や「?」「%」「&」などの文字を利用できないためです。短縮形として、ERB::Util.uメソッドも使用できます。

シュを to_json メソッドで JSON 形式に変換しておきます。JSON 形式のデータを出力するには、render メソッドの json オプションを利用するのでした。

ここまで来てしまえば、あとは 9.5.5 項と同じ要領でリストに展開するだけです。P.506 のツリー図を参考に、リストに情報を追加するのも良い勉強になるでしょう。

COLUMN

Rails API モード

近年のトレンドとして、ビュー（画面）の制御はクライアントサイド技術（JavaScript）に任せ、サーバーサイド（Rails）はデータの生成に特化する、という状況も増えてきました[41]。

もちろん、Rails 4 以前でも、データ生成のために JBuilder ／ Builder（6.3.2 項）のようなテンプレートエンジンをはじめ、render メソッドにも json ／ xml のようなオプションを提供しており、これらを利用することで、JSON ／ XML 形式のデータを生成できます。しかし、Rails が画面（ビュー）を生成しないならば、標準プロジェクトが提供するライブラリ（ミドルウェア）は重すぎます。

そこで Rails 5 では、データ生成に必要なミドルウェアだけから構成される **API モード**が搭載されました。API モードを利用することで、プロジェクト全体が軽量化され、レスポンス速度を改善できます。

API モードでプロジェクトを作成するには、rails new コマンド（2.1 節）に --api オプションを付与するだけです。

```
> rails new myapp --api
```

API モードでは、テンプレートをはじめとして、CoffeeScript ／ Sass ファイルが生成されず、また、これらに関連するライブラリが組み込まれなくなります。更に、コントローラーも（従来の ActionController::Base ではなく）データ生成に特化した ActionController::API クラスを継承するようになります。

実際には、Rails がデータ生成に完全に特化できる局面は限定されるかもしれませんが、そのような局面では API モードを積極的に活用していくことをお勧めします。

＊41
このトレンドを象徴するキーワードSPAについては、P.10でも触れていますので、併せて参照してください。

9-6 Turbolinks

Turbolinksとは、一言で言えば、「ページ遷移に際して、（ページ全体ではなく）本文だけを置き換え、<head>の変更を反映する」しくみです。Turbolinksを利用することで、ページ全体を更新する手間が省け、特にJavaScriptやスタイルシートの再取得／解析が不要になるので、ページ移動時のオーバーヘッドを軽減できます。

Railsでは、さまざまな高速化の施策が採られていますが、Turbolinksはその中でも代表的な機能です。

9.6.1 Turbolinksのしくみ

Turbolinksでは、図9-19のような流れでページ遷移が発生します。Turbolinksが、通常のリンクをいったん引き取って、内部的に非同期リクエスト（Ajax通信）を発生させているのです。

▼図9-19　Turbolinksのしくみ

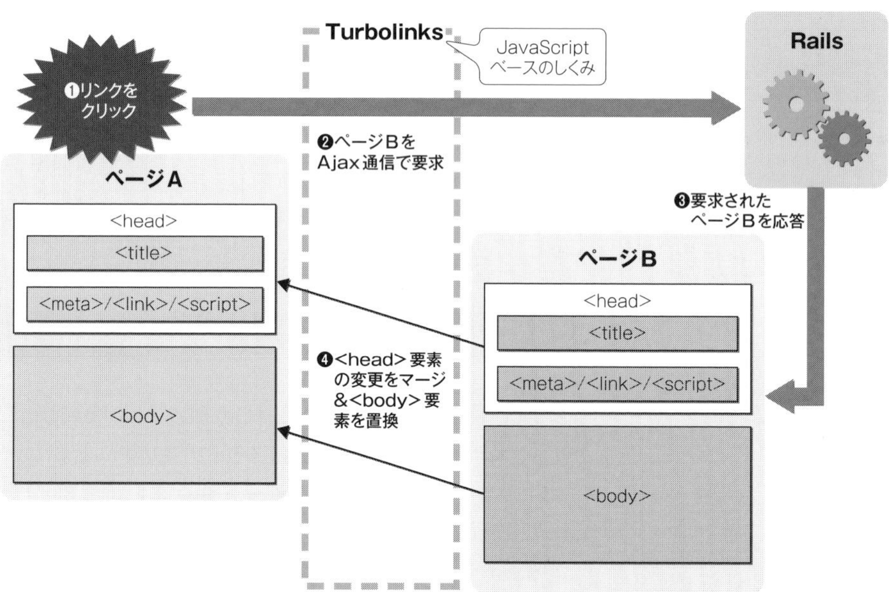

その性質上、サーバー側のオーバーヘッドを軽減するものではありません（サー

バー側では通常どおりの処理が行われ、その結果をTurbolinksが処理するからです)。また、ページごとに参照するアセットが異なる場合、Turbolinksは意味をなしません。Turbolinksは、Asset Pipelineによって、すべてのJavaScriptとスタイルシートが1つにまとめられている(=アプリ内で共有されている)ことを前提としたしくみです。

以前のページの内容は、最大で10ページまでがキャッシュされます。

NOTE

[戻る]ボタンへの対応

Ajaxによるページ遷移と聞くと、ブラウザーの[戻る]ボタンへの対応が気になる人もいるかもしれません。Ajaxではページ全体が切り替わらないため、ブラウザーのURLが変化しない(=閲覧履歴が残らない)のがデフォルトだからです。閲覧履歴が残らなければ、[戻る]ボタンも働きません。

その点、Turbolinksは賢く設計されています。内部的に、HTML5のHistory API*42を利用しているので、ページを遷移すればアドレス欄も切り替わりますし、[戻る]ボタンを押せば前のページに戻れます。ただし、Histroy APIを利用できないブラウザーでは、Turbolinksの恩恵は受けられない(=通常のページ遷移となる)ので注意してください。

*42
ブラウザーの履歴情報を管理するためのAPIです。

実際の動作も確認しておきましょう。利用しているのは、第3章でScaffolding機能を利用して作成した書籍情報アプリです。以下に、Turbolinksを有効にした場合と無効にした場合で、[New Book]リンクをクリックしたときにネットワーク通信状況にどのような違いが生じるかを示します。

図9-20は、Chromeのデベロッパーツールの[Network]タブから確認したものです。

▼図 9-20　ページ遷移時のネットワーク利用状況（左：Turbolinks 無効時、右：有効時）

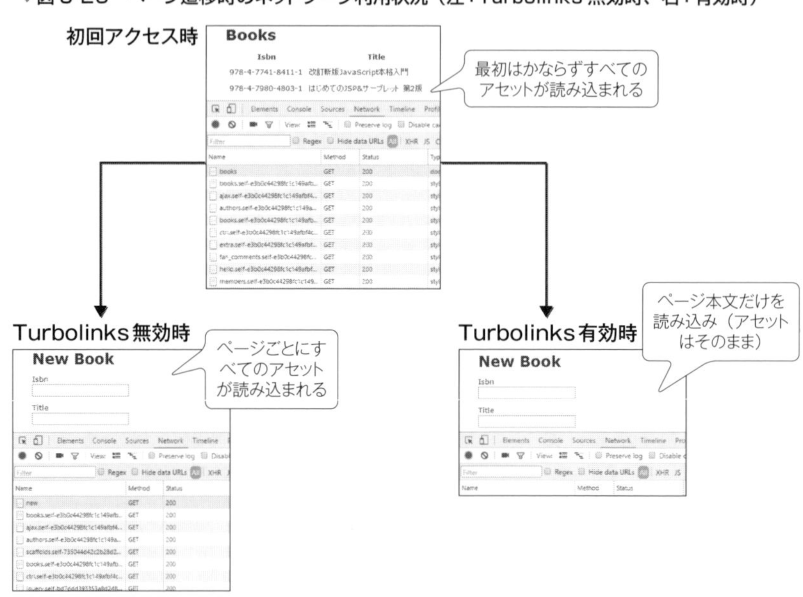

まず、「～/books」への初回アクセスでは、Turbolinks の有効／無効に関わらず、ページ本体＋すべてのアセットが読み込まれます。しかし、「～/books」から「～/books/new」への遷移では、片やページ本体のみ、片やページ本体＋すべてのアセットが読み込まれる点に注目です。

繰り返しになりますが、Turbolinks では初回アクセスで読み込んだアセットを以降のアクセスで使いまわすことで、読み込み&解析の負荷を軽減しているのです。

9.6.2 Turbolinks によるページ操作

以上、Turbolinks の基本的な挙動を理解できたところで、Turbolinks 環境で JavaScript 開発を行うためのさまざまな手法について解説します。

NOTE　Turbolinks は Rails 5 で大きく変化

Turbolinks は Rails 4 で導入された比較的新しいしくみですが、Rails 5 (Turbolinks 5) で構文が大幅に変化しています。たとえば Turbolinks のイベントは、Rails 4 (Turbolinks Classic[*43]) では「page: ～」でしたが、Rails 5 では「turbolinks: ～」です。その他にも、主な構文はほとんどすべてと言って良いほど変化しています。

Rails 4 時代から Turbolinks を利用している人は、以前の構文と混同しないように注意してください。

***43**
Turbolinks 5がリリースされた後、従来のTurbolinksに付けられた名称です。

ページの初期化処理

Turbolinksを使用した場合、「ページ全体を書き換えない」というその性質上、ページ遷移に際してwindow.onload、DOMContentLoaded、jQuery.readyなどのイベントは発生しません。端的に言えば、jQueryでよく記述する、以下のようなコードが正しく動作しない場合があるということです[*44]。

*44
コードは、CoffeeScriptで記述しています。

```
$ ->
  ...ページロード時の処理...
```

このようなコードは、Rails（Turbolinks）アプリでは、以下のように書き換える必要があります。

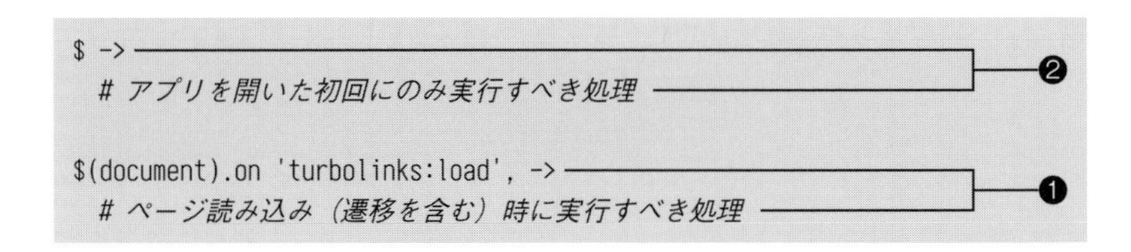

```
$ ->                                          ❷
  # アプリを開いた初回にのみ実行すべき処理

$(document).on 'turbolinks:load', ->          ❶
  # ページ読み込み（遷移を含む）時に実行すべき処理
```

turbolinks:loadはTurbolinks固有のイベントで、ページの初回起動と、Turbolinksによるページ遷移のタイミングで発生します（❶）。これまでページロード時に実行していたコードは、Turbolinks環境では❶の配下に記述してください。

一方、アプリを起動した初回にだけ実行したい処理は、readyイベント（$ ->）の配下に記述してください（❷）。

Turbolinksのイベント

Turbolinksでは、turbolinks:loadの他にも、ページ遷移に伴い、さまざまなイベントを発生させます。先ほどの例でも見たように、Turbolinksの環境下では、これらのイベントを利用して、ページ遷移に伴う処理を記述します（表9-6）。

▼表9-6　Turbolinksの主なイベント

イベント	発生タイミング
turbolinks:click	Turbolinksが有効なリンクをクリックしたとき
turbolinks:before-visit	Turbolinksによる遷移の直前
turbolinks:request-start	TurbolinksによってAjaxリクエストが発生する直前
turbolinks:visit	Turbolinksによる遷移が開始された直後
turbolinks:request-end	TurbolinksによるAjaxリクエストが完了したとき
turbolinks:before-cache	現在のページをキャッシュする前
turbolinks:before-render	ページを描画する直前
turbolinks:render	ページの描画が完了した後
turbolinks:load	ページのロード時／Turbolinksによる遷移が完了した後

イベントリスナーでは、e.data *プロパティ*[*45] 経由でイベントに関わる諸情報にアクセスできます。たとえば、リクエスト先を表す e.data.url、リクエストに使用する XMLHttpRequest オブジェクトを表す e.data.xhr などです[*46]。たとえば、Turbolinks での Ajax 通信にカスタムヘッダーを付与する場合には、turbolinks:request-start イベントを使って、以下のようなコードを書きます。

*45
jQueryであれば、e.originalEvent.data～プロパティとなります。

*46
取得できる情報は、イベントによって異なります。

```
$(document).on 'turbolinks:request-start', (e) ->
  xhr = e.originalEvent.data.xhr
  xhr.setRequestHeader 'X-Custom-Header', 'MyValue'
```

また、turbolinks:click イベントリスナーで戻り値として false を返すことで、Turbolinks によるページ遷移をキャンセル（=通常のページ遷移を実行）できます。

```
$('.exp').on 'turbolinks:click', (e) ->
  return false
```

NOTE turbolinks:load イベントでの注意点

Turbolinks でページを遷移した後、JavaScript でなにかしらページを加工するという状況はよくあります。たとえば以下は、ロード時にページ末尾に現在時刻を追加するコードです。

```
$(document).on 'turbolinks:load', ->
  $('body').append "<div id='current'>#{new Date()}</div>"
```

一見して他愛のないコードですが、Turbolinks 環境では正しく動作しません。試しにページにアクセスし、他のページに移動した後、［戻る］ボタンでもとのページに戻ってみましょう。すると、二重に日付が表示されることが確認できます。これはキャッシュによって復元された（=すでに日付が追加された）ページに対して、更に turbolinks:load イベントリスナーが実行されてしまったからです。

このような挙動を避けるためには、この例では、ページを操作する前に対象の要素（ここでは <div id='current'>）が存在するかどうかを確認します[*47]。もちろん、操作の内容によってチェックの方法も変化するでしょう。

*47
これを冪等（べきとう）性の確保（=何度実行しても同じ結果を得られる）と言います。

プログレスバーをカスタマイズする

Turbolinks のリンクでは、内部的には Ajax 通信であるという性質上、ブラウザー標準での進捗通知*48 は発生しません。そこで、Turbolinks ではスタイルシートによるプログレスバーを提供しています。

たとえば、books#show アクション（3.3.1 項）に、リスト 9-24 のコードを追加して、あえて「時間のかかる処理」を作ってみましょう。

***48**
一般的な同期通信では、ブラウザーのアイコンが回ったり、ステータスバーに通信中である旨が表示されたりします。

▼リスト 9-24　books_controller.rb

```
def show
  sleep(5)
end
```

この状態で、書籍詳細ページにページ遷移してみましょう。確かにページ上部にプログレスバーを確認できるはずです。Turbolinks では 500ms 以上かかるページ遷移でプログレスバーを表示します（図 9-21）。

▼図 9-21　ページ遷移時に、プログレスバーを表示

プログレスバーは内部的には <div class="turbolinks-progress-bar"> 要素で表現されます。以下は、デフォルトのスタイル定義です。

```
.turbolinks-progress-bar {
  position: fixed;
  display: block;
  top: 0;
  left: 0;
  height: 3px;
  background: #0076ff;
  z-index: 9999;
  transition: width 300ms ease-out, opacity 150ms 150ms ease-in;
  transform: translate3d(0, 0, 0);
}
```

よって、リスト9-25のように.turbolinks-progress-barスタイルクラスを上書きすることで、プログレスバーのスタイルをカスタマイズできます。

▼リスト9-25　scaffold.scss

```
.turbolinks-progress-bar {
  background-color: Red;
  height: 7px;
}
```

▼図9-22　赤色で、やや太めのプログレスバーを表示

プログレスバーを無効にしたい場合には、visibilityプロパティをhiddenとしてください。

```
.turbolinks-progress-bar {
  visibility: hidden;
}
```

キャッシュ機能を無効化する

Turbolinksでは、以前にアクセスしたページを保持しておくキャッシュ機能を提供しています。キャッシュは、以下の用途で利用されます。

1遷移先のページをプレビュー表示する

ページを移動する際、遷移先のページがキャッシュ済みの場合は、その内容をプレビューとして表示します。その後で、実際にAjax通信で得られたページを再描画することで、見た目の反応速度を高めているわけです。

2 ［戻る］ボタンでページを復帰する

［戻る］ボタンでページを復元する際には、キャッシュを利用します。ただし、キャッシュが既に破棄されている場合には、Ajax 通信で新たにページを取得します。

キャッシュを用いたこれらの機能は、<head> 要素の配下に <meta name="turbolinks-cache-control"> 要素を記述することで無効化できます。

```
<meta name="turbolinks-cache-control" content="no-preview" />   プレビューだけを無効化
<meta name="turbolinks-cache-control" content="no-cache" />     キャッシュそのものを無効化
```

9.6.3 Turbolinks を無効にする

*49
Turbolinks 5では、以前は目についた特有の癖も少なくなってきましたが、それでも既存のJavaScript資産を、Turbolinks環境で動作させるには十分な検証が必要となるでしょう。

以上見てきたように、Turbolinks は高速化のための強力な可能性を秘めたライブラリです。反面、従来の JavaScript 開発へのインパクトも相応にあります*49。そもそも、その性質上、Angular ／ React のような JavaScript フレームワークとの同居は避けた方が無難でしょう。

Rails 標準で有効になっているため、まずは Turbolinks の利用を前提に考えてしまいそうですが、デメリットがメリットを上回ると感じる場合には、潔く Turbolinks を使わないというのも 1 つの選択肢です。以下に、Turbolinks を無効化するための手順をまとめておきます。

アプリ全体で無効化する

アプリ全体で Turbolinks を利用しないならば、話はカンタン。rails new コマンドでアプリを作成する際に、--skip-turbolinks オプションを付与するだけです。

既に Turbolinks が有効になっているアプリで Turbolinks を無効にするときは、以下の手順に沿ってください。

1 Gemfile から Turbolinks をコメントアウト

デフォルトで登録されている Turbolinks を無効化します（リスト 9-26）。

▼リスト 9-26　Gemfil

```
# gem 'turbolinks', '~> 5'   コメントアウト
```

編集後は、コマンドプロンプトから bundle install コマンドで変更を反映します。bundle install コマンドの実行後は、Puma を再起動してください。

2 レイアウトファイルから Turbolinks の設定を除去

レイアウトファイルから、アセットに対してマーキングされた Turbolinks 追跡のための属性を除去します（リスト 9-27）。削除箇所は薄字の部分です。

▼リスト 9-27　layouts/application.html.erb

```
<%= stylesheet_link_tag    'application', media: 'all', 'data-turbolinks-track': 'reload' %>
<%= javascript_include_tag 'application', 'data-turbolinks-track': 'reload' %>
```

3 マニフェストから Turbolinks を除去する

マニフェストから turbolinks.js のインクルードを除去します（リスト 9-28）。削除箇所は薄字の部分です。

▼リスト 9-28　assets/javascripts/application.js

```
//= require jquery
//= require jquery_ujs
//= require turbolinks
//= require_tree .
```

4 キャッシュを削除する

/tmp/cache フォルダー配下に生成されているキャッシュを破棄します。

```
> rails tmp:cache:clear
```

以上で、現在のアプリにおける Turbolinks が無効になりました。

リンク単位で Turbolinks を無効にする

アプリ全体で Turbolinks を無効にするまでもないが、特定のライブラリが動作しない、特定のページで不具合が発生する、などのケースでは、リンク単位で Turbolinks を無効にするという方法もあります。

これには、アンカータグに対して data-turbolink 属性を付与するだけです。

```
<a href="/books/1" data-turbolinks="false">参照</a><br />
```

link_to メソッドを利用しているならば、以下のように記述しても良いでしょう。

```
<%= link_to '参照', book_path(1), data: { turbolinks: false } %>
```

独自データ属性（data-*xxxxx* 属性）を指定するには、data オプションに「*キー* : *値*」の形式で記述します。キーは接頭辞から「data-」を取り除いた名前となる点に注意してください。

また、特定の領域でまとめて Turbolinks を無効化するならば、<div> 要素に対して data-turbolinks 属性を付与することもできます。

```
<div data-turbolinks="false">
  <a href="/books/1">参照</a>
  <a href="/books/1" data-turbolinks="true">参照</a> ―――❶
</div>
```

この場合、配下のアンカータグで「data-turbolinks="true"」を指定することで、特定のリンクでだけ Turbolinks を有効化することも可能です（❶）。

Turbolinks のルートを設定する

Turbolinks は、デフォルトで現在のページと同一のオリジン[*50] であるリンクに対して働きます。しかし、1 つのオリジンで複数のアプリを管理している場合、アプリをまたぐ形では Turbolinks を動作させたくないはずです。

*50
「プロトコル://ドメイン名:ポート番号」の組み合わせのことを言います。

この場合、Turbolinks のルートパスを設定することで、指定されたルートの外に対しては Turbolinks を無効化できます。これには、<head> 要素の配下に <meta name="turbolinks-root"> 要素を指定するだけです。

たとえば以下は、/books 配下を 1 つのアプリと見なし、外部パス（たとえば /ajax）に対しては、Turbolinks を無効化します。

```
<meta name="turbolinks-root" content="/books" />
```

Rails 5.1 のクライアントサイド技術

現在開発が進められている次期 Rails 5.1 ではさまざまな機能強化が予定されていますが、中でも注目すべきはクライアントサイド関連の改善です。以下に、主な変更点をまとめます*51。

*51
Rails 5.1は執筆時点で開発中です。正式リリース時には変更になっている可能性もあるので、注意してください。

● ECMAScript2015 をサポート

Rails 5.1 では、Babel をサポートします。Babel は、ECMAScript 2015 (P.9) を ECMAScript 5*52 ベースの JavaScript にトランスコンパイル（変換）するためのライブラリです。これによって、CoffeeScript などの altJS に頼ることなく、標準 JavaScript だけでクライアントサイド開発が可能になります。

*52
現在よく利用されているブラウザーのほとんどで動作するバージョンです。

● Yarn ／ webpack のサポート

Yarn は JavaScript のパッケージ管理ツール、webpack はライブラリ同士の依存関係を管理し、最終的に 1 つのファイルとしてまとめるためのライブラリです。Rails 5.1 では、これらのライブラリを標準でサポートし、JavaScript 中心の開発をより効率的に行えるようになっています。

● jQuery 依存からの脱却

JavaScript そのものの進化をはじめ、JavaScript ライブラリ／フレームワークの変化はめまぐるしく、近年では jQuery の地位は下落傾向にありました。Rails でも 5.1 ではいよいよ jQuery 依存がなくなる予定です。たとえば従来、Rails からクライアントサイドを操作するために jquery-ujs というライブラリが提供されていましたが、jQuery 依存が取り除かれたことで、名前も rails-ujs と改められる予定です。

応用編

第10章 Railsの高度な機能

最終章となる本章では、これまでの章では扱いきれなかった、以下のような Rails の機能について取り上げます。

- 電子メールの送信（Action Mailer）
- ジョブの非同期実行（Active Job）
- キャッシュ機能
- アプリの国際化対応（I18n API）
- プラグインによる機能拡張
- 本番環境への移行

いずれも本格的なアプリ開発には不可欠の重要な要素ばかりです。その中でも、キャッシュと本番環境への移行は、とりわけ大切なテーマですので、きちんと理解していきたいところです。

10-1 電子メールを送信する ― Action Mailer

Railsでは、メール送信のための標準モジュールとして**Action Mailer**が提供されています。Action Mailerを利用することで、これまでに解説してきたコントローラー／テンプレート開発とほとんど同じ要領で、標準的なテキストメールからHTMLメール、添付ファイル付きメールまでを作成できます。

これまではリクエストの処理結果をHTTP経由でHTML文書としてブラウザーに返していたものが、Action MailerではSMTP経由でメールデータとして出力すると考えればわかりやすいかもしれません。

10.1.1 Action Mailerを利用する準備

Action Mailerを利用するにあたっては、設定ファイルに対して、メール送信に関わる基本情報を定義しておく必要があります（表10-1）。

▼表10-1　Action Mailerの設定パラメーター

パラメーター名	概要		デフォルト値
delivery_method	メールを送信する方法		:smtp
	設定値	概要	
	:smtp	SMTPサーバー経由で送信	
	:sendmail	sendmailコマンドで送信	
	:file	メールをファイルとして保存	
	:test	メールを配列としてのみ返すテストモード	
default_options	デフォルトのメールヘッダー		―
interceptors	適用するインターセプター		―
perform_deliveries	deliverメソッドで実際にメールを送信するか		true
raise_delivery_errors	メール送信の失敗時にエラーを発生させるか		true
show_previews	メールプレビュー機能を有効にするか		true[*1]
smtp_settings	:smtpモードでの設定情報（以下はサブオプション）		
	サブオプション	概要	デフォルト値
	address	SMTPサーバーのホスト名	localhost
	port	SMTPサーバーのポート番号	25
	domain	HELOドメイン	localhost.localdomain
	user_name	ログイン時に使用するユーザー名	―
	password	ログイン時に使用するパスワード	―
	authentication	認証方法（:plain、:login、:cram_md5）	―
sendmail_settings	:sendmailモードでの設定情報（以下はサブオプション）		
	サブオプション	概要	デフォルト値
	location	コマンドの場所	/usr/bin/sendmail
	arguments	sendmailコマンドのオプション	-i -t

パラメーター名	概要		デフォルト値
file_settings	file モードでの設定情報（以下はサブオプション）		
	サブオプション	概要	デフォルト値
	location	メッセージの保存先	#{Rails.root}/tmp/mails

＊1
development環境の場合。test／production環境ではfalse。

＊2
あくまで例ですので、実際にサンプルを動かす際はホスト名やポート番号などを自分の環境に併せて修正してください。

＊3
development.rbを更新した後、Pumaの再起動を忘れないようにしてください。

たとえばリスト 10-1 は、SMTP サーバー経由でメール送信するための設定例です[＊2]。

▼リスト 10-1　development.rb[＊3]

```
Rails.application.configure do
  …中略…
  config.action_mailer.delivery_method = :smtp
  config.action_mailer.raise_delivery_errors = true
  config.action_mailer.smtp_settings = {
    address: 'smtp.examples.com',
    port: 587,
    user_name: 'hogehoge',
    password: 'secret',
    domain: 'examples.com'
  }
  …中略…
end
```

10.1.2 メール送信の基本

それではさっそく、Action Mailer を利用して、簡単なユーザー登録の確認メール（図 10-1）を送信してみましょう。

▼図 10-1　Action Mailer によって送信されたメール（メールクライアントで受信したところ）

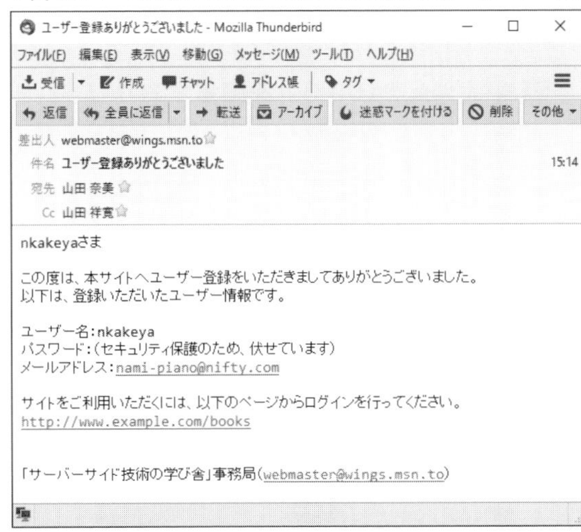

1 メーラーを生成する

メーラー（Mailer）とは、これまで学んできたコントローラーに相当するクラスです。要求を受けて必要な処理を行い、その結果を、テンプレートを使ってメール本文に整形します。メーラーを生成するには、これまでの多くのコンポーネントと同じく、rails generateコマンドを利用します。

構文　メーラーの生成（rails generateコマンド）

```
rails generate mailer name method [options]
```

name：メーラー名　*method*：メソッド名　*options*：動作オプション*4

*4
P.27（表2-2）の基本オプションも併せて参照してください。

以下では、Noticeメーラーにsendmail_confirmメソッドを生成しています。

```
> rails generate mailer notice sendmail_confirm
      …中略…
      create  app/mailers/notice_mailer.rb
      invoke  erb
      create    app/views/notice_mailer
      create    app/views/notice_mailer/sendmail_confirm.text.erb
      create    app/views/notice_mailer/sendmail_confirm.html.erb
      invoke  test_unit
      create    test/mailers/notice_mailer_test.rb
      create    test/mailers/previews/notice_mailer_preview.rb
```

コントローラーを作成した場合と同じく、テンプレートファイルやテストスクリプトなども併せて生成されていることが確認できます。メーラーはapp/mailersフォルダーの配下に、テンプレートファイルはこれまでと同じく「app/views/メーラー名_mailer」フォルダーの配下に配置されます。

2 生成されたメーラーを編集する

作成されたNoticeメーラーに対して、具体的なメール送信のためのコード（リスト10-2）を記述していきます*5。

*5
ただし、太字の部分やusersテーブルの内容は、自分のメールアドレスに適宜変更してください。

▼リスト10-2　notice_mailer.rb

```
class NoticeMailer < ApplicationMailer
  …中略…
  default from: 'webmaster@wings.msn.to',   ─┐
          cc: 'CQW15204@nifty.com'          ─┴─❶
```

```
  def sendmail_confirm(user)
    @user = user
    mail to: user.email,
         subject: 'ユーザー登録ありがとうございました'
  end
end
```
❷

*6
複数のメーラーにまたがって共通のヘッダーを設定したいときは、config.action_mailer.default_optionsパラメーターで設定ファイルに定義しても構いません。設定内容は、defaultメソッドと同じです。

メーラーでは、defaultメソッドでデフォルトのヘッダー情報を設定できます（❶）。あとからmailメソッドでも設定できますが、メーラー配下のメソッドが共通のヘッダーを利用しているならば、defaultメソッドで設定しておいた方がスマートでしょう[*6]。

構文 default メソッド

```
default header: value [, ...]
```

header：ヘッダー名（表10-2を参照）　*value*：ヘッダー値

▼表10-2　指定可能なメールヘッダー

ヘッダー名	概要
to、cc、bcc	宛先、写し、ブラインドカーボンコピー
subject	本文
from	メールの送信元
date	メールの送信日時
reply_to	返信先のメールアドレス
x_priority／x_msmail_priority	メールの重要度（x_priorityは1、x_msmail_priorityは'High'がもっとも重要度が高い）
content_type	コンテンツタイプ（デフォルトはtext/plain）
charset	使用する文字コード（デフォルトはUTF-8）
parts_order	複数形式を挿入する順番（デフォルトは["text/plain", "text/enriched", "text/html"]）
mime_version	MIMEのバージョン

ヘッダー名をシンボルで表す場合、「Mime-Version → mime_version」のように、文字はすべて小文字に、ハイフンはアンダースコアに変換する必要があります。また、charsetのように（本来のヘッダーとは異なる）Action Mailer固有の名前も指定できます。これはメール送信時に内部的に適切なヘッダーへと変換されます。

メール生成&送信の実処理を記述しているのは、sendmail_confirmメソッドです（❷）。コントローラークラスで言うところのアクションメソッドに相当します。

サンプルでは、テンプレート変数@userに引数userをセットし、メール生成のためのmailメソッドを呼び出しているだけですが、もちろん、適宜メール生成のために必要な処理を追加するのも自由です。また、メソッド名／引数も自由に変更できます。

構文　mailメソッド

```
mail headers
```

headers：ヘッダー情報（「ヘッダー名：*値*」の形式）

引数headersには、一般的にはsubjectやtoなどのヘッダーを最低限指定することになるでしょう。

メールヘッダーはmailメソッドを利用する他、headersメソッドを利用して、以下のように指定することもできます。

```
headers[:reply_to] = 'hoge@wings.msn.to'
headers({ reply_to: 'hoge@wings.msn.to', ...})
```

3 メール本文をデザインする

mailメソッドは、アクションメソッドにおけるrenderメソッドに相当します。つまり、mailメソッドを呼び出したタイミングで、対応するテンプレートファイル――ここでは/notice_mailer/sendmail_confirm.text.erbを呼び出します*7。

*7
テキストメールを送信する場合です。後述するように、HTMLメールを送信する場合は、sendmail_confirm.**html**.erbとなります。

自動生成されたテンプレートを開いて、リスト10-3のように編集してみましょう。デフォルトで見本のテンプレートができていますが、そちらは不要ですので、すべて削除してください。

▼リスト10-3　notice_mailer/sendmail_confirm.text.erb

```
<%= @user.username %>さま

この度は、本サイトへユーザー登録をいただきましてありがとうございました。
以下は、登録いただいたユーザー情報です。

ユーザー名：<%= @user.username %>
パスワード：（セキュリティ保護のため、伏せています）
メールアドレス：<%= @user.email %>

サイトをご利用いただくには、以下のページからログインを行ってください。
<%= url_for(host: 'www.example.com', controller: :books,
  action: :index) %>

「サーバーサイド技術の学び舎」事務局（webmaster@wings.msn.to）
```

ERB テンプレートの記法はこれまでとほぼ同様です。ただし、1 点のみ注意したいのは、

url_for メソッドで URL を生成する際には host オプションを指定する

という点です。メールでは相対パスを指定しても意味がありませんので、host オプションを指定することで、http:// ～ではじまる絶対 URL を生成する必要があるのです[*8]。

*8
その他の方法として、ルートによって定義されたUrlヘルパーを利用しても構いません。この例では「<%= books_url(host: 'www.example.com') %>」とします。

NOTE **利用するホスト名を設定ファイルで定義するには?**

それぞれの url_for メソッドで個別に host オプションを指定するのが面倒な場合は、設定ファイルで Action Mailer（の url_for メソッド）で利用するデフォルトのホストを指定することも可能です（リスト 10-4）。

▼リスト 10-4 development.rb[*9]

```
config.action_mailer.default_url_options = { host: 'www.example.com' }
```

*9
development.rbを更新した場合は、Pumaの再起動を忘れないようにしてください。

4 メーラーを呼び出すためのアクションを作成する

メーラーはコントローラーにも似ていますが、クライアントからのリクエストをそのまま受け付けることはできません。あくまでクライアントからのリクエストを受け付けるのはコントローラー（アクション）の役割です。メーラーは、アクションからの呼び出しによって起動します。

リスト 10-5 は、メーラーを起動するための最小限の記述例です。本来であれば、ユーザー登録の処理なども記述すべきですが、本項の目的を外れますので、ここでは仮に users テーブルから id=6 のユーザー情報を取得しています[*10]。

*10
ダウンロードサンプルに収録しているフィクスチャを利用している場合、usersテーブルにおけるid=6のメールアドレスを、あらかじめ自分のアドレスで置き換えるようにしてください。

▼リスト 10-5 extra_controller.rb

```
def sendmail
  user = User.find(6)
  @mail = NoticeMailer.sendmail_confirm(user).deliver_now
  render plain: 'メールが正しく送信できました。'
end
```

メーラーは「*クラス名 . メソッド (...)*」のように、クラスメソッドを呼び出す要領で呼び出せます。sendmail_confirm メソッドはあくまでメール本体を表す Mail::Message オブジェクトを返すだけなので、実際にメール送信を行うための deliver_now メソッドを呼び出すのを忘れないようにしてください。

なお、この例では deliver_now メソッドの結果をテンプレート変数 @mail にセッ

トしていますが、これはあとから結果画面などにメールに関する情報を表示する際に利用するためです（サンプルでは、結果画面にはテキストしか表示しないため、この情報は使っていません）。

以上でAction Mailerを動作させるための準備は完了です。ブラウザーから「~/extra/sendmail」にアクセスし、「メールが正しく送信できました。」というメッセージが表示されること、指定されたアドレスでP.523の図10-1のようにメールを受信できることを確認してください。

メールが正しく送信できない場合は、メールサーバーやメールアドレスの指定が間違っていないかを改めて確認してください。繰り返しますが、配布サンプルの設定のままではサンプルは正しく動作しません。

10.1.3 複数フォーマットでのメール配信

冒頭で述べたように、Action Mailerではプレーンテキストによるメールだけではなく、HTMLメールを、ごく簡単な手順で送信できます。

HTMLメール作成の基本

HTMLメールを作成すると言っても、Action Mailerの世界では難しいことではありません。.text.erb形式の代わりに.html.erb形式のテンプレートを用意するだけです（リスト10-6）。

.html.erbファイルの外枠は、Action Mailerデフォルトのレイアウトファイル（/layouts/mailer.html.erb）で用意されていますので、個々のテンプレートには<body>要素配下のコンテンツだけを記述します*11。

*11
Action Mailerのレイアウトについては、P.531の[Note]も合わせて参照してください。

▼リスト10-6　notice_mailer/sendmail_confirm.html.erb

```
<%= @user.username %>さま
<hr />
<p>
この度は、本サイトへユーザー登録をいただきましてありがとうございました。<br />
以下は、登録いただいたユーザー情報です。
</p>

<ul>
<li>ユーザー名：<%= @user.username %></li>
<li>パスワード：（セキュリティ保護のため、伏せています）</li>
<li>ユーザー名：<%= @user.email %></li>
</ul>

<p>サイトをご利用いただくには、<%= link_to 'こちら', { host: 'www.example.com', controller: :books,
  action: :index } %>からログインを行ってください。</p>
```

```
<hr />
<%= mail_to 'webmaster@wings.msn.to', '「サーバーサイド技術の学び舎」事務局' %>
<%= image_tag 'http://www.wings.msn.to/image/wings.jpg', size: '53x17' %>
```

この状態で、先ほどのサンプル「~ /extra/sendmail」にアクセスしてみましょう。図 10-2 のような HTML メールを受信できていれば成功です。

▼図 10-2　HTML メールをメールクライアントで受信したところ

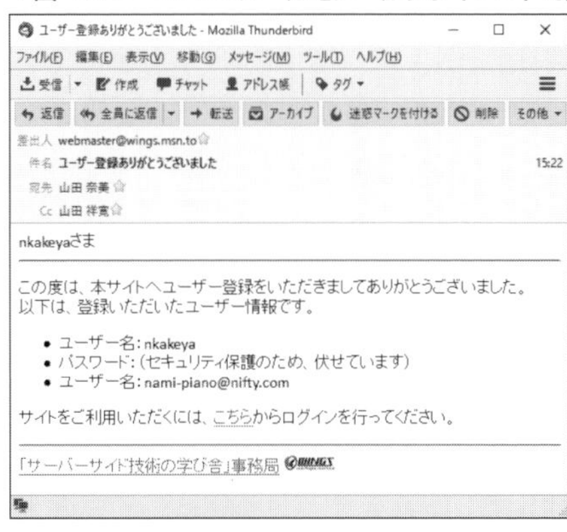

なお、この例のように、同じメソッドに対して .text.erb ／ .html.erb と複数形式のテンプレートが用意されている場合、Action Mailer は multipart/alternative 形式のメールを生成します。**multipart/alternative 形式**は、メールに A と B の複数形式（多くはテキスト形式と HTML 形式）の本体をセットし、クライアント側ではまず B 形式を、それが表示できなければ A 形式を表示するというフォーマットです。

添付ファイル付きのメールを送信する

メールにファイルを添付するには、attachments メソッドを利用します。たとえば、リスト 10-2 で作成したメールに seal.jpg を添付するには、リスト 10-7 のようにします。

▼リスト 10-7　notice_mailer.rb

```
def sendmail_confirm(user)
  @user = user
  attachments['wings.jpg'] =
    File.read(Rails.root.join('tmp/data/wings.jpg'))
  …中略…
end
```

▼図 10-3　画像ファイルが添付されたメール

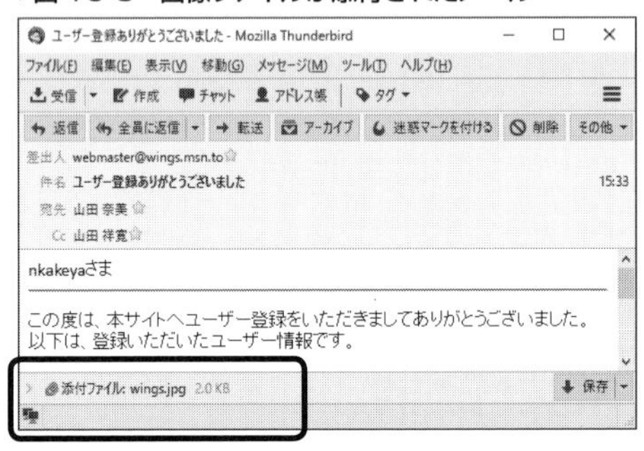

*12
ただし、現在、Windows環境ではファイルが破損して動作しないようです。

attachments メソッドはハッシュのように操作できるので、キーとしてファイル名を、値としてファイル本体を設定します。ファイルそのものの読み込みは、File.read メソッドなどを利用します*12。

また、attachments.inline メソッドを利用することで、メールインラインの添付ファイルも生成できます。その場合、先のリストの太字部分を、リスト 10-8 のように書き換えてください。

▼リスト 10-8　notice_mailer.rb

```
attachments.inline['wings.jpg'] =
  File.read(Rails.root.join('tmp/data/wings.jpg'))
```

インラインの添付ファイルは、image_tag メソッドなどを介して引用できます。リスト 10-9 は、リスト 10-6 の image_tag メソッドをインライン対応に修正したものです。

▼リスト 10-9　notice_mailer/sendmail_confirm.html.erb

```
<%= mail_to 'webmaster@wings.msn.to', '「サーバーサイド技術の学び舎」事務局' %>
<%= image_tag attachments['wings.jpg'].url, size: '53x17' %>
</body>
</html>
```

メールの出力をカスタマイズする

mail ブロック、layout メソッドを利用することで、それぞれのフォーマット単位でレンダリングの方法を切り替えたり、メーラー固有のレイアウトを適用したりといったことも可能です（リスト 10-10）。

▼リスト 10-10 notice_mailer.rb

```
class NoticeMailer < ApplicationMailer
  layout 'mail' ―――――――――――――――――――――――――――――――――❶
  …中略…
  def sendmail_confirm(user)
    @user = user
    mail(to: user.email,
      subject: 'ユーザー登録ありがとうございました') do |format|
      format.text { render inline: 'HTML対応クライアントで受信ください' } ――――❷
      format.html
    end
  end
end
```

応用編 1 2 3 4 5 6 7 8 9 10

❶では layout メソッドで、メール本文にレイアウト mail を指定しています。レイアウトは 4.7.1 項でも見たように、views/layouts フォルダー配下に mail.text.erb のような形式で配置してください。

❷のように、mail メソッドを respond_to メソッド（3.2.1 項）によく似たブロック構文で呼び出すこともできます。たとえば、この例ではテキスト形式は（テンプレートを利用せずに）インラインでテキスト指定しています。その他にも、render メソッドを利用すれば、異なるテンプレートや個別のレイアウトを適用することも可能です。render メソッドについては 6.2.1 項も併せて参照してください。

繰り返しですが、最終的に作成するのが Web ページとメールのいずれであるかという違いだけで、コントローラーもメーラーも同じように Action View の機能を利用できるのが Rails の良いところです。

NOTE レイアウトを適用する方法

レイアウトを適用する方法は、基本的に 4.7.1 項で示したものと同じで、以下の優先順位で認識されます。

1. mail メソッドで設定（render layout オプション）
2. コントローラー単位で設定する（layout メソッド）
3. コントローラー単位で設定する（<メーラー名>.text.erb、<メーラー名>.html.erb[*13]）

ただし、プロジェクトデフォルトでは、アプリ共通のメーラー（ApplicationMailer クラス）に、以下の設定が用意されています。

▼リスト 10-11 application_mailer.rb

```
class ApplicationMailer < ActionMailer::Base
```

*13
本書の例であれば、notice_mailer.text.erb／notice_mailer.html.erbです。

```
    default from: 'from@example.com'
    layout 'mailer'
  end
```

結果、なにも指定されなかった場合は、デフォルトで mailer.text.erb ／ mailer.html.erb が適用されます（3. によるレイアウトも無視されます*[14]）。

*14
3. を有効にするには、リスト 10-11の太字をコメントアウトしてください。

10.1.4 メールをプレビューする

Action Mailer のプレビュー機能を利用すると、メールを実際に送らずにブラウザー上で確認することも可能です。

10.1.2 項の手順でメーラーを作成した場合、/test/mailers/previews フォルダー配下に、notice_mailer_preview.rb という Preview クラスが生成されているはずです。これを、リスト 10-12 のように編集してみましょう*[15]。中身はメーラーを呼び出すだけの、ごくシンプルなコードです。

*15
自動生成されたコメントは割愛しています。

▼リスト 10-12　notice_mailer_preview.rb

```
class NoticeMailerPreview < ActionMailer::Preview
  def sendmail_confirm
    user = User.find(6)
    NoticeMailer.sendmail_confirm(user)
  end
end
```

あとは、ブラウザーを開いて、「http://localhost:3000/rails/mailers/**notice_mailer/sendmail_confirm**」でアクセスするだけです（図 10-4）。太字の部分は、クラス／メソッド名によって変動します。

▼図 10-4　プレビューされたメール

複数形式のメールが用意されている場合には、選択ボックスで表示形式を切り替えることもできます。

10.1.5 メール送信前に任意の処理を実行する ― インターセプター

Action Mailerでは、メールを送信する前に任意の処理を差し挟むための**インターセプター**というしくみが用意されています。たとえばproduction環境以外では、（本来の宛先ではなく）特定のテスターにメールを送信したいかもしれません。そのようなケースでも、インターセプターを利用すると、メーラー本体に手を加えることなく、宛先を振り分けることができます。インターセプターは/app/mailersフォルダーに配置するものとします（リスト10-13）。

▼リスト10-13 test_mailto_interceptor.rb

```
class TestMailtoInterceptor
  def self.delivering_email(mail)
    mail.to = [ 'tester@wings.msn.to' ]
  end
end
```

インターセプターであることの条件は、delivering_emailメソッドを実装していることだけです。delivering_emailメソッドは、引数として送信するメール（Mail::Messageオブジェクト）を受け取ります。この例では、そのtoプロパティを書き換えることで、宛先を強制的に変更しているわけです。

インターセプターを用意できたら、あとはこれをAction Mailerに登録するだけです。これには、config/initializersフォルダー配下にtest_mail_config.rbのような初期化ファイルを作成します（リスト10-14）。

▼リスト10-14 test_mail_config.rb*16

```
if !Rails.env.production?
  ActionMailer::Base.register_interceptor(TestMailtoInterceptor)
end
```

Rails.env.production?プロパティは、現在の環境がProduction環境であるかを確認しています。上の例では、Production環境でない場合にインターセプターをregister_interceptorメソッドで登録しています*17。

以上の準備ができたら、（たとえば）10.1.2項のサンプルを実行してみましょう*18。メーラー側で指定された宛先に関わらず、インターセプターでの宛先にメールが送信されることを確認してください。

*16
配布サンプルでは、他のサンプルに影響が出ないよう、コードをコメントアウトしています。

*17
常にインターセプターを適用するならば、設定ファイルから「config.action_mailer.interceptors = ['TestMailtoInterceptor']」のように設定することもできます。

*18
初期化ファイルを更新した場合には、Pumaの再起動を忘れないようにしてください。

10.1.6 メーラーの Unit テスト

メーラーの Unit テストもまた、モデルとほとんど同じ手順で実行できます。以下、8.2 節とは異なる点にフォーカスしながら、基本的な手順を追っていきます。

1 フィクスチャを用意する

メーラーのテストでもフィクスチャは利用できます。ただし、5.8.8 項で見たフィクスチャとは異なり、期待するメール本文をテキストファイルとして用意します（リスト 10-15）。

▼リスト 10-15　sendmail_confirm

```
nkakeyaさま
この度は、本サイトへユーザー登録をいただきましてありがとうございました。
以下は、登録いただいたユーザー情報です。
…後略…
```

メーラーのフィクスチャは「test/fixtures/ メーラー名」フォルダー配下に、「アクション名」という名前で保存します。本項の例では、test/fixtures/notice_mailer フォルダー配下に sendmail_confirm というフィクスチャを用意します。

2 テストスクリプトを用意する

10.1.2 項の手順でメーラーを作成していれば、test/mailer フォルダー配下にはテストスクリプトとして、既に notice_mailer_test.rb ができているはずです。この notice_mailer_test.rb に対して、リスト 10-16 のようにコードを追記します*19。

*19
デフォルトでコード見本が用意されるので、それをもとに書き換えても構いません。

▼リスト 10-16　notice_mailer_test.rb

```
require 'test_helper'

class NoticeMailerTest < ActionMailer::TestCase
  test "sendmail_confirm" do
    user = User.find(6)
    mail = NoticeMailer.sendmail_confirm(user).deliver_now
    assert !ActionMailer::Base.deliveries.empty? ―――――――――― ❶
    assert_equal "ユーザー登録ありがとうございました", mail.subject ―┐
    assert_equal "nami-piano@nifty.com", mail.to[0]               ├― ❷
    assert_equal "webmaster@wings.msn.to", mail.from[0]           │
    assert_equal read_fixture('sendmail_confirm').join, mail.body.to_s ┘
  end
end
```

8.2.1 項で説明した内容とほとんど同じですが、❶に注目です。test 環境で

*20
delivery_methodパラメーターが:testに設定されています。

は、deliver_nowメソッドはメールを配列としてのみ返します（メールを送信しません[*20]）。そして、送信されるべきメール（の配列）は、ActionMailer::Base.deliveriesメソッドで取得できます。この例であれば、メールが正しく送信されることを、メール配列が空でない（＝empty?メソッドがfalseを返す）ことで確認しています。

あとはassert_equalメソッドで、メールの件名、宛先、送信元、本文が意図したものであることを確認しているだけです（❷）。

to／fromメソッドに「[0]」とあるのは、複数の宛先／送信元がある場合に備え、最初の宛先／送付先を決め打ちで取得しています。フィクスチャの内容は、read_fixturesメソッドで行単位の文字列配列として取得できます。

3 テストを実行する

メーラーのUnitテストを実行するのは、rails testコマンドの役割です。例によって、testパラメーターで実行すべきテストスクリプトを特定していますが、省略した場合にはすべてのテストを実行します。

```
> rails test test/mailers/notice_mailer_test.rb
Run options: --seed 13828

# Running:

.

Finished in 1.555664s, 0.6428 runs/s, 3.2141 assertions/s.

1 runs, 5 assertions, 0 failures, 0 errors, 0 skips
```

10-2 時間のかかる処理を非同期実行する ― Active Job

本格的なアプリでは、往々にして、時間のかかる処理が発生します。たとえば、大量データの集計処理、外部サービスとの連携、メール送信などです。そして、これらの処理は必ずしもリアルタイムに完了しなくても良い場合もあります。そのような処理であれば、アプリから実行すべき処理（ジョブ）を待ち行列（キュー）に登録しておき、あとから実行（非同期実行）することで、アプリそのもののレスポンスを改善できます（図 10-5）。

▼図 10-5　Active Job

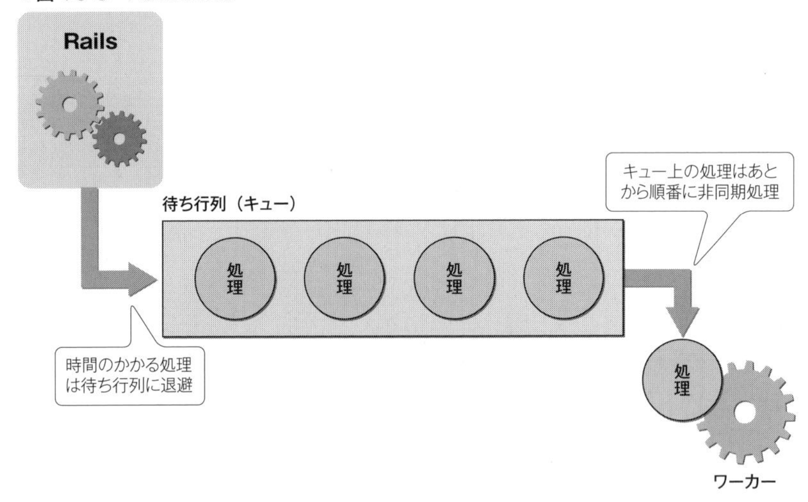

Active Job は、そのようなジョブの管理から実行までを管理するためのモジュールです。もっとも、Active Job そのものは、基本的に、ジョブ操作のためのインターフェイス（メソッド名などの決まりごと）を提供しているにすぎません。実際にジョブを実行するのは、サードパーティから提供されているジョブ管理ライブラリの役割です。以下に、Active Job で対応している主なジョブ管理ライブラリをまとめます*21。

*21
「Active Job～」ではじまるものは、Active Job標準で提供されているジョブ管理ライブラリです。

- Backburner
- Delayed Job
- Qu
- Que
- queue_classic
- Resque 1.x
- Sidekiq
- Sneakers
- Sucker Punch
- Active Job Async Job
- Active Job Inline

アダプターを切り替えれば、アプリをほとんど改修することなく、バックエンドのジョブ管理ライブラリを自由に切り替えられるのも、Active Job のメリットの 1 つです。

10.2.1 Active Job を利用する準備

本書では、バックエンドのジョブ管理ライブラリとして、Delayed Job（https://github.com/collectiveidea/delayed_job）を採用します。以下では、その前提でActive Jobを利用するまでの手順を解説します。

1 Delayed Jobをインストールする

Delayed Jobを利用するには、アプリルートの直下に配置されたGemfileの末尾に、以下のコードを追加します[*22]。

*22 Gemfileは、アプリで利用するgemライブラリを管理する設定ファイルです。記述方法は、10.5.2項で取り上げます。

▼リスト 10-17 Gemfile

```
source 'https://rubygems.org'
…中略…
gem 'delayed_job_active_record'
gem 'daemons' *23
```

*23 daemonsはLinux環境でのみ必要です。

ファイルを保存したら、コマンドプロンプトから以下のコマンドを実行してください。

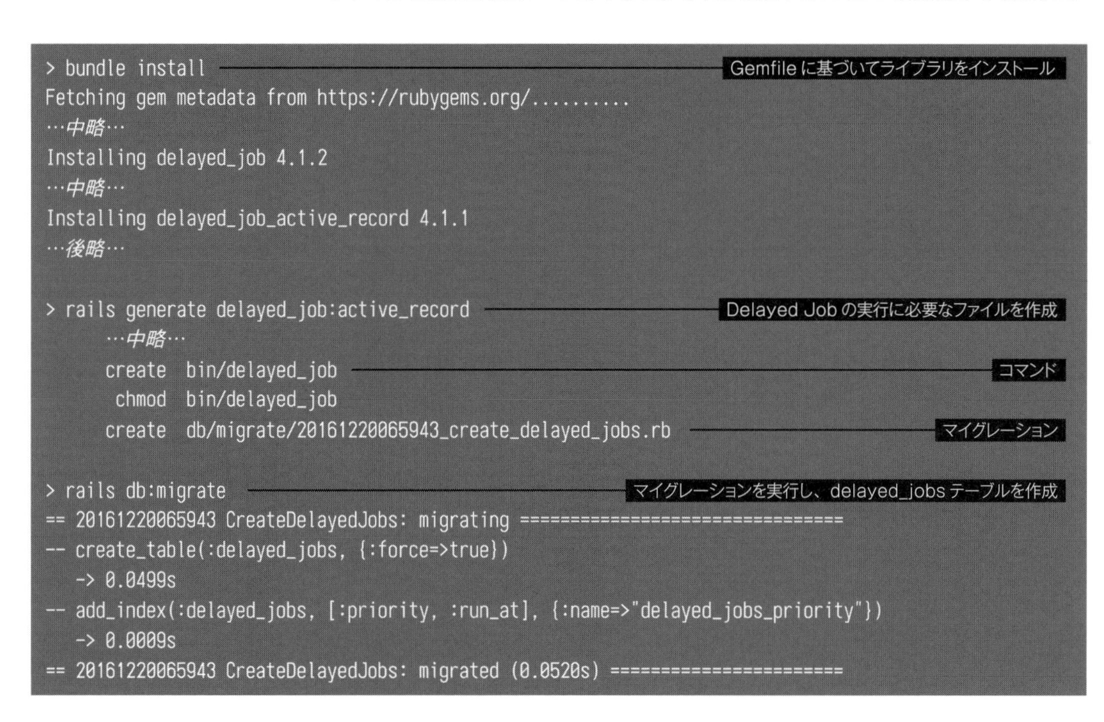

```
> bundle install                                  ── Gemfileに基づいてライブラリをインストール
Fetching gem metadata from https://rubygems.org/..........
…中略…
Installing delayed_job 4.1.2
…中略…
Installing delayed_job_active_record 4.1.1
…後略…

> rails generate delayed_job:active_record         ── Delayed Jobの実行に必要なファイルを作成
      …中略…
      create  bin/delayed_job                      ── コマンド
       chmod  bin/delayed_job
      create  db/migrate/20161220065943_create_delayed_jobs.rb  ── マイグレーション

> rails db:migrate                                 ── マイグレーションを実行し、delayed_jobsテーブルを作成
== 20161220065943 CreateDelayedJobs: migrating ================================
-- create_table(:delayed_jobs, {:force=>true})
   -> 0.0499s
-- add_index(:delayed_jobs, [:priority, :run_at], {:name=>"delayed_jobs_priority"})
   -> 0.0009s
== 20161220065943 CreateDelayedJobs: migrated (0.0520s) =======================
```

delayed_jobは非同期処理を管理するプロセスの起動コマンド、delayed_jobsテーブルは非同期で実行すべき処理を一時的に管理するテーブルです。表10-3に、delayed_jobsテーブルのフィールドレイアウトをまとめておきます。

▼表 10-3　delayed_jobs テーブルのフィールドレイアウト

列名	データ型	概要
priority	integer	優先順位
attempts	integer	試行回数
handler	text	実行予定のオブジェクト（YAML 形式）
last_error	text	最後に発生したエラー情報
run_at	datetime	実行予定時間
locked_at	datetime	ロック時間（オブジェクトが実行中だったとき）
failed_at	datetime	すべての試行が失敗した場合の時間
locked_by	string	オブジェクトを実行しているクライアント（ロック中の場合）
queue	string	キュー名

2 Active Job で Delayed Job を有効にする

以上で Delayed Job を単体で利用するための準備は完了です。続いて、Active Job から Delayed Job を呼び出せるよう、アプリ設定ファイル（/config/application.rb）に、リスト 10-18 のコードを追加します。

▼リスト 10-18　application.rb

```
module Railbook
  class Application < Rails::Application
    config.active_job.queue_adapter = :delayed_job*24
    …中略…
  end
end
```

*24
「:delayed_job」の部分は、利用するライブラリに応じて「:resque」「:sidekiq」「:sneakers」などで差し替えます。

10.2.2 ジョブ実行の基本

それではさっそく、Active Job を利用してジョブを非同期実行してみましょう。以降では、10.1.2 項で作成した NoticeMailer#sendmail_confirm メソッドを非同期で実行する例を説明します。

1 ジョブを作成する

ジョブを作成するには、これまでと同じく rails generate コマンドを利用します。

構文　ジョブの生成（rails generate コマンド）

```
rails generate job name [options]
```

name：ジョブ名　*options*：動作オプション*25

*25
P.27（表2-2）の基本オプションを参照してください。

以下では、Sendmailという名前でジョブを生成しています。

```
> rails generate job Sendmail
      …中略…
      invoke  test_unit
      create    test/jobs/sendmail_job_test.rb
      create  app/jobs/sendmail_job.rb
```


2 生成されたジョブを編集する

/app/jobsフォルダーの配下に作成されたジョブファイル（sendmail_job.rb）を開くと、既に最低限の骨格はできているので、リスト10-19のコードを追加してください（追記部分は太字で表します）。

▼リスト10-19 sendmail_job.rb

```
class SendmailJob < ApplicationJob
  queue_as :default

  def perform(user)                                          ─┐
    NoticeMailer.sendmail_confirm(user).deliver_now*26        ├─❶
  end                                                        ─┘
end
```

*26
実は、Action Mailerには、メール送信を非同期で行うdeliver_laterメソッドも用意されています。本項ではActive Jobの基本を学ぶ目的で同期メソッドdeliver_nowを利用していますが、deliver_laterメソッドであればコントローラーから直接利用できます（ジョブファイルは不要です）。

ジョブの実処理を表すのはperformメソッドの役割です（❶）。メソッド配下に非同期実行する処理を記述しておきましょう。ここでは、P.527のリスト10-5ではコントローラーに記述していたメーラー呼び出しのコードをそのまま移動しておきます。

また、NoticeMailer#sendmail_confirmメソッドに渡すUserオブジェクトを受け取れるよう、performメソッドにも引数userを追加しておきます。ここでは、Userオブジェクトを1つだけ受け取るようにしていますが、必要に応じて、performメソッドは任意個数の引数を受け取ることが可能です。

3 ジョブをキューに登録する

コントローラーからジョブを呼び出し、キューに登録します（リスト10-20）。

▼リスト10-20 extra_controller.rb

```
def set_job
  user = User.find(6)
  SendmailJob.perform_later(user)
  render plain: '正しく実行できました。'
end
```

ジョブを登録するには、「クラス名 .perform_later(...)」とします。これでジョブを後から実行しなさい（=キューに登録しなさい）という意味になります。

テスト目的などで、ジョブを即座に実行したい場合には、perform_now メソッドを利用します。

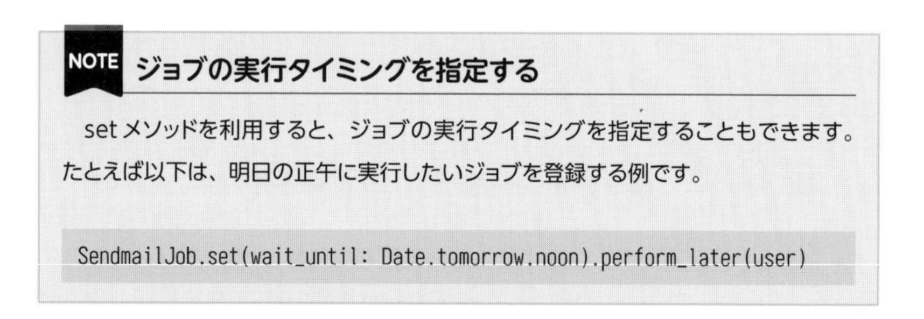

NOTE **ジョブの実行タイミングを指定する**

set メソッドを利用すると、ジョブの実行タイミングを指定することもできます。たとえば以下は、明日の正午に実行したいジョブを登録する例です。

```
SendmailJob.set(wait_until: Date.tomorrow.noon).perform_later(user)
```

4 キューに登録されたジョブを確認する

この状態で、まずはサンプルを実行してみましょう。正常に動作したら、データベースからキュー（delayed_jobs テーブル）の内容を確認してみましょう。

```
> rails dbconsole
SQLite version 3.17.0 2017-02-13 16:02:40
Enter ".help" for usage hints.

sqlite> .mode line
sqlite> SELECT * FROM delayed_jobs;
        id = 1
  priority = 0
  attempts = 0
   handler = --- !ruby/object:ActiveJob::QueueAdapters::DelayedJobAdapter::JobWrapper
job_data:
  job_class: SendmailJob
  job_id: a8602c7f-2469-4460-9a8a-11ff6e592340
  queue_name: default
  priority:
  arguments:
  - _aj_globalid: gid://railbook/User/6
  locale: en

last_error =
    run_at = 2016-12-20 07:14:09.853012
 locked_at =
 failed_at =
 locked_by =
     queue = default
created_at = 2016-12-20 07:14:09.853012
updated_at = 2016-12-20 07:14:09.853012
```

SQLite クライアントを起動
リスト形式で結果を表示するように設定
テーブルの内容を表示
処理の本体

```
sqlite> .quit                                          SQLiteクライアントを終了
```

確かに、handlerフィールドに、実行すべきジョブ（オブジェクト）の情報が登録されていることが確認できます。

5 キューに登録されたジョブを実行する

キューに登録されたジョブを実行するのは、delayed_jobワーカープロセスの役割です。ワーカープロセスを開始するには、delayed_job startコマンドを利用します*27。

*27
ワーカープロセスを停止するにはdelayed_job stopコマンドを、再起動するにはdelayed_job restartコマンドを、それぞれ利用します。

```
# ruby bin/delayed_job start
delayed_job: process with pid 56396 started.
```

起動時に待ち状態のキューがある場合には、即座に実行されます。実行完了したジョブがキューから削除されることを、rails dbconsoleコマンドからも確認しておきましょう*28。

*28
キュー上のジョブは、rails jobs:clearコマンドを利用すると、強制的に削除できます。

> **NOTE Windows環境の場合**
>
> Windows環境ではdelayed_jobコマンドは利用できません。代わりに、rails jobs:workコマンドで待機中のジョブを実行してください。

10.2.3 ジョブ実行のカスタマイズ

ジョブ登録／実行の基本を理解できたところで、ジョブ登録／実行の挙動を変更する、主なパラメーターについて見てみましょう。

Delayed Jobの動作パラメーター

まずは、Active JobのバックエンドでDelayed Jobの動作パラメーターです。Delayed Jobの挙動を決めるには、/config/initializerフォルダー配下に、delayed_job.rbのような初期化ファイルを作成してください*29。設定できる主なパラメーターには、表10-4のようなものがあります。

*29
初期化ファイルの名前はなんでも構いません。もちろん、設定できるパラメーターは、利用しているジョブ管理ライブラリによって変化します。

▼表10-4 Delayed Jobの設定パラメーター

パラメーター名	概要	デフォルト値
delay_jobs	ジョブの遅延実行を有効にするか	true
max_attempts	最大リトライ回数	25

パラメーター名	概要	デフォルト値
max_run_time	最大実行時間	4.hours
destroy_failed_jobs	失敗したジョブを破棄するか	true
read_ahead	一度に読み込むジョブの個数	5
sleep_delay	実行ジョブがない場合のスリープ時間	60（秒）

たとえばリスト 10-21 は、具体的な設定の例です。初期化ファイルは、すべてデフォルトの挙動で動作させる場合は、省略しても構いません。

▼リスト 10-21　delayed_job.rb

```
Delayed::Worker.destroy_failed_jobs = false
Delayed::Worker.sleep_delay = 30
Delayed::Worker.max_attempts = 10
Delayed::Worker.max_run_time = 5.minutes
Delayed::Worker.read_ahead = 10
Delayed::Worker.delay_jobs = !Rails.env.test? ――――――❶
```

テストなどで一時的に非同期処理を無効化したい場合は、delay_jobs パラメーターに false を設定します。❶でも「!Rails.env.test?」で「現在の実行環境がテストでないか」を判定し、development ／ production 環境の場合にだけ非同期処理を有効にしています。

キューの名前を設定する

Delayed Job をはじめとした一般的なジョブ管理ライブラリでは、**キュー**という単位でジョブを管理するためのしくみを持っています。キューを分けることで、特定のキューだけを優先的に実行するなどの仕分けが可能になります。

キューを分類するには、以下のような方法があります。

1 queue_as メソッドを利用する

個々のジョブで queue_as メソッドを呼び出します。rails generate メソッドで生成されたジョブでは、デフォルトで default という名前が宣言されています。

先ほどは特に触れませんでしたが、自分でキュー名を指定したい場合は、リスト 10-19 の sendmail_job.rb を開いて、次の太字部分を修正してください（リスト 10-22）。

▼リスト 10-22　sendmail_job.rb

```
class SendmailJob < ApplicationJob
  queue_as :default
  …中略…
end
```

queue_as メソッドには、ブロックを渡すこともできます。この場合、ブロックは戻り値としてキュー名を返す必要があります。リスト 10-23 では、現在の環境が Production 環境の場合はキュー名を default に、development ／ test 環境の場合は dev にします。

▼リスト 10-23　sendmail_job.rb

```
class SendmailJob < ApplicationJob
  queue_as do
    if Rails.env.production?
      :default
    else
      :dev
    end
  end
  …中略…
end
```

2 queue_name_prefix パラメーターで接頭辞を宣言する

アプリ設定ファイル（/config/application.rb）で queue_name_prefix パラメーターを設定することで、キューの接頭辞を指定できます。

たとえばリスト 10-24 の設定では、development 環境では development_default のようなキュー名が生成されます。アプリ／環境によってキューを分類したい場合などに重宝します。

▼リスト 10-24　application.rb [*30]

```
class Application < Rails::Application
  …中略…
  config.active_job.queue_name_prefix = Rails.env
end
```

*30
application.rbを更新した場合には、Pumaの再起動を忘れないようにしてください。

3 set メソッドを利用する

ジョブを呼び出す際に、set メソッドでキュー名を設定することもできます。この場合、ジョブ自身に記述された queue_as メソッドの設定は無視されます。

```
SendmailJob.set(queue: :my_queue).perform_later(user)
```

10.2.4 ジョブの登録／実行の前後で処理を実行する ― コールバック

コールバックとは、ジョブを登録／実行するタイミングで実行されるメソッド、または、そのためのしくみのことです。Active Record でも同様のしくみが提供されていましたが（5.7 節）、まさにその Active Job 版です。

Active Job で利用できるコールバックには、表 10-5 のようなものがあります。

▼表 10-5　Active Job のコールバック

メソッド名	概要
before_enqueue	ジョブの登録前
around_enqueue	ジョブの登録前後
after_enqueue	ジョブの登録後
before_perform	ジョブの実行前
around_perform	ジョブの実行前後
after_perform	ジョブの実行後

たとえばリスト 10-25 は、ジョブの登録前後、実行前後、それぞれでログを出力する例です。

▼リスト 10-25　sendmail_job.rb

```
class SendmailJob < ApplicationJob
  queue_as :default

  # ジョブを登録する前
  before_enqueue do |job|
    logger.info('before_enqueue' +  job.inspect)
  end

  # ジョブを登録した後
  after_enqueue do |job|
    logger.info('after_enqueue' +  job.inspect)
  end

  # ジョブを実行する前後
  around_perform do |job, block|
    logger.info('before_perform' +  job.inspect)
    block.call              # ジョブの実行
    logger.info('after_perform' +  job.inspect)
  end
  …中略…
end
```

arround_*xxxxx* メソッドでは、ジョブ登録／実行の前後の処理をまとめて表すため、ジョブ登録／実行のタイミングを明示的に示さなければなりません。これには block.call メソッドを使用します。

以上を理解できたら、実際にサンプルを実行してみましょう。コントローラーからジョブを登録したタイミング、delayed_job ワーカープロセスがジョブを実行したタイミングそれぞれで、以下のようなログが出力されていることを確認してください[*31]。

*31
実行時のログはPumaのコンソールから確認できない点に注意です。development.logから確認してください。

```
# ジョブが登録されたとき
[ActiveJob] before_enqueue#<SendmailJob:0x000000090ef020 ...>
…中略…
[ActiveJob] after_enqueue#<SendmailJob:0x000000090ef020 ...>

# ジョブが実行されたとき
[ActiveJob] [SendmailJob] [5a94b621-5f36-40f0-92d8-4bb9e03b1dcc] before_perform ⏎
#<SendmailJob:0x000000079ad448 ...>
…中略…
[ActiveJob] [SendmailJob] [5a94b621-5f36-40f0-92d8-4bb9e03b1dcc] after_perform ⏎
#<SendmailJob:0x000000079ad448 ...>
```

10.2.5 ジョブの Unit テスト

ジョブの Unit テストも、手順自体はモデルと同じです。ただし、ActiveJob::TestHelper モジュールとして、ジョブ固有の Assersion メソッドが用意されています。以下では、サンプルを交えながら、主な Assersion メソッドの用法を示していきます。

指定個数のジョブが登録されたかを確認する

assert_enqueued_jobs メソッドを利用することで、登録済みのジョブの個数をチェックできます。

構文　assert_enqueued_jobs メソッド

```
assert_enqueued_jobs(number[,only: job])
```

number：ジョブの個数　*job*：チェック対象のジョブ

たとえばリスト 10-26 は、SendmailJob.perform_later メソッドを 2 回呼び出すことで、登録済みのジョブ数が 0 から 2 に変化することを確認する例です。

▼リスト 10-26　sendmail_job_test.rb

```
test "enqueue_jobs" do
```

```
  assert_enqueued_jobs 0
  SendmailJob.perform_later(User.find(1))
  SendmailJob.perform_later(User.find(2))
  assert_enqueued_jobs 2
end
```

ブロック内で登録されたジョブの個数を確認する

assert_enqueued_jobsメソッドにブロックを渡すと、ブロック内でいくつのジョブが登録されたかを確認できます（リスト10-27）。

▼リスト10-27　sendmail_job_test.rb

```
test "enqueue_jobs_block" do
  assert_enqueued_jobs 2 do
    SendmailJob.perform_later(User.find(1))
    SendmailJob.perform_later(User.find(2))
  end
end
```

リスト10-27の太字の部分にonlyオプションを渡せば、特定のジョブ（ここではSendmailJob）が登録されたかどうかを確認できます。

```
assert_enqueued_jobs 2, only: SendmailJob do
```

特定の条件のジョブ登録を確認する

特定の条件に合致したジョブが登録されたかどうかを確認する場合は、assert_enqueued_withメソッドを利用します。

構文　assert_enqueued_withメソッド

assert_enqueued_with(*args*)

args：ジョブの条件（指定できるキーはjob、args、at、queue）

たとえばリスト10-28は、「明日の正午に実行されるSendmailJobジョブに対して、id=2のUserオブジェクトが渡され、defaultキューに登録されたか」を確認する例です[*32]。

*32
ここではすべてのキーに値を渡していますが、もちろん、すべてのキーは省略可能です。

▼リスト10-28　sendmail_job_test.rb

```
test "enqueue_jobs_with" do
```

```
  user = User.find(2)
  assert_enqueued_with(job: SendmailJob, args: [user],
    queue: 'default', at: Date.tomorrow.noon) do
    SendmailJob.set(wait_until: Date.tomorrow.noon).perform_later(user)
  end
end
```

その他、ジョブが登録**されなかった**ことを検証するためのassert_no_enqueued_jobsメソッド、ジョブが実行されたかを確認するためのassert_performed_jobsメソッドもあります。構文は、assert_enqueued_jobメソッドのそれに準じますので、ここでは割愛します。

COLUMN

Railsをより深く学ぶための参考書籍

本書は、フレームワークの入門書という性質上、Ruby、JavaScriptなどの言語やデータベース、SQLの基礎を既に理解していることを前提とした解説書です。もし本書を読み進める上で、周辺知識の理解が足りていないな、もっと知りたいな、と思ったら、以下のような書籍も併せて参照することをお勧めします。

●パーフェクトRuby（技術評論社）

Railsによるアプリ開発に取り組むには、プログラミング言語であるRubyの理解は欠かせません。なんとなく言われたとおりのコードは書けるが、細かな構文規則になると自信がない、という方は、この書籍で再入門しておきましょう。

●書き込み式SQLのドリル 改訂新版（日経BP社）／MySQLで学ぶデータベース超入門（翔泳社）

Railsアプリを開発する上で、データベースそのもの、そして、データベースを操作するための言語であるSQLの知識は欠かせません（それはO/RマッパーによってSQLが隠蔽されているとしても変わりません）。「データベース超入門」で基礎的な地盤を固め、「SQLのドリル」でより実践的に練習するのが効果的でしょう。

● SQLiteポケットリファレンス（技術評論社）

RailsのデフォルトデータベースであるSQLiteのリファレンス本です。SQLiteのまとまった情報は意外と少なかったりしますので、学習をする上で戸惑ってしまったという方は目を通しておくと良いかもしれません。

●改訂新版JavaScript本格入門　～モダンスタイルによる基礎から現場での応用まで（技術評論社）

いまやWebアプリ開発には、サーバーサイド技術だけではなく、クライアントサイド技術（JavaScript）との連携が欠かせません。JavaScript入門者のみならず、なんとなく、わかったつもりで書いている人が、改めて基礎からきちんと再確認できる1冊です。

書籍以外では、本家のRails Guide（http://rubyonrails.org/documentation）、Ruby on Rails API（http://api.rubyonrails.org/）が必読であるのはもちろん、@ITではRails Hub（http://www.atmarkit.co.jp/ait/subtop/coding/rails/）という情報フォーラムもあるので、この辺もチェックしておくと良いでしょう。

10-3 キャッシュ機能の実装

もととなるデータソース（多くはデータベース）がほとんど変更されないのに、ページ自体をリクエストのたびに動的に生成するのは無駄なことです。そのようなページについては、動的な処理の結果をキャッシュとして保存しておくことで、2 回目以降の処理を効率化し、パフォーマンスを向上できます。

Rails では、このようなキャッシュのためのしくみとして、**フラグメントキャッシュ**という機能を提供しています[*33]。フラグメントキャッシュとは、名前のとおり、ページの断片（fragment）をキャッシュするためのしくみです。フラグメントキャッシュは、以下のような理由から動的なページのキャッシュに適しています。

*33
Rails 3までは、ページキャッシュ／アクションキャッシュなどの機能もありましたが、Rails 4以降ではgemとして外部化され、標準で利用できるのはフラグメントキャッシュのみとなっています。

- ページの中に、キャッシュしたい静的な領域（たとえば、記事コンテンツ）と、キャッシュできない動的に生成すべき領域（たとえば、現在時刻の表示など）が混在している場合でも、適切なキャッシュポリシーを設定できる
- 書籍情報の配下にレビュー情報が属するような階層的なページ構造でも、効率よくキャッシュを管理できる

10.3.1 キャッシュを利用する場合の準備

development 環境では、デフォルトでキャッシュが無効化されています。以降のサンプルを正しく動作させるには、コマンドプロンプトから以下のコマンドを実行する必要があります。

```
> rails dev:cache*34
Development mode is now being cached.
```

*34
内部的には、キャッシュを有効化するフラグtmp/caching-dev.txtを作成しているだけです。

再度、rails dev:cache コマンドを実行すると、「Development mode is no longer being cached.」というメッセージが表示されて、キャッシュが無効化されます。

なお、rails dev:cache コマンドは開発環境のみで有効です。テスト／本番環境でキャッシュを有効／無効にするには、/config/environments/test.rb または production.rb の config.action_controller.perform_caching パラメーターを編集してください（リスト 10-29）。

▼リスト 10-29 test.rb ／ production.rb

```
config.action_controller.perform_caching = true
```

10.3.2 フラグメントキャッシュの基本

それではさっそく、具体的な例を見ていきましょう。リスト 10-30 は、テンプレートの❶の部分だけをキャッシュする例です。

▼リスト 10-30 extra/f_cache.html.erb

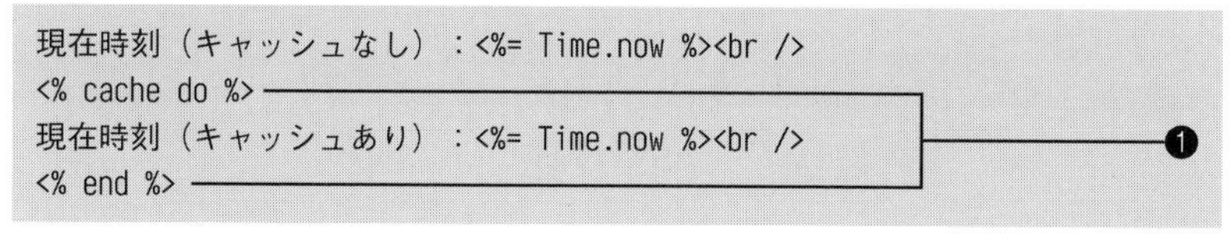

```
現在時刻（キャッシュなし）：<%= Time.now %><br />
<% cache do %>                                      ─┐
現在時刻（キャッシュあり）：<%= Time.now %><br />      ├─❶
<% end %>                                           ─┘
```

フラグメントキャッシュを利用するには、ビューヘルパー cache でキャッシュしたい領域を囲みます。

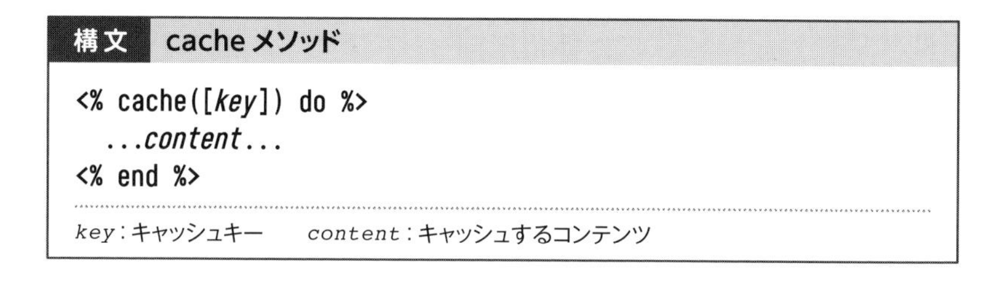

構文 cache メソッド

```
<% cache([key]) do %>
  ...content...
<% end %>
```

key：キャッシュキー　*content*：キャッシュするコンテンツ

まずは、この状態でサンプルを実行してみましょう（図 10-6）。

▼ 10-6 フラグメントキャッシュの実行結果

初回アクセス時は cache ブロックの内外ともにコードが実行されるので、同じ時刻が表示されます。しかし、2 回目のアクセスでは cache ブロックの配下はキャッシュデータが引用されるため、**ブロック外**の時刻だけが更新されることが確認できます。

さらに、キャッシュデータがメモリーに保存されていることを、Puma のコンソールから確認してください。「views/localhost:3000/～」は、内部的に生成されたキャッシュのキーです。

```
Read fragment views/localhost:3000/extra/f_cache/e47b06168351d556be3b8b0b1a50↩
beb7 (0.0ms) ―――――――――――――――――――――――――――――――――――――――――― キャッシュが存在するかをチェック
Write fragment views/localhost:3000/extra/f_cache/e47b06168351d556be3b8b0b1a5↩
0beb7 (0.5ms) ――――――――――――――――――――――――――――――――――――――――― 存在しないので、キャッシュ保存
```

キャッシュキーの生成規則

cache メソッドは、デフォルトで現在の URL をもとにキャッシュキーを生成します。よって、リスト 10-30 の例では「～/extra/f_cache/e47b06168351d556be3b8b0b1a50beb7」がキーとなります[*35]。

*35
キー末尾の文字列は、テンプレートの内容をもとに生成されたハッシュ値です。これによって、テンプレートの内容が変更された場合には、キャッシュも自動的にリフレッシュされます。

しかし、1 つのページに複数のフラグメントキャッシュが存在する場合、このままではキャッシュキーが重複してしまいます。この場合は、cache メソッドの引数 key にキャッシュキーを明示的に指定しておきましょう。

```
<% cache(suffix: 'footer') do %>
現在時刻（キャッシュあり）：<%= Time.now %><br />
<% end %>
```

これで「～/extra/f_cache**?suffix=footer**/b00db69034c66537cd8a1b88028b4b08」のようなキャッシュキーが生成されます[*36]。これによって、ページ内でのキャッシュキーが識別できるようになるというわけです。

*36
例を見てもわかるように、キャッシュキー（引数key）に渡されたハッシュは、内部的にはurl_forメソッドで処理されるのです。

10.3.3 フラグメントキャッシュを複数ページで共有する

フラグメントキャッシュは複数のページ間で共有できます。それには、各ページで cache ヘルパーの引数として共通の文字列を渡してください（リスト 10-31）。また、キャッシュすべき領域は、部分テンプレート（この例では、_share.html.erb）として切り出しておきます（リスト 10-32）。

▼リスト 10-31　extra/share1.html.erb、share2.html.erb

```
現在時刻（キャッシュなし）：<%= Time.now %><br />
```

```
<%= render 'share' %>
```

▼リスト 10-32 extra/_share.html.erb

```
<% cache('GlobalTime') do %>
現在時刻（キャッシュあり）：<%= Time.now %><br />
<% end %>
```

この状態で「～/extra/share1」「～/extra/share2」にアクセスすると、「現在時刻（キャッシュあり）」の表示が双方のページで等しい（＝キャッシュを共有できている）ことを確認できます。

このように、キャッシュキーは自由に指定できますが、アプリ内部でキーが重複しないよう、無作為な生成は避けるべきです。まずは、表 10-6 のルールでキャッシュキーを決めると良いでしょう。3 については、次項で解説します。

▼表 10-6 キャッシュキーの作成方法

No.	用途	作成方法
1	特定のアクションに依存	ハッシュ（現在の URL に基づいて url_for メソッドで処理される）
2	複数ページで共有	文字列*37
3	特定のモデルに依存	モデルオブジェクト

*37
数が増えてきた場合には、なにかしら接頭辞で分類することも検討してください。

10.3.4 モデルをもとにキャッシュキーを決める

cache ヘルパーの引数 key（キャッシュキー）には、Active Record のモデルを指定することもできます。たとえば次のようにします（リスト 10-33、10-34）。

▼リスト 10-33 extra/model.html.erb

```
<p>
  <% @book = Book.find(1) %>
  <%= render @book %>*38
</p>
```

*38
モデルを渡す場合の省略形については、4.8.2項の [Note] を参照してください。

▼リスト 10-34 books/_book.html.erb

```
<% cache(book) do %>
<img src="http://www.wings.msn.to/books/<%= book.isbn%>/↩
<%= book.isbn%>_logo.jpg" width="80" height="30" /><br />
<%= book.title %><br />
<%= book.publish %>/発行<br />
定価 <%= book.price %>円（＋税）<br />
```

```
ISBN <%= book.isbn %><br />
発刊日： <%= book.published %>
<% end %>
```

リスト10-34の太字部分ではcacheヘルパーの引数としてBookモデルを渡しています。Pumaのログを確認すると、「/books/1-20161210063214503131/198d668a3a44a14c3ecc86d9d2549133」のようなキーが生成されていることが見て取れるはずです。

これは「*モデル /id 値 -updated_at 列の値 / ハッシュ値*」の形式です。このようなキーを利用することで、モデルに更新が発生した場合はそれを検知して、キャッシュをリフレッシュできるというわけです。

親子関係にあるモデルでキャッシュ依存性を設定する

上の性質を利用すると、親子関係にあるモデルにおいてキャッシュの依存性を設定することもできます。たとえば、図 10-7 のような例です。

▼図 10-7　配下に子モデル（レビュー情報）を持つ親モデル（書籍情報）

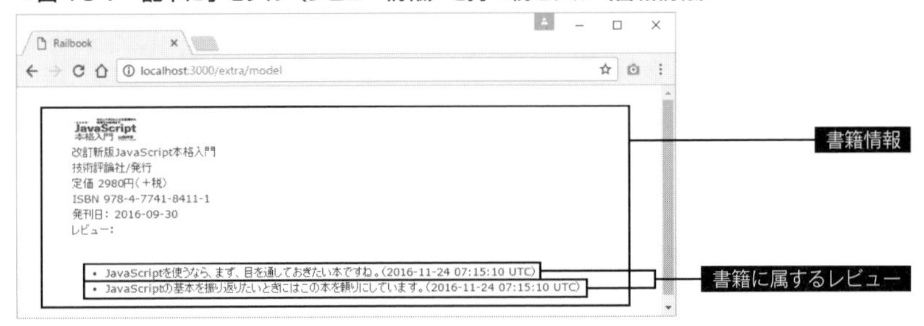

書籍情報の配下に、レビュー情報が入れ子に展開されているビューです。このような状況では、配下のレビューが更新されたら上位の書籍キャッシュもリフレッシュしたいところです[*39]。それには、リスト 10-35 ～ 37 のように記述します。

*39
この状態を、書籍キャッシュがレビューキャッシュに依存している、と言います。

▼リスト 10-35　books/_book.html.erb

```
<% cache(book) do %>
…中略…
発刊日： <%= book.published %><br />
レビュー：<ul><%= render book.reviews %></ul>
<% end %>
```

▼リスト 10-36　reviews/_review.html.erb

```
<% cache(review) do %>
  <li><%= review.body %> (<%= review.updated_at %>) </li>
<% end %>
```

▼リスト 10-37 review.rb

```
class Review < ApplicationRecord
  belongs_to :book, touch: true
  …中略…
end
```

ポイントとなるのはリスト 10-37 の太字の部分です。belongs_to メソッドの touch オプションを有効にすることで、Review モデルが更新されたタイミングで参照先となる Book モデルの updated_at 列も併せて更新されるようになります。先ほども見たように、キャッシュキーは updated_at 列によって生成されているので、これによって書籍キャッシュをリフレッシュできるわけです*40。

*40
このように複数のフラグメントが入れ子になっているキャッシュ構成は、ロシアのマトリョーシカ人形になぞらえて、**Russian Doll Caching**とも呼ばれます。

モデル配列をもとにキャッシュキーを生成する

図 10-8 のような書籍情報の一覧に対して、キャッシュを生成することもできます。

▼図 10-8 書籍+レビュー情報の一覧をキャッシュ

具体的な実装例は、リスト 10-38、10-39 のとおりです。なお、部分テンプレート _book.html.erb ／ _review.html.erb は、先ほど作成したものと同じなので省略します。

▼リスト 10-38 extra/model2.html.erb

```
<% cache(books_cache_key) do %>
  <% Book.all.each do |book| %>
    <p>
      <%= render book %>
    </p>
  <% end %>
<% end %>
```

▼リスト10-39　extra_helper.rb

```
module ExtraHelper
  def books_cache_key
    "books-#{Book.count}-#{Book.maximum(:updated_at).to_i}"
  end
end
```

モデル配列をもとにキャッシュキーを作成するのは、books_cache_keyヘルパーの役割です*41。この例では、booksテーブルの件数（countメソッド）、updated_at列の最大値（maximumメソッド）をもとに「books-10-1479971623/549d64c08b359a517c8906780c70704e」のようなキーを生成しています。これによって、テーブル内のデータが更新された、もしくは、新規のデータが追加になった場合に、キャッシュも強制的にリフレッシュされるというわけです。

*41
ヘルパーの自作については、4.6節を参照してください。

10.3.5 指定の条件に応じてキャッシュを有効にする

cache_ifメソッドを利用することで、条件式がtrueの場合だけキャッシュを有効にできます*42。

*42
条件式がfalseの場合に、キャッシュを有効にするcache_unlessメソッドもあります。構文はcache_ifメソッドに準じます。

構文　cache_ifメソッド

```
<% cache_if(condition, key) do %>
  ...content...
<% end %>
```

condition：条件式　*key*：キャッシュキー　*content*：キャッシュするコンテンツ

たとえばリスト10-40は、書籍情報の刊行日（published列）が過去の日付の場合だけ、キャッシュする例です。これは書籍の刊行前は、まだ情報が暫定的なので、変動する可能性があることを想定しています。

▼リスト10-40　books/_book.html.erb

```
<% cache_if(book.published <= Date.today ,book) do %>
…中略…
<% end %>
```

10.3.6 キャッシュの格納先を変更する

キャッシュデータの格納先は、設定ファイルで変更することができます。リスト10-41は、キャッシュをファイルシステムの指定場所（「C:/Temp/cache」フォルダー）に保存する例です。キャッシュは、ファイルシステムだけでなく、メモリやMemcachedなどに保存することもできます。

▼リスト 10-41　development.rb

```
if Rails.root.join('tmp/caching-dev.txt').exist?
  config.action_controller.perform_caching = true
  config.cache_store = :file_store, 'C:/Temp/cache'
  …中略…
else
```

config.cache_storeパラメーターには、表10-7のような保存先を指定できます。

▼表 10-7　キャッシュの保存先（config.cache_storeパラメーターの設定値）

設定値	保存先
:memory_store, { size: *mb* }	メモリ（mbは最大サイズ。 デフォルトは32.megabytes）
:file_store, *path*	ファイルシステム（pathは保存先フォルダー）
:mem_cache_store, *host*, ...	Memcachedサーバー（hostはホスト名。複数指定可）
:null_store	キャッシュしない（開発用のダミーのキャッシュストア）

デフォルトの保存先は:file_storeです[*43]。ただし、:file_storeでは、ディスクの上限までキャッシュを累積します。古くなったキャッシュは、ファイルの最終アクセス日などから判定して、定期的に削除してください。

***43**
ただし、development環境では:memory_storeがデフォルトになっています。単にcache_storeパラメーターをコメントアウトした場合には、:file_storeと見なされ、アプリルート配下のtmp/cacheフォルダーにキャッシュデータが生成されます。

10-4 アプリの国際化対応 ―I18n API

昨今、1つのアプリで複数の言語に対応したいということはよくあります。日本語や英語はもちろん、中国語やドイツ語、フランス語などに対応しなければならないという状況も珍しくはありません。

そのような状況で、アクションメソッドやテンプレートに、直接、言語依存の文字列を埋め込んでしまうのは望ましくありません。日本語対応のアプリを英語対応に作り替える場合などに、すべてのコードを多重化しなければならないためです。ロジックの変更が発生したときも、それぞれのコードに同一の修正を施さなければならないとしたら、まったくの無駄というものですし、なにより修正漏れやバグが混入するもとにもなります。

そこでRailsでは、標準的な国際化対応のしくみとして、I18n（Internationalization*44）APIを提供しています。I18n APIを利用することで、（たとえば）ブラウザーの言語設定に応じて地域固有のテキストを動的に差し替えることが可能になります。

*44
I18nとは「Internationalization」を指しており、Iとnの間に18文字あることから、このように呼ばれています。

10.4.1 国際化対応アプリの全体像

最初に、Railsでの国際化対応アプリの構造を示します（図10-9）。

国際化対応アプリでは、まず**辞書（翻訳）ファイル**を準備する必要があります。辞書ファイルとは、言語に依存するコンテンツをまとめたファイルです*45。Railsではあらかじめ指定された言語情報で適切な辞書ファイルを選択し、その中の情報をテンプレートに埋め込むことで、国際化対応を実現しているのです。これによって、ページそのものを多重化することなく、さまざまな言語に対応できます。

*45
デフォルトではYAML形式のファイル、もしくはRubyスクリプト（ハッシュ）を利用できます。

なお、「あらかじめ指定された言語情報」がどこで指定されているのかが気になるところですが、Railsでは次のいずれかで設定するのが基本となっています。

- 設定ファイル（application.rbなど）
- 基底コントローラー（application_controller.rb）

▼図 10-9　国際化対応アプリのしくみ

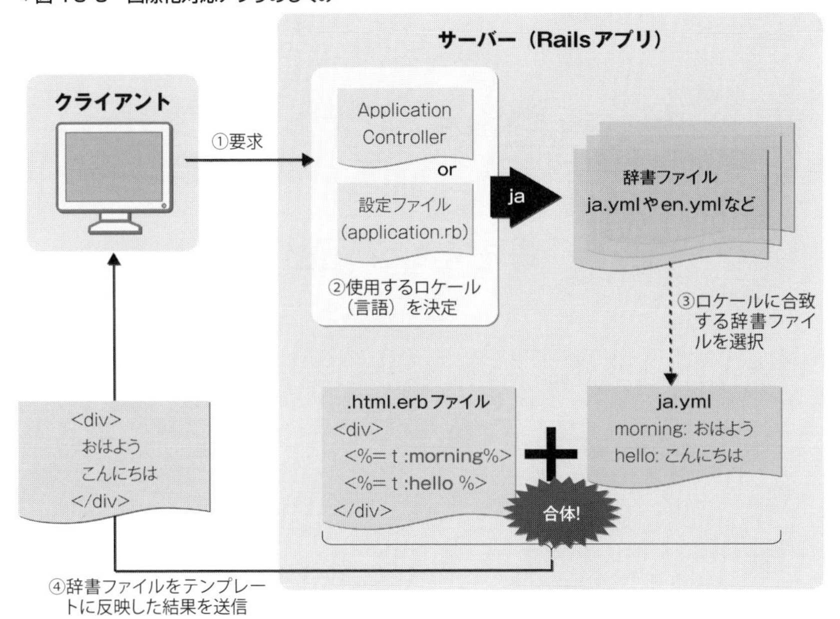

10.4.2 国際化対応の基本的な手順

それではさっそく、国際化対応のための基本的な手順を追っていくことにしましょう。図 10-10 は、設定ファイルの言語設定に応じてアプリの表示言語を切り替える例です。

▼図 10-10　i18n.default_locale パラメーターの設定に応じて表示を変更（左から :en、:ja、:de の場合）

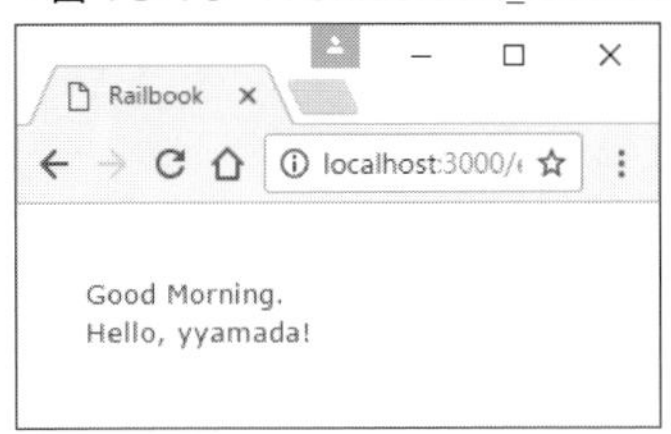

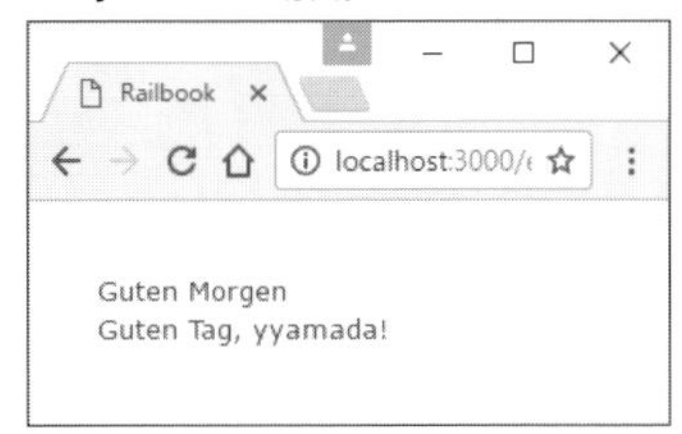

1 辞書ファイルを定義する

辞書ファイルはconfig/localesフォルダー配下に「*言語名*.yml」の形式で保存するのが基本です。日本語、英語、ドイツ語対応の辞書ファイルを定義するならば、それぞれファイル名はja.yml、en.yml、de.ymlです（リスト 10-42、リスト 10-43、リスト 10-44）。

▼リスト 10-42　ja.yml

```
ja:
  general:
    greeting:
      morning: 'おはようございます。'
      hello: 'こんにちは、%{name}さん！'
```

▼リスト 10-43　en.yml

```
en:
  general:
    greeting:
      morning: 'Good Morning.'
      hello: 'Hello, %{name}!'
```

▼リスト 10-44　de.yml

```
de:
  general:
    greeting:
      morning: 'Guten Morgen.'
      hello: 'Guten Tag, %{name}!'
```

辞書ファイルは YAML 形式、もしくは Ruby スクリプトで記述するのが基本です。YAML 形式の一般的な記法は 2.4.2 項でも触れたので、併せて参照してください。

YAML 形式の辞書ファイルでは、以下のように言語名を頂点に、配下に「キー名：*値*」の形式で辞書情報を記述します。

```
言語名:
  キー名:
    サブキー名: 値
    ...
```

インデントを設けることで、「*キー . サブキー*」のような階層構造を表現できます。アプリが大規模になれば、翻訳ファイルのサイズも大きくなるので、キーの衝突を防ぐ意味でも、できるだけ意味単位で階層を設けておくのが望ましいでしょう。

general.greeting.hello キーのように、値に %{ *名前* } の形式でプレイスホルダーを指定することもできます。このようなプレイスホルダーに対しては、テンプレート上で動的に値を埋め込むことができます。

> **NOTE ハッシュで辞書ファイルを表現するには?**
>
> Railsでは、リスト10-45のように、Rubyスクリプト(ハッシュ)として辞書ファイルを作成することもできます*46。
>
> ▼リスト10-45 ja.rb
>
> ```
> {
>   ja: {
>     general: {
>       greeting: {
>         night: 'こんばんは。',
>         weather: '%{name}さん、良いお天気ですね!'
>       }
>     }
>   }
> }
> ```

*46
本サンプルの動作は、trans.html.erbから対応するコードをコメントインすることで確認できます。

2 アプリの設定ファイルを編集する

設定ファイルでi18n.default_localeパラメーターを指定します(リスト10-46)。すべての環境に共通で設定したいパラメーターは、application.rbで宣言するのでした。

▼リスト10-46 application.rb

```
module Railbook
  class Application < Rails::Application
    …中略…
    config.i18n.default_locale = :ja
    …中略…
  end
end
```

3 テンプレートファイルを記述する

1で生成した辞書ファイルの内容を、テンプレート上で引用してみましょう(リスト10-47)。

▼リスト10-47 extra/trans.html.erb

```
<%= t 'general.greeting.morning' %><br />
<%= t 'general.greeting.hello', name: 'yyamada' %>
```

Action Viewでは辞書ファイルを参照するために、ビューヘルパーtを用意しています。

構文　tメソッド

t(*key* [,*opts*])

key：辞書キー（文字列、またはシンボルで指定）　*opts*：動作オプション

引数optsにはさまざまなオプションを指定できますが、ここではまず「*名前*：*値*」の形式でプレイスホルダーに値を引き渡す例を示しています。

以上の手順を終えたら、さっそく「～/extra/trans」にアクセスしてみましょう。図10-10のような結果が日本語で得られること、❷の要領で設定ファイルを:enや:deに変更すると、結果もそれぞれ英語やドイツ語に差し替わることを確認してください。

10.4.3 ロケールを動的に設定する方法 — ApplicationController

前項では、ロケールをアプリ側で静的に設定する方法を学びましたが、クライアント側の条件や環境に応じて、動的にアプリの言語を変更したいという要望はよくあります。その場合は、すべてのコントローラーの基底クラスでもあるApplicationControllerでロケールを設定します。

ブラウザーの言語設定に応じてロケールを変更する

たとえば、ブラウザーの言語設定（Accept-Languageヘッダー）に応じて、アプリのロケールも変更したいという場合には、リスト10-48のようなコードを準備します。

▼リスト10-48　application_controller.rb

```
class ApplicationController < ActionController::Base
  before_action :detect_locale
  …中略…
  private
    def detect_locale
      I18n.locale = request.headers['Accept-Language'].scan(/\A[a-z]{2}/).first
    end
end
```

ここでは、すべてのアクションの呼び出しに先立って呼び出されるbeforeフィルター（6.5.1項）としてdetect_localeを設定しています。detect_localeフィルターの内容は、ブラウザーの最優先言語を取得し[*47]、I18n.localeプロパティにセットするだけのごく単純なものです。I18n.localeプロパティはI18n APIで利用するロケールを表しています。

＊47
Accept-Languageヘッダーには「ja-JP,en-US;q=0.5」のように言語設定が優先順にセットされているはずです。ここではscanメソッドで先頭のアルファベット2文字（たとえばja）を抽出することで、最優先の言語設定を取得しています。

以上を理解したら、さっそく先ほどのサンプル「～ /extra/trans」にアクセスしてみましょう。ブラウザーの言語設定に応じて、P.557 の図 10-10 のように表示言語が切り替わることを確認してください[*48]。

*48
ブラウザーの言語設定を変更するには、Chromeであれば ⋮ (Google Chromeの設定) ― [設定] を開き、[詳細設定を表示...] リンクをクリック、[言語] から [言語と入力の設定...] ボタンをクリックして言語を追加、順番を変更してください。

クエリ情報によってロケールを変更する

ロケールを動的に設定するとは言っても、要は、I18n.locale プロパティにセットすべき値をどのように取得するかの問題ですので、リスト 10-48 の太字部分を差し替えることで、設定方法は自由に変更できます。たとえば、クエリ情報（ルートパラメーター）locale に基づいて表示言語を切り替えるには、先ほどのファイルをリスト 10-49 のように修正します。

▼リスト 10-49　application_controller.rb

```
class ApplicationController < ActionController::Base
  before_action :detect_locale
  …中略…

  # 現在のロケール設定でlocaleオプションをデフォルト設定
  def default_url_options(options = {})   ─┐
    { locale: I18n.locale }                 ├─❶
  end                                      ─┘
  …中略…
  private
    def detect_locale
      I18n.locale = params[:locale]
    end
end
```

❶のように、default_url_options メソッド（4.3.2 項）をオーバライドしているのは、すべてのリンクでいちいちロケールを明示的に設定するのが面倒なためです。❶のコードによって、<form> 要素や <a> 要素などすべてのリンクに locale オプションが自動で付与されます[*49]。

*49
beforeフィルターdetect_locale、default_url_optionsメソッドは、他のサンプルに影響が出ないよう、配布サンプルではコメントアウトしています。

以上の状態で、「～ /extra/trans?locale=ja」のような URL でアクセスしてみましょう。指定された言語に応じて、結果も切り替わることが確認できます。

ルートパラメーター経由でロケールを変更する

ルートパラメーターを使用してロケール情報を渡す場合、たとえば「～ /ja/extra/trans」のような URL でロケールを指定したいならば、scope ブロックを使って、リスト 10-50 のようなルートを定義しておくと良いでしょう。

▼リスト 10-50　routes.rb

```
scope "(:locale)", locale: /ja|en|de/ do
```

```
  resources :books
  get 'extra/trans'
end
```

URL の先頭に省略可能な :locale パラメーター（ja、en、de）を付与しているわけです。get（post、match など）メソッドだけでなく、resources メソッドも同じく scope ブロックで修飾できます。

NOTE　トップページへのマッピングに注意

ただし、このままではトップページへのアクセスでロケールが認識されません。たとえば、「http://localhost:3000/ja」という URL は root メソッドによるルート定義にはマッチしないからです。そこで root メソッドの**直前に**、ロケール対応したルートとして、以下のようなコードを追加しておきましょう。これで正しく「ロケール対応のルート」が認識されるようになります。

```
match '/:locale' => 'books#index', via: [ :get ]
root to: 'books#index'
```

以上で紹介した方法の他にも、アプリで管理しているユーザー情報や、ja.examples.com のようなトップレベルドメイン（TLD）からロケールを設定することもできます。なお、いずれのケースでもロケール情報が指定されなかった場合には、デフォルトのロケール（設定ファイルの情報）が暗黙的に利用されます。

10.4.4 辞書ファイルのさまざまな配置と記法

続いて、辞書ファイルについて詳しく見ていきましょう。先ほど述べたように、アプリの規模によっては、辞書ファイルのサイズは膨大になる可能性があります。辞書ファイルをいかにわかりやすく管理しておくかという点は、国際化対応アプリをメンテナンスする際には重要な課題です。

テンプレート単位に階層を設ける

特定のテンプレートでのみ利用する辞書であれば、キーを「*コントローラー名 . アクション名 . キー名*」の階層で表現します。たとえば、リスト 10-51 は ctrl/trans.html.erb で利用する辞書の例です。

▼リスト 10-51　ja.yml

```
ja:
```

```
ctrl:
  trans:
    greeting: "こんにちは、世界！"
```

このような辞書は、ctrl/trans.html.erbから、リスト10-52のように参照できます。

▼リスト10-52 ctrl/trans.html.erb

```
<%= t '.greeting' %>
```

キーの先頭のドット（.）を忘れないようにしてください。これによって、ctrl.trans.～の階層構造からgreetingキーを検索します。

モデルの属性に対して辞書を用意する

モデルの属性に対して辞書を準備するには、「attributes.キー名」という階層で表現します。たとえば、リスト10-53はBookモデルの属性に対して辞書を定義した例です。

▼リスト10-53 ja.yml

```
ja:
  attributes:
    isbn: "ISBNコード"
    title: "書名"
    price: "価格"
    publish: "出版社"
    published: "刊行日"
```

これに対して、テンプレート側はなんら書き換える必要はありません。ここでは、3.1.1項で作成した_form.html.erbを以下に再掲しておきます（リスト10-54）。

▼リスト10-54 books/_form.html.erb

```
<div class="field">
  <%= f.label :isbn %><br />
  …中略…
</div>
<div class="field">
  <%= f.label :title %><br />
  …中略…
</div>
```

▼図 10-11　日本語化されたラベルの表示

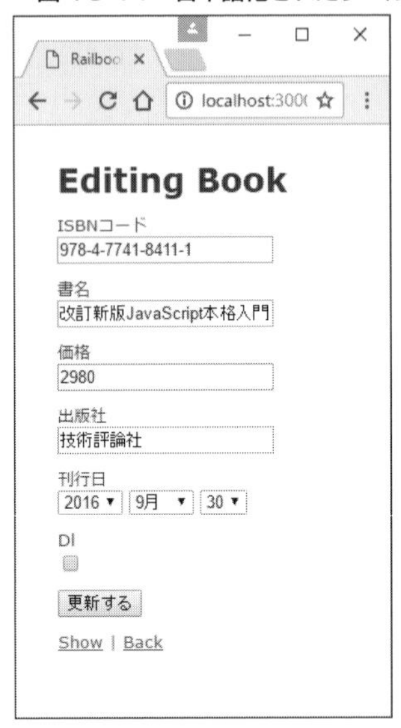

ビューヘルパー label は、実は I18n API に対応したヘルパーです。label メソッドでは、明示的にラベルテキストが指定されていない場合、指定された属性名（ここでは :isbn、:title など）に対応する翻訳結果が反映されるのです。

補足：コントローラー／モデル単位で辞書ファイルを用意する

/config/locales フォルダー配下にサブフォルダーを設け、辞書ファイルそのものを分割することもできます。たとえば、コントローラー／モデルなどの単位でファイルそのものを分類すれば、辞書ファイルもすっきりとし、メンテナンスもしやすくなるでしょう。

たとえば、Book モデルと CtrlController コントローラーの配下のテンプレートで参照すべき辞書ファイルであれば、それぞれ図 10-12 のように配置すると良いでしょう。

▼図 10-12　辞書ファイルの分割配置（例）

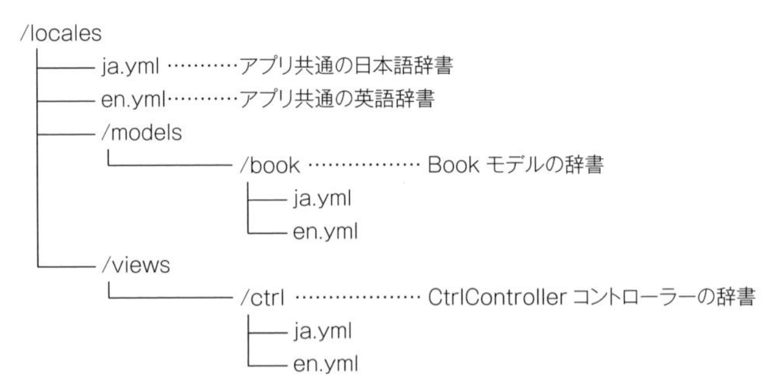

*50
ファイルを分割した場合もキーは重複しないように要注意です。具体的なコードは、ダウンロードサンプルの/tmp/localesフォルダーを参照してください。

それぞれの辞書ファイルの記法は、分割前と変わりありません*50。ファイルを分割したからといって、モデルやコントローラーに対応した辞書ファイルだけが読み込まれるというわけではないため、辞書のキー階層はこれまでと同じ考え方で記述します（=あくまでフォルダー階層は整理のためのもので、Railsが辞書を読み込む際のキーとなるわけではないということです）。

なお、このように辞書ファイルをサブフォルダーに分割した場合、アプリの設定ファイルも変更する必要があります（リスト10-55）。というのも、Railsデフォルトの設定では /config/locales フォルダー**直下**の辞書ファイルだけが読み込まれるようになっているためです。

▼リスト10-55 application.rb

```
config.i18n.load_path += Dir[Rails.root.join('config', 'locales', '**', '*.{rb,yml}').to_s]
config.i18n.default_locale = :ja
```

config.i18n.load_path パラメーターは辞書ファイルの検索先を表します。この例では、「/config/locales/**/*.rb、*.yml」を検索先として追加することで、/config/locales フォルダー配下のすべてのサブフォルダーをまとめて読み込んでいるわけです。

テンプレートそのものをローカル対応する

テンプレートの大部分が翻訳情報で構成されており、かつ、その内容が他で再利用しにくいものであるならば、そもそも（辞書ファイルを設置するのではなく）テンプレートそのものをローカル対応してしまうという方法もあります（**ローカル対応テンプレート**）。テンプレートと辞書ファイルを分離するよりも、コンテンツの編集も直感的に行いやすいからです（図10-13）。

テンプレートを各国語に対応させるには、これまでのindex.html.erbのようなファイルと同じフォルダーに、index.ja.html.erbのようなファイルを配置するだけです。これによって、言語設定がja（日本語）である場合にindex.ja.html.erbが呼び出されるようになります。

▼図 10-13　ローカル対応テンプレート

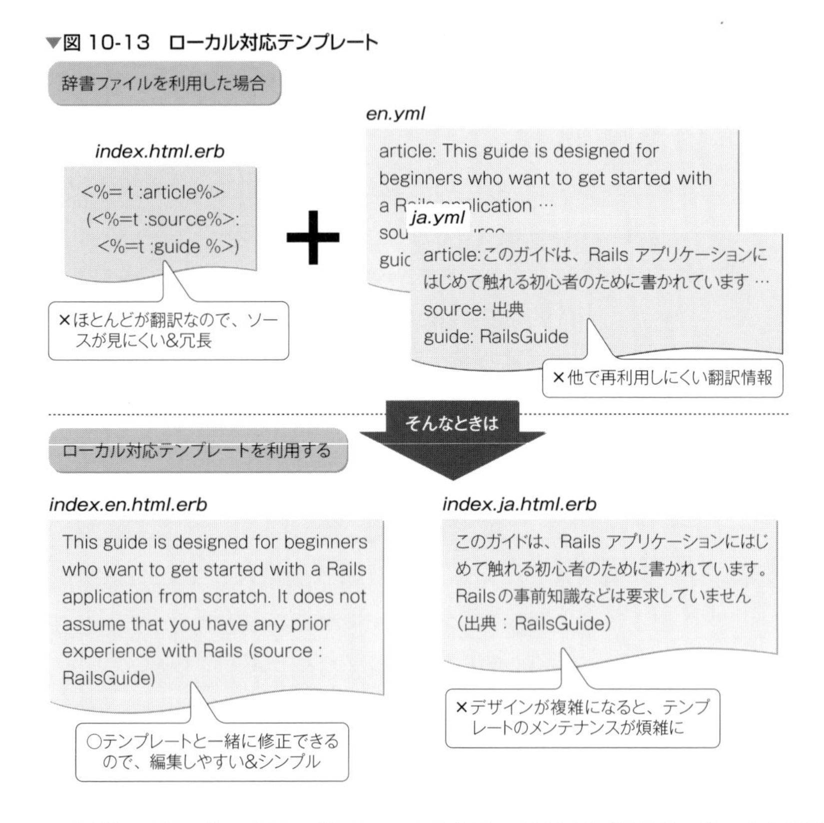

ただし、テンプレートファイルのローカル化は、言語の数だけテンプレートを用意する必要があるため、デザインの変更時にはそれなりの手間がかかります。基本は辞書ファイルでの翻訳をメインとし、辞書ファイルに分離するのがかえって冗長である場合のみローカル対応テンプレートを利用すると良いでしょう。

10.4.5 Rails 標準の翻訳情報を追加する

Rails では、Active Model による検証メッセージをはじめ、数値や日付／時刻関係のビューヘルパーなどが国際化対応しており、辞書ファイルを設定するだけで出力を日本語化できます。

以下では、その中でも主なものについて辞書ファイルの記述方法を示しておきます。

検証メッセージ

検証メッセージ（5.5.2 項）は、errors.messages 配下のサブキーとして定義します。表 10-8 に、利用できるサブキーをまとめておきます。

▼表 10-8　検証メッセージのキー名

検証名	オプション	サブキー
acceptance	―	accepted
confirmation	―	confirmation
exclusion	―	exclusion
inclusion	―	inclusion
format	―	invalid
length	in、maximum	too_long*
	in、minimum	too_short*
	is	wrong_length*
numericality	―	not_a_number
	greater_than	greater_than*
	greater_than_or_equal_to	greater_than_or_equal_to*
	equal_to	equal_to*
	less_than	less_than*
	less_than_or_equal_to	less_than_or_equal_to*
	only_integer	not_an_integer
	odd	odd
	even	even
presence	―	blank
absence	―	present
uniqueness	―	taken

サブキーに付いている「*」は、検証メッセージ内でプレイスホルダー %{count} を利用できることを表します。%{count} は検証パラメーターとして指定された（たとえば）文字数や数字の最大値／最小値などを表します。

一部のキーについて具体的な設定例も、リスト 10-56 に示します。

▼リスト 10-56　ja.yml

```
ja:
  errors:
    format: ! '%{attribute}%{message}'
    messages:
      accepted: を受諾してください。
      blank: を入力してください。
      present: は入力しないでください
      confirmation: と%{attribute}の入力が一致しません
      empty: を入力してください
      equal_to: は%{count}にしてください
      even: は偶数にしてください
      exclusion: は予約されています
      greater_than: は%{count}より大きい値にしてください
      greater_than_or_equal_to: は%{count}以上の値にしてください
```

日付／時刻フォーマット

Timeオブジェクトで表される日付／時刻の出力形式も指定できます。timeというキーの配下に、formats.default、formats.short、formats.longというサブキーで、標準／短い／長い形式の書式文字列を指定します。

リスト10-57に、time.formats.～キーの具体的な設定例を示しておきます。

▼リスト10-57　ja.yml

```
ja:
  time:
    am: 午前
    formats:
      default: "%Y/%m/%d %H:%M:%S"
      long: "%Y年%m月%d日(%a) %H時%M分%S秒 %z"
      short: "%y/%m/%d %H:%M"
    pm: 午後
```

書式文字列は、strftimeメソッド（4.2.11項）で認識できるものに準じます。これらの日付／時刻フォーマットを適用するには、ビューヘルパーlを利用します。たとえばリスト10-58は、現在の日時を長い形式で表示する例です。

▼リスト10-58　extra/trans.html.erb

```
<%= l Time.now, format: :long %><br />
```

数値系のビューヘルパー

number_to_currencyやnumber_with_precisionをはじめとした数値系のビューヘルパーもI18n APIに対応しており、ロケール依存のオプション情報を辞書ファイルから取得できるようになっています。

たとえばリスト10-59は、number_to_currencyメソッドで利用できるオプション情報を、辞書ファイルで定義した例です。

▼リスト10-59　ja.yml

```
ja:
  number:
    currency:
      format:
        delimiter: ','
        format: '%n%u'
        precision: 0
        separator: "."
        significant: false
```

```
      strip_insignificant_zeros: false
      unit: 円
```

それぞれのパラメーターの意味については、4.2.10 項を参照してください。以上の辞書を保存した状態で、number_to_currency メソッドをオプション指定なしで実行すると、確かに辞書に応じた結果を得られることが確認できます。

```
<%= number_to_currency(12345) %> ――――――― 12,345 円
```

Action Mailer（メールの件名）

Action Mailer の mail メソッドでは、メールの件名（subject キー）が指定されなかった場合、翻訳ファイルで指定された件名を利用しようとします。この際、キー名は「*メーラー名 . アクション名* .subject」としてください。

よって、P.524 のリスト 10-2 に対応する翻訳ファイルは、リスト 10-60 のように定義します。

▼リスト 10-60　ja.yml

```
ja:
  notice_mailer:
    sendmail_confirm:
      subject: 'ユーザー登録ありがとうございました'
```

submit メソッド

フォーム系のビューヘルパーでもう 1 つ、I18n API に対応しているヘルパーがあります。submit メソッドです。submit メソッドは 4.1.1 項でも触れたように、まず親となるフォーム（form_for メソッド）に渡されたオブジェクトの状態を確認し、オブジェクトが新規／既存いずれであるかによって、キャプションの表示を変化させる機能を持っています。そのため、辞書ファイルでもそれぞれの状態に応じて翻訳情報を用意する必要があります（リスト 10-61）。

▼リスト 10-61　ja.yml

```
ja:
  helpers:
    submit:
      create: "登録する" ――――――― 新規オブジェクトに対する表示
      update: "更新する" ――――――― 既存オブジェクトに対する表示
```

その他、datetime_select や select_datetime などの日付／時刻選択ボックス（4.1.11 項）や、distance_in_words などのビューヘルパーも国際化に対応しています。

もっとも、これらのすべてについて一から自分で辞書ファイルを準備するのは面倒です。Rails では、既に有志の方が主要な翻訳情報をまとめたものを公開していますので、こちらを入手し、必要であれば適宜更新して利用するのが良いでしょう*51。

*51
本書ではそれぞれのキー名の意味については触れませんが、キー名から対応するメソッドや項目はおおよそ類推できるはずです。

- rails-i18n
  https://github.com/svenfuchs/rails-i18n

/rails/locale フォルダーの配下の ja.yml というファイルを開くと、ja.yml の内容がテキスト表示されますので、右上の［raw］というリンクをクリックしてください（図 10-14）。

▼図 10-14　ja.yml をダウンロード

これによって ja.yml を入手できますので、作成済みの ja.yml と差し替えてください*52。ただし、差し替えに先立って、既に作成済みの翻訳情報を新しい ja.yml にコピー&ペーストしておきましょう（その際、キーが重複しないよう、既存のものを置き換えるようにしてください）。

*52
rails-i18nプロジェクトでは日本語に限らず、さまざまな地域の辞書ファイルが公開されています。必要に応じて、他の辞書ファイルも入手しておくと良いでしょう。

10.4.6 ビューヘルパー t の各種オプション

最後に、辞書ファイルを参照するビューヘルパー t の主なオプションについてまとめます。

参照すべき名前空間の設定 — scope オプション

scope オプションは、参照すべき翻訳情報の親キー（名前空間）を表します。たとえばリスト 10-62 は、いずれも general.greeting.morning キーを参照するためのコードです。

▼リスト 10-62 extra/trans.html.erb

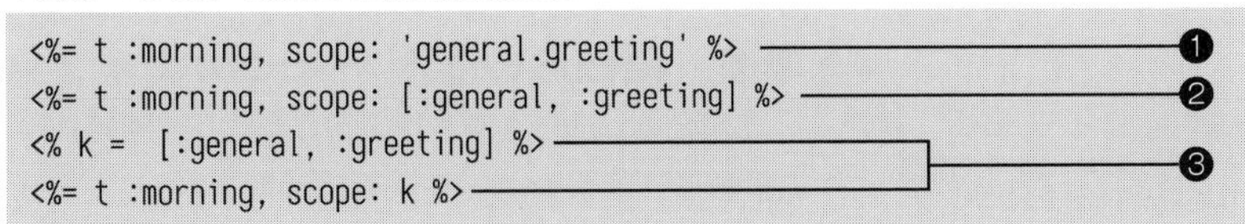

```
<%= t :morning, scope: 'general.greeting' %>        ❶
<%= t :morning, scope: [:general, :greeting] %>     ❷
<% k =  [:general, :greeting] %>                    ❸
<%= t :morning, scope: k %>
```

scope オプションは文字列（❶）、または配列（❷）で指定できます。同一の名前空間を何度も参照する場合には、❸のように名前空間を変数に格納しておけば、深い階層のキーでも、よりすっきりとしたコードで参照できるでしょう。

デフォルト値の設定 — default オプション

default オプションには、翻訳情報が見つからなかった場合のデフォルト値を指定します（リスト 10-63）。

▼リスト 10-63 extra/trans.html.erb

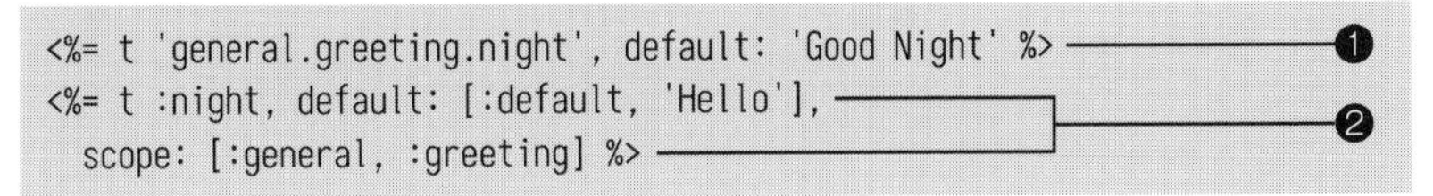

```
<%= t 'general.greeting.night', default: 'Good Night' %>   ❶
<%= t :night, default: [:default, 'Hello'],                ❷
  scope: [:general, :greeting] %>
```

❶は general.greeting.night キーを検索し、見つからなかった場合に "Good Night" を表示します。

❷のように、default オプションには配列を指定することもできます。その場合、general.greeting.night → general.greeting.default の順で検索し、いずれも見つからなかった場合に "Hello" を表示します。scope オプションを指定しているのは、default オプションで他のキーを参照する場合は、（デフォルト値と区別するために）:default のようにシンボルで指定する必要があるためです。シンボルでは :general.greeting.default のような記述はできません。

ロケール情報の設定 ― localeオプション

一般的には、アプリ単位でロケールを設定するのが基本ですが、例外的に異なるロケールに振り向けたいということもあるでしょう。その場合は、localeオプションで使用するロケールを明示的に指定します。

リスト10-64は、アプリの設定に関わらず、ドイツ語の辞書ファイル（de.yml）を参照する例です。

▼リスト10-64　extra/trans.html.erb

```
<%= t 'general.greeting.morning', locale: :de %>
```

単数／複数形の区別 ― countオプション

日本語は比較的、単数形／複数形の区別を持たない言語ですが[*53]、英語のように単数形／複数形の区別が明確な言語もあります（たとえば、classとclassesのようにです）。辞書ファイルでも、渡された数値によって翻訳を区別すべき局面は少なくないでしょう。

*53
それでも「わたし」「わたしたち」のような区別をすることはあります。

そのような場合に利用するのがcountオプションです。countオプションを利用するには、まず辞書ファイルの側で本来のキー配下のサブキーとして、one（単数形）とother（複数形）を定義しておく必要があります。たとえばリスト10-65は、resultというキーに対して単数形／複数形を定義する例です。

▼リスト10-65　en.yml

```
en:
  result:
    one: "only one"              ← 単数形
    other: "%{count} rows"       ← 複数形
```

このような辞書ファイルを参照しているのが、リスト10-66です[*54]。

*54
これまでアプリのロケールを:jaにしてきた方は、ここで:enに切り替えてください。

▼リスト10-66　extra/trans.html.erb

```
<%= t 'result', count: 1 %>    ← only one
<%= t 'result', count: 2 %>    ← 2 rows
```

確かにcountオプションの値に応じて得られる結果が異なることが確認できます。

10.5 Railsの機能拡張

Railsはフルスタックのフレームワークで、汎用的なアプリの基盤をあまねくサポートしますが、（当然ですが）あらゆる局面に対応できるわけではありません。要件に応じて、さまざまなgem[*55]と連携するのが一般的です。本節では、Bundlerという RubyGems管理ツールを利用して、外部gemを導入し、利用する方法について学びます。

*55
Rubyでライブラリをパッケージングするための形式、また、パッケージそのもののことを言います。Railsそのものも、gem形式で提供されています。

10.5.1 Rails 5で利用できるライブラリ

Rails 5で利用できることが確認されているライブラリには、たとえば表10-9のようなものがあります。

▼表10-9 Rails 5で利用できる主なライブラリ

ライブラリ名	概要
CarrierWave	ファイルのアップロード
Devise	認証機能
Delayed::Job	非同期処理
Haml	インデント記法のテンプレートエンジン
jpMobile	携帯端末への対応
kaminari	ページング機能

ライブラリ名	概要
OmniAuth	Twitter／Facebookなどを利用した認証機能
prawn	PDF文書の作成
Rspec	BDDフレームワーク
SettingsLogic	アプリ設定の管理
will_paginate	ページング機能

もちろん、ここで挙げたのは、全体から見ればほんの一部にすぎません。

- GitHub（https://github.com/）
- The Ruby Toolbox（https://www.ruby-toolbox.com/）
- Is a gem ready for Rails 4 or 5?（http://www.ready4rails.net/）

ライブラリ名やキーワードである程度、目的のライブラリを絞り込めるケースでは、GitHubを利用するのが手っ取り早いでしょう。現在よく利用されているRailsライブラリのほとんどはGitHubで公開されています。

The Ruby Toolboxではライブラリがカテゴリ別にランク付けされているので、目的ごとによく使われているライブラリを検索するには便利です。

Is a gem ready for Rails 4 or 5?では、主なライブラリのRails 4／5への対応状況がまとめられています。Rails 5もリリースされてからそれなりに時間が経ちましたが、それでもgemによっては十分に対応できていないものもあります。

利用にあたっては、こうしたサイトで互換性を確認しておくと良いでしょう。

10.5.2 ページング機能を実装する — will_paginate

本書では、外部gem導入の例としてページング機能を実装するwill_paginateを取り上げます（図10-15）。Railsで外部gemを活用する一例として、手順を追ってみてください。また、これまでなんとなく触れてきたGemfile／Bundlerについても、ここで改めて確認します。

▼図10-15　大量のデータを表示する際にページを分割

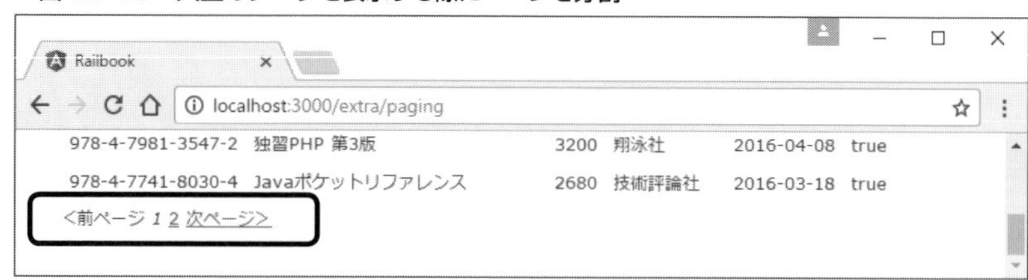

1 will_paginateをインストールする

アプリルート直下に、Gemfileという名前のgemライブラリを管理するためのファイルが用意されているので、リスト10-67のようにwill_paginateを追記します。

▼リスト10-67　Gemfile

```
source 'https://rubygems.org'
# Bundle edge Rails instead: gem 'rails', github: 'rails/rails'
gem 'rails', '~> 5.0.1'
# Use sqlite3 as the database for Active Record
gem 'sqlite3'
gem 'will_paginate'
…後略…
```

Gemfileで、利用するgemを宣言するのがgemメソッドの役割です。

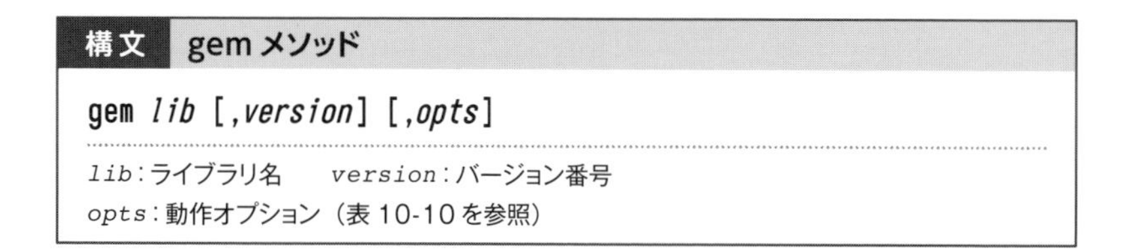

構文　gemメソッド

```
gem lib [,version] [,opts]
```

lib：ライブラリ名　　*version*：バージョン番号
opts：動作オプション（表10-10を参照）

▼表10-10　動作オプション（引数optsのキー）

オプション	概要
group	gemファイルを利用する環境（:development、:test、:production）
git	GitHubなどのgitリポジトリ
branch	対象となるブランチ
require	自動でrequireすべきgem
platforms	gemを利用するプラットフォーム（:ruby_18、:jruby、:mingwなど）

引数versionは、特定のバージョンに依存する場合は明示的に指定します。条件に応じて、表10-11のような形式を使用できます。

▼表10-11　バージョンの制限（引数versionの指定）

指定例	概要
3.1.1	特定のバージョンで固定
>= 1.0.3	特定のバージョン以上のものが必要
~> 3.0.2	マイナーバージョンアップだけを許容（例であれば「>= 3.0.2」かつ「< 3.1」）

以上の記述ができたら、以下のようにbundle installコマンドを実行して、gemライブラリをインストールしてください。bundle install（Bundler）は、外部gemを管理するためのRubyGems管理ツールで、Gemfile上で記述されているgemの依存関係を解決し、その結果をGemfile.lockに出力し、その上で、必要なパッケージをインストールしてくれます。

bundle installコマンドを実行した後は、Pumaを再起動してください。

```
> bundle install
Fetching gem metadata from https://rubygems.org/..........
…中略…
Installing will_paginate 3.1.5
…中略…
Bundle complete! 16 Gemfile dependencies, 60 gems now installed.
Use `bundle show [gemname]` to see where a bundled gem is installed.
```

2 ページング対応のコントローラーを作成する

will_paginateは、ごく単純に言ってしまうと、モデルクラスとビューヘルパーにページングのためのメソッドを追加するライブラリです。たとえば、特定のページを表示するためのデータを抽出するには、リスト10-68のようにpaginateメソッドを利用します。

▼リスト10-68　extra_controller.rb

```
def paging
  @books = Book.order('published DESC').
    paginate(page: params[:page], per_page: 5)
end
```

paginateメソッドには、「*オプション*: *値*」の形式で、ページングのためのパラメーター情報を指定できます。pageオプションは現在のページ数、per_pageオプションはページ当たりの表示件数を表します。pageオプションは、リスト10-68のようにリクエスト情報（クエリ情報）経由で渡すようにしておくと良いでしょう。クエリ情報は、あとから紹介するビューヘルパーwill_paginateが面倒を見てくれるので、こうしておけば開発者がページング処理を特に意識しなくても済みます。

コードの内容を理解できたら、ここでまずはサンプルを動作させてみてください。テンプレートがないので、ブラウザー上はエラーとなりますが、Pumaのコンソールには以下のようなSQL命令が出力されるはずです。

```
SELECT  "books".* FROM "books" ORDER BY published DESC LIMIT ? OFFSET ?  [["LIMIT", 5], ["OFFSET", 0]]
```

paginateメソッドによって、指定されたページの情報だけを絞り込んでいるわけです[*56]。次に、「~/extra/paging?page=2」のようにアクセスして、SELECT命令が以下のように変化することも確認してください。

*56
特にページを指定しない場合は1ページ目と見なされます。

```
SELECT  "books".* FROM "books" ORDER BY published DESC LIMIT ? OFFSET ?  [["LIMIT", 5], ["OFFSET", 5]]
```

NOTE
ページあたりの件数を設定する

ページあたりの表示件数は、paginateメソッドで個別に指定する他、モデルクラス、または初期化ファイルでグローバルに設定することもできます（上がモデルクラス、下が初期化ファイル）。

```
class Book < ApplicationRecord
  self.per_page = 4
  …中略…
end
```

```
WillPaginate.per_page = 4
```

3 テンプレートファイルを準備する

取得した書籍情報を表示するためのテンプレートファイルを用意します（リスト10-69）。

▼リスト10-69　extra/paging.html.erb

```
<table>
  <tr>
    <th>ISBNコード</th><th>書名</th><th>価格</th>
    <th>出版社</th><th>刊行日</th><th>ダウンロード</th>
  </tr>
  <% @books.each do |book| %>  ─┐
  <tr>                           │
    <td><%= book.isbn %></td>    │
    <td><%= book.title %></td>   │
    <td><%= book.price %></td>   ├─❶
    <td><%= book.publish %></td> │
    <td><%= book.published %></td>
    <td><%= book.dl %></td>      │
  </tr>                          │
  <% end %>  ────────────────────┘
</table>
<%= will_paginate @books,  ──────────────────────────────┐
  previous_label: '＜前ページ', next_label: '次ページ＞' %> ─┴─❷
```

paginateメソッドで既にデータそのものは絞り込まれていますので、配列@booksの内容は（特にページングを意識することなく）これまでと同じように出力できます（❶）。

ポイントとなるのは❷です。will_paginateメソッドはwill_paginateライブラリによって追加されたビューヘルパーで、ページャー（ページングのためのリンク）を生成します。

構文　will_paginateメソッド

```
will_paginate(data [,opts])
```

data：ページング対象のデータ　*opts*：動作オプション（表10-12を参照）

▼表 10-12　ページングのための動作オプション（引数 opts のキー名）

オプション	概要	デフォルト
previous_label	前ページへのリンクテキスト	← Previous
next_label	次ページへのリンクテキスト	Next →
link_separator	ページ間の区切り文字	" "（空白）
page_links	すべてのページリンクを表示するか（false の場合は前後リンクのみ）	true
container	ページャー全体を <div> 要素で囲むか	true
id	<div> 要素の id 値	nil
class	<div> に付けるスタイルクラスの名前	pagination
param_name	ページ数を示すクエリ文字列のキー名	:page

前後ページへのリンクテキストはデフォルトで英語表記ですので、will_paginate メソッドを利用する際には最低でも previous_label ／ next_label オプションの指定は外せないでしょう[*57]。

*57
本書では割愛しますが、翻訳ファイルを利用して日本語化することもできます。

以上を理解したら、サンプルをもう一度実行してみましょう。本項冒頭の図 10-15 のように、今度はページャー付きのページが表示されるはずです。また、Puma のコンソールを確認し、

```
SELECT COUNT(*) FROM "books"
```

のようなコードが出力されていることも確認してください。will_paginate ヘルパーは、このように裏側では本来出力すべきデータの総件数を算出し、これに基づいて、ページャーを生成しているわけです。

応用編

1 2 3 4 5 6 7 8 9 10

10-6 本番環境への移行

Railsでは、デフォルトでPumaというWebサーバーを提供しており、Railsをインストールしただけで、最低限、Railsアプリを手もとで動作させることができます（本書サンプルもPuma環境で動作を検証しています）。

もっとも、本番環境ではPumaにすべてを任せることはあまりありません。静的コンテンツはNginx／Apache Http Serverなどに委ね、RailsアプリだけをPumaで処理する、という役割分担が一般的と言えるでしょう。また、昨今ではRailsアプリを手軽にアップロードし、動作させられるHerokuのようなクラウドサービスも提供されています。

以下では、本番環境移行への指針として、Nginx＋Puma、Heroku環境への移行の手順を紹介します。

10.6.1 Nginx＋Puma環境への配置

Rails 5でアプリを作成した場合、デフォルトで既にPuma設定ファイル（/config/puma.rb）が生成されています。そこで本項でも、自動生成されたpuma.rbはそのままに、Nginxとの連携にフォーカスして手順を解説します[*58]。

*58
手順は本番運用を考慮して、Linux環境を前提に解説しますが、Windows環境でもほぼ同様の手順で実行できます。

1 Nginx／MariaDBをインストールする

Nginx＋Pumaを連携するに先立って、まずはNginxと（データベースサーバーとして）MariaDBをインストールしておきましょう[*59]。データベースについては本文と同じくSQLiteを利用することもできますが、本格的な運用にはやや機能不足です。Nginx連携と併せて、データベースも移行してしまいましょう。

Nginx とMariaDBそのもののインストール方法については、本書の守備範囲から外れますので、ここでは割愛します。詳しい手順は著者サポートサイト「サーバサイド技術の学び舎 — WINGS」から［サーバーサイド環境構築設定］（http://www.wings.msn.to/index.php/-/B-08/）などを参考にしてください。本項では、Nginx 1.10.2とMariaDB 5.5.52[*60]がインストールされていることを前提に、以降の解説を進めていきます。

*59
もちろん、1.2節の手順に従ってRails環境が準備されているのは大前提です。

*60
MariaDBは、MySQLから派生したオープンソースデータベースです。近年、代表的なLinuxディストリビューションでもMySQLに代わってMariaDBが標準採用されるなど、急速に人気が高まっています。

2 Puma接続のためのNginx設定ファイルを準備する

Nginxの設定ファイルは、/etc/nginx/conf.dフォルダーに配置します。ファイル名はなんでも構いませんが、アプリとの対応関係が明確となるよう、アプリの名前と揃えておくのが無難でしょう（リスト10-70）。

▼リスト 10-70　railbook.conf

```
# サーバーグループ「railbook」を定義
upstream railbook {
  # 転送先（複数のserverも列挙可）
  server localhost:3000;
}

# 仮想サーバーの設定
server {
  listen 80;                                          # ポート番号
  server_name localhost;                              # ホスト名
  root /home/yamada/samples/railbook/public;          # ドキュメントルート

  # 「/~」以下のリクエストに対する設定
  location / {
    # 指定されたパスが存在すれば、そのファイルを応答
    # 存在しない場合には、Railsアプリとして@railbookにリダイレクト
    try_files $uri @railbook;
  }

  # 名前付きロケーション（@railbook）でリダイレクトを受け付け
  location @railbook {
    # ヘッダー情報を定義
    proxy_set_header X-Forwarded-For $proxy_add_x_forwarded_for;
    proxy_set_header Host $http_host;
    # railbook（サーバーグループ）に転送
    proxy_pass http://railbook;
  }

  # エラーページの設定
  error_page 500 502 503 504 /500.html;
}
```

3 Nginx の設定ファイルを編集する

Nginx 標準の設定ファイルである /etc/nginx/nginx.conf も編集します[*61]（リスト 10-71）。

*61
Windows版Nginxでは、Nginxインストールフォルダー配下の/confフォルダーにあります。

▼リスト 10-71　nginx.conf

```
http {
  …中略…
  server {
    listen       80 default_server;
    listen       [::]:80 default_server;
    …中略…
  }
  …中略…
```

❶コメントアウト

```
  include railbook.conf;
}
```
❷ Windows環境のみ追記

4 mysql2アダプターをインストールする

続いて、アプリからMariaDBを利用するための手続きを進めます。

まずは、MariaDBデータベースに接続するためのmysql2アダプター[*62]をインストールします。railbookアプリのGemfileに次の太字部分を追加してください（リスト10-72）。

*62
MariaDBでも、Railsから接続するのに利用するのは**mysql2**アダプターです。

▼リスト10-72　Gemfile

```
gem 'sqlite3'
gem 'mysql2'
```

この状態で、bundle installコマンドを実行します[*63]。

*63
mysql2アダプタのインストールには、MariaDBの開発ライブラリが必要です。未インストールの場合は、「# yum install mariadb-devel」のようにインストールしてください。

5 データベース設定ファイルを編集し、データベースを展開する

データベース設定ファイルdatabase.ymlを編集し、本番環境からMariaDBに接続するための接続情報を定義します（リスト10-73）。もちろん、ユーザー名やパスワード、データベース名などは、適宜、自分の環境に合わせて修正してください。

▼リスト10-73　database.yml

```
production:
  adapter: mysql2
  encoding: utf8
  database: railbook
  pool: 5
  username: root
  password: 12345
  socket: /var/lib/mysql/mysql.sock
```

あとは、以下のrailsコマンドを順番に実行し、データベースの作成からスキーマの構築、フィクスチャの展開までを行うだけです[*64]。

*64
フィクスチャは、本来テストデータを表すものですが、ここではとりあえず動作確認に利用することにします。

```
# rails db:create RAILS_ENV=production
# rails db:migrate RAILS_ENV=production
== 20161013062804 CreateBooks: migrating ==============================
-- create_table(:books)
-> 0.1462s
== 20161013062804 CreateBooks: migrated (0.1464s) =====================
```

```
…中略…
# rails db:fixtures:load RAILS_ENV=production ――――― フィクスチャの展開
```

6 アセットを事前コンパイルする

本番環境ではデフォルトで、アセットの自動コンパイル機能（9.2.2項）が無効になっています。railsコマンドで、アセットを事前コンパイルしておく必要があります。

```
# rails assets:precompile RAILS_ENV=production
```

7 秘密トークンを設定する

本番環境では、秘密トークンを環境変数SECRET_KEY_BASEから読み込む設定となっています（6.4.2項）。rails secretコマンドで生成した秘密トークンを、環境変数SECRET_KEY_BASEに設定しておきましょう。

```
# rails secret
82cd6bdfd8a4b48075974fc93934818beda6ba69ae6c5ad8e5cdb0248f5c9b4bb23e95dc50f9583c07e089eb07475262787↩
62f8055816c7493bbce1a11937472 ――――― 環境変数に設定
```

8 メールの送信設定を追加する

production環境でメールを送信できるよう、Action Mailerの設定をproduction.rbに対して追加します。具体的な設定内容については、P.523のリスト10-1と同様なので、ここでは割愛します。既にdevelopment.rbを記述している場合には、その内容をproduction.rbにコピー&ペーストしてください。

9 アプリの動作を確認する

以上で、Nginx＋PumaとMariaDBの環境でRailsアプリの動作が可能になりました。以下のコマンドで、Puma、Nginxをそれぞれ起動してください。

```
# rails s -e production ――――― Pumaの起動
# service nginx start ――――― Nginxの起動*65
```

起動を確認できたら、以下のアドレスでrailbookアプリ（本書で作成したアプリ）にアクセスできることを確認します。P.65の図3-1のような結果が得られれば、環境は正しく設定できています*66。

```
http://localhost/books
```

***65**
CentOS 7以降であれば、「systemctl start nginx」でも構いません。起動済みの場合は「service nginx restart」、または「systemctl restart nginx」で再起動できます。

***66**
「502 Bad Gateway」エラーが発生する場合は、SELinuxによってネットワーク接続が制限されている可能性があります。その場合、「setsebool -P httpd_can_network_connect on」で通信を許可してください。

10.6.2 Heroku環境への配置

Herokuとは、Railsアプリをホストできるクラウドサービスの一種です。一定の範囲内までであれば無償で利用できるため、まずは試してみたいという場合にも気軽に導入できます。わずかなコマンド操作で、既存のアプリでも簡単にデプロイできる点も、急速に人気を集めた理由の1つでしょう。

以下では、Windows環境での操作を前提に手順を説明しますが、Linux環境でもパスが異なる他はほぼ同じ手順で操作できます。

1 Gitをインストールする

Herokuを利用するには、ソースコード管理ツールであるGitが必要です*67。ダウンロードページ（http://git-scm.com/download）からソースコード、またはバイナリを入手して、インストールしてください。

*67
Gitに関する詳細は、本書では扱いません。「Windowsユーザー向けGit入門」(http://codezine.jp/article/corner/479) のような記事を参考にしてください。

Windows環境であれば、Git-2.11.0-64-bit.exeをダウンロードします。ダウンロードしたファイルをダブルクリックして、ウィザードに沿っていくだけでインストールできます。途中、［Adjusting your PATH environment］画面（環境変数PATHの設定）では「Use Git from the Windows Command Prompt」（コマンドプロンプトからGitコマンドを実行）をチェックしてください。

Gitをインストールできたら、以下の要領で、SSHの公開鍵を作成してください。これは、あとからHerokuを操作する際に必要となるものです。途中、鍵の保存先を聞かれますので、「C:¥Users¥*ユーザー名*¥.ssh¥id_rsa」のようなパスを入力してください。

```
> cd C:¥Users¥ユーザー名
> mkdir .ssh
> cd C:¥Program Files¥Git¥usr¥bin
> ssh-keygen
```

2 Herokuを利用するためのアカウントを準備する

Herokuを利用するには、まず、Sign Upページ（https://signup.heroku.com/）からユーザー登録を行ってください。入力したメールアドレス宛に確認メールが送信されるので、このメール本文に記載されたURLにアクセスし、パスワードを登録します。

アカウントを作成中である旨の画面が表示された後、［Your new account is all set up］と表示されます。［Click here to proceed as *登録メールアドレス*］リンクをクリックすると、［heroku dashboard］画面が表示されるので、ページ右肩の▼をクリックして、［Account Settings］リンクをクリックします。アカウント管理画面が表示されたら、［Billing］（請求先）の［Add Credit Card］ボタンをクリックし、移動先の画面で必要な請求情報を入力してください。これは、あとからアドオンをインストールするために必要な手続きです（よって、アドオンが不要な場合にはこの作業は不要です）。

3 デプロイの前準備を行う

アプリを Heroku にデプロイする前に、いくつかの準備を済ませておきます。

❶ Heroku Toolbelt の導入

Heroku Toolbelt は、Heroku へのデプロイからメンテナンスモードへの切り替え、ログの取得など、Heroku を管理するためのツールです。「Heroku CLI」（https://toolbelt.heroku.com/）から、それぞれの環境に応じたインストーラー（Windows 64bit 環境であれば、heroku-windows-amd64.exe）をダウンロードしましょう。

ダウンロードしたファイルをダブルクリックすると、インストーラーが起動します。インストールそのものはウィザードに従っていくだけなので、迷うことはないでしょう。これで Heroku を操作する heroku コマンドを利用できるようになりました。以下の要領で Heroku にログインするとともに、先ほど作成した鍵を登録しておきます。

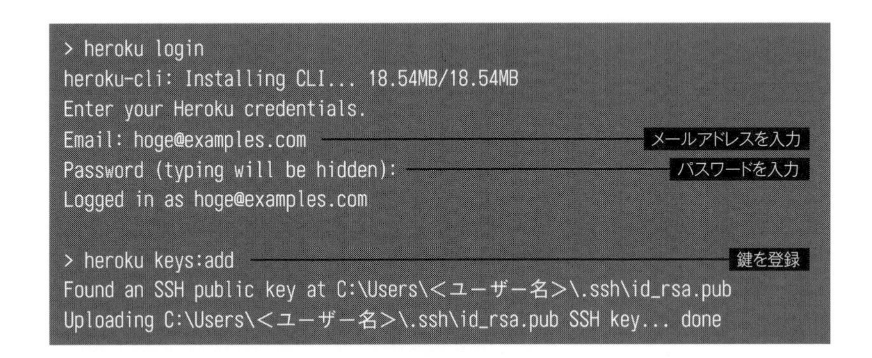

> heroku login
heroku-cli: Installing CLI... 18.54MB/18.54MB
Enter your Heroku credentials.
Email: hoge@examples.com
メールアドレスを入力
Password (typing will be hidden):
パスワードを入力
Logged in as hoge@examples.com
> heroku keys:add
鍵を登録
Found an SSH public key at C:\Users\＜ユーザー名＞\.ssh\id_rsa.pub
Uploading C:\Users\＜ユーザー名＞\.ssh\id_rsa.pub SSH key... done

❷アセットを準備する

production 環境では、デフォルトで、アセットの自動コンパイル機能（9.2.2 項）が無効になっています。そのため、rails コマンドで、アセットを事前コンパイルしておく必要があります。

```
> cd C:¥data¥railbook
> rails assets:precompile RAILS_ENV=production
```

❸ pg ライブラリをインストールする

Heroku では標準で PostgreSQL データベースを提供しています。

PostgreSQLに接続するために、アプリ側でもGemfileを変更し、pgライブラリを有効にしておきましょう（リスト10-74）。SQLiteは使えないのでコメントアウトしておきます。Gemfileを更新したら、bundle installコマンドも実行しておきます。

▼リスト10-74 Gemfile

```
# gem 'sqlite3'
gem 'pg'
```

❹メールの送信設定を追加する

Herokuでメールを送信できるよう、production.rbに対して以下の設定を追加します。設定パラメーターの意味については、10.1.1項も参照してください。

▼リスト10-75 production.rb

```
config.action_mailer.delivery_method = :smtp
config.action_mailer.raise_delivery_errors = true
config.action_mailer.smtp_settings = {
  address: 'smtp.sendgrid.net',
  port: 587,
  user_name: ENV["SENDGRID_USERNAME"],
  password: ENV["SENDGRID_PASSWORD"],*68
  domain: 'herokuapp.com'
}
```

*68
SENDGRID_USERNAME／SENDGRID_PASSWORDは、あとでメール送信アドオン(SendGrid)をインストールしたときに自動生成されるユーザー名／パスワードです。それぞれENV[...]で取得できます。

4 アプリをHerokuにデプロイする

Herokuでは、Git経由でアプリを登録するので、あらかじめアプリを配置したディレクトリをGitの管理対象にしてください。

```
> cd C:¥data¥railbook
> git init
> git add .
> git commit -m "Railbook Init"
```

「Please tell me who you are.」と表示される場合は、以下のようにメールアドレスとユーザー名を指定して、再度コマンドを入力してください。

```
> git config --global user.email "メールアドレス"
> git config --global user.name "ユーザー名"
> git commit -m "Railbook Init"
```

あとは、以下のように heroku コマンドでアプリの作成から登録、マイグレーションなどを行います。

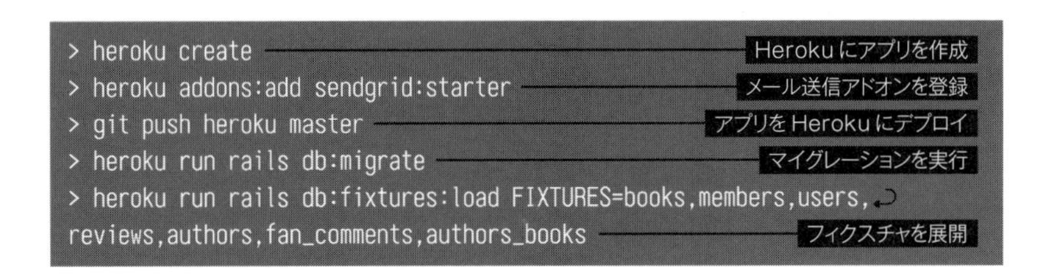

```
> heroku create
> heroku addons:add sendgrid:starter
> git push heroku master
> heroku run rails db:migrate
> heroku run rails db:fixtures:load FIXTURES=books,members,users,↩
reviews,authors,fan_comments,authors_books
```


5 アプリの動作を確認する

デプロイに成功したら、Heroku の管理ページ（https://dashboard.heroku.com/apps）にアクセスしてください（図 10-16）。

▼図 10-16　Heroku のアプリ管理画面

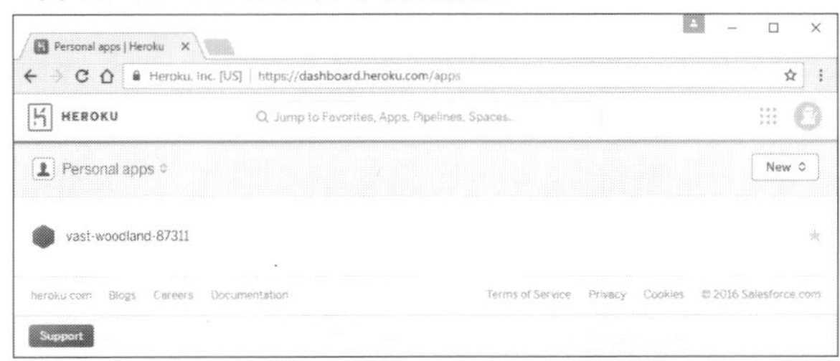

表示されている vast-woodland-87311 のようなアプリ名は自動で生成されたものなので、そのときどきで異なります（名前はあとから変更することもできます）。アプリ名に応じて「https://vast-woodland-87311.herokuapp.com/books」のような URL で、ブラウザーから正しくアクセスできることを確認しておきましょう（図 10-17）。

▼図 10-17　Heroku で実行したアプリ画面

Isbn	Title	Price	Publish	Published	Dl			
978-4-7741-8411-1	改訂新版JavaScript本格入門	2980	技術評論社	2016-09-30	false	Show	Edit	Destroy
978-4-7980-4803-1	はじめてのJSP&サーブレット 第2版	2800	秀和システム	2016-09-27	false	Show	Edit	Destroy
978-4-7741-8030-4	Javaポケットリファレンス	2680	技術評論社	2016-03-18	true	Show	Edit	Destroy
978-4-8222-9876-0	アプリを作ろう！ Visual C++入門	2000	日経BP社	2016-06-22	true	Show	Edit	Destroy
978-4-8222-9644-5	アプリを作ろう！ Android入門	2000	日経BP社	2015-08-21	false	Show	Edit	Destroy
978-4-7981-3547-2	独習PHP 第3版	3200	翔泳社	2016-04-08	true	Show	Edit	Destroy
978-4-7741-7984-1	Swiftポケットリファレンス	2780	技術評論社	2016-03-04	false	Show	Edit	Destroy
978-4-7981-4102-2	プログラマのためのDocker教科書	3000	翔泳社	2015-11-19	false	Show	Edit	Destroy
978-4-7741-7568-3	AngularJSアプリケーションプログラミング	3700	技術評論社	2015-08-19	false	Show	Edit	Destroy
978-4-7981-4402-3	独習ASP.NET 第5版	3800	翔泳社	2016-01-21	false	Show	Edit	Destroy

索引

B

C

D

E

F

G

H

I

J・K

L

■著者略歴
山田 祥寛（やまだ よしひろ）
静岡県榛原町生まれ。一橋大学経済学部卒業後、NECにてシステム企画業務に携わるが、2003年4月に念願かなってフリーライターに転身。Microsoft MVP for Visual Studio and Development Technologies。執筆コミュニティ「WINGSプロジェクト」の代表でもある。
主な著書に「改訂新版 JavaScript本格入門」「AngularJS アプリケーションプログラミング」（以上、技術評論社）、「10日でおぼえる入門教室シリーズ（jQuery・SQL Server・ASP.NET・JSP/サーブレット・PHP・XML）」「独習シリーズ（サーバサイドJava・PHP・ASP.NET）」（以上、翔泳社）、「はじめてのAndroidアプリ開発 第2版」（秀和システム）、「書き込み式SQLのドリル 改訂新版」（日経BP社）など。

カバーデザイン ◆ 菊池祐（株式会社ライラック）
本文デザイン ◆ 株式会社トップスタジオ
本文イラスト ◆ 株式会社トップスタジオ
本文レイアウト ◆ 株式会社トップスタジオ
編集担当 ◆ 青木宏治

ルビー オン レイルズ
**Ruby on Rails 5
アプリケーションプログラミング**

2017年 4月27日 初 版 第1刷発行
2018年 9月 4日 初 版 第3刷発行

著 者 山田 祥寛（やまだ よしひろ）
発行者 片岡 巖
発行所 株式会社技術評論社
東京都新宿区市谷左内町 21-13
電話 03-3513-6150 販売促進部
03-3513-6160 書籍編集部
印刷所 昭和情報プロセス株式会社

定価はカバーに表示してあります

ISBN978-4-7741-8883-6 C3055

Printed in Japan

■ご質問について
本書の内容に関するご質問は、下記の宛先までFAXか書面、もしくは弊社Webサイトの電子メールにてお送りください。お電話によるご質問、および本書に記載されている内容以外のご質問には、いっさいお答えできません。あらかじめご了承ください。

宛先：〒162-0846
東京都新宿区市谷左内町21-13
株式会社技術評論社 書籍編集部
『Ruby on Rails 5 アプリケーションプログラミング』係
FAX：03-3513-6167
Web：http://book.gihyo.jp/

※ご質問の際に記載いただきました個人情報は、ご質問の返答以外での目的には使用いたしません。参照後は速やかに削除させていただきます。